全国环境影响评价工程师职业资格考试系列参考教材

环境影响评价案例分析

（2024年版）

生态环境部环境工程评估中心　编

中国环境出版集团·北京

图书在版编目（CIP）数据

环境影响评价案例分析 ：2024 年版 / 生态环境部环境工程评估中心编. -- 16 版. -- 北京 ：中国环境出版集团, 2024.2

全国环境影响评价工程师职业资格考试系列参考教材

ISBN 978-7-5111-5807-9

Ⅰ. ①环… Ⅱ. ①生… Ⅲ. ①环境影响－评价－案例－资格考试－自学参考资料 Ⅳ. ①X820.3

中国国家版本馆 CIP 数据核字(2024)第 019886 号

出 版 人 武德凯
策划编辑 黄晓燕
责任编辑 孔 锦
封面设计 宋 瑞

出版发行 中国环境出版集团
（100062 北京市东城区广渠门内大街 16 号）
网　　址：http://www.cesp.com.cn
电子邮箱：bjgl@cesp.com.cn
联系电话：010-67112765（编辑管理部）
010-67112735（第一分社）
发行热线：010-67125803，010-67113405（传真）

印　　刷 玖龙（天津）印刷有限公司
经　　销 各地新华书店
版　　次 2005 年 2 月第 1 版　2024 年 2 月第 16 版
印　　次 2024 年 2 月第 1 次印刷
开　　本 787×960　1/16
印　　张 32
字　　数 640 千字
定　　价 143.00 元

编写委员会

主　编　谭民强

副主编　孙优娜　苏　艺

主　审　陈　隽　孙世军

编　委　（以姓氏拼音排序）

崔志强　顾　睿　籍　伟　李　韧　李向阳

鲁　逸　刘　敏　刘　园　刘海龙　刘　莉

王　洁　张　红　张怀德　张立华　赵再兴

前言

为了满足环境影响评价工程师职业资格考试需求，生态环境部环境工程评估中心组织具有多年环境影响评价实践经验的专家于 2005 年编写了第一版环境影响评价工程师职业资格考试系列参考教材，《环境影响评价案例分析》是该套教材中的一册。本教材收集和整理了大量建设项目环境影响评价、规划环境影响评价、竣工环境保护验收实际案例，并从中选取了具有代表性的案例，根据全国统一考试实践经验和《环境影响评价工程师职业资格考试大纲》的要求，对每个案例进行整理、提炼，并结合分析点评汇编而成。

近年来，生态环境部陆续更新发布了多项环境影响评价技术导则，为进一步提高本教材的指导作用，我们于 2019 年搜集了最新典型案例，对教材进行了系统整理、更新。2022—2024 年年初，我们再次对案例进行了补充，希望考生通过对本教材的学习研读，能综合运用环境影响评价相关法律法规、技术导则与标准、技术方法开展环境影响评价工作，提高解决实际问题的能力。

感谢为本教材提供案例的原环境影响报告书或建设项目竣工环境保护验收监测（调查）报告编制单位：上海建科环境技术有限公司、中化地质矿山总局黑龙江地质勘查院、河北省众联能源环保科技有限公司、中山市环境保护科学研究院有限公司、轻工业环境保护研究所、中国电建集团贵阳勘测设计研究院有限公司、广西交科集团有限公司、中铁第五勘察设计院集团有限公司、北京中油建设项目劳动安全卫生预评价有限公司、上海化工研究院有限公司、山西省环境规划院。

本版教材的编写人员有：案例一：鲁逸、宋博文、俞军欢、苏云；案例二：顾睿、邓国立、赵伟；案例三：王家强、蒋文明、田源、何敬茹、张红；案例四：赖彩秀、李韧、彭少邦、周英杰、肖国生；案例五：贾学桦、张亮、侯雅楠、刘春红、王洁；案例六：陈豪、赵再兴、刘园、曹娜；案例七：毛志刚、陆豫、李向阳；案例八：付达靓、刘敏、史昌盛、时环生、彭胜群、郃旭东、李英；案例九：刘冰、籍伟；案例十：程凯、宋家龙、杨超、杨文伟、张立华、李森、刘津红、陈隽；案例十一：成钢、孙鹏程、王永红、谢卧龙、张怀德、麦方代、李向阳；案例十二：张宇、张镀光、陈洪波。

书中不当之处，敬请读者批评指正。

编　者

2024年2月于北京

目　录

案例一　产业园区规划环境影响评价

一、总则

（一）项目背景（略）

（二）评价对象

本次评价的规划对象为《紫竹国家高新技术产业开发区总体规划》（以下简称《规划》）。

（三）评价范围

1．规划范围

本次评价对象的规划范围为：东至虹梅南路，西至沪金高速公路（S4），北至剑川路，南至黄浦江，规划合计面积 885.7 hm^2。

2．评价时段

评价时限：与上层位《上海市闵行主城片区南部板块单元规划（含重点公共基础设施专项规划）》保持一致，规划期限为 2021—2035 年，近期至 2025 年，远期至 2035 年。

3．评价范围

参照各环境要素现行评价导则的要求，综合考虑紫竹国家高新技术产业开发区（以下简称高新区）周边敏感目标的情况，以及与产业园区上一轮规划环境影响评价（以下简称规划环评）评价范围的延续性，确定本评价中各环境要素评价范围。评价范围见表 1-1。

表 1-1　各环境要素评价范围

评价要素	本次规划环评评价范围
环境空气	高新区边界外扩 2.5 km
风险	高新区边界外扩 3 km
地表水	高新区内水系和南边界外黄浦江
声环境	高新区边界外扩 200 m
地下水和土壤	高新区范围内
生态	高新区范围内

注：本案例中高新区环境空气评价范围为高新区边界外扩 2.5 km，主要考虑周边污染源的分布情况，经测算已覆盖《环境影响评价技术导则　大气环境》（HJ 2.2—2018）：“规划的大气环境影响评价范围以规划区边界为起点，外延规划项目排放污染物的最远影响距离（$D_{10\%}$）的区域。”

（三）评价总体原则

1．全程互动

本次评价与高新区总体规划同期进行，可以满足早期介入的原则，并将环境保护要求及时反馈规划编制单位，做到全程互动。本次评价的公众参与环节，吸纳各方意见，帮助优化规划和环境管理措施。

2．统筹协调

本次评价紧抓高新区产学研交错特征，保持产业开发与高新区环境保护协调发展，统筹高新区内减污降碳协同共治、资源集约节约及循环化利用、能源智慧高效利用、环境风险防控等重大事项，引导高新区生态化、低碳化、绿色化发展。

3．协同联动

本次评价精准衔接上海市、闵行区“三线一单”成果，结合高新区产城融合特点，细化区内环境准入；结合市、区两级最新环境管理要求，指导建设项目和规划环评联动、简化。

4．突出重点

回顾评价和规划分析相辅相成，现状及规划产业和环境特征理顺理清。高新区已开发 20 余年，开发较为成熟，报告参照跟踪评价编制要求将回顾评价进行重点分析，以查清高新区环境质量现状及污染源现状，及时发现环境问题，找出制约因素。高新区单元控规出现较大调整，重点分析主要环境影响因子和重大环境风险因子，进行预测评价。最后，基于回顾分析的制约因素和现状问题，结合高新区特征和规划重点，为后续产业开发的环境管控提供技术支撑。

充分利用规划范围内及其周边地区已有的环评资料和环境监测资料，同时开展必要的环境和污染源现状调查和监测，确保环评工作达到导则和生态环境主管部门的要求。

（四）编制依据（略）

（五）评价因子

高新区内现有企业分为生产型企业和研发型企业，生产型企业的主导产业为医药制造业和计算机、通信和其他电子设备制造业；研发型企业的主要行业类别为医学研究和试验发展、工程和技术研究和试验发展。根据对高新区现有企业使用的原辅材料和污染物排放情况的汇总分析，确定各环境要素的具体评价因子见表 1-2。

表 1-2　各环境要素评价因子

环境要素	现状评价因子	预测因子	总量控制因子
环境空气	$PM_{2.5}$、PM_{10}、SO_2、NO_2、O_3、CO，NO_x、HCl、氟化物、H_2S、NH_3、氯、VOCs、甲醛、甲醇、硫酸、非甲烷总烃、臭气浓度	SO_2、NO_2、PM_{10}、$PM_{2.5}$、非甲烷总烃、HCl、HF、Cl_2、NH_3	SO_2、NO_x、烟粉尘、重金属、VOCs
地表水	水温、pH、DO、高锰酸盐指数、COD_{Cr}、BOD_5、NH_3-N、TP、TN、铜、锌、硒、砷、汞、镉、铬（六价）、铅、氰化物、挥发酚、石油类、阴离子表面活性剂、硫化物、粪大肠菌群	COD（排放量）、氨氮（排放量）	COD、氨氮、重金属
土壤	pH、镉、汞、砷、铜、铅、铬、锌、镍、锑、铍、硒、银、铊、总氰化物、总石油烃、挥发性有机物（VOCs）和半挥发性有机物（SVOCs）	—	—
地下水	pH、总硬度、溶解性总固体、硫酸盐、氯化物、铁、锰、铜、锌、挥发酚、阴离子合成洗涤剂、高锰酸盐指数、硝酸盐、亚硝酸盐、氨氮、氟化物、氰化物、汞、砷、镉、铬（六价）、铅、镍，挥发性有机物和半挥发性有机物	—	—
声环境	等效 A 声级	—	—
振动环境	铅垂向 Z 声级	—	—
电磁辐射	工频磁场、工频电场	—	—
生态环境	生态调查与生态等级	—	—
固体废物	一般工业固体废物、危险固体废物、生活垃圾	—	—

（六）环境功能区划与评价标准

结合主体功能区规划、生态敏感区、环境功能区划判定高新区所在区域是否涉及限制、禁止开发区域，是否涉及生态保护红线、水源保护区等生态敏感区，以及判定高新区所在区域应执行的环境功能区划及对应执行的环境质量标准。根据高新区主导产业和相关规范性文件明确高新区内企业的排放标准。

（七）环境保护目标

本次评价范围内主要大气环境、声环境与环境风险保护目标识别为评价范围内居民（小区或居委、镇和街道等行政级别）、事业单位（含学校、医院、养老院）。

地表水环境保护目标主要考虑生态敏感区和区内水系河道等。高新区整体位于上海市划定的黄浦江上游饮用水水源保护缓冲区内，区域水环境敏感度高。

评价范围和环境保护目标分布见图 1-1。

图 1-1　评价范围和环境保护目标分布

（八）技术路线（略）

点评：

1. 对于产业园区规划环评而言，产业园区的"出生证"是非常重要的，是后续审查过程中的重要依据。园区的级别（国家级、省级、市级、区级等）决定该园区规划环评的审查级别。在本案例中，紫竹高新区为国家级高新技术产业园区，故本项目由生态环境部组织审查。园区的四至边界须有明确的认定。在本案例中，上海紫竹高新技术产业开发区在《中国开发区审核公告目录（2018 年版）》中核准面积为 868.18 hm^2，但结合园区发展和实际管理范围，南边界有所调整拓展，园区规划面积调整为 885.7 hm^2，该四至范围由园区所在地主管部门出具认定文件作为报告附件。同时，调整后的园区四至范围须与上层位国土空间总体规划相符，即园区的四至范围应在"三区三线"中城镇开发边界内属于产业发展发展空间，该符合性分析见下文规划分析。

2. 本案例中，参照各环境要素现行评价导则的规定，并综合考虑园区周边敏感目标的分布情况，确定评价范围。不同类型的园区规划环评应参照各环境要素导则规定并结合具体情况确定评价范围，本案例的评价范围仅作为参考。

二、规划分析

（一）规划概述

1. 规划总体安排

（1）高新区规划目标和定位：科技创新的引领者、产城融合的示范者和创新要素的集聚者。

（2）规划范围：东至虹梅南路，西至沪金高速公路（S4），北至剑川路，南至黄浦江，合计规划面积为 885.7 hm^2。

（3）发展时序：高新区规划时限与上层位《上海市闵行主城片区南部板块单元规划（含重点公共基础设施专项规划）》保持一致，规划期限为 2021—2035 年，近期至 2025 年。

（4）人口规模：规划总人口规模约 11.4 万人。

（5）用地布局。

本轮用地总面积为 885.7 hm^2，规划公共设施用地面积为 423.69 hm^2，占总面积的 47.84%，其中研发设计用地和高等教育用地比例分别为 15.44%和 30.87%，剩余 1.53%为商业商办用地、文化用地和体育用地。工业用地面积为 79.52 hm^2，占总面积的 8.98%；居住用地面积为 78.1 hm^2，占总面积的 8.82%。其余为其他类型的用地面积。

高新区规划土地利用平衡表（略）

（6）功能布局。

高新区由大学园区、研发基地（一期、二期）和紫竹半岛 3 大单元组成，规划集产、学、研于一体的高新技术产业社区。北部单元大学园区具有教学、研发功能；东部单元紫竹半岛为居住区；中部单元研发基地为园区产业发展的核心区域，分为研发基地一期、研发基地二期，一期已基本开发完毕，二期为园区后续待开发区域，研发基地以研发功能为主，生产类功能主要为高精尖技术产业生产及区内研发项目的就地孵化（图 1-2）。

图 1-2　紫竹高新区各单元功能布局

高新区规划将研发、生产等具有一定污染物排放和环境风险水平的产业集中布局于研发基地内，研发基地单元与区内北侧大学园区、东侧紫竹半岛居住区以及区外西侧的集中式居住区间通过道路及两侧绿带相隔，各单元相对独立。同时，规划也在编制过程与环评单位全程互动，采纳环评单位提出的产业管控空间的要求，在居住、教育等环境敏感用地与区内产业用地间设置一定距离的产业管控空间，以进一步缓解对敏感目标的环境影响，促产城融合。本次评价所提出的产业管控空间见下文“九、产业园区环境管理与环境准入。”

2．产业发展

（1）产业发展定位：以信息软件、数字视听、生命科学、智能制造、航空电子、新能源与新材料六大产业为主导产业。

（2）产业结构。

高新区规划为集产、学、研于一体的产业社区，规划产业结构及布局如图 1-3 所示。

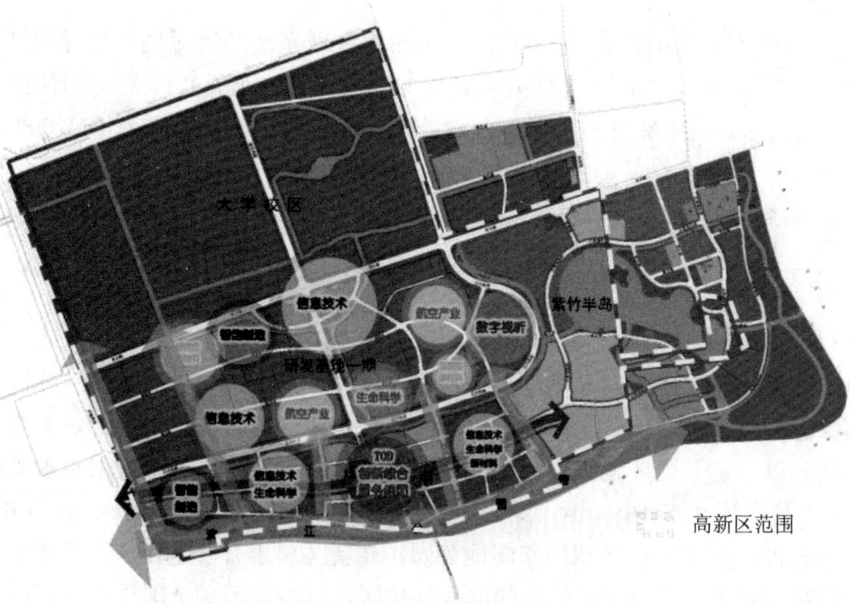

图 1-3　规划产业结构及布局

3．基础设施建设

高新区由市政自来水厂供水，已建成供水管网，供水、排水和雨水管网根据后续规划进一步完善。高新区实行雨污分流的排水体制，雨水进入雨水管网排入河道，区内企业预处理达标废水和生活污水纳入污水管网，进入市政污水系统，最终进入白龙港污水厂进一步处理后排入长江。高新区无集中供热，企业锅炉均已完成清洁能源替代及低氮燃烧改造工作。生活垃圾经分类收集，在小压站或转运站将垃圾压缩，运往闵吴码头，再由运输船运至老港固废综合利用基地。各企业产生危险废物自行交由资质单位处理处置，一般固体废物可做到 100%无害化处置。

（1）污水

高新区现状已实施雨污分流，污水管网沿主要道路敷设，区内企业预处理达到纳管标准的废水和生活污水纳入污水管网后接入闵行区的吴闵总管，最终送往上海市白龙港污水处理厂处置。

①服务范围。白龙港污水处理厂服务范围北至竹园区域南侧边界，西至闵行区界，南为闵行区界及杭州湾区域北侧边界，东至长江，服务面积约为 1 060 km^2，涉及上海市黄浦、静安、徐汇、长宁、闵行、浦东及青浦 7 个区。高新区在白龙港污水处理厂的服务范围内。

②处理规模及出水水质标准。截至2022年，白龙港污水处理厂已形成现状280万m^3/d处理规模，在建70万m^3/d处理能力，规划建成后白龙港污水处理厂可形成350万m^3/d的处理规模。

③泵站配套及管网建设。根据《闵行区污水处理系统及污泥处理处置规划（2021—2035）》征求意见稿，高新区现有吴闵支线1#泵站（2.37 m^3/s）再经区外临近的吴闵3#泵站（3.08 m^3/s）一路提升向白龙港污水处理厂输送处理。高新区内DN1000配套管网已完善。

其他系统规划描述（略），各系统规划布局图（略）。

（二）规划协调性分析

1. 与上位和同层位规划的协调性分析

（1）与《长江经济带发展负面清单指南（试行，2022年版）》协调性分析。

高新区位于上海市闵行区，属于长江经济带范围，高新区南边界与黄浦江相邻，距长江30 km以上，无规划码头项目、过长江通道，位于黄浦江上游饮用水水源保护缓冲区内，但不位于自然保护区、风景名胜区内，不涉及饮用水水源一级、二级保护区范围，不属于水产种质资源保护区和国家湿地公园。高新区属于开发利用区，不属于《长江岸线保护和开发利用总体规划》划定的岸线保护区，也不属于《全国重要江河湖泊水功能区划》划定的河段保护区、保留区。同时，高新区不涉及在长江支流黄浦江新设、改设或扩大排污口，不涉及生产性捕捞，不涉及指南提到的各类化工、尾矿库等高污染高排放项目，现状及规划均不涉及钢铁、石化、化工、焦化、建材有色等高污染项目、国家和上海市产业政策和法律法规明令禁止的落后项目等。

（2）与《上海市主体功能区规划》《上海市生态保护红线》《上海市生态空间专项规划（2021—2035）》以及上海市、闵行区两级城市总规的布局规划协调性分析。

高新区所在的闵行区整体都划定为《上海市主体功能区规划》中的都市功能优化区，不涉及限制开发区域和禁止开发区域。高新区范围内不涉及《上海市生态保护红线》中任何上海市和闵行区生态保护红线。在《上海市生态空间专项规划（2021—2035）》的生态空间结构图中，高新区不属于生态保育区，在生态网络规划图中高新区位于城市开发边界内。

根据上海市城市总体规划的主城区用地布局规划示意，高新区在总规中的规划用地类型以产业社区、公共服务设施区、商业办公区及大型公园绿地等为主；高新区位于上海市城市开发边界内。

在闵行区总规及土地利用规划中，高新区规划形成以产业研发区、工业仓储区、居住生活区、商业商务区、体育休闲区及绿地为主的用地区域；在生态空间规划图中，高新区内仅有四类生态空间相关规划。高新区规划土地利用类型与上海市及闵行区总体规划中的用地布局、生态空间规划总体上相符。

（3）与《上海市饮用水水源保护缓冲区管理办法》相符性分析。

上海市饮用水水源保护缓冲区是上海市在按照国家技术规范划定的饮用水水源一级保护区、二级保护区以及准水源保护区外，为进一步确保上海市饮用水水源质量和安全，而设置的饮用水水源保护缓冲区。上海市人民政府于2018年12月发布《关于印发〈上海市饮用水水源保护缓冲区管理办法〉的通知》（沪府规〔2018〕25号），该办法自2019年3月1日起施行，有效期至2024年2月29日。高新区废水均纳管排放，不对区域地表水水体产生污染、增加水污染物排放量。高新区内不设置各类废物的集中贮存和处置设施。总体来看，本规划符合《上海市饮用水水源保护缓冲区管理办法》的要求，并将按管理要求进一步建设和规划。

（4）与《上海市“十四五”生态环境保护规划》等环境保护相关规划协调性分析。

高新区现有产业以集成电路与软件研发、新材料、生命科学、新能源、航空航天和网络视听六大产业为主导产业，不涉及落后产能及高污染行业企业。规划布局以发展信息技术、生命科学、新材料、智能制造等产业为主，以及相关技术服务业和配套商业。紫竹半岛则以居住和办公商业为主。以上产业均属于战略性新兴产业。

高新区建设严格按照规划排水工程要求，新建产业区和生活区的生活污水和企业生产废水全部纳入污水管网，接入白龙港污水收集片区污水输送系统管网，并由白龙港污水处理厂处理。高新区有较为完善的固体废物处理处置管理体系，规范固体废物的源头分类收集、贮存和处理处置活动。在噪声污染防治方面提出合理布局各功能分区，加强对建筑施工的管理等。

高新区新建生产企业污染物排放实行总量控制；在大气防治方面提出全面实施清洁能源工程，高新区积极实施了能源结构调整，低氮燃烧改造均已完成。另外，高新区内已建立清洁生产审核机制。

规划在实施过程中基本符合《上海市“十四五”生态环境保护规划》等环境保护规划的相关要求。

2．与“三线一单”的符合性

根据高新区在上海市闵行区“三线一单”环境管控单元分布图中的位置，高新区国家批复范围868.18 hm^2属于重点管控单元，本次沿黄浦江岸新增的17.52 hm^2区域属于吴泾镇一般管控单元。对照上海市、闵行区重点管控单元和一般管控单元要求逐条分析相符性，从分析结果来看，规划已将“三线一单”中产业管控空间要求融入，符合上海市/闵行区“三线一单”对高新区所在区域的要求，同时在后续规划实施过程中将继续推动相关生态保护政策及措施的落实。

点评：

规划相符性分析中重点关注了该高新区与上层位国土空间规划的相符性，即高新区四至边界范围是否属于城镇开发边界内，用地性质是否与上层位规划相符等相关内容。与环境敏感区、保护区等相关规划的相符性，该高新区临近黄浦江且位于黄浦江上游饮用水水源保护缓冲区范围内，因此在规划分析章节逐条详细分析了与相关敏感区的涉及的保护条例的相符性。与区域“三线一单”的相符性，该高新区位于上海市闵行区，对照市、区级发布的“三线一单”文件逐条分析相关要求的符合性，并将区域的管控要求纳入高新区后续规划实施中的环境管控要求中。

三、现状调查与评价

（一）高新区开发与保护现状调查

1. 高新区开发现状

高新区全国综合排名领先，入驻企业品质高，均具有较好的国际或行业影响力。高新区产业主要分布在研发基地一期，基地内在运行企业 83 家，其中生产和研发企业 43 家，包含工业生产企业 14 家，研发企业 29 家。研发企业与原规划主导方向基本相符，工业生产涵盖 8 个行业类别，产业以集成电路、生命科学、食品饮料、航空产业以及清洁能源为主。

2. 环境基础设施现状

高新区内已建成供水管网、天然气管网、雨水管网，已建成污水收集管网；已建成污水收集泵站、不同等级变电站。基础设施建设可以满足区内企业生产和居民生活需求。

3. 环境管理现状

高新区建立了环境管理体系，由上海紫竹高新技术产业开发区管理委员会负责行政指导和监督。上海紫竹高新区（集团）有限公司负责高新区整个区域规划编制和经营，高新区于 2021 年起引入了第三方环保管家服务。高新区制定了项目环境准入、污染物综合管理、环境风险管理、环境监测等环境管理制度，定期实施环境监测，编制了环境污染事故应急预案并进行了备案。

（二）资源能源开发利用现状调查

1. 资源利用水平

高新区无集中供热，各企业锅炉均已完成清洁能源替代，高新区能源使用主要为电力、天然气、轻柴油等。高新区单位工业产值能耗为 0.017 t 标煤/万元，单位工业产值水耗分别为 0.674 m^3/万元。

高新区 2020 年 CO_2 排放总量为 30.51 万 t，其中产业排放最高，占比达 89.57%；其次为建筑，占比达 8.13%；第三为交通，占比达 2.39%，市政排放最少，仅占 0.22%。

2．污染治理和排放

高新区已开发区域工业企业和居住区废污水全部纳管排放，企业废水纳管前经预处理达到纳管标准。

高新区内 2020 年起均完成了锅炉清洁能源替代和低氮燃烧设施提标改造，常规废气污染物主要来自企业锅炉燃烧废气，VOCs 排放企业均采取了治理措施，企业废气均达标排放。目前区内重点企业的 VOCs 也正按全市要求实施减排工程。

高新区生活垃圾、一般固体废物和危险废物无害化处理率均为 100%。

（三）生态环境现状调查与评价

1．环境空气

根据闵行区生态环境局发布的 2020 年《闵行区生态环境状况公报》，闵行区属于达标区。

本环评在高新区内外共布设 4 个监测点位调查环境空气质量，在高新区边界处布置 4 个监测点调查区域臭气浓度。根据监测结果可知，各监测点 NO_x 的小时浓度和日均浓度、氟化物小时浓度均满足《环境空气质量标准》（GB 3095—2012）中二级标准限值要求；氯化氢、氯的日均浓度符合《环境影响评价技术导则 大气环境》（HJ 2.2—2018）中附录 D 中限值要求；氯化氢、氯、氨、甲醇、甲醛的小时平均浓度符合 HJ 2.2—2018 中附录 D 中限值要求。非甲烷总烃均符合大气污染物综合排放标准详解要求。监测期间，对挥发性有机物共 65 项因子进行监测，各监测点位挥发性有机物检出因子数量为 16～24 种不等。监测期间，规划区域四周边界各监测点臭气浓度的一次浓度范围均小于检出限（10，量纲为 1）。

对比历年监测结果，区域的基本污染物达标情况、年均浓度值以及变化趋势均与上海全市特征较为相似，这种区域特征与大气输送有一定关系。历年其他污染物监测结果均可达到相应环境质量标准限值，NO_x 日均略有增加，小时值基本稳定，氨、氯化氢监测最大值呈下降趋势，氟化物和氯均未检出。臭气部分点位优于上一轮评价。VOCs 检出因子未突破上一轮评价检出量，且检出因子中有标准的均可达标。综上所述，区域环境空气中特征因子总体有所改善。

2．地表水

在高新区内共设置 5 个监测断面。根据监测结果可知，除了 W2、W5 化学需氧量超标，W1～W3、W5 五日生化需氧量超标，其他指标均符合《地表水环境质量标准》（GB 3838—2002）Ⅲ类标准。化学需氧量和五日生化需氧量均存在超标情况，可能受区域水系联通，上游来水不能稳定达标等因素影响。

3．地下水

根据枯、丰两期地下水监测结果可知，各点位 pH、硝酸盐、亚硝酸盐、挥发酚类、氰化物、7 种重金属（砷、汞、铬（六价）、铅、镉、铁、锰）、氟化物、溶解性总固体、高锰酸盐指数、4 种金属（铜、锌、铝、硒）、阴离子表面活性剂、硫化物、VOCs、SVOCs、氯化物（Cl^-）、硫酸盐（SO_4^{2-}）、HCO_3^-、CO_3^{2-}、Mg^{2+}、Ca^{2+}、K^+、Na^+满足Ⅳ类标准限值要求。所有地下水样品中挥发性有机化合物（VOCs）和半挥发性有机化合物（SVOCs）中各污染物的检测浓度均低于方法检测限。部分点位氨氮、总硬度超标。上海市地下水调查数据，上海全市本底普遍氨氮超标，氨氮超标与区域背景有一定关系。

4．土壤

在高新区内外共布设 7 个监测点位。根据监测结果可知，S4 中各监测因子均能达到《土壤环境质量 建设用地土壤污染风险管控标准（试行）》（GB 36600—2018）中第一类用地筛选值要求；S1～S2、S5～S7 各监测因子均能达到 GB 36600—2018 中第二类用地筛选值要求；区域内外各监测因子处于同一水平。土壤样品中挥发性有机物均低于检出限。半挥发性有机物中，具有环境质量标准的检出因子浓度均符合标准限值。

经对比历年重金属（镉、砷、铜、铅、镍）表层监测结果可见，历年监测结果无明显升高趋势，均能达到相应的标准限值。整体来看，土壤环境现状质量一直处于良好状态。

5．声环境

本次评价共布设 10 个噪声监测点位。监测结果表明，10 个噪声监测点位昼间和夜间等效 A 声级均达到《声环境质量标准》（GB 3096—2008）中相应的标准要求。

由历次监测结果可见，2015 年 N1～N7 的昼、夜间监测值均超过了 GB 3096—20082 类标准限值要求，2019 年位于城市道路旁的 6 个监测点位昼、夜间监测值均超过了 GB 3096—2008 2 类标准限值要求，本次声环境监测结果均达到 GB 3096—2008 中相应的标准要求。总体上看区域声环境质量得到明显改善。

6．生态

高新区现状范围内不涉及《上海市生态保护红线》中任何上海市和闵行区生态保护红线。高新区现存主要植被为本土乡土树种、人工绿化植被。黄浦江水生态系统总体状况较好，浮游植物优势种为直链藻 sp1、小环藻属 sp 为主，浮游动物以原生动物、桡足类、轮虫为主；大型底栖无脊椎动物以多毛纲、双壳纲、腹足纲、软甲纲为主，属清洁或轻污染水平；鱼类种类 38 种，隶属于 6 目 8 科，丰富度较高。但园区附近一定区域的滨岸水域只监测到挺水植物 6 种、沉水植物 1 种，种类和覆盖面积有待进一步提升。

（四）环境风险与管理现状调查

截至 2020 年年底，本次规划环评纳入的 43 家企业中无重大环境风险等级企业，

3 家属于较大环境风险等级企业。

高新区内企业已根据各自厂区特点配备了相应的风险防范设备设施，制定了风险管理制度，编制了环境风险应急预案。高新区新一轮《上海紫竹高新技术产业开发区突发环境事件应急预案》（2020 年）已编制完成并进行备案。高新区总体风险防范体系较为完善，截至本环评报告编制时，高新区未发生过重大环境污染事故。

（五）现状问题和制约因素分析

根据现状分析，总结高新区现状问题和制约因素如下，并结合后文提出针对性的环境影响减缓措施，见表 1-3。

表 1-3　存在问题和制约因素及对策建议

类别	主要环境问题和制约因素	对策建议
空间布局	滨江绿带建设滞后	根据高新区滨江绿带建设计划，稳步推进绿带建设。规划近期完成第一阶段滨江绿带建设，规划远期完成第二阶段滨江绿带建设
环境质量	区域部分地表水断面 COD_{Cr}、BOD_5 出现超Ⅲ类标准情况，地下水中氨氮和总硬度出现超过Ⅳ类标准情况	高新区现状已实现生产、生活污水 100%纳管，雨污分流，但面对区域地表水 COD_{Cr}、BOD_5 不能稳定达标的问题，高新区在规划实施过程中应严格落实如下措施： 1. 规划区域建设保持雨污分流、污水 100%纳管要求； 2. 规划未开发区域必须做到雨污管网、节水阀先行建设； 3. 定期开展区内雨污管网、排口的现场检查及排查工作； 4. 依据本次规划环评地表水监测计划，加强地表水监测监控，尤其是现状超标点位，应保持与市控断面数据联动，动态跟踪区域地表水水质变化情况。 随着各项区域水环境治理措施的落实和高新区自身水环境污染管理水平的提升，高新区所在区域地表水环境质量将进一步改善，保障区域地表水水质实现稳定达标目标
资源能源消耗	部分现状企业单位产值能耗/水耗高于行业平均水平	1. 对于主导行业企业，应进一步挖掘节能节水潜力，包括产业结构及能级的调整，开展节能措施、积极采取节水措施等； 2. 对于非主导行业企业，建议开展清洁生产审核，并于规划近期完成； 3. 应根据发布的重点企业清洁生产审核单位名单，督促相关企业开展清洁生产审核
环境管理	企业环境、监测资料及污染排放资料档案库尚未完全健全	应及时建立企业环保档案库，及时整合梳理环保资料，跟踪企业的环境管理状况、园区各行业清洁生产水平和环境质量变化趋势。为高新区产业发展、空间布局优化、污染物总量控制、环境风险管理提供支撑
	部分企业仍应提升环保管理水平	进一步加大环境管理力度，加强环保巡逻，对现状企业尚未整改的进行跟踪检查

类别	主要环境问题和制约因素	对策建议
制约因素	位于黄浦江上游水源保护缓冲区内，区域地表水保护要求较高	规划未开发区域雨、污排水相关基础设施建设应先于项目建设，按规划要求实施雨污分流、污水 100%纳管。同时，高新区引进项目应严格执行本轮提出的准入要求，落实其他本次规划环评提出的地表水环境影响减缓措施
	产学研、产城融合对高新区发展提出较高要求	1. 严格执行本轮产业管控空间要求，在敏感目标周边设置一定距离的产业管控空间； 2. 入驻企业应在平面设计阶段优化厂区布局，办公楼等无污染设施应靠近居住用地，排气筒、污水治理设施、化学品仓库、危险废物贮存间等排污或风险设施应尽量远离居住用地

点评：

本案例的现状调查与分析，主要包括两个方面：一是针对高新区及现状企业的开发情况、环境管理情况、资源能源利用情况、污染物排放情况及环境风险防控情况等方面开展的回顾性评价。上述评价基于扎实的高新区及区内企业数据收集和现场调研工作。实际在原报告中，体现的园区和企业的基础性数据是非常细致、具体的，例如在附表中列出区内每家企业的废气排放因子、执行标准、治理措施及达标情况；每家企业的环境风险防控及应急措施情况等；二是开展了区域大气、地表水、地下水、土壤、生态环境质量现状的调查，调查范围、因子，调查方法符合有关标准与技术规范的要求，获取的基础资料翔实有效，全面反映了规划区环境质量现状。实际在原报告书中，还开展了区域生态环境演变趋势的分析与评价，这是非常重要的，通过对区域生态环境演变趋势的评价，结合区域产业发展历程的回顾，可准确识别区域突出的生态环境问题及其成因，客观判断影响规划实施的主要资源环境制约因素。

四、环境影响识别与评价指标体系构建

（一）环境影响识别

在开发过程中主要影响资源的规划要素有：土地资源、水资源和能源；影响环境的要素有：环境空气、地表水、地下水、土壤、噪声、振动、电磁辐射等。环境影响识别见表 1-4。

表 1-4　环境影响识别

类别		开发行为	影响要素	主要环境影响途径	影响属性			
					影响性质	影响方式	影响程度	影响时段
产业发展	产业结构	研发基地一期：已基本开发完成，形成新材料、清洁能源、航空、数字视听、集成电路与软件、生命科学六大战略性新兴产业为主的产业导向； 研发基地二期：亟待开发，规划重点发展信息技术、数字媒体、智能制造三大产业以及相关科技服务业和配套商业； 大学区：已建成； 紫竹半岛：开发建设中，逐步打造生活配套区和滨江公园核心功能区	土地资源	各类建设用地空地陆续开发，空地增加排污	负面	间接	●	长期
				道路和河道、绿化隔离带完善、黄浦江滨江生态用地建成	正面	间接	●	长期
			水资源	增加水资源消耗量，增加资源压力	负面	间接	●	长期
	产业规模	有 151.03 hm^2 空地待开发，约占总面积的 17%。以信息技术、数字媒体、智能制造以及科技服务、配套、商业办公为主	能源	增加能源消耗量，增加资源压力	负面	间接	●	长期
	产业功能布局	高新区分为大学园区、研发基地和紫竹半岛 3 大区域。其中，产业以研发基地二期为下阶段主要开发区域	环境空气、地表水、地下水、土壤、电磁辐射等要素	空地开发，按照产业功能布局、单元控制要求引入工业、研发企业以及商业办公	负面	直接	●●	长期
	近期重点建设项目	近期重点项目建设	环境风险	区内企业化学品使用企业发生火灾、爆炸、事故排放、泄漏等造成环境风险影响；涉及生物安全	负面	直接	●●	短期

类别	开发行为	影响要素	主要环境影响途径	影响属性			
				影响性质	影响方式	影响程度	影响时段
用地布局	待开发区域规划形成“一轴贯穿四大组团，双心三点服务覆盖，滨江绿带多廊渗透”的基本结构	生态红线区域	建设用地内不涉及生态红线区域、基本农田	无	无	无	无
		生态环境保护目标	工业、研发等产业用地产生的废气、废水、噪声、固废影响	负面	直接	●●	长期
综合交通体系	不断完善区内交通，研发基地二期内道路广场用地占建设用地比例增加10%	环境空气、噪声和振动影响	建设期扬尘、噪声影响；运营期噪声影响；现有轨交的振动影响	负面	直接	●	长期
市政公用设施	增加市政公用设施用地	电磁辐射	规划变电站存在电磁辐射影响	负面	直接	●	长期

注：“●”数量越多，表示影响程度越大。

规划实施的有利影响主要体现在滨江绿带建设，现状企业和居民对生态环境的影响随之大大减少。不良影响体现在对空地的持续开发仍会增加生态环境影响。

规划实施的直接影响主要体现在规划后续开发对周边环境敏感目标、区域整体环境质量的影响。本规划对资源的消耗以间接影响为主，施工期的影响为短期影响，各地块开发完全后正常运行的影响为长期影响。后续开发会使得地区化学品的储存、使用增加，从区域整体来看环境风险有所增加；各类开发项目常常产生多要素的综合性环境影响，且影响范围不局限于本园区，对周边区域也有影响，因此，整个规划实施对环境来看存在区域性、综合性和累积性的影响，但影响程度受到开发强度的限制并不改变现有的环境质量等级。

（二）环境风险因子辨别（略）

（三）环境目标与评价指标体系构建

本次指标体系依据《规划环境影响评价技术导则　产业园区》（HJ 131—2021）要求进行构建，与上一轮评价指标体系相比，指标体系更加系统、完善。环境质量目标方面补全各环境要素，增加了地下水和土壤评价指标，环境空气评价指标中对污染物因子进行细分和概括；增加了碳减排评价指标和环境管理评价指标。本次规划环评评价指标体系见表 1-5。

表 1-5　本次规划环评评价指标体系

<table>
<tr><th rowspan="2">环境目标</th><th colspan="4" rowspan="2">评价指标</th><th colspan="2">目标值</th></tr>
<tr><th>规划近期</th><th>规划远期</th></tr>
<tr><td rowspan="14">环境质量</td><td rowspan="11">环境空气</td><td rowspan="6">基本污染物</td><td colspan="2">SO_2</td><td>6 μg/m³</td><td>6 μg/m³</td></tr>
<tr><td colspan="2">NO_2</td><td>37 μg/m³</td><td>＜37 μg/m³</td></tr>
<tr><td colspan="2">PM_{10}</td><td>42 μg/m³</td><td>＜42 μg/m³</td></tr>
<tr><td colspan="2">O_3</td><td>155 μg/m³</td><td>＜155 μg/m³</td></tr>
<tr><td colspan="2">CO</td><td>1 μg/m³</td><td>＜1 μg/m³</td></tr>
<tr><td colspan="2">$PM_{2.5}$</td><td>32 μg/m³</td><td>＜32 μg/m³</td></tr>
<tr><td rowspan="4">其他污染物</td><td>—</td><td>氮氧化物</td><td>达标</td><td>达标并持续改善</td></tr>
<tr><td>酸碱废气</td><td>氯化氢、氟化物、氯</td><td>达标</td><td>达标并持续改善</td></tr>
<tr><td>挥发性有机废气</td><td>非甲烷总烃</td><td>达标</td><td>达标并持续改善</td></tr>
<tr><td>臭气</td><td>氨、臭气浓度</td><td>达标</td><td>达标并持续改善</td></tr>
<tr><td colspan="3" rowspan="2">地表水</td><td>COD_{Cr}、BOD_5</td><td>达标</td><td>全面稳定达到III类（水质达标率 100%）</td></tr>
<tr><td>市控断面达到或好于III类水体比例/%</td><td>100</td><td>100</td></tr>
</table>

<table>
<tr><th rowspan="2">环境目标</th><th rowspan="2" colspan="3">评价指标</th><th colspan="2">目标值</th></tr>
<tr><th>规划近期</th><th>规划远期</th></tr>
<tr><td rowspan="2">环境质量</td><td colspan="3">地下水</td><td>基本达到Ⅳ类部分达到上海市本底水平</td><td>基本达到Ⅳ类部分达到上海市本底水平并持续改善</td></tr>
<tr><td colspan="3">土壤重金属</td><td>满足第一类用地和第二类用地筛选值</td><td>满足第一类用地和第二类用地筛选值</td></tr>
<tr><td rowspan="2">生态保护</td><td colspan="3">绿地率/%</td><td>12.0</td><td>12.0</td></tr>
<tr><td colspan="3">水面率/%</td><td>8.5</td><td>8.5</td></tr>
<tr><td rowspan="3">资源利用</td><td colspan="3">单位工业产值综合能耗/（t 标煤/万元）</td><td>略</td><td>略</td></tr>
<tr><td colspan="3">单位工业产值新鲜水耗/（m^3/万元）</td><td>略</td><td>略</td></tr>
<tr><td colspan="3">单位工业用地产出/（亿元/km^2）</td><td>略</td><td>略</td></tr>
<tr><td rowspan="6">绿色低碳</td><td rowspan="2">能源利用</td><td colspan="2">单位 GDP 碳排放强度下降率/%</td><td>20</td><td>20</td></tr>
<tr><td colspan="2">清洁能源使用比例/%</td><td>100</td><td>100</td></tr>
<tr><td rowspan="2">公共建筑</td><td colspan="2">新建三星绿色建筑占比/%</td><td>100</td><td>100</td></tr>
<tr><td colspan="2">单位建筑面积碳排放下降/%</td><td>7</td><td>7</td></tr>
<tr><td rowspan="2">交通市政</td><td colspan="2">路灯新能源使用率/%</td><td>100</td><td>100</td></tr>
<tr><td colspan="2">区域内充电桩设置比例/%</td><td>≥15</td><td>≥15</td></tr>
<tr><td rowspan="10">污染治理</td><td rowspan="3">环保设施</td><td colspan="2">污废水纳管率/%</td><td>100</td><td>100</td></tr>
<tr><td colspan="2">一般工业固废综合利用处置率/%</td><td>100</td><td>100</td></tr>
<tr><td colspan="2">危废安全处置率/%</td><td>100</td><td>100</td></tr>
<tr><td rowspan="7">污染控制</td><td rowspan="3">废水污染物排放量/（t/a）</td><td>COD</td><td>略</td><td>略</td></tr>
<tr><td>NH_3-N</td><td>略</td><td>略</td></tr>
<tr><td>一类污染物</td><td>不得新增一类污染物排放</td><td>不得新增一类污染物排放</td></tr>
<tr><td rowspan="4">废气污染物排放量/（t/a）</td><td>SO_2</td><td>略</td><td>略</td></tr>
<tr><td>NO_x</td><td>略</td><td>略</td></tr>
<tr><td>颗粒物</td><td>略</td><td>略</td></tr>
<tr><td>VOCs</td><td>略</td><td>略</td></tr>
<tr><td rowspan="5">环境管理</td><td colspan="3">例行监测计划</td><td colspan="2">监测点位有代表性、监测频率完善、因子全面</td></tr>
<tr><td colspan="3">噪声投诉率</td><td colspan="2">无</td></tr>
<tr><td colspan="3">重点企业清洁生产审核实施率/%</td><td>100</td><td>100</td></tr>
<tr><td colspan="3">园区环境风险应急预案</td><td>有，并备案</td><td>有，并备案</td></tr>
<tr><td colspan="3">建立环境监测和企业排放监管平台</td><td>建成</td><td>建成</td></tr>
</table>

点评：

1. 案例从环境质量、生态保护、资源利用、绿色低碳、污染治理和环境管理 6 个方面提出评价指标体系，原报告中提出的本次规划环评评价指标体系中每个指标值来源均有注明。上述指标在考虑规划中提出指标的同时，补充了与高新区生态环境保护、绿色低碳密切相关的指标，且有具体的现状值和规划近、远期目标值，为指导规划后续实施提供了定量的指标抓手。

2. 本案例有特色地方是，该园区在规划环评编制过程中同步在开展低碳园区建设相关工作，将绿色低碳建设的特色指标纳入规划环评的评价指标体系，可作为其他同类型产业园区的参考。

五、环境影响预测与评价

（一）规划实施生态环境压力分析

1．待开发用地布局及产业

高新区合计待开发用地面积约为 151.03 hm^2，用地类型包含：C6 教育科研设计用地、M 工业用地、C2 商业服务用地、C3 文化用地、C8 商务办公用地以及 R 居住用地。

各类型待开发用地分布图（略）

2．规划发展情景设置

结合园区规划开发时序和企业用地转型等开发需求，本次评价给出近期、远期两个情景模式（表 1-6）。

表 1-6　规划情景分析

单元	近期（2025 年）	远期（2035 年）
研发基地	一期：因时序较短，空地的开发程度按 50%计，在建拟建企业完成建设并投入使用。生活源依据用地，按 50%新增计	一期：按规划实施，研发地块空地全面开发；在建拟建企业完成建设并投入使用。生活源依据用地，按 100%新增计
	二期：部分地块开发，居住用地开发约 80%	二期：地块空地全面开发；居住等其他配套用地均完成建设
大学园区	人口规模按新增 500 人 教学设施按在建拟建项目计	人口规模合计按新增 1 000 人 教学设施按在建拟建项目计
紫竹半岛	建设完成	建设完成

3．源强参数选取

待开发利用的工业、研发用地单位面积排污系数的选取主要考虑高新区现有和主导行业相关典型企业的排污系数；在建、拟建源主要根据高新区内环评已批尚未竣工验收的项目；削减源为高新区内已有明确搬迁、关停计划的项目，排污数据主要来自企业的环评、排污许可等数据（表 1-7）。

表 1-7　待开发利用的工业、研发用地估算系数选取

污染源	预测参数选取原则
研发基地	区域 1：参考现有生物医药类典型企业排污系数
	区域 2：参考智能制造类企业排污系数，选取研发基地一期内现有典型企业，另选取长三角地区类似智能传感器、智能机器人、智能芯片和智能硬件企业各 1 家纳入计算

4．污染源分析

本次规划环评近期、远期污染物排放清单见表 1-8。

表 1-8　本次规划环评近期、远期污染物排放清单

类别	污染物/（t/a）	2020 年排放	在建、拟建源	2025 年规划新增	2025 年总排放	2035 年规划新增	2035 年总排放
废水	废水量/（万 t/a）	略	略	略	略	略	略
	化学需氧量	略	略	略	略	略	略
	氨氮	略	略	略	略	略	略
	总磷	略	略	略	略	略	略
	重金属/（kg/a）	略	略	略	略	略	略
废气	二氧化硫	略	略	略	略	略	略
	氮氧化物	略	略	略	略	略	略
	颗粒物	略	略	略	略	略	略
	挥发性有机物	略	略	略	略	略	略
	氨	略	略	略	略	略	略
	氟化物	略	略	略	略	略	略
	氯化氢	略	略	略	略	略	略
	硫酸	略	略	略	略	略	略
	重金属/（kg/a）	略	略	略	略	略	略
固废	生活垃圾	略	略	略	略	略	略
	一般工业固体废物	略	略	略	略	略	略
	危险固体废物	略	略	略	略	略	略

（二）地表水环境影响预测与评价

1. 高新区污水排放方案

（1）排水现状

高新区内无污水集中处置设施。各企业产生废水经预处理达到纳管标准后接入吴闵总管后最终送往白龙港污水处理厂。大学园区和研发基地一期的管网已建成。紫竹半岛西区污水排水系统管网依托东川路、江川东路下敷设 DN600 污水干管，区域内紫星路东、江川东路南（13-01 地块）已建成 1 处地下式污水泵站，可将江川东路以南污水提升、输送至东川路下污水干管。研发基地二期现状主要依托江川东路 DN600，莲花南路 DN400 污水管，其他尚未建设。

（2）规划排放需求

如规划污染源预测所述，规划区工业源新增污水 113.46 万 t/a（含在建拟建项目、研发源），主要污染物为化学需氧量、五日生化需氧量、氨氮、悬浮物；生活源新增污水 128.81 万 t/a，主要污染物为化学需氧量和氨氮。高新区位于黄浦江上游饮用水水源保护缓冲区，按照上海市饮用水水源保护缓冲区管理办法相关规定，高新区禁止新建、扩建涉及一类污染物排放的项目。

2. 污水系统现状及规划

白龙港污水处理厂位于浦东新区合庆镇，是上海市污水治理二期工程的重要组成部分，同时也是亚洲最大的污水处理厂。

白龙港污水处理厂已建污水处理规模为 280 万 m^3/d，2018 年实际处理量为 240 万 m^3/d（剩余处理能力 40 万 m^3/d）。白龙港污水处理厂提标改造工程于 2017 年 3 月 31 日开工建设，于 2021 年 6 月 20 日竣工，2022 年 1 月完成竣工环保验收。工程设计规模 280 万 m^3/d，采用减量达标的方式，原有 6 座生物反应沉淀池处理规模减至 160 万 m^3/d，同时新建规模为 120 万 m^3/d 的生物处理设施和规模为 280 万 m^3/d 的深度处理设施及配套设施等，对原有工程 280 万 m^3/d 污水全部提标至《城镇污水处理厂污染物排放标准》（GB 18918—2002）一级 A 标准。截至 2022 年，白龙港污水处理厂已形成现状 280 万 m^3/d 处理规模，在建三期工程 70 万 m^3/d 处理能力，规划建成后白龙港污水处理厂可形成 350 万 m^3/d 的处理规模。

白龙港污水处理厂尾水通过排海泵房提升后通过尾水现状排放管，然后输送至长江口离岸排放。根据《上海市生态环境质量公报（2020 年）》，白龙港排口下游白龙港监测断面水质满足Ⅱ类水质标准要求。此外，根据 2020 年《上海市生态环境状况公报》，长江口 7 个断面中，4 个断面水质为Ⅱ类，3 个断面水质为Ⅲ类，与 2019 年相比，该区域水质总体有所改善。主要指标中，氨氮和总磷平均浓度、高锰酸盐指数平均值分别下降 15.4%、11.0%、8.7%。

3. 废水纳管可行性分析

（1）水量可行性分析

通过规划污染源分析可知，高新区未来废水新增排放量预计为 242.22 万 m^3/a，约 0.66 万 m^3/d，占白龙港污水处理厂剩余处理能力（至规划远期白龙港污水处理厂处理能力将扩大 70 万 m^3/d）的 0.94%，从水量角度考虑，高新区规划污废水排入白龙港污水处理厂可行。

（2）水质可行性分析

从水质上看，规划污染源生产废水主要来源于集成电路、生物医药、数字创意、新材料等领域工艺过程排放的 COD、氨氮等，以及生活源废水。结合对白龙港污水处理厂的调研反馈，对排入白龙港污水处理的纳管企业，应严格执行企业相关行业排放标准，无行业排放标准的执行上海市污水综合排放标准。

（3）地区周边污水管网条件

根据高新区现有运行情况可知，排水系统正常，完全可满足高新区企业和社会生活产生的污水和废水排放能力。

（4）排水许可证申领

高新区内企业按上海市及闵行区水务部门管理要求，在项目建设初期依规申请排水许可证，由水务部门审核并颁发排水许可证后项目废水才可纳管排放。排水许可证上规定有项目排水量、排污口以及主要排放因子和执行标准等信息。

综上所述，从处理能力、排水水质和污水管网建设规划等方面综合分析，规划区域内废水通过内部和周边市政污水管网最终进入白龙港污水处理厂进行处理是可行的。

（三）地下水环境影响预测与评价（略）

（四）大气环境影响预测与评价

1. 预测模型

（1）预测模型

根据高新区评价范围小于 50 km 以及评价范围的气象特征及地形特征，污染源有点源和面源两类。高新区规划实施后 SO_2+NO_x 年排放量小于 500 t/a，根据 HJ 2.2—2018 表 1，无须开展二次 $PM_{2.5}$ 预测。综上所述，选择 HJ 2.2—2018 附录 A 表 A.1 中推荐的 AERMOD 模式来对项目进行大气环境影响预测。

（2）预测范围

大气环境影响评价范围为高新区边界外延 2.5 km 距离。本次预测范围与评价范围保持一致。

（3）土地利用情况

评价范围内，闵行区划范围土地利用以建设用地为主，奉贤区划范围以农用地为主。

（4）原点设置

本次预测原点经纬度坐标为 31.023 72°N，121.450 92°E，位于高新区内研发基地一期内数码港附近。

（5）计算点

计算点包括环境空气保护目标和网格点，共 23 个保护目标。网格点覆盖预测范围，以高新区边界外延 2.5 km 距离，100 m 间隔，共 11 563 个网格点，共 11 589 个计算点。

（6）预测因子

选取有评价质量标准的评价因子作为预测因子，因此选择 SO_2、NO_2、$PM_{2.5}$、PM_{10}、非甲烷总烃、氯化氢、氟化物、氨、硫酸以上 9 项因子作为预测因子。

（7）预测周期

评价基准年为 2020 年，预测时段分为近期 2025 年、远期 2035 年。

（8）预测方案

本次评价针对预测范围内计算点，分别计算基本污染物年均浓度、保证率日均浓度和其他污染物短期浓度限值或年均浓度。具体预测方案见表 1-9。

表 1-9　预测方案

预测对象	预测项目	预测因子	预测内容
新增源	年均浓度	SO_2、NO_2、$PM_{2.5}$、PM_{10}	网格点 环境敏感目标 最大落地浓度点
	日均浓度	SO_2、NO_2、$PM_{2.5}$、PM_{10}、氯化氢	网格点 环境敏感目标 最大落地浓度点
	小时浓度	氟化物、氨、非甲烷总烃、硫酸	网格点 环境敏感目标 最大落地浓度点
削减源	年均浓度	SO_2、NO_2、$PM_{2.5}$、PM_{10}	网格点 环境敏感目标 最大落地浓度点
	日均浓度	SO_2、NO_2、$PM_{2.5}$、PM_{10}、氯化氢	网格点 环境敏感目标 最大落地浓度点
	小时浓度	氟化物、氨、非甲烷总烃、硫酸	网格点 环境敏感目标 最大落地浓度点

预测对象	预测项目	预测因子	预测内容
新增源+削减源+现状背景值	年均浓度	SO_2、NO_2、$PM_{2.5}$、PM_{10}	网格点 环境敏感目标 最大落地浓度点
	日均浓度	氯化氢	网格点 环境敏感目标 最大落地浓度点
	保证率日均浓度	SO_2、NO_2、$PM_{2.5}$、PM_{10}	网格点 环境敏感目标 最大落地浓度点
	小时浓度	氟化物、氨、非甲烷总烃、硫酸	网格点 环境敏感目标 最大落地浓度点

（9）模型主要参数设置

①地表参数：项目划定 3 个扇区，0—120、240—360 扇区地表类型为城市，120—240 扇区地标类型为农作地，地表湿度均取潮湿气候，扇区的地表反照率、波文比、粗糙度的取值见表 1-10。

表 1-10　模型参数设置

扇区	季节	地表反照率/%	波文比	粗糙度
0—120	春季	0.35	0.5	1
	夏季	0.14	0.5	1
	秋季	0.16	1	1
	冬季	0.18	1	1
120—240	春季	0.6	0.5	0.01
	夏季	0.14	0.2	0.03
	秋季	0.2	0.3	0.2
	冬季	0.18	0.4	0.05
240—360	春季	0.35	0.5	1
	夏季	0.14	0.5	1
	秋季	0.16	1	1
	冬季	0.18	1	1

②其他预测参数

● 根据导则要求，本次评价过程，在计算 1 h 平均浓度时，不考虑 SO_2 的转化；在计算日平均或年平均浓度时，SO_2 转化取半衰期为 4 h。

● NO_2 转化算法采用 PVMRM（烟羽体积摩尔率法），环境背景 O_3 有效浓度取 155 μg/m^3，全部烟道内 NO_2/NO_x 比率取 0.1，环境平衡态 NO_2/NO_x 比率取 0.9。

不考虑建筑物下洗。

2. 气象数据

（1）多年地面气象统计资料

观测气象数据信息见表 1-11。项目所在地多年气象资料统计见表 1-12。

表 1-11　观测气象数据信息

气象站名称	气象站编号	气象站级别	气象站坐标/m	相对距离/km	海拔高度/m	数据年份	气象要素
闵行气象站	58361	一般站	121.37° 31.10°	9.9	5.5	2020	温度、风速、风向等

表 1-12　项目所在地多年气象资料统计

项别	数值
年平均风速/（m/s）	1.9
最大风速/（m/s）	18.3
最高气温/℃	38.6
最低气温/℃	−4.8
年平均气温/℃	17.5
年平均相对湿度/%	72.5
年平均降水量/mm	1 442.7

根据近 20 年资料分析，闵行气象站主要风向为 E、ENE、ESE、N、NE、SE 占 54.87%，其中以 E 为主风向，占到全年 12.85%左右。闵行气象站风速呈减小趋势，2001 年年平均风速最大（2.82 m/s），2020 年年平均风速最小（1.43 m/s），无明显周期。

（2）高空气象统计资料

本次大气预测所用的高空数据采用 2020 年大气环境影响评价数值模式 WRF-ARW 模拟生成。

模式计算过程中把全国共划分为 189×159 个网格，分辨率为 27 km×27 km。模式采用的原始数据有地形高度、土地利用、陆地-水体标志、植被组成等数据，数据源主要为美国的 USGS 数据。模式采用美国国家环境预报中心（NCEP）的再分析数据作为模型输入场和边界场。

3．地形数据

网上下载 90 m 精度 SRTM 地形数据（网址：http：//srtm.csi.cgiar.org/）。数据时间为 2000 年。

4．预测结果

（1）近期情景预测结果

区域按照近期情景规划实施后，各因子预测结果均符合相应的质量标准，其中：

SO_2 在最大落地浓度点及各环境敏感点处的保证率日均和年均叠加值浓度均可满足 GB 3095—2012 中相应二级标准。在最大落地浓度点处保证率日均叠加值占标率为 7.20%，在最大落地浓度点处年均浓度贡献值叠加背景值后占标率为 10.02%。

NO_2 在最大落地浓度点及各环境敏感点处的保证率日均和年均叠加值浓度均可满足 GB 3095—2012 中相应二级标准。在最大落地浓度点处保证率日均叠加值占标率为 95.12%，在最大落地浓度点处年均浓度贡献值叠加背景值后占标率为 92.32%。

$PM_{2.5}$ 在最大落地浓度点及各环境敏感点处的保证率日均和年均叠加值浓度均可满足 GB 3095—2012 中相应二级标准。在最大落地浓度点处保证率日均叠加值占标率为 95.09%，在最大落地浓度点处年均浓度贡献值叠加背景值后占标率为 90.74%。

PM_{10} 在最大落地浓度点及各环境敏感点处的保证率日均和年均叠加值浓度均可满足 GB 3095—2012 中相应二级标准。在最大落地浓度点处保证率日均叠加值占标率为 52.98%，在最大落地浓度点处年均浓度贡献值叠加背景值后占标率为 59.93%。

非甲烷总烃在最大落地浓度点及各环境敏感点处的小时叠加值浓度可满足大气综排详解中 2.0 mg/m^3 标准限值要求。在最大落地浓度点小时浓度贡献值叠加背景值后占标率为 47.55%。

氨在最大落地浓度点及各环境敏感点处的小时叠加值浓度可满足 HJ 2.2—2018 中 0.2 mg/m^3 标准限值要求。在最大落地浓度点小时浓度贡献值叠加背景值后占标率为 32.99%。

氟化物在最大落地浓度点及各环境敏感点处的小时浓度可满足 GB 3095—2012 中 0.02 mg/m^3 标准限值要求。在最大落地浓度点小时浓度贡献值叠加背景值后占标率为 10.08%。

氯化氢在最大落地浓度点及各环境敏感点处的日均浓度可满足 HJ 2.2—2018 中 0.015 mg/m^3 标准限值要求。在最大落地浓度点日均浓度贡献值叠加背景值后占标率为 47.40%。

硫酸在最大落地浓度点及各环境敏感点处的日均浓度可满足 HJ 2.2—2018 中 0.1 mg/m^3 标准限值要求。在最大落地浓度点日均浓度贡献值叠加背景值后占标率为 7.40%。

（2）远期情景预测结果

区域按照远期情景规划实施后，各因子预测结果均符合相应的质量标准，其中：

SO_2 在最大落地浓度点及各环境敏感点处的保证率日均和年均叠加值浓度均可满足 GB 3095—2012 中相应二级标准。在最大落地浓度点处保证率日均叠加值占标率为 7.26%，在最大落地浓度点处年均浓度贡献值叠加背景值后占标率为 10.09%（图 1-4、图 1-5）。

NO_2 在最大落地浓度点及各环境敏感点处的保证率日均和年均叠加值浓度均可满足 GB 3095—2012 中相应二级标准。在最大落地浓度点处保证率日均叠加值占标率为 97.05%，在最大落地浓度点处年均浓度贡献值叠加背景值后占标率为 94.15%（图 1-6、图 1-7）。

$PM_{2.5}$ 在最大落地浓度点及各环境敏感点处的保证率日均和年均叠加值浓度均可满足 GB 3095—2012 中相应二级标准。在最大落地浓度点处保证率日均叠加值占标率为 96.06%，在最大落地浓度点处年均浓度贡献值叠加背景值后占标率为 91.64%（图 1-8、图 1-9）。

PM_{10} 在最大落地浓度点及各环境敏感点处的保证率日均和年均叠加值浓度均可满足 GB 3095—2012 中相应二级标准。在最大落地浓度点处保证率日均叠加值占标率为 55.25%，在最大落地浓度点处年均浓度贡献值叠加背景值后占标率为 62.03%（图 1-10、图 1-11）。

非甲烷总烃在最大落地浓度点及各环境敏感点处的小时叠加值浓度可满足大气综排详解中 2.0 mg/m^3 标准限值要求。在最大落地浓度点小时浓度贡献值叠加背景值后占标率为 49.96%。

氨在最大落地浓度点及各环境敏感点处的小时叠加值浓度可满足 HJ 2.2—2018 中 0.2 mg/m^3 标准限值要求。在最大落地浓度点小时浓度贡献值叠加背景值后占标率为 36.64%。

氟化物在最大落地浓度点及各环境敏感点处的小时浓度可满足 GB 3095—2012 中 0.02 mg/m^3 标准限值要求。在最大落地浓度点小时浓度贡献值叠加背景值后占标率为 15.15%。

氯化氢在最大落地浓度点及各环境敏感点处的日均浓度可满足 HJ 2.2—2018 中 0.015 mg/m^3 标准限值要求。在最大落地浓度点日均浓度贡献值叠加背景值后占标率为 56.05%。

硫酸在最大落地浓度点及各环境敏感点处的小时浓度可满足 HJ 2.2—2018 中 0.3 mg/m^3 标准限值要求。在最大落地浓度点日均浓度贡献值叠加背景值后占标率为 8.59%。

图 1-4　SO_2 保证率日均浓度分布（远期）

图 1-5　SO_2 年均浓度分布（远期）

图 1-6　NO_2保证率日均浓度分布（远期）

图 1-7　NO_2年均浓度分布（远期）

图 1-8　$PM_{2.5}$保证率日均浓度分布（远期）

图 1-9　$PM_{2.5}$年均浓度分布（远期）

图 1-10　PM_{10}保证率日均浓度分布（远期）

图 1-11　PM_{10}年均浓度分布（远期）

（五）声环境影响预测分析（略）

（六）固废处理处置及影响分析（略）

（七）土壤环境影响预测与评价（略）

（八）生态环境影响预测与评价（略）

（九）环境风险预测与评价

1. 区域开发活动类型

根据规划污染源分析，区域拟设置集成电路、生物医药、数字创意等行业，以及商业办公类企业，相关企业主要开发活动详见下文。

（1）集成电路行业

集成电路行业种类多样，包括材料及辅助物料研究、集成电路设计、软件开发等；软件开发过程无需使用化学品，材料及辅助物料研究、集成电路设计过程需使用一定量的化学品，包括氯化氢、氯气、氟化氢等有毒有害气体，氢氧化钾、硝酸等腐蚀性液体，乙醇、丙酮、二甲基亚砜、苯并三氮唑等有机溶剂。

以集成电路芯片生产为例，其在芯片刻蚀、清洗过程中需要使用各种酸性、碱性或有机溶剂类的液体化学品及各类特殊气体，并产生含重金属废水，涉及的危险化学品主要有氨气、氯气、氯化氢、磷化氢、硅烷、丙酮以及各类酸、碱；在其生产加工过程中，硅片加工过程复杂，工艺步骤主要包括清洗、氧化/扩散、光刻、化学气相沉积、干刻蚀、离子注入、溅射等工艺过程，各道工序均需多种化学品，包括酸、碱、有机溶剂、特殊气体等。

（2）生物医药行业

生物医药行业在实验过程中，利用生物制备技术从生物材料中获取特殊的生物活性物质；使用的生物材料一般为动物细胞、人体细胞及微生物等，同时，在生物医药阳性对照实验室用到的微生物涉及一些病原微生物，其中基本为第三类病原微生物，因此存在一定的生物安全风险；在细胞培养、活性物质提取纯化过程中需要使用到一定量的化学品，包括乙醇、丙酮、异丙醇、醋酸、盐酸等。

以单克隆抗体研发为例，在培养液配置过程中需要使用到一定量的营养物质如无机盐类、葡萄糖、乙醇等，在单克隆抗体提取纯化过程中需要使用一定量的酸碱、有机溶剂等，但均不涉及剧毒物质，化学品使用的数量较半导体工程类开发活动相比较少，但种类更多。

单克隆抗体生产阳性对照实验室的微生物涉及大肠杆菌、沙门氏杆菌、枯草芽孢杆菌、金黄色葡萄球菌、绿脓杆菌（铜绿假单胞菌）、白色念珠菌、黑曲霉、生孢梭菌等，依据《人间传染的病原微生物名录》，基本为第三类病原微生物，实验活动所需生物安全实验室级别应为二级生物安全保护级别（BSL-2），因此生物实验生物安全按二级生物安全保护级别设计，按照在生物实验室相关技术规范建设和管理的情况下，生物安全风险较小。

（3）商业办公类活动

商业金融业及商务办公类活动均以生活源为主，服务于周边办公居住人群，无研发及工业活动，不进行环境风险分析。

2. 环境风险影响分析

（1）典型现状企业环境风险影响分析

根据《行政区域突发环境事件风险评估推荐方法》附 3 列举优先管理对象清单，选取区内涉及风险物质使用较多、企业环境风险等级为较大的生产型企业，其中某现状集成电路企业的环境风险影响分析主要内容为：

企业可能发生的最大可信事故包括：有毒和可燃气体发生泄漏、火灾爆炸引发的次生污染事故、事故废水排放。基于企业风险评估报告，本次评价结合《建设项目环境风险评价技术导则》（HJ 169—2018）等最新环境风险评估要求，分析突发环境事件危害后果如下。

1）危险化学品泄漏事故

结合企业涉及的环境风险物质的毒性、最大存在量及临界量等，根据企业环境事件风险评估报告选择氨、磷化氢进行危化品物质泄漏的分析。

①源强分析

氨和磷化氢包装、泄漏速率参考企业环境事件风险评估报告值，其他源强参数根据同类型事故经验确定。化学品泄漏事故分析源强见表 1-13。

表 1-13 化学品泄漏事故分析源强

物质	包装	泄漏速率/（kg/s）	泄漏时间/min	泄漏高度/m	泄漏孔径/mm
氨气	25 kg/瓶	0.164	2.54	1	10
磷化氢	40 L/瓶	0.12	5	1	10

②评价指标

物质毒性终点浓度见表 1-14。

表 1-14 物质毒性终点浓度

序号	物质名称	CAS 号	毒性终点浓度-1/（mg/m^3）	毒性终点浓度-2/（mg/m^3）
1	氨	7664-41-7	770	110
2	磷化氢	7803-51-2	5	2.8

③预测结果

磷化氢采用 SLAB 模型，氨气采用 AFTOX 模型开展预测。在各稳定度下，以 F 稳定度的气象条件最为不利（表 1-15）。

表 1-15 磷化氢和氨气预测结果

<table>
<tr><td colspan="6">a 磷化氢</td></tr>
<tr><td>代表性风险事故情形描述</td><td colspan="5">1 个 40 L 钢瓶破损泄漏，磷化氢挥发扩散至大气中</td></tr>
<tr><td>环境风险类型</td><td colspan="5">危险物质泄漏事故</td></tr>
<tr><td>泄漏设备类型</td><td>40 L 钢瓶</td><td>操作温度/℃</td><td>25</td><td>操作压力/MPa</td><td>/</td></tr>
<tr><td>泄漏危险物质</td><td>磷烷</td><td>组分最大存在量/kg</td><td>36</td><td>泄漏孔径/mm</td><td>10</td></tr>
<tr><td>泄漏速率/（kg/s）</td><td>0.12</td><td>泄漏时间/min</td><td>5</td><td>泄漏量/kg</td><td>36</td></tr>
<tr><td>泄漏高度/m</td><td>1</td><td>泄漏气体释放量/kg</td><td>36</td><td>泄漏频率</td><td>/</td></tr>
<tr><td rowspan="4">大气</td><td>危险物质</td><td colspan="4">大气环境影响</td></tr>
<tr><td rowspan="3">磷化氢</td><td>指标</td><td>浓度值/（mg/m³）</td><td>最远影响距离/m</td><td>到达时间/min</td></tr>
<tr><td>大气毒性终点浓度-1</td><td>5</td><td>770</td><td>13.91</td></tr>
<tr><td>大气毒性终点浓度-2</td><td>2.8</td><td>1110</td><td>17.14</td></tr>
<tr><td colspan="6">b 氨气</td></tr>
<tr><td>代表性风险事故情形描述</td><td colspan="5">1 个 25 kg 钢瓶破损泄漏，氨气挥发扩散至大气中</td></tr>
<tr><td>环境风险类型</td><td colspan="5">危险物质泄漏事故</td></tr>
<tr><td>泄漏设备类型</td><td>25 kg 钢瓶</td><td>操作温度/℃</td><td>25</td><td>操作压力/MPa</td><td>/</td></tr>
<tr><td>泄漏危险物质</td><td>氨气</td><td>组分最大存在量/kg</td><td>25</td><td>泄漏孔径/mm</td><td>10</td></tr>
<tr><td>泄漏速率/（kg/s）</td><td>0.164</td><td>泄漏时间/min</td><td>2.54</td><td>泄漏量/kg</td><td>25</td></tr>
<tr><td>泄漏高度/m</td><td>1</td><td>泄漏气体释放量/kg</td><td>25</td><td>泄漏频率</td><td>/</td></tr>
<tr><td rowspan="4">大气</td><td>危险物质</td><td colspan="4">大气环境影响</td></tr>
<tr><td rowspan="3">氨气</td><td>指标</td><td>浓度值/（mg/m³）</td><td>最远影响距离/m</td><td>到达时间/min</td></tr>
<tr><td>大气毒性终点浓度-1</td><td>770</td><td>90</td><td>2.5</td></tr>
<tr><td>大气毒性终点浓度-2</td><td>110</td><td>300</td><td>0.75</td></tr>
</table>

根据预测结果分析，在大气稳定度为 F、风速为 1.5 m/s 的情况下，泄漏物质磷化氢的最大落地浓度为 718.39 mg/m^3、氨气的最大落地浓度为 7 963.00 mg/m^3，均出现在下风向 10 m 处，在厂区内。磷化氢的毒性终点浓度-1 和毒性终点浓度-2 的最大影响范围分别落在 770 m 和 1 110 m 处；氨气毒性终点浓度-1 和毒性终点浓度-2 的最大影响范围分别落在 90 m 和 300 m 处。

由上可知，该企业典型危化品泄漏事故的环境风险影响最大范围为 1 110 m，在本次规划环评环境风险评价范围内。该企业最大影响范围内受影响的具体企业及敏感点（至小区级别）清单（略）。根据企业环境风险应急预案中制订的疏散方案，如果该企业发生上述物质的意外泄漏事故，企业将加强联动防范，做好与园区和周边社区的信息交流，紧急通报周边敏感企业和敏感目标进行疏散和并协助救援。此外，企业针对上述化学品泄漏事故已采取了针对性措施，具体措施（略）。

（2）典型规划环境风险事故类型分析

高新区整体位于上海市黄浦江上游饮用水水源保护缓冲区内，虽不涉及一级、二级和准水源保护区，但区域整体水环境敏感度高，在此背景下，本次评价着重选取事故废水外溢事件作为规划实施后产生的环境风险事故类型进行影响分析。

1）参考企业选取

高新区现有典型企业参考：某企业位于园区内，独立占地，主要从事半导体闪存产品生产和研发。企业地块临近区内地表水系，为区域内地表水环境风险防范的热点区域。该企业目前已建立的风险源、企业层面的水环境风险防范措施如下：

● 事故废水收集措施：

企业事故排水收集措施为沙袋、吸附材料及收集桶，企业现有的废水调节池剩余容积为 672 m^3，可作为事故应急池，发生事故时可通过引流、泵抽等方式将消防废水引入废水调节池，杜绝了对周边水体的污染。发生火灾事故时，若火势较小，尽可能用干粉、泡沫灭火器灭火，事故结束后，将灭火物质收集至收集桶内；若火势较大，需用水雾降温，可先用沙袋、挡板等进行围堵，然后用惰性吸附材料进行吸附，收集事故废水至企业废水调节池中，现有收集措施可以容纳事故期间排水，此外，雨水排口安装截止阀，确保消防水不外流到周边水环境。事故结束后，对事故废水进行检测，对于低浓度废水，根据事故废水性质打入废水处理站相应处理单元，高浓废水委外处理（图 1-12）。

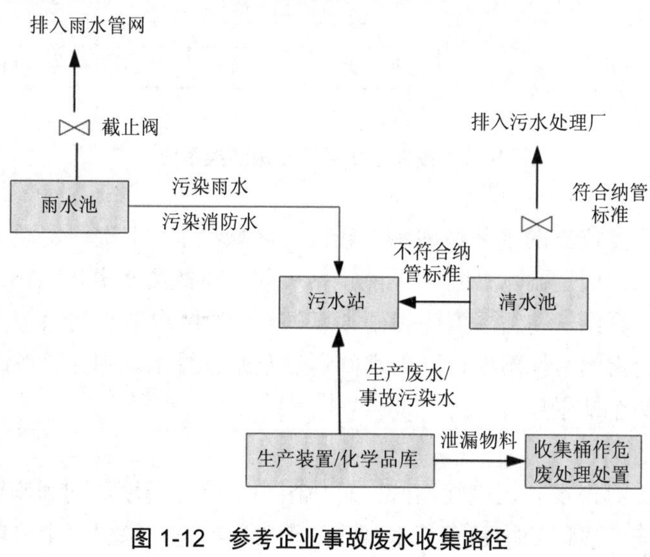

图 1-12　参考企业事故废水收集路径

● 雨排水系统防控措施

厂区实行雨污分流制，设有独立的雨、污水排水系统。厂区内雨水进入雨水管网后由排水泵排入园区雨水管道。雨水排口已安装截止阀，企业确保截止阀处于关闭状态（平时常关状态），当事故发生时，如事故废水进入雨水管网事故废水会暂存在雨水管网内。

● 清净下水系统防控措施

厂区没有清净下水排入雨水管网，企业清净下水为冷却塔排水，进入企业废水处理系统，且废水调节池容积保持足够事故排水容量。最终通过市政污水管网纳入白龙港污水处理厂处置。

2）情景分析

根据前文回顾，以及典型企业的水环境风险措施的落实情况的分析，高新区现状已设置“风险源—企业—园区”三级水环境风险防控系统，污染物经车间吸附、拦截、围堵，企业拦水、引流、转移，园区层面节水闸关闭等措施协同控水，最后导流回原企业形成闭环处理。高新区三级水环境风险防控体系已具备基本防控能力，现有涉水风险企业在落实装置—企业层面的风险防范措施（如雨水截至阀等）的前提下，能有效防范事故废水进入区域地表水系（图 1-13）。

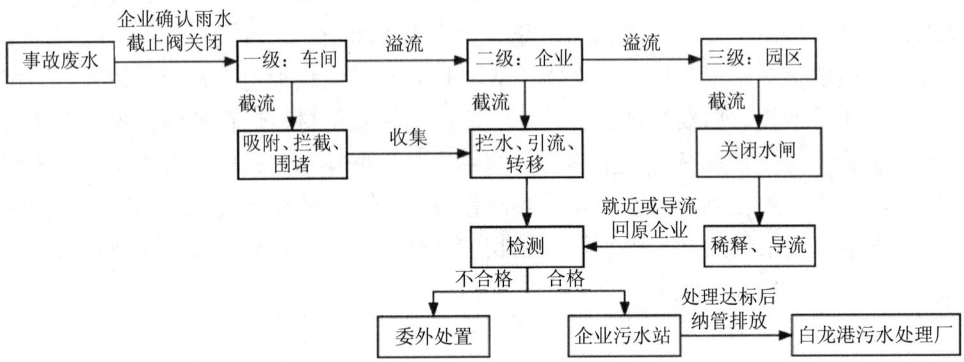

图 1-13 高新区水环境三级防控系统

鉴于高新区所处位置的水环境敏感度较高的区域特征，本次评价规划环境风险分析考虑最不利情景。即假定雨水截止阀不能正常关闭，事故废水溢出从雨水口排入河道。

根据水利部门介绍，高新区内除暴雨期以外，一般区内节水闸除每日泵站引水和排水期外，其余时间常闭。暴雨期，区内水闸通过泵站强排水。因此，考虑事故情景从非暴雨期和暴雨期两个情景展开。

①非暴雨期情况

高新区位于上海市水利调度淀南片，总体区内水资源调度流向为南引、东排；高新区现状河流与黄浦江接口处均建有节水闸，处于常闭状态；除引、排水期通过泵站抽水以外，其他情况下区内水系与黄浦江不连通；南侧现有淡水河、樱桃河、滨江河处 3 处引水闸，东侧紫竹半岛区域朱家浜处 1 处排水闸。高新区规划范围内无长期水文监测站点，区域内水系无长期稳定的水文数据。参考高新区上游黄浦江干流松浦大桥断面水文数据，松浦大桥涨潮流速 0.48 m/s，落潮流速 0.49 m/s（《平原河网地区水资源调度改善水质的机理和实践研究——以上海市水资源引清调度为例》，阮仁良，2003）。假设区域水系水流速度动态平衡，考虑最不利情况，以该断面落潮流速 0.49 m/s，为高新区内河流流速。

以典型企业为例，在非暴雨季情况下，企业事故废水如不慎排入企业雨水管网，由园区雨水排口进入区内地表水系后至节水闸才能排入黄浦江，按照河道（水域）最短长度估算约为 3 500 m，按 0.49 m/s 流速测算，则污染物到达节水闸的时间约为 119 min。该节水闸为排水闸，平常处于常闭状态，每日定期通过水泵排水，如发生事故，责任企业及高新区可在 5 min 内电话联系水利管理所，水闸处 24 小时有人值班，可确认该水闸是否在排水期，如在，可及时关闭排水，确保受污染水拦截在区内不进入黄浦江。责任企业、高新区在事故发生后有足够的应急响应时间，可采用拦截、抽运处置、应急监测等应急措施，在处置后保证区内水质达标的情况下，再恢复水闸排水、引水功能，确保事故废水不排入黄浦江。

此外，根据高新区待开发区域还将规划新建 6 处节水闸，可进一步拦截园区内水系向东排，如发生事故关闭后，可进一步缩小事故水影响范围，拦截至园区范围内，实现分区拦截。

②暴雨期

在暴雨期，企业可能发生的涉水环境风险事故的可能性分析如表 1-16 所示。

表 1-16　事故情景分析

事故情景	可能性分析
化学品装卸过程泄漏，不慎进入厂区雨水管网系统	企业在暴雨期装卸化学品的概率低，本次评价建议企业应避免在暴雨期装卸化学品
事故废水外溢，进入厂区雨水管网系统	暴雨期发生火灾事故概率极低，不会产生大量消防事故水

从上述分析可得，暴雨期企业发生化学品泄漏和事故废水外溢的可能性均较小。同时，为了进一步降低发生的可能性，建议高新区内企业避免在暴雨期装卸化学品。在正常情况下，按照环境风险管理相关要求，现状涉水风险较大的企业均已落实风险源、企业层面的各项环境风险防范措施（如风险源区域围堰、沙包等应急物资配备）；厂区雨污分流，雨水口设置雨水截止阀并常闭和定期检修，配套建设事故废水应急存储和收集措施，事故废水在企业层面能被有效拦截。

综上所述，在规划实施过程中，高新区根据水环境三级防范措施可以有效防止事故废水外排至黄浦江。突发环境事件发生后，涉事企业事业单位负有进行先期处置的第一责任，在第一时间组织力量进行先行处置。根据事件严重程度和污染物性质，通过关闭企业雨水截止阀，将消防废水引入事故废水收集池，事故废水经厂内污水处理系统处理达标后纳管排放。事故收集池作为事故状态下的储存和调节手段，能将污染控制在厂区内，防止有毒物质通过雨水或消防排水系统进入周围环境，避免造成水环境和土壤污染。做好有毒有害物质和消防废水、废液等的收集、清理和安全处置工作，把对环境、人员的影响降低到最小限度。高新区主要企业均设置废水处理设施，在发生园区层面的突发环境事件，高新区可调协企业的废水处理设施，实现三级防控。

（十）累积环境影响预测与分析（略）

（十一）资源与环境承载状态评估

1．土地资源（略）

2．水资源

（1）可供水量预测

高新区位于城市化地区，由城市自来水厂供水。因此，规划区水资源承载力主要分析自来水厂供水能力。紫竹地区属于城投水务集团闵行公司供水服务范围，规划水源由闵行二水厂和源江水厂共同供水。根据《黄浦江上游水源地金泽水库工程环境影响报告书》，金泽水库位于上海市青浦区金泽镇西部、太浦河北岸，占地面积约为 2.7 km^2，总库容约为 910 万 m^3。2016 年年底，金泽水库原水工程正式投入运行，初期原水供应规模约为 200 万 m^3/d，远期达到 351 万 m^3/d，主要供应青浦、松江、金山、闵行、奉贤 5 个区，原水供应范围包括闵行二水厂和源江水厂。原水从金泽水库取水口取用后，通过原水管线输送至供水厂。

同时，根据《上海市供水规划（2019—2035 年）》，上海市规划形成“1、2、4、X”水源地及原水系统布局，其中“1”是指全市一张原水连通管网系统，将长江青草沙、陈行和黄浦江上游原水系统互连互通，实现互济互补。因此，未来闵行二水厂和源江水厂两家供水厂的来源水源为上海市整体原水管网系统，包括长江青草沙、陈行和黄浦江上游两个饮用水水源。

（2）水资源供需平衡分析

高新区属于城投水务集团闵行公司（闵行二水厂和源江水厂）供水范围。故水资源承载力主要分析自来水厂的供水能力能否满足高新区的发展需求。闵行二水厂总体制水规模为 60 万 m^3/d。源江水厂规划总规模为 50 万 m^3/d，分二期实施。一期工程规模为 30 万 m^3/d，于 2009 年 6 月正式通水。

根据现状及规划分析，预计本次规划实施后高新区总用水量约为 779.4 万 t/a，2.14

万 m^3/d（总用水量按照规划实施后高新区总排水量除以 0.9 测算，总排水量=现状排水量+规划新增排水量，为 701.43 万 t/a，包括生产、生活废水排放量），用水量小，闵行二水厂和源江水厂的供水量可以满足高新区规划实施后的用水需求。

区域供配水管网基本形成，供水条件较好，可满足园区企业和社会生活需要的用水量。

3．能源

高新区现状能源消耗以电力、天然气、汽油和柴油为主。高新区已完成清洁能源和低氮燃烧改造。

高新区气源来自于市政高压天然气管道，经高中压调压站后供园区使用。大学园区和研发基地一期的管网均已建成。紫竹半岛和研发基地二期气源来自研发基地一期的 1.6 MPa 高压天然气管道，结合新建道路逐渐完善燃气管铺设。因此，区内天然气管网的布局能为区域发展提供可靠的天然气保障。

高新区的上级电源为规划紫竹二期 220 kV 变电站。大学园区内已建成 2 座 35 kV 变电站。研发基地一期在建 220 kV 变电站和 110 kV 变电站，已建成紫月路/淡水河西南角、紫月路/莲花南路东北角两处 35 kV 变电站。研发基地二期和紫竹半岛逐步实施配电设施。高新区内其余用地规划结合新建道路敷设电力排管。因此，高新区及周边区域变电站布局可为区域发展提供可靠的电源保障。

4．环境承载力分析

（1）大气环境

根据区域环境空气质量变化趋势分析结果，2018—2020 年高新区所在的上海市闵行区的 SO_2、$PM_{2.5}$、PM_{10}、NO_2 浓度逐年下降，在 2020 年均达到 GB 3095—2012 年均值二级标准要求。近年来，高新区积极响应区域大气污染物防治各项措施，已完成区内锅炉企业的低氮燃烧改造及清洁能源替代，推进区内挥发性有机物的综合治理，为区域环境质量达标提供了一部分削减源。

环境空气质量改善是项区域性的工作，在高新区自身严格把关项目准入、落实各项减排措施的同时，高新区所在区域也制订了相应的减排计划。根据《闵行区“十四五”生态环境保护规划》，“十四五”期间，闵行区以“高水平保护、高标准治污、高品质建设”为工作总方针，坚持改善生态环境质量，推进减污降碳协同治理、系统治理、源头治理，将采取深化工业 VOCs 污染防治、加大移动源污染防治力度、持续推进面源污染防治等多项减排举措协同推进区域环境空气质量的改善提升。闵行区将推进相关淘汰企业的关停并转，可完成二氧化硫、氮氧化物、烟粉尘、挥发性有机污染物的削减（具体减排量略）。

根据区域减排方案，高新区所在区域大气污染物排放量将进一步削减，区域减排量能支撑高新区规划后续实施新增大气污染物排放需求，进一步实现区域总体环境空气质量不劣于现状的目标。

（2）地表水环境（略）

5．污染物总量控制（略）

点评：

本案例高新区所在区位具有两个明显的特征，①区内及周边环境敏感目标众多，区域高度产城融合；②高新区位于上海市黄浦江上游饮用水水源保护缓冲区，南侧紧临黄浦江，区域水环境敏感度高。基于上述特征，在本案例环境影响分析章节中，重点关注了对于环境敏感目标影响分析，对区域水系尤其是高新区南侧黄浦江的水环境及环境风险影响分析。

（1）大气环境影响预测分析中结合规划布局、开发时序和主导产业，合理布局规划污染源，设置规划近期、远期两种预测模拟情景，在远期全面开发的情况下，高新区规划新增的污染物所产生的环境空气影响在敏感点和网格点处的叠加背景值后的最大浓度均满足功能区标准限值的要求，不会导致区域环境空气质量水平恶化。

（2）高新区雨污水分流，生产、生活废水100%纳管，纳管后进入上海市综合性的白龙港污水处理厂处理，环评中论证了废水的纳管可行性，并补充了该污水处理厂的历年上下游断面的水质达标情况。

（3）环境风险影响分析考虑到规划的不确定性，主要结合区内现有主导产业的典型企业开展事故情景分析，①模拟典型企业火灾、爆炸情景下风险物质扩散对周边敏感目标的影响程度，结合现有企业的环境风险防范措施及预测结果，对高新区后续新建项目提出针对性的措施要求。②模拟典型企业事故水外溢的情景，细致分析“高新区—企业—风险源”三级水环境风险防范措施是否能有效拦截事故废水进入高新区南侧黄浦江敏感水体中，并根据分析结果提出针对性的补充措施要求。在本案例原报告中，此小节通过图示的形式详细地描述了事故水外溢进入高新区雨水管网后的去向，以及在高新区层面进入黄浦江的各断面的节水闸、水阀等设施的分布情况，充分论证高新区在事故发生后的应急响应及防控措施，具体到需要在发现事故多长时间内需关闭水闸等。

本案例的环境影响分析章节抓住了区域生态环境的特征，明确了影响分析的重点，预测及分析使用的模型方法符合相关技术规范要求，影响分析结果可信。为基于预测分析结果提出针对性的环境影响减缓措施提供支撑。

六、规划方案综合论证和优化调整建议

（一）规划方案环境合理性论证

1. 规划目标与发展定位合理

高新区规划目标聚焦科技创新的引领者、产城融合的示范者和创新要素的集聚者三大战略定位。高新区紧跟科技强国政策，聚焦科技创新，解决国土空间发展限制，化矛盾为融合的新理念，代表了国家在更高层次上参与全球科技竞争与合作，也体现高新区战略定位和规划对国家发展政策的理解、融合和体现。

2. 规划发展规模合理

高新区未开发利用地充足，经控规修编后，土地资源被合理配置，用地性质经再次调整，提高了土地利用效率，以此保障产业发展、居住配套需求。高新区现有企业已经全部完成了清洁能源替代，新入驻的企业也将全部以清洁能源作为燃料。区域已建立天然气输配网络，供气条件较好。高新区供水依赖于城市自来水厂，可满足高新区内生产生活用水需求。

高新区规划用地入驻企业以低污染、高附加值为主，因此对环境空气质量影响可控制。新建项目将同步建设污水管网，规划所有污废水全部纳管排放，对地表水体无不利影响。

从区域水资源和能源保障性、土地利用合理性及环境影响可接受方面综合考虑，高新区的产业发展规模具有较好的环境合理性。

3. 规划布局环境合理

高新区产业布局较为合理，符合规划的要求，但在研发基地一期单元内产业集聚度的特征不显著。研发基地二期的产业尚未入驻，一片空白，高新区应严格按照单元控规中的规划布局开展实施，保证按照产业规划布局的要求，完善单元的聚集度，同时，也可以减少对研发基地二期内部规划居住用地，紫竹半岛内及附近居住区、大学区的交叉和叠加影响，保持与居民和谐共处。

高新区位于都市发展新区，规划范围及评价范围均未涉及限制开发地区和禁止开发地区；高新区发展未涉及各类生态保护红线。空间位置符合上位规划限制要求。

高新区所处地理位置优越，南侧与黄浦江相邻，临近黄浦江区域纳入滨江绿地规划；大学园区的东侧、北侧、西侧均以居住、教育和商业为主。高新区规划与周边区域是相容的。

高新区应严格落实本次规划提出产业管控空间和环境准入要求，进一步降低产城融合后高新区未来产业发展对环境敏感目标产生的影响。

（二）规划优化调整建议

1. 严格空间管控、优化功能布局

加强对高新区内研发基地内部及周边集中居住区防护，优化工业、研发、居住等各类用地的空间分布和产业的梯级分布，严格涉风险源企业管理，适时推进污染物排放量大、环境风险高的企业退出，确保产业布局与生态环境保护、人居环境安全相协调。

后续入驻企业应在平面设计阶段优化厂区布局，办公楼等无污染设施应靠近居住用地，排气筒、污水治理设施、化学品仓库、危险废物贮存间等排污或风险设施应尽量远离居住用地布局。

2. 将本次环评提出的生态环境管控空间要求纳入在编/未编控规中

高新区内研发基地一期单元控制性详细规划在修编过程中，其余单元控规尚未开展修编。应将本次环评提出的生态环境管控空间要求纳入高新区各单元在编/未编控规中，作为指导高新区项目引入、开发建设的刚性依据。

其他规划优化调整建议（略）。

（三）规划环境影响评价与规划编制互动情况说明（略）

> 点评：
>
> 本案例的规划环境合理性分析从规划目标定位、发展规模、布局等多方面开展，论证合理、充分。同时，在案例原报告中针对性地提出了规划优化调整的建议措施和在规划环评编制过程中与规划全程互动的相关内容。

七、不良环境影响减缓对策措施与协同降碳建议

（一）资源节约与碳减排

1. 采取系列举措推进清洁生产、倡导循环经济

现状单位产值能耗或水耗水平高于行业平均水平且未开展清洁生产审核的企业，应开展清洁生产审核工作。对于已开展清洁生产审核，但仍无法达到行业平均水平的企业，应进一步提升，鼓励其不断改进工艺、使用新技术新手段达到节能、节水、减排的目的。

2. 碳减排措施

（1）革新产业布局，构建绿色发展新模式

加快新能源与新材料等低碳科技型、碳中和相关产业链优质高科技企业引进，持续提高科技型、研发型企业产值比重。深化产教融合，推进企业、高等学校、科研单位共

建绿色低碳产业创新中心等形式的研发机构。鼓励校企联合开展产学合作协同育人项目，组建碳达峰、碳中和产教融合发展联盟，建设绿色低碳技术产教融合创新平台。

严把招商、项目建设入口关，入园项目能耗、碳排放强度原则上不低于现有水平。以优化高新区产业结构，控制高耗能、高碳排放企业数量为目的，所有新建项目必须严格实施节能评估与审查，科学控制区内高耗能行业发展规模。在信息软件、数字视听、生命科学、智能制造、航空电子、新能源与新材料等产业，深化布局，形成绿色产业格局，扩大绿色产业规模，增加绿色产业产值。

（2）优化能源利用结构，推动能源绿色低碳转型

加快推进绿色能源利用，大力发展可再生能源。选择厂房面积大、基础条件好的企业开展分布式光伏建设，结合基础设施建设BIPV光伏车棚、光伏游步道及幕墙等。面向需求侧，面向用能需求多元的未来社区、工业园区或建筑综合体，建设“综合能源系统+能源互联网”的精准运行系统，通过现代信息通信技术与能源技术深度融合，实现园区信息化、智慧化、互动化，实现对能源供给侧和用户侧设备状态的全面感知。对供给侧多种能源，根据用户侧需求进行智能响应和系统自我调节，实现能源供给侧与消费侧的最优匹配。推动能源系统优化和梯级利用，打造达到国际先进水平的清洁化、电气化、数字化的绿色园区。

（3）践行减污降碳措施，形成绿色生产方式

一是挖掘工业企业节能减排潜力。重点对纳入2020年上海市重点用能（排放）名单的企业开展深度能源审计，挖掘工业企业的节能潜力，推进企业的节能技改。

目前，高新区结合低碳发展实践区创建契机，深挖现有企业的节能减排潜力，制订了高新区计划实施节能降碳措施的企业及措施列表（略）。

二是全面推动绿色制造体系发展。依据《绿色工厂评价通则》和上海市绿色产业园区指标体系和评价方法，积极推进区内重点工业企业开展绿色工厂、绿色产品、绿色供应链的创建，强化产品生态设计和全生命周期绿色管理，努力构建高效、清洁、低碳、循环的绿色制造体系，从全生命周期的角度提高资源能源效率，减少对人和环境的影响与风险。

三是采取生态工业园区、园区循环化改造、绿色园区等工作中共性关键措施，如扩大园区内企业清洁生产审核范围。对园区内单位产值能耗、水耗水平均劣于上海市行业均值水平的企业开展清洁生产审核，鼓励其他重点企业自行开展清洁生产审核，将节能、节水、节地、节材、资源综合利用和污染物、碳减排作为园区企业改造的基本要求。

（4）建设高品质绿色建筑，实现全过程绿色建造

一是运用低碳绿色建筑技术，推进建筑绿色节能，全面提升建筑、基础设施体系化水平。2025年前，新建建筑100%执行绿色建筑标准，新建建筑70%及以上达到绿色三星及以上标准，新建超低或近零能耗建筑示范项目2个以上。

二是开展公共机构低碳化改造，对办公楼、酒店等所大型公共建筑进行节能评估。

主要针对建筑的中央空调系统、照明系统、冷热水、动力及其他高耗能设备系统进行节能改造，推广节能环保空调、可再生能源在建筑中的应用。既有改造超低或近零能耗建筑示范项目2个以上。数据中心绿色改造或新建绿色数据中心2个以上。

三是系统推进低碳交通工程。完善园区内的步行道和骑行车道等慢行系统的建设，探索共享汽车租赁等服务，倡导园区内绿色出行。高新区充电桩建设，新建公共停车场（库）按照总停车位15%配建标准要求建设充电设施。

（5）实施生态系统保护与修复，巩固提升碳汇能力

随着区域开发程度深入，绿地减少将产生碳汇能力进一步降低的压力。通过科学布局绿化结构，立体绿化、规模种植维护成本低、吸碳能力强的植物等措施开展水林湖草一体化系统保护与修复，增加绿地面积与碳汇能力。基于高新区现状及发展规划，区域内拟新增36 hm^2滨江公园等绿地，探索实施区域湿地经营碳汇项目，丰富区域湿地生态系统功能，增加碳汇能力。在当前没有拟议项目活动的情况下，项目边界内所有碳库中碳储量变化之和为基线碳汇量，采用低水位植被固碳、中水位土壤储碳、高水位减排，以及综合抚育等保汇增汇措施，提高项目边界内生物量碳储量，从而提高区域碳汇约20%以上。

（6）完善低碳管理与保障体系，夯实低碳发展基础

一是完善低碳发展相关统计体系，掌握区域能源消费结构和能耗水平。在现有的统计平台基础上，拓展经济、能源、环保等相关信息，具体包括：年度园区各企业工业产值、第二产业增加值、第三产业增加值；园区分品种能源（电力、天然气、汽油、柴油）总消费量等。

二是建设低碳公共服务平台。2025年前建设低碳公共服务平台，充分利用国内外资源，为低碳发展寻找动力、增加信息、金融、技术等方面的资源。

三是编制2021—2025年连续五年的《紫竹高新区温室气体排放清单》，摸清高新区温室气体排放家底，掌握创建低碳发展实践区期间温室气体排放的变化趋势，识别主要排放源，为高新区低碳行动提供决策依据，为制订更加可行的各年度低碳发展计划提供技术支持。主要参照工业园区温室气体核算细则，建立适合高新区的温室气体核算体系，在高耗能行业及重点排放企业建立温室气体排放和能源消费台账，逐年跟踪高新区能源结构及碳排放变化趋势。

（二）紫竹高新区环境风险防范对策

针对高新区所在区域高度产城融合和水环境敏感度高的特征，本次评价主要提出下述环境风险防范措施，除下述防范对策以外，在环境风险防控、应急响应等方面也提出了具体对策建议，此处略（表1-7）。

表 1-17　高新区环境风险管控要求

方面	防控措施	负责单位	实施时限
水环境风险防范体系完善	● 严格落实《上海市饮用水水源保护缓冲区管理办法》要求，包括禁止新建、扩建一类污染物等水体污染严重的建设项目等要求； ● 区内企业根据《企事业单位环境风险应急预案备案管理办法》的要求编制环境风险应急预案； ● 区内独立厂区且有水环境风险的企业以及产业园的雨水排口应配置雨水截止阀，发生事故时可有效防止泄漏物质、消防水、污染雨水等扩散至外环境； ● 工业用地引进项目以企业为单位设置事故废水收集和应急存储设施，建议研发用地引进项目以地块或小园区为单位设置事故废水收集和应急存储设施； ● 风险源贮存区应结合实际情况采取风险防范措施，如设置围堰、防渗措施、事故废水导流沟等，相关设施容量设计应满足风险事故下的防控要求； ● 事故后对消防水进行集中收集处理，对含物料的消防水回收物料，对污染消防水进入厂污水管网，送往厂内污水处理设施，经污水处理设施处理达标后外排，对被消防水污染的雨水排水系统，事故后进行清污达标后才能投用，防止次生污染环境事故； ● 根据应急预案要求，定期进行开展应急演练，尤其是含水体污染事故的； ● 根据排污许可证要求，对流动水开展定期监测等措施； ● 规划待开发区域内须做到规划雨污管网、节水阀先行建设	高新区及区内企业	规划全期
毒性气体环境风险防范措施要求	限制引入涉及毒性气体使用的项目，如引入则应具备完善的在线监控和报警系统，措施应至少包括但不限于： ● 在毒性气体使用和储存的场所配套可燃和有毒气体检测仪器和自动连锁报警装置，并定期委托有资质的单位进行设备检修；气体使用场所在符合安全生产要求的前提下，工艺过程全封闭、负压操作；作业场所采取防火防爆措施，并设火灾自动报警设施； ● 制定针对性风险专项应急预案，明确影响范围内人员疏散及安置的应急建议	高新区及区内企业	规划全期

（三）生态环境保护与污染防治对策和措施

1. 大气环境影响减缓措施

（1）严格排放限值，促进基本污染物持续减排，对二氧化硫、氮氧化物、颗粒物排放全面执行大气污染物特别排放限值。进一步排摸梳理区内 VOCs 排放源，制定下阶段减排治理计划。逐步强化 VOCs 源头管理，把 VOCs 污染控制作为重点行业建设项目环境影响评价的重要内容，采取严格的污染控制措施，逐步实行总量控制。

（2）进一步完善企业废气排放监督体系，通过一期一档、定期更新等方式，掌握企业污染排放情况的第一手资料。对于存在超标排放等隐患的企业及时督促加强环保治理设施的优化调整。

（3）完善区域大气环境监测布点和监测计划，按照本次评价明确的大气监测要求对区域大气环境开展定期跟踪监测，了解区域环境质量变化特点，更好地指导产业发展和布局。

（4）严格控制施工扬尘，严格遵守《上海市扬尘污染防治管理办法》以及《上海市建设工程文明施工管理规定》的要求和控制措施，减少扬尘对环境的影响。

2．水环境影响减缓措施

（1）地表水污染防治。加强现有各企业中的处理设施监管，确保处理设施正常运行、保证处理效率。重点加强污染源总氮、总磷和行业特征污染物的排放监测。提升高新区环境质量监控预警和应急响应能力。

（2）地下水污染防治。

①高新区内企业采用先进工艺，对管道、设备、污水储存及处理构筑物采取严格措施，防止污染物跑冒滴漏，将污染物泄漏的环境风险事故降低到最低程度。

②区内各企业应根据项目生产设备、管廊或管线、贮存与运输装置、污染物贮存与处理装置、事故应急装置等的布局，根据可能进入地下水环境的各种有毒有害原辅材料、中间物料和产品的泄漏量及其各种污染物的性质、产生量和排放量，划分地下水污染防治区，建立不同区域的地下水防渗方案，给出具体的防渗材料及防渗标准要求，建立防渗设施的检漏系统。

③高新区结合地下水污染源的分布情况、地下水流向等在区域内布设一定数量的地下水监控井，建立地下水污染的监控、预警体系，定期开展地下水环境监测，以便及时发现问题、及时采取措施。

④制订地下水风险事故应急响应预案，明确风险事故状态下应急处置措施，提出防止受地下水污染扩散的具体治理方案。在现场配备充足的应急物资，以便于一旦发生泄漏，可及时有效地吸附、清除泄漏物，防止污染地表水或地下水。

3．土壤环境影响减缓措施（略）

4．固体废物环境影响减缓措施（略）

点评：

产业园区规划环评中要求开展碳排放评价，并提出协同降碳措施。在本案例中该高新区具有较好的碳排放评价基础，规划环评结合了高新区正在开展的低碳园区建设工作，基础数据翔实，措施可操作性强。报告提出6大方面的协同降碳措施，同时在报告中列表明确了高新区及区内企业的具体的措施内容，细化减排量和完成时限。上述措施方向可作为其他同类型园区的参考。

八、环境影响跟踪评价与规划所含建设项目环境影响评价要求

（一）环境影响跟踪评价计划（略）

（二）规划所含建设项目环境影响评价要求

本章节结合规划六大产业导向，根据高新区内已有企业和建设项目所属行业特征，分别梳理了各行业建设项目环境影响评价的重点内容和基本要求。重点内容是环境影响评价以及后续环保监管中的关注重点内容，基本要求则依据现行项目分类管理名录、简化要求、环评导则等的规定（表 1-18）。

表 1-18　建设项目环境影响评价要求

<table>
<tr><th>序号</th><th>建设项目类别</th><th>重点内容</th><th>基本要求</th></tr>
<tr><td>1</td><td>智能制造</td><td>● 集成电路类制造具有工艺相似性，又往往有企业的独特性，工艺分析和产污节点是首要梳理清晰的内容；
● 其次集成电路制造工艺有其特征和复杂性，有毒有害物质、重金属的使用、平衡和处理措施需重点关注，此外本区域属于黄浦江上游水源保护缓冲区，一类污染物排放要求需根据保护条例进行；
● 废气多分有机废气、酸碱废气、颗粒物；废水排水量较大。需重点分析配套环保设施的可行性和措施有效性；
● 使用原材料种类较多，重点做好环境风险分析；
● 规划相容性，特别是与“三线一单”的相容性分析</td><td rowspan="3">● 环评文件编制执行现行环境影响评价技术导则系列文件规定；
● 环评文件编制级别均须执行上海市、闵行区最新规定</td></tr>
<tr><td>2</td><td>新材料与新能源</td><td>● 目前区内以研发类企业为主，研发往往具有使用化学品种类较多、实验种类多的特征，工艺分析和产污节点是首要梳理清晰的内容；
● 废气中有机废气为主要种类，需重点分析配套环保设施的可行性和措施有效性；
● 使用原材料种类较多，重点做好环境风险分析；
● 规划相容性，特别是与“三线一单”的相容性分析</td></tr>
<tr><td>3</td><td>生命科学</td><td>● 生命科学类项目往往具有实验内容多、原辅材料种类多，产污轻的特征，工艺流程、产污节点是首要梳理清晰的内容；
● 其次，废气多包含有机废气、酸碱废气；废水排放可能含微生物，需重点分析配套环保设施的可行性和措施有效性；
● 此类项目多涉及微生物使用，环境风险（含生物安全）也是重点分析内容</td></tr>
</table>

序号	建设项目类别	重点内容	基本要求
4	航空电子	目前区内已研发、办公企业为主，研发往往具有使用化学品种类较多、实验种类多的特征，工艺分析和产污节点是首要梳理清晰的内容	
5	信息软件	一般此类项目基本无工艺产污，主要为生活污染源；云计算类项目需要重点关注能耗、水耗	
6	网络视听		

点评：

本案例提出高新区后续引入建设项目环境影响评价的要求，针对主导产业列出重点内容，为高新区管理机构对引入项目进行预判时提供支持，并指导高新区内后续建设项目环评工作开展。

九、产业园区环境管理与环境准入

（一）产业园区环境管理方案（略）

（二）产业园区环境准入

1．目的及原则

（1）符合国家及上海市《〈关于本市“三线一单”生态环境分区管控的实施意见〉的通知》的基本要求；

（2）重点指导开发，兼顾现状优化。本次划定的产业布局管控空间重点指导高新区后续产业的环保准入，对于现状已存在于管控空间且与管控要求存在冲突的企业或设施，重点督促其加强现有设施的环保治理与环境管理，后续结合发展实际在条件成熟后逐步调整。

2．环境空间管控要求

本章节从生态环境管控空间和产业管控空间两个方面提出要求。按照“优先保障生态空间，合理安排生活空间，集约利用生产空间”的原则，识别需要严格保护的生态空间，作为区域空间开发的底线；结合生产、生活空间布局和生产空间内开发强度，提出有利于环境保护的产业布局管控带，优化、强化开发边界管制。

（1）生态环境管控空间

●《上海市生态保护红线》

高新区及其评价范围内均未涉及《上海市生态保护红线》及闵行区生态保护红线中的生态保护红线区域。

●《上海市城市总体规划（2017—2035 年）》

根据城市总规，上海市生态空间分四类进行差异化管控，其中：四类生态空间为城市开发边界内结构性生态空间，包括外环绿带、城市公园绿地、水系、楔形绿地等，面积不小于 104 km^2（均为陆域面积），严格保护并提升生态功能。

高新区主要涉及四类生态空间，为区内淡水河水域及其两岸绿地。

●《上海市闵行区总体规划暨土地利用总体规划（2017—2035 年）》

根据闵行区总规，闵行区的生态空间划分方法与原则和上海市保持一致。高新区范围内涉及上海市和闵行区 2035 年总规中明确的四类生态空间，空间形式包括绿带、城市公园绿地等，主要位于区内淡水河两岸。高新区中的各类四类生态空间均应按照上海市总规的要求，严格保护并提升生态功能，结合市民游憩空间，提升生态空间的品质。

●《黄浦江上游饮用水水源保护区划（2022 版）》

高新区整体位于黄浦江上游饮用水水源保护缓冲区内，应严格按照《上海市饮用水水源保护缓冲区管理办法》执行相应环境管控要求。

● 高新区各单元控详规中的生态空间

高新区未来将形成整体性、连续性、开放性的公共绿地体系和有机融合、宜人便捷、多层次的公共开放空间。区内规划绿地、水系应纳入生态空间实施保护。

（2）产业管控空间

高新区在规划布局上综合考虑兼顾产业功能、创新功能与城市功能，促进园区、校区和社区的融合、联动发展，未来将逐步成为国家产城融合与“三区”联动的示范区。本次提出的产业布局管控空间为高新区缓解产城融合过程中的居民矛盾提供重要保障。

根据上海市产业园区规划环评空间管控要求的相关内容，产业管控空间围绕“现状或规划的环境敏感地块”进行布设，环境敏感地块主要包括居住用地、医疗设施用地等环境敏感地块。

①产业管控空间设置原则

● 现状或规划环境敏感用地（居住、教育、医疗）与工业用地相邻的，环境敏感用地周边应设置 200 m 的产业管控空间；

● 现状或规划环境敏感用地（居住、教育、医疗）与研发类用地相邻的，环境敏感用地周边应设置 50 m 的产业管控空间；

● 各地块位于产业管控空间内的区域受下述管控要求限制，位于产业管控空间外的区域满足高新区总体环境准入要求即可。

②产业管控空间管控要求

● 新建产业项目准入（不含实验室和小试类研发机构）管控要求：

Ⅰ类重点管控区（0～50 m）。该区域内应布局基本无污染的项目，不应新增大气污染源和涉气风险源，不应布局住宅、学校、医院等环境敏感目标；

Ⅱ类重点管控区（50～200 m）。该区域内应发展低排放、低风险的项目，不应新增大气环境影响评价等级为一级和二级的大气污染源；不应新增涉气风险物质存量与临界量比值 $Q \geq 1$ 的环境风险源；应严格控制恶臭异味物质、《有毒有害大气污染物名录》所列大气污染物、《危险化学品目录》所列剧毒物质的排放；不应布局住宅、学校、医院等环境敏感目标。

- 现有大气污染源和涉气风险源管控要求：应对照前款要求，严格控制大气污染物排放和风险水平，改扩建应做应做到污染物排放量与环境风险水平不突破现状。

本次评价基于上述产业管控空间设置原则，结合高新区内外环境敏感地块布局，共设置 4 处产业管控空间，在环境敏感地块外设置梯度产业管控空间以进一步缓解产业发展对环境敏感目标影响，促产城融合与“三区”联动。其中一处产业管控空间划分如图 1-14 所示。

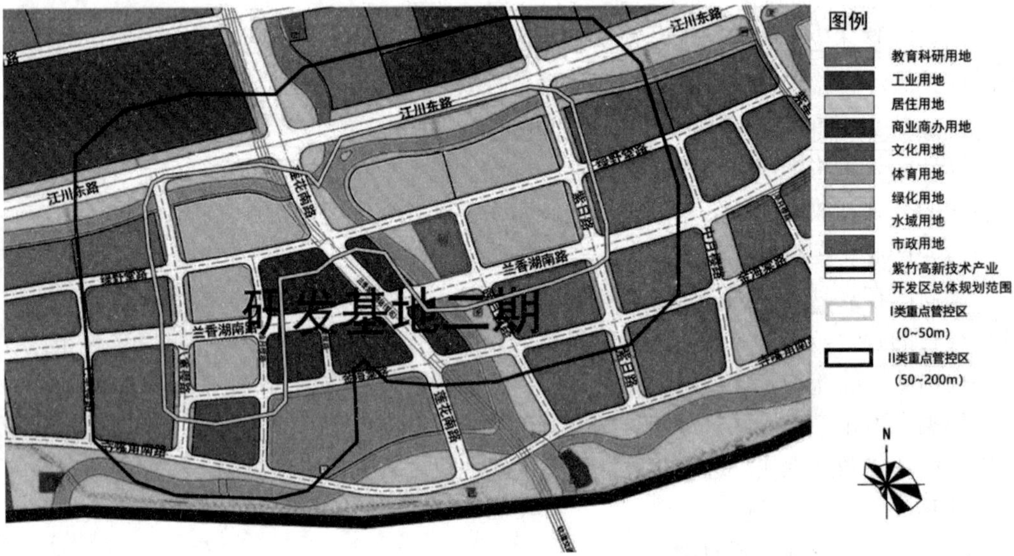

图 1-14　产业管控空间划分示意

3．环境准入清单

高新区整体及产业管控空间环境准入要求主要适用于工业生产型项目，不包含小试和实验室类机构/项目。高新区整体层面的环境准入负面清单的设定主要以促进高新区产业发展与周边环境保护相协调为原则，具体考虑以下几方面的因素：

- 产业准入应符合国家、上海市和闵行区总体产业政策及导向要求；
- 产业准入应符合园区所在区域特征及保护目标的要求；
- 优先引入在资源、能源消耗水平，污染物排放水平以及环境风险管控、环境管理方面具有优势的企业。

高新区环境准入总体要求见表 1-19，清单中所引用的全部政策文件如后续有更新，则应动态执行具有时效性的最新版本要求。

表 1-19　高新区环境准入总体要求

类别	准入要求	
产业导向	禁止引入： ● 与国家、地方现行产业政策相冲突的项目； ● 列入“高污染、高环境风险”产品名录（2021 年版）的项目； ● 列入《淘汰落后生产能力、工艺和产品的目录》（第一、二、三批）规定范围内的项目； ●《上海市产业结构调整指导目录 限制和淘汰类》（2020 年版）16 类限制类和 14 类淘汰类生产工艺、装备及产品； ●《上海工业及生产性服务业指导目录和布局指南（2014 年版）》中限制类和淘汰类的行业、工艺和产品； ●《上海市清洁空气行动计划（2018—2022 年）》禁止类项目； ● 与《上海市饮用水水源保护缓冲区管理办法》相冲突的项目； ● 专业从事金属表面处理（电镀、酸洗、碱洗、脱脂、磷化、钝化、蚀刻、发黑等）的项目	
污染排放管理	废气治理	● 禁止新增工艺废气涉及重金属排放的项目； ● 禁止生产高 VOCs 含量有机溶剂型涂料、油墨和胶黏剂的新、改、扩建项目。现有生产项目鼓励优先使用低 VOCs 含量原辅料。涂料、稀释剂、清洗剂等原辅材料应密闭存储，调配、使用、回收等过程应采用密闭设备或在密闭空间内操作，采用密闭管道或密闭容器等输送； ● 控制恶臭（异味）污染物排放，产生恶臭（异味）污染物的设施或建（构）筑物必须设立局部或整体的密闭排气系统实现达标排放
	废水治理	● 园区实施雨污分流，园区范围污水全收集，建立完善污水管网维护和破损排查制度； ● 生物医药行业含有病原微生物和细胞活性的废水须经灭活后才可排入废水处理站处理
	固废治理	● 规范危险废物贮存、申报、转移过程，严格按照《危险废物收集贮存运输技术规范》（HJ 2025—2012）相关要求，暂存场所采取防雨防渗防晒措施，标识清晰，严格执行联单制度，台账制度； ● 易燃、易爆类危险废物应预处理稳定后贮存，或按易燃、易爆危险品贮存，根据相关规范进行危废暂存场所的防火、防爆、防静电等设计
环境风险防范	全区禁止引入： ● 按《建设项目环境风险评价技术导则》（HJ 169—2018）判定，危险物质数量与临界量比值 $Q \geq 10$ 的项目； ● 以集中危险化学品出售为主要功能的服务型物流仓储项目	
生物安全管控	● 涉及生物安全的项目应符合《中华人民共和国生物安全法》和行业相关要求； ● 禁止引入三级、四级生物安全实验室； ● 禁止新增专业动物饲养设施	

类别	准入要求
资源开发利用	● 禁止引入使用非清洁能源供能的企业； ● 项目能耗、水耗应符合《上海市产业能效指南》相关限值要求，新建高耗能项目单位产品（产值）能耗应达到国际先进水平； ● 引进项目清洁生产水平应达到国内平均水平，优先引进清洁生产水平达到国内先进水平的项目
总量控制	● 坚持“批项目，核总量”制度

点评：

1. 本案例中产业园区环境准入章节实则是在符合上层位“三线一单”的基础上，提出了园区层面的“三线一单”，在案例原报告中提出了高新区的管控空间（生态管控空间、产业管控空间）、环境质量底线、资源利用上线和环境准入清单，以及现有企业优化调整清单，是对高新区后续规划实施和环境管理最具有指导作用的章节，也是高新区后续项目引入、审批的重要依据。

2. 本案例结合地方政策支持，提出了在环境敏感地块与产业地块间设置一定距离的梯度产业管控空间，分区提出相应的管控要求，以更好地约束紧邻环境敏感目标地块区域的产业发展，体现分区环境管控的理念，从规划布局上缓解产城矛盾，对同类型产业园区有很好的借鉴意义。

3. 本案例提出的园区环境准入总体要求从产业导向、污染排放管理、环境风险防范、生物安全管控、资源利用开发、总量控制和空间布局约束7方面提出具体准入要求，是在本报告规划主导产业及布局、现状环境问题及制约因素分析和环境影响分析等前文评价的基础上，提出的具有综合性、针对性和实操性的园区环境管理的基本“红线”。

十、公众参与和会商意见处理

本次评价公众参与调查方式采取了部门意见征询、专家意见征询、网上信息公示等形式。规划环境影响评价期间在高新区官方网站进行了两次网上信息发布。规划环境影响评价期间对管理部门、行业专家进行意见征询，并对其反馈意见的采纳情况进行说明。公众参与过程中各项公示均有现场照片、网页等资料存档。整个公众参与工作符合《环境影响评价公众参与办法》（中华人民共和国生态环境部令　第4号）和《上海市环境影响评价公众参与办法》（沪环规〔2021〕8号）的要求。本次公众参与工作具有合法性、有效性、代表性和真实性。

公示期间，除管理部门及行业专家意见有反馈以外，未收到公众反馈意见。针对管理部门和专家意见，本次规划环评大部分采纳并在报告修改中进行了反映。

十一、评价结论

上海紫竹高新技术产业开发区作为国家级高新技术园区，现状已形成以集成电路和生物医药等生产、研发为主导的产业格局。本环评通过实地勘探、监测调查、数据统计等方法对高新区的发展历程进行了回顾，识别了高新区存在的环境问题及制约因素，分析了后续规划实施可能产生的环境影响，并在此基础上提出了规划调整建议和园区发展准入要求。

高新区规划产业导向、功能布局等符合国家和上海市产业政策，与区域规划和环境保护规划相容。高新区规划地块开发建设及运行管理过程中，应通过进一步优化布局、调整产业导向、降低环境风险、完善进区项目污染控制措施，达到经济、社会和环境的协调可持续发展，在采纳本环评报告提出的调整建议和环境保护减缓措施后，从环境保护角度，规划实施可行。

案例分析

该规划环评报告书编制内容简洁、格式规范、评价重点突出，评价方法基本正确，评价内容总体符合 HJ 131—2021 等有关要求。报告书在梳理高新区发展历程、开展环境现状调查和回顾性评价的基础上，分析《规划》与相关规划的协调性，识别《规划》实施的主要资源环境制约因素，预测评价《规划》实施对大气环境、水环境等方面的影响，开展碳排放评价、环境风险评价、公众参与等工作，论证了《规划》方案的环境合理性，提出了《规划》优化调整建议和减缓不良环境影响的对策措施。报告书基础资料翔实，采用的技术路线和方法适当，对主要环境影响的预测分析结果基本合理，提出的《规划》优化调整建议和减缓不良环境影响的对策措施原则可行，评价结论总体可信。

需要强调的是，本规划环评编制过程中，与《规划》的编制部门开展了有效的互动，基于区域现状环境质量制约，提出的将园区内未开发区域中拟兼容工业开发的研发地块从 19 块调整为 6 块，总面积由 34.2 hm^2 调整到 11.1 hm^2，并对上述兼容用地提出环境准入要求，已得到《规划》采纳，较好地体现了规划环评早期介入、与《规划》开展全过程互动的原则。

产业园区规划环评应重点关注以下几方面问题：

一、规划概述与分析

产业园区规划环评中所评价的产业园区的“出生证”非常重要，是后续审查过程中的重要依据。应在规划概述与分析中充分明确所评价规划中园区四至范围的认定来源，须有主管部门出具的认定文件作为背书。此外，产业园区规划内容应主要包括园区规划范围、规划发展时序、规划定位、主导产业、功能布局、土地利用规划、配套基础设施规划及环保规划等。应采用图、表、文字相对应的形式，简明、清晰概述规划方案的主要内容，以及规划方案提出环境保护要求。

规划的协调性分析包括与相关政策法规、上层位规划的符合性分析，与同层位规划的协调性分析等。对于产业园区规划而言，应重点分析产业园区规划主导产业与区域产业政策的相符性；规划范围与主体功能区划、生态红线规划、国土空间总体规划、生态空间规划的符合性，明确园区是否在“三区三线”中城镇开发边界内，是否涉及生态保护红线、生态环境敏感区；规划方案与区域“三线一单”等相关环保规划、政策在环境准入、资源能源利用、生态环境要求等方面的符合性。同时，还应分析规划与周边区域规划的协调性，重点分析规划与周边现状及规划环境敏感用地间的协调性。

二、现状调查与评价

对于产业园区而言，通过现状调查与评价识别区域现状环境问题和制约因素是判定后续影响分析重点以及提出规划优化调整方案和不良环境影响减缓措施的前提。规划环评所评价的产业园区往往是既存的现状园区，园区开发建设时间久，可能已开展过多轮规划环评，因此现状评价中应回顾园区以往规划环评的开展及审查要求落实情况，识别园区“久拖未落实”的问题作为本轮评价的重点制约因素。同时，现状园区在回顾性评价中往往会面临因园区发展历程复杂、管理机构更换多次、区内企业众多等而导致数据收集难度大、统计口径难统一等实际问题，对产业园区前期现状调研提出更高要求。规划环评前期应做好扎实的基础调研工作，保证数据的真实性和来源的可靠性。

三、产业园区环境准入

产业园区环境准入章节实则是在符合上层位“三线一单”的基础上，提出园区层面的“三线一单”，该章节对园区后续规划实施和环境管理具有明确指导意义，是园区后续项目引入、审批的重要依据，是体现规划环评宏观引领作用的重要部分。随着城镇化的高速发展，产城矛盾难以避免，如何在产业园区规划环评中通过环境准入抓手缓解产城矛盾是当前产业高质量发展趋势下需要考虑的问题。本案例中提出的产业管控空间、环境准入总体要求等内容具有一定的借鉴和参考意义。不同类型的产业园区也可以结合自身情况，有针对性地提出相应的环境准入要求，提升园区精细化管理水平。

案例二　铅锌铁多金属矿采选项目环境影响评价

一、项目概况

项目名称：某铅锌铁多金属矿山采选工程。

拟建地点：东北某矿区。

建设内容：新建 30 万 t/a 铅锌铁多金属矿采选工程，其中采矿规模 1 000 t/d（年工作 300 d），选矿规模 2 000 t/d（年工作 150 d，每年 5—9 月生产）。采用地下开采方式，平硐与斜坡道组合开拓、无轨运输，选矿工艺为“碎磨+浮选/磁选”，尾矿湿排尾矿库堆存。项目年产铅精矿 4 670 t、锌精矿 10 384 t、铁精矿 34 470 t，矿山服务年限 19 a（含基建期）。

项目组成：包括采矿工程（由三个采区组成）、选矿厂、尾矿工程以及公辅、环保和行政设施等。矿区面积 2.079 km^2，开采标高+1 035 m～+545 m。

项目总投资：14 495.93 万元。

环保政策：

本项目不属于鼓励类、限制类和淘汰类项目，为允许类项目，符合《产业结构调整指导目录（2011 年本）》（2013 年修订）的要求。

项目所处的大小兴安岭森林生态功能区为全省限制开发区域中的水源涵养型国家重点生态功能区，但支持对大兴安岭—黑河—伊春金铜铁钼多金属产业带进行有序适度的点状开发。本工程为铅锌铁多金属矿开采建设项目，为市级、区级重点项目，年开采矿石 30 万 t，服务年限 10 a 以上。项目不在呼中国家级自然保护区、呼中国家森林公园区域内，不属于矿产资源总体规划划定的限制开采区及禁止开采区。项目为点状开发，因地制宜适度开采铅锌等鼓励类矿产资源。项目采用地下开采方式，选矿生产废水和尾矿回水全部回用，生活污水经处理后排入尾矿库，无废水排放；废石回填井下综合利用，尾矿规范堆存并设风险防控措施，减缓对环境和生态的破坏。省国土资源厅已确定矿区范围。综上所述，项目符合《全国主体功能区规划》《黑龙江省主体功能区规划》《黑龙江省生态功能区划》，符合《全国矿产资源规划（2016—2020 年）》，符合《黑龙江省矿产资源总体规划（2016—2020 年）》《黑龙江省矿产资源总体规划（2016—2020 年）环境影响报告书》及其审查意见要求，符合《大兴安岭地区矿产资源规划（2016—2020 年）》《呼中区矿产资源规划（2016—2020 年）》。

本项目为铅锌铁多金属矿开采，不属于禁止和限制的土砂石非金属矿采选业，与《黑龙江省重点生态功能区产业准入负面清单（试行版）》相协调。本项目不在自然保护区、重点生态公益林等生态敏感区和饮用水水源保护区范围内，符合生态保护红线要求。

> **点评：**
>
> 该案例从选址、规模、措施等方面开展了项目与国家、地方主体功能区划、生态功能区划、矿产资源规划及规划环评的相符性分析，较为全面。建设项目与环保政策、法规、规划的符合性，是开展环评工作的前提条件。

二、工程分析

（一）工程组成

（1）采矿工程：由 3 个采区组成。一采区包括平硐、斜坡道、运输系统、通风系统、排水系统、地表高位水池等设施；二采区包括平硐、斜坡道、运输系统、通风系统、排水系统、地表高位水池等设施；三采区包括斜坡道、回风井、运输系统、通风系统、排水系统、地表高位水池、采区变电所等设施。一采区和二采区共用一个工业场地，三采区单独设置工业场地、办公室、材料库及风机房等。

（2）选矿工程：主要由原矿堆场、皮带廊、粗矿仓、粗碎车间、中细碎车间、筛分车间、磨浮车间、试验化验室等组成。

（3）尾矿库、尾矿输送和回水设施。

（4）公辅和行政福利设施：包括厂区供电、供热、给排水和通信等设施；厂区管网及道路、办公楼、宿舍、食堂等。

工程组成详见表 2-1 至表 2-3。

表 2-1　采矿工程组成

<table>
<tr><th>工程类别</th><th colspan="2">单项工程</th><th>生产方法及主要工程内容</th></tr>
<tr><td rowspan="3">主体工程</td><td colspan="2">采区</td><td>本项目由一采区、二采区和三采区组成，每个采区的开采能力均为 10 万 t/a，年开采 300 d。全矿日开采量为 1 000 t</td></tr>
<tr><td rowspan="2">一采区</td><td>开拓运输方案</td><td>采用平硐-斜坡道开拓方案，设计 800 m 标高以上采用平硐开拓无轨运输，800 m 标高以下采用平硐-斜坡道联合开拓无轨运输方案。
开采中段为 875 m、850 m、825 m、800 m、770 m、740 m、710 m、680 m、650 m，中段高度为 25～30 m</td></tr>
<tr><td>875 m 平硐</td><td>硐口坐标：X=5 787 885.426、Y=21 495 943.488、Z=875 m，断面采用三心拱形断面，净宽 2.4 m，净高 2.52 m，净断面规格 5.64 m^2，硐口装有主扇风机，作为开采 850 m 中段的回风平硐及安全出口</td></tr>
</table>

工程类别	单项工程		生产方法及主要工程内容
主体工程	一采区	850 m 平硐	硐口坐标：*X*=5 787 987.614、*Y*=21 496 021.021、*Z*=850 m，断面采用三心拱形断面，净宽 3.5 m，净高 2.62 m，净断面规格 8.31 m^2，担负回采 850 m 中段矿石、岩石、人员设备材料的运输任务，入新风井兼作安全出口。本中段回采结束后，该平硐作为开采 825 m 中段的回风平硐
		825 m 平硐	硐口坐标：*X*=5 788 110.392、*Y*=21 496 072.251、*Z*=825 m，断面采用三心拱形断面，净宽 3.5 m，净高 2.62 m，净断面规格 8.31 m^2，担负回采 825 m 中段矿石、岩石、人员设备材料的运输任务，入新风井兼作安全出口。本中段回采结束后，该平硐作为 825 m 以下中段的回风平硐
		800 m 平硐	硐口坐标：*X*=5 788 196.656、*Y*=21 496 129.590、*Z*=800 m，断面采用三心拱形断面，净宽 3.5 m，净高 2.62 m，净断面规格 8.31 m^2，担负回采 800 m 中段矿石、岩石、人员设备材料的运输任务，入新风井兼作安全出口
		斜坡道	井口位于 800 m 平硐内 217 m 处，底标高 650 m。斜坡道限制坡度 10%，每 100～150 m 设置 20 m 长的缓坡段，斜坡道最小转弯半径 15 m，净断面规格 18.9 m^2，内设宽度 1.2 m 人行道。主运斜坡道为入风井及矿山安全出口
		井下运输	井下运输采用无轨运输车（配有尾气净化装置），矿石、岩石由无轨运输车经斜坡道运出至地表。矿石直接运至选矿厂原矿堆场
	二采区	开拓运输方案	采用平硐-斜坡道开拓方案。 开采中段为 780 m、760 m、740 m、720 m、700 m、680 m，其中 800 m 为回风中段，中段高度为 20 m
		800 m 平硐	硐口坐标：*X*=5 788 691.955、*Y*=51 495 400.418、*Z*=800 m，断面采用三心拱形断面，净宽 2.4 m，净高 2.52 m，净断面规格 5.64 m^2，硐口装有主扇风机，排污风兼作安全出口
		780 m 平硐	硐口坐标：*X*=5 788 301.000、*Y*=21 496 156.000、*Z*=780 m，断面采用三心拱形断面，净宽 3.5 m，净高 2.62 m，净断面规格 8.31 m^2，担负回采 780 m 中段矿石、岩石、人员设备材料的运输任务，入新风井兼作安全出口
		斜坡道	井口位于 780 m 平硐内 275 m 处，底标高 680 m，净断面规格 18.9 m^2，内设人行道。主运斜坡道为入风井及矿山安全出口
		井下运输	井下运输采用无轨运输车（配有尾气净化装置），矿石、岩石由无轨运输车经斜坡道运出至地表。矿石运至选矿厂原矿堆场，废石运至废石场
	工业场地	一采区和二采区	一采区、二采区共用一处工业场地，包括平硐工业场地、回风井工业场地及矿石倒运工业场地。建（构）筑物包括变电所、机修间（材料）、空压机站、风机房等
	三采区	开拓运输方案	采用斜坡道开拓方案。 开采中段为 777 m、737 m、697 m、657 m、617 m、577 m，其中 777 m 为回风中段，中段高度为 40 m
		主运斜坡道	硐口坐标：*X*=5 787 822.068、*Y*=21 496 713.686、*Z*=820 m，主运斜坡道底标高 577 m，斜坡道折返形式延伸至最下开采中段。斜坡道净断面规格 18.9 m^2，内设有人行道。主运斜坡道为入风井及矿山安全出口

工程类别	单项工程		生产方法及主要工程内容
主体工程	三采区	回风井	井口中心坐标 X=5 787 608.361、Y=21 496 793.955、Z=844 m，井底标高 617 m，井深 227 m，断面尺寸：Φ=3.0 m，617 m 以下中段采用倒段式回风，倒段风井为竖井，圆形断面，Φ=3.0 m。回风井口装有主扇风机，作为出风井和通向地表安全出口
	工业场地	三采区	三采区单独设置工业场地、办公室、材料库及风机房等
辅助工程	废石场		废石场占地面积为 16 555 m^2，设计顶标高 800 m、底标高 784 m、垂高 16 m，单台阶排土，设计堆存边坡角为 36°～38°，容积为 10.6 万 m^3
	炸药库		炸药库为 10 t 存放量，布置于矿区东侧的沟谷内，占地面积为 5 704 m^2

表 2-2 选矿工程组成

工程类别	单项工程	生产方法及主要工程内容
选矿工程	原矿堆场	原矿堆场占地面积为 50 922.6 m^2，堆存顶标高为 899.0 m，堆存底标高为 885.0 m，边坡坡比为 1∶2，堆矿场地总储存量为 7.9 万 m^3，约合 20.5 万 t，满足当年 10 月至翌年 4 月约 15 万 t 矿石贮存需要，剩余贮存能力用于生产调节
	原矿仓及粗碎车间	原矿仓及粗碎车间建筑面积为 300 m^2。 原矿仓为钢筋混凝土结构，容积为 350 m^3，合 595 t。 粗碎车间有颚式破碎机一台，将矿石由 700 mm 破碎到 150 mm，由 1$^\#$皮带运输机送入中碎缓冲矿仓
	中细碎车间	中细碎车间建筑面积为 450 m^2。 圆锥破碎机破碎后的产品由 2$^\#$皮带运输机给入筛分车间，筛下产品经 4$^\#$皮带运输机送入粉矿仓；筛上产品经由 3$^\#$皮带运输机给入短头圆锥破碎机，破碎后的产品送至筛分车间
	筛分车间	筛分车间建筑面积为 350 m^2，布置有一台圆振动筛
	磨矿厂房	磨矿厂房内设置两台球磨机，一台 5-Φ500 水力旋流器组，3 台分级机。 粉矿仓下设 4 台中型板式给料机，经皮带运输机将矿石给入一段磨矿球磨机中，球磨机与水力旋流器组构成闭路磨矿
	浮选厂房	铅浮选采用 9 台 XCFⅡ-24/KYFⅡ-24 浮选机和 8 台 XCFⅡ-8/KYFⅡ-8 浮选机进行一粗二扫五精的选别。 锌浮选采用 12 台 XCFⅡ-24/KYFⅡ-24 浮选机和 6 台 XCFⅡ-8/KYFⅡ-8 浮选机进行一粗三扫三精的选别。浮选铅精矿和锌精矿分别经 Φ12 m、Φ15 m 中心传动浓缩机脱水，再给入 18 m^2 陶瓷过滤机进行过滤，过滤后的精矿卸到精矿仓，装车外运。 铁矿：旋流器溢流到一次磁选 CTB-1530，精矿由渣浆泵给入 3 台高频细筛，高频细筛的筛上产品返回二段球磨机中，高频细筛筛下产品进入 2 台 CTB-1018 进行二次、三次磁选得铁精矿，铁精矿经一台 TC-60 陶瓷过滤机过滤，过滤后的精矿卸到精矿仓，装车外运

工程类别	单项工程	生产方法及主要工程内容
选矿工程	辅助设施	建设试验室、化验室、药剂制备间及加药间、粉矿仓（1 015 m^3）、铅精矿仓（2 000 m^3）、锌精矿仓（2 000 m^3）、技术检查站等
尾矿工程	尾矿库	为“山谷型”尾矿库。选厂产出的尾矿浆重力输送至尾矿库，采用“上游法”堆积。 设计初期坝高 12 m、堆积坝高 30 m、总坝高 42 m，尾矿库最终堆积标高为 848 m，总库容为 312.69 万 m^3，有效库容为 250.15 万 m^3，为四等库。 尾矿库上游设 3 座副坝。副坝Ⅰ高度为 4 m，坝顶高程为 452 m，坝轴线长度为 108 m；副坝Ⅱ高度为 8 m，坝顶高程为 452 m，坝轴线长度为 125 m；副坝Ⅲ高度为 10 m，坝顶高程为 452 m，坝轴线长度为 228 m
	尾矿库防渗	尾矿库库底铺设 1 000 g/m^2 复合土工膜（二布一膜）防渗；土工膜上设置 30～50 cm 的素土层保护；膜下清基并压实，不再设支持层
	尾矿输送	选厂产出的尾矿浆重力输送至尾矿库，尾矿输送管线无局部压力集中区，沿途不设置事故池。 尾矿输送为陶瓷复合钢管 2 条，431 m/条，矿浆管道外部保温层厚 50 mm
	尾矿库防洪	尾矿库主要构筑物等级为 4 级，次要构筑和临时构筑物等级为 5 级。防洪标准为 200 年一遇。 尾矿库采用“井-管式”进行排洪。设计排水井共 3 座，排水井内径均为 2.0 m，自标高 812.0 m 开始进水，相邻两井重叠高度为 2.0 m。 截洪沟设置在尾矿库上游，上底宽 3.9 m、下底宽 1.5 m、深 1.2 m，边坡系数 m=1.0，浆砌块石护坡，护坡厚 0.3 m，沟底坡度应大于 0.015；周边截洪沟长度 2 026.2 m，坝肩截洪沟（包含坝脚部分）491.9 m
	尾矿回水	尾矿库排洪与回水采用一套系统，经排水井将洪水排入消力池内进行二次澄清，再由泵打回选厂进行循环使用，以保证选厂用水要求。消力池尺寸为 $L \times B \times H$=15.0 m×10.0 m×2.5 m

表 2-3　公用辅助和环保工程组成

工程类别	单项工程	生产方法及主要工程内容
公用辅助工程	给排水工程	主要利用矿井涌水供水，采用 3 眼地下水井作为补充水源。水井位于矿区主井井口东北 876 m 处，共设 3 座半地下式水源泵站，由泵站将水送至矿区新水高位水池。矿井涌水由水泵抽排至各采区地表高位水池。 厂区设生产、生活排水系统。各车间生产排水和一般生活污水进入尾矿输送系统排至尾矿库。粪便污水经化粪池和一体化污水处理设施处理后进入尾矿输送系统
	变电所	矿区新建 66 kV 总降压变电所，采用放射式配电方式，以 10 kV 出线采用高压电缆或架空线路的方式向采矿变电所、碎矿变电所、选厂变电所、尾矿砂泵站、水源泵站、生活区变电所等用电单位配电

工程类别	单项工程	生产方法及主要工程内容
公用辅助工程	道路工程	矿山主运输道路为四级，路面宽 8 m，填方处路肩宽 1 m，挖方处路肩宽 0.5 m，路面结构采用泥结石，最小曲线半径 15 m，最大纵坡 10%，总长度 2.8 km。辅助道路路面宽 6 m，路肩宽 0.5 m，路面结构采用泥结石，长度 2.6 km。矿区对外运输依托现有道路
	锅炉房	设 2 台 2 t/h 生物质锅炉
	办公生活区	办公楼、员工宿舍、食堂、浴池等总建筑面积约为 24 000 m^2
环保工程	污水处理站	生活区污水处理站为一体化污水处理设施，处理后排入尾矿库回用
	通风除尘	粗碎车间、细碎车间、筛分车间产尘点分别配备一套滤筒脉冲除尘器，收集的粉尘返回生产系统
	生态恢复	废石场、尾矿库、管线区等主要区域采用工程防护和植被恢复等组合措施进行生态恢复
	锅炉除尘	锅炉烟气采用布袋除尘器除尘，除尘灰由刮板输送机和斗式提升机送到灰仓暂时储存
	危险废物暂存间	储存废机油、化验室废液等，面积 20 m^2，位于选矿工程区
	地下水防渗	重点防渗区包括危险废物暂存间、尾矿库、加油站等，危险废物暂存间防渗按照《危险废物贮存污染控制标准》（GB 18597）执行；一般防渗区包括选矿厂区、机修间、浴池和化验室。除重点防渗区和一般防渗区外，为简单防渗区。 共设置 7 眼地下水监测井。在矿区地下水上游设置 1 眼背景值监测井，在选矿厂区、废石堆场地下水下游设置污染扩散监测井，在尾矿库区上游、两侧及下游各布置 1 眼监测井
	环境风险防范	厂区设事故池储存泄漏尾矿库浆，尾矿库初期坝下游沟口设环保拦挡坝 1 座，拦蓄溃坝事故尾砂

（二）矿床地质

矿石均赋存于中酸性浅成侵入岩体与接触带大理岩及大理岩层间的矽卡岩中，铅锌矿体和铁矿体呈脉状、似脉状、似层状、扁豆状、巢状，相对独立存在，较大矿体具膨胀收缩和分支复合现象。3 个采区共设计利用储量（331+332+333）380.98 万 t，其中铁矿石量（331+332+333）208.57 万 t、平均品位 35.79%；铅锌矿石量（331+332+333）172.41 万 t，其中铅矿总金属量 46 958 t、平均品位 2.10%，锌矿总金属量 87 728 t、平均品位 3.93%。

项目对 3 个采区的铅锌矿和铁矿原矿分别进行了化学成分分析。铅锌矿石中锌、铅、铜、硫和铁均以独立矿物存在，锌的独立矿物为闪锌矿，铅的独立矿物为方铅矿，铜的独立矿物主要为黄铜矿，另有微量蓝辉铜矿等次生铜矿物；硫的独立矿物主要为黄铁矿，另有微量磁黄铁矿；铁的独立矿物主要为赤铁矿，另有微量磁铁矿和褐铁矿；脉石矿物主要为长石、石榴石、石英，其次为碳酸盐矿物、高岭石、绿泥石、绢云母和白云母等。铁矿物主要是磁铁矿和赤铁矿，其次为半假象—假象赤铁矿，偶见褐铁矿；金属硫化物为黄铁矿；脉石矿物以石英居多，其次是绢云母、绿泥石、长石和磷灰石等。

（三）工艺流程

1．开拓运输

一采区、二采区采用平硐-斜坡道开拓方案，三采区采用斜坡道开拓方案。井下运输用无轨运输车（配有尾气净化装置）将矿石、岩石经斜坡道运出至地表。矿石运至选矿厂原矿堆场，废石用于井下充填。

2．采矿工艺

根据矿岩的物理机械性质和开采技术条件，本次设计选用全面法、留矿法、分段法等空场采矿方法。工程回采率 91%、贫化率 9%。采矿工艺流程详见图 2-1。

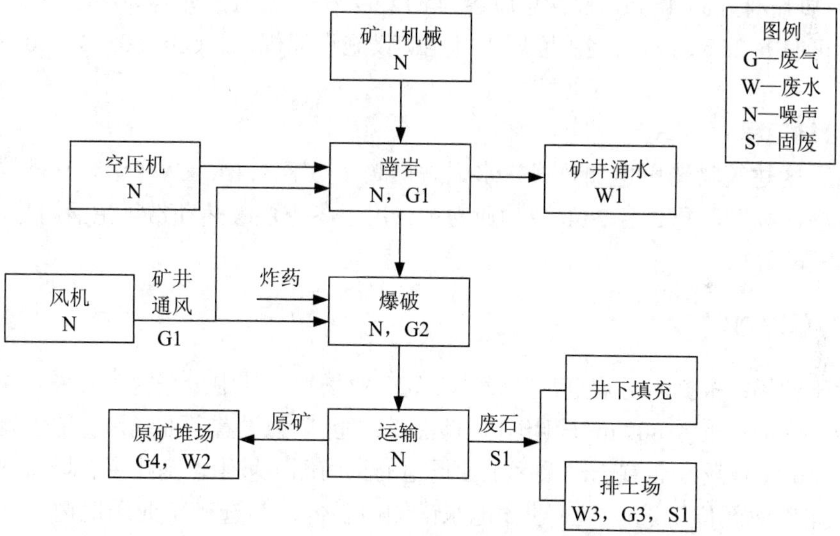

图 2-1　采矿工程工艺流程及产污节点

3．矿井通风

各采区根据巷道和采场分布，采用对角抽出式通风，辅助局部通风。

4．矿井排水

采用自流排水+机械集中排水方式。

5．废石场

基建期排放的废石部分用于尾矿库初期坝筑坝，生产期间废石全部用于井下充填。设计基建废石场顶标高 800 m、底标高 784 m、垂高 16 m，汽车运输，单台阶排土，设计堆存边坡角为 36°～38°，占地面积为 16 555 m^2，容积为 10.6 万 m^3，满足废石堆存需要。

6．选矿工艺

破碎采用三段一闭路流程；铅锌矿磨矿与选别采用一段磨矿（−200 目占 70%），一粗二扫五精浮选铅得铅精矿和选铅尾矿；浮选铅尾矿再经一粗三扫三精浮选锌得锌精矿和最终尾矿；铁矿磨矿与选别采用一段磨矿（−200 目占 60%），一次弱磁选后再进入二段磨矿（−200 目占 90%），再经过两次强磁选后得铁精矿和尾矿；精矿过滤后储存在精矿库，尾矿经管道输送到尾矿库。铅锌和铁矿选矿规模合计 30 万 t/a，设计产品方案为铅精矿（品位 65.00%，回收率 92.00%）、锌精矿（品位 50.00%，回收率 88.00%）、铁精矿（品位 66.00%，回收率 75.00%）。

7．尾矿库

设计尾矿库为“山谷型”，排尾方式为湿排，堆积方法为“上游法”，配套建设尾矿库初期坝、副坝、排洪系统、尾矿输送、回水和监测系统等设施。从选厂排出的尾矿浆经管道重力排入尾矿库堆存。尾矿库设计初期坝高 12 m、堆积坝高 30 m、总坝高 42 m，尾矿库最终堆积标高 848 m，设计总库容为 312.69 万 m^3，有效库容为 250.15 万 m^3，按选矿规模可服务 25 a 算，该尾矿库属于《尾矿设施设计规范》（GB 50863—2013）规定的四等库。

8．公辅工程

项目采区建筑物选用电加热式热水锅炉供暖，功率为 140 kW，无废气排放。生活区设置一座锅炉房，配 2 台 2 t/h 生物质锅炉，用于冬季供暖热和常年生活用热。供电、给排水工程配置略。

（四）总图布置

采矿工业场：根据采区规划，共设置 2 处工业场地，其中一采区、二采区共用一处工业场地，位于一采区 800 m 平硐硐口附近；三采区单独设置工业场地，位于斜坡道硐口附近。选矿工业场地布置于一采区工业场地的东南侧山坡上。基建废石场布置在矿区东北侧，尾矿库区位于选矿厂工业场地东南侧山谷内，与选矿工业场地边缘直线距离 300 m。炸药库布置在矿区东侧的沟谷内。生活区布置于选矿工业场地东侧直线距离 300 m 处。井上井下对照和矿山总平面布置详见图 2-2、图 2-3。

（五）工艺及选址合理性分析

1．采矿方法分析

根据国家安全监管总局、国家发展改革委、工业和信息化部、国土资源部、环境保护部发布的《关于进一步加强尾矿库监督管理工作的指导意见》（安监总管一〔2012〕32 号），新建金属、非金属地下矿山必须对能否采用充填采矿法进行论证并优先推行充填采矿法。本项目报告书提出，该区矿体为多金属矿体，形态规则，厚度、倾角变化较大；矿体与围岩界线清楚，工程地质条件中等；该矿移动范围内无河流、湖泊、农田、果园、铁路、村庄等需要保护的对象，地表可以沉陷，且矿区位于偏远地区，冬季无法保证充填用水来源，因此该矿不采用充填采矿法回采。

图 2-2 井上井下对照

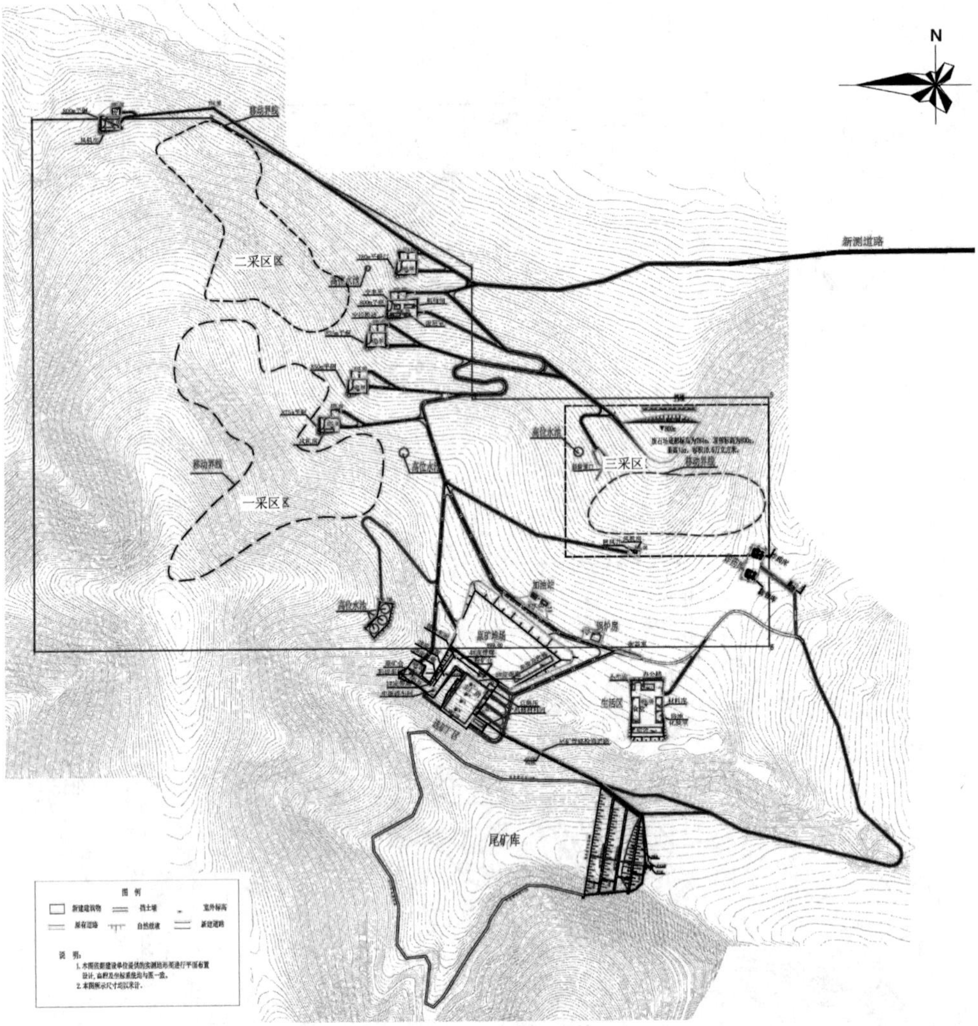

图 2-3 矿山总平面布置

2. 尾矿库方案分析

尾矿库下游无居民区、风景名胜区、国家级自然保护区，无民用、公用和军事设施，无重要铁路、公路，选址符合《一般工业固体废物贮存、处置场污染控制标准》（GB 18599—2001）及 2013 年修改单中第Ⅰ类固废处置场要求。本项目受地形地势以及下游省级自然保护区限制，区内除拟选库址外，无其他适合作为尾矿库的库址比选方案。

本项目周边河流为Ⅱ类水体，不允许废水污水排入。经报告书分析，项目若采用干排方案，无法利用尾矿库进行废水的调蓄平衡和澄清净化，难以实现废水的全部回用。因此，从环境角度分析，项目选择尾矿湿排方案具有一定的合理性。

点评：

1．该案例对照《关于进一步加强尾矿库监督管理工作的指导意见》（安监总管一〔2012〕32 号）进行了充填采矿法的技术可行性论证，出于矿石赋存特点和地表环境不敏感等原因并未采用充填法。但矿山应在开发过程中做好地表沉陷等生态跟踪观测工作，通过后评价等方式及时评判非充填采矿不利生态影响是否可以接受。其他矿山项目环评时，应结合“矿山井上井下对照图”进行开采错动范围内的环境敏感性分析，充分论证充填采矿法的必要性与合理性，尽可能降低项目的不利环境影响。

2．根据《建设项目环境影响评价技术导则　总纲》（HJ 2.1—2016）“3.11 建设方案的环境比选”和《建设项目环境影响技术评估导则》（HJ 616—2011）“6.2.3.1　选址、选线合理性评估”等要求，金属矿项目应开展大型尾矿库、废石场（排土场）方案的环境比选工作。该案例受条件制约无法开展尾矿库库址比选，但进行了干排/湿排方案的比较分析，具有一定的借鉴意义。

（六）污染源源强核算

1．废气

有组织废气包括破碎车间粉尘、筛分车间粉尘、矿区生物质锅炉房烟气、食堂油烟废气；无组织废气包括采矿通风（爆破）废气、废石场扬尘、原矿堆场扬尘、尾矿库扬尘等。

本项目在粗碎车间、中细碎车间、筛分车间之间直接采用皮带机输送，不设置转运矿仓，无矿仓转运产尘点，在转运皮带机处设置收尘设施，与破碎筛分粉尘一同处置。粗碎车间有颚式破碎机一台，其设备上部和皮带机给料处两个产尘点共用一套除尘系统，选用一台 KFT3-24 滤筒脉冲除尘器，处理风量为 9 720 m^3/h，排气筒高度 15 m，内径 0.4 m；中细碎车间有圆锥破碎机两台，其设备上部和向皮带机给料处 4 个产尘点共用一套除尘系统，选用一台 KFT4-48 滤筒脉冲除尘器，处理风量为 24 240 m^3/h，排气筒高度 18.5 m，内径 0.6 m；筛分车间布置一台圆振动筛，筛面及向皮带机给料的筛上、筛下处 3 个产尘点共用一套除尘系统，选用一台 KFT4-64 滤筒脉冲除尘器，处理风量为 32 600 m^3/h，排气筒高度为 19.5 m，内径为 0.8 m。根据《逸散性工业粉尘控制技术》等资料，矿石破碎筛分过程中的颗粒物产生系数为粗碎 0.25 kg/t（破碎料）、中细碎 1.9 kg/t、筛分 1.0 kg/t。粉尘经除尘器处理后，除尘效率可达 99.9%，由各车间排气筒排放，外排浓度达到《铁矿采选工业污染物排放标准》（GB 28661—2012）中表 5 的相关要求。

锅炉烟气及无组织废气源强核算（表 2-4、表 2-5）（略）。

表 2-4 大气污染物有组织排放量核算

序号	排放口	污染物	核算排放浓度/（mg/m^3）	核算排放速率/（kg/h）	核算年排放量/（t/a）
1	粗碎车间排气筒	PM_{10}	2.14	0.021	0.075
2	中细碎车间排气筒	PM_{10}	6.53	0.158	0.57
3	筛分车间排气筒	PM_{10}	2.56	0.083	0.30
4	锅炉排气筒	PM_{10}	1.99	0.024	0.03
		NO_x	203.1	2.45	3.06
		SO_2	143.3	1.75	2.16
5	食堂油烟排气筒	油烟	0.77	0.01	0.011
一般排放口合计	PM_{10}				0.975
	NO_x				3.06
	SO_2				2.16
	油烟				0.011

表 2-5 大气污染物无组织排放量核算

序号	排污口	产污环节	污染物	防治措施	标准名称	浓度限值/（mg/m^3）	年排放量/（t/a）
1	通风井	采矿通风粉尘	TSP	喷雾降尘，局扇、通风	《铁矿采选工业污染物排放标准》（GB 28661—2012）；《大气污染物综合排放标准》（GB 16297—1996）	1.0	0.136
		爆破废气	CO			—	0.91
			NO_x			0.12	8.1
2	废石场	废石场扬尘	TSP	洒水降尘		1.0	0.12
3	原矿堆场	原矿堆场扬尘	TSP			1.0	0.45
4	尾矿库	尾矿库扬尘	TSP			1.0	0.31
无组织排放总计							
TSP							1.016
CO							0.91
NO_2							8.1

点评：

1．该案例为铅锌铁多金属矿，属于跨行业复合型项目，铅锌矿、铁矿原矿石的破碎、筛分采用同一套系统，但不同时生产，所在区域暂未执行特别排放限值，因此颗粒物排放浓度限值在《铅、锌工业污染物排放标准》（GB 25466—2010）的 80 mg/m^3 和《铁矿采选工业污染物排放标准》（GB 28661—2012）的 20 mg/m^3 中取严。

2．根据《环境影响评价技术导则 大气环境》（HJ 2.2—2018）要求，为衔接排污许可管理制度，废气环节工程分析应开展污染源源强核算工作。该案例有组织排放源主要为选矿破碎筛分废气和 2 t/h 生物质锅炉烟气，对照《排污许可证申请与核发技术规范 总则》（HJ 942—2018）和《排污许可证申请与核发技术规范 锅炉》（HJ 953—2018），不涉及工业炉窑和 10 t/h 以上锅炉，无主要排放口。

3．该案例废气源强参考数据源自美国俄亥俄州环保局的无组织尘源控制可行技术研究。在行业源强核算技术指南发布前，金属矿采选项目还可参考《金属非金属地下矿山通风技术规范》《工业建筑供暖通风与空气调节设计规范》《排污申报登记实用手册》(ISBN 7-80163-806-9)和污染源普查成果等资料核算源强，但要注意其参数选取的合理性。

2．废水

工程生产过程中产生的废水主要来源于矿井涌水、选矿及其他生产用水、废石及矿石淋溶水、路面地表径流、锅炉废水和生活污水等。

（1）采矿、选矿废水

根据设计文件采用大井法和类比法进行校核后，丰水期矿井涌水量为 1 308 m^3/d，枯水期矿井涌水量为 1 292 m^3/d。矿井涌水水质较好，全部由水泵抽排回用，供给主厂房做生产用水。

选矿生产用水包括选矿主厂房和渣浆泵水封用水、降尘用水、其他生产车间用水、地面冲洗水以及未预见用水。除损失水量外，剩余废水均排到尾矿库，经沉淀、澄清后共同进入回水池，由回水泵站输送到高位回水池，再回到选矿中循环使用，不外排。

尾矿库排洪系统采用“清污分流”形式，库外洪水通过截洪沟排放至尾矿库下游，库内洪水临时汇集在初期坝前，再由库内回水泵输送至高位水池全部再利用。

（2）淋溶水及路面径流

雨季废石、矿石受雨水淋洗产生淋溶废水，运输道路受冲刷产生路面径流。

原矿堆场占地面积为 50 922.6 m^2，周边设矩形截洪沟。根据最近的观测站降雨量统计，项目区 1997—2016 年日最大降水量为 42.62 mm，本项目取其作为设计收集池的降雨量参数。原矿堆场径流系数按非铺砌土取 0.3，淋溶水日最大产生量为 $50\ 922.6\times0.042\ 62\times0.3=651\ m^3$。

废石场占地面积 16 554 m^2，在废石场东、南、西侧均设置倒梯形截洪沟，废石场淋溶水最大产生量为 $16\ 554\times0.042\ 62\times0.3=212\ m^3$。

矿区道路路面径流以 X=5 787 743.254 0、Y=21 496 285.683 7、Z=885.00 m 拐点分南、北两个主要方向排水。北侧路面径流水沿边沟自流排至 780 m 平硐口附近的集水池内，道路面积 52 544 m^2，径流系数按碎石地面取 0.4，集水量按日最大产生量为 $52\ 544\times0.042\ 62\times0.4=896\ m^3$；南侧路面径流水经边沟自流至矿区低洼处排至下游集水池内，道路面积 27 295 m^2，积水量按日最大产生量为 $27\ 295\times0.042\ 62\times0.4=465\ m^3$。

（3）锅炉废水、生活污水（略）

项目水平衡见图 2-4。

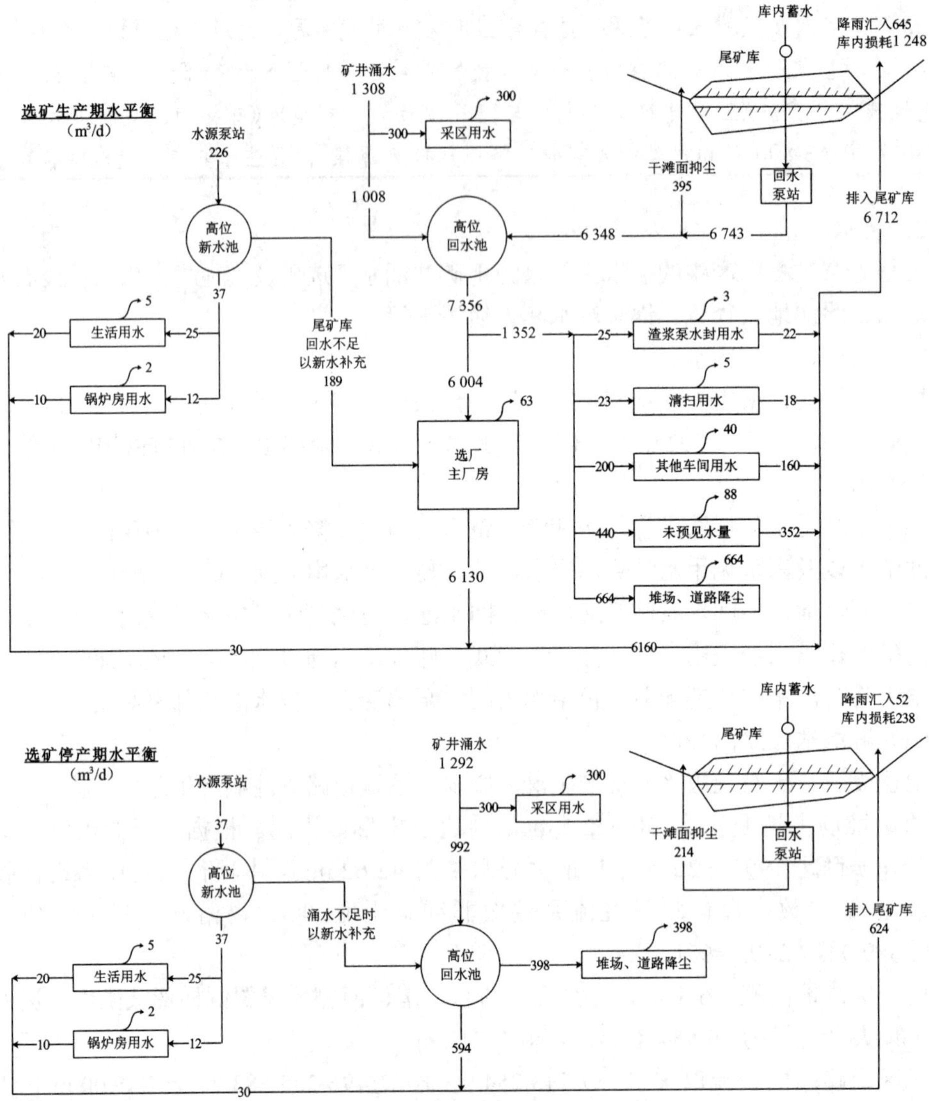

图 2-4 项目水平衡

点评：

1．项目附近地表水体敏感，该案例井下涌水量采用两种方法校核确定，并明确了计算参数，对准确开展水平衡、确保废水全部回用具有重要意义。

2．该案例在计算原矿堆场和废石场淋溶水的基础上，考虑了运输道路路面径流的产生及收集。不足之处为该案例虽然给出了因冬季低温无法采用地表封闭皮带廊运输的分析内容，但未考虑地下斜坡道等可行的矿石、废石运输方案，未最大程度降低运输撒落的含重金属矿粉受雨水冲刷进入下游地表水体的可能。

3．固体废物

根据浸出毒性试验数据，项目废石及尾矿均属于第Ⅰ类一般工业固体废物。本项目基建期产生废石 9.6 万 t，矿山基建废石部分用于尾矿库初期坝体筑坝工程，消耗废石量约 3.8 万 m^3，矿山生产期间废石全部用于回填采空区。进入尾矿库尾矿总量为 348.01 万 t，按照堆积密度 1.45 t/m^3 折算，进入尾矿库的尾矿体积为 240 万 m^3，尾矿库有效库容为 312.69 万 m^3，可满足堆存容积要求。

综合维修车间废机油、废柴油、含油棉纱、含油废手套等含油固废合计产生量 0.37 t/a，属于危险废物中“HW08 废矿物油与含矿物油废物”；项目化验室废液产生量为 0.5 t/a，属于危险废物中“HW49 其他废物”。

锅炉灰渣、生活垃圾等内容在本书中不再赘述。

4．噪声（略）

5．施工期、服务期满、非正常排放分析（略）

三、环境概况（节选）

（一）自然环境概况

地形地貌：呼中区四面环山，中部为呼玛河河谷，地形西南部多高山峻岭，东北部多丘陵河谷，形成由西南向东北海拔逐渐降低的地貌特征。主要山脉有大兴安岭主脉、伊勒呼里山、嘎来奥山、伊勒呼里山余脉、白卡鲁山等，均以北东东、北北西在区内斜向伸展。呼中区山地面积 69.0 万 hm^2，按形态可分为中山、低山两类。

气象：地处大兴安岭北部高纬度寒温带地区，属大陆性季风气候，为寒冷湿润气候区，受蒙古及西伯利亚高压控制和太平洋暖流影响，四季不分明，风向多为西风。1 月平均气温−28.6℃，7 月平均气温 17.2℃，年平均气温−4.3℃，绝对最低气温−47.4℃，绝对最高气温 32℃。年平均降水量为 497.7 mm，年降水日数为 125 d，年平均日照数 2 365.1 h，≥10℃的年积温在 1 800～2 000℃，初霜期 9 月上旬，终霜期 6 月上旬，年均无霜期 85 d 左右。

水文：区内水系发育，主要河流有呼玛河支流嘎来奥伊河和卡马兰河，呼玛河流经呼中区的河段，属山型河流，沉积形成，呈大 U 形谷，河流全长 542 km，流域面积 3.39 万 km^2。呼中境内为呼玛河上中游，长度 145 km，河床弯曲，地势陡峭，落差大，比降 1∶200，平均流速 1.5 m/s。卡马兰河为呼玛河上游的主要支流，发源于大兴安岭雉鸡场山东侧，流经飞虎山、白鲁山、卡马兰等林场，在碧水林场西注入呼玛河，全长 106 km，河宽 27 m，水深 1.5 m。嘎来奥伊河由西向东在项目区北部与卡马兰河汇集，河床宽 3～6 m，水深 0.3～0.8 m，最大流速 1.25 m/s，最大流量 6.13 m^3/s（2009 年 7 月 17 日）。区内河流受气候及大气降水制约，降雨流量上涨，而后迅速下泄。

区域地质和水文地质条件在本书中不再赘述。

（二）环境保护目标

本项目周边分布有呼玛河省级自然保护区、黑龙江岭峰国家级自然保护区等敏感生态目标。呼玛河省级自然保护区属水生野生动物类型保护区，实行流域保护，区内包括呼玛河干流及倭勒根河、古龙干河、塔河、卡马兰河等 200 条大小支流，河流总长度 18 580 km，水域、滩涂总面积 520.5 km^2，保护对象为珍稀冷水鱼类。黑龙江岭峰国家级自然保护区属森林生态系统类型自然保护区，具有寒温带针叶林生态系统的典型特征和比较完整、丰富的物种资源，总面积 683.7 km^2。

项目与呼玛河省级自然保护区——呼玛河支流卡马兰河最近距离 4.56 km，与黑龙江岭峰国家级自然保护区最近距离 6.2 km（图 2-5、表 2-6）。

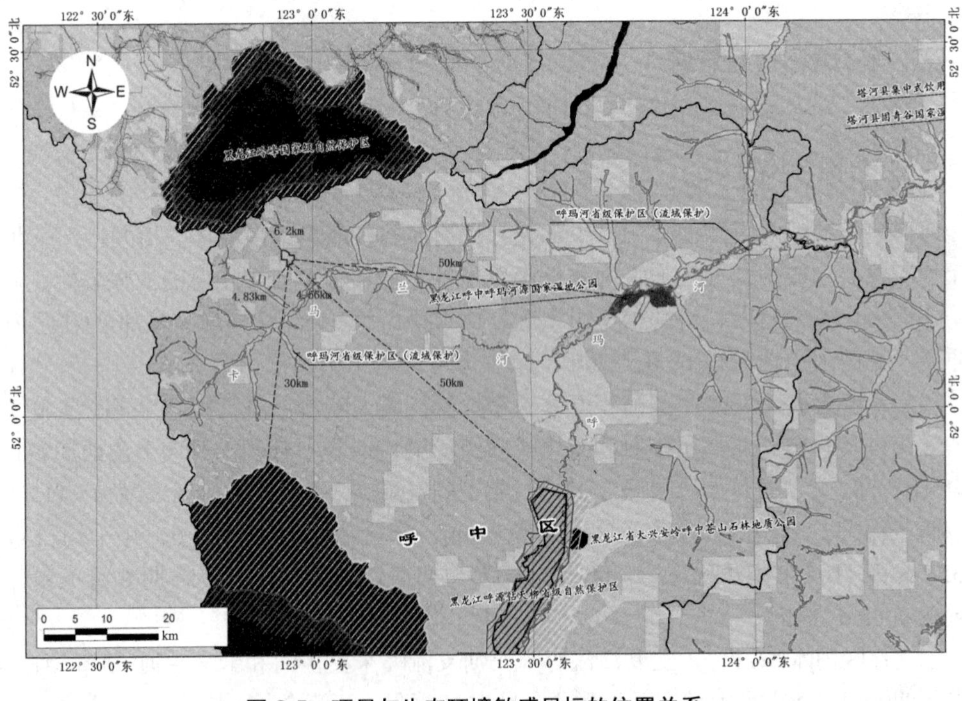

图 2-5 项目与生态环境敏感目标的位置关系

表 2-6 本项目环境保护目标情况

环境要素	敏感目标名称	方位	与矿区边界距离/m	受影响人数	环境质量要求
地表水	人字河	N	采区 280	—	《地表水环境质量标准》（GB 3838—2002）Ⅱ类
	嘎来奥伊河	NE	采区 2 300	—	
	卡马兰河	ES	尾矿库 4 560	—	
	呼玛河	ES	55 000	—	

环境要素	敏感目标名称	方位	与矿区边界距离/m	受影响人数	环境质量要求
声环境	保护项目区及周边声环境质量	评价范围内无居民分布			《声环境质量标准》（GB 3096—2008）2 类
大气环境	保护项目区及周边环境空气质量	评价范围内无居民分布			《环境空气质量标准》（GB 3095—2012）二级
生态环境	项目区及周边植被				保护周边森林生态系统及植被免遭破坏
	呼玛河省级自然保护区	E/S/W	尾矿库与呼玛河省级自然保护区卡马兰河最近距离 4.56 km		保护呼玛河省级自然保护区生态系统
	黑龙江岭峰国家级自然保护区	NW	与黑龙江岭峰国家级自然保护区最近距离 6.2 km		保护黑龙江岭峰国家级自然保护区生态系统
地下水环境	项目区及周边地下水环境				《地下水质量标准》（GB/T 14848—2017）III类
环境风险	卡马兰河位于尾矿库下游 4.56 km	防止尾矿库溃坝等造成的次生环境污染			

四、生态环境影响评价（节选）

（一）评价等级和评价范围

本项目不在生态保护红线范围内，矿区面积 2.079 km^2。考虑项目所在大兴安岭地区为国家重点生态功能区，矿区邻近呼玛河省级自然保护区（水体），且矿山开采可能导致矿区土地利用类型明显改变，评价等级上调一级，因此本项目生态环境影响评价工作等级为二级。生态环境影响评价范围取矿区范围及四周外延 0.5 km，面积 8.170 km^2。

（二）生态环境现状

评价区内具有乔木层、灌木层、草本层的立体结构，灌木层和林下草本层不丰富，林中鸟类较少，评价区域内人口较为稀少，没有大规模的生产活动，自然森林景观仍然占主导地位。繁茂的针阔混交林及次生阔叶林生态系统仍具有复杂的内部结构和强大的外部环境功能，仍是稳定、调节该区域生态环境的主导因素。区域自然生态环境质量基本良好。本项目占地区域内无保护植物分布，无珍稀濒危保护动物栖息地。项目区域土壤侵蚀类型以水力侵蚀为主，部分区域存在冻融侵蚀，土壤侵蚀以轻度侵蚀为主。

结合评价区域内自然植被的分布特征以及交通路线等多种因素，沿地下开采区、主厂房、矿区公路和尾矿库布设调查样线，根据群落的区系组成、外貌、结构和生境等特点设置样地开展植被样方调查，对乔木、灌木及草本样方记录植物的种类、胸径、盖度和平均高度等群落特征信息。矿区评价范围内植被现状照片、植被类型图和植物群落样方调查记录表（略）。

受小兴安岭山体及黑龙江、嫩江水系的影响，区域内土壤明显按水平、垂直及地域性表现出差异，其主要类型有暗棕壤、草甸土、沼泽土、黑土。本项目在《环境影响评价技术导则　土壤环境（试行）》实施前上报审批，于工业场地占地范围内（1#）、工业场地占地范围外（2#、6#）、尾矿库占地范围内（3#、4#）、尾矿库占地范围外（5#、7#）共7个点位采集深度0～20 cm表层土样，按照《土壤环境质量　建设用地土壤污染风险管控标准（试行）》（GB 36600—2018）表1所列45项因子及本项目特征因子（锌）进行监测。监测结果显示，各采样点土壤铜、镉、汞、砷、锌等满足GB 36600中第二类用地筛选值的限值要求，土壤环境质量现状良好。

（三）生态环境影响

1．施工期

本项目井工开采基建期1.8 a，开挖、整地、填土、平地等施工行为会使局部区域的地形发生变化。建设场地裸露，挖方、填方造成大量表土堆放，旱季将会导致施工现场内扬尘增加，而雨季将造成一定量的水土流失；剥离表土及建筑材料的堆放将使场地的视觉景观质量变差。因此，在施工过程中需对临时土堆和开挖区进行苫盖，对临时工程实施绿化，落实水土保持措施，以减轻项目施工对景观的影响。

根据评价区内植被现状调查和相关文献，计算工程建设造成的生物量直接损失为6 472.792 t，占评价区总生物量的 7.94%。按照项目建设方案，工程完工后将在临时占地区进行植被恢复，水土保持植被措施和厂区道路绿化等也会恢复林灌植被。工程建设造成的生物量直接损失将会随着建设项目的结束和植被恢复措施的实施逐步得以恢复。

本次评价使用2018年8月的资源三号（ZY-3）影像数据，利用ArcGIS软件，结合临时占地和永久占地分布情况，对项目建设后生态环境的影响进行了预测。由预测成果图（图 2-6）可以看出，项目建设的生态影响相对较小，植被影响较大的区域主要集中在尾矿库。

施工占地破坏的植被为区域内的常见类型和广布种，无国家重点保护的珍稀濒危植物，项目施工不会对区域生物多样性产生影响。项目占地区域无保护动物栖息地分布，其他野生动物由于趋避反应和自我保护意识，受施工影响会迁移到远离施工区的适宜生存的区域，项目施工不会导致野生动物的种群和数量减少。

2．服务期

对土地利用的影响：项目尾矿库占地分阶段实施，随尾矿坝坝体升高，占用场地向后推进，土地利用类型转变为工矿用地，使原有的生态格局被破坏，尾矿库所在区域生态环境受到一定程度的破坏。

对景观格局的影响：工程建成后在视觉上会对整个区域有一定的影响，占据一定的景观空间单元。尤其是选矿厂区和尾矿库，占地面积较大，与周边绿色植被环境形成明显的视觉异质性；矿石输送道路等会形成景观廊道，输送管线工程对沿线原本连续的自然景观环境形成切割，对其空间连续性造成一定的破坏，使绿色的背景呈现出明显的人工印迹；运行期生产、生活建筑物在景观上形成独立斑块。项目用地占区域的比例较小，虽对该区域景观破碎化产生一定的影响，但决定地区景观格局的主要因子还是自然因素，项目对该地区的景观格局影响程度有限。

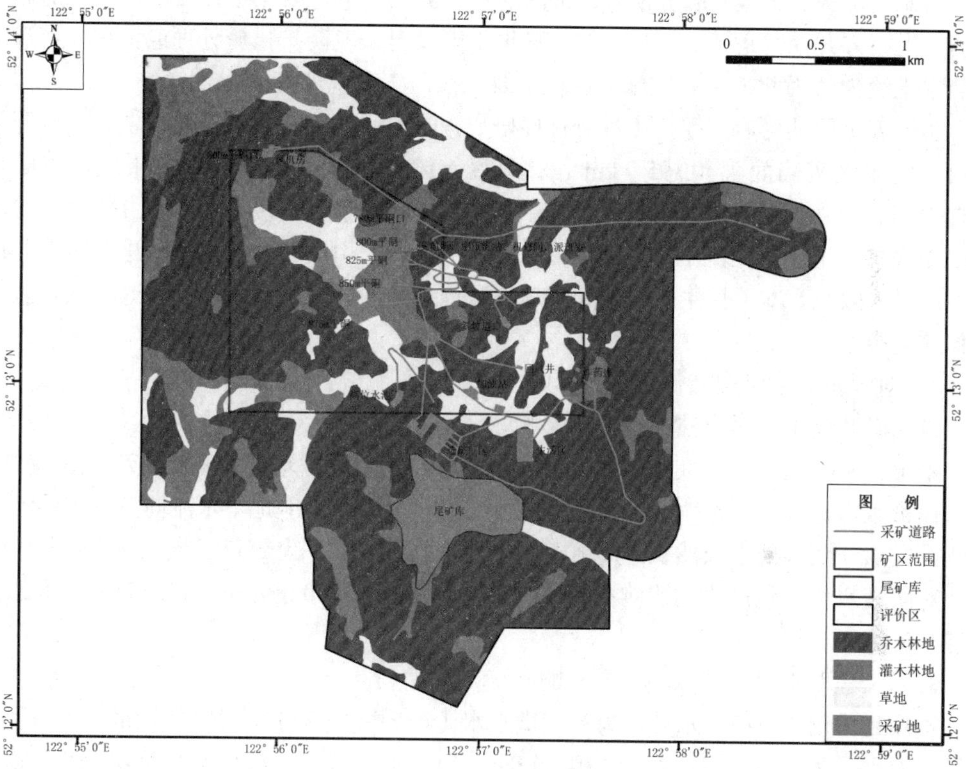

图 2-6　生态影响预测成果

对野生植物的影响：本项目占用林地为一般商品林，项目区域主要树种为白桦、落叶松等，无国家级珍稀濒危物种及保护物种。植物物种属于分布比较广的种类，生境分布非常广泛，在评价区周边较大范围都有分布，种质资源的可替代性强。本项目制订了复垦计划，开采结束后及时恢复工业广场植被，并实行“占一补一”的制度，确保恢复面积不少于占用面积，拟建工程对当地的植被覆盖面积不会有明显影响，评价区内的植被群落不会发生大的改变。

对野生动物的影响：本项目服务期尾矿库占地将对库区植被造成破坏，导致野生动物失去部分觅食地、栖息场所和活动区域，对野生动物的生存和繁衍产生不利影响，野生动物会选择周边的替代生境来躲避对其不利的环境，项目实施不会导致物种种群消失。采选生产噪声及人为活动，会导致野生动物产生趋避反应，迁移到其他区域调整行为习性并逐渐适应。随着生态恢复工程的实施，区域生态环境也将得到逐步改善，野生动物的种群和数量会有所增加。

对生物多样性的影响：项目影响区附近无保护物种，分布植被大部分为常见物种，这些物种在相邻区域都有分布，不会对区域生物多样性产生影响。

对水土流失的影响：服务期对评价区的水土流失影响主要集中在工程占地后的施工迹地、土石方开挖与运输、尾矿库等，如果不能及时采取防护措施处理或治理，会造成新的水土流失。因此，在工程施工过程中要严格落实水土保持措施。

对地表沉陷的影响：根据工程可行性研究报告对岩体力学模拟影响预测，矿山开采结束时一采区沉陷面积 0.195 9 km^2，二采区沉陷面积 0.126 8 km^2，三采区沉陷面积 0.071 2 km^2。由金属矿体埋深、厚度等赋存条件决定（矿体厚度普遍小于 10 m），地形坡度变化只发生在采空区上方局部区域，开采中同时采用废石回填采空区进一步控制地表下沉量。因此，本项目生产可能导致项目区原有地貌轻微改变，但不会改变项目区的总体地貌类型。

3. 对呼玛河省级自然保护区的影响

（1）矿井疏干水对自然保护区的影响

本项目不占用呼玛河及其支流，不涉及排水，不会对呼玛河及其支流造成影响。

评价区内地下水类型为第四系孔隙水和基岩风化裂隙水，地下水流向自分水岭流向两侧，大部分地区处于天然状态。由于地下水富水性较弱，上部疏干产生的影响范围较小，对区域水资源量产生的影响小。本项目开采标高由 880 m 至 645 m，疏干的下部含水层与河流无补给关系。

（2）工程取水对自然保护区的影响

本项目采用 3 眼地下水井作为补充供水水源，水井位于矿区主井井口东北 876 m 处，日最大取水量为 1 047 m^3，取水量相对较小；地下水井所在汇水区为人字河，属于嘎来奥伊河汇水区域。

根据本项目水资源论证报告书，嘎来奥伊河矿区附近河流断面 95%保证率的径流为 460.0 万 m^3/a，选矿生产补充水和生活取水量为 39.03 万 m^3/a，占嘎来奥伊河取水口处可供水量的 10.9%；本项目选矿生产期为 5—9 月，枯水期不生产，仅有 37 m^3/d 的生活取水；项目地下水井取水对呼玛河支流嘎来奥伊河影响较小。

4. 重金属土壤累积影响分析

本项目重金属污染土壤的主要传输途径为粉尘沉降和淋溶入渗。

预测采用土壤中污染物累积模式：

$$W_n=BK+RK(1-K^n)/(1-K)$$

式中：W_n —— n 年后的土壤累积预测值，mg/kg；

B —— 土壤背景值，mg/kg；

R—— 污染物的年输入量，mg/kg；

n—— 施用年数；

K—— 污染物在土壤中的年残留率，%。

区域土壤背景值采用土壤环境质量现状监测值，重金属土壤残留率取 90%，土壤表层按 15 cm 厚计，年输入=年总沉积量/每平方米土壤重量。

表 2-7　叠加背景值后土壤中重金属累计预测值　单位：mg/kg

年限/年＼项目	砷	汞	镉	铅	锌
1	8.506 804	0.130 001 332	0.131 431	8.124 37	198.401 202
5	8.527 896 4	0.130 005 461	0.135 867 1	8.819 917	199.644 928 2
10	8.544 294 04	0.130 008 671	0.139 315 81	9.360 648 7	200.611 825
15	8.554 023 76	0.130 010 576	0.141 362 14	9.681 497 8	201.185 543 9
20	8.559 739 12	0.130 011 695	0.142 564 18	9.869 968 6	201.522 553 6
建设用地土壤污染风险值	60	38	65	800	—

本评价考虑累积时间分别为 1 a、5 a、10 a、15 a、20 a，叠加背景值后土壤中重金属预测显示砷、汞、镉、铅、锌等重金属随着时间累积在土壤中的浓度值逐渐增加，本项目最大落地浓度范围内土壤环境产生的重金属累积污染影响在未来 20 年内满足《土壤环境质量　建设用地土壤污染风险管控标准（试行）》（GB 36600—2018）的要求。

5．服务期满生态环境影响（略）

（四）生态保护及恢复措施

本项目在施工过程中严禁占压施工区外的林地。建设单位对占用的林地缴纳林地补偿费，由当地的林业部门按照“占一补一”实施占补平衡。施工时表层单独堆存，并采取拦挡等临时性水土保持措施。施工过程中严禁捕杀飞经项目区附近的野生鸟类，禁止施工人员破坏鸟巢，捡拾鸟卵，捕捉幼鸟，禁止捕杀出没于工程附近的野生动物，防止乱捕滥猎。

在项目运行期对尾矿库的边坡、废石场等做好工程防护措施。加强现有林草植被的管护、通过补植等手段提高植被覆盖度，通过洒水降尘等措施减轻扬尘对植被生长的间接影响。加强工程周边区域的栖息地保护，开展必要的巡查活动。

项目服务期满后，尾矿库、废石场及其他生产设施占地通过落实生态恢复方案，区域生态系统的水源涵养、水土保持、生物多样性功能可最大程度地恢复。

点评：

1．生态环境影响评价为金属矿项目的评价重点，该案例考虑了邻近自然保护区和土地利用类型变化因素，对生态评价工作进行了提级；按评价深度要求进行了卫星遥感影像图片解译、样方调查等工作，从土地利用、景观格局、生物多样性、重点保护动植物等多方面开展了生态影响分析，并开展了矿井水疏干和生产生活取水对自然保护区的影响分析，提出的生态保护和恢复措施具有针对性。

2．该案例在土壤导则正式实施前报送，参照开展了表土现状监测和重金属沉降土壤累积预测。不足之处是未进行土壤理化性质调查，未对涉及入渗污染的尾矿库、废石场、原矿堆场开展土壤柱状样本底监测，也未进行必要的地表漫流和入渗污染预测分析，同类金属矿项目应予以关注，并根据现状监测和影响预测结果提出必要的土壤调查、评估、管控和修复要求。

五、地表水环境影响评价

（一）评价等级和评价范围

根据《环境影响评价技术导则　地表水环境》（HJ 2.3—2018）“表 1 水污染影响型建设项目评价等级判定”，本项目生产工艺中有废水产生，但作为回水利用，不排放到外环境，因此项目地表水环境影响评价等级为三级 B。

考虑项目事故排水影响，地表水评价范围从项目区北侧人字河上流 500 m 断面至嘎来奥伊河入河口，河段长 5 300 m；嘎来奥伊河、人字河入河口上游 500 m 断面至卡马兰河入河口，河段长 5 700 m；卡马兰河、嘎来奥伊河入河口上游 5 400 m 断面（卡马兰河尾矿库东南方向沟谷出口入河口上游 500 m 断面）至嘎来奥伊河口下游 1 000 m，河段长 6 400 m；调查评价河段总长 17.4 km。

（二）地表水环境质量现状

根据项目所在区的河流分布情况，共布设 5 个断面，现状监测氨氮、石油类、总磷、总氮、硫化物、氰化物、挥发酚、氟化物、溶解氧、六价铬、铁、锰、锌、铜、铅、镉、砷、汞、硒、钼各项单因子标准指数均小于 1，COD、BOD_5 及高锰酸盐指数单因子标准指数大于 1，不满足《地表水环境质量标准》（GB 3838—2002）Ⅱ类水质标准要求，报告书分析为林区腐殖质含量高导致。

（三）环境影响及防治措施

1. 采矿涌水、选矿废水

本项目运行期生产用水部分采用矿井涌水，不足部分采用自打深水井供水；本项目选矿废水经浓密后送入尾矿库沉淀，澄清水进入回水池，由回水泵站输送到高位回水池，全部回用于选厂生产。

2. 淋溶废水及路面径流

原矿堆场周边设沟口宽 2 m、底宽 1 m、深 1 m 的矿石浆砌截水沟，原矿堆场淋溶液收集池容积为 660 m^3。废石场北侧地势高，东、南、西侧设置上口宽 2.0 m、下底宽 1.0 m、沟深 1 m 的梯形截水沟，废石场淋溶液收集池容积 1 150 m^3。北侧路面径流沿边沟自流至低洼处 470 m^3 路面径流水收集池；南侧路面径流沿边沟自流排至 780 m 平硐口附近 100 m^3 中转集水池内，然后送至废石场 1 150 m^3 淋溶液收集池。各股废水收集沉淀后全部用于洒水降尘。

各集水池容积按项目区近 20 年最大日暴雨量计算确定，可对汇水区域雨水进行有效收集。采取以上措施后，原矿堆场、废石场地及运输道路淋溶废水均能被有效截留，形成的地表径流不会进入区域地表水体。

3. 尾矿库回水

生活污水经一体化污水处理设备处理后和锅炉废水均排入尾矿库，与尾矿浆一并在库内澄清，再经回水管泵回高位水池，用于选矿生产，不排入地表水体。

本项目冬季矿井涌水需排入尾矿库，通过尾矿库水量平衡表（表 2-8）分析，冬季在尾矿库内蓄积的矿井涌水可作为选矿补充水替代新水取用，在每年选厂生产期间将蓄积水量耗尽，不会在尾矿库内产生逐年累积的情况。因此，从水量和工艺上来说，本评价提出的水污染防治措施是可行的。

表 2-8　尾矿库水量平衡　　单位：m^3

月份	井下涌水等入库量	尾矿浆入库量	降雨量	蒸发量	尾砂持水量	入渗量	回用水量	逐月平衡	库内累积水量
11	18 720	0	3 093	2 275	0	238	13 848	5 451	5 451
12	30 660	0	570	699	0	44	0	30 487	35 938
1	30 660	0	1 207	650	0	93	0	31 124	67 062
2	18 720	0	1 294	1 657	0	100	0	18 257	85 319
3	18 720	0	527	6 775	0	41	0	12 431	97 751
4	18 720	0	1 185	15 045	0	91	3 124	1 645	99 396
5	0	201 360	17 792	21 641	15 790	1 372	196 864	−16 515	82 881
6	0	201 360	13 075	24 582	15 790	1 008	200 860	−27 805	55 077
7	0	201 360	33 938	21 268	15 790	2 616	202 662	−7 038	48 039

月份	井下涌水等入库量	尾矿浆入库量	降雨量	蒸发量	尾砂持水量	入渗量	回用水量	逐月平衡	库内累积水量
8	0	201 360	25 492	18 230	15 790	1 965	204 945	−14 078	33 960
9	0	201 360	6 472	15 143	15 790	499	206 062	−29 662	4 298
10	18 720	0	1 645	9 407	0	127	15 130	−4 298	0

注：回用水量包括选厂停产非冰冻月尾矿库干滩面洒水抑尘消耗。

点评：

该案例根据采选作业制度、废水产生规律、尾矿库工程条件和逐月气象数据开展的尾矿库累积水量平衡分析，是项目正常工况废水全回用论证的重要内容。同类项目应充分获取尾矿库汇水面积、水面面积、调蓄库容、尾矿堆积密度和真实密度、区域降雨量和蒸发量等数据，以正确完成废水全回用的可行性分析工作。

六、地下水环境影响分析

（一）评价等级和评价范围

根据《环境影响评价技术导则 地下水环境》（HJ 610—2016）附录 A，地下水环境影响评价项目类别为：废石场、尾矿库为Ⅰ类，选矿厂为Ⅱ类，其余为Ⅲ类。

根据现场调查，评价区周边无村屯及生活饮用水水源地分布，矿区自建取水井位于主井东北约为 876 m。本次评价参照 HJ 610 中的公式计算法（$L=\alpha\times K\times I\times T/ne$）确定矿区取水井的地下水敏感区域，经计算得较敏感区半径为 99.50 m，取水井较敏感区处在矿区外，项目地下水环境敏感程度为不敏感，地下水环境影响评价等级定为二级。

评价范围：北以下嘎来奥伊河为界，西南以支流分水岭为界，东自矿区外延约为 1.5 km，总面积约为 13.46 km^2。

（二）地下水环境质量现状

评价区主要含水层为第四系松散岩类孔隙含水层和坚硬岩石类风化裂隙含水层，其充水方式为孔隙、裂隙渗透，大气降水渗透到残坡积层、冲积层形成孔隙水，通过基岩裂隙渗透地下，在裂隙发育处汇集，形成地下裂隙水，属溶滤渗入型。大气降水为该区地下水的主要补给来源，沿山坡形成自然排泄至沟谷及河流中。地下水自分水岭向两侧流，在低洼处形成泉流出地表或地下径流至下嘎来奥伊河，最终汇入卡马兰河。

本次地下水水质现状监测点 5 个，分别位于评价区上、下游地区，监测层位为基岩裂隙水。经监测，5 个监测点超标项目有 pH、铁、锰、氨氮、耗氧量、总大肠菌群、细菌总数，经初步分析认为 pH 超标与酸性土质有关，铁、锰主要是受原生地质环境污染所致，氨氮、耗氧量、细菌总数、总大肠菌群是受自然环境污染所致。

（三）地下水环境影响预测

1. 尾矿库渗漏对地下水环境的影响预测

场地地下水类型主要由季节融化层中松散堆积物孔隙潜水和基岩裂隙水组成，两层之间无隔水层分布，水力联系较密切。季节融化层中松散堆积物孔隙潜水含水层岩性为碎石，厚度较薄，仅厚 1.0～5.0 m，分布在谷底，两侧缺失，并呈下游厚、上游薄的变化趋势。基岩裂隙水含水层为全风化、中等风化花岗岩和凝灰岩。地下水补给来源为大气降水，尾矿库位于低山丘陵带，地形坡降大，地表径流条件好，部分大气降水以地表径流形式流出区外，部分大气降水补给地下含水层，沿碎石和岩石间隙赋存和运移，另有一部分地下水以蒸发和植物蒸腾作用等方式排泄。根据尾矿库纵断面设计图中库区基底高程，上部碎石层多被清除，以强风化花岗岩和凝灰岩为天然防渗基础。

为了更准确地反映岩土体的渗透性质，本次勘察在钻孔 ZK200 强风化凝灰岩和中风化凝灰岩分别进行了 1 个试验段的压水试验，第一试验段渗透系数 k=0.297 m/d，第二试验段渗透系数 k=0.075 m/d。

根据尾矿浸出液污染物分类及特征因子，按照重金属、持久性有机污染物和其他类别进行分类，并对每一类别中的各项因子采用标准指数法进行排序，分类选取标准指数最大的因子作为预测因子，重金属预测因子选定为砷、铅（表 2-9）。

表 2-9 尾矿砂浸出液检验结果及排序

检测项目	尾矿浸出液/（mg/L）	浸出液中危害成分浓度限值/（mg/L）	危险废物鉴别结果（GB 5085.3—2007）	地下水III类水质标准	标准指数	排序
铅	0.026	5	不超标	≤0.01	2.60	2
锌	0.086	100	不超标	≤1.0	0.09	
铜	0.005 9	100	不超标	≤1.0	0.01	
铁	0.014	—	不超标	≤0.3	0.05	
总银	＜0.000 1	5	不超标	≤0.05	0.00	
砷	0.25	5	不超标	≤0.01	25.00	1
汞	＜0.000 1	0.1	不超标	≤0.001	0.10	
铍	＜0.000 1	0.02	不超标	≤0.002	0.05	
钡	0.001 6	100	不超标	≤0.70	0.00	
镍	＜0.000 2	5	不超标	≤0.02	0.01	
硒	＜0.002	1	不超标	≤0.01	0.20	
总铬	0.002 1	15	不超标	—		
六价铬	＜0.004	5	不超标	≤0.05	0.08	
氟化物	＜0.01	100	不超标	≤1.0	0.01	
氰化物	0.11	5	不超标	≤0.05	2.20	3

预测情景：非正常状况下假设尾矿库的防渗设施的破损率为 10%，渗漏速率为 0.08 m/d。

预测时段：根据《环境影响评价技术导则 地下水》（HJ 610—2016），地下水环境影响预测时段应选取可能产生地下水污染的关键时段，至少包括污染发生后 100 d、1 000 d，服务年限或能反映特征因子迁移规律的其他重要的时间节点。结合本工程特点，预测时段选择为 100 d、1 000 d、10 a、25 a。

预测模型：由于本项目污染物的排放对地下水流场没有明显的影响，评价区内含水层的基本参数（渗透系数、有效孔隙度）不会发生变化，因此采用解析模型预测污染物在含水层中的扩散。将污染源概化为点源、连续恒定排放，特征污染因子在含水层中的运移模型选择连续注入示踪剂-平面连续点源预测模型。

预测结果：污染发生100 d 后砷在地下水中最大超标距离34.0 m，铅在地下水中最大超标距离31.0 m。污染发生1 000 d 后，砷在地下水中最大超标距离168.0 m，铅在地下水中最大超标距离156.0 m。污染发生10 a 后，砷在地下水中最大超标距离478.0 m，铅在地下水中最大超标距离453.0 m。污染发生25 a 后，砷在地下水中最大超标距离1 060.0 m，铅在地下水中最大超标距离1 021.0 m（预测结果图、表略）。

由此可见，非正常状况下尾矿库的渗漏将会使库区及下游一定范围内的地下水发生污染，应合理设置地下水跟踪监测井，通过跟踪监测及时发现污染，采取有效措施将污染范围控制在有限范围内。

2．废石场地下水影响分析（略）

（四）地下水污染防治措施

1．分区防渗方案

为防止污染地下水，工程按照重点、一般、简单 3 个等级进行分区防渗。重点防渗区包括危险废物暂存间、尾矿库、加油站等，要求达到等效黏土防渗层 Mb≥6.0 m、$K \leqslant 1\times10^{-7}$ cm/s 防渗效果，危险废物暂存间按照《危险废物贮存污染控制标准》（GB 18597）防渗。一般防渗区包括选矿厂区、机修间、浴池和化验室，要求达到等效黏土防渗层 Mb≥1.5 m、$K \leqslant 1\times10^{-7}$ cm/s 防渗效果。重点防渗区和一般防渗区外为简单防渗区。地下水污染防渗分区见图 2-7。

2．地下水污染监控

根据《地下水环境监测技术规范》（HJ/T 164—2004），在矿区地下水上游设置 1 口背景监测井，在选矿厂区、废石堆场等位置的地下水下游各设置 1 口污染源监控井；在尾矿库区上游、两侧及下游各布置 1 口监测井。本项目共设置 7 口地下水监测井（表 2-10）。

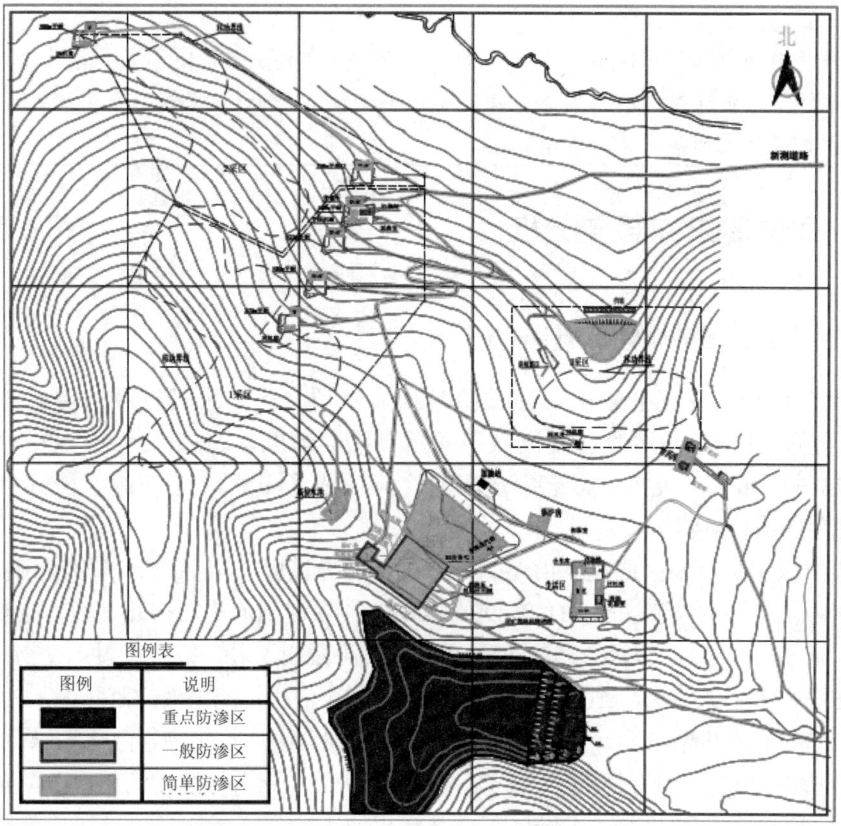

图 2-7　地下水污染防渗分区

表 2-10　地下水监测项目

监测点编号	相对位置及功能	监测点性质	井深/m	监测层位	监测频率	监测因子
JC1	选矿厂上游背景监测井	新建监测井	50	基岩裂隙水	枯水期	pH、总硬度、溶解性总固体、氨氮、硝酸盐氮、亚硝酸盐氮、挥发性酚、氰化物、高锰酸盐指数、氟化物、砷、汞、镉、六价铬、铁、锰、铅、铜、锌、总大肠菌群
JC2	选矿厂区下游污染扩散井	新建监测井	50		1 次/2 个月	
JC3	废石堆场下游污染扩散井	新建监测井	50			
JC4	尾矿库上游背景监测井	新建监测井	50		枯水期	
JC5、JC6	尾矿库两侧污染扩散井	新建监测井	50		1 次/2 个月	
JC7	尾矿库下游污染扩散井	新建监测井	50			

> 点评：
>
> 该案例有效开展了区域和矿区水文地质调查，并通过试验确定了主要水文地质参数，结合废水污染源强通过标准指数排序确定了地下水预测因子，根据模拟预测结果制订地下水监控井布设点位和跟踪监测方案。

七、固体废物环境影响分析

（一）废石、尾矿属性鉴别

根据项目废石、尾矿浸出毒性试验数据，本项目采矿废石及浮选尾矿不属于具有浸出毒性特征的危险废物；浸出液中各污染物的浓度未超过《污水综合排放标准》（GB 8978—1996）一级排放标准中最高允许排放浓度限值，且 pH 为 6～9，属于第Ⅰ类一般工业固体废物。

报告书采用邻近地区同类矿山尾矿进行浸出补充试验，样品按照《固体废物　浸出毒性浸出方法　硫酸硝酸法》（HJ/T 299—2007）制备浸出液Ⅰ，按照《固体废物　腐蚀性测定　玻璃电极法》（GB/T 15555.12—1995）制备浸出液Ⅱ，按照《固体废物　浸出毒性浸出方法　水平振荡法》（HJ 557—2010）制备浸出液Ⅲ；浸出液的监测因子为砷、铍、汞、铅、总铬、六价铬、铜、镉、总银、锌、镍、钡、硒、氟化物、氰化物以及 pH；参考光谱分析结果和样品特性增做第Ⅰ类、第Ⅱ类一般工业固体废物的锰、磷酸盐、硫化物因子鉴别。根据实验结果，5 份尾矿样品浸出液Ⅰ全部因子均未超过《危险废物鉴别标准　浸出毒性鉴别》（GB 5085.3—2007）浓度限值；浸出液Ⅱ的 pH 均在《危险废物鉴别标准　腐蚀性鉴别》（GB 5085.1—2007）腐蚀值范围外；浸出液Ⅲ中全部因子均未超过《污水综合排放标准》（GB 8978—1996）允许浓度。通过本项目尾矿混合样浸出检测和引用项目尾矿混合样浸出检测，确定本项目尾矿属于第Ⅰ类一般工业固体废物。

（二）固废贮存处置环境影响分析（略）

> 点评：
>
> 1．该案例最初选取本矿山选矿试验的尾矿样进行毒性鉴别，但存在样品数量不足和检测因子不全的问题，由于选矿试验样品已无法再获取，只能以邻近同类矿山尾矿进行补充浸出试验。该案例铁矿石、铅锌矿石分别选矿、分别排尾，应考虑按照矿种类别分别采集尾矿固废样品，分别进行固废属性鉴别试验，样品的数量、重量应符合《工业固体废物采样制样技术规范》要求，湿排尾矿样品应包括尾矿浆液。
>
> 2．该案例的尾矿库已按重点防渗区要求防渗，可满足第Ⅱ类一般工业固体废物贮存要求，但项目仍应考虑在投产后及时开展两类尾矿的固废属性鉴别工作，根据鉴别结果规范尾矿固废处置方案，避免出现“危险废物混入非危险废物贮存”的违法行为。

八、环境风险评价

（一）评价等级和评价范围

工业场地及采区环境风险等级划分：根据《建设项目环境风险评价技术导则》（HJ 169—2018），本项目工业场地危险物质数量与临界量比值 $Q<1$（表 2-11），环境风险潜势为Ⅰ，因此风险评价等级确定为简单分析。

表 2-11　重大危险源辨识表

物质名称	临界量/t	实际贮存量/t	物质总量与其临界量比值 Q	比值总和 $Q_{总}$
硝酸铵	50	20	0.4	0.421
汽油	2 500	8.3	0.003	
柴油		18.2	0.007	
松醇油		26.4	0.011	

尾矿库环境风险等级划分：本项目尾矿库风险定级按照《尾矿库环境风险评估技术导则（试行）》（HJ 740—2015）进行。综合尾矿库环境危害性（H）、周边环境敏感性（S）、控制机制可靠性（R）三方面的等级，对照尾矿库环境风险等级划分矩阵，本项目尾矿库环境风险等级为“较大（H2S1R2）”。

环境风险评价范围：确定尾矿库和炸药库周围各 5 km 范围以及地表水河段总长 17.4 km、地下水总面积 13.46 km^2 为评价范围。

（二）环境风险分析

项目主要环境风险包括尾矿库溃坝和尾矿输送管线及回水管线泄漏风险。

1. 尾矿库溃坝风险

尾矿库在排洪设施泄洪能力不足、排洪构筑物结构破坏、安全超高及最小安全滩长同时不足、洪水和地震荷载作用下坝体失稳、实际渗透坡降大于坝体抗渗能力、尾矿坝裂缝和高低温剧烈变化导致坝体稳定性降低、管理及应急措施不足等情形下极易造成尾矿库溃坝。为此，必须按照《尾矿设施设计规范》《尾矿库安全技术规程》《尾矿库安全监督管理规定》的要求规范进行设计、施工和运行管理，从源头规避溃坝环境风险。

（1）坝体稳定性分析

为了确定尾矿坝的安全程度，引用尾矿库设计文件中圆弧滑动法坝坡稳定性校核计算内容。通过计算，正常运行工况时，尾矿坝坝坡稳定安全系数为 2.011 5；洪水运行工况时，尾矿坝坝坡稳定安全系数为 1.809 2，所计算的坝坡抗滑稳定安全系数满足《尾矿设施设计规范》四级库的稳定性要求。

（2）尾矿库防洪分析

项目按初期、中期、后期不同堆存时期开展尾矿库调洪库容核算，由水文计算结果表可看出尾矿库100年一遇及200年一遇防洪标准下洪水总量分别为3.18万m^3和3.65万m^3，经查库容曲线可知，初期洪水升高值为0.36 m，中后期洪水升高值为0.18 m，因此汛期剩余洪水存入库内对尾矿库安全无影响，可满足临时蓄洪要求。

（3）尾矿库溃坝对下游影响预测

本工程尾矿采用湿排工艺，根据事故源项分析，溃坝发生时库区内拦蓄的大量尾矿、水和坝体物质以及暴雨洪水可形成黏性泥石流，在瞬间冲向下游造成破坏。本次评价对尾矿库溃坝事故淹没范围进行预测。

溃坝尾矿量：尾矿库设计初期坝高12 m，堆积坝高30 m，运行期内最终总坝高42 m，有效库容为250.15万m^3。结合尾矿特性和已有垮坝事故经验数据，本项目风险下泄的尾矿量估算为库容的2/3，约为166.77万m^3。

溃坝淹没范围：项目采用经验类比和经验公式推理分析估算确定，在确定冲出物质冲量的前提下，分析计算物质在沟口以外的最大冲出距离和最大扩散宽度，根据《泥石流灾害防治工程勘察规范》（DZ/T 0220—2006）中的经验公式，预测尾矿库溃坝后最大影响范围。评价假设尾矿库全部堆满且下游无阻挡的情况下溃坝形成泥石流堆积体，由此估算出泥石流堆积幅角41.72°，最大堆积长度约为0.815 km，最大堆积宽度约为0.567 km，最大淹没范围为0.238 km^2。

为了防止尾矿库溃坝后山间汇水夹带污染物进入卡马兰河，拟在尾矿库初期坝下游950 m处建设拦挡坝1座，拦挡坝高为8 m，坝顶标高为778.0 m，坝顶宽为3 m，坝体为碾压土石坝，内外坡坡比为1∶2.5。经计算，在尾矿库主坝与下游拦挡坝之间可形成约210.37万m^3的容积，能有效拦截溃坝后下泄的尾砂，降低对下游的不利影响。

2．尾矿输送管线及回水管线泄漏事故因素分析

选矿厂地形较高，尾矿库高程较低，输送管线由选厂至尾矿依自然地势铺设，输送距离仅431 m，沿途无滞留凹地拐点等易发生泄漏区域，因此未对尾矿浆输送管线提出设置事故池要求。尾矿回水经1 210 m回水管泵送到选厂3 000 m^3回水高位水池循环利用。

（三）环境风险防范措施

尾矿库设三级防控措施：第一级防控车间级，建立尾矿风险事故排放输送应急切断响应系统，选矿车间地面采取防渗措施、车间设置围堰及防渗裙角；第二级防控厂区级，在浮选车间设置大小为18 m×12 m×4 m的选矿事故池，可应对尾矿输送系统出现问题时，临时储存尾矿浆；第三级防控流域级，在尾矿库初期坝下游950 m位置建设拦挡坝1座，有效拦截事故风险下泄的全部尾砂。三级防控系统可有效减缓、降低风险溃坝事故的破坏作用，为应急处理风险赢得时间，大幅度减少风险事故损失，但项目仍应从生产源头杜绝尾矿库溃坝事故发生，加强尾矿库的正常管理，把可能的事故隐患解决在萌芽状态。在风险发生时，应尽可能将事故影响控制在车间和厂区内，避免尾矿浆对河流的污染和对流域造成生态破坏。

> **点评：**
>
> 1. 根据《建设项目环境风险评价技术导则》(HJ 169—2018)“对于有特定行业环境风险评价技术规范要求的建设项目，本标准规定的一般性原则适用”的适用范围描述，金属矿尾矿库属于有行业环境风险评价技术规范的单体工程，按照 HJ 740 进行风险评价定级等工作。
>
> 2. 该案例结合溃坝影响分析，提出了尾矿库下游增设拦挡坝的方案并获得建设单位认可，可有效控制溃坝环境影响范围。
>
> 3. 同类项目可参考《关于进一步加强尾矿库监督管理工作的指导意见》(安监总管一〔2012〕32 号)“新建四、五等尾矿库应当优先采用一次性筑坝方式”要求，通过优化尾矿库坝体方案进一步降低溃坝环境风险。

九、污染物总量控制指标

本项目锅炉烟气污染物总量为 SO_2 2.16 t/a、NO_x 3.06 t/a。本项目无废水外排，无须水污染物总量指标。

根据《关于加强涉重金属行业污染防控的意见》(环土壤〔2018〕22 号）和地方环境准入的规定，新、改、扩建涉重金属重点行业建设项目必须遵循重点重金属污染物排放“减量置换”或“等量替换”的原则，在本省（区、市）行政区域内有明确具体的重金属污染物排放总量来源。本项目属于涉重金属重点行业，根据原矿元素含量计算，破碎筛分粉尘中重金属铅、镉、砷的排放总量分别为 15.592 kg/a、0.1 kg/a、0.472 kg/a。

> **点评：**
>
> 该矿山属于“重有色金属矿（含伴生矿）采选业（铜、铅锌、镁钴、锡、锌和采矿采选业等)”，为环土壤〔2018〕22 号文规定的涉重金属重点行业，按照全口径清单统计要求，该案例进行了废气重金属排放总量的核算工作。

十、其他环境影响（略）

该部分包括空气、噪声环境影响分析，环境经济损益、环境监测与管理等内容。

十一、评价结论

项目建设符合国家产业政策，与地方相关规划相协调；污染物排放符合国家与地方法律法规及相关标准的要求；在采取本报告书中提出的生态保护、污染防治与风险防范措施的情况下，项目产生的不利影响可以得到减缓和有效控制。因此，从环保角度出发，本项目建设是可行的。

案例分析

一、本案例的环评特点

该铅锌铁多金属矿是有代表性的金属矿采选项目。报告书对生态现状及影响、生态保护与恢复、地表水污染防治、地下水影响、重金属污染防控、尾矿库环境风险防范等重点内容进行了深入细致的调查、监测、预测和评价。主要体现在以下几个方面:

1. 项目包括采场、选矿厂、尾矿库及尾矿输送管线、废石场等，工程组成较复杂。报告书分单元进行工程分析，并突出了尾矿库重点工程。据此识别、分析工程各单元污染源、污染物产生量、处理措施及效果、排放量及排放去向，条理清晰，体现了项目建设兼具环境污染和生态影响的双重特点。

2. 报告书结合资料收集、卫星遥感影像图片解译、样方调查对评价区生态环境现状进行了较为细致的分析，按照施工破坏、场地道路切割、尾矿压占等分时段开展了土地利用、景观生态、生物多样性、生态完整性影响分析和评价，并提出了较为详细的生态保护与恢复措施。

3. 报告书开展了尾矿库全年累积水量平衡和洪水蓄存能力分析，对矿区运输道路降雨径流进行收集回用，于尾矿库主坝下游增设拦挡坝，多方面保障矿区废水不进入外部Ⅱ类水体。

4. 报告书开展了重金属平衡，分析了土壤重金属累积影响，核算了外排重金属总量，制订了地表水、地下水、土壤重金属跟踪监测计划，体现了涉重金属项目特点。

报告书重点突出、内容全面、措施可行，符合最新的法律法规、政策、标准及导则要求，对今后金属采选类项目环评报告书的编制具有一定的指导作用。

二、该类项目的环评关注点

1. 应分析判定建设项目选址选线、规模、性质和工艺路线等与国家和地方有关环境保护法律法规、标准、政策、规范、相关规划、规划环境影响评价结论及审查意见的符合性，并与生态保护红线、环境质量底线、资源利用上线和生态环境准入清单进行对照，作为开展环境影响评价工作的前提和基础。如关注项目与各省市矿产资源总体规划划定的禁止、限制开采区位置的关系，并重点确认建设项目的规模和服务年限与规划确定的矿种最低开采规模和最小服务年限的相符性；结合《打赢蓝天保卫战三年行动计划》（国发〔2018〕22 号）、《关于进一步加强尾矿库监督管理工作的指导意见》（安监总管一〔2012〕32 号）以及环评技术导则要求，限制露天开采、优先推行地下充填采矿，并对大型尾矿库、废石场（排土场）方案进行环境比选。

2. 应基于有代表性的原矿全成分分析数据开展项目有毒有害元素的图表平衡。对采选工程给排水进行水平衡分析，关注井下（或露天坑）涌水的收集处理利用、废石场（排土场）淋溶水收集与处理。重点分析湿排尾矿库尾矿浆液、降雨、蒸发、渗漏、截留、回用、外排等源汇项水平衡；对有排水全部回用要求的尾矿库，应按照月均降雨、蒸发数据结合设计回水库容，进行库内全年蓄存水量的变化分析，并对多年一遇暴雨量进行短期洪水蓄存能力分析，以说明尾矿库正常年份满足累积蓄存和暴雨蓄存的要求。

3. 应关注施工期和生产期地表工程、道路管线工程和固体废物地面堆存对生态系统和景观的影响，关注生产期和服务期满后的生态修复措施。地下开采矿山应给出地表沉陷区（或地表错动范围）的面积、可能的沉陷程度，预测评价地表沉陷造成的影响，提出防范和补偿措施。

4. 应关注矿山给排水对地下水和地表水环境造成的水质和水量变化，以及可能对当地生产和生活用水产生的影响。应合理设定地下水水质预测情景，根据人工材料或天然基础的防渗能力和事故泄漏水量开展影响预测工作，重点关注超标污染源的迁移速度和影响范围，有重大地下水保护对象的应有明确的影响分析结论，并提出有效的污染监控、泄漏阻断和修复措施。水环境评价还要重视地下水和地表水的相互转换联系，如地下水以泉的方式涌出地表，以及地表水补给地下水等。

5. 应规范开展废石、尾矿（湿排尾矿库指尾矿浆液）的固废属性鉴别。根据尾矿库的地形地貌、地质构造、岩体类型、水文地质等地质环境条件，对尾矿库运行中可能产生的次生环境污染进行分析评价，并提出防范和减轻环境风险的对策措施。调查废石堆场地质、工程设计资料，分析堆场选址的合理性、稳定措施的有效性，提出逐步复垦的方案。如为硫化金属矿且位于温润多雨地区，还应关注废石场、原矿堆场酸性废水的产生量、处理措施以及对水环境的影响。

6. 应对照《中华人民共和国土壤污染防治法》、《工矿用地土壤环境管理办法（试行）》（生态环境部令　第 3 号）、《关于落实〈水污染防治行动计划〉实施区域差别化环境准入的指导意见》（环环评〔2016〕190 号）、《关于加强涉重金属行业污染防控的意见》（环土壤〔2018〕22 号）以及地方要求，核实特别排放限值的执行要求，管控废气、废水重金属污染物排放总量指标，并加强矿区土壤污染防治和跟踪监测工作。

案例三　钢铁企业城市钢厂搬迁改造项目环境影响评价

本案例主要包括 A 钢铁公司城市钢厂搬迁改造项目特点、环境影响评价的工作过程、分析判定相关情况、关注的主要环境问题、环境影响以及环境影响评价的主要结论等内容。

一、工程概况及分析

报告书中工程分析按照现有工程、产能置换企业、拟建工程以及关联工程四部分进行描述。

现有工程部分对企业现有情况进行了详细描述，包括主要装备、产品方案、主要技术经济指标、工艺流程及排污节点、主要原材料消耗、平衡分析、污染控制措施及污染物排放量，同时对现有工程存在的环保问题及整改方案、搬迁退出后场地拆除的环保要求等均进行了详细说明；产能置换企业部分简要介绍了该企业的基本情况及污染物排放情况；关联工程为 B 煤焦化工有限公司年产 248 万 t 焦炭的钢焦一体化搬迁项目，选址紧邻拟建工程，与拟建项目同期建设，涉及焦炭和煤气等物料输送内容。鉴于工程分析章节内容较多，下面仅附拟建工程的工程分析内容。

（一）拟建工程概况

拟建工程基本概况见表 3-1，产品方案（略）。

表 3-1　拟建工程基本概况

<table>
<tr><th colspan="3">项　目</th><th>内　　容</th></tr>
<tr><td colspan="3">项目名称</td><td>A 钢铁公司城市钢厂搬迁改造项目</td></tr>
<tr><td colspan="3">建设单位</td><td>A 钢铁公司</td></tr>
<tr><td colspan="3">建设地点</td><td>唐山市某经济开发区</td></tr>
<tr><td colspan="3">建设性质</td><td>新建</td></tr>
<tr><td rowspan="3">建设内容</td><td rowspan="3">主体工程</td><td>备料工序</td><td>建设 1 座机械化综合料场，配建汽车受卸料系统 1 套、全封闭式一次料棚 2 座、混匀料棚 1 座，主要贮存烧结粉矿、球团铁精粉、原煤及焦炭等原料和燃料</td></tr>
<tr><td>烧结工序</td><td>建设 2 台 318 m^2 带式烧结机，年产烧结矿 606 万 t</td></tr>
<tr><td>球团工序</td><td>建设 1 条 120 万 t/a 链篦机—回转窑球团生产线，年产球团矿 120 万 t</td></tr>
</table>

<table>
<tr><th colspan="2">项　目</th><th colspan="3">内　　容</th></tr>
<tr><td rowspan="16">建设内容</td><td rowspan="7">主体工程</td><td>炼铁工序</td><td colspan="2">建设 2 座 1 780 m^3 高炉，年产铁水 300 万 t</td></tr>
<tr><td rowspan="5">炼钢工序</td><td>铁水预处理</td><td>采用 2 套机械搅拌法（KR）预处理装置</td></tr>
<tr><td>转炉炼钢</td><td>2 座 140 t 转炉，年产合格钢水 287 万 t</td></tr>
<tr><td>精炼</td><td>2 座 140 t 钢包精炼炉（LF 炉），年处理钢水 287 万 t</td></tr>
<tr><td>连铸</td><td>1 台 10 机 10 流方坯连铸机，1 台 8 机 8 流矩形坯连铸机，1 台 9 机 9 流异型坯连铸机，年产合格钢坯 280 万 t</td></tr>
<tr><td>白灰</td><td>建设 4 座 300 t/d 石灰双膛竖窑，年产石灰 39.6 万 t，白灰单元内配建全封闭式石灰石料棚 1 座</td></tr>
<tr><td>轧钢工序</td><td colspan="2">建设 1 条年产 90 万 t 大 H 型钢生产线、1 条年产 80 万 t 中 H 型钢生产线、2 条年产 120 万 t（单条 60 万 t）小 H 型钢生产线，各类型钢产品合计 290 万 t/a</td></tr>
<tr><td rowspan="2">辅助工程</td><td>氧气站</td><td colspan="2">建设 2 套 40 000 m^3/h 制氧机组</td></tr>
<tr><td>空压站</td><td colspan="2">建设全厂空压站 1 座，内设 6 台 300 m^3/min、压力 0.8 MPa 离心式空压机组（5 用 1 备）；2 台 140 m^3/min、压力 0.45 MPa 离心式空压机组（2 台全部运行）</td></tr>
<tr><td rowspan="7">公用设施</td><td>供配电</td><td colspan="2">建设 1 座 220 kV 总降压变电站，采用双母线接线，安装 3 台 120 MVA、220/35 kV 双卷主变压器，以 35 kV/110 kV 电压向全厂各区域变电所供电</td></tr>
<tr><td rowspan="3">给排水</td><td>供水水源</td><td>水源由开发区地表水集中给水站统一提供，经开发区市政管道引入厂区蓄水池，供全厂生产及生活用水。厂区西北部设 1 座全厂集中给水中心站，新水处理系统设计规模 3.96 万 m^3/d，采用“分配井+高效澄清器+均质滤料滤池+清水池”处理工艺</td></tr>
<tr><td>污水处理站</td><td>建设 1 座全厂综合废水处理站，采用“一次混凝+高密度沉淀池+二次混凝+过滤”处理工艺，设计处理能力为 10 000 m^3/d，出水部分作为回用水回用，部分出水进入除盐水站进一步处理后回用于全厂除盐水用户。厂区西部生活及办公生活区配建 1 座“化粪池+地下式一体化 A/O 生化处理”生活污水处理装置，采用“格栅+A/O+沉淀+过滤”处理工艺，设计处理能力为 500 m^3/d，净化后出水排入全厂综合废水处理站</td></tr>
<tr><td>除盐水站</td><td>厂区北部全厂综合废水处理站配建 1 座除盐水站，采用“多介质过滤器+一级反渗透+二级反渗透+连续电除盐（EDI）机组”处理工艺，设计处理规模为 4 000 m^3/d</td></tr>
<tr><td>燃气设施</td><td colspan="2">建设 1 座 200 000 m^3 稀油橡胶密封圆形高炉煤气柜、1 套高炉煤气均压回收系统，高炉煤气配建 1 座煤气精脱硫站；1 座 100 000 m^3 橡胶密封干式转炉煤气柜、1 座低压转炉煤气加压站。外购焦炉煤气自厂区东部 B 焦化厂区经煤气管网直接送白灰单元和球团单元燃用，本项目不设焦炉煤气贮存设施</td></tr>
<tr><td>采暖供热</td><td colspan="2">利用高炉冲渣水建设 1 座供热负荷 6.5 MW 的高炉冲渣水换热站，提供冬季厂区采暖供热</td></tr>
<tr><td>固废处理</td><td colspan="2">建设 2 条处理能力 60 万 t/a（单条）水渣微粉生产线，1 条处理能力 35 万 t/a 钢渣处理生产线（无粉磨）</td></tr>
<tr><td colspan="2">生产规模</td><td colspan="3">年产铁水 300 万 t、粗钢 280 万 t、钢材 290 万 t（大型 H 型钢 90 万 t、中型 H 型钢 80 万 t、小型 H 型钢 120 万 t）</td></tr>
<tr><td colspan="2">投资总额</td><td colspan="3">总投资 1 402 191 万元，其中环保投资 154 241 万元，占总投资的 11.0%</td></tr>
<tr><td colspan="2">建设周期</td><td colspan="3">约 24 个月</td></tr>
</table>

项　目	内　　容
平面布置	厂区东部自北向南主要布置全厂封闭料场和石灰车间；厂区中部自北向南依次布置公辅车间（制氧机、空压机、废水处理、煤气柜等）、烧结车间、球团车间、炼铁车间、水渣及钢渣固废处理车间；厂区中西部自北向南依次布置给水站、轧钢车间和炼钢车间、连铸车间等；厂区西部主要布置生活区及办公区、职工宿舍等
占地面积	厂区总占地 5 260.2 亩（350.7 hm^2）
劳动定员	2 600 人
工作制度	年工作时间为 350 d，采用四班三运转工作制，每班工作 8 h

（二）主要生产设备及主要技术指标

拟建工程各工序的主要生产设备及主要经济技术指标（略）。

（三）工艺流程及排污节点

拟建工程全厂物料流程情况见图 3-1。

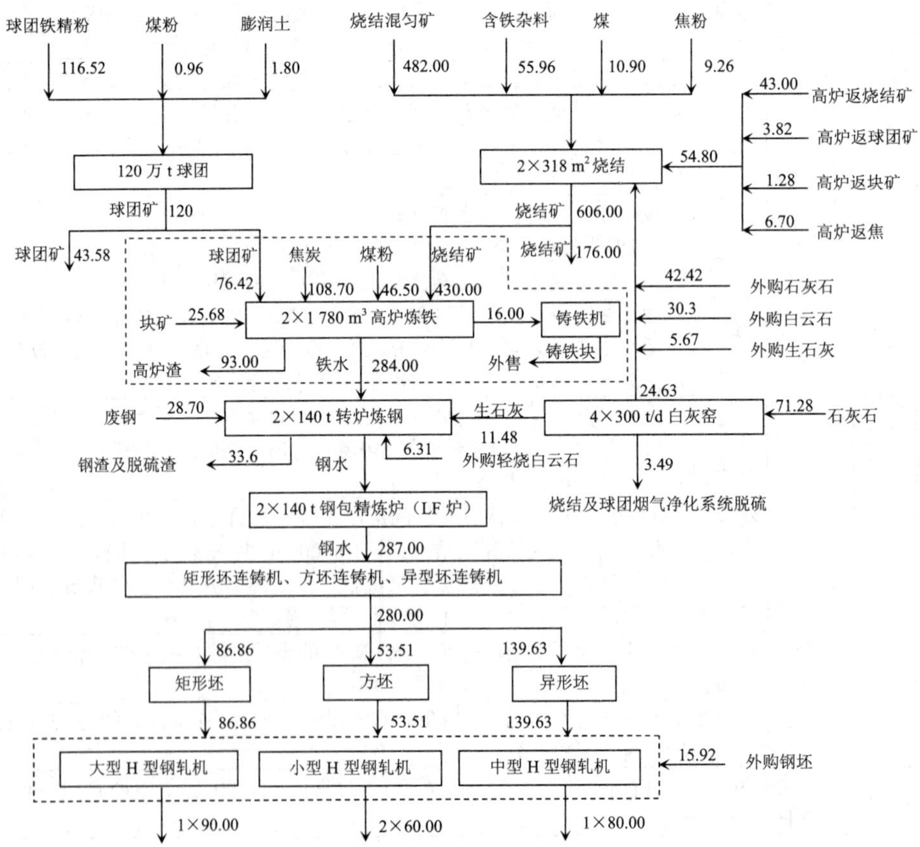

图 3-1 拟建工程全厂物料流程（单位：万 t/a）

报告书按各主要生产工序描述工艺流程、产污节点、污染控制措施及效果等内容，涉及篇幅较多，下面仅列出炼铁工序的内容。

炼铁工序建设 2 座 1 780 m^3 高炉，生产工艺主要包括原料储存及转运、高炉炼铁、煤粉喷吹、煤气净化等，主要工艺流程如图 3-2 所示。

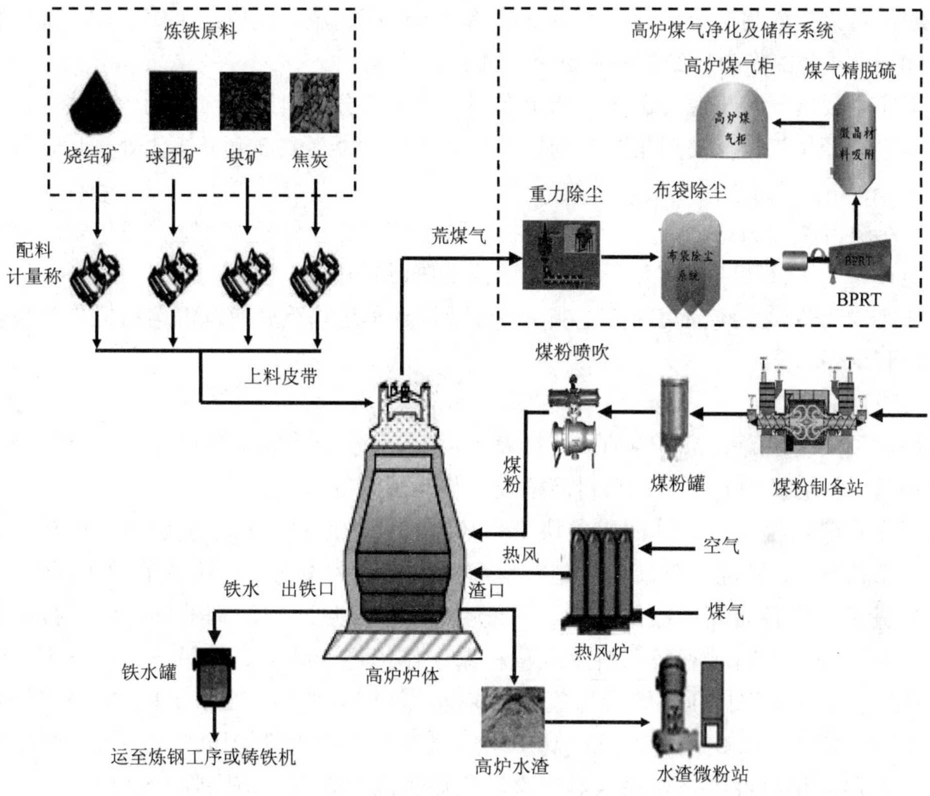

注：BPRT 指煤气透平与电动机同轴驱动的高炉鼓风能量回收机组。

图 3-2　拟建工程炼铁工序工艺流程示意

具体生产过程分析如下。

1. 原料储运及转运

高炉冶炼所需原材料主要包括烧结矿、球团矿、块矿、焦炭、煤粉等。烧结矿通过封闭皮带通廊从烧结机车间输送至矿槽；球团矿通过封闭皮带通廊从球团车间输送至矿槽；焦炭、块矿由厂区综合料场经皮带通廊输送至焦槽和矿槽，焦槽和矿槽采用并列式布置，共设 8 个焦槽和 16 个矿槽。外购煤炭经厂区一次料棚由封闭皮带通廊内转运至干煤棚中，再经封闭皮带通廊输送至煤粉制备系统，制备的煤粉通过气力输送系统喷入高炉。

烧结矿、球团矿、块矿、焦炭经移动式卸料小车卸入矿槽中，通过矿槽下部的给料机给料至振动筛筛分，筛上＞5 mm 烧结矿、＞25 mm 焦炭、＞5 mm 球团矿和块矿进入筛下矿石/焦炭称量斗中称量，称量后通过称量斗下矿/焦皮带送入高炉上料主皮带。筛下的返矿由返矿胶带机运至碎矿筛分楼，经矿丁振动筛筛分后的矿丁（3～5 mm）落入矿丁仓内贮存，然后经矿丁称量斗，通过皮带运至高炉主上料皮带上，送入炉顶料罐；筛下的粉矿直接落入粉矿仓储存，使用皮带经封闭通廊运至厂区烧结工序利用。筛下粉焦（＜10 mm）全部作为烧结配料返回烧结工序综合利用。

本工序主要废气污染源为矿焦槽槽上布料、槽下筛分配料过程产生的含尘废气，两座矿焦槽废气经集气罩捕集后集中分别送 1 套袋式除尘器（共 2 套）净化处理后，各通过 1 根 35 m 高排气筒（共 2 根）排放。

噪声污染源主要为振动筛、振动给料机、除尘风机等设备噪声，除尘风机安装消声器，其他设备选用低噪声设备并采取厂房隔声的降噪措施。

固体废物为除尘系统捕集的除尘灰，通过吸排罐车运输至原料场混匀料棚作为烧结原料综合利用。

2. 炉顶布料

高炉炉顶采用串罐式无料钟炉顶装料设备，该设备主要由固定受料斗、上下节流阀、上下密封阀、料罐及中心喉管、布料溜槽及其传动装置等组成。

上料主皮带将烧结矿、球团矿、块矿、焦炭等高炉原料分别运至炉顶受料斗，打开料罐上节流阀，原料进入料罐后通过布料溜槽的旋转和倾动及料流调节阀进行布料。由于无料钟炉顶设备为高压操作系统，为使上、下密封阀、料流调节阀等阀门按照程序顺利打开，保证炉料顺利装入料罐或从料罐中排出进入高炉，且保证炉顶压力不波动，在料罐上设置了均排压系统及煤气回收装置。泄压后炉料经上节流阀进入料罐内，炉料经下节流阀进入炉内进行冶炼，高炉均压系统采用净煤气均压，均压气体经独立的旋风除尘器净化后再经袋式除尘器二次净化后进高炉煤气管道回收利用。

本工序产生的废气污染源主要为高炉炉顶落料废气，经集气罩捕集后送高炉出铁场除尘系统一并处理。

噪声污染源主要为炉顶均压煤气放散噪声，采用安装消声器的降噪措施。

固体废物为除尘系统捕集的除尘灰，通过吸排罐车运输至原料场混匀料棚作为烧结原料综合利用。

3. 高炉送风

拟建工程每座高炉设置 3 座顶燃式热风炉，两烧一送。在热风炉燃烧期，高炉煤气和助燃空气经换热器预热后，经混合在燃烧室内燃烧，燃烧后高温烟气沿燃烧室向下进入蓄热室，与蓄热室蓄热体进行热交换，然后从底部小烟道进入大烟道，经烟囱直接排放。当热风炉被加热至要求的拱顶温度（1 350～1 400℃）后进行换炉，依次关闭煤气、助燃空气和烟道阀，打开冷风阀和热风阀（与此同时，另一座热风炉反向操作），来自高炉鼓风机的冷风从热风炉底冷风阀进入蓄热室与蓄热体进行热交换，风温由 100～150℃上升至 1 250℃左右，热风上升至炉顶后，向下从热风阀处流出热风炉，经热风管道进入高炉前的热风围管，从风口吹入高炉；当热风炉拱顶温度下降至一定温度后（约 1 100℃），依次关闭冷风阀、热风阀，开启烟道阀及助燃风、煤气阀，进入燃烧期，如此循环运行（送风）。

本工序产生的废气污染源主要为热风炉烟气，两座高炉热风炉均以精脱硫后的高炉煤气为燃料并采用低氮燃烧技术，燃烧烟气经 2 根 70 m 高烟囱直接排放。

噪声污染源主要为助燃风机、高炉鼓风机等设备噪声，采用安装消声器及厂房隔声的降噪措施。

4．煤粉制备及喷吹

拟建工程高炉煤粉喷吹系统采用双系列全负压制粉工艺。喷吹系统共用 1 个煤粉仓，仓下设 2 组喷吹罐，2 个罐为 1 组对应 1 座高炉喷煤，每座高炉采用单主管加单分配器的直接喷吹工艺，煤粉流化、加压、清堵采用氮气，输送采用压缩空气。

喷吹煤通过铁路运输进厂后暂存于干煤棚中，经皮带通廊输送至煤粉制备系统原煤仓，由仓下给煤机送入磨煤机粉磨，磨机内干燥用的热介质部分为高炉热风炉烟气助燃风（占热风炉烟气 50%），剩余部分为由煤粉制备自带干燥炉产生的烟气，干燥炉以精脱硫后的高炉煤气为燃料，进入磨煤机对煤粉进行干燥，控制粉煤水分≤1%。煤在磨煤机内被立辊磨细和干燥后，经过磨煤机内的旋风式分离器，细度合格的煤粉被烘干废气带走，经管道进入袋式收粉器捕集后落入煤粉仓；不合格的粗煤粒又回到磨盘中被研磨；收粉废气经烟囱排入大气。煤粉经煤粉仓进入贮煤罐，再经贮煤罐气力输送“倒入”喷煤罐，喷煤罐下设自动可调煤粉给料机，由氮气经喷吹管输送至炉前煤粉分配器，自喷煤支管喷入高炉，部分煤粉经喷吹管输送至球团工序回转窑作燃料。

本工序主要废气污染源为煤粉制备废气和煤粉喷吹泄压废气，2 套煤粉制备系统经 2 套袋式收粉器净化处理后各通过 1 根 60 m 高排气筒（共 2 根）排放；煤粉喷吹泄压废气共经 1 套脉冲袋式除尘器净化处理后通过 1 根 30 m 高排气筒排放。

噪声污染源为磨煤机组等设备噪声，选用低噪声设备并采取厂房隔声的降噪措施。

5．高炉冶炼

拟建工程炼铁所需原料由串罐无料钟炉顶装料设备装入高炉内，热风从高炉风口鼓入，随着风口前焦炭燃烧，耗尽风口处氧气，高温下 CO_2 和 C 生成 CO（煤气），煤气向炉顶快速流动。与此同时，炼铁原料在炉顶下降过程中与上升煤气热交换后温度不断升高，达到 1 000℃时，原料中的氧化铁被 CO 还原成单质铁，在接近风口处开始熔化，并吸收焦炭中的碳元素，熔化为铁水；脉石等杂质则形成熔融炉渣，二者积存于炉缸，其中铁水沉在底部。铁水和炉渣定期由铁口排出炉外，经炉前渣铁分离器，铁水经铁水沟流入铁水罐，由火车运至炼钢厂，部分铁水用于炼铁车间配置的铸铁机来铸铁，炉渣经粒化冲制箱水淬粒化后由摆槽直接排入高炉渣滤池中。

拟建项目每座高炉均设置 2 个铁口，并对应 2 个铁口设置了两个出铁场，依次轮流交替出铁。设计平均日产生铁 4 286 t［利用系数 2.41 t/（m^3·d）］，日出铁次数 16 次，平均每次出铁量 267.8 t，平均每次出铁时间约为 75 min。

本工序主要废气污染源为出铁场废气和铸铁机废气，在出铁口、摆动溜嘴、铁水罐位上方设置顶吸罩，铁沟、渣沟设置封闭集气罩，含尘烟气经捕集送 2 套袋式除尘器净化处理后通过 2 根 35 m 高排气筒排放，铸铁机废气收集后送入 2#高炉出铁场除尘系统净化处理。

废水污染源主要分为除盐水密闭循环冷却系统排污水和间接冷却系统排污水，上述废水仅含有少量悬浮物，水质简单，送厂区综合废水站净化后全部回用，不外排。

噪声污染源主要为除尘风机噪声，通过安装消声器降噪。

固体废物为除尘系统捕集的除尘灰，通过吸排罐车运输至原料场混匀料棚作为烧结混匀原料综合利用。

6．高炉煤气净化及脱硫

高炉煤气从高炉炉顶两侧煤气上升管引出后，经煤气下降管进入重力除尘器，再送入布袋除尘器进一步净化处理。净化后的高炉煤气经 BPRT（煤气透平与电动机同轴驱动的高炉鼓风能量回收机组）装置，回收余压能量。低压净煤气进入微晶材料吸附和脱硫系统，净化后的煤气供用户使用。

本工序主要噪声污染源为煤气净化循环风机噪声，采用加装消声器的降噪措施。

固体废物主要为高炉煤气净化产生的重力灰和废微晶吸附材料，重力灰通过吸排车封闭运输全部返回烧结车间综合利用，废微晶吸附材料暂按危险废物从严管理，待项目运行后按照相关规范开展鉴别，待鉴别结果确定后，按照固体废物的相关管理要求执行。

7．高炉煤气余压利用系统

拟建工程高炉煤气配套建设 BPRT 装置回收余压。BPRT 机组包括煤气透平机、变速离合器、轴流压缩机、电动机及增速齿轮箱，是将具有一定压力和温度的高炉煤气，通过透平机组，利用高炉煤气余压与电动机同轴驱动高炉鼓风机组，将压力能转化为机械能的能量回收装置。

高炉煤气经重力除尘器和袋式除尘器除尘后，由袋式除尘器至减压阀组之间管道上引出，进入轴流压缩机加压至 150 kPa，进入煤气透平机做功，通过调整透平第一级静叶的角度来调节煤气流量，进而控制高炉炉顶压力。透平机产生的机械能补充在轴系上，同电动机一起带动鼓风机做功。做功后的高炉煤气进入减压阀组后的煤气管道。

本工序主要噪声污染源为 BPRT 机组噪声，通过选用低噪声设备并采取厂房隔声降噪。

8．高炉渣处理系统

拟建工程高炉渣采用底滤法水冲渣工艺，出铁场的红渣沟流汇集到冲渣点，分别利用三套粒化冲制箱装置进行淬化处理。水淬粒化后的高炉渣由摆槽直接排入滤池中，滤池内设 1 m 厚分级鹅卵石，渣水混合物中的水透过鹅卵石层，收集后送入循环水槽回用于冲渣；炉渣得到脱水，然后由抓斗行车装车运送至水渣微粉生产线；定期对滤池进行反冲洗，反冲洗水进入循环水槽回用于冲渣。冲渣粒化废气经集气管道收集后送入消白系统，每座高炉配备 1 套，采用“除尘+降温+升温”工艺。高炉冲渣废气首先进入喷淋除尘装置，喷淋装置喷出少量的水与高炉冲渣废气混合，混合后的废气进入超重力旋流除尘器，除尘后的高炉冲渣废气进入空冷换热器，间接对高温废气（90～100℃）进行降温处理，在换热器中，湿空气降温至 75～80℃，湿度降至 382～550 g/kg 干空气，降温后的废气饱和湿度降低会脱除大量的冷凝水，从而降低废气的含湿度。换热器中的水换热后温度升为 85℃，经循环系统进入再热器作为气体升温的热源，脱白后的冷凝水排入全厂综合废水处理站。

本工序主要废气污染源为高炉渣粒化废气，两座高冲渣粒化废气分别通过 1 套“旋流重力除尘+降温+升温”消白系统（共 2 套）处理后，各通过 1 根 50 m 高排气筒（共 2 根）排放。

废水污染源主要为高炉冲渣乏汽消白冷凝水，全部用作高炉冲渣补水，不外排。

固体废物主要为高炉渣及高炉冲渣粒化废气尘泥，收集后全部送厂区水渣微粉工序作原料综合利用。

9．冲渣水余热利用系统

拟建工程高炉渣采用底滤法水冲渣工艺，在冲渣过程中产生的冲渣水温度为 90～100℃，冬季最低水温 75℃。高炉冲渣系统产生的 75℃高炉炉渣冲渣水经自清洗过滤器过滤后，送板式换热器进行换热，在板式换热器中冲渣水与 55℃的采暖回水进行间接换热，冲渣水温度由 75℃降为 55℃后经循环水泵回流至高炉炉壁循环冷却系统，55℃采暖回水经换热后升至 75℃，经全厂供热管网输送至各采暖用户。

本工序主要噪声污染源为泵类噪声，采用厂房隔声的降噪措施。

拟建工程炼铁工序生产工艺流程及排污节点如图 3-3 所示。

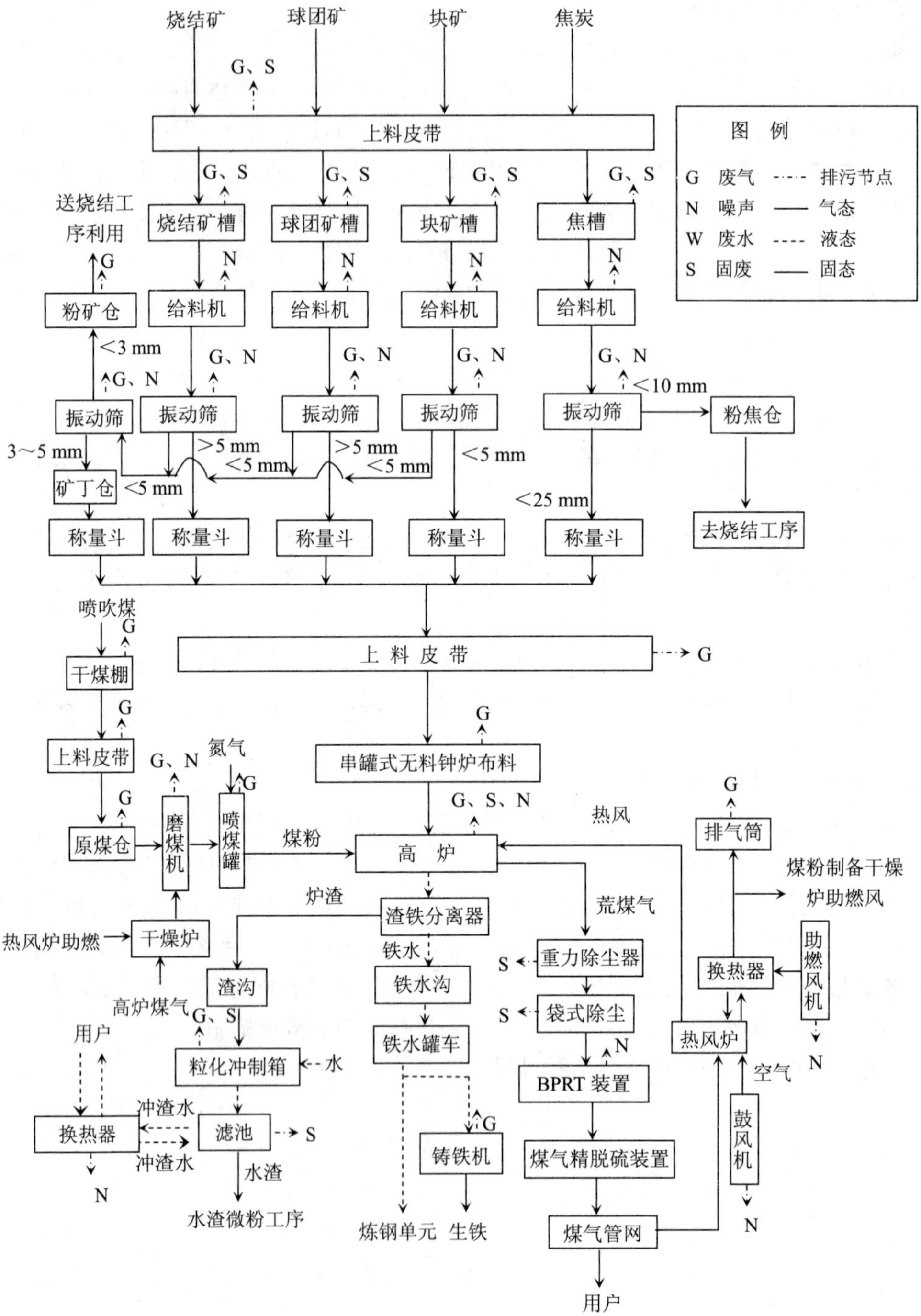

图 3-3 拟建工程炼铁工序生产工艺流程及排污节点

拟建工程炼铁工序主要排污节点及治理措施见表 3-2。

表 3-2 拟建工程炼铁工序主要排污节点及治理措施

类别	序号	工序名称	污染源名称	污染因子/固废性质	排放特征	治理措施
废气	1	焦矿槽	矿槽废气	颗粒物	间断	槽上卸料小车配套移动通风槽，槽下筛分、筛下落料等产尘点设密闭罩+2 套布袋除尘器+2 根 35 m 高排气筒
	2	炉顶布料及出铁场、铸铁机废气	炉顶布料废气	颗粒物、CO、H_2S	间断	出铁口、摆动溜槽、撇渣器设置密闭罩，铁水沟和渣沟设置密闭盖板，铁水罐位置设置密闭罩，炉顶落料产尘点设集气罩，铸铁系统设大容积顶吸罩，废气收集后送 2 套布袋除尘器+2 根 35 m 高排气筒，其中铸铁机废气收入 2# 高炉出铁场除尘系统净化处理
	3		出铁场废气			
	4		铸铁机废气			
	5	热风炉	热风炉烟气	颗粒物、SO_2、NO_x	连续	以精脱硫后的高炉煤气为燃料并采用低氮燃烧技术，经 2 根 70 m 高烟囱外排
	6	煤粉制备	煤粉制备废气	颗粒物、SO_2、NO_x	间断	管道密闭收集+2 套布袋收粉器+2 根 60 m 高排气筒
	7		煤粉喷吹罐泄压废气	颗粒物	间断	管道密闭收集+1 套布袋收粉器+1 根 30 m 高排气筒
	8	高炉冲渣	冲渣粒化废气	颗粒物、H_2S	间断	2 套“旋流重力除尘+降温+升温”消白系统+2 根 50 m 高排气筒
	9	矿槽无组织		颗粒物	连续	通过对皮带转运落料点、槽上移动小车卸料点、振动筛、称量斗、中间仓等封闭抽风收集，减少无组织粉尘
	10	出铁场无组织		颗粒物、CO、H_2S	连续	对铁沟、渣沟加盖封闭，出铁口、铁沟、渣沟、铁水罐、摆动溜嘴上方等设捕集罩，同时将出铁场进行封闭，减少无组织排放
废水	1	除盐水循环冷却水系统排污水		SS、COD	间断	经厂区综合废水处理站净化后，回用不外排
	2	间接循环冷却水系统排污水		SS、COD	间断	
	3	高炉冲渣乏汽消白冷凝水		SS、COD	间断	
噪声	1	振动筛		L_A	连续	基础减振+厂房隔声
	2	振动给料机			连续	厂房隔声
	3	均压放散阀			间断	消声器
	4	助燃风机			连续	消声器
	5	高炉鼓风机			连续	隔声罩+厂房隔声
	6	磨煤机组			连续	厂房隔声
	7	各类风机			连续	消声器
	8	水泵			连续	厂房隔声
	9	余压发电透平机			连续	厂房隔声

类别	序号	工序名称	污染源名称	污染因子/固废性质	排放特征	治理措施
固废	1	高炉	水渣	一般工业固体废物	间断	送水渣微粉工序作原料综合利用
	2		高炉冲渣粒化废气尘泥			
	3	除尘系统	除尘灰			通过吸排车封闭运输送原料场混匀料棚参与烧结混匀配料
	4		重力灰/瓦斯灰			通过吸排车封闭运输全部返回烧结车间综合利用
	5	煤气精脱硫	废微晶吸附材料			暂按危险废物从严管理，待项目运行后按照相关规范开展鉴别，待鉴别结果确定后，按照固体废物的相关管理要求执行

（四）主要原辅材料消耗及成分分析

拟建工程原辅材料消耗见表 3-3，主要原辅材料成分见表 3-4～表 3-6（仅附铁矿及燃料部分）。

表 3-3　拟建工程主要原料、燃料及辅助材料消耗量

序号	名称			单位	消耗量		来源	产地	运输方式
1	烧结工序	混匀矿		万 t/a	482.0		外购	澳大利亚、巴西	海运+管带机通廊
2		高炉返矿	烧结返矿	万 t/a	43.00		自产	自产	封闭皮带通廊
3			球团返矿	万 t/a	3.82				封闭皮带通廊
4			块矿返矿	万 t/a	1.28				封闭皮带通廊
5		含铁杂料	烧结除尘灰	万 t/a	7.05	合计：55.96	自产	自产	吸排罐车
6			炼铁除尘灰	万 t/a	2.74				吸排罐车
7			炼钢除尘灰	万 t/a	26.89				吸排罐车
8			轧钢除尘灰	万 t/a	0.52				吸排罐车
9			氧化铁皮	万 t/a	9.68				国Ⅵ标准汽车
10			连铸污泥	万 t/a	0.72				国Ⅵ标准汽车
11			轧钢污泥	万 t/a	0.36				国Ⅵ标准汽车
12			高炉重力灰/瓦斯灰	万 t/a	7.15				吸排罐车
13			钢渣处理粒渣	万 t/a	0.85				国Ⅵ标准汽车
14		熔剂	石灰石	万 t/a	42.42		外购	本市	国Ⅵ标准汽车
15			生石灰	万 t/a	20.71		自产	自产	密闭罐车
16				万 t/a	9.59		外购	本市	国Ⅵ标准汽车
17			白云石	万 t/a	30.30		外购	本市	国Ⅵ标准汽车

序号	名称			单位	消耗量	来源	产地	运输方式
18	烧结工序	燃料	外购焦粉	万 t/a	9.26	外购	某焦化公司	封闭皮带通廊
19			高炉返焦	万 t/a	6.70	自产	自产	封闭皮带通廊
20			烧结煤	万 t/a	10.90	外购	宁夏	铁运+管带机通廊
21		烧结机头高炉煤气		万 m^3/a	26 967	自产	自产	煤气管道
22		烟气脱硫脱硝消耗	生石灰	万 t/a	3.18	自产	自产	密闭罐车
23			氨水（25%）	万 t/a	1.05	外购	本市	罐车
			高炉煤气	万 m^3/a	17 392	自产	自产	煤气管道
1	球团工序	铁精粉		万 t/a	116.52	外购	澳大利亚、乌克兰	海运+管带机通廊
2		膨润土		万 t/a	1.80	外购	本市	国Ⅵ标准汽车
3		喷吹煤		万 t/a	0.96	炼铁工序煤粉制备系统煤粉罐气力输送供应		
4		高炉煤气		万 m^3/a	480.00	自产	自产	煤气管道
5		焦炉煤气		万 m^3/a	1 200.00	外购	某焦化公司	煤气管道
6		脱硫脱硝消耗	生石灰	万 t/a	0.312	自产	自产	密闭罐车
7			氨水（25%）	万 t/a	0.192	外购	本市	罐车
8			高炉煤气	万 m^3/a	3 000.0	自产	自产	煤气管道
1	炼铁工序	烧结矿		万 t/a	430.00	自产	自产	封闭皮带通廊
2		球团矿		万 t/a	76.42	自产	自产	封闭皮带通廊
3		块矿		万 t/a	25.68	外购	澳大利亚	海运+管带机通廊
4		焦炭		万 t/a	108.70	外购	某焦化公司	封闭皮带通廊
5		喷吹煤		万 t/a	46.50	外购	山西	铁运+管带机通廊
5		高炉煤气		万 m^3/a	210 000	自产	自产	煤气管道
1	炼钢工序	铁水		万 t/a	300.00	自产	自产	轨道
2		废钢	自产	万 t/a	7.05	自产	自产	国Ⅵ标准汽车
3			外购	万 t/a	21.65	外购	本市	国Ⅵ标准汽车
4		铁合金		万 t/a	6.31	外购	本市	国Ⅵ标准汽车
5		石灰（含精炼）		万 t/a	11.48	自产	自产	密闭罐车
6		轻烧白云石		万 t/a	6.31	外购	本市	国Ⅵ标准汽车
7		萤石		万 t/a	0.57	外购	本市	国Ⅵ标准汽车
8		转炉煤气		万 m^3/a	6 016	自产	自产	煤气管道
1	轧钢工序	钢坯	自产	万 t/a	280.00	自产	本市	轨道
2			外购	万 t/a	15.92	外购	本市	国Ⅵ标准汽车
3		高炉煤气		万 m^3/a	66 795	自产	自产	煤气管道
1	白灰单元	石灰石		万 t/a	71.28	外购	本市	国Ⅵ标准汽车
2		焦炉煤气		万 m^3/a	9 980	外购	B 焦化公司	煤气管道
3		脱硝氨水（25%）		万 t/a	0.190	外购	本市	罐车

序号	名称			单位	消耗量	来源	产地	运输方式
1	固废处理单元	钢渣处理线	钢渣及铸余渣	万 t/a	28.00	自产	自产	国Ⅵ标准汽车
2			脱硫渣	万 t/a	5.60	自产	自产	国Ⅵ标准汽车
3		水渣微粉生产线	高炉渣	万 t/a	93.00	自产	自产	封闭皮带通廊
4			高炉煤气	万 m^3/a	20 274	自产	自产	煤气管道
5			脱硝氨水（25%）	万 t/a	0.03	外购	本市	罐车

表 3-4　拟建工程各类矿主要成分分析　　单位：%

名称	TFe	S	SiO_2	Al_2O_3	P	CaO	MgO	F	Pb	FeO
烧结混匀矿	62.42	0.08	4.52	1.61	0.05	0.49	0.25	0.011	0.001 7	
球团铁精粉	66.94	0.10	5.74	0.475	0.065	0.17	0.41	0.010	0.001 7	21.67
块矿	65.0	0.01	2.92	1.44	0.09	0.01	0.04	0.01	0.001 4	1.2

表 3-5　拟建工程燃料主要成分分析　　单位：%

名称	灰分	固定碳	水分	挥发分	硫分	M_{40}	M_{10}	低位热值/（kJ/kg）
焦炭	13.5	86.0	2.0	2.0	0.60	82.0	7.0	30 000
烧结煤	≤12.0	≥78	10.0	≤10	≤0.4			≥7 000
喷吹煤	≤10.41	≥71.4	≤11.99	≤16.29	≤0.4			≥26 300

表 3-6　拟建工程煤气成分　　单位：%

名称	CH_4	C_nH_m	CO_2	CO	N_2	H_2	O_2	总硫/（mg/m^3）	热值/（kJ/m^3）
高炉煤气			14.0	25.0	58.5	0.6		≤20	3 260
转炉煤气			17.0	49.0	31.7		1.0		6 270
焦炉煤气	26.0	2.5	2.7	6.0	4	58	0.8	100	17 900

（五）平衡分析

拟建工程各元素平衡包括铁、硫、氟及铅元素，拟建工程烧结工序铁及硫元素平衡见表 3-7，烧结工序氟及铅元素平衡见表 3-8，其他工序铁、硫、氟、铅元素平衡（略）。

表 3-7　拟建工程烧结工序铁及硫元素平衡

序号	收入项						支出项					
	原料名称	消耗量/（万 t/a）	铁		硫		产物名称	产出量/（万 t/a）	铁		硫	
			含铁率/%	含铁量/（万 t/a）	含硫率/%	含硫量/（t/a）			含铁率/%	含铁量/（万 t/a）	含硫率/%	含硫量/（t/a）
1	烧结混匀矿	482	62.42	300.86	0.08	3 856	自用烧结矿	430.00	58	249.40	0.01	430.00
2	含铁杂料	55.96	47.25	26.44	0.068	378.75	外销烧结矿	176.00	58	102.08	0.01	176.00
3	烧结返矿（高炉）	43.00	58	24.94	0.01	43.00	烧结配料除尘灰	0.33	45	0.15	0.07	2.31
4	球团返矿（高炉）	3.82	65	2.48	0.01	3.82	烧结机头烟气除尘灰	2.42	55	1.33	0.004	0.97
5	块矿返矿（高炉）	1.28	65	0.83	0.01	1.28	烧结机尾及整粒除尘灰	4.30	58	2.50	0.01	4.30
6	自产生石灰	27.81	0	0.00	0.03	83.43	烧结机头烟气	1 208 275	0	0	20	120.83
7	外购生石灰	5.67	0	0	0.03	17.01	脱硫灰	2.50	0	0	21.20	5 299.83
8	石灰石	42.42	0	0	0.016	67.87	其他有组织或无组织外排废气粉尘	0.03	50	0.02	0.05	0.14
9	白云石	30.30	0	0	0.025	75.75						
10	返焦（高炉）	6.70	0	0	0.6	402.00						
11	外购焦粉	9.26	0	0	0.6	555.60						
12	无烟煤	10.90	0	0	0.4	436.00						
13	高炉煤气	40 159	0	0	20	8.03						
14	高炉煤气精脱硫解析气	4 200	0	0	2 520	105.84						
合计				355.55		6 034.38				355.55		6 034.38

注：①煤气的单位为万 m^3/a；②煤气含硫为总硫浓度，单位为 mg/m^3；③烟气单位为万 m^3/a；④烟气含硫为 SO_2 浓度，单位为 mg/m^3。

表 3-8 拟建工程烧结工序氟及铅元素平衡

序号	收入项						支出项					
	原料名称	消耗量/（万 t/a）	氟		铅		产物名称	产出量/（万 t/a）	氟		铅	
			含氟率/%	含氟量/（t/a）	含铅率/%	含铅量/（t/a）			含氟率/%	含氟量/（t/a）	含铅率/%	含铅量/（t/a）
1	烧结混匀矿	482	0.011	530.20	0.001 7	81.94	自用烧结矿	430.00	0.009 4	404.20	0.001 4	60.20
2	含铁杂料	55.96	0.009 4	52.73	0.001 5	8.15	外销烧结矿	176.00	0.009 4	165.44	0.001 4	24.64
3	烧结返矿（高炉）	43.00	0.009 4	40.42	0.001 4	6.02	烧结配料除尘灰	0.33	0.01	0.33	0.001 4	0.05
4	球团返矿（高炉）	3.82	0.009 1	3.48	0.001 4	0.53	烧结机头烟气除尘灰	2.42	0.01	2.42	0.001	0.24
5	块矿返矿（高炉）	1.28	0.01	1.28	0.001 4	0.18	烧结机尾及整粒除尘灰	4.30	0.01	4.30	0.001 4	0.60
6	自产生石灰	27.81	—	—	—	—	烧结机头烟气	1 208 275 万 m^3/a	氟化物浓度 4 mg/m^3	48.33	铅及其化合物浓度 0.7 mg/m^3	8.46
7	外购生石灰	5.67	—	—	—	—	脱硫灰	2.50	0.01	3.06	0.01	2.63
8	石灰石	42.42	—	—	—	—	其他有组织或无组织外排废气粉尘	0.03	0.01	0.03	0.001 4	0.004
9	白云石	30.30	—	—	—	—						
10	返焦（高炉）	6.70	—	—	—	—						
11	外购焦粉	9.26	—	—	—	—						
12	无烟煤	10.90	—	—	—	—						
合计				628.11		96.82				628.11		96.82

（六）给排水分析

拟建工程总用水量为 1 112 312 m^3/d，其中新水量为 15 435 m^3/d，重复用水量为 1 096 877 m^3/d（循环用水量为 1 092 968 m^3/d，串联用水量为 3 909 m^3/d），水重复利用率为 98.61%。全厂及各主要工序水平衡图（略），全厂水量平衡见表 3-9。

表 3-9　全厂水量平衡　　　单位：m^3/d

系统	总用水量	新水	回用水	除盐水	浓盐水		重复用水量			损失水量	废水量			水重复利用率/%
					本项目	B焦化公司	循环用水量	串联用水量	合计		产生量	串联供水量	排入综合废水处理站	
备料	250	50	200	0	0	0	0	200	200	250	0	0	0	—
烧结	50 339	2 394	0	0	0	0	47 945	0	47 945	2 154	240	0	240	95.24
球团	16 530	530	0	0	0	0	16 000	0	16 000	450	80	0	80	96.79
炼铁	495 411	4 658	499	106	683	943	489 465	1 288	490 753	5 199	1 690	0	1 690	99.06
炼钢	241 689	2 824	752	335	300	0	251 209	1 387	252 596	3 839	820	448	372	98.89
轧钢	126 836	2 352	0	95	0	0	124 389	95	124 484	1 929	638	120	518	98.15
白灰	4 040	80	0	0	0	0	3 960	0	3 960	60	20	0	20	98.02
固废处理	8 976	176	0	0	0	0	8 800	0	8 800	132	44	0	44	98.04
公辅设施	154 224	2 085	0	939	0	0	151 200	939	152 139	2 268	756	0	756	98.65
生活	286	286	0	0	0	0	0	0	0	57	229	0	229	—
综合污水处理站	0	0	0	0	0	0	0	0	0	40	0	0	0	—
合计	1 112 312	15 435	1 451	1 475	983	943	1 092 968	3 909	1 096 877	16 378	4 517	568	3 949	98.61

取水来源				综合废水处理站			除盐水站			
	生产用水	地表水	15 149		总处理水量	3 949		除盐水	1 475	吨钢新水耗量（不含发电）
					损失量	40				
	生活用水	市政管网	286		回用水量	1 451		浓盐水产生量	983	1.78 m^3/t 钢
					深度处理水量	2 458				

注：炼铁高炉冲渣浓盐水（1 626 m^3/d）包括接纳 B 焦化公司浓盐水量（943 m^3/d）和本项目除盐水站部分浓盐水量（683 m^3/d）。

（七）公用辅助设施

供电：生产用电合计约 14.5 亿 kWh/a，其中自发电系统供电量为 10.0 亿 kWh/a，其余约 4.5 亿 kWh/a 用电量由 2 座 110 kV 变电站供应，自发电率 69.0%。

煤气：高炉煤气产生量为 525 000.0 万 m^3/a，设 1 座 20 万 m^3 高炉煤气柜；转炉煤气回收量为 34 440.0 万 m^3/a，设 1 座 10 万 m^3 转炉煤气柜。拟建工程煤气平衡见表 3-10。

蒸汽：拟建工程蒸汽主要来自烧结余热及炼钢、轧钢工序加热炉气化冷却装置，消耗主要为工艺用蒸汽和余热发电机组。

压缩空气：设置 2 座空压站，分别为铁前区各生产工序集中供应压缩空气和铁后区各生产工序集中供应压缩空气。

氧气、氮气、氩气：拟建工程建设 2 座制氧站，设 2 台 40 000（标态）m^3/h 制氧机组。

除盐水系统：在全厂综合废水处理站建设 1 座处理规模为 4 000 m^3/d 的除盐水站。

表 3-10 拟建工程煤气平衡

生产工序			有效作业时间/h	煤气量/（万 m^3/a）			
				高炉煤气	转炉煤气	焦炉煤气	备注
收入项	炼铁工序		8 400	525 000			
收入项	炼钢工序		6 495		34 440		
收入项	B 焦化公司购入		8 760			55 346.5	
收入项	收入总计			525 000	34 440	55 346.5	
支出项	烧结工序	2×318 m^2 烧结机	7 920	26 967			含高炉煤气精脱硫解析气 4 200 万 m^3/a
支出项	烧结工序	SCR 脱硝加热炉	7 920	17 392			
支出项	球团工序	铁精粉烘干加热炉	7 920	480			
支出项	球团工序	链篦机回转窑	7 920	0		1 200	
支出项	球团工序	SCR 脱硝加热炉	7 920	3 000			
支出项	炼铁工序	2×1 780 m^3 高炉	8 400	210 000			
支出项	炼钢工序	2×140 t 转炉	6 495		3 126		
支出项	炼钢工序	连铸机	6 495		2 890		
支出项	轧钢工序	大型 H 型钢	6 500	20 730			
支出项	轧钢工序	中型 H 型钢	6 500	18 425			
支出项	轧钢工序	2×小型 H 型钢	6 500	27 640			
支出项	白灰单元	4×300 t/d 白灰焙烧	7 920			9 980	
支出项	固废处理水渣微粉线		7 200	20 274			
支出项	外供 B 焦化公司		8 760	180 092			
支出项	供燃气锅炉发电（另行环评）				28 424	44 166.5	
支出项	支出总计			525 000	34 440	55 346.5	

（八）污染源及其治理措施

施工期污染源及其治理措施（略）。

运营期按工序给出了工艺流程、排污节点、污染控制措施及效果分析。

1. 废气污染源及处理措施

通过工程分析和类比调查，拟建工程主要废气污染源中点源及其治理措施见表 3-11，拟建工程主要废气污染源中面源排放情况见表 3-12。

2. 废水污染源及处理措施

拟建工程主要废水污染源及治理措施见表 3-13。

3. 噪声污染源及处理措施

拟建工程主要噪声污染源及治理措施情况见表 3-14。

4. 固体废物及处理措施

根据调查及平衡核算，拟建固体废物产生量、处置措施情况以及危险废物汇总见表 3-15 及表 3-16。

表 3-11　拟建工程主要废气污染源（点源）及治理措施

生产工序/单元	序号	污染源名称	烟气量（标态）/（m^3/h）	烟气温度/℃	排气筒参数/m		污染因子	治理措施	捕集效率/%	排放浓度/（mg/m^3）		排放速率/（kg/h）	年工作时间/h	年排放量/（t/a）	源强核算依据
					高度	出口内径				标准值	排放值				
备料工序	1	汽车受卸料废气	762 273	20	35	4.5	颗粒物	袋式除尘器	≥99	10	9	6.860	8 520	58.447	类比法
	2	混匀设施废气	443 182	20	35	3.4	颗粒物	袋式除尘器	≥99	10	9	3.989	8 520	33.986	类比法
	3	供返料设施废气	327 955	20	35	3.0	颗粒物	袋式除尘器	≥99	10	9	2.952	8 520	25.151	类比法
烧结工序	1	燃料破碎废气	186 136	20	35	2.2	颗粒物	袋式除尘器	≥99	10	9	1.675	7 920	13.266	类比法
	2	煤粉缓冲仓废气	72 682	20	35	1.4	颗粒物	袋式除尘器	≥99	10	9	0.654	7 920	5.180	类比法
	3	烧结配料仓上废气	177 273	20	35	2.2	颗粒物	袋式除尘器	≥99	10	9	1.595	7 920	12.632	类比法
	4	烧结配料仓下废气	239 318	20	35	2.5	颗粒物	袋式除尘器	≥99	10	9	2.154	7 920	17.060	类比法
	5	1#烧结机头烟气（氧含量 16%，含脱硝加热炉烟气、生石灰仓、消石灰仓废气和石灰消化废气）	762 800	120	80	5.5	颗粒物	双室四电场静电除尘器+半干法循环流化床半干法脱硫+中温SCR 脱硝	100	5	5	3.814	7 920	30.207	类比法
							SO_2			20	20	15.256		120.828	物料衡算法
							NO_x			30	30	22.884		181.241	类比法
							CO				4 000	3 051.200		24 165.504	类比法
							氟化物			4	4.0	3.051		24.164	类比法
							铅及其化合物			0.7	0.7	0.534		4.229	类比法
							二噁英			0.5	0.5	0.381		3.018	类比法
							氨				2.5	1.907		15.103	类比法
	6	2#烧结机头烟气（氧含量 16%，含脱硝加热炉烟气、生石灰仓、消石灰仓废气和石灰消化废气）	762 800	120	80	5.5	颗粒物	双室四电场静电除尘器+半干法循环流化床半干法脱硫+中温SCR 脱硝	100	5	5	3.814	7 920	30.207	类比法
							SO_2			20	20	15.256		120.828	物料衡算法
							NO_x			30	30	22.884		181.241	类比法
							CO				4 000	3 051.200		24 165.504	类比法
							氟化物			4	4.0	3.051		24.164	类比法
							铅及其化合物			0.7	0.7	0.534		4.229	类比法
							二噁英			0.5	0.5	0.381		3.018	类比法
							氨				2.5	1.907		15.103	类比法

生产工序/单元	序号	污染源名称	烟气量（标态）/（m^3/h）	烟气温度/℃	排气筒参数/m 高度	排气筒参数/m 出口内径	污染因子	治理措施	捕集效率/%	排放浓度/（mg/m^3）标准值	排放浓度/（mg/m^3）排放值	排放速率/（kg/h）	年工作时间/h	年排放量/（t/a）	源强核算依据
烧结工序	7	1#烧结机尾废气	651 956	80	35	4.6	颗粒物	电袋复合除尘器	≥99	10	9	5.868	7 920	46.475	类比法
	8	2#烧结机尾废气	651 956	80	35	4.6	颗粒物	电袋复合除尘器	≥99	10	9	5.868	7 920	46.475	类比法
	9	1#成品整粒筛分废气	253 560	50	35	2.5	颗粒物	袋式除尘器	≥99	10	9	2.282	7 920	18.073	类比法
	10	2#成品整粒筛分废气	253 560	50	35	2.5	颗粒物	袋式除尘器	≥99	10	9	2.282	7 920	18.073	类比法
	11	成品料仓及矿石受料槽废气	233 114	20	35	2.5	颗粒物	袋式除尘器	≥99	10	9	2.098	7 920	16.616	类比法
球团工序	1	原料配料及转运站废气	88 636	20	25	1.5	颗粒物	袋式除尘器	≥99	10	9	0.798	7 920	6.320	类比法
	2	铁精粉烘干废气	6 100	80	30	0.4	颗粒物	精脱硫高炉煤气+布袋除尘器	≥99	10	9	0.055	7 920	0.436	类比法
							SO_2			50	4.0	0.024		0.190	物料衡算法
							NO_x			150	35	0.214		1.695	类比法
	3	焙烧烟气（氧含量16%，含脱硝加热炉烟气、生石灰仓、消石灰仓废气和石灰消化废气）	165 000	120	60	2.5	颗粒物	双室四电场静电除尘器+半干法循环流化床半干法脱硫+中温SCR 脱硝	100	5	5	0.825	7 920	6.534	类比法
							SO_2			20	20	3.300		26.136	物料衡算法
							NO_x			30	30	4.950		39.204	类比法
							氟化物			4	4.0	0.660		5.227	类比法
							铅及其化合物			0.7	0.7	0.116		0.919	类比法
							二噁英			0.5	0.5	0.083		0.657	类比法
							氨			—	2.5	0.413		3.271	类比法
	4	环冷机及成品储运系统废气	126 097	90	35	2.2	颗粒物	电袋复合除尘器	≥99	10	9	1.135	7 920	8.989	类比法
炼铁工序	1	1#高炉焦矿槽废气	620 455	20	35	4.1	颗粒物	袋式除尘器	≥99	10	9	5.584	8 400	46.906	类比法
	2	2#高炉焦矿槽废气	620 455	20	35	4.1	颗粒物	袋式除尘器	≥99	10	9	5.584	8 400	46.906	类比法
	3	1#高炉出铁场废气（含炉顶废气）	555 725	120	35	4.3	颗粒物	袋式除尘器	≥99	10	9	5.002	7 000	35.014	类比法
							CO			—	250	138.931		972.517	类比法
							H_2S			—	0.01	0.006		0.042	类比法
	4	2#高炉出铁场废气（含炉顶废气和铸铁机废气）	655 725	120	35	4.3	颗粒物	袋式除尘器	≥99	10	9	5.902	7 000	41.314	类比法
							CO			—	250	163.931		1 147.517	类比法
							H_2S			—	0.01	0.007		0.049	类比法

生产工序/单元	序号	污染源名称	烟气量（标态）/（m^3/h）	烟气温度/℃	排气筒参数/m		污染因子	治理措施	捕集效率/%	排放浓度/（mg/m^3）		排放速率/（kg/h）	年工作时间/h	年排放量/（t/a）	源强核算依据
					高度	出口内径				标准值	排放值				
炼铁工序	5	1#高炉热风炉烟气	127 865	150	70	2.5	颗粒物	以精脱硫高炉煤气为燃料+采用高效陶瓷燃烧器	100	10	8	1.023	8 400	8.593	类比法
							SO_2			50	16.0	2.046		17.186	物料衡算法
							NO_x			150	100	12.787		107.411	类比法
	6	2#高炉热风炉烟气	127 865	150	70	2.5	颗粒物		100	10	8	1.023	8 400	8.593	类比法
							SO_2			50	16.0	2.046		17.186	物料衡算法
							NO_x			150	100	12.787		107.411	类比法
	7	1#高炉煤粉制备废气	177 875	80	60	2.5	颗粒物	以精脱硫高炉煤气为燃料+袋式除尘器	100	10	9	1.601	8 400	13.448	类比法
							SO_2			50	16.0	2.846		23.906	物料衡算法
							NO_x			150	100	17.788		149.419	类比法
	8	2#高炉煤粉制备废气	177 875	80	60	2.5	颗粒物	以精脱硫高炉煤气为燃料+袋式除尘器	100	10	9	1.601	8 400	13.448	类比法
							SO_2			50	16.0	2.846		23.906	物料衡算法
							NO_x			150	100	17.788		149.419	类比法
	9	煤粉喷吹泄压废气	5 000	20	30	0.4	颗粒物	袋式除尘器	≥99.9	10	9	0.045	2 800	0.126	类比法
	10	1#高炉冲渣粒化废气	15 700	40	50	0.7	颗粒物	采用“重力旋流除尘+降温+升温”工艺脱白装置处理	≥99	10	9	0.141	8 400	1.187	类比法
							H_2S			—	0.16	0.003		0.021	类比法
	11	2#高炉冲渣粒化废气	15 700	40	50	0.7	颗粒物		≥99	10	9	0.141	8 400	1.187	类比法
							H_2S			—	0.16	0.003		0.021	类比法
炼钢工序	1	辅料地下料仓粉尘	254 545	20	35	2.5	颗粒物	袋式除尘器	≥99	10	9	2.291	6 495	14.880	类比法
	2	1#转炉一次烟气	299 733	100	60	3.0	颗粒物	干法除尘煤气回收净化工艺	≥99.9	10	9	2.698	2 565	6.920	类比法
	3	2#转炉一次烟气	299 733	100	60	3.0	颗粒物	干法除尘煤气回收净化工艺	≥99.9	10	9	2.698	2 565	6.920	类比法
	4	1#转炉二次烟气	833 588	120	35	5.3	颗粒物	袋式除尘器	≥99	10	9	7.502	3 930	29.483	类比法
	5	2#转炉二次烟气	833 588	120	35	5.3	颗粒物	袋式除尘器	≥99	10	9	7.502	3 930	29.483	类比法
	6	转炉三次烟气	1 114 241	50	35	5.3	颗粒物	袋式除尘器	≥99	10	9	10.028	3 930	39.410	类比法
	7	铁水预处理烟气	486 260	120	35	3.8	颗粒物	袋式除尘器	≥99	10	9	4.376	3 930	17.198	类比法
							氟化物			—	—	0.000 5	3 930	0.002	物料衡算法

生产工序/单元	序号	污染源名称	烟气量（标态）/（m^3/h）	烟气温度/℃	排气筒参数/m		污染因子	治理措施	捕集效率/%	排放浓度/（mg/m^3）		排放速率/（kg/h）	年工作时间/h	年排放量/（t/a）	源强核算依据
					高度	出口内径				标准值	排放值				
炼钢工序	8	1#钢包精炼炉（LF炉）烟气	303 588	120	35	3.5	颗粒物	袋式除尘器	≥99	10	9	2.732	3 930	10.737	类比法
	9	2#钢包精炼炉（LF炉）烟气	303 588	120	35	3.5	颗粒物	袋式除尘器	≥99	10	9	2.732	3 930	10.737	类比法
	10	废钢切割废气	104 832	20	35	1.6	颗粒物	袋式除尘器	≥99	10	9	0.943	6 495	6.125	类比法
	11	1#连铸火焰切割烟气	159 571	100	35	2.5	颗粒物	塑烧板除尘器	≥99	10	9	1.436	3 930	5.643	类比法
	12	2#连铸火焰切割烟气	159 571	100	35	2.5	颗粒物	塑烧板除尘器	≥99	10	9	1.436	3 930	5.643	类比法
	13	3#连铸火焰切割烟气	159 571	100	35	2.5	颗粒物	塑烧板除尘器	≥99	10	9	1.436	3 930	5.643	类比法
	14	钢渣一次处理废气	208 396	120	35	2.7	颗粒物	蒸发冷却器+脱水器+湿法电除尘器	≥99	10	9	1.876	6 495	12.185	类比法
热轧单元	1	大 H 型轧钢线精轧废气	221 591	20	35	2.7	颗粒物	塑烧板除尘器	≥99	10	9	1.994	6 500	12.961	类比法
	2	中 H 型轧钢线精轧废气	221 591	20	35	2.7	颗粒物	塑烧板除尘器	≥99	10	9	1.994	6 500	12.961	类比法
	3	1#小 H 型轧钢线精轧废气	177 273	20	35	2.6	颗粒物	塑烧板除尘器	≥99	10	9	1.595	6 500	10.368	类比法
	4	2#小 H 型轧钢线精轧废气	177 273	20	35	2.6	颗粒物	塑烧板除尘器	≥99	10	9	1.595	6 500	10.368	类比法
	5	大 H 型轧钢线 加热炉煤气侧烟气	45 160	150	30	1.2	颗粒物	以精脱硫高炉煤气为燃料+采用低氮双蓄热烧嘴	100	10	8	0.361	6 500	2.347	类比法
							SO_2			50	17	0.768		4.992	物料衡算法
							NO_x			150	100	4.516		29.354	类比法
	6	大 H 型轧钢线 加热炉空气侧烟气	29 360	150	30	1.0	颗粒物		100	10	8	0.235	6 500	1.528	类比法
							SO_2			50	17	0.499		3.244	物料衡算法
							NO_x			150	100	2.936		19.084	类比法
	7	中 H 型轧钢线 加热炉煤气侧烟气	40 140	150	30	1.2	颗粒物	以精脱硫高炉煤气为燃料+采用低氮双蓄热烧嘴	100	10	8	0.321	6 500	2.087	类比法
							SO_2			50	17	0.682		4.433	物料衡算法
							NO_x			150	100	4.014		26.091	类比法
	8	中 H 型轧钢线 加热炉空气侧烟气					颗粒物			10	8	0.209		1.359	类比法
							SO_2			50	17	0.444		2.886	物料衡算法
							NO_x			150	100	2.610		16.965	类比法

生产工序/单元	序号	污染源名称		烟气量（标态）/（m^3/h）	烟气温度/℃	排气筒参数/m		污染因子	治理措施	捕集效率/%	排放浓度/（mg/m^3）		排放速率/（kg/h）	年工作时间/h	年排放量/（t/a）	源强核算依据
						高度	出口内径				标准值	排放值				
热轧单元	9	$1^{\#}$小H型轧钢线	加热炉煤气侧烟气	30 105	150	30	1.2	颗粒物	以精脱硫高炉煤气为燃料+采用低氮双蓄热烧嘴	100	10	8	0.241	6 500	1.567	类比法
								SO_2			50	17	0.512		3.328	物料衡算法
								NO_x			150	100	3.011		19.572	类比法
	10		加热炉空气侧烟气	19 575	150	30	1.0	颗粒物			10	8	0.157		1.021	类比法
								SO_2			50	17	0.333		2.165	物料衡算法
								NO_x			150	100	1.958		12.727	类比法
	11	$2^{\#}$小H型轧钢线	加热炉煤气侧烟气	30 105	150	30	1.2	颗粒物			10	8	0.241		1.567	类比法
								SO_2			50	17	0.512		3.328	物料衡算法
								NO_x			150	100	3.011		19.572	类比法
	12		加热炉空气侧烟气	19 575	150	30	1.0	颗粒物			10	8	0.157		1.021	类比法
								SO_2			50	17	0.333		2.165	物料衡算法
								NO_x			150	100	1.958		12.727	类比法
白灰单元	1	石灰窑原料转运废气		22 905	20	35	0.8	颗粒物	袋式除尘器	≥99	10	9	0.206	7 920	1.632	类比法
	2	$1^{\#}$石灰窑焙烧烟气（氧含量 8%）		52 840	130	40	1.5	颗粒物	燃用净化后焦炉煤气+袋式除尘器+SCR 脱硝	100	10	9	0.476	7 920	3.770	类比法
								SO_2			50	11	0.581		4.602	物料衡算法
								NO_x			150	50	2.642		20.925	类比法
								NH_3			—	2.5	0.132		1.046	类比法
	3	$2^{\#}$石灰窑焙烧烟气（氧含量 8%）		52 840	130	40	1.5	颗粒物	燃用净化后焦炉煤气+袋式除尘器+SCR 脱硝	100	10	9	0.476	7 920	3.770	类比法
								SO_2			10	11	0.581		4.602	物料衡算法
								NO_x			50	50	2.642		20.925	类比法
								NH_3			150	2.5	0.132		1.046	类比法
	4	$3^{\#}$石灰窑焙烧烟气（氧含量 8%）		52 840	130	40	1.5	颗粒物	燃用净化后焦炉煤气+袋式除尘器+SCR 脱硝	100	10	9	0.476	7 920	3.770	类比法
								SO_2			10	11	0.581		4.602	物料衡算法
								NO_x			50	50	2.642		20.925	类比法
								NH_3			150	2.5	0.132		1.046	类比法

生产工序/单元	序号	污染源名称		烟气量（标态）/（m^3/h）	烟气温度/℃	排气筒参数/m		污染因子	治理措施	捕集效率/%	排放浓度/（mg/m^3）		排放速率/（kg/h）	年工作时间/h	年排放量/（t/a）	源强核算依据
						高度	出口内径				标准值	排放值				
白灰单元	5	4#石灰窑焙烧烟气（氧含量 8%）		52 840	130	40	1.5	颗粒物	燃用净化后焦炉煤气+袋式除尘器+SCR 脱硝	100	10	9	0.476	7 920	3.770	类比法
								SO_2			10	11	0.581		4.602	物料衡算法
								NO_x			50	50	2.642		20.925	类比法
								NH_3			150	2.5	0.132		1.046	
	6	石灰窑成品落料及转运废气		39 523	100	35	1.2	颗粒物	袋式除尘器	≥99	10	9	0.356	7 920	2.820	类比法
固废处理单元	1	钢渣处理线	钢渣转运站废气	100 000	20	35	1.5	颗粒物		≥99	10	9	0.900	7 200	6.480	类比法
	2		钢渣分选粉尘	275 000	20	35	2.4	颗粒物		≥99	10	9	2.475	7 200	17.820	类比法
	3	水渣微粉生产线	1#烘干加热炉烟气	32 945	100	30	1.3	颗粒物	以精脱硫高炉煤气为燃料+低氮燃烧器+SCR 脱硝	100	10	8	0.264	7 200	1.901	类比法
								SO_2			30	17	0.560		4.032	物料衡算法
								NO_x			50	50	1.647		11.858	类比法
								NH_3			2.5	2.5	0.082		0.593	类比法
	4		2#烘干加热炉烟气	32 945	100	30	1.3	颗粒物		100	10	8	0.264	7 200	1.901	类比法
								SO_2			30	17	0.560		4.032	物料衡算法
								NO_x			50	50	1.647		11.858	类比法
								NH_3			2.5	2.5	0.082		0.593	类比法
	5	水渣微粉生产线	1#水渣微粉线粉磨废气	250 000	20	35	2.3	颗粒物	袋式除尘器	≥99	10	9	2.250	7 200	16.200	类比法
	6		2#水渣微粉线粉磨废气	250 000	20	35	2.3	颗粒物		≥99	10	9	2.250	7 200	16.200	类比法
公辅单元	1	生活污水处理站废气		1 500	20	15	0.2	H_2S	生物滴滤塔+活性炭吸附	≥99	0.33 kg/h	0.50	0.000 8	8 760	0.007	类比法
								NH_3			4.9 kg/h	1.50	0.002 3		0.020	类比法
								臭气浓度			2 000（量纲一）	< 2 000	—		—	—

注：表中二噁英排放浓度单位为 $ngTEQ/m^3$、排放速率单位为 mg/h、排放量单位为 gTEQ/a。

表 3-12　拟建工程主要废气污染源（面源）统计

序号	污染源名称		污染因子	设计产能/（万 t/a）	排放速率/（kg/h）	系统年工作时间/h	年排放量/（t/a）
1	原料场		颗粒物	876.80	7.512	8 520	64.006
2	白灰单元	白灰车间	颗粒物	39.60	0.525	7 920	4.158
		脱硝系统	氨		0.200	7 920	1.584
3	烧结工序	烧结车间	颗粒物	606.00	3.673	7 920	29.088
		脱硝系统	氨		0.237	7 920	1.877
4	球团工序	球团车间	颗粒物	120.0	0.606	7 920	4.800
		脱硝系统	氨		0.082	7 920	0.649
5	炼铁工序	炼铁车间	颗粒物	300.0	1.714	8 400	14.400
			CO		2.000		16.800
			硫化氢		0.01		0.084
6	炼钢工序	炼钢车间	颗粒物	280	4.570	6 495	29.680
7	固废处理单元	钢渣处理车间	颗粒物	35.0	0.452	7 200	3.252
		水渣处理间	颗粒物	120.0	1.667	7 200	12.000
		脱硝系统	氨	—	0.050	7 200	0.360
8	公辅单元	生活污水处理站	硫化氢	—	0.000 1	8 760	0.001
			氨	—	0.000 2	8 760	0.002

表 3-13　拟建工程主要废水污染源及治理措施

工序/单元	序号	污染源	废水量/（m^3/d）	污染因子	产生浓度/（mg/L）	治理措施	处理后浓度/（mg/L）	回用量/（m^3/d）	外排量①/（m^3/d）	排放去向②
烧结工序	1	净环系统排水	240	SS COD	≤30 ≤38	—	—	0	240	排入全厂废水处理站

工序/单元	序号	污染源	废水量/（m^3/d）	污染因子	产生浓度/（mg/L）	治理措施	处理后浓度/（mg/L）	回用量/（m^3/d）	外排量[①]/（m^3/d）	排放去向[②]
球团工序	1	净环水系统排水	80	SS COD	≤30 ≤38	—	—	0	80	排入全厂综合废水处理站
炼铁工序	1	净环系统排水	1 160	SS COD	≤30 ≤38	—	—	0	1 160	排入全厂综合废水处理站
	2	高炉冲渣乏汽消白冷凝水	530	SS COD	≤30 ≤38	—	—	0	530	
炼钢工序	1	净环系统排水	312	SS COD	≤30 ≤38	—	—	200	0	部分进入浊环水系统补水，部分排入全厂综合废水处理站
	2	气化冷却系统排水	25	SS COD	≤30 ≤38	—	—	0	25	排入全厂综合废水处理站
	3	连铸浊环系统排水	235	SS 石油类 COD	≤1 500 ≤30 ≤500	旋流井+化学除油器+过滤器	≤500 ≤10 ≤200	0	235	排入全厂综合废水处理站
	4	湿电除尘系统排水	248	SS COD	≤30 ≤38	—	—	248	0	回用于焖渣循环系统补水
热轧单元	1	净环系统排水	120	SS COD	≤30 ≤38	—	—	120	0	进入浊环水系统补水
	2	轧钢浊环系统排水	498	SS 石油类 COD	≤1 500 ≤30 ≤600	旋流井+化学除油器+斜板沉淀池	≤500 ≤10 ≤200	0	498	排入全厂综合废水处理站
	3	气化冷却系统排污水	20	SS COD	≤30 ≤38	—	—	0	20	
白灰单元	1	净环水系统排水	20	SS COD	≤30 ≤38	—	—	0	20	排入全厂综合废水处理站

工序/单元	序号	污染源	废水量/（m^3/d）	污染因子	产生浓度/（mg/L）	治理措施	处理后浓度/（mg/L）	回用量/（m^3/d）	外排量[①]/（m^3/d）	排放去向[②]
固废处理单元	1	净环系统排水	44	SS COD	≤30 ≤38	—	—	0	44	排入全厂综合废水处理站
公辅系统	1	净环系统排水	756	SS COD	≤30 ≤38	—	—	0	756	排入全厂综合废水处理站
生活污水	1	生活污水	229	SS COD 氨氮	≤350 ≤400 ≤25	化粪池+地下式一体化 A/O 生化处理装置	≤100 ≤100 ≤20	0	229	排入全厂综合废水处理站

注：①外排量是指排入全厂综合废水处理站；②全厂废水处理站采用“一次混凝+高密度沉淀池+二次混凝+过滤”处理工艺，设计处理能力为 10 000 m^3/d，出水部分作为回用水回用于生产工序，部分进入除盐水站，除盐水用于全厂除盐水用户，浓盐水全部回用于高炉冲渣补水和转炉钢渣焖渣用水，不外排。

表 3-14　拟建工程主要噪声污染源及治理措施

工序/单元	序号	污染源名称	数量	源强/dB（A）	降噪措施	隔声降噪效果/dB（A）	排放特征
备料工序	1	堆料机	2	85	厂房隔声	15	间歇
	2	取料机	2	85	厂房隔声	15	间歇
	3	堆取料机	3	85	厂房隔声	15	连续
	4	除尘风机	3	85	消声器	20	连续
烧结工序	1	燃料破碎机	4	90	厂房隔声	15	连续
	2	圆盘给料机	12	90	厂房隔声	15	连续
	3	混料机	4	85	厂房隔声	15	连续
	4	烧结主抽风机	4	110	消声器+厂房隔声	25	连续
	5	增压风机	4	110	消声器	20	连续
	6	单辊破碎机	2	90	厂房隔声	20	连续
	7	环冷风机	10	100	消声器+厂房隔声	25	连续

工序/单元	序号	污染源名称	数量	源强/dB（A）	降噪措施	隔声降噪效果/dB（A）	排放特征
烧结工序	8	振动筛	2	80	基础减振+厂房隔声	15	连续
	9	除尘风机	10	100	消声器	20	连续
	10	循环风机	2	100	消声器+厂房隔声	25	连续
	11	氨汽稀释风机	8	95	消声器	20	连续
	12	风筛	2	90	厂房隔声	15	连续
	13	泵类	20	75	厂房隔声	15	连续
球团工序	1	圆盘给料机	5	80	厂房隔声	15	连续
	2	高压润磨混合机	1	100	厂房隔声	15	连续
	3	圆盘造球机	4	85	厂房隔声	15	连续
	4	辊式筛分机	1	90	厂房隔声	15	连续
	5	回热风机	1	110	消声器+厂房隔声	25	连续
	6	主抽风机	1	100	消声器+厂房隔声	25	连续
	7	耐热风机	1	110	消声器+厂房隔声	25	连续
	8	冷却鼓风机	3	100	消声器	20	连续
	9	循环风机	1	100	消声器+厂房隔声	25	连续
	10	氨汽稀释风机	4	95	消声器	20	连续
	11	风筛	1	90	厂房隔声	15	连续
	12	除尘风机	4	100	消声器	20	连续
	13	泵类	6	75	厂房隔声	15	连续
炼铁工序	1	振动筛	10	90	基础减振+厂房隔声	15	连续
	2	振动给料机	10	85	厂房隔声	15	连续
	3	均压放散阀	2	110	消声器	20	连续
	4	热风炉助燃风机	2	100	消声器	20	连续
	5	高炉鼓风机	6	110	隔声罩+厂房隔声	20	连续

工序/单元	序号	污染源名称	数量	源强/dB（A）	降噪措施	隔声降噪效果/dB（A）	排放特征
炼铁工序	6	磨煤机组	2	90	厂房隔声	15	连续
	7	煤粉筛	2	80	厂房隔声	15	连续
	8	除尘风机	10	90	消声器	20	连续
	9	泵类	24	75	厂房隔声	15	连续
炼钢工序	1	扒渣机	2	90	厂房隔声	15	连续
	2	转炉冶炼	2	95	厂房隔声	15	连续
	3	除尘风机	13	100	消声器	20	连续
	4	蒸汽放散阀	2	110	消声器	20	间断
	5	冷却塔	2	95	—	—	连续
	6	振动筛	4	95	基础减振+厂房隔声	15	连续
	7	振动给料机	2	95	厂房隔声	15	连续
	8	泵类	16	75	厂房隔声	15	连续
	9	倾翻车	1	85	厂房隔声	15	连续
	10	辊压破碎机	1	95	厂房隔声	15	连续
轧钢工序	1	助燃风机	8	100	消声器+厂房隔声	25	连续
	2	引风机	8	100	消声器+厂房隔声	25	连续
	3	轧机	34	100	厂房隔声	15	连续
	4	卷取机	8	95	厂房隔声	15	连续
	5	除尘风机	25	100	消声器	20	连续
	6	泵类	30	75	厂房隔声	15	连续
白灰单元	1	给料机	2	85	厂房隔声	15	间歇
	2	助燃风机	4	100	消声器+厂房隔声	25	间歇
	3	振动筛	4	90	基础减振+厂房隔声	15	间歇
	4	除尘风机	4	100	消声器	20	连续
	5	泵类	8	75	厂房隔声	15	连续

工序/单元	序号	污染源名称	数量	源强/dB（A）	降噪措施	隔声降噪效果/dB（A）	排放特征
固废处理单元	1	棒磨机	1	110	厂房隔声	15	连续
	2	破碎机	1	110	厂房隔声	15	间歇
	3	双辊磁选机	1	100	厂房隔声	15	间歇
	4	选粉机	1	100	厂房隔声	15	间歇
	5	振动筛	2	90	基础减振+厂房隔声	15	间歇
	6	辊磨机	1	110	厂房隔声	15	连续
	7	立磨机	2	100	厂房隔声	15	连续
	8	离心通风机	2	110	消声器	25	连续
	9	装载机	4	85	厂房隔声	15	间歇
	10	除尘风机	8	100	消声器	20	连续
	11	泵类	6	75	厂房隔声	15	连续
制氧站	1	空压机	2	100	隔声间	25	连续
	2	增压机	2	100	隔声间	25	连续
	3	透平膨胀机	2	100	隔声间	25	连续
	4	氧压机	2	100	隔声间	25	连续
	5	氮压机	2	100	隔声间	25	连续
	6	膨胀机	2	100	隔声间	25	连续
	7	空气放空噪声	2	110	隔声间	25	间歇
空压站	1	空压机	7	100	隔声间	25	连续

表 3-15　拟建工程主要固体废物处置措施

工序/单元	序号	污染源名称	产生量/（万 t/a）	固废类别	处置措施	厂区暂存区
备料工序	1	除尘灰	1.31	第 I 类一般工业固体废物	送烧结工序综合利用	除尘器灰仓
烧结工序	1	除尘灰	7.05		送烧结工序综合利用	除尘器灰仓
	2	脱硫灰	2.50	第 II 类一般工业固体废物	外售建材企业综合利用	脱硫灰仓
	3	废 SCR 脱硝催化剂	460 t/3 a	危险废物（HW50 772-007-50）	送有资质的危险废物处置单位处理	危废储存间

工序/单元	序号	污染源名称	产生量/（万 t/a）	固废类别	处置措施	厂区暂存区
球团工序	1	除尘灰	0.90	第Ⅰ类一般工业固体废物	送球团配料工序利用	除尘器灰仓
	2	脱硫灰	0.60	第Ⅱ类一般工业固体废物	外售建材企业综合利用	脱硫灰仓
	3	废 SCR 脱硝催化剂	90 t/3 a	危险废物（HW50 772-007-50）	送有资质的危险废物处置单位处理	危废储存间
炼铁工	1	除尘灰	2.74	第Ⅰ类一般工业固体废物	送烧结单元作原料综合利用	除尘器灰仓
	2	重力灰/瓦斯灰	7.15			除尘器灰仓
	3	高炉渣（含高炉冲渣粒化废气尘泥）	93.00		送水渣微粉线工序作原料综合利用	高炉水渣封闭渣场
	4	高炉煤气脱硫废微晶吸附材料	0.02	待项目运行后按照相关规范开展鉴别，待鉴别结果确定后，按照固体废物的相关管理要求执行	外售建材企业综合利用	炼铁车间专用桶堆存
炼钢工序	1	钢渣及铸余渣	28.00	第Ⅱ类一般工业固体废物	送钢渣处理车间回收铁料后，送钢渣处理线综合利用	钢渣处理封闭渣场
	2	脱硫渣	5.60			
	3	除尘灰	26.89	第Ⅰ类一般工业固体废物	送烧结配料利用	备料工序封闭混匀料场
	4	氧化铁皮	5.81	第Ⅰ类一般工业固体废物		
	5	废油	30 t/a	危险废物（HW08 900-217-08）	送有资质的危险废物处置单位处理	危废储存间
	6	连铸浊环水处理污泥	0.72	第Ⅰ类一般工业固体废物	送烧结配料利用	备料工序封闭混匀料场
轧钢工序	1	轧废	3.12	第Ⅰ类一般工业固体废物	送炼钢工序利用	相应生产车间内堆存
	2	废轧辊	1.13		送炼钢工序利用	相应生产车间内堆存
	3	氧化铁皮	3.87	第Ⅰ类一般工业固体废物	送烧结配料工序利用	备料工序封闭混匀料场
	4	除尘灰	0.52		送烧结配料工序利用	备料工序封闭混匀料场
	5	轧钢浊环水处理污泥	0.36		送烧结配料工序利用	备料工序封闭混匀料场
	6	废油	40 t/a	危险废物（HW08 900-217-08）	送有资质的危险废物处置单位处理	危废储存间

工序/单元	序号	污染源名称	产生量/（万 t/a）	固废类别	处置措施	厂区暂存区
白灰单元	1	除尘灰	0.42	第Ⅰ类一般工业固体废物	送烧结配料利用	除尘器灰仓
	2	废 SCR 脱硝催化剂	60 t/3 a	危险废物（HW50 772-007-50）	送有资质的危险废物处置单位处理	危废储存间
固废处理单元	1	钢渣处理渣钢坨及豆钢	1.70	第Ⅰ类一般工业固体废物	返回炼钢工序综合利用	固废处理车间
	2	钢渣处理粒渣	0.85	第Ⅰ类一般工业固体废物	送烧结配料利用	固废处理车间
	3	水渣处理含铁杂块	0.10	第Ⅰ类一般工业固体废物	返回炼钢工序综合利用	固废处理车间
	4	除尘灰	1.19	第Ⅰ类一般工业固体废物	作为矿渣产品外售建材企业综合利用	除尘器灰仓
	5	废 SCR 脱硝催化剂	20 t/3 a	危险废物（HW50 772-007-50）	送有资质的危险废物处置单位处理	危废储存间
其他	1	废耐火材料	3.97	第Ⅰ类一业固体废物	返回生产厂家综合利用	相应生产车间内堆存
	2	综合污水处理厂污泥	0.05		送当地环卫部门指定地点填埋处理	污泥贮存间
	3	全厂污水站新水处理污泥	55 t/a	第Ⅰ类一业固体废物	送当地环卫部门指定地点填埋处理	污泥贮存间
	4	废固定分子筛	0.20		作为建筑材料外售	相应生产车间内堆存
	5	生活污水处理站 废水处理污泥	0.005		送当地环卫部门指定地点填埋处理	污泥贮存间
	6	生活污水处理站 废活性炭	5 t/3 a	危险废物（HW49 900-041-49）	送有资质的危险废物处置单位处理	危废储存间
	7	生活垃圾	0.072	—	送当地环卫部门指定地点填埋处理	厂区垃圾箱

表 3-16　拟建工程危险废物汇总情况

序号	危险废物			产生量	产生工序及装置	形态	有害成分	危废特性
	名称	类别	代码					
1	废油	HW08	900-217-08	70 t/a	各生产设备	液态	废油	T，I
2	SCR 废催化剂	HW50	772-007-50	630 t/3 a	SCR 脱硝系统	固态	TiO_2、V_2O_5、WO_3	T
3	废活性炭	HW49	900-041-49	5 t/3 a	活性炭吸附装置	固态	H_2S、NH_3	T/In
4	高炉煤气脱硫废微晶吸附材料	暂按危险废物从严管理，待项目运行后按照相关规范开展鉴别，待鉴别结果确定后，按照固体废物的相关管理要求执行			200 t/a	高炉煤气精脱硫系统	固态	根据鉴别结果确定	

5．污染物排放量

由工程分析和环保措施可行性论证可知，通过对各污染源均采取相应有效的治理措施，可实现各类污染物的稳定达标排放，有效控制了各污染物的排放总量。拟建工程完成后，废水及外排量均为零，仅排放废气污染物，其排放量见表 3-17。

（九）现役源削减方案

《钢铁建设项目环境影响评价文件审批原则（试行）》中提到，环境质量不达标区域，强化项目污染防治措施，并提出有效的区域污染物减排方案，改善环境质量。大气污染防治重点控制区和大气环境质量超标的城市，落实区域内现役源 2 倍削减替代，一般控制区 1.5 倍削减替代。拟建工程应进行区域内现役源 2 倍削减替代。

根据唐山市生态环境局出具的现役源削减方案，对评价区域内具有合法环保手续工业企业通过退出关停、环保提标改造等方式共计可削减颗粒物 2 230 t、二氧化硫 820 t、氮氧化物 2 370 t，可满足拟建工程区域内现役源 2 倍削减替代的要求。

（十）清洁生产水平分析

拟建工程与《钢铁行业清洁生产评价指标体系》《钢铁行业（烧结、球团）清洁生产评价指标体系》《钢铁行业（高炉炼铁）清洁生产评价指标体系》《钢铁行业（炼钢）清洁生产评价指标体系》《钢铁行业（钢压延加工）清洁生产评价指标体系》等对比分析，其中，拟建工程各工序能耗、吨产品污染物排放、产业政策符合性、达标排放、总量控制及突发环境事件预防等限定性指标均全部满足上述指标体系 I 级基准值要求，且各单工序清洁生产综合评价指数得分均大于 90，全部工序清洁生产综合评价指数得分大于 85，根据评价指标体系中清洁生产水平判定表，拟建工程可达到国际清洁生产领先水平。

（十一）大宗物料运输方案

拟建工程原辅料采用海运/铁路+皮带和汽车运输，其中烧结铁矿粉、球团铁精粉、烧结煤、高炉喷吹煤、块矿等大宗物料全部采用海运/铁运+管带机通廊运输，焦炭及焦粉有厂区东侧 B 焦化公司经封闭皮带通廊运输；膨润土、石灰石、白云石及部分外购生石灰等辅料由本地采购，全部采用满足国Ⅵ排放标准的汽车运输，原辅料运输中采用海运/铁运+管带机及皮带运输等清洁运输方式运输量占全部原料运输量的 84.5%；产品运输中，烧结矿、球团矿采用皮带运输转运至港口海运，铸铁及轧钢产品也由港口海运，矿渣微粉产品全部采用新能源汽车或满足国Ⅵ排放标准的汽车运输，采用皮带和海运等清洁运输方式的比例达全部产品运输的 85%。目前管带通廊运输路由方案已确定，工程正处于可行性研究阶段。

表 3-17 拟建工程污染物排放量

单位：t/a

生产工序/单元	废气											废水		固废
	颗粒物			SO_2	NO_x	氟化物	铅及其化合物	二噁英/（gTEQ/a）	CO	H_2S	NH_3	COD	氨氮	
	有组织	无组织	小计											
备料工序	117.584	64.006	181.590	0	0	0	0	0	0	0	0	0	0	0
烧结工序	254.264	29.088	283.352	241.656	362.482	48.328	8.458	6.036	48 331.0	0	32.083	0	0	0
球团工序	22.279	4.800	27.079	26.326	40.899	5.227	0.919	0.657	0	0	3.920	0	0	0
炼铁工序	216.722	14.400	231.122	82.184	513.660	0	0	0	2 136.8	0.126	0	0	0	0
炼钢工序	201.009	29.680	230.689	0	0	0.002	0	0	0	0	0	0	0	0
轧钢工序	59.155	0	59.155	26.541	156.092	0	0	0	0	0	0	0	0	0
白灰单元	19.532	4.158	23.690	18.408	83.700	0	0	0	0	0	5.697	0	0	0
固废处理单元	60.502	15.252	75.754	8.064	23.716	0	0	0	0	0	1.546	0	0	0
公辅单元（生活污水处理站）	0	0	0	0	0	0	0	0	0	0.007	0.021	0	0	0
合计	951.047	161.384	1 112.431	403.179	1 180.549	53.557	9.377	6.693	50 467.8	0.134	43.340	0	0	0

点评：

1．工程分析内容较完整，能够体现钢铁项目行业特点。

2．搬迁项目现有企业的描述需说明企业的主要生产设施、拟淘汰装备，结合企业现有主要原料和燃料消耗、产品产量以及污染控制措施的运行情况，按照《污染源源强核算技术指南　钢铁工业》（HJ 885—2018）中要求的方法，核实企业主要污染物的排放量。梳理现有工程存在的主要环保问题，并提出整改方案。对现有企业退出后的场地拆除提出注意事项，报告书此部分内容满足要求。

3．案例拟建工程基本情况采用列表的形式列出了主体工程、辅助工程、公用设施，报告书对各主要生产工序的工艺流程、产污节点及污染控制措施等内容进行了详细描述，给出了各工序主要原料、燃料及辅助材料的消耗量及主要成分分析，物料的主要成分是元素平衡分析的基础资料，详细全面。从案例全厂物料流程图可见，新建项目上下游工序装备的配置不尽合理，烧结矿、球团矿及铸铁块均有外售，又需外购钢坯进行轧制，炼钢工序成为流程上的"瓶颈"。

4．案例按照《环境影响评价技术导则　钢铁建设项目》（HJ 708—2014）要求进行了铁、硫、氟及铅平衡；水平衡按工序分水质给出平衡，并有一图一表，内容全面无漏项。

5．案例中拟建工程的废气、废水、噪声和固体废物污染源源强核算均按照《污染源源强核算技术指南　钢铁工业》（HJ 885—2018）中的核算方法进行，项目的废气污染源全部按照最为严格的排放标准核算其污染物的排放量。

6．拟建项目大宗物料（包括铁精粉、块矿、烧结煤及喷吹煤等）由海运/铁路运输+管带机或封闭皮带通廊进入拟建工程原料棚，占比可达 84.6%，满足国务院办公厅印发的《推进运输结构调整三年行动计划（2018—2020 年）》中"到 2020 年，全国大宗货物年货运量 150 万 t 以上的大型工矿企业和新建物流园区，铁路专用线接入比例达到 80%以上；重点区域具有铁路专用线的大型工矿企业和新建物流园区，大宗货物铁路运输比例达到 80%以上"的要求。

7．本项目为城市钢厂搬迁项目，钢铁项目涉及大宗物料运输及污染物的排放，其选址需在已合法设立的有钢铁冶炼加工的产业园区，用地性质应为三类工业用地。案例关注了这些内容，项目选址在唐山市的开发区内，产业类别及用地性质均满足要求。报告书未对搬迁项目新选厂址进行比选，环境评价应对多个拟选厂址从环境保护角度（包括环境功能区划、环境敏感区域、气象要素等方面）进行比选。

二、评价过程及分析判定

（一）编制依据

编制依据包括与建设项目有关的环境保护法律、法规和文件，采用的规范、导则及标准以及项目取得的支持性文件等内容。

（二）环境影响要素识别和评价因子筛选

根据拟建工程特点及区域环境特征，对施工期和营运期的主要环境影响进行识别，识别结果见表 3-18。

表 3-18　环境影响要素识别结果

工程活动＼环境因素		自然环境					生态			社会、经济环境						生活质量		
		环境空气	地表水	地下水	声环境	土壤环境	陆域生物	水生生物	景观	土地利用	水资源利用	工业发展	农业生产	能源利用	交通运输	人口就业	生活水平	人群健康
施工期	挖填土方	-1D			-1D		-1D		-1D						+1D	+1D		-1D
	建筑施工	-2D	-1D	-1D	-2D		-1D		-1D						+1D	+1D		-1D
	材料、废物运输	-1D			-1D										+1D	+1D		
营运期	原燃料、产品运输	-1C			-1C										+1C	+1C		-1C
	产品生产											+2C		+2C	+2C	+2C	+1C	
	废气	-2C			-2C	-1C	-1C											-1C
	废水			-1C														-1C
	噪声				-1C		-1C											-1C
	固体废物	-1C		-1C		-1C												
	事故风险	-1D		-1D	-1D													-1D

注：①表中“+”表示有利影响，“-”表示不利影响；②表中数字表示影响的相对程度，“1”表示影响较小，“2”表示影响中等，“3”表示影响较大；③表中“D”表示短期影响，“C”表示长期影响。

由表 3-18 可知，拟建工程对环境的影响是多方面的，存在短期或长期的有利和不利影响。施工期主要表现在对自然环境要素中的环境空气和声环境、生态环境要素中的陆域生物和景观等短期内产生一定程度的不利影响；营运期对环境的影响是长期的，最主要的是对自然环境中的环境空气、地下水和声环境产生不同程度的直接的负面影响。

根据环境影响因素识别结果，结合区域环境质量现状以及工程特点、污染物排放特征等，确定拟建工程评价因子（表 3-19）。

表 3-19　评价因子

要素	项目	评价因子
大气环境	现状评价	TSP、PM_{10}、$PM_{2.5}$、SO_2、NO_2、CO、O_3、H_2S、NH_3、氟化物、铅及其化合物、二噁英
	污染源	颗粒物、SO_2、NO_2、CO、H_2S、NH_3、氟化物、铅及其化合物、二噁英
	影响评价	TSP、PM_{10}、$PM_{2.5}$、SO_2、CO、NO_2、H_2S、NH_3、氟化物、铅及其化合物、二噁英
地表水环境	现状评价	（1）基本监测因子：水温、pH、悬浮物（SS）、化学需氧量（COD_{Cr}）、氨氮、总氮、总磷、挥发酚、总氰化物、氟化物、总铁、总锌、总铜、总砷、六价铬、总铬、总铅、总镍、总镉、总汞、五日生化需氧量（BOD_5）、硫化物、溶解氧、高锰酸盐指数、硒、阴离子表面活性剂（LAS）、粪大肠菌群、锰、氯化物、硫酸盐、硝酸盐，共计 31 项； （2）特征监测因子：石油类
	污染源	SS、COD、氨氮、石油类
	现状评价	离子检测：K^+、Na^+、Ca^{2+}、Mg^{2+}、Cl^-、SO_4^{2-}、HCO_3^-、CO_3^{2-}； （1）基本水质监测因子：pH 值、总硬度、耗氧量（COD_{Mn}法，以 O_2 计）、溶解性总固体、氨氮（以 N 计）、硝酸盐（以 N 计）、亚硝酸盐（以 N 计）、氯化物、氟化物、氰化氢、挥发性酚类、硫酸盐、砷、汞、六价铬、铅、镉、铁、锰、总大肠菌群、菌落总数、色、臭和味、浑浊度、肉眼可见物、铜、锌、铝、阴离子表面活性剂、硫化物、钠、碘化物、硒、三氯甲烷、四氯化碳、苯、甲苯、总α放射性、总β放射性、镍、总铬、总氮、总磷，合计 43 项； （2）特征监测因子：石油类
	污染源	SS、COD、氨氮、石油类
	影响评价	耗氧量、氨氮、石油类
声环境	现状评价	L_{eq}
	污染源	$L_{A(r)}$
	影响评价	L_{eq}
土壤环境	现状评价	（1）建设用地基本因子：pH、砷、镉、总铬、铬（六价）、铜、汞、镍、锌、四氯化碳、氯仿、氯甲烷、1,1-二氯乙烷、1,2-二氯乙烷、1,1-二氯乙烯、顺-1,2-二氯乙烯、反-1,2-二氯乙烯、二氯甲烷、1,2-二氯丙烷、1,1,1,2-四氯乙烷、1,1,2,2-四氯乙烷、四氯乙烯、1,1,1-三氯乙烷、1,1,2-三氯乙烷、三氯乙烯、1,2,3-三氯丙烷、氯乙烯、苯、氯苯、1,2-二氯苯、1,4-二氯苯、乙苯、苯乙烯、甲苯、间二甲苯+对二甲苯、邻二甲苯、硝基苯、苯胺、2-氯酚、苯并[*a*]蒽、苯并[*a*]芘、苯并[*b*]荧蒽、苯并[*k*]荧蒽、䓛、二苯并[*a,h*]蒽、茚并[1,2,3-*cd*]芘、萘、铁、锰； （2）农用地基本因子：镉、汞、砷、铅、铬、铜、镍、锌； （3）特征因子：二噁英、氟化物、铅、硫化物、总石油烃（C_{10}～C_{40}）
	污染源	二噁英类、铅
	影响评价	二噁英类、铅

<table>
<tr><th>要素</th><th>项目</th><th>评 价 因 子</th></tr>
<tr><td rowspan="2">固体废物</td><td>污染源</td><td rowspan="2">（1）危险废物：废油（HW08 900-217-08）、废 SCR 脱硝催化剂（HW50 772-007-50）、废活性炭（HW49 900-041-49）；高炉煤气脱硫废微晶吸附材料（待项目运行后按照相关规范开展鉴别，待鉴别结果确定后，按照固体废物的相关管理要求执行）；
（2）第Ⅰ类一般工业固体废物：各生产工序除尘灰、高炉渣、重力灰、氧化铁皮、轧废、废轧辊、含铁杂料、废耐火材料、连铸及轧钢浊环水处理污泥、综合废水处理站、生活污水处理站及新水给水站污泥；
（3）第Ⅱ类一般工业固体废物：脱硫灰、铁水脱硫渣、钢渣和连铸中间罐铸余渣；
（4）生活垃圾</td></tr>
<tr><td>影响分析</td></tr>
<tr><td rowspan="2">风险评价</td><td>风险识别</td><td rowspan="2">高炉煤气、转炉煤气、焦炉煤气、氨水、废油</td></tr>
<tr><td>风险评价</td></tr>
<tr><td rowspan="2">生态环境</td><td>现状评价</td><td rowspan="2">植被、动物、景观</td></tr>
<tr><td>影响评价</td></tr>
</table>

（三）评价等级、评价范围

大气环境：根据估算模型 AERSCREEN 计算结果，拟建工程外排废气污染物 P_{max}=37.92%，大于 10%，$D_{10\%}$最远距离为 2 515 m，依据《环境影响评价技术导则 大气环境》（HJ 2.2—2018）评价工作等级判定，确定大气环境影响评价工作等级为一级。

地表水环境：拟建工程产生的废水经净化处理后全部回用，不外排，对照《环境影响评价技术导则 地表水环境》（HJ 2.3—2018）评价工作分级判据规定，确定地表水环境影响评价工作等级为三级 B。

地下水环境：根据《环境影响评价技术导则 地下水环境》（HJ 610—2016），本评价地下水环境影响评价按最高等级类别Ⅲ类项目，地下水环境较敏感，综合确定地下水环境影响评价工作等级为三级。

土壤环境：依据《环境影响评价技术导则 土壤环境（试行）》（HJ 964—2018），本评价项目类别为Ⅱ类，土壤环境影响类型为污染影响型，占地规模属于大型，土壤环境敏感程度分级为敏感，综合确定项目土壤环境影响评价工作等级为二级。

声环境：拟建工程声环境影响评价工作等级为二级。

生态环境：拟建工程生态环境影响评价工作等级为三级。

环境风险：根据《建设项目环境风险评价技术导则》（HJ 169—2018）环境风险评价工作级别分级表，分别对大气环境、地表水环境和地下水环境进行评价工作等级判定，拟建工程大气和地下水环境风险评价工作等级为一级，地表水环境风险评价工作等级为二级，综合确定拟建工程环境风险评价工作等级为一级。

各环境要素评价范围见表 3-20。

表 3-20　各环境要素评价等级及评价范围

序号	环境要素	评价等级	评　价　范　围
1	大气环境	一级	厂界外扩 2 515 m（$D_{10\%}$）的矩形范围，总面积为 50.13 km^2，评价范围不涉及一类区
2	地表水环境	三级 B	项目无废水外排，周边无地表水体
3	地下水环境	三级	根据建设项目场地所在区域环境水文地质条件、区域流场及敏感目标的分布情况，确定地下水评价范围为厂界北侧外扩 3.2 km，东侧外扩 4.5 km，南侧外扩 6.2 km，西侧外扩 2.5 km，总评价面积约 95.66 km^2
4	土壤环境	二级	本项目烧结机机头烟气最大落地浓度点距厂界下风向距离约 1 000 m。根据土壤导则“7.2.2 中表 5 备注 a：涉及大气沉降途径影响的，可根据主导风向下风向最大落地浓度点适当调整”的原则，确定本项目土壤环境评价范围为厂区边界外扩 1 000 m，约为 19.01 km^2
5	声环境	二级	厂界外 200 m 范围内
6	生态环境	三级	厂区占地及周边 500 m 范围内
7	环境风险	一级	大气风险以厂界外扩 5 km 区域；地下水风险参见地下水评价范围

（四）环境功能区划

项目位于唐山市某经济开发区范围内，区域环境空气质量功能属于《环境空气质量标准》（GB 3095—2012）二类区，其中大气预测范围（$PM_{2.5}$年平均浓度占标率 1%的矩形范围）内的某岛省级自然保护区为一类区；项目周边地表干渠属于《地表水环境质量标准》（GB 3838—2002）V类水体；区域地下水适用于生活饮用及工农业用水，属于《地下水质量标准》（GB/T 14848—2017）III类区；项目位于开发区内，区域声环境属于《声环境质量标准》（GB 3096—2008）3 类功能区。

（五）评价标准

1．环境质量标准

环境空气：TSP、PM_{10}、$PM_{2.5}$、SO_2、NO_2、CO、O_3、铅和氟化物执行《环境空气质量标准》（GB 3095—2012）及修改单（环境保护部公告 2018 年 第 29 号）中二级标准，某岛省级自然保护区执行一级标准；H_2S、NH_3 执行《环境影响评价技术导则　大气环境》（HJ 2.2—2018）中附录 D 其他污染物空气质量浓度参考限值；二噁英参照执行《关于进一步加强生物质发电项目环境影响评价管理工作的通知》（环发〔2008〕82 号）文件中年均浓度标准限值（0.6 $pgTEQ/m^3$）。

地下水：执行《地下水质量标准》（GB/T 14848—2017）III类标准，石油类参照执行《地表水环境质量标准》（GB 3838—2002）III类标准要求。

声环境：执行《声环境质量标准》（GB 3096—2008）3 类区标准，周边村庄执行《声环境质量标准》（GB 3096—2008）2 类区标准。

土壤环境：建设用地执行《土壤环境质量　建设用地土壤污染风险管控标准（试行）》（GB 36600—2018）表 1 第二类用地风险筛选值要求；农用地执行《土壤环境质量　农用地土壤污染风险管控标准（试行）》（GB 15618—2018）表 1 风险筛选值要求。

2．污染物排放标准

废气：备料、烧结、球团、炼铁、炼钢、轧钢等工序废气各污染物执行《钢铁工业大气污染物超低排放标准》（DB 13/2169—2018）限值；高炉出铁场废气及高炉渣粒化废气中的硫化氢、厂区生活污水处理站废气执行《恶臭污染物排放标准》（GB 14554—1993）表 2 排放标准；水渣微粉生产线烘干加热炉烟气及粉磨废气根据唐山市当地环保文件要求参照执行《水泥工业大气污染物排放标准》（DB 13/2167—2015）表 1 现有与新建企业大气污染物最高允许排放浓度第Ⅱ时段排放限值；厂界无组织废气中颗粒物执行《钢铁工业大气污染物超低排放标准》（DB 13/2169—2018）表 5 企业大气污染物无组织排放浓度限值，硫化氢、氨执行《恶臭污染物排放标准》（GB 14554—1993）表 1 新扩改建项目厂界二级标准限值。施工场地扬尘执行《施工场地扬尘排放标准》（DB 13/2934—2019）。

噪声：厂界噪声执行《工业企业厂界环境噪声排放标准》（GB 12348—2008）3 类区标准。建筑施工噪声执行《建筑施工场界环境噪声排放标准》（GB 12523—2011）中规定噪声限值。

3．控制标准

根据唐山市人民政府、生态环境局文件要求，各污染源和污染物的控制要求为：烧结机机头（球团烘焙）烟气基准氧含量为 16%条件下颗粒物、二氧化硫、氮氧化物排放浓度分别不高于 5 mg/m^3、20 mg/m^3、30 mg/m^3；转炉一次烟气和钢渣处理废气颗粒物排放浓度不高于 10 mg/m^3；自备电厂燃气锅炉烟气基准氧含量为 3%条件下颗粒物、二氧化硫、氮氧化物排放浓度分别不高于 5 mg/m^3、35 mg/m^3、50 mg/m^3；水渣微粉烘干加热炉烟气基准氧含量 8%条件下颗粒物、二氧化硫、氮氧化物排放浓度分别不高于 10 mg/m^3、30 mg/m^3、50 mg/m^3；烧结机机头一氧化碳排放浓度执行 4 000 mg/m^3；采用 SCR 工艺的氨逃逸浓度不超过 2.5 mg/m^3。

固体废物：一般工业固体废物执行《一般工业固体废物贮存、处理场污染控制标准》（GB 18599—2001）及修改单（环境保护部公告 2013 年 第 36 号）中的相关规定；危险废物执行《危险废物贮存污染控制标准》（GB 18597—2001）及修改单（环境保护部公告 2013 年 第 36 号）中的相关规定。

（六）环境保护目标

根据拟建工程特点及周围环境特征，确定以厂界外扩 2 515 m 的矩形评价范围内（总面积 50.13 km^2）环境敏感点为环境空气保护目标；评价范围内区域潜水和分散式饮用水水源井为地下水保护目标；本项目将厂界外 200 m 范围内居民点作为声环境保护目标；

环境风险保护目标为厂界外扩 5 km 范围内的敏感点；土壤保护目标为厂址外延 1 km 内的农田及居民区。报告书分别按环境要素给出了上述环境保护目标列表，下面仅列出部分保护目标内容，详见表 3-21 至表 3-25。

表 3-21　环境空气保护目标

序号	名称		坐标/m		保护对象	保护内容	环境功能区	相对厂址方位	相对厂界距离/m	人口数/人	户数/户
	行政村	自然村	*X*	*Y*							
1	柳树村	柳树村	−26	841	居住区	人群	二类区	N	125	464	133
2		侯庄村	228	906				N	75		
3	庄子村		−2 171	179				W	800	283	81
4	菜园村	赵庄村	−758	1 538				N	1 032	602	172
5		前门村	−2 495	3 066				NW	3 110	320	91
6	裕民小学		−2 789	3 569	学校	师生		NW	3 640	769	220

表 3-22　声环境保护目标

序号	名称		方位	距离关系/m		功能要求	保护目标
				距离厂界	距离生产单元		
1	柳树村	柳树村	N	125	180	《声环境质量标准》（GB 3096—2008）2 类区	满足《声环境质量标准》（GB 3096—2008）2 类区标准
2		侯庄村	N	75	105		

表 3-23　地下水保护目标

序号	水井位置	井深/m	取水层位	地下水类型	开采量/(m^3/d)	相对厂界			用途	功能要求	保护目标
						方位/人口（人）	上/下游	距离/m			
1	××煤化工公司内东南角	10	Qh	潜水	—	场地东南/—	场地下游	2 600	废弃	GB/T 14848—2017 Ⅲ类	不对地下水环境产生污染影响
2	××煤化工公司南 500 m	15	Qh	潜水	5	场地东南/—	场地下游	3 200	绿化		
3	唐庄大街旁	300	Qp_2	承压水	—	场地东南/—	场地下游	2 700	废弃		
4	刘庄村北	10	Qh	潜水	—	场地南侧/—	场地两侧	700	废弃		
5	田家村	300	Qp_2	承压水	50	场地东北/350	场地两侧	2 750	生活用水		
6	雷家村	300	Qp_2	承压水	100	场地东侧/600	场地两侧	2 100	生活用水		

表 3-24　环境风险评价保护目标

序号	名　称		相对方位	距离/m	人口数/人	序号	名　称		相对方位	距离/m	人口数/人
	行政村	自然村					行政村	自然村			
1	柳树村	柳树村	N	125	464	6	友谊小区		SW	4 320	2 380
2		侯庄村	N	75		7	李家村	李家村	W	2 765	804
3	白沙村		N	435	303	8		王庄村	W	2 792	
4	孙庄村		SW	1 475	120	9		西庄村	W	3 352	
5	唐庄村		W	800	283	10		安庄村	SW	2 575	

表 3-25　土壤环境敏感目标

序号	保护目标	厂界/方位	距离/m	序号	保护目标	厂界/方位	距离/m
1	侯庄村及周边农田	N	75	3	唐庄村及周边农田	W	800
2	柳树村及周边农田	N	125	4	南庄村及周边农田	SW	1 240

点评：

1．报告书按照《环境影响评价技术导则　钢铁建设项目》（HJ 708—2014）进行了环境影响要素识别和评价因子筛选，包括污染源、现状评价及影响评价的常规和特征评价因子，筛选全面，不漏项。

2．按各要素导则要求及项目周边环境特征，正确地确定了各要素的环境影响评价等级及评价范围。

3．项目位于河北省唐山市，河北省已颁布《钢铁工业大气污染物超低排放标准》（DB 13/2169—2018），唐山市也出台了一系列关于大气污染控制的通知，提出了严于河北省超低排放的控制要求，报告书根据项目所在区域环境功能区划、地方政府及生态环境主管部门的要求确定执行最为严格的评价标准。

4．按环境要素全面列出了环境保护目标的保护对象、与厂界的相对方位及距离、环境功能要求以及保护目标。

三、环境现状调查与评价

（一）自然环境概况（略）

（二）环境敏感区调查

报告书介绍了生态红线、饮用水水源地、某岛省级自然保护区与项目的位置关系，说明拟建项目厂址所在地不涉及生态保护红线和各级水源保护区范围，且评价范围不涉及自然保护区。

（三）环境质量现状监测与评价

1. 环境空气现状监测

按照《环境影响评价技术导则　大气环境》（HJ 2.2—2018）要求和所确定的大气环境影响评价等级，结合厂址所在区域地形特点以及当地气象特征，本次评价在一类区（某岛省级自然保护区）内设置1个大气环境质量现状监测点；二类区6项常规因子（PM_{10}、$PM_{2.5}$、SO_2、NO_2、CO、O_3）采用项目所在唐山市C县2018年例行监测点逐日监测数据，并设置4个大气环境质量现状补充监测点，各监测因子及监测点位置见表3-26。

表3-26　环境空气监测点位及监测因子

功能区	监测点编号	监测点名称	监测点坐标		监测因子			监测点与本项目相对方位	监测点与本项目最近距离/m
			X	Y	1 h	8 h	24 h		
二类区	1	1#监测点	83	1 006	氨、硫化氢、氟化物	—	TSP、铅、氟化物、二噁英	N	180
	2	2#监测点	2 104	2 379				NE	1 805
	3	3#监测点	−2420	−1 876				SW	1 367
	4	4#监测点	−990	−10	H_2S、NH_3、氟化物	—	TSP、氟化物、铅	SW	970
一类区	5	某岛省级自然保护区	−15 516	−15 003	SO_2、NO_2、CO、O_3、NH_3、H_2S、氟化物	O_3	SO_2、NO_2、$PM_{2.5}$、PM_{10}、CO、TSP、铅、氟化物、二噁英类	SW	20 000

现状统计数据分析过程略，现状监测统计评价结果：

（1）空气质量达标区判定：SO_2年平均、24 h平均第98百分位数，CO 24 h平均第95百分位数，NO_2年平均和24 h平均第98百分位数均满足《环境空气质量标准》（GB 3095—2012）中二级标准，PM_{10}年平均值、24 h平均第95百分位数和$PM_{2.5}$年平均值、24 h平均第95百分位数、O_3日最大8 h滑动平均值第90百分位数超过了《环境空气质量标准》（GB 3095—2012）中二级标准要求。因此，拟建工程所在区域属于不达标区，不达标因子包括PM_{10}、$PM_{2.5}$和O_3。不达标原因分析（略）。

（2）补充监测期间一类区补充监测点常规监测因子PM_{10}、$PM_{2.5}$、SO_2、NO_2、CO 24 h均值，SO_2、NO_2、CO小时均值均满足《环境空气质量标准》（GB 3095—2012）一级标准要求。O_3 h均值、8 h均值不满足《环境空气质量标准》（GB 3095—2012）一级标准要求。不达标原因分析（略）。

（3）其他特征污染物环境质量现状评价：

① 一类区监测点TSP 24 h平均浓度均满足《环境空气质量标准》（GB 3095—2012）中一级标准要求；氨、硫化氢1 h平均浓度满足《环境影响评价技术导则 大气环境》（HJ 2.2—2018）附录D其他污染物空气质量浓度参考限值；氟化物1 h平均浓度和24 h平均浓度均满足《环境空气质量标准》（GB 3095—2012）附录A 环境空气中氟化物参考浓度限值一级要求；二噁英 24 h 平均浓度满足《关于进一步加强生物质发电项目环境影响评价管理工作的通知》（环发〔2008〕82号）中年均浓度标准限值；铅24 h平均浓度满足《环境空气质量标准》（GB 3095—2012）表2环境空气污染物其他项目浓度限值一级标准要求。

② 二类区监测期间环境空气中 TSP 24 h 平均浓度均满足《环境空气质量标准》（GB 3095—2012）二级标准要求；氨、硫化氢1 h平均浓度满足《环境影响评价技术导则 大气环境》（HJ 2.2—2018）附录D其他污染物空气质量浓度参考限值；氟化物1 h平均浓度和24 h平均浓度均满足《环境空气质量标准》（GB 3095—2012）附录A环境空气中氟化物参考浓度限值二级要求；二噁英 24 h 平均浓度满足《关于进一步加强生物质发电项目环境影响评价管理工作的通知》（环发〔2008〕82号）中年均浓度标准限值；铅24 h平均浓度满足《环境空气质量标准》（GB 3095—2012）二级标准要求。

报告书同时也统计分析了环境空气保护目标及网格点环境质量现状浓度，作为大气预测现状背景值（介绍略）。

2．地下水环境现状监测

根据厂址所在区域地下水流向及地下水导则要求，项目于2019年在评价区域内共设置4个潜水监测井和1个承压水监测井监测水质，并调查了73个水井井深和水位数据。监测点位及监测因子见表3-27。

结果表明：拟建工程所在区域承压水各监测因子标准指数均小于1，满足《地下水质量标准》（GB/T 14848—2017）中Ⅲ类标准要求。项目所在区域潜水各监测因子中除总硬度、溶解性总固体、钠、氯化物等监测因子不满足《地下水质量标准》（GB/T 14848—2017）Ⅲ类标准限值要求外，其他监测因子标准指数均小于1，满足《地下水质量标准》（GB/T 14848—2017）中Ⅲ类标准要求。超标因子超标原因分析（略）。

3．声环境现状监测

项目厂界布设了6个监测点，距离项目最近村庄布设了1个监测点，监测结果表明：项目四周厂界噪声监测值昼间为51.6～61.0 dB（A）、夜间为42.0～50.5 dB（A），均满足《声环境质量标准》（GB 3096—2008）3类标准要求［昼间65 dB（A）、夜间55 dB（A）］；本项目周边敏感点村庄噪声监测值昼间为55.1 dB（A）、夜间为46.1 dB（A），均满足《声环境质量标准》（GB 3096—2008）2类标准要求［昼间60 dB（A）、夜间50 dB（A）］。

表 3-27　地下水环境监测点位及监测因子

地下水类型	序号	名称	位置关系	井深/m	井口标高/m	水位标高/m	所处功能区	监测因子	
承压水	1	1#监测点	厂址南侧/下游	300	2	−43	Ⅲ类	K^+、Na^+、Ca^{2+}、Mg^{2+}、CO_3^{2-}、HCO^{3-}、Cl^-、SO_4^{2-}、游离 CO_2 共计 9 项	pH 值、总硬度、耗氧量（COD_{Mn} 法，以 O_2 计）、溶解性总固体、氨氮（以 N 计）、硝酸盐（以 N 计）、亚硝酸盐（以 N 计）、氯化物、氟化物、氰化氢、挥发性酚类、硫酸盐、砷、汞、六价铬、铅、镉、铁、锰、总大肠菌群、菌落总数、色、臭和味、浑浊度、肉眼可见物、铜、锌、铝、阴离子表面活性剂、硫化物、钠、碘化物、硒、三氯甲烷、四氯化碳、苯、甲苯、总 α 放射性、总 β 放射性、石油类、镍、总铬、总氮、总磷，共计 44 项
潜水	2	2#监测点	厂址北边界/上游	9	3.0	1.4			
	3	3#监测点	厂址南边界/下游	10	2.6	1.3			
	4	4#监测点	厂址南边界/下游	10	2.6	1.3			
	5	5#监测点	厂址南边界/下游	10	2.6	1.3			

4．土壤环境现状监测与评价

本项目土壤环境影响评价等级为污染影响型二级。按《环境影响评价技术导则　土壤环境（试行）》（HJ 964—2018）“7.4 现状监测”要求，需开展土壤现状监测，包括监测点位的设定、监测点数量及监测因子和监测频次的确定等。项目厂址占地范围共涉及两种土壤类型（盐化潮土和滨海盐土），考虑土壤类型并按照入渗途径影响、大气沉降影响和地面漫流途径影响选择设置柱状样和表层样。根据导则“7.4.5 现状监测因子”要求，其中不同土壤类型分别设置 1 个全因子（含基本因子和特征因子）监测点，其他点位监测特征因子。因此，布设了 2 个全因子监测点（综合污水处理站区域属于盐化潮土，炼钢连铸水处理区域属于滨海盐土）和 16 个特征因子监测点，部分点位除监测了本项目的特征因子外还考虑了厂址外东侧 B 焦化项目特征因子。监测点位及监测因子见表 3-28。

现状监测统计结果表明：农用地土壤采样点各项监测因子其标准指数均小于 1，满足《土壤环境质量　农用地土壤污染风险管控标准（试行）》（GB 15618—2018）表 1 农用地土壤污染风险筛选值；建设用地土壤采样点各监测因子其标准指数均小于 1，满足《土壤环境质量　建设用地土壤污染风险管控标准（试行）》（GB 36600—2018）表 1 第二类用地筛选值。

表 3-28 土壤采样点位及监测因子

<table>
<tr><th>序号</th><th>监测区域</th><th>样点名称</th><th>样点类型</th><th>监 测 因 子</th></tr>
<tr><td>1</td><td rowspan="16">占地范围内</td><td>烧结区域</td><td rowspan="3">柱状样点</td><td>铅、石油烃（C_{10}～C_{40}）、氟化物、铁、锰、锌、铜、砷、铬（六价）、总铬、镍、镉、汞</td></tr>
<tr><td>2</td><td>综合污水处理站区域</td><td rowspan="2">pH、砷、镉、总铬、铬（六价）、铜、铅、汞、镍、锌、四氯化碳、氯仿、氯甲烷、1,1-二氯乙烷、1,2-二氯乙烷、1,1-二氯乙烯、顺-1,2-二氯乙烯、反-1,2-二氯乙烯、二氯甲烷、1,2-二氯丙烷、1,1,1,2-四氯乙烷、1,1,2,2-四氯乙烷、四氯乙烯、1,1,1-三氯乙烷、1,1,2-三氯乙烷、三氯乙烯、1,2,3-三氯丙烷、氯乙烯、苯、氯苯、1,2-二氯苯、1,4-二氯苯、乙苯、苯乙烯、甲苯、间二甲苯+对二甲苯、邻二甲苯、硝基苯、苯胺、2-氯酚、苯并[a]蒽、苯并[a]芘、苯并[b]荧蒽、苯并[k]荧蒽、䓛、二苯并[a,h]蒽、茚并[1,2,3-cd]芘、萘、石油烃（C_{10}～C_{40}）、氟化物、铁、锰</td></tr>
<tr><td>3</td><td>炼钢连铸水处理区域</td></tr>
<tr><td>4</td><td>球团区域</td><td rowspan="13">表层样点</td><td>pH、苯、多环芳烃（特定的苯并[a]芘、荧蒽、苯并[b]荧蒽、苯并[k]荧蒽、茚并[1,2,3-c,d]芘、苯并[g,h,i]苝之和）、硫化物、铅、石油烃（C_{10}～C_{40}）、氟化物、挥发酚、总氰化物、铁、锌、铜、砷、铬（六价）、总铬、镍、镉、汞、锰</td></tr>
<tr><td>5</td><td>炼铁区域 1</td><td rowspan="12">铅、石油烃（C_{10}～C_{40}）、氟化物、铁、锰、锌、铜、砷、铬（六价）、总铬、镍、镉、汞</td></tr>
<tr><td>6</td><td>炼铁区域 2</td></tr>
<tr><td>7</td><td>石灰区域</td></tr>
<tr><td>8</td><td>厂区东北角</td></tr>
<tr><td>9</td><td>厂区西北角</td></tr>
<tr><td>10</td><td>轧钢（型钢）1</td></tr>
<tr><td>11</td><td>轧钢（型钢）2</td></tr>
<tr><td>12</td><td>轧钢（型钢）3</td></tr>
<tr><td>13</td><td>发展备用地</td></tr>
<tr><td>14</td><td>生活办公区</td></tr>
<tr><td>15</td><td>原料厂</td></tr>
<tr><td>16</td><td>发电区域</td></tr>
<tr><td>17</td><td rowspan="2">占地范围外</td><td>SW 厂界外 150 m（农田）</td><td rowspan="2">表层样点</td><td>pH、砷、镉、总铬、铬（六价）、铜、铅、汞、镍、锌、硝基苯、苯胺、2-氯酚、苯并[a]蒽、苯并[a]芘、苯并[b]荧蒽、苯并[k]荧蒽、䓛、二苯并[a,h]蒽、茚并[1,2,3-cd]芘、萘、石油烃（C_{10}～C_{40}）、氟化物、铁、锰、二噁英</td></tr>
<tr><td>18</td><td>NE 厂界外 150 m（农田）</td><td>pH、砷、镉、总铬、铬（六价）、铜、铅、汞、镍、锌、石油烃（C_{10}～C_{40}）、氟化物、铁、锰、二噁英</td></tr>
</table>

（四）区域污染源调查与评价

通过现场调查了解及咨询当地环保部门，本项目评价范围内现有及在建工业企业主要有23家企业。调查分析结果（略）。

点评：

1. 环境质量现状监测内容全面，其点位的布设、监测项目及监测时间均能满足各要素导则的相关要求。

2. 拟建工程烧结工序有特征因子二噁英类排放，报告书在厂址周边（二类区）项目区域风频较大风向的上、下及侧风向设置了3个监测点，在省级自然保护区（一类区）布设了1个监测点，监测二噁英类7 d日均值浓度；土壤监测在项目区域风频较大风向的上、下风向的农田各设1个采样点，监测土壤中的二噁英类。环境空气和土壤现状监测满足《环境影响评价技术导则　钢铁建设项目》（HJ 708—2014）的要求。另外，如果在下风向大气沉降最大落地浓度点增设一个土壤表层样监测点就更好了。

3. 企业污染源调查中报告书调查了评价范围内已批复环境影响评价文件的拟建及在建项目，满足《环境影响评价技术导则　大气环境》（HJ 2.2—2018）的要求。

四、施工期环境影响分析（略）

五、营运期环境影响评价

（一）空气环境影响评价

根据评价等级判定结果，本次大气环境影响评价等级为一级，按《环境影响评价技术导则　大气环境》（HJ 2.2—2018）要求应采用进一步预测模型开展大气环境影响预测与评价。同时根据项目所在E县气象站2018年气象统计结果，该区域2018年出现风速≤0.5 m/s的持续时间为9 h（小于72 h），另结合现场踏勘情况，项目距离渤海最近距离为5.8 km，项目3 km范围内无大型水体，不会发生熏烟现象，因此本次评价不需要采用CALPUFF模型进行进一步预测。本次大气环境影响评价中SO_2、NO_2、PM_{10}、$PM_{2.5}$（一次、二次）、CO、TSP、NH_3、H_2S、氟化物、二噁英、铅等因子预测均采取《环境影响评价技术导则　大气环境》（HJ 2.2—2018）所推荐采用的AERMOD模式进行预测计算。

预测将拟建工程的废气作为新增源，将实施提标改造企业的废气作为削减源（改造前作为削减源，改造后作为贡献源参与预测），将大气评价范围内的 10 家拟在建项目（含厂址外东侧 B 焦化项目）作为区域拟在建工程污染源（作为贡献源参与预测）。

本次大气环境预测与评价内容见表 3-29。

表 3-29 本项目大气环境预测与评价内容

评价对象	预测因子	污染源		污染源排放形式	预测内容	评价内容
不达标区评价项目	SO_2、NO_2、PM_{10}、$PM_{2.5}$、CO、TSP、NH_3、H_2S、氟化物、二噁英、铅	新增污染源		正常排放	短期浓度 长期浓度	最大浓度占标率
	二类区：PM_{10}、$PM_{2.5}$、TSP	现状浓度超标污染物	新增污染源−区域削减污染源	正常排放	短期浓度 长期浓度	评价年平均质量浓度变化率
	一类区：SO_2、NO_2、PM_{10}、$PM_{2.5}$、CO、TSP、NH_3、H_2S、氟化物、二噁英、铅 二类区：SO_2、NO_2、CO、NH_3、H_2S、氟化物、二噁英、铅	现状浓度达标污染物	新增污染源−区域削减污染源+区域拟在建污染源	正常排放	短期浓度 长期浓度	叠加环境质量现状浓度后的保证率日平均质量浓度和年平均质量浓度的占标率，或短期浓度的达标情况
	SO_2、NO_2、CO、TSP、H_2S	新增污染源		非正常排放	1 h 平均质量浓度	最大浓度占标率
	TSP、NH_3、H_2S	全部工程实施后废气污染源		正常排放	厂界 1 h 平均质量浓度	最大质量浓度
大气环境防护距离	SO_2、NO_2、PM_{10}、$PM_{2.5}$、CO、TSP、NH_3、H_2S、氟化物、二噁英、铅	全厂污染源		正常排放	短期浓度	大气环境防护距离

本次大气评价为一级，评价范围为以项目厂址为中心，厂界外扩 2 515 m（$D_{10\%}$）的矩形区域作为大气环境影响评价范围，评价范围不涉及一类区；预测范围根据拟建工程各污染物短期浓度贡献值占标率 10%及 $PM_{2.5}$ 年均质量浓度贡献值占标率 1%的区域并结合评价范围确定。

拟建工程位于环境质量不达标区，大气环境影响评价结果表明：

①新增污染源正常排放下，一类区 SO_2、NO_2、PM_{10}、$PM_{2.5}$、CO、TSP、NH_3、H_2S、氟化物、二噁英、铅短期浓度贡献值的最大浓度占标率均≤100%；SO_2、NO_2、PM_{10}、$PM_{2.5}$、TSP、二噁英、铅年均浓度贡献值的最大浓度占标率≤10%。二类区 SO_2、NO_2、PM_{10}、$PM_{2.5}$、CO、TSP、NH_3、H_2S、氟化物、二噁英、铅短期浓度贡献值的最大浓度占标率均≤100%；SO_2、NO_2、PM_{10}、$PM_{2.5}$、TSP、二噁英、铅年均浓度贡献值的最大

浓度占标率≤30%。

②项目环境影响符合环境功能区划或满足区域环境质量改善目标。一类区中 SO_2、NO_2、PM_{10}、$PM_{2.5}$、CO、TSP、NH_3、H_2S、氟化物、二噁英、铅现状浓度均达标，其预测浓度最大占标率均小于 100%，均符合相应环境质量标准。二类区中 PM_{10}、$PM_{2.5}$、TSP 现状浓度超标，其所有网格点的年平均质量浓度变化率均≤-20%，区域环境质量得到整体改善；SO_2、NO_2、CO、NH_3、H_2S、氟化物、二噁英、铅现状浓度达标，其预测浓度最大占标率均小于 100%，均符合相应环境质量标准。

综上分析，项目实施后大气环境影响可以接受。

非正常排放影响分析及大气环境防护距离内容（略）。

（二）地表水环境影响评价

拟建工程各工序产生的生产废水经各自的水处理系统处理后大部分循环使用，为保持水质稳定，有少部分排入厂区综合废水处理站，生活污水采用“化粪池+地下式一体化 A/O 生化处理装置”净化后与生产废水一并排入全厂综合废水处理站进一步净化处理，厂区综合废水处理站采用“一次混凝+高密度沉淀池+二次混凝+过滤”处理工艺，净化后废水部分进入除盐水站制备除盐水，剩余部分作为回用水全部回用于烧结及球团原料混合加湿、浊环水系统补水及高炉冲渣等对水质要求不严格的用水单元，以替代部分新水，除盐水站产生的浓盐水全部用于高炉冲渣和转炉焖渣用水，全厂废水不外排，对地表水无影响。

（三）地下水环境影响评价

正常状况下，综合废水处理站调节池、轧钢浊环水系统循环池、生活污水处理站调节池等均采取了严格的防渗措施，污染物一般不可能进入含水层中，即使有少量的污染物泄漏，也很难通过防渗层渗入包气带。因此，在正常工况下，污染物污染地下水的可能性很小。

非正常状况下，由预测结果可看出，渗漏的废水对地下水的影响范围较小，超标范围及影响范围主要集中在厂区范围内，污染物未运移出厂界，未到达下游最近地下水敏感保护目标。因此，项目的实施对区域地下水环境的影响是可接受的。

按照《环境影响评价技术导则　地下水环境》（HJ 610—2016）从源头控制、分区防渗、地下水环境监测与管理、应急响应四个方面进行地下水环境的污染防控，确保拟建项目实施后不会对区域地下水造成污染影响。

（四）土壤环境影响评价

报告书主要预测了烧结机头烟气外排的铅及其化合物、二噁英类等颗粒态污染物在大气沉降过程中对区域土壤造成的累计影响，预测结果表明：拟建工程投入运行后，铅及二噁英对土壤的累积浓度能够满足《土壤环境质量　建设用地土壤污染风险管控标准（试行）》（GB 36600—2018）和《土壤环境质量　农用地土壤污染风险管控标准（试行）》（GB 15618—2018）筛选值。因此，拟建工程实施后对周边土壤的累积影响仍处于可接受范围。

（五）声环境影响评价

拟建工程实施后，各产噪设备对四周厂界昼间和夜间贡献值为 38.69～50.63 dB（A），满足《工业企业厂界环境噪声排放标准》（GB 12348—2008）3 类区标准要求。对敏感点噪声贡献值为 37.6～37.7 dB（A），在叠加现状背景值后，敏感点噪声预测值昼间为 55.17～55.18 dB（A），夜间为 46.67～46.69 dB（A），均满足《声环境质量标准》（GB 3096—2008）2 类区标准。

（六）固体废物环境影响分析

拟建工程产生的固体废物中废油、废 SCR 脱硝催化剂和废活性炭属于危险废物，收集后全部由有危废处置资质的单位处置。高炉煤气脱硫废微晶吸附材料暂按危险废物从严管理，待项目运行后按照相关规范开展鉴别，待鉴别结果确定后，按照固体废物的相关管理要求执行。

一般工业固体废物：各工序除尘系统产生的除尘灰；烧结机头烟气及球团焙烧烟气脱硫过程产生的脱硫灰（Ⅱ类工业固体废物）；炼铁工序高炉渣；炼钢工序钢渣及铸余渣（Ⅱ类工业固体废物）、脱硫渣（Ⅱ类工业固体废物）、废耐火材料、氧化铁皮、连铸浊环水处理污泥；热轧工序产生的轧废、废轧辊、氧化铁皮、轧钢浊环水处理污泥；固废工序产生的渣钢坨、豆钢及含铁杂块；制氧过程产生的废固定分子筛；厂区综合废（污）水处理站及生活污水处理站产生的污泥；全厂废耐火材料及生活垃圾等。其中，原料备料工序、烧结工序、炼铁工序、炼钢工序除尘灰、轧钢工序除尘灰、氧化铁皮、连铸及轧钢浊环水处理污泥等含铁杂料均送烧结工序综合利用；球团工序除尘灰送球团配料综合利用；高炉渣及高炉冲渣粒化废气尘泥送水渣微粉线处理单元作原料生产水渣微粉，水渣微粉及除尘灰外售周边水泥建材企业综合利用；铁水脱硫渣、钢渣和连铸中间罐铸余渣（均属于Ⅱ类工业固体废物）等送拟建工程钢渣处理单元作原料综合处理，其中分选后的渣钢坨及豆钢送转炉炼钢工序综合利用，粒渣送烧结工序综合利用，剩余尾渣及钢渣处理除尘灰外售周边建材企业综合利用；轧废、废轧辊及水渣处理含铁杂块送炼钢工序作为废钢综合利用；废耐火材料返回生产厂家综合利用；废固定分子筛、脱硫灰（Ⅱ类工业固体废物）均外售建材企业综合利用；厂区给水站新水处理污泥、全厂综合废水处理站及生活污水处理装置污泥、生活垃圾送当地环卫部门指定地点填埋处理。

拟建工程固体废物全部综合利用或妥善处置，不会对周围环境产生影响。

（七）生态环境影响评价

根据工程建设的性质，本项目对生态环境的影响以施工期为主，施工期主要在厂区内进行，厂区占地面积为 3.507 km^2。项目建设完成后，厂区占地的动植物资源将遭到破坏，且不可恢复，但由于占地面积集中，且相对区域来说占地面积较小，对区域生态系统影响有限，通过厂区绿化，可在一定程度上对动植物资源进行补偿。

（八）海洋环境影响分析

根据工程建设的性质，拟建工程距离法定海岸线约为 5.8 km，不涉及海域及海岸线利用，根据《防治海洋工程建设项目污染损害海洋环境管理条例》和《中华人民共和国防治海岸工程建设项目污染损害海洋环境管理条例》的相关规定，不属于海洋工程和海岸工程。报告书收集了开发区规划环评中近岸海域环境海洋水质、沉积物、海洋生态、海洋生物质量、渔业资源的现状调查成果并进行了汇总分析（略）。

点评：

1．该案例的环境空气影响预测关注了该项目的工程特点和区域环境特征，预测计算源强考虑了拟建项目新增源、区域削减源（区域内 2 家实施提标改造企业削减源及区域内公转铁的削减量）以及区域拟建在建项目新增源（评价范围内的 10 家拟建、在建项目的污染）；考虑了烧结机机头烟气（SO_2 及 NO_x）、高炉短期休风放散烟气（颗粒物、CO 及 H_2S）以及转炉三次烟气（颗粒物）的非正常排放对环境的影响分析，环境空气部分模式选择正确，预测结果可信。

2．报告书判定拟建项目地表水环境影响评价工作级别为三级 B，对废水污染源及处理措施的有效性进行评价，并分析了废水“零排放”的可行性，评价内容满足《环境影响评价技术导则　地表水环境》（HJ 2.3—2018）的要求。

3．报告书根据钢铁企业特点，详细列出了企业内部的重点防渗区域，包括炼铁（高炉冲渣池）、炼钢（连铸浊环水处理系统、旋流井）、热轧（浊环水处理系统、旋流井）、全厂综合废水处理站各水池、生活污水处理站、废水管沟、第Ⅱ类一般工业固体废物（脱硫灰、钢渣及铸余渣、脱硫渣）贮存区以及危废暂存间等区域，按《环境影响评价技术导则　地下水环境》（HJ 610—2016）的要求，列出了重点防渗区和一般防渗区，采取了不同的防渗措施，并给出了全厂的分区防渗图。

六、环境风险评价

（一）风险调查

1．建设项目风险源调查

拟建工程涉及的风险源主要包括高炉煤气柜、转炉煤气柜、焦炉煤气输送管道、氨水罐区及危废暂存间（废油）等。

2．环境敏感目标调查

拟建工程统计了厂址周边5 km范围内的居民点、医院及学校等环境风险保护目标，给出了与厂址相对位置关系、属性及人口数。

（二）风险识别

1．物质危险性识别

拟建工程危险物质主要包括高炉煤气、转炉煤气、焦炉煤气、氨水及废油等。

2．生产系统危险性识别

根据项目生产工艺流程及平面布置功能分区，并结合物质危险性识别，确定项目危险单元包括高炉煤气柜、转炉煤气柜、焦炉煤气输送管道、氨水罐区及危废暂存间等。

3．环境风险类型及危害分析

根据物质及生产系统危险性识别结果，项目所在区域高炉煤气柜、转炉煤气柜、焦炉煤气输送管道等装置可能发生泄漏事故，排放的一氧化碳进入大气引起中毒事故，遇到明火可能发生火灾、爆炸事故，产生的一氧化碳等物质引发中毒、污染等伴生/次生污染事故；氨水罐可能发生泄漏事故，泄漏氨水蒸发进入大气引起中毒或爆炸事故；废油桶可能发生泄漏事故，泄漏废油引起爆炸事故。

4．风险识别结果（略）

（三）风险事故情景分析

评价确定对环境影响较大并具有代表性的事故类型为高炉煤气柜、转炉煤气柜、焦炉煤气输送管道、氨水储罐发生泄漏产生的风险物质及火灾、爆炸等引发的次生污染物对环境产生影响。报告根据《建设项目环境风险评价技术导则》（HJ 169—2018）附录E“泄漏概率的推荐值”，分别给出各风险事故泄漏概率。并根据风险事故情形确定事故源参数、泄漏速率、泄漏时间、泄漏量等，给出源强汇总。

（四）风险预测与评价

1. 模型选取及相关参数

（1）模型选取

本项目风险源距离最近敏感点约为 1 400 m，10 m 高处风速为 1.5 m/s，根据《建设项目环境风险评价技术导则》（HJ 169—2018）附录 G 中 G.2 推荐的计算公式，污染物到达敏感点的时间 T 为 1 867 s，大于污染物排放时间 T_d（设置紧急隔离系统，泄漏时间取 600 s），确定为瞬时排放。通过理查德森数瞬时排放计算公式判定气体性质，其中高炉煤气和转炉煤气泄漏理查德森数 R_i 分别为 1.273 和 0.987，均大于 0.04，为重质气体，扩散计算采用 SLAB 模式；焦炉煤气及氨水泄漏烟团初始密度未大于空气密度，不计算理查德森数，扩散计算采用 AFTOX 模式。

（2）预测范围及计算点

本项目预测范围为以厂区为中心，自厂界外延 5 000 m 的区域；计算点分为特殊计算点和一般计算点，一般计算点指下风向不同距离点，距风险源 500 m 范围内间距为 50 m，大于 500 m 范围间距为 100 m。特殊计算点指大气环境敏感目标等关心点，共计 92 个关心点。

（3）事故源参数

本项目分别给出项目事故源经纬度、事故源类型、气象参数及地形参数等。其中气象参数根据《建设项目环境风险评价技术导则》（HJ 169—2018）要求，一级评价需选取最不利气象条件及事故发生地的最常见气象条件分别进行后果预测。其中最不利气象条件取 F 类稳定度，1.5 m/s 风速，温度 25℃，相对湿度 50%；最常见气象条件由当地近 3 年内至少连续 1 年气象观测资料统计分析得出。

（4）大气毒性终点浓度值选取

大气毒性终点浓度即为预测评价标准，根据《建设项目环境风险评价技术导则》附录 H.1，确定危险物质大气毒性终点浓度-1 浓度值和危险物质大气毒性终点浓度-2 浓度值。

2. 预测结果及评价

（1）高炉煤气柜泄漏

A. 下风向不同距离处有毒有害物质最大浓度及最大影响范围

最不利气象条件下，高炉煤气柜泄漏造成污染事故发生后一氧化碳地面浓度最大值为 52 292.090 mg/m^3，超过毒性终点浓度-1 的区域半径为 440 m，超过毒性终点浓度-2 的区域半径为 980 m；最常见气象条件下，高炉煤气柜泄漏造成污染事故发生后一氧化碳地面浓度最大值为 43 615.000 mg/m^3，超过毒性终点浓度-1 的区域半径为 160 m，超过毒性终点浓度-2 的区域半径为 350 m。

B．各关心点有毒有害物质浓度随时间变化情况

a．最不利气象条件

最不利气象条件下，高炉煤气柜泄漏后各关心点均未出现浓度大于毒性终点浓度-1的时刻，双柳树村及侯庄村出现了毒性终点浓度-2 的时刻，其他关心点未出现浓度大于毒性终点浓度-2 的时刻。根据《建设项目环境风险评价技术导则》（HJ 169—2018）附录I有毒有害气体大气伤害概率，计算暴露于有毒有害物质气团下、无任何防护的人员，因物质毒性而导致死亡的概率。高炉煤气柜泄漏后，双柳树村 CO 浓度超过毒性终点浓度-2 的持续时间为 9 min，其平均浓度为 131.932 mg/m^3，侯庄村 CO 浓度超过毒性终点浓度-2 的持续时间为 8 min，其平均浓度为 135.276 mg/m^3。经计算，超过毒性终点浓度-2 的持续时间内，双柳树村及侯庄村的死亡百分率为 0，不会造成村庄居民死亡的严重后果。

b．最常见气象条件

最常见气象条件下，高炉煤气柜泄漏后各关心点均未出现浓度大于毒性终点浓度-1及毒性终点浓度-2 的时刻，不会造成村庄居民中毒、死亡等严重后果。

（2）转炉煤气柜泄漏

A．下风向不同距离处有毒有害物质最大浓度及最大影响范围

最不利气象条件下，转炉煤气柜泄漏造成污染事故发生后一氧化碳地面浓度最大值为 85 462.010 mg/m^3，超过毒性终点浓度-1 的区域半径为 120 m，超过毒性终点浓度-2的区域半径为 150 m；最常见气象条件下，转炉煤气柜泄漏造成污染事故发生后一氧化碳地面浓度最大值为 47 988.660 mg/m^3，超过毒性终点浓度-1 的区域半径为 200 m，超过毒性终点浓度-2 的区域半径为 450 m。

B．各关心点有毒有害物质浓度随时间变化情况

a．最不利气象条件

最不利气象条件下，转炉煤气柜泄漏后各关心点均未出现浓度大于毒性终点浓度-1及毒性终点浓度-2 的时刻，不会造成村庄居民中毒、死亡等严重后果。

b．最常见气象条件

最常见气象条件下，转炉煤气柜泄漏后各关心点均未出现浓度大于毒性终点浓度-1及毒性终点浓度-2 的时刻，不会造成村庄居民中毒、死亡等严重后果。

（3）焦炉煤气输送管道泄漏

A．下风向不同距离处一氧化碳最大浓度及最大影响范围

最不利气象条件下，焦炉煤气输送管道泄漏造成污染事故发生后一氧化碳地面浓度最大值为 38.647 mg/m^3，没有出现超过毒性终点浓度-1 及毒性终点浓度-2 的区域；最常见气象条件下，焦炉煤气输送管道泄漏造成污染事故发生后一氧化碳地面浓度最大值为 17.560 mg/m^3，没有出现超过毒性终点浓度-1 及毒性终点浓度-2 的区域。

B．各关心点有毒有害物质浓度随时间变化情况

a．最不利气象条件

最不利气象条件下，焦炉煤气输送管道泄漏后各关心点均未出现浓度大于毒性终点浓度-1 及毒性终点浓度-2 的时刻，不会造成村庄居民中毒、死亡等严重后果。

b．最常见气象条件

最常见气象条件下，焦炉煤气输送管道泄漏后各关心点均未出现浓度大于毒性终点浓度-1 及毒性终点浓度-2 的时刻，不会造成村庄居民中毒、死亡等严重后果。

（4）氨水罐泄漏

A．下风向不同距离处有毒有害物质最大浓度及最大影响范围

最不利气象条件下，氨水罐泄漏造成污染事故发生后氨地面浓度最大值为 271.110 mg/m^3，未超过毒性终点浓度-1，超过毒性终点浓度-2 的区域半径为 140 m；最常见气象条件下，氨水罐泄漏造成污染事故发生后氨地面浓度最大值为 144.530 mg/m^3，未超过毒性终点浓度-1，超过毒性终点浓度-2 的区域半径为 40 m。

B．各关心有毒有害物质浓度随时间变化情况

a．最不利气象条件

最不利气象条件下，氨水罐泄漏后各关心点均未出现浓度大于毒性终点浓度-1 及毒性终点浓度-2 的时刻，不会造成村庄居民中毒、死亡等严重后果。

b．最常见气象条件

最常见气象条件下，氨水罐泄漏后各关心点均未出现浓度大于毒性终点浓度-1 及毒性终点浓度-2 的时刻，不会造成村庄居民中毒、死亡等严重后果。

（5）煤气火灾爆炸次生污染影响分析

煤气主要成分为 CO_2、CO、N_2、H_2 等，煤气柜发生泄漏、爆炸，爆炸燃烧产物主要为 CO_2 和 H_2O（无明显环境危害），以及剩余未充分燃烧产生的 CO 带来的次生环境影响，但次生 CO 是在煤气未充分燃烧情况下产生的，其浓度小于煤气中 CO 浓度。因此，煤气泄漏发生火灾爆炸后次生污染对大气环境的影响较煤气直接泄漏对大气环境的影响较小，评价已按最不利情况进行了预测。

（6）地下水环境风险影响评价

氨水罐泄漏后，氨水进入围堰形成液池，氨水下渗对地下水环境产生污染影响。氨水罐泄漏概率较小；氨水罐围堰地面及四壁均做防渗处理，泄漏能及时发现并将泄漏氨水转移至泄漏液体收集池，基本不存在氨水下渗进入地下水的通道。废油泄漏后，危废暂存间地面及四壁均采取严格防渗处理，泄漏后可及时发现并将泄漏废油收集，基本不存在废油下渗进入地下水的通道。

发生煤气火灾爆炸事故时，产生的消防废水等次生污染可能对区域水环境产生不利影响。拟建项目在厂区内设有事故水池，收集后的事故水经监测后作相应处理，其容积均可满足全厂需求，可以确保事故状态下废水处于可防控状态。另外，厂区建设时将进

行土地平整，厂区内无裸露水坑，废水不会通过水坑入渗对地下水造成污染。同时为防止废水下渗污染地下水，本评价要求建设过程中采取严格的防渗措施（详见地下水评价章节），在落实相应风险防范措施的情况下，拟建工程对地下水环境产生的环境风险可防控。

（7）地表水环境风险影响评价

本项目物料储存区及装置区均按相关要求设置围堰及事故水池，设置的事故水收集设施容积满足事故废水暂存的需要，不会造成携带污染物的废水进入外环境。本项目废水零排放，厂区与厂外连通的排水通道仅为雨水排口，发生事故时及时关闭雨水排口，确保废水不出厂界。评价建议建设单位对废水管网、厂区物料围堰及事故水池进行定期检查，出现破碎及时修补。在落实相应风险防范措施的情况下，拟建工程对地表水环境产生的环境风险可防控。

（五）环境风险管理（略）

（六）环境风险防范措施（略）

（七）评价结论及建议（略）

七、环保措施可行性论证

（一）废气治理措施可行性论证

拟建工程烧结机头烟气、球团焙烧烟气均采用“双室四电场静电除尘器+循环流化床半干法脱硫（CFB）+选择性催化还原脱硝（SCR）”净化系统处理；白灰焙烧烟气采用“布袋除尘器+低氮燃烧技术+选择性催化还原脱硝（SCR）”净化系统处理；水渣微粉烘干加热炉烟气采用“燃用精脱硫高炉煤气+低氮燃烧技术+选择性催化还原脱硝（SCR）”净化系统处理，其他各类工业炉窑均以精脱硫高炉煤气为燃料并采用低氮燃烧技术；转炉一次烟气采用干法除尘技术处理；烧结机机尾废气及球团焙烧后环冷机废气均采用电袋复合除尘工艺；连铸火焰切割废气和轧钢精轧含尘废气采用塑烧板除尘工艺；转炉钢渣一次处理废气采用“蒸发冷却器+脱水器+湿法电除尘器”净化处理，其他原料和燃料转运、配料、焦矿槽、出铁场、转炉炼钢二次烟气、三次烟气及精炼炉烟气等工序产生的含尘废气均采用以覆膜滤袋为过滤介质的布袋除尘器净化处理；生活污水处理站废气采用“生物滴滤塔+活性炭吸附”装置净化处理。并按类别分析了废气污染控制措施可行性分析。本次节选部分主要废气污染源治理措施可行性分析论证。

1．烧结机头（球团焙烧）烟气污染控制措施

拟建工程每台烧结机头烟气均采用 1 套“双室四电场静电除尘器+循环流化床半干法脱硫（CFB）+中温选择性催化还原脱硝（SCR）”净化处理系统。

烟气循环流化床干法脱硫技术主要是根据循环流化床理论，使吸收剂在吸收塔内悬浮、反复循环，与烟气中的 SO_2 充分接触反应来实现脱硫，通过提高床层内钙硫比实现高脱硫率；SCR 脱硝主要在催化剂的作用下，利用氨作为还原剂，选择性地和烟气中的 NO_x 发生还原反应，生成氮气和水。

循环流化床半干法脱硫（CFB）+中温选择性催化还原脱硝（SCR）技术已在国内外多家大型钢铁企业的烧结脱硫项目中得到应用。类比国内某钢铁集团烧结机烟气采用该工艺实际运行效果可知，外排烟气中污染物浓度颗粒物＜5 mg/m^3、二氧化硫＜20 mg/m^3、氮氧化物＜30 mg/m^3，治理措施可行。此外，项目从源头上减少含氯、铜元素的原料的使用，采取厚料层烧结、热风烧结和低温烧结等技术，配备自动化控制系统和工况参数在线监测系统确保工况稳定，同时减少设备漏风、配备高效袋式除尘器等措施控制二噁英的产生和排放。

2．转炉一次烟气治理措施

干法除尘技术是将转炉一次烟气经蒸发冷却器降温、调质及粗除尘后，通过圆筒形静电除尘器进行精除尘，同时回收煤气。该技术除尘效率高，净化后转炉煤气尘含量≤10 mg/m^3；系统阻损小（8～8.5 kPa），占地面积少；虽然一次性投资高，但是运行费用低、寿命长、维修工作量少。干法除尘器产生的除尘灰经收集后送烧结配料使用。干法除尘工艺是《钢铁行业炼钢工艺污染防治最佳可行技术指南（试行）》（HJ-BAT-005）推荐的转炉煤气净化工艺，类比国内某大型钢铁企业现有干法除尘效果，净化后的烟气含尘量考核值平均都在 6.8 mg/m^3 以下，可以稳定满足 10 mg/m^3 排放要求，治理措施可行。

3．高炉热风炉烟气污染控制措施

高炉热风炉以精脱硫后的高炉煤气为燃料并采用控制拱顶温度和低氮燃烧技术，外排烟气中颗粒物、二氧化硫、氮氧化物浓度分别为≤10 mg/m^3、≤50 mg/m^3、≤100 mg/m^3，满足《钢铁工业大气污染物超低排放标准》（DB 13/2169—2018）中超低排放要求。

4．轧钢加热炉烟气污染控制措施

拟建工程轧钢工序加热炉，均以精脱硫后高炉煤气为燃料，并采用低 NO_x 烧嘴技术和双蓄热技术减少氮氧化物产生，NO_x 含量控制在 100 mg/m^3 以下，满足《钢铁工业大气污染物超低排放标准》（DB 13/2169—2018）排放限值要求，运行经济稳定，满足达标排放的要求，措施可行。

（二）废水治理措施可行性论证

1．连铸及热轧废水治理措施

炼钢工序配套建设 1 套连铸浊环水处理系统，采用“旋流沉淀+化学除油器+过滤”

处理工艺，轧钢工序棒材生产线和线材生产线合建 1 套浊环水处理系统，采用“旋流井+化学除油器+斜板沉淀池”处理工艺，处理后出水浓度 SS≤20 mg/L、石油类≤10 mg/L，满足全厂综合废水处理站进水水质指标。该废水处理方案是《钢铁行业炼钢工艺污染防治最佳可行技术指南（试行）》（HJ-BAT-005）推荐的废水处理工艺，适用于对回用水水质要求较高的连铸或轧钢废水处理。

2．厂区综合废水处理站治理措施

厂区综合废水处理站采用“一次混凝+高密度沉淀池+二次混凝+过滤”处理工艺，符合《钢铁工业废水治理及回用工程技术规范》（HJ 2019—2012）综合污水处理工艺要求，设计处理能力 10 000 m^3/d，满足全厂生产及生活废水处理需求，净化后出水部分回用于烧结混料加湿、高炉冲渣、炼钢及轧钢浊环水补水等工序，剩余部分进入除盐水站用于制备除盐水，除盐水站制备采用“多介质过滤器+一级反渗透+二级反渗透+连续电除盐（EDI）机组”处理工艺，设计处理能力 4 000 m^3/d，除盐水用于生产工序除盐水用户，产生的浓盐水回用于高炉冲渣和转炉焖渣补水，均全部回用，不外排，措施可行。

（三）噪声控制措施可行性论证

采取合理布置产噪设备、选用低噪声设备、设置减震基础及厂房隔声等措施控制机械噪声，采取安装消声器等措施控制空气动力性噪声。根据噪声预测结果，拟建工程实施后各主要产噪声源对各厂界边界昼间和夜间噪声贡献值均满足《工业企业厂界环境噪声排放标准》（GB 12348—2008）3 类区标准要求，对敏感点噪声贡献值在叠加现状背景值后，均满足《声环境质量标准》（GB 3096—2008）2 类区标准，措施可行。

（四）固体废物处置措施可行性论证

拟建工程产生固体废物中废油、废 SCR 脱硝催化剂和废活性炭等属于危险废物，按照危险固体废物的相关管理要求执行，高炉煤气脱硫废微晶吸附材料暂按危险废物从严管理，待项目运行后按照相关规范开展鉴别，待鉴别结果确定后，按照固体废物的相关管理要求执行，其他属于一般工业固体废物。

一般工业固体废物中含铁杂料送烧结配料综合利用，高炉渣及高炉冲渣粒化废气尘泥送水渣微粉线处理单元作原料生产水渣微粉，水渣微粉及除尘灰外售周边水泥建材企业综合利用；铁水脱硫渣、钢渣和连铸中间罐铸余渣（均属于Ⅱ类工业固体废物）等送拟建工程钢渣处理单元作原料综合处理，其中分选后的渣钢坨及豆钢送转炉炼钢工序综合利用，粒渣送烧结工序综合利用，剩余尾渣及钢渣处理除尘灰外售周边建材企业综合利用；轧废、废轧辊及水渣处理含铁杂块送炼钢工序作为废钢综合利用；废耐火材料返回生产厂家综合利用；废固定分子筛、脱硫灰（Ⅱ类工业固体废物）均外售建材企业综合利用；厂区给水站新水处理污泥、全厂综合废水处理站及生活污水处理装置污泥、生活垃圾送当地环卫部门指定地点填埋处理。

拟建工程各类固体废物全部综合利用或妥善处理，措施可行。

点评：

1．项目采取的各项污染防治措施满足要求，分析论证内容全面。采取各项污染控制措施后大气污染物能够满足河北省《钢铁工业大气污染物超低排放标准》(DB 13/2169—2018)和唐山市提出的严于河北省超低排放标准的控制要求。

2．烧结机头烟气是钢铁企业排放 SO_2 和 NO_x 最大的污染源，因此该烟气的污染控制措施也是长流程钢铁企业的大气污染物控制重点，拟建工程烧结机头烟气采用了目前国内已成熟的“双室四电场静电除尘器+循环流化床半干法脱硫（CFB）+中温选择性催化还原脱硝（SCR）”净化处理系统，外排烟气中污染物浓度颗粒物＜5 mg/m^3、二氧化硫＜20 mg/m^3、氮氧化物＜30 mg/m^3，治理措施可行。

3．唐山市生态环境局要求钢铁行业实施高炉煤气脱硫治理，使高炉煤气硫化氢含量达到 20 mg/m^3，并鼓励企业实施羟基硫等有机硫的治理，全面降低煤气中硫含量。拟建项目对高炉煤气采用了微晶材料吸附精脱硫工艺，将约 99%的高炉煤气中总硫含量由现有工程的 40 mg/m^3 减至 20 mg/m^3，剩余约 1%的富集硫的解析气送烧结台车作为燃料气使用，可使拟建项目仅高炉煤气燃烧每年将减少近 100 t SO_2 排入大气，从源头上减少了 SO_2 的排放。

八、产业政策及审批原则符合性分析

产业政策方面，分析了与《产业结构调整指导目录（2011 年本）（修正）》《河北省人民政府办公厅关于印发河北省新增限制和淘汰类产业目录（2015 年版）的通知》（冀政办发〔2015〕7 号）等国家和地方相关产业政策符合性；审批原则方面，分析了与《钢铁建设项目环境影响评价文件审批原则（试行）》符合性；钢铁行业等相关文件方面，分析了与《关于推进实施钢铁行业超低排放的意见》（环大气〔2019〕35 号）及河北省、唐山市关于钢铁行业超低排放达标治理相关文件要求符合性；生态环境保护方面，分析了与《关于促进京津冀地区经济社会与生态环境保护协调发展的指导意见》（环办环评〔2018〕24 号）、《中共唐山市委 唐山市人民政府关于加快建设环渤海地区新型工业化基地的意见（试行）》（唐发〔2018〕19 号）、《河北省钢铁行业去产能工作方案（2018—2020 年）》等文件相关要求符合性；规划符合性方面，分析了与国家及河北省主体功能区划、生态环境保护规划、钢铁工业调整升级规划（2016—2020 年）、项目所在开发区总体规划等上层位规划符合性，并重点分析了与开发区规划环评“三线一单”内容的符合性。

分析结果表明，项目建设符合当前国家及地方相关产业政策及钢铁项目审批原则要求，符合全国及河北省主体功能区划、生态环境保护规划、钢铁行业规划等上层位规划，满足钢铁行业相关文件要求。项目位于唐山市某经济开发区钢材及钢材深加工产业区内，满足开发区规划环评“三线一单”和审查意见要求。

九、厂址选择及平面布置可行性分析（略）

十、环境影响经济损益分析（略）

十一、环境管理与监测计划（略）

十二、结论与建议

（一）建设项目情况（略）

（二）环境现状（略）

（三）拟采取环保措施的可行性（略）

（四）项目对环境的影响

1．大气环境影响

拟建工程实施后，采用导则推荐的AERMOD模式预测项目对预测点的影响：

（1）新增污染源正常排放下，一类区SO_2、NO_2、PM_{10}、$PM_{2.5}$、CO、TSP、NH_3、H_2S、氟化物、二噁英、铅短期浓度贡献值的最大浓度占标率均≤100%；SO_2、NO_2、PM_{10}、$PM_{2.5}$、TSP、二噁英、铅年均浓度贡献值的最大浓度占标率≤10%。二类区SO_2、NO_2、PM_{10}、$PM_{2.5}$、CO、TSP、NH_3、H_2S、氟化物、二噁英、铅短期浓度贡献值的最大浓度占标率均≤100%；SO_2、NO_2、PM_{10}、$PM_{2.5}$、TSP、二噁英、铅年均浓度贡献值的最大浓度占标率≤30%。

（2）项目环境影响符合环境功能区划或满足区域环境质量改善目标。一类区中SO_2、NO_2、PM_{10}、$PM_{2.5}$、CO、TSP、NH_3、H_2S、氟化物、二噁英、铅现状浓度均达标，其预测浓度均符合相应环境质量标准。二类区中PM_{10}、$PM_{2.5}$、TSP现状浓度超标，其所有网格点的年平均质量浓度变化率均≤−20%，区域环境质量得到整体改善；SO_2、NO_2、CO、NH_3、H_2S、氟化物、二噁英、铅现状浓度达标，其预测浓度均符合相应环境质量标准。

综上分析，拟建工程实施后大气环境影响可以接受。

2．水环境影响

拟建工程实施后全厂废水全部综合利用，不向地表水体排放污水，不会对地表水水质产生不利影响。在非正常状况下，根据预测结果可知，渗漏的废水对地下水的影响范围较小，超标范围及影响范围主要集中在厂区范围内，因此，项目的实施对区域地下水环境的影响是可接受的。

3．声环境影响（略）

4．固体废物影响（略）

5．土壤环境影响（略）

6．生态环境影响（略）

（五）总量控制分析

拟建工程主要污染物总量控制指标为 SO_2 803.531 t/a，NO_x 1 756.216 t/a、COD 0 t/a、氨氮 0 t/a。

（六）环境风险评价

拟建工程涉及的环境风险物质包括高炉煤气、转炉煤气、焦炉煤气、氨水及废油，根据环境风险预测结果可知，本项目发生最大可信事故情况下，环境风险在可接受的范围内。

（七）公众参与调查（略）

（八）环境影响经济损益分析（略）

（九）环境管理与监测计划

根据《排污单位自行监测技术指南　总则》（HJ 819—2017）、《排污单位自行监测技术指南　钢铁工业及炼焦化学工业》（HJ 878—2017）相关要求并结合拟建工程排污特征，提出建立日常环境管理制度、组织机构和环境管理台账，明确了各项目环境保护设施和措施的建设及资金保障计划。

（十）产业政策及审批原则符合性分析

本评价将拟建工程与相关产业政策及《钢铁建设项目环境影响评价文件审批原则（试行）》中的要求进行对比可知，拟建工程符合相关产业政策及审批原则各项要求。

（十一）工程可行性结论（略）

（十二）建议（略）

点评：

报告书结论从项目建设概况、环境现状、拟采取环保措施的可行性、项目对环境的影响、总量控制分析、公众参与调查、环境影响及经济损益分析、环境管理与监测分析、产业政策及审批原则的符合性分析及工程可行性分析等方面进行了全面论述，内容全面、结论明确。

案例分析

本案例为城市钢厂搬迁改造的钢铁联合企业项目，选址位于河北省唐山市，案例中各工序生产工艺流程及排污节点阐述清楚，各项平衡内容完整，污染治理措施有效，污染源源强核算满足要求，污染物排放满足达标排放要求。项目所在区域内环境空气为超标区域，地表水、地下水和土壤环境等的质量尚好，有一定的环境容量。各要素环境影响评价内容均能满足相应导则要求。

钢铁行业属产能严重过剩行业，无论是在进行新建、改建、扩建或搬迁改造时，均有产能等量或减量置换的要求。按照工业和信息化部于 2017 年 12 月 31 日发布的《关于印发钢铁水泥玻璃行业产能置换实施办法的通知》（工信部原〔2017〕337 号）要求，“京津冀、长三角、珠三角等环境敏感区域置换比例不低于 1.25∶1”。报告书特别关注了此问题，通过淘汰本企业现有产能和购买部分炼铁和炼钢产能，满足不低于 1.25∶1 的产能置换要求。

该报告书为钢铁建设项目环境影响评价文件的编制提供了很好的借鉴。下面从以下几个方面探讨一下编制钢铁建设项目环境影响评价文件时需关注的问题。

1．政策、法规要求

国家及地方出台的各项政策、法规、相关规划以及环评导则等都是指导开展钢铁建设项目环境影响评价的重要依据。尤其是在京津冀地区，河北省已在全国率先出台了《钢铁工业大气污染物超低排放标准》（DB 13/2169—2018），唐山市近年来也出台了一系列关于大气污染控制的通知，进一步提出了严于河北省超低排放的控制要求。

该案例的特点是工程选址在河北省唐山市，项目区域是国家以及河北省压减钢铁产能的重要区域，又地处京津冀大气污染传输通道城市，位置敏感，各方面要求也很严格。本案例分析论证了项目建设与国家、地方相关政策及规划的相符性，按照所在区域环境功能区划、地方政府及生态环境主管部门的要求，分析了项目选址符合开发区规划及规划环评的要求，符合产业政策、环境准入条件等相关要求。拟建项目选取了目前国内外技术经济可行的污染控制措施，执行目前最为严格的评价标准。明确项目的建设不会对周围环境产生明显不利影响、环境风险可防控。

2. 工程分析重点关注内容

（1）现有工程

搬迁项目对现有企业需全面描述企业现状，基准年的主要原料和燃料消耗、产品产量以及污染控制措施的运行情况，按照《污染源源强核算技术指南　钢铁工业》（HJ 885—2018）中要求的方法，核实企业主要污染物的排放量。对现有工程存在的主要环保问题进行梳理并提出整改方案（包括投资及完成时间）。同时需按照《中华人民共和国土壤污染防治法》、《土壤污染防治行动计划》（国发〔2016〕31 号）及《企业拆除活动污染防治技术规定（试行）》等的要求，对现有企业退出后的场地拆除提出注意事项，此案例特别关注了上述内容并进行了详细说明。

（2）拟建工程

按照《环境影响评价技术导则　钢铁建设项目》（HJ 708—2014）要求，钢铁建设项目工程分析内容应包括主体工程、辅助工程、公用工程、环保工程、储运工程以及依托工程等，需明确给出项目组成、建设地点、原辅料、生产工艺、主要生产设备、产品方案、平面布置、建设周期、总投资及环境保护投资等，给出金属平衡、煤气平衡、有毒有害元素平衡（包括硫平衡、氟平衡以及其他有害元素）、涉及酸洗的有酸平衡以及水平衡等，绘制包含产污环节的生产工艺流程图，按照工序分析常规及特征污染物的产生情况、控制措施及排放情况（包括正常工况和非正常工况）。

案例中拟建工程基本情况采用列表的形式清晰列出了主体工程、辅助工程及公用设施等内容，给出了各工序主要原料、燃料及辅助材料消耗量，进行了铁、硫、氟、铅等元素平衡和煤气平衡，并采用一图一表的形式给出分工序及全厂水平衡，对各主要生产工序的工艺流程、产污节点及污染控制措施等内容进行了详细描述，体现了钢铁建设项目环评的特点。

钢铁生产涉及大宗物料较多，进出企业的物料量一般是产品的 5～6 倍。案例中的搬迁项目年产粗钢 280 万 t，每年物料的运输量达 1 600 余万 t。很多内陆的钢铁企业既不靠近港口又不靠近铁路，汽车运输带来的道路扬尘对环境造成很大影响。国务院办公厅印发了《推进运输结构调整三年行动计划（2018—2020 年）》，要求“到 2020 年，全国大宗货物年货运量 150 万 t 以上的大型工矿企业和新建物流园区，铁路专用线接入比例达到 80%以上；重点区域具有铁路专用线的大型工矿企业和新建物流园区，大宗货物铁路运输比例达到 80%以上”。拟建项目的大宗物料主要包括铁精矿粉、块矿、石灰石、白云石、煤及焦炭等，设计考虑铁精矿粉、块矿及煤采用海运或铁路运输+管带机进入企业原料棚，焦炭及焦粉由项目东侧的B焦化公司经封闭皮带通廊运输，部分石灰石、白云石等散装料就近采购由汽车运输，产品均经港口海运，全厂大宗物料采用海运、铁路、管带机及皮带运输物料量占比可达84.6%。

（3）淘汰项目

对于搬迁企业涉及现有企业的拆除，根据《中华人民共和国土壤污染防治法》（2019年1月1日起实施）、《关于保障工业企业场地再开发利用环境安全的通知》（环发〔2012〕140号）、《关于加强工业企业关停、搬迁及原址场地再开发利用过程中污染防治工作的通知》（环发〔2014〕66号）、《土壤污染防治行动计划》（国发〔2016〕31号）以及《企业拆除活动污染防治技术规定（试行）》等的要求，报告书需对拆除工作加以关注。本案例就分别从拆除工程施工前的准备、拆除施工过程管理、拆除清理废物的处置以及拆除活动结束后的检查清理等全过程提出了注意事项。

3．污染防治措施

钢铁长流程项目主要包括原料场、烧结、球团、高炉炼铁、转炉炼钢及轧钢等主要生产工序，主要特点是废气污染物的排放量较大。案例中的拟建工程就是长流程钢铁建设项目，产生的常规大气污染物主要有颗粒物、SO_2和NO_x，特征污染物包括烧结（球团）工序二噁英、烧结（球团）和炼钢工序的氟化物，生产废水均可做到不外排，固体废物均可做到妥善处置。上述生产工序中烧结的产排污量最大，是钢铁企业的重点控制工序，烧结机机头烟气也是钢铁企业重点控制的污染源，该污染源有烟气量大、SO_2浓度高、烟气温度变化大、含氧量及含湿量高、烟气成分复杂等特点。本案例烧结机机头烟气采用的净化流程是双室四电场静电除尘+循环流化床半干法脱硫+袋式除尘器净化+烟气–烟气再热器（GGH）换热+SCR脱硝+烟气–烟气再热器（GGH）换热+风机增压+80 m高烟囱排放，属于国内成熟的处理工艺。

生态环境部《关于推进实施钢铁行业超低排放的意见》（环大气〔2019〕35号）要求“全国新建（含搬迁）钢铁项目原则上要达到超低排放水平”。高炉热风炉及轧钢加热炉SO_2排放浓度由原特别排放限值的80 mg/m^{3}和100 mg/m^{3}加严到50 mg/m^3。对高炉煤气进行脱硫，从源头降低煤气中的硫含量，确保燃烧高炉煤气的各排放口能够满足超低排放要求，避免在每一个排放源处都配置脱硫设施，造成资金的浪费。生态环境部发布了《钢铁/焦化建设项目环境影响评价文件审批原则》（环办环评〔2022〕31号），其中对新建高炉明确提出须实施高炉煤气精脱硫的要求。目前国内钢铁行业对高炉煤气精脱硫的反应机理和影响设施运行效果的因素积累了大量的设计、施工及运行经验，主流工艺路线为水解法和吸附法。案例中拟建项目对高炉煤气采用了微晶材料吸附精脱硫工艺，根据运行企业检测数据，脱硫后高炉煤气总硫浓度可稳定低于20 mg/m^3。该方法可供其他钢铁企业借鉴。

案例四　电镀技改项目环境影响评价

一、概述

（一）项目概况

某电镀公司位于规划的电镀基地内，原审批建设 1 条挂镀自动生产线、1 条挂镀半自动生产线、1 条阳极氧化半自动线、2 条自动纳米喷镀线，主要对五金及塑胶件进行加工生产。因市场需求的变化，该公司不再建设已批准的挂镀自动生产线、挂镀半自动生产线、阳极氧化半自动线和自动纳米喷镀线各 1 条，改为建设挂镀锌+锌镍自动线、滚镀锌镍半自动线、电泳自动线、塑胶挂镀半自动线、前处理线和电泳次品退漆线各 1 条；并对已经通过竣工环境保护验收的 1 条自动纳米喷镀线进行改造，在原材料上淘汰原批准使用的高 VOCs 含量溶剂型涂料和溶剂，改用水性漆、UV 固化涂料等低 VOCs 含量涂料。

> **点评：**
>
> 项目应清楚描述拟建工程的项目背景情况。必要时可对企业的发展历史进行简要回顾。经查阅报告书，该企业发展过程主要为：
>
> 该公司始建于 2002 年，经多次建设和改造，先后曾经拥有 2 条半自动和 1 条手动电镀线（2002 年取得批复）、1 条塑胶电镀手动线（2003 年取得批复）、1 条塑胶电镀手动线、1 条半自动塑胶电镀线及 1 条半自动电镀线（2006 年取得批复），至本报告书编制时均已拆除；2013 年取得批复的 1 条五金挂镀自动线、1 条塑胶挂镀半自动线及 4 条端子连续镀自动生产线，尚未开始建设；2016 年批准的 1 条五金挂镀自动线、1 条塑胶挂镀半自动线、1 条铝阳极氧化线和 2 条自动纳米喷镀线，除 1 条自动纳米喷镀线已经通过竣工环境保护验收外，其他生产线不再进行建设。也就是说，目前该公司现有工程仅有 1 条自动纳米喷镀线，无在建工程。
>
> 根据市场变化情况，公司决定在现有工程基础上，新建挂镀锌+锌镍自动线、滚镀锌镍半自动线、电泳自动线、塑胶挂镀半自动线、前处理线、电泳次品退漆线各 1 条；同时对已通过竣工环境保护验收的自动纳米喷镀线进行改造，原料上淘汰高 VOCs 含量的溶剂型涂料和溶剂，改用水性涂料、UV 固化涂料等低 VOCs 含量涂料。

（二）环境影响评价工作过程（略）

（三）关注的环境问题

根据项目污染物排放特征及项目所在地环境质量现状，评价工作重点关注问题如下：

（1）项目所在区域环境质量状况；

（2）项目运营期污染物产、排情况，拟采取的污染防治措施及其可行性分析；

（3）项目废气、废水、噪声能否做到达标排放，固体废物是否得到有效处置；

（4）项目污染物排放是否对周边环境造成明显的负面影响，特别关注废气、废水排放对周边环境敏感目标的影响；

（5）项目建设与所在地区规划相符性的分析，项目建设与产业政策相符性分析，环境风险是否可以接受。

（四）产业政策与规划相符性分析

产业政策分析（略）。

项目位于规划的定点电镀基地内，选址符合当地环境保护规划提出的"规划期内，原则上印染、洗水、电镀、线路板等重污染行业禁止进入；处于产业链配套需要时，这些重污染行业实行定点规划"要求。

（五）环境影响评价结论

拟建工程符合国家、省、市相关的环保法律法规、政策、规划要求。拟建工程利用现有厂区及厂房建设，选址合理。建设项目应严格执行"三同时"规定，落实报告书提出的环境污染防治措施，确保污染治理设施正常运行，并加强清洁生产管理，杜绝污染事故，做好环境风险事故的防范，从环境保护角度来看，该项目的建设是可行的。

点评：

该报告书概述部分列出了关注的环境问题，但未进行深入分析，如废水排放对周边环境敏感目标的影响、规划相符性、拟采取的污染防治措施及其可行性分析等。

根据电镀行业建设项目特征，应将工程分析纳入重点关注内容；鉴于项目各种生产废水收集后直接经管道排入A工业废水处理厂进行处理，报告书应将依托的A工业废水处理厂的可依托性纳入重点关注内容。

尽管企业废水不直接排放，但地表水现状调查应包括对企业周边地表水体和废水最终排放的地表水体的现状调查。

二、总则

（一）项目由来（略）

（二）编制依据（略）

（三）评价因子与评价执行标准

1．评价因子

（1）环境空气

现状：SO_2、NO_2、PM_{10}、$PM_{2.5}$、CO、O_3、硫酸雾、氯化氢、氰化氢、铬酸雾、TVOC、甲苯、二甲苯、氨。

预测：SO_2、NO_2、颗粒物、硫酸雾、氯化氢、铬酸雾、VOCs、氨。

（2）地表水

现状：水温、pH 值、COD_{Cr}、BOD_5、DO、SS、氨氮、石油类、挥发性酚类、总磷、LAS、氰化物、硫化物、铜、砷、铅、镍、锌、六价铬等。

（3）地下水

现状：pH、总硬度、溶解性总固体、氨氮、硝酸盐、亚硝酸盐、阴离子表面活性剂、挥发性酚类、氰化物、铜、铁、镍、锌、砷、镉、六价铬、K^+、Ca^{2+}、Na^+、Mg^{2+}、SO_4^{2-}、CO_3^{2-}、HCO_3^-和 Cl^-等。

（4）噪声（略）

（5）固体废物（略）

（6）土壤（略）

2．评价执行标准（摘录）

热水炉和烘干炉废气合并排放，执行《工业炉窑大气污染物排放标准》（GB 9078—1996）与《锅炉大气污染物排放标准》（DB×/×）较严者。

生活污水经三级化粪池预处理达到《水污染物排放限值》（DB×/×）第二时段三级标准后，纳入 AB 镇生活污水处理厂处理，尾水水质达到《水污染物排放限值》（DB×/×）一级标准与《城镇污水处理厂污染物排放标准》（GB 18918—2002）一级 A 标准较严者后排入×地表水体。

生产废水分类收集后由专制管网送 A 工业废水处理厂进行处理，尾水水质达到《电镀水污染物排放标准》（DB×/×）表 1 排放限值后排入×地表水体。

（四）评价对象（略）

（五）评价原则与评价重点

评价原则与评价重点为工程分析及污染因素分析、污染防治措施及技术经济论证。

（六）评价工作等级和评价范围

各环境要素评价工作等级、评价范围如图 4-1、表 4-1 所示。

图 4-1 环境空气、环境风险、地下水评价范围

表 4-1 各环境要素评价工作等级及评价范围

序号	环境要素	工作等级	评价范围
1	环境空气	一级	以厂址为中心，边长 5 km 的矩形区域
2	地表水	三级 B	AB 镇生活污水处理厂排污口上游 3 km 至 A 工业废水处理厂排污口下游 3 km 的 R 河及其支流
3	地下水	三级	项目所在地水文地质单元内的 6.65 km^2 区域
4	噪声	二级	项目周界外 200 m 范围
5	土壤	二级	项目周界外 200 m 范围
6	环境风险	大气环境：三级；地表水、地下水环境：简单分析	项目周界外 3 km 范围

注：项目所在区域为地下水不敏感区。A 工业废水处理厂排污口与 AB 镇生活污水处理厂排污口均在 R 河，A 工业废水处理厂排污口位于 AB 镇生活污水处理厂排污口下游 0.75 km 处。

（七）相关规划及环境功能区划

根据当地环境功能区划和生态环境主管部门关于执行标准的意见，评价区域规划目标环境空气质量为二类，声环境为 2 类，地表水为Ⅲ类，地下水为Ⅴ类。

（八）主要环境保护目标

评价范围内环境保护目标规模及其分布情况如表 4-2、图 4-1 所示。

表 4-2 评价区内主要环境保护目标（摘录）

序号	敏感点名称		坐标/m		保护对象	规模	环境功能区	所处方位	与项目周界最近距离/m
	行政村	自然村	X	Y					
1	高平村	上赖生	−975	58	居民区	约 240 人	环境空气二类区	SW	900
2	……	……							
3	高平小学		650	1 060	学校	24 个班		SW	1 150
4	……								

点评：

项目建设背景、项目由来介绍清楚。评价因子、工作等级及评价范围确定基本正确。环保目标调查介绍基本清楚。给出了环境空气、环境风险、地下水评价范围内的环境保护目标分布图。必要时应列出报告书所依据的参考资料。

如拟建工程内容复杂（如存在依托关系），报告书应明确评价对象的范围及边界。

热水炉属于锅炉范畴，应执行锅炉大气污染物排放标准，烘干炉属于工业炉窑范畴，应执行工业炉窑大气污染物排放标准，两类废气应分别执行各自的排放标准，不应交叉执行。

三、建设项目概况

（一）建设单位概况（略）

（二）现有工程概况

1．项目组成

该企业厂区用地面积 2 990 m^2，有 1 栋 4 层的生产厂房，建筑面积 6 800 m^2。在生产厂房四层现有 1 条自动纳米喷镀线。年生产 300 d，实施二班制生产。员工 200 人，厂区不设食宿。

2．原辅材料耗量

项目原辅材料主要成分及年耗量见表 4-3。

表 4-3　主要原辅材料用量（摘录）　单位：t/a

原材料	状态	主要成分	包装方式	年耗量
喷镀涂料 K1	液体	—	桶装	45.6
喷镀涂料 K2	液体	—	桶装	13.2
喷镀涂料 A1	液体	—	桶装	83.4
喷镀涂料 A2	液体	—	桶装	83.4
喷镀涂料 B2	液体	—	桶装	166.8
喷镀涂料 S	液体	—	桶装	10.8
PU 面漆	液体	乙酸丁酯 35%、纯水 65%	桶装	48.3
聚酯树脂清漆	液体	乙二醇乙醚乙酸酯 25%、纯水 75%	桶装	2.9
溶剂	液体	二甲苯 50%、环乙酮 15%、乙酸丁酯 35%	桶装	2.5
活性炭	固体	—		6.21
界面漆/底漆	液体	—	桶装	40.8

3．公用系统

年用电量 350 万 kW·h，燃料天然气用量 107.52 万 m^3/a，均由市政供应。

生活用水取自城镇自来水管网；工业用水取自工业园区统一规划的供水管网。项目排水采取雨污分流，雨水由雨水管网排入附近河涌；生活污水进入镇生活污水处理厂；生产废水分类收集后由专制管网送 A 工业废水处理厂进行处理。

4．验收情况

现有工程仅有 1 条自动纳米喷镀线，已建成投运，并通过竣工环境保护验收。据业主介绍，其他生产线不再建设。

5．现有工程存在的环境保护问题及整改措施

现有工程采用的高 VOCs 含量涂料不能满足当地环境保护部门 2017 年《关于涉挥发性有机物项目环保准入管理规定的通知》中提出的使用低（无）VOCs 含量原辅材料的要求。拟建工程实施后，企业拟改用低 VOCs 含量的原料替代现有原料。

点评：

报告书给出了项目四至及周界外 200 m 范围内建筑物高度示意图，信息完整。

“据业主介绍，其他生产线不再建设。”应附业主出具的相关承诺文件。

（三）拟建项目概况

1．项目基本概况

项目名称：电镀技改项目。

项目性质：技改。

建设单位：某电镀公司。

建设地点：××市××镇瑞金路 5 号（坐标 E114°28′13.06″，N22°42′33.74″）。

项目用地情况：不新征用地，在现有厂区 1 栋 4 层生产厂房内实施。

项目投资：2 500 万元，其中环境保护投资 500 万元。

2．主要建设内容与产品方案

主要建设内容见表 4-4。其中新增挂镀锌+锌镍自动线（编号：1#，以下同）、滚镀锌镍半自动线（2#）、电泳自动线（3#）、塑胶挂镀半自动线（4#）、前处理线（6#）和电泳次品退漆线（7#）各 1 条，改造现有的自动纳米喷镀线（5#）。

表 4-4 拟建工程建设内容及任务（摘录）

类别	生产楼		内容及规模	与现有工程的依托性
主体工程	在现有厂房内建设	1层	1#挂镀锌+锌镍自动线	新增生产线
			2#滚镀锌镍半自动线	
			6#前处理线	
			7#电泳次品退漆线	
		2层	3#电泳自动线	
		3层	4#塑胶挂镀半自动线	
		4层	5#自动纳米喷镀线	改造，采用水性涂料及 UV 涂料
储运工程	原料仓库		设在 1 层，共 5 个，面积共 140 m^2	增加 60 m^2
公用工程	供电系统		市政供电	不变
	纯水制备		设 3 套纯水制备系统	增加 2 套纯水制备系统

<table>
<tr><th>类别</th><th>生产楼</th><th>内容及规模</th><th>与现有工程的依托性</th></tr>
<tr><td rowspan="7">环保工程</td><td>废气处理设施</td><td>一般酸雾排气筒 2 个、铬酸雾排气筒 1 个、有机废气排气筒 2 个、天然气废气排气筒 1 个、颗粒物排气筒 1 个</td><td>新增一般酸雾排气筒、铬酸雾排气筒、颗粒物排气筒、氨气排气筒各 1 个。其他依托现有排气筒</td></tr>
<tr><td>生活污水</td><td>入镇生活污水处理厂处理</td><td>不变</td></tr>
<tr><td rowspan="2">生产废水收集与废水处理措施</td><td>生产废水设 6 个收集池分别收集前处理废水、综合废水、电镀镍废水、含铬废水、化学镍废水、混合废水</td><td>减少含氰废水收集池</td></tr>
<tr><td>生产废水收集后，由专门管道分类送 A 工业废水处理厂处理。其中 A、B、S 喷涂及清洗工序的含银废水集中收集后采用阳离子交换树脂处理达标后纳入综合废水管理</td><td>减少含氰废水，增加含银废水；前处理废水、综合废水、电镀镍废水、含铬废水、化学镍废水、混排废水处理方式不变</td></tr>
<tr><td>地表水风险防范事故应急池</td><td>设 48 m^3 的事故废水收集池，与 A 工业废水处理厂进行事故应急联动，已签订协议</td><td>依托现有事故废水收集池，并与 A 工业废水处理厂签订事故应急联动协议</td></tr>
<tr><td>一般固废暂存区</td><td>设在 1 楼，占地面积约为 20 m^2</td><td>现有工程环评文件未明确，本次新增</td></tr>
<tr><td>危废暂存库</td><td>设在 1 楼，占地面积约为 90 m^2</td><td>增加 40 m^2</td></tr>
</table>

产品方案见表 4-5。

表 4-5 产品方案（摘录）

<table>
<tr><th>生产线编号</th><th>产品名称</th><th>产品重量/（t/a）</th><th>表面处理层组合</th><th>镀种/处理方式</th><th>电镀/处理面积/（10^4 m^2/a）</th><th>镀层厚度/μm</th><th>产品外层面积/（10^4 m^2/a）</th></tr>
<tr><td rowspan="4">1#</td><td rowspan="4">五金件</td><td rowspan="4">5 760</td><td rowspan="4">锌/锌镍+蓝钝/彩钝</td><td>锌镍</td><td>12.90</td><td>10</td><td rowspan="4">20.70</td></tr>
<tr><td>锌</td><td>7.80</td><td>15</td></tr>
<tr><td>蓝钝</td><td>15.52</td><td>—</td></tr>
<tr><td>彩钝</td><td>5.18</td><td>—</td></tr>
<tr><td rowspan="4">2#</td><td rowspan="4">五金件</td><td rowspan="4">1 728</td><td rowspan="4">锌镍+蓝钝/彩钝/黑钝</td><td>锌镍</td><td>12.40</td><td>5</td><td rowspan="4">12.40</td></tr>
<tr><td>彩钝</td><td>1.16</td><td>—</td></tr>
<tr><td>蓝钝</td><td>7.36</td><td>—</td></tr>
<tr><td>黑钝</td><td>3.88</td><td>—</td></tr>
<tr><td>3#</td><td>五金件</td><td>43 200</td><td>电泳</td><td>电泳</td><td>80.64</td><td>25</td><td>80.64</td></tr>
<tr><td rowspan="10">4#</td><td rowspan="10">塑胶件</td><td rowspan="10">2 448</td><td rowspan="10">化学镍+焦铜+酸铜+哑镍+光镍+镍封+（珍珠镍/六价铬/枪色）+喷漆</td><td>化学镍</td><td>33.90</td><td>2</td><td rowspan="10">33.90</td></tr>
<tr><td>焦铜</td><td>33.90</td><td>1.5</td></tr>
<tr><td>酸铜</td><td>33.90</td><td>15</td></tr>
<tr><td>哑镍</td><td>33.90</td><td>4</td></tr>
<tr><td>光镍</td><td>33.90</td><td>4</td></tr>
<tr><td>镍封</td><td>33.90</td><td>0.5</td></tr>
<tr><td>珍珠镍</td><td>27.55</td><td>1</td></tr>
<tr><td>枪色</td><td>4.23</td><td>0.5</td></tr>
<tr><td>六价铬镀铬</td><td>2.12</td><td>0.2</td></tr>
<tr><td>喷漆</td><td>0.50</td><td>40</td></tr>
</table>

生产线编号	产品名称	产品重量/(t/a)	表面处理层组合	镀种/处理方式	电镀/处理面积/(10^4 m^2/a)	镀层厚度/μm	产品外层面积/(10^4 m^2/a)
5#	五金件	70	底漆+（K1/K2/A/B/S/中漆）+面漆	喷漆	120	25～40	120
	塑胶件	30					
6#	与3#线配套			—	—	—	—
7#	与3#线配套			—	—	—	—

3．总平面布置

拟建工程总平面布置如图 4-2 所示，生产厂房一层平面布置如图 4-3 所示。

1#生产线工艺生产设备见表 4-6，辅助生产设备见表 4-7。

2#、3#、4#、5#、6#、7#生产线生产设备见表 4-8 至表 4-13。

表 4-6 1#生产线（挂镀锌+锌镍自动线）工艺生产设备（摘录）

设备工艺顺序编号及槽体名称	长（m）×宽（m）×高（m）
1 热脱脂、2 阳极电解除油	2.5×2.1×1.6
6—7 酸洗，15、23 活化，32—33 除膜，47—48 封闭	2.5×1.0×1.6
11 超声波除油，36—37 蓝钝，40 彩钝、31 超声波水洗	2.5×1.25×1.6
19 锌镍（长度方向 600 mm 为溢流槽）、20 锌镍（同 19）	3.1×6.0×1.6
26 镀锌（同 19）	3.1×7.8×1.6
3—5、8—10、12—14、16—18、24—25、27—30、34—35、38—44 水洗，46 冷水洗，49—50 回用	2.5×0.8×1.6
21—22 交换水洗	10.0×0.8×1.6
45 热水洗	2.5×0.9×1.6

表 4-7 1#生产线（挂镀锌+锌镍自动线）辅助生产设备（摘录）

序号	设备名称	尺寸［长（m）×宽（m）×高（m）］或规格	数量
1	溶锌槽	2.8×1.5×1.8	4
2	备用槽（锌镍）	4.0×2.0×1.8	2
3	冷冻碳酸钠槽	1.5×1.2×1.5	2
4	冷冻机循环水水槽	11.5×1.0×1.22、2.4×1.2×1.22	5
5	热水槽	3.0×1.5×1.0	1
6	天然气烘干炉	功率 5 万大卡①	1
7	电烘干炉		1
8	天然气热水锅炉	功率 10 万大卡	1
9	螺杆式空气缩机		1
10	纯水制备机组	为 1#、2#、3#生产线提供纯水	1
11	整流器		35
12	封闭剂补喷柜（配喷枪 1 把）	3.0×1.5×2.2	1
13	备用槽（脱脂或除油）	容积 1 m^3	2

注：① 1 大卡=4 185.85 J（后同）。

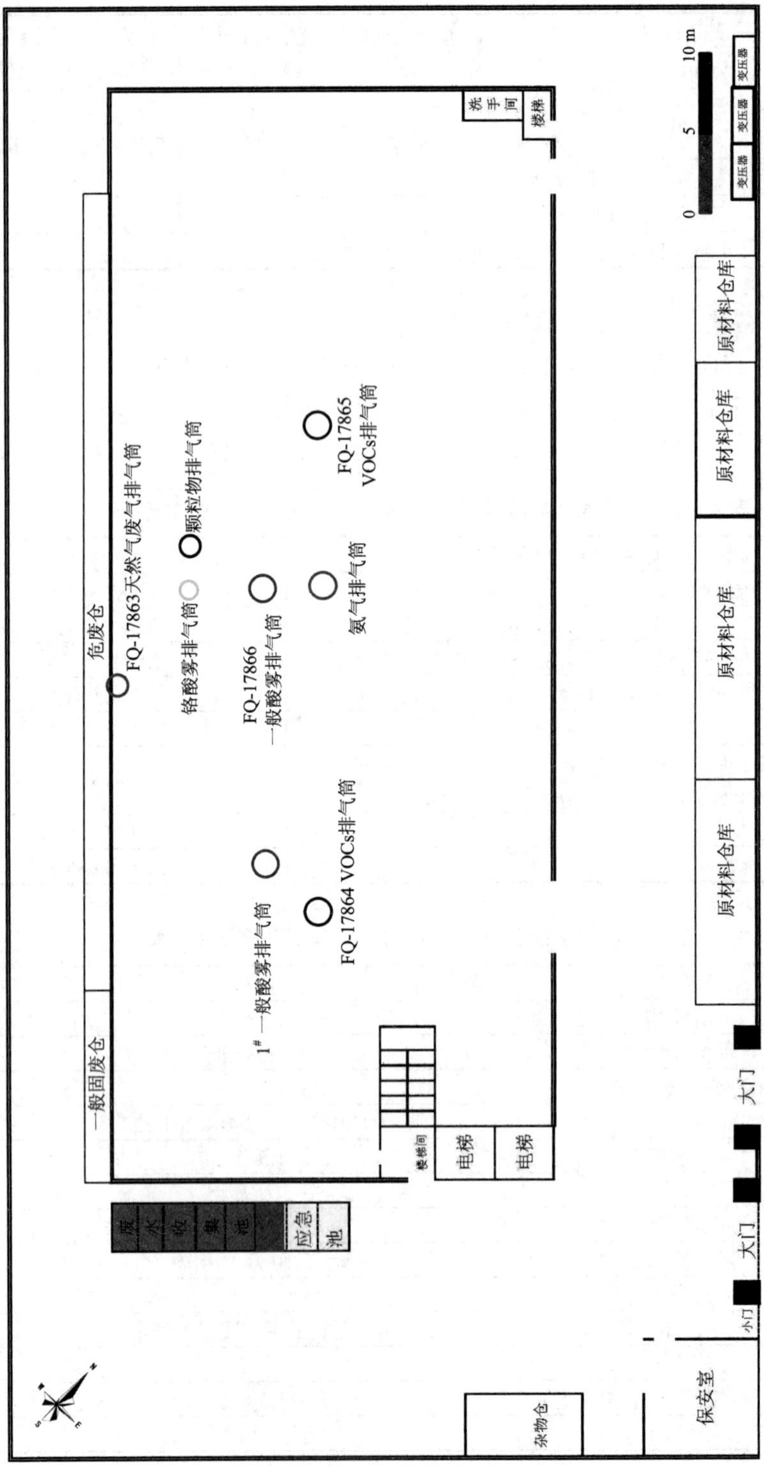

图 4-2 拟建工程厂区总平面布置

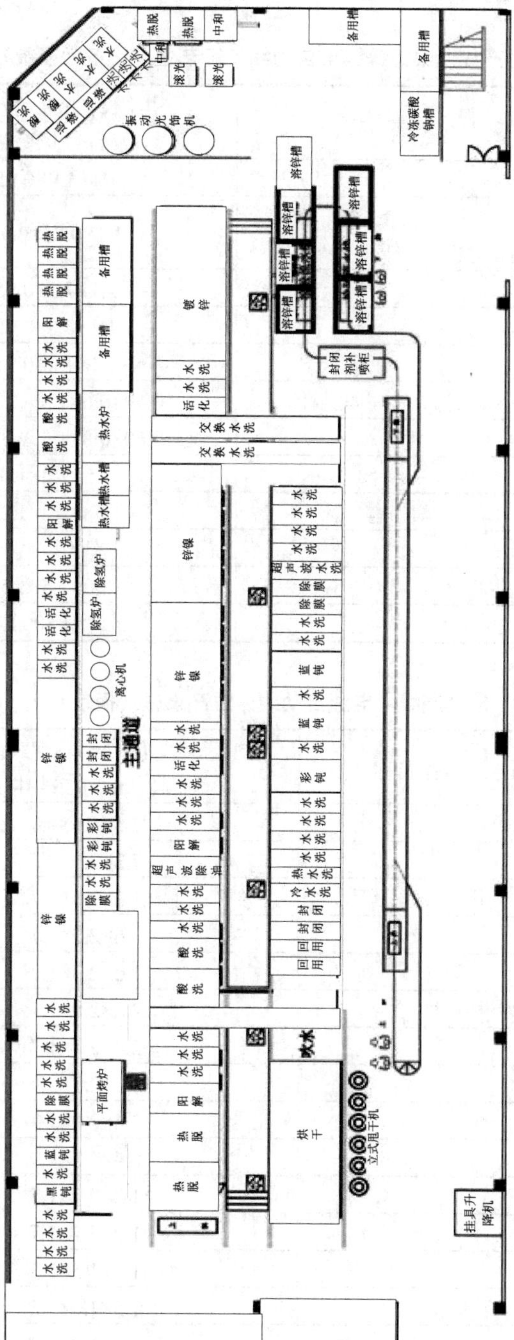

图 4-3　拟建工程厂房一层平面布置

表 4-8 2#生产线（滚镀锌镍半自动线）工艺生产设备（摘录）

类型	设备工艺顺序编号及槽体名称	尺寸［长（m）×宽（m）×高（m）］或规格	数量
主体设备	1—2 热脱	1.1×1.9×0.95	2
	3—5、8—10、13—14、17—20、22—23、25、27—30 水洗，6—7 酸洗，11—12 活化	1.1×0.75×0.95	23
	15—16 锌镍	1.1×7.3×0.95	2
	21 除膜	1.1×0.8×0.95	1
	24 蓝钝、26 黑钝	1.1×1.0×0.95	2
	31 除膜，32—33、36—38 水洗，39—40 封闭	0.60×0.6×1.3（线外）	8
	34—35 彩钝	0.60×0.8×1.3（线外）	2
辅助设备	溶锌槽	1.5×2.2×1.6	3
	冷冻机配水槽	1.5×1.22×1.22	2
	平面式天然气烘干炉	功率 10 万大卡	1
	热水槽	3.0×1.5×1.5	1
	备用槽（除油）	容积 500 L	2

表 4-9 3#生产线（电泳自动线）生产设备（摘录）

类型	设备工艺顺序编号及槽体名称	尺寸［长（m）×宽（m）×高（m）］或规格	数量
主体设备	1—3 热脱槽（线外喷淋）	2.5×1.6×1.0	3
	4、8 热脱槽	7.2×2.1×1.7	2
	5—7、17—20 水洗，9 回用	1.2×2.0×1.7	8
	10 阳极电解除油	3.6×2.3×1.7	1
	11—12 超声波水洗	1.2×2.3×1.7	2
	13—14 水洗、26—27 喷淋水洗	2.8×2.8×1.7	4
	15 表调	2.4×2.1×1.7	1
	16 磷化	7.2×2.1×1.9	1
	21 回用	3.6×2.0×1.7	1
	22 电泳槽	8.4×2.3×1.9	1
	23—25 超滤水洗	1.2×2.1×1.7	3
	28—29 纯水洗	1.2×2.2×1.7	2
辅助设备	磷化换热器清洗酸槽	1.5×1.5×1.2	1
	磷化换热器清洗水槽	1.5×1.0×1.2	1
	阳极液槽	1.0×1.0×1.2	1
	冷冻水槽	1.5×1.22×1.22	1
	热水槽	2.0×1.22×1.22	2
	备用槽（除油）	容积 500 L 的 4 个，容积 1 000 L 的 2 个	6

类型	设备工艺顺序编号及槽体名称	尺寸［长（m）×宽（m）×高（m）］或规格	数量
辅助设备	备用槽（电泳）	4.5×2.1×2.2	2
	天然气热水炉	功率 10 万大卡	1
	磷化沉淀除渣池、磷化压渣机	3.0×1.5×2.4	各 1
	天然气烘干炉	功率 25 万大卡	1
	电泳超滤系统	—	1
	抛丸机	工作时密闭，配套布袋除尘器	3
	过滤机	—	10

表 4-10　4#生产线（塑胶挂镀半自动线）工艺生产设备（摘录）

类型	设备工艺顺序编号及槽体名称	尺寸［长（m）×宽（m）×高（m）］或规格	数量
主体设备	1 超声波除油、26—27 化学镍、39 预镀酸铜	3.0×0.9×1.4	4
	2—3、10—12、14—17、20—22、24—25、28—33、36—37、40、42、46—48、50、55—61、63—64、73—75、79—80、85—87、91—93 水洗，4 亲水，7—9、35、45、54、67—72、84、90 回收，18—19 钯活化，38、41、49、62、65 活化，76 超声波清洗，77—78 热水洗、81—83 珍珠镍、88—89 枪色	0.75×0.9×1.4	77
	5—6 粗化	5.25×0.9×1.4	2
	13 中和，23 解胶，53 镍封	1.5×0.9×1.4	3
	34 焦铜，66 六价铬	4.5×0.9×1.4	3
	43—44 酸铜	11.25×0.9×1.4	2
	51 哑镍	9.0×0.9×1.4	1
	52 光镍	7.5×0.9×1.4	1
	小计		93
辅助设备	化学镍备用缸	3.0×0.9×1.4	1
	酸铜备用缸	11.25×0.9×1.4	1
	镍备用缸	9.0×0.9×1.4	1
	铬备用缸	4.5×0.9×1.4	1
	粗化备用缸	5.25×0.9×1.4	1
	素烧陶瓷桶	粗化工序粗化液再生	1
	低压真空蒸发设备	粗化工序回收槽液体的浓缩	1
	电镀镍、铜、铬在线回收系统	阳离子树脂交换	各 1
	隧道式烘干炉/热水炉	烧天然气，功率 20 万大卡	1
	打砂机	4#、5#生产线共用设备	4
	喷柜	3×2×2，2 把喷枪，水池 3×2×0.3	2
	退挂	3.75×0.9×1.4	1
	退镀	6.0×0.9×1.4	1
	水洗	0.75×0.9×1.4	6

表 4-11　5#生产线（自动纳米喷镀线）生产设备（摘录）

设备名称	尺寸［长（m）×宽（m）×高（m）］及规格说明	数量	备注
上下料区	—	1	原有
自动除尘室	3.4×1.5×2.85	2	原有
底漆喷房 1	4.55×2.0×2.85，水池 4.55×2×0.3，8 把自动喷枪	1	原有
预热烘干炉	4.75×1.5×2.25，功率 10 万大卡	1	原有
底漆喷房 2	4.55×4.4×2.85，水池 4.55×4.4×0.3，16 把自动喷枪	1	原有
底漆烘干炉	17.0×1.0×2.25，功率 15 万大卡	1	原有
UV 固化室	3.0×2.0×2.85	2	原有
A 线热风循环烘干炉 1	6.1×3.3×2.25，功率 10 万大卡	1	原有
A 线热风循环烘干炉 2	24.9×2.1×2.25，功率 15 万大卡	1	原有
中涂喷房 1	3.55×5.2×2.85，水池 3.55×5.2×0.3，16 把自动喷枪	1	改造
K1、K2 喷房	3.55×1.8×2.85，水池 3.55×1.8×0.3，8 把自动喷枪	1	改造
纯水洗 1	3.55×1.8×2.85，喷淋水洗	1	改造
A、B、S 喷房	3.55×3.0×2.85，水池 3.55×3×0.3，8 把喷枪	1	改造
纯水洗 2	3.55×2.2×2.85，喷淋水洗	1	改造
中涂喷房 2	3.55×4.0×2.85，水池 3.55×4×0.3，16 把自动喷枪	1	改造
喷镀烘干炉	25.2×2.7×2.25，功率 10 万大卡	1	原有
面漆烘干炉	8.65×1.6×2.25，功率 10 万大卡	1	原有
C 线热风循环烘干炉 1	6.75×2.15×2.25，功率 20 万大卡	1	原有
C 线热风循环烘干炉 2	41.3×1.5×2.25，功率 20 万大卡	1	原有
面漆喷房	4.55×4.4×2.85，水池 4.55×4.40×0.3，16 把自动喷枪	1	原有
面包式电烘干炉	1.8（1.7）×1×1.65/1.8×1×1.8/1.3×0.84×1.65	4	新增
移印机	0.5×0.36	2	新增
丝印机	1.0×0.5	3	新增
水转印槽	9.15×0.9×0.85	1	原有
水洗槽	10.98×1.0×1.35	1	原有
吹水设备	0.8×0.98×0.8	1	原有
电烘干炉	17.1×1.1×1.2	1	改造

表 4-12　6#生产线（前处理线）生产设备（摘录）

用途	设备工艺顺序编号及槽体名称	尺寸［长（m）×宽（m）×高（m）］或规格	数量
主体设备	1—2 热脱	1.2×1.5×1.6	2
	3—5 水洗，6 中和，12—13 酸洗	1.2×1.2×1.6	6
	7—9 振动光饰机	容积 300 L	3
	10—11 滚光机	容积 500 L	2

表 4-13　7#生产线（电泳次品退漆线）工艺生产设备（摘录）

序号	设备工艺顺序编号及槽体名称	尺寸［长（m）×宽（m）×高（m）］或规格	数量
1	退漆	1.7×0.7×0.6	2
2	水洗	0.7×0.7×0.6	3
3	中和	0.7×0.7×0.6	1

4. 原辅材料及能源消耗

原辅材料及能源消耗见表 4-14。原辅材料主要成分见表 4-15。

表 4-14　原辅材料及能源消耗

单位：t/a

原材料	原环评审批	现有工程	扩建后全厂	扩建后较原环评增减量
镍添加剂	0	0	29.28	29.28
彩钝水	0	0	2.354	2.354
蓝钝水	0	0	2.297	2.297
黑钝水	0	0	1.075	1.075
表调剂	12	0	3.50	−8.5
磷化液	4	0	40.00	36
电泳漆	0.6	0	60.63	60.03
氨水	1.5	0	6.60	5.1
硫酸镍	7.4	0	38.51	31.11
焦磷酸铜	0.85	0	3.78	2.93
镀铬铬酐	0.677	0	0.267	−0.41
粗化铬酐	0	0	2.974	2.974
喷镀涂料 K1	91.2	45.6	45.60	−45.6
喷镀涂料 K2	26.4	13.2	13.20	−13.2
喷镀涂料 A	166.8	83.4	83.40	−83.4
喷镀涂料 B	333.6	166.8	166.80	−166.8
喷镀涂料 S	21.6	10.8	10.80	−10.8
水性漆	0	0	115.56	115.56
UV 漆	0	0	34	34
盐酸抑雾剂	0	0	4.60	4.6
铬酸雾抑制剂	0.8	0	1.00	0.2
PU 面漆（202）	96.6	48.3	0	−96.6
聚酯树脂清漆	5.8	2.9	0	−5.8
氰化亚铜	1	0	0	−1
化抛剂	8	0	0	−8
氰化钠	0.39	0	0	−0.39
油漆	2.37	0	0	−2.37
界面漆/底漆	81.6	40.8	0	−81.6
电/（10^4 kW·h/a）	350	200	600	+250
新鲜水/（t/d）	163.22	3	204.63	+41.41
天然气/（10^4 m^3/a）	107.52	50	93.5	−14.02

表 4-15　原辅材料主要成分（摘录）

原材料	状态	主要成分
铬酐	固体	52%铬
硫酸铜	粉末	96%硫酸铜
工业磷酸	液态	85%磷酸
界面漆/底漆	液态	乙酸乙酯 35%、纯水 65%
喷镀涂料 K1	液态	醋酸 10%、纯水 90%/醋酸 20%、纯水 80%

原材料	状态	主要成分
喷镀涂料 K2	液态	二氯磷酸 5%，纯水 95%
喷镀涂料 A1	液态	二氯磷酸 15%，纯水 85%
喷镀涂料 A2	液态	醋酸铵 30%，纯水 70%
喷镀涂料 B	液态	硫酸铯 20%，丁二醇 70%，纯水 10%
喷镀涂料 S	液态	酸代硫酸钠 20%，纯水 80%
PU 面漆	液态	乙酸丁酯 35%、纯水 65%
聚酯树脂清漆	液态	乙二醇乙醚乙酸酯 25%、纯水 75%
碱性脱脂剂	液态	硫酸钠 40%，焦磷酸钠 15%，缓蚀剂 10%，脂肪醇聚氧乙烯醚 7%，助洗剂 28%
酸性脱脂剂	液态	脂肪醇聚氧乙烯醚 20%～50%，烷基磺酸钠 5%～10%
无磷脱脂剂	液态	硅酸盐 3%～8%，缓蚀剂 1%～4%，助洗剂 1%～5%
酸雾抑制剂	液态	表面活性剂类
电泳漆	液态	水溶性树脂 50%，助剂 10%，中和剂 10%，填料 10%，溶剂 20%
磷化液	液态	磷酸锌盐，磷酸铁盐，磷酸钙盐
表调剂	液态	95%胶体钛
氰化亚铜	液态	95%氰化亚铜
碱腐蚀剂	液态	氢氧化钠 2%，硫代硫酸钠 6%，缓蚀剂 6%，螯合剂 30%，水 56%
除膜剂	液态	硝酸铁盐 3%～8%，硫酸铁盐 20%～30%
化抛剂	液态	磷酸盐
高温封闭剂	液态	醋酸镍 70%～80%，表面活性剂 5%～15%，缓蚀剂 5%～10%
染色液稳定剂	液态	渗透剂 25%～45%，酸度调节剂 1%～6%，水 38%～55%
染色前处理剂	液态	复合有机酸 55%～76%，醋酸钠 4%～15%，添加剂 9%～30%
无镍封闭剂	液态	醋酸钴 1%～2.5%，抑灰剂 5%～8%，表面活性剂 5%～10%
无镍封闭增强剂	液态	有机酸 3%～15%，稳定剂 10%～30%

原料用量说明：

4#线设粗化槽 2 个，每槽有效容积 6.14 m^3，槽液中铬酐浓度 400 g/L。粗化过程，粗化液中的 Cr^{6+}氧化塑胶件表面的丁二烯变为 Cr^{3+}。配套素烧陶瓷桶，通过电解将 Cr^{3+}还原为 Cr^{6+}，回用于粗化工序，延长粗化液的使用寿命，减少粗化液的更换频次，粗化槽液 6 年更换 1 次，则 2 个粗化槽需铬酐量=6.14 m^3/个×400 g/L×2 个/6 a=0.819 t/a。

粗化槽底部槽渣每年清理 6 次，每次损失量约为槽液的 5%，清理槽渣消耗铬酐量=6.14 m^3/个×400 g/L×2 个槽×6 次/a×5%= 1.473 t/a。

粗化后清洗废水产生量 7.68 m^3/d，铬含量 150 mg/L（粗化槽液铬酸浓度高、黏度大、工件带出量较大，为减少铬酐损失，在粗化槽后设 6 级加热回收槽；同时为保证铬酸回收效率，设低压真空蒸发设备，对回收槽的回收水进行蒸发浓缩，逐级不断回用，可实现清洗废水的铬含量控制在 150 mg/L 内），则废水中带走的铬酐量=150×7.68×300/10^{-6}/52%=0.665 t/a（铬酐中铬含量为 52%）。

粗化槽铬酐会产生铬酸雾废气，添加抑制剂减少铬雾产生。参照 HJ 984，添加铬酸雾抑制剂后镀铬槽产污系数为 0.38 g/（m^2·h）。以废气形式挥发的铬酐量=0.38 g/（m^2·h）×（5.25 m×0.9 m）×2 个槽×300 d/a×16 h/d/10^{-6}=0.017 t/a。

综上，每年的粗化槽铬酐消耗量=0.819+1.473+0.665+0.017=2.974 t/a。

另外，开槽铬酐需求量为 6.14 m^3/个×400 g/L×2 个=4.912 t/a，即更换槽液当年铬酐的用量为 4.912+1.473+0.665 +0.017=7.067 t，不更换槽液的生产年每年需要增加新的铬酐量为 2.974 t，报告书以塑胶线不更换槽液年份的铬酐用量作为该生产线的铬酐用量。

5．主要公用设施改造情况

拟建工程年用电量 600×10^4 kW·h。设 12 台天然气烘干炉，天然气耗量 93.5×10^4 m^3/a。供排水及污废水处理方案同现有工程。

6．原材料的贮运方式（略）

7．职工人数、工作制度及年时基数

不新增员工，总员工 200 人，不在厂内食宿。每天工作 16 h，年生产 300 d。

8．主要零部件的供应（略）

9．项目实施计划及投产年限（略）

点评：

拟建工程介绍基本清楚，但车间工艺设备平面布置与设备表中设备数量有偏差。

拟建工程采用水性漆、UV 漆等低 VOCs 含量涂料替代原溶剂型涂料，符合清洁生产原则。报告书给出主要生产设备参数（槽体体积、数量，喷漆房及水池尺寸，烘干炉、热水炉能源类型及安装功率）和辅助设备的名称、用途及数量，这是工程分析的基础资料。

主要设备表中还应明确工件清洗方式、清洗用水来源及排放水量和规律等，生产过程所用物料（如脱脂剂、表调剂、磷化剂、电泳漆等），应逐一落实。

报告书针对塑胶线的粗化、镀铬、彩钝、黑钝工序，按工件处理槽液中铬的浓度要求、槽液除渣、清洗废水带出、铬酸雾带出等铬元素物料的消耗途径，采用物料衡算的方法，清晰地核算了各条电镀生产线涉铬元素原料的使用情况，是物料衡算方法较好的应用案例。

报告书列出已取得批复但业主决定不再实施的生产线及产品的原料（如焦磷酸铜、镀铬铬酐等）消耗和表 4-14 中列出的“扩建后较原环评增减量”与本次环评没有多大关系。表 4-14 应将改扩建后全厂的原料用量与现有工程原料的实际用量进行对比。此外，表中物料消耗数量有效数字应一致。

四、工程分析

（一）现有工程污染因素分析

自动纳米喷镀线工艺流程及产污环节如图 4-4 所示。

（二）拟建工程污染因素分析

1#～7#生产线的工艺流程及产污环节分别如图 4-5～图 4-11 所示。

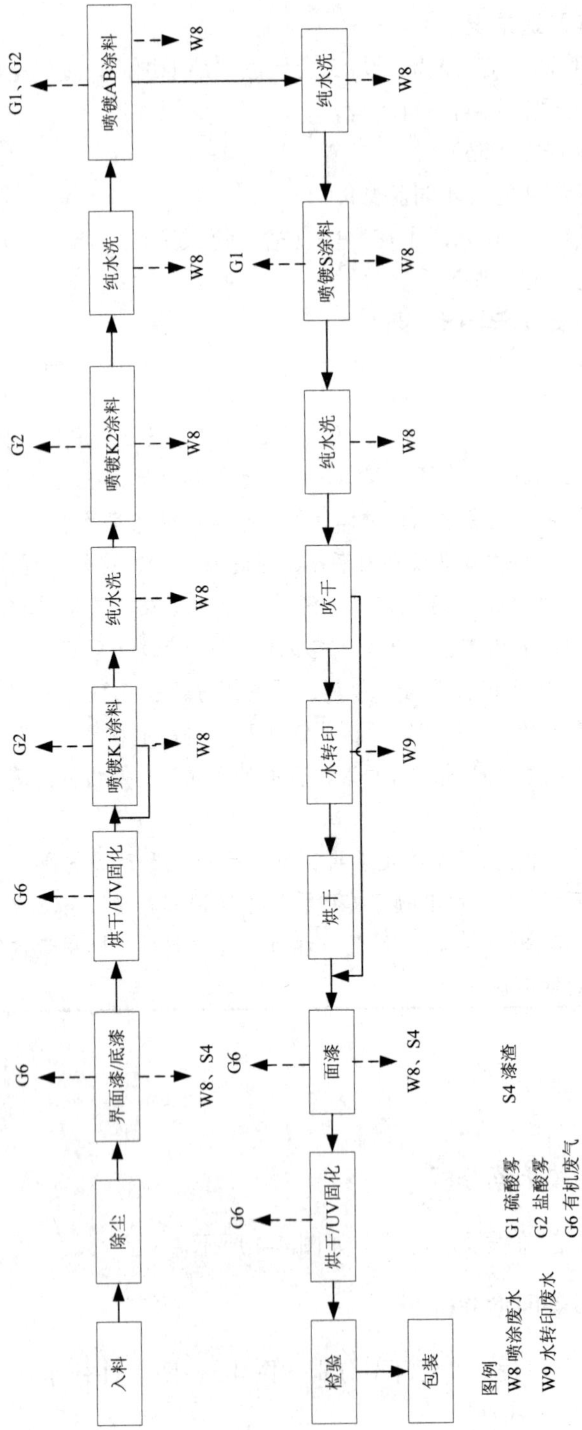

图 4-4　自动纳米喷镀线生产工艺流程及产污环节

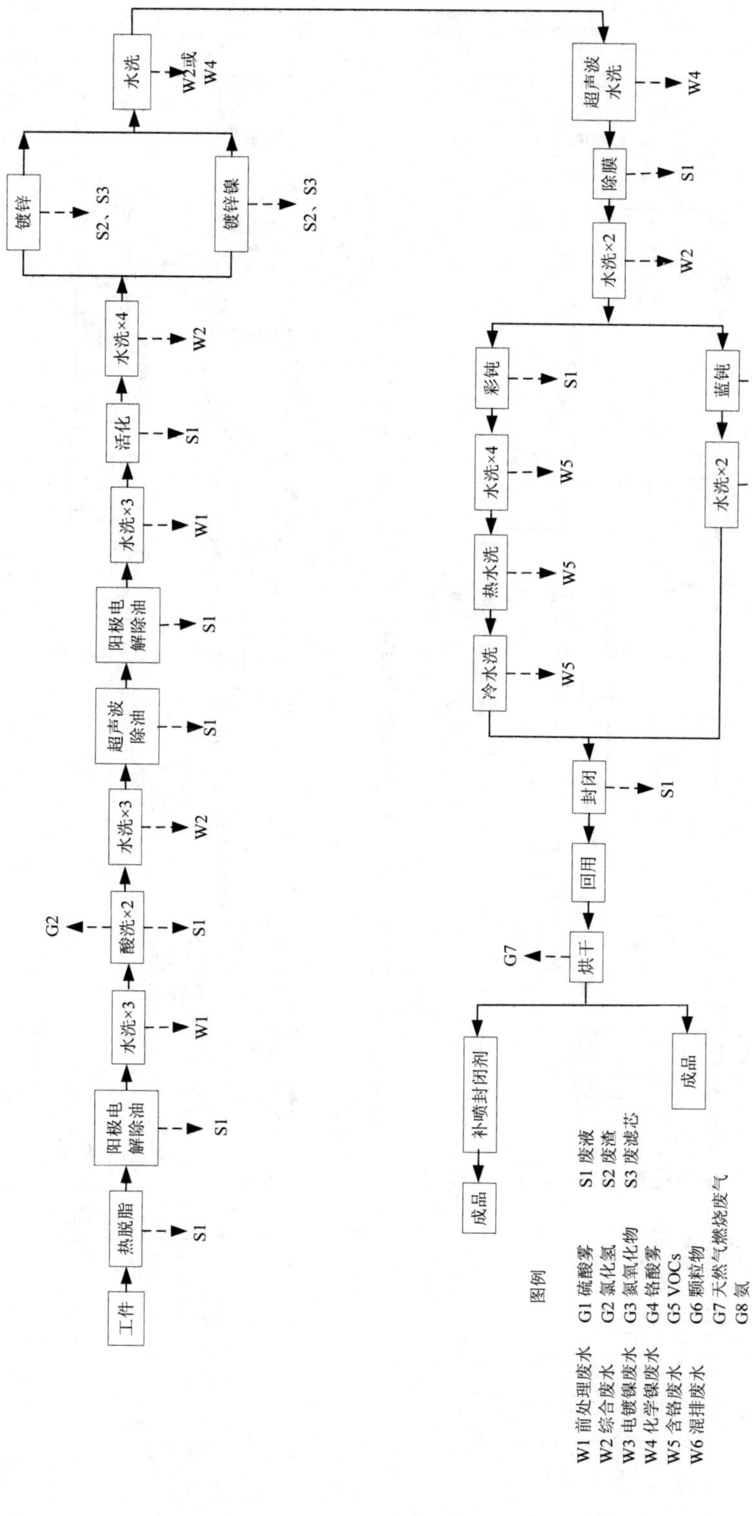

图 4-5　1#生产线（挂镀锌+锌镍自动线）生产工艺及产污环节

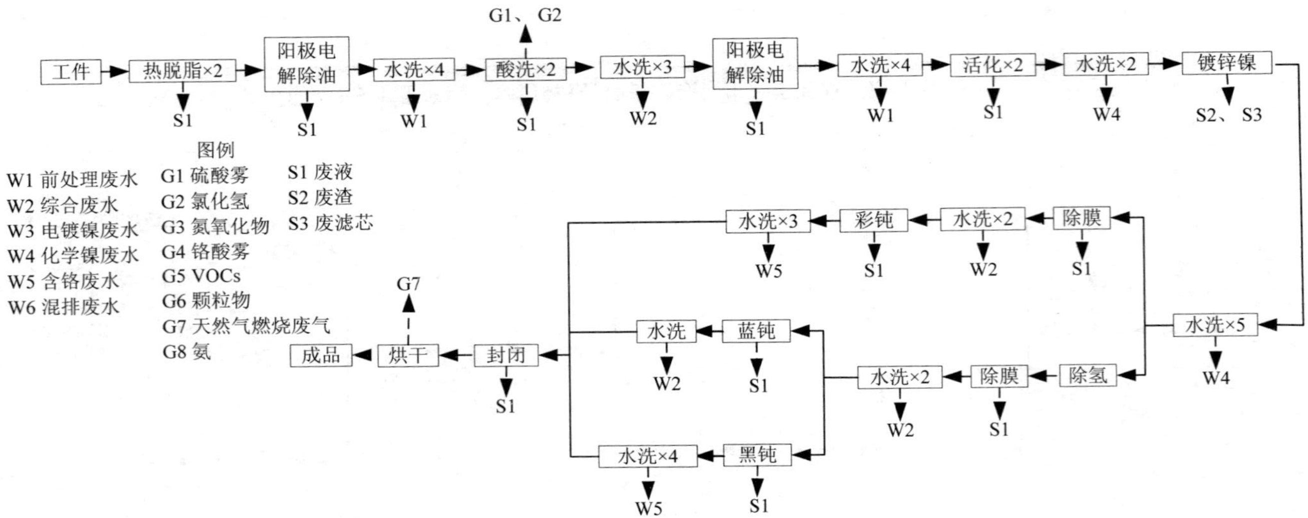

图 4-6　2#生产线（滚镀锌+镍半自动线）生产工艺及产污环节

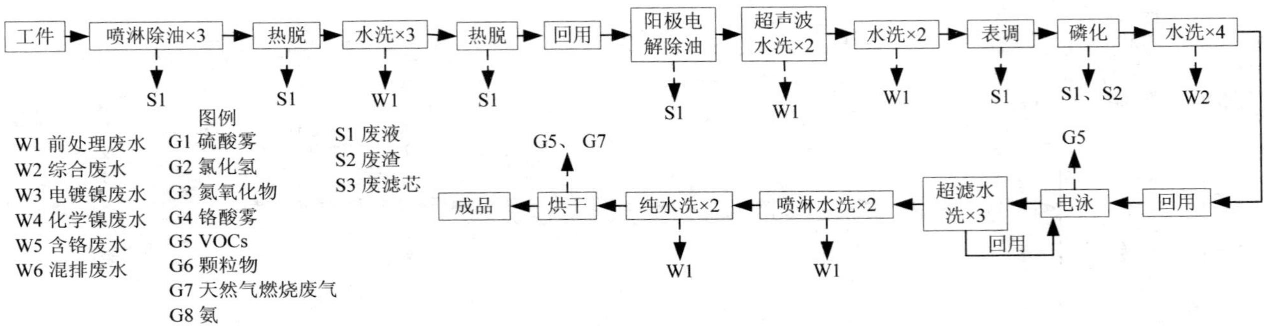

图 4-7　3#生产线（电泳自动线）生产工艺及产污环节

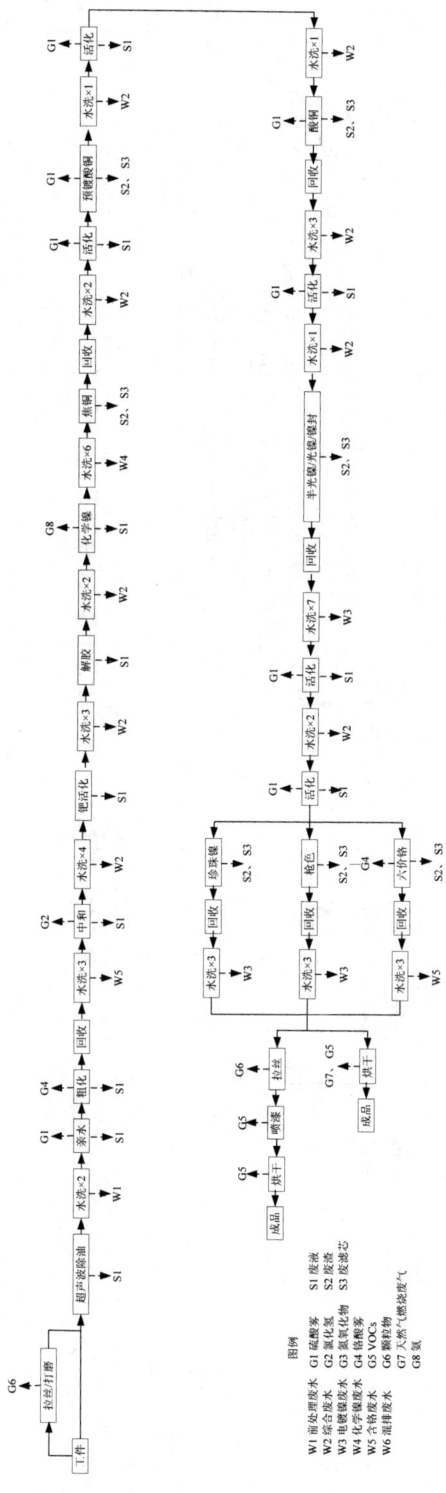

图 4-8　4#生产线（塑胶挂镀半自动线）生产工艺及产污环节

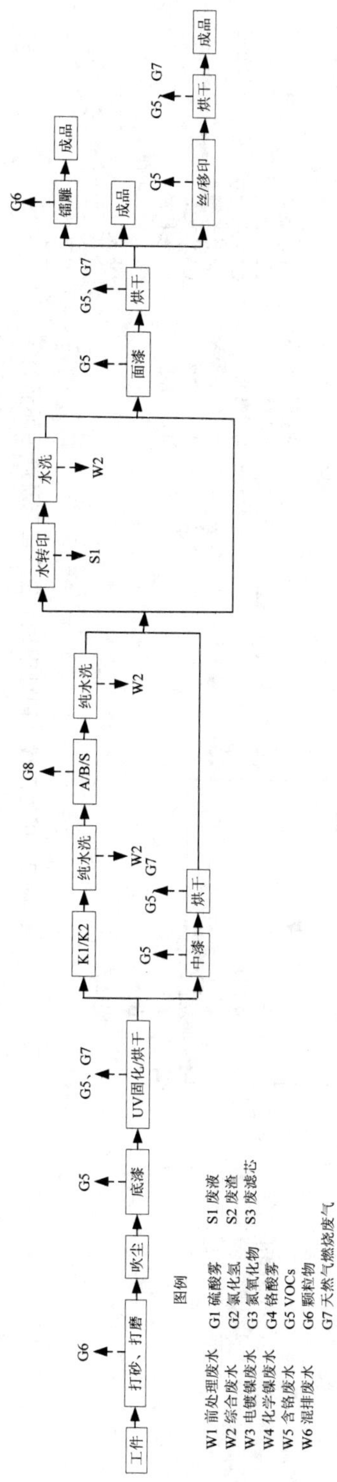

图 4-9　5#生产线（自动纳米喷镀线）生产工艺及产污环节

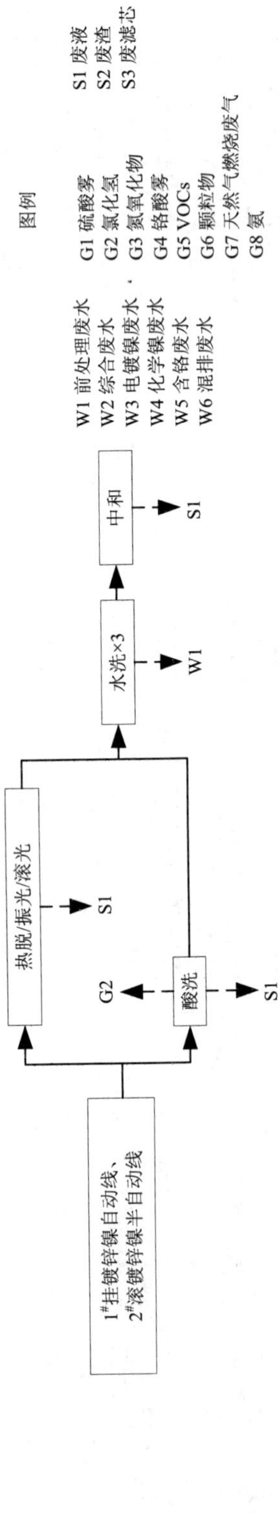

图 4-10　6#生产线（前处理线）生产工艺及产污环节

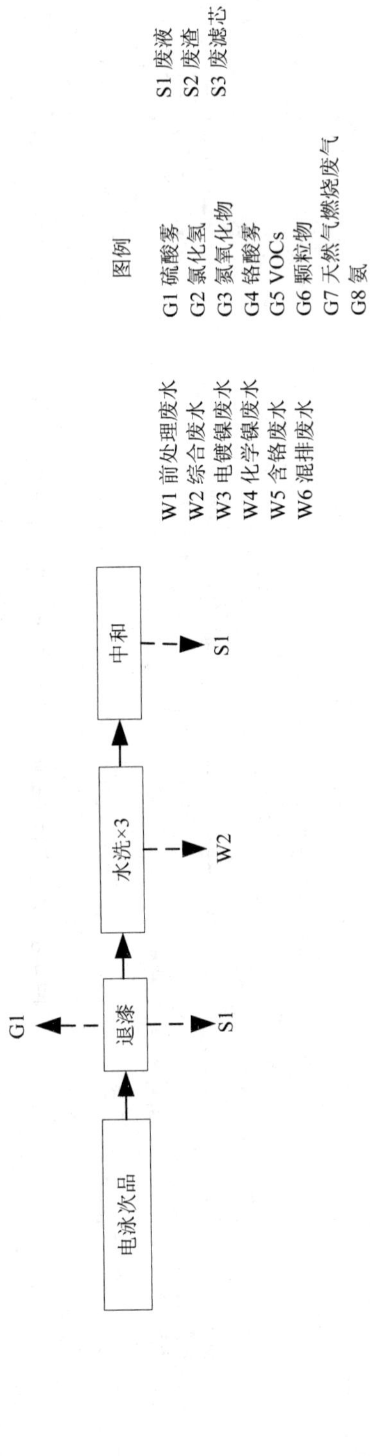

图 4-11　7#生产线（电泳次品退漆线）生产工艺及产污环节

各工艺流程如下：

脱脂、除油：采用除油粉去除工件表面油污，产生脱脂废液。

镀锌镍：采用电镀工艺，使工件表面形成锌-镍二元合金镀层，产生废滤芯、槽渣，工件清洗工序产生化学镍废水。

镀锌：采用电镀工艺，使工件表面形成锌镀层，产生废滤芯、槽渣，工件清洗工序产生综合废水。

除膜：采用盐酸或硝酸化学整平镀层表面，使镀层更加光亮、均匀，产生废液，工件清洗工序产生综合废水。

除氢：镀锌镍过程在阴极析出的氢气以氢原子形态渗入镀层中导致镀层变脆，影响工件硬度，为去除工件表面的氢气，需将工件在200℃左右的环境下进行脱氢处理。

彩钝、黑钝：采用三价铬酸盐在工件表面产生有防腐作用的致密钝化膜，起到防腐作用，产生废液，工件清洗工序产生含铬废水。

表调：采用表调剂使工件表面形成大量的结晶核磷化生长点，为后续磷化做准备，产生废液。

磷化：采用磷化剂使工件表面形成磷酸盐化学转化膜，可在一定程度上防止金属被腐蚀，为后续电泳做准备；产生废液，工件清洗工序产生综合废水。

电泳底漆：利用外加电场使悬浮于电泳液中的颜料和树脂等微粒定向迁移并沉积于工件基底表面，形成外观优美的防锈有机涂层，产生有机废气，工件清洗工序产生前处理废水。

酸洗：采用硫酸、盐酸溶液处理工件，去除工件表面的氧化物，产生硫酸雾、氯化氢等酸性废气及废液，工件清洗工序产生综合废水。

粗化：利用铬酐使工件表面粗糙，增大工件与镀层的接触面积，产生槽渣、废液、铬酸雾，工件清洗工序产生含铬废水。

钯活化：利用钯盐在工件表面形成以钯为核心的胶体团，产生废液，后续的水洗工序产生综合废水。

解胶：利用解胶水，使胶体团中的钯暴露并成为活性中心，作为下一步化学镍的催化剂，产生废液，工件清洗工序产生综合废水。

化学镍：在碱性条件下采用次磷酸钠将溶液中的镍离子还原沉积在工件表面，产生废液、氨气，工件清洗工序产生化学镍废水。

焦铜：采用电镀工艺，使工件表面形成打底铜镀层，产生废滤芯、槽渣，工件清洗工序产生综合废水。

酸铜：采用电镀工艺，使工件表面形成光亮铜镀层，可在一定程度上防止金属被腐蚀，产生废滤芯、槽渣、硫酸雾，工件清洗工序产生综合废水。

半光镍、光镍、镍封、珍珠镍：采用电镀工艺，在工件表面沉积一层均匀、致密的镍镀层，产生废滤芯、槽渣，工件清洗工序产生电镀镍废水。

枪色：采用电镀工艺，在工件表面沉积一层均匀、致密的镍锡镀层，产生废滤芯、槽渣，工件清洗工序产生电镀镍废水。

六价铬：采用电镀工艺，在工件表面形成有一定的耐磨性的银白色铬镀层，产生废滤芯、槽渣、铬酸雾，工件清洗工序产生含铬废水。

K1、K2、A、B、S：采用K1、K2、A、B、S药水在工件表面生成光亮的银镜，产生氨气，工件清洗工序产生综合废水。

水转印：采用转印技术使产品表面形成不同的外观，产生废液。

电泳底漆：目的是提高中涂漆在工件表面的结合力，产生有机废气。

中涂漆：是电泳底漆与面漆之间的过渡层，增加工件表面的平整性，增强电泳底漆与面漆的结合力，提高工件的耐腐蚀能力，产生有机废气。

面漆（包括色漆和罩光清漆）：使工件表面达到想要的颜色，提高工件的美观程度，产生有机废气。

（三）拟建工程物料平衡

拟建工程实施前后主要物料平衡见表4-16至表4-20。

表4-16　镍的物料平衡

投入				产出		
原料名称	原料/（t/a）	含镍/%	折合镍/（t/a）	排放去向	镍数量/（t/a）	占比/%
氯化镍	6.96	22.40	1.56	工件镀层	30.28	95.12
硫酸镍（电镀镍）	14.11	22.10	3.12	废水	1.53	4.81
硫酸镍（化学镍）	24.41	22.10	5.39	槽渣	0.009	0.03
镍阳极	18.80	99.50	18.70	废滤芯	0.006	0.02
镍添加剂	29.28	9.00	2.64	废液	0.005	0.02
磷化剂	40.00	0.60	0.24			
枪盐	0.92	20.00	0.18			
合计			31.83	合计	31.83	100

表4-17　铬的物料平衡

<table>
<tr><th colspan="3">投入</th><th></th><th colspan="5">去向</th></tr>
<tr><td>原料名称</td><td>原料/（t/a）</td><td>含铬/%</td><td>折合铬/（t/a）</td><td colspan="2">排放去向</td><td colspan="2">铬数量/（t/a）</td><td>比例/%</td></tr>
<tr><td>铬酐</td><td>3.241</td><td>52</td><td>1.685 7</td><td colspan="2">镀层/钝化膜</td><td colspan="2">0.034 9</td><td>1.95</td></tr>
<tr><td>钝化剂（彩钝、黑钝）</td><td>3.429</td><td>3</td><td>0.102 9</td><td colspan="2">废气</td><td colspan="2">0.001 3</td><td>0.07</td></tr>
<tr><td colspan="3" rowspan="4">合计</td><td rowspan="4">1.788 6</td><td rowspan="2">废水</td><td>进入污泥</td><td rowspan="2">0.525 3</td><td>0.520 3</td><td rowspan="2">29.37</td></tr>
<tr><td>外排</td><td>0.005</td></tr>
<tr><td colspan="2">槽渣</td><td colspan="2">0.773 0</td><td>43.23</td></tr>
<tr><td colspan="2">废液</td><td colspan="2">0.438 1</td><td>24.50</td></tr>
</table>

投入				去向		
原料名称	原料/（t/a）	含铬/%	折合铬/（t/a）	排放去向	铬数量/（t/a）	比例/%
合计			1.788 6	挂具损耗	0.001	0.04
				废滤芯	0.015	0.84
				合计	1.788 6	100

表 4-18　铜的物料平衡

投入				产出		
原料名称	用量（t/a）	含铜比例/%	折合铜/（t/a）	排放去向	铜数量/（t/a）	比例/%
硫酸铜	32.37	24.80	8.03	镀层	40.18	91.00
电解铜	32.27	99.50	32.11	废水	1.47	3.33
磷铜球	3.23	99.50	3.21	槽渣	1.14	2.60
焦磷酸铜	3.78	21.26	0.80	挂具损耗	0.60	1.36
合计			44.15	废滤芯	0.76	1.71
				合计	44.15	100

表 4-19　锌的物料平衡

投入				产出		
原料名称	用量/（t/a）	含锌比例/%	折合锌/（t/a）	排放去向	锌数量/（t/a）	比例/%
锌锭	24.43	99.50	24.31	锌+锌镍镀层	19.94	70.14
表调剂	3.50	15.00	0.53	废水	7.76	27.28
磷化剂	40.00	9.00	3.60	挂具损耗	0.10	0.35
合计			28.44	废滤芯	0.44	1.53
				槽渣	0.20	0.70
				合计	28.44	100

表 4-20　VOCs 的物料平衡

投入				产出		
原料名称	用量/（t/a）	含 VOCs 比例/%	折合 VOCs/（t/a）	排放去向	VOCs 数量/（t/a）	比例/%
电泳漆	60.63	5.00	3.03	有组织废气	1.960	8.05
水性漆	115.56	14.00	16.18	无组织废气	1.869	7.68
UV 漆	34.00	14.00	4.76	活性炭吸附	17.64	72.44
水性油墨	2.73	15.00	0.38	废水	2.88	11.83
合计			24.35	合计	24.35	100

（四）拟建工程给排水情况

拟建工程实施后全厂水平衡如图 4-12 所示。

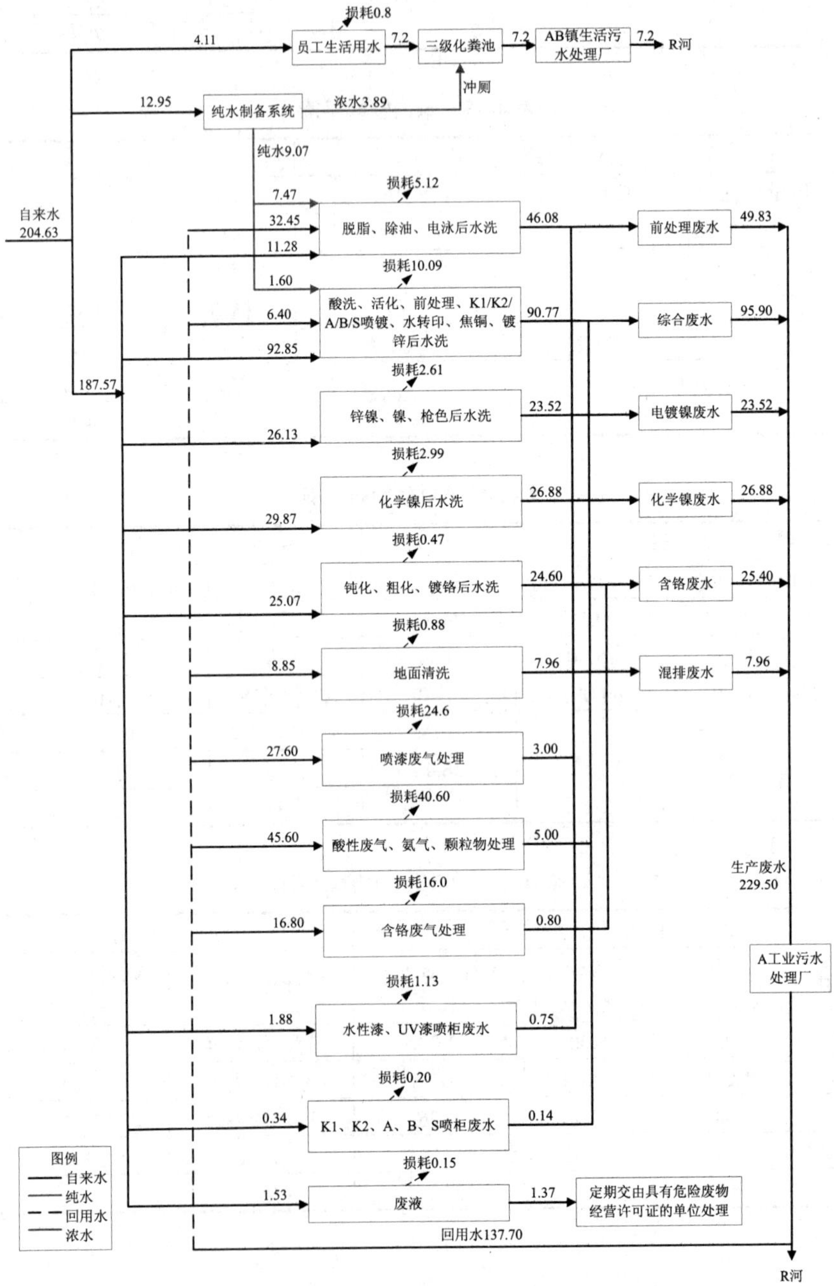

图 4-12　拟建工程实施后全厂水平衡（单位：t/d）

（五）现有工程整改落实情况（略）

（六）主要污染源的污染物削减、排放情况

1. 现有工程

（1）废气（略）

（2）废水（略）

（3）噪声（略）

（4）固体废物（略）

2. 拟建工程

（1）废气

全厂废气污染物排放情况见表 4-21，所有排气筒高度均为 28 m。

根据《电镀污染物排放标准》（GB 21900—2008），现有和新建企业单位产品基准排气量应按照表 4-22 规定执行。

表 4-21　各废气污染源及污染物排放情况

排气筒编号	污染源	风量（10^4 m^3/h）/直径/高度(m)	污染物	排放浓度/（mg/m^3）	排放速率/（kg/h）	标准限值 浓度/（mg/m^3）	标准限值 速率/（kg/h）
1 号一般酸雾排气筒	1#、2#、6#线酸洗及7#线退漆等工序	10.0/1.8/28	硫酸雾	0.023	0.001	30	—
			氯化氢	0.073	0.007 3	30	—
FQ-17 866 一般酸雾排气筒	4#线亲水、中和、钯活化、化学镍、焦铜、预镀酸铜、酸铜、退挂、退镀及 5#线 A、B、S 喷镀等工序	5.5/1.2/28	硫酸雾	0.769	0.061	30	—
			氯化氢	0.073	0.004	30	—
			氮氧化物	0.586	0.047	200	—
铬酸雾排气筒	4#线粗化、镀六价铬工序	3.0/1/28	铬酸雾	0.006	0.000 2	0.05	—
颗粒物排气筒	4#线拉丝、打磨及5#线打砂、打磨等工序	1.0/0.6/28	颗粒物	1.69	0.02	120	16.2
氨气排气筒	4#线化学镍、焦铜及 5#线 A、B、S 喷镀等工序	2.5/1/28	氨	2.971	0.074	—	8.7
FQ-17 864 VOCs 排气筒	3#线电泳及烘干、5#线底漆、中漆及烘干等工序	7.5/1.5/28	VOCs	3.78	0.28	50	9.6

排气筒编号	污染源	风量（10^4 m³/h）/直径/高度（m）	污染物	排放浓度/（mg/m³）	排放速率/（kg/h）	标准限值	
						浓度/（mg/m³）	速率/（kg/h）
FQ-17 865 VOCs 排气筒	4#线喷漆、烘干及5#线面漆、烘干、丝印、移印等工序	4.0/1.5/28	VOCs	3.13	0.13	50	9.6
FQ-17 863 天然气废气排气筒	全厂热水炉、烘干炉	0.305/0.4/28	SO_2	14.68	0.045	50	—
			氮氧化物	137.31	0.418	200	—
			颗粒物	17.61	0.054	20	—

表 4-22 单位产品基准排气量标准

序号	工艺种类	Q_i/（m³/m² 镀件镀层）	排气量计量位置
1	镀锌	18.6	车间或生产设施排气筒
2	镀铬	74.4	车间或生产设施排气筒
3	镀铜、镀镍等其他镀种	37.3	车间或生产设施排气筒

对于单位产品排气量高于 GB 21900 规定的单位产品基准排气量的排气筒，按 GB 21900 要求把排放浓度换算成基准气量排放浓度。换算公式如下：

$$C_{基}=Q_{总}C_{实}/Y_iQ_{i基}$$

式中：$C_{基}$——大气污染物基准排放浓度，mg/m³；

$Q_{总}$——废气总排放量，m³；

Y_i——某种镀件镀层的产量，m²；

$Q_{i基}$——某种镀件的单位产品基准排气量，m³/m²；

$C_{实}$——实测污染物浓度，mg/m³。

4#生产线各种大气污染物的基准排气量及排放浓度见表 4-23。由此可知，4#生产线各种大气污染物排放浓度符合 GB 21900 的排放限值要求。

表 4-23 基准气量排放浓度核算结果

排气筒编号	$Q_{总}$/（万 m³）	污染物	$C_{实}$/（mg/m³）	Y_i/（万 m²/a）		$C_{基}$/（mg/m³）	标准值/（mg/m³）
				铜、镍	铬		
FQ-17866 一般酸雾排气筒	26 400	氯化氢	0.072 9	196.87	2.12	0.257	30
		硫酸雾	0.769			2.71	30
铬酸雾排气筒	14 400	铬酸雾	0.006			0.011	0.05

（2）废水

各生产线的生产废水产生情况见表 4-24。

表 4-24　各生产线生产废水产生情况

设备名称	规格［长（mm）×宽（mm）×高（mm）］	数量	总体积/m³	工作时间/h	清洗、排放方式	溢流速度/（L/min）	废水量/（t/d）	废水种类
1#～3#生产线（略）								
4#生产线								
超声波除油	3.00×0.9×1.4	1	3.78					
水洗 1	0.75×0.9×1.4	1	0.95	16	逆流、连续	4	3.84	前处理废水
水洗 2	0.75×0.9×1.4	1	0.95					
亲水	0.75×0.9×1.4	1	0.95					
粗化 1	5.25×0.9×1.4	1	6.62					
粗化 2	5.25×0.9×1.4	1	6.62					
回收	0.75×0.9×1.4	6	0.95					
水洗 1	0.75×0.9×1.4	1	0.95	16	逆流、连续	4	3.84	含铬废水
水洗 2	0.75×0.9×1.4	1	0.95	16		4	3.84	含铬废水
水洗 3	0.75×0.9×1.4	1	0.95					
中和	1.50×0.9×1.4	1	1.89					
水洗 1	0.75×0.9×1.4	1	0.95	16	逆流、连续	5	4.80	综合废水
水洗 2	0.75×0.9×1.4	1	0.95					
水洗 3	0.75×0.9×1.4	1	0.95					
水洗 4	0.75×0.9×1.4	1	0.95					
钯活化	0.75×0.9×1.4	1	0.95					
钯活化	2.25×0.9×1.4	1	2.84					
水洗 1	0.75×0.9×1.4	1	0.95	16	逆流、连续	5	4.80	综合废水
水洗 2	0.75×0.9×1.4	1	0.95					
水洗 3	0.75×0.9×1.4	1	0.95					
解胶	1.50×0.9×1.4	1	1.89					
水洗 1	0.75×0.9×1.4	1	0.95	16	逆流、连续	5	4.80	综合废水
水洗 2	0.75×0.9×1.4	1	0.95					
化学镍 1	3.00×0.9×1.4	1	3.78					
化学镍 2	3.00×0.9×1.4	1	3.78					
水洗 1	0.75×0.9×1.4	1	0.95	16	逆流、连续	5	4.80	化学镍废水
水洗 2	0.75×0.9×1.4	1	0.95					
水洗 3	0.75×0.9×1.4	1	0.95					
水洗 4	0.75×0.9×1.4	1	0.95	16	逆流、连续	5	4.80	化学镍废水
水洗 5	0.75×0.9×1.4	1	0.95					
水洗 6	0.75×0.9×1.4	1	0.95					
焦铜	4.50×0.9×1.4	1	5.67					
回收	0.75×0.9×1.4	1	0.95					

设备名称	规格［长（mm）×宽（mm）×高（mm）］	数量	总体积/m^3	工作时间/h	清洗、排放方式	溢流速度/（L/min）	废水量/（t/d）	废水种类
水洗 1	0.75×0.9×1.4	1	0.95	16	逆流、连续	5	4.80	综合废水
水洗 2	0.75×0.9×1.4	1	0.95					
活化	0.75×0.9×1.4	1	0.95					
预镀酸铜	3.00×0.9×1.4	1	3.78					
水洗	0.75×0.9×1.4	1	0.95	16	连续	5	4.80	综合废水
活化	0.75×0.9×1.4	1	0.95					
水洗	0.75×0.9×1.4	1	0.95	16	连续	5	4.80	综合废水
酸铜 1	11.25×0.9×1.4	1	14.18					
酸铜 2	11.25×0.9×1.4	1	14.18					
回收	0.75×0.9×1.4	1	0.95					
水洗 1	0.75×0.9×1.4	1	0.95	16	逆流、连续	5	4.80	综合废水
水洗 2	0.75×0.9×1.4	1	0.95					
水洗 3	0.75×0.9×1.4	1	0.95					
活化	0.75×0.9×1.4	1	0.95					
水洗	0.75×0.9×1.4	1	0.95	16	连续	5	4.80	综合废水
哑镍	9.00×0.9×1.4	1	11.34					
光镍	0.75×0.9×1.4	1	9.45					
镍封	1.50×0.9×1.4	1	1.89					
回收	0.75×0.9×1.4	1	0.95					
水洗 1	0.75×0.9×1.4	1	0.95	16	逆流、连续	5	4.80	电镀镍废水
水洗 2	0.75×0.9×1.4	1	0.95					
水洗 3	0.75×0.9×1.4	1	0.95					
水洗 4	0.75×0.9×1.4	1	0.95	16	逆流、连续	5	4.80	电镀镍废水
水洗 5	0.75×0.9×1.4	1	0.95					
水洗 6	0.75×0.9×1.4	1	0.95					
水洗 7	0.75×0.9×1.4	1	0.95	16	连续	5	4.80	电镀镍废水
活化	0.75×0.9×1.4	1	0.95					
水洗 1	0.75×0.9×1.4	1	0.95	16	逆流、连续	5.5	5.28	综合废水
水洗 2	0.75×0.9×1.4	1	0.95					
活化	0.75×0.9×1.4	1	0.95					
六价铬	4.50×0.9×1.4	1	5.67					
回收	0.75×0.9×1.4	1	0.95					
水洗 1	0.75×0.9×1.4	1	0.95	0.5	逆流、连续	8	0.24	含铬废水
水洗 2	0.75×0.9×1.4	1	0.95					
水洗 3	0.75×0.9×1.4	1	0.95					
超声波清洗	0.75×0.9×1.4	1	0.95	0.5	连续	8	0.24	含铬废水
热水洗 1	0.75×0.9×1.4	1	0.95	0.5	逆流、连续	8	0.24	含铬废水
热水洗 2	0.75×0.9×1.4	1	0.95					

设备名称	规格［长（mm）×宽（mm）×高（mm）］	数量	总体积/m^3	工作时间/h	清洗、排放方式	溢流速度/（L/min）	废水量/（t/d）	废水种类
水洗 1	0.75×0.9×1.4	1	0.95	0.5	逆流、连续	8	0.24	含铬废水
水洗 2	0.75×0.9×1.4	1	0.95					
珍珠镍 1	0.75×0.9×1.4	1	0.95					
珍珠镍 2	0.75×0.9×1.4	1	0.95					
珍珠镍 3	0.75×0.9×1.4	1	0.95					
回收	0.75×0.9×1.4	1	0.95					
水洗 1	0.75×0.9×1.4	1	0.95	13.5	逆流、连续	8	6.48	电镀镍废水
水洗 2	0.75×0.9×1.4	1	0.95					
水洗 3	0.75×0.9×1.4	1	0.95					
枪色 1	0.75×0.9×1.4	1	0.95					
枪色 2	0.75×0.9×1.4	1	0.95					
回收	0.75×0.9×1.4	1	0.95					
水洗 1	0.75×0.9×1.4	1	0.95	2	逆流、连续	8	0.96	电镀镍废水
水洗 2	0.75×0.9×1.4	1	0.95					
水洗 3	0.75×0.9×1.4	1	0.95					
退挂	3.75×0.9×1.4	1	4.73					
水洗 1	0.75×0.9×1.4	1	0.95	4	逆流、连续	4	0.96	混排废水
水洗 2	0.75×0.9×1.4	1	0.95					
水洗 3	0.75×0.9×1.4	1	0.95					
退镀	6.00×0.9×1.4	1	7.56					
水洗 1	0.75×0.9×1.4	1	0.95	4	逆流、连续	4	0.96	混排废水
水洗 2	0.75×0.9×1.4	1	0.95					
水洗 3	0.75×0.9×1.4	1	0.95					
地面清洗							2.57	混排废水
5#～7#生产线（略）								

生活污水进入镇生活污水处理厂；生产废水分类由专制管网收集进入 A 工业废水处理厂进行处理。拟建工程实施后全厂生产废水产生情况见表 4-25，全厂生产废水水质见表 4-26。

表 4-25 各生产线生产废水产生情况 单位：t/d

生产线	前处理废水	综合废水	电镀镍废水	含铬废水	化学镍废水	混排废水	合计
1#线	7.68	28.08	0	10.20	14.40	1.23	61.59
2#线	3.84	10.14	0	4.68	2.88	0.44	21.98
3#线	29.76	6.00	0	0	0	0.73	36.49
4#线	3.84	44.16	23.52	9.72	9.60	4.49	95.33
5#线	0.00	2.39	0	0	0	0.05	2.44
6#线	0.96	0	0	0	0	0.03	0.99

生产线	前处理废水	综合废水	电镀镍废水	含铬废水	化学镍废水	混排废水	合计
7#线	0	0	0	0	0	0.99	0.99
废气处理	3	5.00	0	0.80	0	0	8.80
喷柜废水	0.75	0.14	0	0	0	0	0.89
合计	49.83	95.91	23.52	25.40	26.88	7.96	229.50

表 4-26　全厂生产废水水质情况

污染因子		前处理废水	综合废水	含铬废水	电镀镍废水	化学镍废水	混排废水	产生量/（t/d）	排放浓度/（mg/L）	排放量/（t/a）
污水量/（t/d）		49.83	95.91	25.40	23.52	26.88	7.96	229.50		68 850
pH（量纲一）		10～12	4～6	4～6	4～6	8～13	4～6		6～9	
COD_{Cr}	浓度/（mg/L）	800	200	100	100	500	200		80	
	总量/（kg/d）	39.9	19.2	2.5	2.4	13.4	1.6	79.0		5.508
总铜	浓度/（mg/L）	0	50	0	0	0	10		0.5	
	总量/（kg/d）	0	4.8	0	0	0	0.1	4.9		0.016
总镍	浓度/（mg/L）	0	0	0	100	100	10		0.5	
	总量/（kg/d）	0	0	0	2.4	2.7	0.1	5.2		0.009
总铬	浓度/（mg/L）	0	0	62	0	0	22		0.5	
	总量/（kg/d）	0	0	1.6	0	0	0.18	1.78		0.005
总磷	浓度/（mg/L）	15	30	0	0	0	10		1.0	
	总量/（kg/d）	0.7	2.9	0	0	0	0.1	3.7		0.046
总锌	浓度/（mg/L）	0	100	0	0	600	10		1.0	
	总量/（kg/d）	0	9.6	0.0	0.0	16.1	0.1	25.8		0.009

（3）噪声（略）

（4）固体废物（略）

（七）拟建工程污染物产生和排放情况核算

拟建工程污染物产生和排放情况见表 4-27。

表 4-27　拟建工程污染物产、排情况

类别	污染物	产生量/（t/a）	削减量/（t/a）	排放量/（t/a）
废气有组织排放	硫酸雾	3.016	2.714	0.302
	氯化氢	0.543	0.013	0.530
	氮氧化物	2.416	0.184	2.232
	铬酸雾	0.016 34	0.015 52	0.000 82
	颗粒物	0.528	0.189	0.339
	VOCs	19.60	17.64	1.96
	SO_2	0.215	0	0.215
	氨	1.188	0.832	0.356

类别	污染物	产生量/（t/a）	削减量/（t/a）	排放量/（t/a）
废气无组织排放	硫酸雾	0.335	0	0.335
	氯化氢	0.060	0	0.060
	氮氧化物	0.045	0	0.045
	颗粒物	0.988	2.750	0.294
	VOCs	1.869	0	1.869
	铬酸雾	0.001 8	0	0.001 8
	氨	0.132	0	0.132
生产废水	废水量	68 850	0	68 850
	COD_{Cr}	23.690	18.182	5.508
	总铜	1.460	1.444	0.016
	总镍	1.540	1.531	0.009
	总锌	7.740	7.731	0.009
	总铬	0.525 2	0.520 2	0.005
	总磷	1.11	1.064	0.046
	总银	0.000 16	0.000 14	0.000 02
固体废物	危险废物	884.66	884.66	0
	一般固废	20.6	20.6	0
	生活垃圾	30	30	0

（八）拟建工程实施前后全厂污染物排放变化“三本账”

拟建工程实施前后全厂污染物排放量变化情况见表 4-28。

表 4-28　拟建工程实施前后全厂污染物排放变化　　单位：t/a

污染物		原环评审批排放	拟建工程新增	“以新带老”削减	拟建工程实施后全厂	增减量
废气有组织排放	硫酸雾	0.448	0.302	0	0.302	−0.146
	氯化氢	0.551	0.054	0	0.054	−0.497
	氮氧化物	2.253	2.232	0	2.232	−0.021
	铬酸雾	0.015	0.000 8	0	0.000 8	−0.014 2
	颗粒物	0.277	0.339	0	0.339	0.062
	VOCs	3.097	1.960	0	1.960	−1.137
	SO_2	0.215	0.215	0	0.215	0
	氨	0.029	0.356	0	0.356	0.327
废气无组织排放	硫酸雾	0.496	0.335	0	0.335	−0.161
	氯化氢	0.614	0.060	0	0.060	−0.554
	氮氧化物	0.048	0.045	0	0.045	−0.003
	铬酸雾	0.060	0.001 8	0	0.001 8	−0.058 2
	颗粒物	0.021	0.294	0	0.294	0.273
	VOCs	3.415	1.869	0	1.869	−1.546
	氨	0.032	0.132	0	0.132	0.1

污染物		原环评审批排放	拟建工程新增	“以新带老”削减	拟建工程实施后全厂	增减量
生产废水	废水量/（10^4 t/a）	6.885	6.885	0	6.885	0
	COD_{Cr}	1.302	5.508	0	5.508	4.206
	总氰化物	0.005	0	0	0	−0.005
	总铜	0.008	0.016	0	0.016	0.008
	总镍	0.003	0.009	0	0.009	0.006
	总锌	0.026	0.009	0	0.009	−0.017
	总铬	0.008 3	0.005	0	0.005	−0.003 3
	总磷	0.021	0.046	0	0.046	0.025
	总银	未明确	0.000 02	0	0.000 02	—

点评：

工件清洗用水量应依据工件清洗要求、工件清洗设计方案（逆流清洗级数及水量），按《污染源源强核算技术指南　电镀》（HJ 984—2018）推荐的方法计算。

水平衡图中给出了回用水的回用工序。从第七部分废水污染防治方案来看，各种废水采取分类分质处理是合理的，回用水系统处理工艺是可行的。污染物产生和排放量核算应仔细进行，数据来源要有据可查。

表 4-28 中的增减量计算，应以现有工程为基础，不应采用批复的环境影响报告书中的数据。

拟建工程在现有生产厂房内实施，应评估车间地面是否满足防渗要求或拟实施的防渗工程措施、工艺设备和管线布置方案、设备和管线“跑冒滴漏”的收集与处理措施等。

五、环境现状调查与评价

（一）自然环境现状调查与评价（略）

（二）环境保护目标调查（略）

（三）环境现状监测

1．大气环境

根据《2018 年××市大气环境质量公报》，臭氧日最大 8 h 滑动平均值的第 90 百分位数浓度值全市为 165 μg/m³，距离拟建厂址最近常规监测点为 140.6 μg/m³，均超过《环境空气质量标准》（GB 3095）二级标准，项目所在区域为大气不达标区。

特征污染物补充监测评价，氨引用基地内朝晖公司环境影响报告书中的 2 个点监测数据，监测点分别距厂址 400 m（SW）和 1 280 m（SW）；其他因子引用基地内美耀公司环境影响报告书中的 2 个点监测数据，监测点分别距厂址 40 m（S）和 880 m（SW）。

2．地表水环境

引用基地内美耀公司环境影响报告书的现状监测数据，说明 R 河及其支流的水质现状。监测断面包括 R 河本项目依托的 2 个污水厂排污口上下游的 4 个断面以及 R 河支流上的 2 个断面。监测项目包括水温、pH、COD_{Cr}、BOD_5、DO、SS、氨氮、石油类、挥发酚、总磷、LAS、氰化物、硫化物、铜、砷、铅、镍、锌、六价铬。监测时间为 2018 年 6 月 30 日—7 月 2 日。

3．地下水环境

引用基地内美耀公司环境影响报告书的现状监测数据，在项目所在水文地质单元内的 6.65 km^2 区域共布设 6 个监测点位，其中 3 个水质监测点，6 个水位监测点。3 个水质监测点分别位于项目地及其上、下游。监测时间为 2018 年 6 月。

4．土壤

监测因子：pH、铜、锌、铬、镍、镉、铅、汞、砷。

取样点位：设 2 个表层监测样点，1 个设在项目用地范围内，1 个引用基地内美耀公司环境影响报告书现状监测点（厂界南侧外 900 m 处）数据，监测时间 2018 年 6 月。

注：本项目是在《环境影响评价技术导则　土壤环境》（HJ 964—2018）实施之前报审。

5．声环境

设 4 个厂界监测点和 1 个环境敏感点。

（四）区域污染源调查（略）

点评：

部分大气特征污染物补充监测点位布设不具代表性。本案例中，氨现状监测引用距厂址 880 m 处的监测数据，大气环境影响预测最大落地浓度距排放源仅 50 m，因此现状引用数据代表性较差。

项目特征污染物现状环境空气质量评价结论，应给出各监测因子在各监测点位的超标率、超标倍数或最大占标率等。本案例中，评价结论为各监测因子（硫酸雾、氯化氢、铬酸雾、TVOC、臭气浓度、氰化氢、甲苯、二甲苯）中，最大占标率排序前 3 位的分别是臭气浓度 65%、氨 45%和 TVOC 22%。

项目仅在所有生产废水均为间接排放时，方可不对地表水进行监测。生产废水包括工艺废水、循环水系统外排水、地面冲洗水、纯软水制备系统排水、中水利用系统排水（如中水用于冲厕的排水）、厂区受污染的雨水等。

区域污染源调查应按照现有污染源、在建污染源、规划新增污染源分别列出，并单独成节。

六、环境影响预测与评价

（一）环境空气影响预测与评价

采用《环境影响评价技术导则　大气环境》（HJ 2.2）推荐的 AERMOD 模式进行预测。选取 2018 年作为评价基准年，SO_2、NO_2、PM_{10} 采用 2018 年最近监测站点的逐日及年平均数据；特征因子采用本次监测数据。

根据 HJ 2.2，影响预测评价应考虑评价范围内拟建、在建污染源对环境保护目标的共同影响。本次预测采用 2018 年至今获批准项目的污染物排放源。

根据预测结果，正常工况下，各预测因子短期浓度网格点贡献值的最大浓度占标率分别为 SO_2 0.19%、NO_2 26.53%、颗粒物 4.53%、硫酸雾 9.33%、氯化氢 35.09%、VOCs 12.0%、氨 13.26%，均小于 100%。SO_2、NO_2、颗粒物年均浓度贡献值的最大浓度占标率均小于 30%。叠加现状浓度、预期削减以及拟建、在建项目污染源的影响后，SO_2、颗粒物保证率日均浓度和年均浓度均符合环境质量标准；硫酸雾、氯化氢、VOCs、氨叠加后的短期浓度均符合环境质量标准。项目无须设置大气环境防护距离。

（二）地表水环境影响分析

拟建项目不设污（废）水处理终端设施，不对外直接排污。生活污水及生产废水均经其所属污水处理厂深度处理达标后排入纳污河道。目前，各污水处理厂的配套管网已经铺设完善、有足够的废水接纳及处理能力、尾水可达标排放。根据地表水监测数据，纳污河道水质达标。因此，项目排污对纳污水体的水质影响不大。

（三）地下水环境影响分析

通过类比评价法，建设单位在做好厂区各项防渗措施，加强设施维护和环境管理的基础上，对区域地下水环境影响不大。

（四）声环境影响预测与评价

经预测，项目厂界噪声满足《声环境质量标准》（GB 3096—2008）中的 2 类标准要求。厂址西侧 185 m 处的环境保护目标高平村环境噪声预测值为 57.3 dB（A），满足 GB 3096 中 2 类标准限值要求。故对厂界及环境保护目标声环境影响不大。

（五）固体废物影响分析

在厂房1楼设置面积90 m^2的危险废物暂存库和面积20 m^2的一般工业固体废物暂存库，并采取防风、防雨、防晒、防渗措施。因此，通过加强管理，生产过程产生的固体废物可得到安全贮存和妥善处置，项目产生的固体废物对周边环境影响不大。

（六）环境风险评价

1．环境风险评价工作等级

拟建工程涉及的危险化学品有盐酸、硝酸，涉及的突发环境事件风险物质有硫酸、硫酸镍、氯化镍、铬及其化合物（以铬计）、含铬槽液、含镍槽液、含铜槽液和天然气。经计算，拟建工程各种危险化学品与突发环境事件风险物质最大存在总量与临界量的比值（Q_i之和/Q值）为63.82。

根据HJ 169，项目所属行业及生产工艺特点为“其他”，即涉及危险物质使用、贮存的项目。行业及生产工艺特点M=5，属于M4类。

对照HJ 169中表C.2《危险物质及工艺系统危险性等级判断》，拟建工程危险物质及工艺系统危险性类别P为P4级。

根据区域环境目标调查结果，对照HJ 169附录D，区域环境敏感程度大气、地表水和地下水分别属于E2、E3和E3级。

根据HJ 169中表2《建设项目环境风险潜势划分》，项目环境风险潜势大气、地表水和地下水分别为Ⅱ级、Ⅰ级和Ⅰ级。

根据HJ 169中表1《评价工作等级划分》，项目环境风险评价工作等级大气为三级，地表水和地下水为简单分析。

环境风险等级评判工作成果汇总见表4-29。

表4-29　环境风险等级评判工作汇总

<table>
<tr><td colspan="2">工作内容</td><td colspan="10">完成情况</td></tr>
<tr><td rowspan="9">风险调查</td><td rowspan="2">危险物质</td><td>名称</td><td>盐酸</td><td>硝酸</td><td>硫酸</td><td>硫酸镍</td><td>氯化镍</td><td>铬及其化合物（以铬计）</td><td>含铬槽液（以铬计）</td><td>含镍槽液（以镍计）</td><td>含铜槽液（以铜离子计）</td></tr>
<tr><td>存在总量/t</td><td>0.6</td><td>0.5</td><td>0.5</td><td>0.5</td><td>0.1</td><td>0.28</td><td>3.8</td><td>2.9</td><td>1.9</td></tr>
<tr><td rowspan="7">环境敏感性</td><td rowspan="2">大气</td><td colspan="6">500 m范围内人口数<u>600</u>人</td><td colspan="3">5 km范围内人口数<u>1万～5万</u>人</td></tr>
<tr><td colspan="9">每公里管段周边200 m范围内人口数______人</td></tr>
<tr><td rowspan="2">地表水</td><td colspan="5">地表水功能敏感性</td><td>F1□</td><td colspan="2">F2□</td><td>F3√</td></tr>
<tr><td colspan="5">环境敏感目标分级</td><td>S1□</td><td colspan="2">S2□</td><td>S3√</td></tr>
<tr><td rowspan="2">地下水</td><td colspan="5">地下水功能敏感性</td><td>G1□</td><td colspan="2">G2□</td><td>G3√</td></tr>
<tr><td colspan="5">包气带防污性能</td><td>D1□</td><td colspan="2">D2√</td><td>D3□</td></tr>
</table>

<table>
<tr><td colspan="2">工作内容</td><td colspan="5">完成情况</td></tr>
<tr><td colspan="2" rowspan="3">物质及工艺系统危险性</td><td>Q值</td><td>$Q<1$□</td><td>$1\leq Q<10$□</td><td>$10\leq Q<100$√</td><td>$Q>100$□</td></tr>
<tr><td>M 值</td><td>M1□</td><td>M2□</td><td>M3□</td><td>M4√</td></tr>
<tr><td>P 值</td><td>P1□</td><td>P2□</td><td>P3□</td><td>P4√</td></tr>
<tr><td colspan="2" rowspan="3">环境敏感程度</td><td>大气</td><td>E1□</td><td colspan="2">E2√</td><td>E3□</td></tr>
<tr><td>地表水</td><td>E1□</td><td colspan="2">E2□</td><td>E3√</td></tr>
<tr><td>地下水</td><td>E1□</td><td colspan="2">E2□</td><td>E3√</td></tr>
<tr><td colspan="2">环境风险潜势</td><td>Ⅳ+□</td><td>Ⅳ□</td><td>Ⅲ□</td><td>Ⅱ√</td><td>Ⅰ√</td></tr>
<tr><td colspan="2">评价等级</td><td colspan="2">一级□</td><td>二级□</td><td>三级√</td><td>简单分析√</td></tr>
<tr><td rowspan="3">风险识别</td><td>物质危险性</td><td colspan="2">有毒有害√</td><td colspan="3">易燃易爆√</td></tr>
<tr><td>环境风险类型</td><td colspan="2">泄漏√</td><td colspan="3">火灾、爆炸引发伴生/次生污染物排放√</td></tr>
<tr><td>影响途径</td><td colspan="2">大气√</td><td colspan="2">地表水√</td><td>地下水√</td></tr>
</table>

2．重大危险源识别（略）

3．工程生产过程环境危险、有害因素分析

拟建工程环境风险类型主要为危险化学品、危险废物储存袋/桶损坏导致物质泄漏、扩散事故；生产废水输送系统损坏导致污染物事故排放；废气处理设施故障、失效，导致废气未经有效治理直接排放。

4．重点事故防范措施及应急预案

（1）地表水风险防范措施：设置 48 m^3 的事故废水收集池，与电镀基地污水处理厂进行事故应急联动；

（2）地下水、土壤风险防范措施：厂区防渗，生产废水输送管道架空敷设；

（3）大气环境风险防范措施：定期对废气处理设施进行检测和维修，生产车间设置可燃气体检测装置；

（4）制定应急预案，进行应急演练，落实风险应急物资。

点评：

拟建、在建污染源应按照现有污染源（已通过竣工环境保护验收的）、在建污染源（近 5 年内批复的但仍处于建设状态的）和规划新增污染源分别列出，并单独成节。

铬酸雾为拟建工程的特征污染因子，虽无质量标准，总则部分将其列入预测因子是正确的，环境影响预测与评价部分应预测正常工况下的铬酸雾贡献值。

地表水影响分析应根据污水处理厂配套的管网是否完善、对本项目废水的接纳及处理能力、处理效果等，并引用区域地表水监测资料，说明地表水质量现状，从而得出环境影响分析结论。

地下水影响分析，应结合厂区平面布局情况，说明防渗措施。

七、环境污染防治措施及其可行性论证

（一）废气污染防治措施

1. 硫酸雾、氯化氢、铬酸雾、氨气

各电镀生产线封闭、前处理线/退漆线区域封闭，同时在产生废气工位采用侧吸+顶吸罩收集废气（收集率 90%以上），硫酸雾、氯化氢采取碱液喷淋净化后排放，铬酸雾采取网格回收+碱性焦亚硫酸钠溶液喷淋净化后排放，氨气采取水喷淋净化后排放。

2. 涂装有机废气

电泳线密闭、电泳槽设侧吸罩收集废气；烘干炉工件进、出口设集气罩（1 m^2，周边设垂帘）收集废气。

塑胶挂镀半自动线喷漆柜密闭，按换风次数 60 次计算废气量，废气收集率 95%；UV 固化室进、出口设集气罩（1 m^2，周边设垂帘）收集废气。

自动纳米喷镀线封闭，各喷漆柜工作室密闭，按换风次数 60 次计算废气量，废气收集效率 95%；各固化炉进、出口设集气罩（1 m^2，周边设垂帘）收集废气。在移印机、丝印机上方设集气罩，收集罩与丝印机之间三面设垂帘。

以上除注明外，收集罩断面风速 0.5 m/s，收集率 90%。

电泳自动线及自动纳米喷镀线底漆/中涂工序产生的低挥发性有机物废气和自动纳米喷镀线面漆、丝印/移印以及喷漆柜产生的低挥发性有机物废气，均采用“水喷淋+脱水器+UV 光解+活性炭吸附”处理达标后排放。排气筒排放高度均为 28 m。

3. 含颗粒物废气

打砂、打磨、拉丝机产生的颗粒物，收集后经“水喷淋”处理后由 1 根排气筒排放。

（二）废水污染防治措施

1. 拟建工程废水处理方案

生活污水进入镇区生活污水处理厂。

各种生产废水分别设生产废水收集池收集，废水池内设液位计，由液位计控制水泵，根据水位启动水泵将各种废水经专制管网送园区 A 工业废水处理厂进行处理。其中 5# 生产线（自动纳米喷镀线）A、B、S 喷镀及工件清洗产生含银废水 243 t/a（Ag^+浓度 0.658 mg/L），在厂内采用阳离子交换树脂处理达到《电镀水污染物排放标准》（DB××/××）表 1 排放限值（0.1 mg/L）后纳入综合废水处理系统处理。

2. 生产废水依托A工业废水处理厂处理的可行性分析

A 工业废水处理厂是区域配套建设的以处理电镀废水为主的废水集中处理企业。其 2015 年取得批复的《第四期技改项目环境影响报告书》载明技改后生产废水处理能力

11 000 t/d，其中回用 6 600 t/d，排放尾水 4 400 t/d。

拟建工程位于 A 工业废水处理厂服务范围内，管网已可实现衔接，废水排放量 229.5 t/d，占 A 工业废水处理厂处理能力的 1.73%。

根据片区内企业废水特点，A 工业废水处理厂设前处理废水、含铬废水、电镀镍废水、化学镍废水、综合废水、混排废水 6 套废水处理系统和 3 套中水回用系统，设计电镀废水经处理后 60%回用于电镀企业。

各种废水单独处理，处理工艺简要介绍如下：

（1）前处理废水

前处理废水处理能力 2 200 m^3/d。主要来自电镀工艺的预处理阶段，即对镀件进行清洗和除油除蜡等处理过程中产生的废水，废水污染物主要是 COD 和总磷，废水可生化性较差。处理工艺为：

前处理废水→前处理废水调节池→pH 调整池 1→微电解池→氧化反应池→pH 调整池 2→混凝反应池→絮凝反应池→沉淀池→中间水池 2→厌氧池（UASB）→活性污泥池→生物膜池（MBR）→回用水系统

（2）含铬废水

含铬废水处理能力 2 200 m^3/d。处理工艺为：

含铬废液↓（进入含铬废水调节池）；含铬事故池↓（进入 pH 调整池 1）

含铬废水→含铬废水调节池→pH 调整池 1→还原反应池→pH 调整池 2→混凝反应池→絮凝反应池→预沉池→生物膜池（MBR）→监测池 1（铬）→离子交换池→监测池 2（铬）→回用水系统

（3）化学镍废水

化学镍废水设计处理能力 330 m^3/d，采用 pH 调整、微电解、氧化破络、混凝、沉淀处理后入含镍废水处理系统。处理工艺为：

含镍废液↓（进入化镍废水调节池）；含镍事故池↓（进入 pH 调整池 1）

化镍废水→化镍废水调节池→pH 调整池 1→微电解塔→氧化破络池→pH 调整池 2→混凝反应池→絮凝反应池→斜管沉淀池→监测池 1（镍）→电镀废水调节池

（4）电镀镍废水

含镍废水设计处理能力 1 100 m^3/d。主要来源于镀镍工序，废水中含有硫酸镍、氯化镍等，采用化学氧化法破络，再经混凝沉淀去除该类废水中磷酸盐和金属镍。处理工艺为：

监测池 1（镍）

↓

电镍废水→电镍废水调节池→pH 调整池 1→预留破络池→pH 调整池 2→

混凝反应池→絮凝反应池→沉淀池→中间水池→厌氧池（UASB）→

活性污泥池→预沉池→生物膜分离池（MBR）→监测池 2（镍）→回用水系统

（5）综合废水

综合废水处理能力 2 200 m^3/d。含有铁、锌、锡、铝、铜、钯等多种金属离子。处理工艺为：

二级破氰池（氰）

↓

综合废水→综合废水调节池→pH 调整池 1→破氰反应池→混凝反应池→

絮凝反应池→一级沉淀池→中间水池 1→pH 调整池 2→破络反应池→

混凝反应池→絮凝反应池→二级沉淀池→中间水池 2→厌氧池（UASB）→

活性污泥池→生物膜池（MBR）→回用水系统

（6）混排废水

混排废水主要来自车间混排、“跑冒滴漏”废水、地面冲洗等产生的废水，成分复杂，含有氰化物、有机物、六价铬、其他重金属离子等。混排废水一般先破氰，后破络，再混凝沉淀去除重金属，最后通过生化处理去除 COD。处理工艺为：

混排污泥滤液

↓

混排废水→综合废水调节池→pH 调整池 1→一级破氰池→pH 调整池 2→

二级破氰池→pH 调整池 3→还原池→pH 调整池 4→混凝反应池→絮凝反应池→

沉淀池→中间水池→厌氧池（UASB）→活性污泥池→生物膜池（MBR）→

监测池→回用水系统

（7）回用水系统处理工艺

经单独处理后的废水进入回用水系统进行处理，其中电镀镍废水、化学镍废水共用 1 套回用水处理系统，含铬废水共用 1 套回用水处理系统，综合废水、混排废水、前处理废水共用 1 套回用水处理系统。经回用水处理系统处理的水集中在回用水池内，返回给各企业，各企业根据生产要求自行选择使用回用水的生产环节。

铬镍废水回用系统处理工艺如下：

经预处理的镍铬废水→自清洗过滤器→保安过滤器→超滤→反渗透系统→回用水池

综合、混排、前处理废水回用系统处理工艺如下：

经预处理的综合、混排、前处理废水→自清洗过滤器→保安过滤器→反渗透系统→回用水池

（三）噪声、固体废物污染防治措施（略）

（四）地下水污染防治措施

根据厂区生产特点和功能布局情况，将厂区划分为一般防渗区和重点防渗区。重点防渗区等效黏土防渗层 Mb≥6.0 m、$K \leqslant 1\times10^{-7}$cm/s，一般防渗区等效黏土防渗层 Mb≥1.5 m、$K \leqslant 1\times10^{-7}$cm/s。

（五）环境风险防范措施

建设单位应加强职工安全生产教育，增强风险意识；建立完善的管理规程、作业规章和应急计划，并在各关键环节配备在线监控、预警和应急装置，在出现预警情况时能及时处理，消除事故隐患，发生事故时有相应的风险应急措施；根据项目实际情况编制突发事故应急预案，认真落实环境风险防范措施。一旦发生上述事故，能把事故的危害程度控制在可接受的范围。

厂区事故废水依托 A 工业废水处理厂容积为 3 316 m^3 的事故池收集。

（六）项目竣工环境保护验收一览表

项目竣工环境保护验收一览表见表 4-30。

表 4-30　拟建工程实施前后全厂污染物排放总量变化汇总（摘录）

污染源	污染物因子	环境污染防治设施	验收执行标准	监测点位
酸雾废气（厂房 1～2 层）	硫酸雾、氯化氢	硫代硫酸钠喷淋+碱液喷淋	《电镀污染物排放标准》（GB 21900）	1 号排气筒
酸雾废气（厂房 3～4 层）	硫酸雾、氯化氢、氮氧化物		《电镀污染物排放标准》（GB 21900）	FQ-17866 排气筒
铬酸雾（厂房 3 层）	铬酸雾	网格回收+碱性焦亚硫酸钠喷淋		排气筒
颗粒物废气（厂房 3 层）	颗粒物	水喷淋	《大气污染物排放限值》（DB××/××）	排气筒
氨气（厂房 3～4 层）	氨气	水喷淋	《恶臭污染物排放标准》（GB 14554）	排气筒
VOCs 废气（2 层 3#线、4 层 5#线底漆、中涂）	VOCs	水喷淋+除水雾器+活性炭吸附	《工业企业挥发性有机物排放控制标准》（DB××/××）表面涂装行业烘干工序排放限值	FQ-17864 排气筒

污染源	污染物因子	环境污染防治设施	验收执行标准	监测点位
VOCs 废气（厂房 4 层 5#线的面漆、丝印/移印等）	VOCs			FQ-17865 排气筒
天然气燃烧废气	SO_2、氮氧化物、烟尘	直排	《工业炉窑大气污染物排放标准》（GB 9078）与《锅炉大气污染物排放标准》（DB××/××）较严者	FQ-17863 排气筒
生活污水（2 160 t/a）	COD_{Cr}、氨氮、SS 等	三级化粪池	《水污染物排放限值》（DB××/××）第二时段三级标准	生活污水排放口
生产废水（68 850 t/a）	COD_{Cr}、金属离子	排入 A 工业废水处理厂	《电镀水污染物排放标准》（DB××/××）表 1 排放限值	A 工业废水处理厂废水排放口
设备噪声	L_{Aeq}	选用低噪设备、基底减振、合理布局	《工业企业厂界环境噪声排放标准》（GB 12348）2 类标准	厂界四周
固体废物	一般废物	20 m^2 一般工业固废仓库	满足环保要求	
	危险废物	90 m^2 危险废物暂存库	《危险废物转移联单管理办法》《危险废物贮存污染控制标准》（GB 18597）及修改单	
生活垃圾	生活垃圾	垃圾桶、垃圾箱	满足环保要求	
环境风险管理	事故废水	48 m^3 事故水池并与园区联动		

点评：

报告书对生产废水依托区域处理设施的可依托性分析不够，报告书对生产废水依托 A 工业废水处理厂处理的可依托性分析内容应从以下几个方面进行：各种工艺废水排放量及废水主要污染物浓度、废水排放规律；依托的废水处理厂具有的各种生产废水处理系统的处理能力，目前已经利用及将要利用的各种废水处理能力和尚有的生产废水接纳能力及各生产废水处理系统设计指标（出水水质）的实现情况。

废水处理工艺流程图应完整，如需要投加的药剂及投加位置、污泥处理设施。

回用水应按不同工艺目的，分质分类进行回用，以避免污染物的交叉干扰。报告书应补充回用水系统的详细介绍，包括回用水方案及相应的工程内容等。

厂区事故废水依托 A 工业废水处理厂事故池收集，应说明收集管网设置方案。

八、环境经济损益分析

（一）建设项目的经济效益（略）

（二）建设项目的环境效益（略）

（三）建设项目的社会效益（略）

（四）环境经济损益分析（略）

九、环境管理及监测计划

（一）环境管理（略）

（二）环境监测计划建议

污染源及环境质量监测计划分别见表 4-31 和表 4-32。

表 4-31 污染源监测计划清单 （摘录）

<table>
<tr><th>监测点位</th><th>监测指标</th><th>监测频次</th><th>执行排放标准</th></tr>
<tr><td>1 号一般酸雾排气筒</td><td>硫酸雾、氯化氢</td><td rowspan="9">半年 1 次</td><td rowspan="2">硫酸雾、氯化氢、铬酸雾执行《电镀污染物排放标准》（GB 21900）；
氨执行《恶臭污染物排放标准》（GB 14554）</td></tr>
<tr><td>FQ-17866 一般酸雾排气筒</td><td>硫酸雾、氯化氢、氮氧化物、氨</td></tr>
<tr><td>铬酸雾排气筒</td><td>铬酸雾</td><td>《电镀污染物排放标准》（GB 21900）</td></tr>
<tr><td>氨气排气筒</td><td>氨气</td><td>《恶臭污染物排放标准》（GB 14554）</td></tr>
<tr><td>颗粒物排气筒</td><td>颗粒物</td><td>《大气污染物排放限值》（DB××/××）</td></tr>
<tr><td rowspan="2">FQ-17864、FQ-17865 排气筒</td><td>VOCs</td><td>《工业企业挥发性有机物排放控制标准》（DB××/××）表面涂装烘干工序排放限值</td></tr>
<tr><td>臭气浓度</td><td>《恶臭污染物排放标准》（GB 14554）</td></tr>
<tr><td>FQ-17863 天然气燃烧废气排气筒</td><td>SO_2、氮氧化物、烟尘</td><td>《工业炉窑大气污染物排放标准》（GB 9078）与《锅炉大气污染物排放标准》（DB××/××）较严者</td></tr>
<tr><td rowspan="3">厂界四周</td><td>颗粒物</td><td rowspan="3">1 年 1 次</td><td>《大气污染物排放限值》（DB××/××）</td></tr>
<tr><td>臭气浓度、氨</td><td>《恶臭污染物排放标准》（GB 14554）</td></tr>
<tr><td>硫酸雾、氯化氢、铬酸雾</td><td>《大气污染物排放限值》（DB××/××）</td></tr>
</table>

监测点位	监测指标	监测频次	执行排放标准
厂界四周	TVOC		《工业企业挥发性有机物排放控制标准》（DB××/××）
	氨		《恶臭污染物排放标准》（GB 14554）
含银废水处理系统出口	Ag	连续自动监测	
主要噪声源外 1 m 处、厂界四周边界 1 m 处	昼间和夜间等效连续 A 声级	每季 1 次	《工业企业厂界环境噪声排放标准》（GB 12348）和《声环境质量标准》（GB 3096）

表 4-32　环境质量监测计划

环境要素	监测点位	监测因子	监测频次
环境空气	项目所在地	臭气浓度、硫酸雾、氯化氢、铬酸雾、TVOC、氨	1 年 1 次
地下水	项目所在地	pH、总硬度、溶解性总固体、氨氮、耗氧量、硝酸盐、亚硝酸盐、阴离子表面活性剂、挥发性酚类、氰化物、铜、铁、镍、锌、砷、镉、六价铬、K^+、Ca^{2+}、Na^+、Mg^{2+}、SO_4^{2-}、CO_3^{2-}、HCO_3^-、Cl^-、水位	每年冬季监测
土壤	项目所在地	pH、镉、汞、砷、铜、铅、铬、锌、镍	每年 1 次
声环境	高平村	等效连续 A 声级	每年 1 次

点评：

拟建工程污染源监测计划应明确监测断面、位置、监测因子，应符合《排污许可证申请与核发技术规范　电镀》（HJ 855）的要求。

环境质量监测计划应明确监测因子、监测网点布设、监测频次、监测数据采集与处理、采样分析方法等。监测因子应按拟建工程所有原辅材料的成分确定。监测点位应予细化。同时，报告书应对污染物排放监测配套的监测平台、采样孔、监测水井等做出具体要求。

十、环境影响评价结论

1. 建设项目概况

某电镀公司拟在现有工程 1 条自动纳米喷镀线基础上，新增挂镀锌+锌镍自动线、滚镀锌镍半自动线、电泳自动线、塑胶挂镀半自动线、前处理线和电泳次品退漆线各 1 条；并对现有的 1 条自动纳米喷镀线进行改造，淘汰高 VOCs 含量的涂料及溶剂，改用水性漆、UV 漆等低 VOCs 含量的涂料。

2．环境质量现状（略）

3．污染物排放情况（略）

4．主要环境影响

项目污染源正常工况下，SO_2、NO_2、颗粒物、硫酸雾、氯化氢、铬酸雾、VOCs短期浓度贡献值的最大浓度占标率均小于100%。SO_2、NO_2、颗粒物年均浓度贡献值的最大浓度占标率均小于30%。叠加现状浓度、预期削减污染源以及拟建、在建项目的环境影响后，SO_2、颗粒物保证率日平均质量浓度和年平均质量浓度均符合环境质量标准；硫酸雾、氯化氢、铬酸雾、VOCs、氨叠加后的短期浓度符合环境质量标准。项目无须设置大气环境防护距离。

项目厂界噪声预测值达到《工业企业厂界环境噪声排放标准》（GB 12348）、附近敏感点噪声预测值符合《声环境质量标准》（GB 3096）的要求。

5．公众意见采纳情况

环评工作过程中，建设单位按照《环境影响评价公众参与办法》的规定进行了两次公示，环境信息公示采取网站公示和现场张贴公告方式进行；报告书送审稿公示采取网站公示、现场张贴公告和登报公示方式进行。公示期间均未收到任何关于本项目建设的反馈意见。

6．环境保护措施（摘录）

硫酸雾、氯化氢、氮氧化物采用“碱液喷淋”处理后排放；氨采用“水喷淋”处理后排放；铬酸雾采用“网格回收+碱性焦亚硫酸钠溶液喷淋”处理后排放；天然气燃烧废气直接排放；颗粒物收集经“水喷淋”处理后排放；有机废气采用“水喷淋+除水雾器+活性炭吸附”处理后排放。

生活污水排入镇区生活污水处理厂处理；生产废水分类经专制管道引入A工业废水处理厂处理，对纳污河道水质影响不大。

危险废物定期交由具有相关危险废物经营许可证的单位处置；纯水制备系统废物由设备保养公司更换并回收；不合格产品、边角料、一般原料废包装材料交废旧物资回收公司处理；生活垃圾交环卫部门处理，固体废物对周边环境的影响不大。

7．环境影响经济损益分析（略）

8．环境管理与监测计划（略）

9．建设项目的环境影响可行性结论

项目符合国家、省、市相关的环保法律法规、政策、规划要求。项目不占用基本农田保护区、自然保护区、饮用水水源保护区等用地，选址合理。建设项目应严格执行“三同时”规定，落实本报告书中所提出的环境污染防治措施，同时确保环境污染防治设施正常运行，并加强清洁生产管理，杜绝污染事故，做好环境风险事故的防范，从环境保护的角度来看，该项目的建设是可行的。

点评：

环境影响评价结论是对各章节结论的高度概括，除公众参与结论取决于建设单位的公众参与成果外，其他均来自评价单位的工作成果，应有坚实的支撑。对照这一要求，报告书中还存在一定的不足，如“正常工况下的铬酸雾贡献值”等在报告书中未有体现。

案例分析

一、概述

案例概述应包括建设项目的特点、环境影响评价的工作过程、分析判定相关情况、关注的主要环境问题及环境影响、环境影响评价的主要结论等内容。分析判定相关情况应重点说明产业政策及审批原则的符合性，包括环境影响报告书（表）的确定依据等。

《产业结构调整指导目录（2019 年本）》规定：淘汰含有毒有害氰化物电镀工艺（电镀金、银、铜基合金及予镀铜打底工艺除外）。

二、总则

案例总则应包括编制依据、评价因子与评价标准、评价工作等级和评价范围、相关规划及环境功能区划、主要环境保护目标等。附录和附件应包括项目依据文件、相关技术资料、引用文献等。

项目复杂时，应说明评价对象的工程范围及边界。

评价范围应兼顾区域重要的环境保护目标，如自然保护区、饮用水水源地等。

环境保护目标应调查评价范围内的所有环境保护目标的性质、规模及与厂址和存在污染物无组织排放车间的方位、距离关系，给出环境保护目标一览表和环境保护目标分布图。环境保护目标包括现有的、规划拟搬迁的、规划的环境保护目标及项目环境搬迁对象等。

相关规划及环境功能区划应说明拟建厂址与各相关规划、环境功能区划、产业发展规划、基础设施规划、环境综合整治规划、环境准入条件及“三线一单”的符合性。

评价因子需要结合所用原辅材料确定，通常有：

环境空气：SO_2、NO_2、$PM_{2.5}$、PM_{10}、O_3、CO、氯化氢、硫酸雾、铬酸雾、氰化物、氮氧化物、氟化物、二甲苯、非甲烷总烃（NMHC）或挥发性有机物（VOCs）等。

地表水：化学需氧量、悬浮物、石油类、氟化物、总氮、氨氮、总磷、总铁、总铝、总氰化物、总铜、总锌、总铅、总汞、总铬、六价铬、总镉、总银、总镍、阴离子表面活性剂等。

地下水：pH、色度、总硬度、溶解性总固体、高锰酸盐指数、磷酸盐、氨氮、硝酸盐、亚硝酸盐、阴离子表面活性剂、挥发性酚类、氰化物、氟化物、总铜、总铁、总镍、总锌、总砷、总镉、总银、总铅、总汞、总铬、六价铬、K^+、Ca^{2+}、Na^+、Mg^{2+}、SO_4^{2-}、CO_3^{2-}、HCO_3^-、Cl^-。

三、建设项目概况

工程概况应全面介绍项目组成（主体工程、辅助工程、公用工程、环保工程、储运工程以及依托工程等）、建设地点、原辅料用量及成分、生产工艺、主要生产设备、产品（包括主产品和副产品）方案、平面布置、建设周期、总投资及环境保护投资等。

改扩建工程还应介绍现有工程（已通过竣工环保验收）的基本情况、污染物排放及达标情况、存在的环境保护问题及拟采取的整改措施等。对于供水、供汽、供气、废水输送与处理、固体废物处理与处置等依托工程，应说明依托工程的规模、能力，并分析其可依托性等。

有在建工程（已取得环评批复，处于建设阶段或投运阶段但还未通过竣工环保验收）时，应通过污染源监测和现场实际调查，明确是否存在环境保护问题。

环境保护问题包括污染物超标准排放、存在尚未完成的环境搬迁、使用淘汰工艺设备和使用不允许采用的原辅材料，清洁生产水平落后等。对于现有工程和在建工程存在的环境保护问题，应提出“以新带老”环境保护整改方案等。

四、建设项目工程分析

从工艺装备、资源能源消耗与综合利用、污染物产生及产品等方面分析，明确项目的清洁生产水平。从生产工艺和末端治理措施入手，选择可能对环境产生较大影响的主要因素。按照储存、运输、生产等环节分析包括常规污染物、特征污染物在内的产、排情况，明确具有致癌、致畸、致突变的物质、持久性有机污染物或重金属等（如有）的源、转移途径和流向。说明各种源头防控、过程控制、末端治理、回收利用等环境影响减缓措施状况。给出项目原料、辅料、燃料、水资源等种类、构成和数量，主要原辅材料的理化性质、毒理特征，产品及中间体的性质、数量等。

核算有组织与无组织、正常工况与非正常工况下的污染物产生和排放强度，给出污染因子及其产生和排放的方式、浓度、数量等。对改扩建项目的污染物排放量的统计，应分别按现有、在建、改扩建项目实施后等几种情形汇总污染物产生量、排放量及其变化量，核算改扩建项目建成后最终的污染物排放量。污染源源强核算应执行《污染源源强核算技术指南　电镀》（HJ 984—2018）的具体规定。

应给出生产工艺流程图、水平衡图、主要物料及有毒害有害元素平衡图。

项目实施过程中，如发生《关于印发制浆造纸等十四个行业建设项目重大变动清单的通知》（环办环评〔2018〕6号）中附件《电镀建设项目重大变动清单（试行）》描述的情形，应及时重新报批环境影响报告书。

五、环境现状调查与评价

收集和利用评价范围内各例行监测点、断面或站位的近3年环境监测资料或背景值调查资料，当现有资料不能满足要求时，应进行现场调查和测试，现状监测和观测网点应根据各环境要素环评技术导则要求布设。符合相关规划环评结论及审查意见的建设项目，可直接引用符合时效的相关规划环评的环境调查资料及有关结论。

自然环境现状调查与评价，包括地形地貌、气候与气象、地质、水文、大气、地表水、地下水、声、生态、土壤、海洋、放射性及辐射（如必要）等调查内容。

环境保护目标调查应调查评价范围内的环境功能区划和主要的环境敏感区，详细了解环境保护目标的地理位置、服务功能、四至范围、保护对象和保护要求等。

环境质量现状调查与评价。应根据建设项目特点、可能产生的环境影响和当地环境特征选择环境要素进行调查，评价区域环境质量现状，说明环境质量的变化趋势，分析区域存在的环境问题及产生的原因。

区域污染源调查。应选择项目常规污染因子和特征污染因子、影响评价区环境质量的主要污染因子和特殊污染因子作为主要调查对象。

六、环境影响预测与评价

预测、评价因子选择应包括反映建设项目特点的常规污染因子、特征污染因子，以及反映区域环境质量状况的主要污染因子、特殊污染因子等，并考虑环境质量背景与评价范围内在建项目同类污染物环境影响的叠加。对于环境质量不符合环境功能要求或环境质量改善目标的，应结合区域限期达标规划对环境质量变化进行预测。

应重点预测建设项目生产运行阶段正常工况和非正常工况等情况的环境影响。

七、环境污染防治措施及其可行性论证

应提出项目建设、运行和服务期满后各阶段拟采取的污染防治、环境风险防范等环境保护措施；分析论证拟采取措施的技术可行性、经济合理性、长期稳定运行和达标排放的可靠性、满足环境质量改善和排污许可要求的可行性。

污染防治措施的有效性判定应以同类或相同措施的实际运行效果为依据。

环境质量不达标的区域，应采取国内外先进可行的环境保护措施，结合区域限期达标规划及实施情况，分析建设项目实施对区域环境质量改善目标的贡献和影响。

给出各项污染防治措施和环境风险防范措施的具体内容、责任主体、实施时段，估算环境保护投入，并明确资金来源。

八、环境影响经济损益分析

报告书应将建设项目实施后的环境影响预测与环境质量现状进行比较，从环境影响的正负两方面，以定性与定量相结合的方式，对建设项目的环境影响后果进行货币化经济损益核算，估算建设项目环境影响的经济价值。

九、环境管理与监测计划

报告书应针对建设、生产运行、服务期满后等不同阶段，针对不同工况、不同环境影响和环境风险特征，提出具体环境管理要求。

给出污染物排放清单，明确污染物排放的管理要求。管理要求应符合排污许可证的

相关要求。

环境监测计划包括污染源监测计划和环境质量监测计划，内容包括监测因子、监测网点布设、监测频次、监测数据采集与处理、采样分析方法等，明确自行监测计划内容。污染源监测包括对污染源以及各类污染治理设施的运转进行定期或不定期监测，明确在线监测设备的布设和监测因子。环境质量监测计划应结合环境保护目标分布情况制订。

十、环境影响评价结论

应对建设项目的建设概况、环境质量现状、污染物排放情况、主要环境影响、公众意见采纳情况、环境保护措施、环境影响经济损益分析、环境管理与监测计划等内容进行概括总结，结合环境质量目标要求，明确给出建设项目的环境影响可行性结论。

对存在重大环境制约因素、环境影响不可接受或环境风险不可控、环境保护措施经济技术不满足长期稳定达标及生态保护要求、区域环境问题突出且整治计划不落实或不能满足环境质量改善目标的建设项目，应给出环境影响不可行的结论。

案例五　年产 100 万吨漂白硫酸盐法化学木浆项目环境影响评价

本案例是在现有工程基础上进行的扩建项目，报告书中对现有工程进行了分析，主要包括现有工程基本情况、污染物排放及达标情况、存在的环境保护问题及拟采取的整改方案等内容。鉴于现有工程分析章节内容较多，本案例在工程分析部分以拟建工程分析内容为主，现有工程基本情况、污染物排放及达标情况（略），仅说明存在的环境保护问题及拟采取的整改方案等内容，根据导则要求其他部分评价需考虑现有工程的，以原则性说明为主，不展开叙述。

一、项目概况

（1）项目名称：

某公司年产 100 万 t 漂白硫酸盐法化学木浆项目。

（2）项目拟建地点：

厂址位于我国东部沿海某市工业园区内公司现有厂区预留用地，拟建项目用地面积约为 649 亩①。项目用材全部采用进口桉木片。

（3）现有工程介绍：

公司现有工程生产线多且复杂，以制浆和造纸生产线为主，同时配套热电厂、污水处理厂、造纸助剂厂等。其中，制浆生产线 3 条，分别为 15.3 万 t 化学木浆生产线、20 万 t 化机浆生产线、17 万 t 化机浆生产线，合计产能 52.3 万 t/a；造纸生产线 16 条，产能 248.2 万 t/a，总用浆量为 203.7 万 t/a。由于制浆产能的不足，需外购商品浆板 151.4 万 t/a。

15.3 万 t 化学木浆生产线采用元素氯漂白，化机浆生产线采用双氧水漂白。其中 15.3 万 t 化学木浆生产线由于生产线工艺相对落后，且采用元素氯漂白不符合现行政策要求，作为拟建项目的“以新带老”措施予以淘汰。

（4）建设规模：

建设一条年产 100 万 t 漂白硫酸盐法化学木浆生产线，成品浆浓度 5%，利用架空管道直接输送至公司各造纸车间贮浆塔供造纸使用。同时淘汰现有年产 15.3 万 t 化学木浆生产线。

拟建项目完成后全厂制浆生产线 3 条，产能 137 万 t/a；造纸生产线 16 条，产能 248.2

① 1 亩=1/15 hm^2。

万 t/a，总用浆量为 203.7 万 t/a，仍需外购商品浆板 66.7 万 t/a。

（5）项目组成：

由主体工程、辅助工程和公用工程组成。主体工程主要包括备料车间、制浆车间、碱回收车间、二氧化氯车间、制氧站、臭氧制备车间，辅助工程和公用工程主要包括压缩空气站、原料堆场、化学品仓库、化学品罐区、事故池、中水回用膜处理工程等。以上均为新建。给水站和污水处理站依托现有工程。

（6）项目总投资：

项目总投资约为 585 000 万元，其中环保投资 60 403 万元，约占总投资的 10.33%。

（7）产业政策：

① 符合《造纸产业发展政策》中规定的“新建、扩建制浆项目单条生产线起始规模要求达到：化学木浆年产 30 万 t、化学机械木浆年产 10 万 t、非木浆年产 5 万 t、文化用纸年产 10 万 t”。

② 符合《产业结构调整指导目录（2011 年本）》（2013 年修订）中鼓励类的“单条化学木浆 30 万 t/a 及以上、化学机械木浆 10 万 t/a 及以上、化学竹浆 10 万 t/a 及以上的林纸一体化生产线及相应配套的纸及纸板生产线（新闻纸、铜版纸除外）建设；采用清洁生产工艺，以非木纤维为原料、单条 10 万 t/a 以上的纸浆生产线建设”。

点评：

1. 按浆的原料来源纸浆可分为木浆、非木浆和废纸浆；按生产工艺可分为化学浆、机械浆和化学机械浆。从当前来看，以木材为原料，通常采用化学法或化学机械法，即化学木浆和化学机械木浆。化学木浆是用化学方法处理木片，从木片中除去相当大一部分非纤维素成分而制得的纸浆，不需要为了达到纤维分离而进行随后的机械处理，得浆率通常在 40%～50%，该浆纤维较长，韧性好，强度大，所制成的纸耐折、耐破和撕裂强度高。化学机械木浆（化机浆）是采用化学预处理结合机械的方法制得的纸浆，尽可能保留了木片中的纤维素、半纤维素和木质素，属于高得率浆，得浆率可以达到 85%～93%，但纤维较短，且非纤维素组分含量高，所以成纸强度低。不同制浆工艺生产的纸浆，按照不同的比例组合，可生产出适用于不同功能的产品。

2. 该项目属化学木浆项目，需要关注的重点是项目建设规模与相关产业政策的符合性。本项目批复后，《产业结构调整指导目录（2019 年本)》发布实施，但本项目相关内容与《产业结构调整指导目录（2011 年本)》（2013 年修订）相比无变化。

3. 本案例符合调整原料结构与产业结构向规模大型化、产品高档化、技术装备现代化和生产清洁化方向发展；原料主要采用国外进口木片，解决了国内制浆原料缺乏的问题。项目概况介绍清楚，该项目的建设符合相关规划的要求。

4. 根据国家政策，现有 15.3 万 t 化学木浆生产线只需要完成纸浆无元素氯漂白改造。由于生产线在 2000 年前建成投产，后期虽然经过了多次技术改造，使吨浆废水产生量达到了 56.7 m^3，满足曾经执行的《清洁生产标准　造纸工业（硫酸盐化学木浆生产工艺)》

(HJ/T 340—2007) 国内清洁生产先进水平，但目前已经不能满足2015年发布的《制浆造纸行业清洁生产评价指标体系》国内清洁生产基本水平。为促进节能减排并为拟建项目的建设创造条件，企业在这次扩建工程中淘汰该条生产线。

二、总则

（一）编制依据（略）

（二）评价因子

1. 环境空气

环境空气现状评价因子：SO_2、NO_2、CO、O_3、PM_{10}、$PM_{2.5}$、H_2S、NH_3、HCl、Cl_2、TSP、非甲烷总烃、臭气浓度。

环境空气预测因子：SO_2、NO_2、PM_{10}、$PM_{2.5}$、H_2S、HCl、Cl_2。

2. 地表水水质

地表水水质现状评价因子：pH、COD_{Cr}、BOD_5、氨氮、SS、总氮、总磷、AOX、二噁英。

地表水水质预测因子：无（评价等级为三级B，不进行水环境影响预测）。

3. 地下水水质

地下水水质现状评价因子：钾、钙、镁、钠、重碳酸盐、碳酸盐、pH、总硬度、溶解性总固体、硫酸盐、氯化物、铁、锰、铜、锌、挥发性酚类、阴离子表面活性剂、耗氧量、硝酸盐（以N计）、氟化物、氰化物、汞、砷、镉、六价铬、硫化物、亚硝酸盐（以N计）、氨氮、铅。

地下水水质预测因子：耗氧量、氨氮。

4. 声环境

等效连续A声级。

5. 土壤环境

土壤环境现状评价监测因子：镉、汞、六价铬、镍、铅、砷、铜、2-氯酚、氯甲烷、硝基苯、萘、苯并[*a*]蒽、䓛、苯并[*b*]荧蒽、苯并[*k*]荧蒽、苯并[*a*]芘、茚并[1,2,3,-*cd*]芘、二苯并[*a*,*h*]蒽、氯乙烯、1,1-二氯乙烯、二氯甲烷、反-1,2-二氯乙烯、1,1-二氯乙烷、顺-1,2-二氯乙烯、氯仿、1,1,1-三氯乙烷、四氯化碳、1,2-二氯乙烷，苯、三氯乙烯、1,2-二氯丙烷、甲苯、1,1,2-三氯乙烷、四氯乙烯、1,1,1,2-四氯乙烷、氯苯、乙苯、间-二甲苯+对-二甲苯、邻-二甲苯，苯乙烯、1,1,2,2-四氯乙烷、1,2,3-三氯丙烷、1,4-二氯苯、1,2-二氯苯。

（三）评价标准（略）

（四）评价工作等级和评价范围

1．大气环境

根据项目大气污染源的情况，项目主要大气污染源包括碱炉烟囱、石灰窑烟囱、漂白工段烟囱、过量氢气放空尾气、盐酸合成排气筒、罐槽尾气排气筒的有组织排放，主要污染因子为 NO_x（以 NO_2 计）、SO_2、PM_{10}、H_2S、Cl_2、HCl。经估算模型计算，项目大气评价等级为一级；$D_{10\%}$最大为 2 100 m＜2 500 m，确定项目大气评价范围为以项目厂区为中心区域、边长 5 km 的矩形区域。

2．地表水环境

项目排放方式为间接排放，根据导则要求，项目地表水环境影响评价等级为三级 B，评价范围满足依托污水处理设施环境可行性分析的要求。

3．地下水环境

项目地下水环境影响评价行业分类为报告书Ⅱ类，地下水环境敏感程度为“较敏感”，确定地下水评价等级为二级。项目在采用公式法计算基础上，根据水文地质条件、地下水漏斗分布范围和敏感点位置，采用自定义法确定地下水评价范围，评价范围为 162.22 km^2。

4．声环境

项目位于工业园区，属声环境 3 类区，项目建设前后评价范围内敏感目标噪声级增高量在 3 dB（A）以下，且受影响人口数量变化不大，确定噪声评价等级为三级。评价范围为厂界外 200 m 内。

5．环境风险

项目废水经现有污水处理厂处理后再经厂外污水处理设施处理后排入 A 河，不直排地表水体，公司、厂外污水处理设施均配有废水事故应急措施和完善的应急体系，事故情况下一般不会进入下游地表水体，且拟建项目周围无地表水体，因此废水排放方面的环境风险只需分析其依托的厂外污水处理设施运行状况可能带来的不利影响。因此，不必从地表水环境敏感程度角度判定环境风险潜势，只需从大气环境和地下水环境敏感程度角度判定环境风险潜势。

项目环境风险潜势综合判定过程及结果、评价等级及评价范围具体见“七、环境风险评价”章节。

（五）环境保护目标

本项目评价范围内环境空气保护目标为厂址周边居民点、学校、医院等敏感点，地表水环境保护目标为依托市政污水处理厂废水排入河流 A 河和 B 河，地下水保护目标为厂址周边分散饮用水水源井及城市生活供水水源地，声环境保护目标为距离厂址最近的西公孙村。

三、环境概况

（一）环境状况

1. 地理位置

本项目厂址位于我国东部沿海某市工业园区内。

2. 地形地貌

本项目所在某市是一个自南向北缓慢降低的平原区。海拔最高点在孙家集镇三元朱村东南角埠顶处，高程49.5 m；最低点在大家洼镇的老河口附近，高程1 m。南北相对高差 48.5 m，水平距离 70 km，平均坡降 0.1‰。河流和地表径流自西南向东北流动，形成大平小平的微地貌差异。

全市地形总体分为3部分，划分成7个微地貌单元。

（1）寿南缓岗区：西起孙家集镇大李家庄，经东埠乡张家庙子附近至王望乡管村以南，为泰沂山区北部洪积扇尾。成土母质多为冲积物，土质较好。全区地形部位高，地面起伏大，地表径流强，潜水埋深大于5 m。土壤类型多为褐土和潮褐土。

（2）中部微斜平原区：地势平缓，坡降很小。布有河滩高地、缓平坡地、河间洼地等微地貌单元。因受河流影响，各个地貌单元呈南北走向间隔条带状分布。土壤母质为河流冲积物。河滩高地主要分布在丹河以东，南起田马北，北至五台乡南端；弥河沿岸南起胡营、纪台乡以北，北至道口、南河乡南部，以及寿光城以北，地形部位较高，海拔多在9 m以上，潜水较深，水热条件好，主要发育着褐土化潮土和潮土。河间洼地与河滩高地呈间隔平行分布。缓平坡地主要分布在丰城、南柴乡中南部的马店乡大部，地形部位低，潜水较浅，多发育湿潮土，部分低洼地区发育着砂姜黑土。

（3）滨海浅平洼地：主要包括侯镇、大家洼镇和道口、杨庄、卧铺乡的全部或大部，南河乡、台头的北部。地形部位低，海拔在4～7 m。成土母质为海相沉积物与河流冲积物迭次相间。地下水埋深1～3 m，矿化度较高。土壤为滨海盐土和滨海潮盐土。

本项目场地地形平坦，地貌单元为第四纪冲积、洪积平原。场地地层主要由第四系全新统和上更新统冲击成因的黏土、粉质黏土、粉土及砂组成。

3. 气候特征

地处中纬度带，北濒渤海，属暖温带季风区大陆性气候。受暖冷气流的交替影响，形成了“春季干旱少雨，夏季炎热多雨，秋季爽凉有旱，冬季干冷少雪”的气候特点。全年主导风向为南偏东南风。冬春季盛行西偏西北风，夏季盛行东南风，年平均风速2.8 m/s。历年平均降水量为591.9 mm，平均气温为12.4℃。

4．地层岩性

所在区域广泛分布第四系，据区域资料，第四系厚度为 150～233 m，新近系厚度为 150～233 m，下伏地层主要为寒武系、奥陶系、古近系。第四系地层岩性主要为第四系冲积层、冲洪积层，一般以黏性土、粉土、砂类土为主。

5．生态环境

分布着褐土、潮土、砂姜黑土、盐土等土类，8 个亚类、13 个土属和 79 个土种。其中褐土土类主要分布在南部缓岗地区，约占土地面积的 9.8%。潮土土类是主要土类，约占土地面积的 63%，主要分布在东部和中部地区，全市的高产土壤多集中在这里。砂姜黑土土类主要分布在东南部，约占土地面积的 3.3%。盐土土类是滨海潮盐土，主要分布在濒海浅平洼地和海滩上，约占土地面积的 23.9%。

植被以栽培作物为主，主要有小麦、玉米、豆类等粮食作物和蔬菜等经济作物；其次是林木，主要有杨、柳、榆、槐、苹果、梨、葡萄等；南部井灌区林木覆盖率为 10%，作物种植密度大，植被较好；北部盐碱区植被稀少，覆盖率较低。

项目建设地土壤为潮土，植被主要是人工种植的杨树，自然植被为少量草本植物。

（二）功能区划

本项目制浆工程符合《某市城市总体规划（2015—2030）》《某市土地利用总体规划（2006—2020）》《某市国民经济和社会发展第十三个五年规划纲要》《某市生态环境保护“十三五”规划》等地方相关规划和《某工业园规划（2015 版）》及其规划环评审查意见等工业园区发展规划，符合“三线一单”要求。

（三）环境质量现状

1．环境空气质量现状

对于基本污染物 SO_2、NO_2、CO、O_3、PM_{10}、$PM_{2.5}$，采用评价范围内地方生态环境主管部门公开发布的评价基准年连续 1 年的监测数据。对于特征污染物，以近 20 年统计的当地主导风向为轴向，在厂址及主导风向下风向 5 km 范围内设置 2 个监测点，开展补充监测，补充监测 7 d，监测因子包括 Cl_2、HCl、H_2S、NH_3、非甲烷总烃、臭气浓度和 TSP。

现状监测统计评价结果：

（1）项目所在区域达标判定

城市环境空气质量达标情况评价指标为 SO_2、NO_2、PM_{10}、$PM_{2.5}$、CO 和 O_3，6 项污染物全部达标即为城市环境空气质量达标。根据地方生态环境主管部门发布的评价基准年连续 1 年的监测数据，SO_2 年平均、24 h 平均第 98 百分位数，NO_2 年平均和 24 h 平均第 98 百分位数，CO 24 h 平均第 95 百分位数，O_3 日最大 8 h 滑动平均第 90 百分位数均满足《环境空气质量标准》（GB 3095—2012）中二级标准，PM_{10} 年平均、24 h 平均第 95 百分位数和 $PM_{2.5}$ 年平均、24 h 平均第 95 百分位数超过了《环境空气质量标准》（GB 3095—2012）中二级标准要求。项目所在评价区域为不达标区，不达标因子为 PM_{10}、$PM_{2.5}$。

（2）各污染物的环境质量现状评价

对于长期监测数据，按照《环境空气质量评价技术规范（试行）》（HJ 663—2013）的统计方法对评价基准年连续 1 年的监测数据进行现状评价，各污染物的评价指标为年评价指标。对于超标的污染物，计算了其超标倍数和超标率。

对于补充监测数据，分别对各监测点位不同污染物的短期浓度进行环境质量现状评价。各监测点 TSP 24 h 平均浓度满足《环境空气质量标准》（GB 3095—2012）二级标准浓度限值要求，Cl_2、HCl、H_2S、NH_3 1 h 平均浓度满足《环境影响评价技术导则　大气环境》（HJ 2.2—2018）附录 D，非甲烷总烃的 1 h 平均浓度满足《环境空气质量　非甲烷总烃限值》（DB 13/1577—2012）要求，臭气浓度的 1 h 平均浓度范围满足《恶臭污染物排放标准》（GB 14554—93）限值要求。

2．地表水质量现状

根据拟建项目的污染特点及项目所在流域的环境状况，选择 pH、COD_{Cr}、BOD_5、氨氮、SS、总氮、总磷、AOX、二噁英 9 项污染因子进行监测，并按照《环境影响评价技术导则　地表水环境》（HJ 2.3—2018）的要求，在依托的市政污水处理厂排污口所在的 A 河上下游、A 河汇入 B 河上下游共设置 5 个断面进行了监测。其中，A 河地表水环境保护功能为Ⅴ类，B 河地表水环境保护功能为Ⅲ类。监测结果表明，A 河各监测断面的 pH、COD_{Cr}、BOD_5、氨氮、SS、总氮、总磷能够满足《地表水环境质量标准》（GB 3838—2002）表 1 中的Ⅴ类标准；B 河各监测断面的 pH、氨氮、SS、总氮、总磷能够满足 GB 3838—2002 表 1 中的Ⅲ类标准，COD_{Cr}、BOD_5 超标，不能满足 GB 3838—2002 表 1 中的Ⅲ类标准；AOX、二噁英无地表水环境质量标准，监测结果不进行达标评价，仅作为背景值留存。

3．地下水质量现状

根据《环境影响评价技术导则　地下水环境》（HJ 610—2016）要求，二级评价项目潜水含水层的水质监测点应不少于 5 个，水位监测点数宜大于相应评价级别地下水水质监测数的 2 倍。本次评价在评价区范围共布设 7 个水质监测点，其中潜水含水层 5 眼监测井，承压含水层 2 眼监测井，其中建设项目场地上游和两侧各 1 个，建设项目场地及其下游影响区 4 个；设置 14 个水位监测点。地下水水质监测因子 29 项。

监测结果表明：潜水含水层监测井的总硬度和溶解性总固体满足《地下水质量标准》（GB/T 14848—2017）中Ⅴ类标准要求，其余监测因子均符合 GB/T 14848—2017 中Ⅲ类标准要求。深层承压含水层监测井的总硬度超过 GB/T 14848—2017 中Ⅲ类标准限值要求，其余监测因子均符合 GB/T 14848—2017 中Ⅲ类标准要求。

深层承压水总硬度超标主要与当地的原生水文地质条件有关。

4．声环境质量现状

监测共设置厂界噪声监测点 9 个，声环境质量监测点 5 个。本项目厂界各监测点连续两天昼、夜间噪声监测值均达到《工业企业厂界环境噪声排放标准》（GB 12348—2008）中 3 类标准的要求；厂界周边敏感点各监测点连续两天昼、夜间声环境监测值均达到《声环境质量标准》（GB 3096—2008）中 2 类标准的要求。本项目所在地及周边声环境质量较好。

5．土壤环境质量现状

土壤环境现状评价选取了 45 项监测因子，1 个采样点。对采样点进行 1 次监测，采样一次。监测结果表明，所有监测项目的监测结果均小于标准值，符合《土壤环境质量标准　建设用地土壤污染风险管控标准（试行）》（GB 36600—2018）中的表 1 基本项目第二类用地筛选值的要求，说明当地环境土壤背景值较好。

点评：

1．本案例评价因子确定正确全面。根据新的大气导则，常规因子采用环境空气质量监测网中评价基准年连续 1 年的监测数据；将化学品制备车间特征污染物 Cl_2、HCl 以及现有工程、拟建项目可能存在的特征因子 NH_3、H_2S、臭气浓度、TSP、非甲烷总烃确定为环境空气现状评价因子。拟建项目废水采用间接排放，根据新的地面水环境导则，评价等级为三级 B，原则上无须开展现状监测，只需开展依托水处理设施稳定达标排放评价，拟建项目收集了依托污水处理设施排放口下游地表水环境状况监测数据。本案例报批前，《环境影响评价技术导则　土壤环境（试行）》（HJ 964—2018）已发布，但未实施，本项目仅按照导则要求开展了土壤环境现状监测与评价，未开展影响预测等工作。

2．本案例结合项目污染特征，分别进行了大气环境、地表水环境、地下水环境、声环境和土壤环境现状调查，内容全面。

四、工程分析

（一）现有工程

本案例报告书按照《环境影响评价技术导则　总纲》（HJ 2.1—2016）的要求，对现有工程进行了分析，主要包括现有工程的基本情况、污染物排放及达标情况、存在的环境保护问题及拟采取的整改方案等内容。鉴于现有工程分析章节内容较多，本案例在工程分析部分以拟建工程分析内容为主，现有工程基本情况（略）、污染物排放及达标情况（略），仅说明存在的环境保护问题及拟采取的整改方案等内容。

现有工程基本情况（略）。

污染物排放及达标情况（略）。

存在的问题：现有年产 15.3 万 t 化学木浆生产线工艺相对落后，采用元素氯漂白不符合现行政策要求。

《国务院关于印发“十三五”生态环境保护规划的通知》（国发〔2016〕65 号）提出造纸行业“力争完成纸浆无元素氯漂白改造或采取其他低污染制浆技术”。《国务院关于印发水污染防治行动计划的通知》（国发〔2015〕17 号）提出“2017 年年底前，造纸行业力争完成纸浆无元素氯漂白改造或采取其他低污染制浆技术”的要求。因此，需对现有化学木浆生产线进行无元素氯漂白改造或采取其他低污染制浆技术。

采取的“以新带老”措施：淘汰现有年产 15.3 万 t 化学木浆生产线及配套碱回收炉，淘汰后全厂无使用元素氯漂白制浆生产线，减少废水产生量 25 532 m^3/d。

同时企业主动采取措施对 2 条化机浆生产线（分别为 20 万 t/a、17 万 t/a）废水进行机械式蒸汽再压缩技术（MVR）蒸发改造，即化机浆生产线制浆废液不再直接送污水处理厂进行厌氧处理，而改用 MVR 蒸发器蒸发，采用碱回收炉燃烧方式处理。化机浆废液经 MVR 蒸发浓缩后浓度由 1.5%提高到 15%，然后进入拟建项目化学木浆蒸发工段的稀黑液槽，与拟建化学木浆项目稀黑液混合，经过拟建项目蒸发工段进一步浓缩后，进入碱回收炉燃烧，回收碱和热能。而 MVR 蒸发产生的清污冷凝水全部返回到化机浆车间回用，基本做到了化机浆车间废水“零排放”。通过 MVR 改造，2 条化机浆生产线减少进污水处理厂废水量 9 114 m^3/d。同时生产过程中逐渐不再使用地下水，全部使用中水与地表水。并对公司现有 2×50 MW 抽凝机组进行改造，对 1×155 MW 机组关停。

通过采取淘汰现有 15.3 万 t 落后化学木浆生产线以及其他改造措施，可减少废水排放量、COD 及氨氮等污染物排放量；对机组进行改造和关停，减少了废气污染物排放量，为拟建项目的建设创造条件。拟建项目采用无元素氯漂白，与现有元素氯漂白制浆生产线相比，AOX、二噁英等含氯污染物的产生强度将大幅降低。

（二）本项目

项目组成具体见表 5-1。

表 5-1　制浆造纸工程项目组成

类别	工程	主要内容及规模
主体工程	备料工段	包括木片卸料、贮存、筛选及输送系统，备料车间设计能力 5 900 BDt/d
	制浆车间	蒸煮工段，采用硫酸盐深度脱木素连续蒸煮工艺，3 200 t/d（以风干计）
		洗选漂工段，采用中浓氧脱木素、封闭筛选和以臭氧、二氧化氯为主的 Z/D0-EOP-D1 三段 ECF 中浓漂白，3 000 t/d（以风干计）

<table>
<tr><th>类别</th><th colspan="2">工程</th><th>主要内容及规模</th></tr>
<tr><td rowspan="10">主体工程</td><td colspan="2" rowspan="6">碱回收车间</td><td>（1）蒸发工段，采用混碱灰结晶蒸发技术，设九体七效降膜蒸发站，蒸发水量 1 400 t H_2O/h</td></tr>
<tr><td>（2）MVR，用于化机浆废水蒸发，蒸发水量 577.5 tH_2O/h</td></tr>
<tr><td>（3）燃烧工段，采用先进的单汽包低臭型次高压碱回收炉，黑液固形物处理能力 6 700 tDS/d</td></tr>
<tr><td>（4）苛化及石灰窑工段，苛化工段采用国内外先进成熟的技术和设备，白液生产能力 14 000 m^3/d，石灰窑工段采用国内先进成熟的带有白泥闪急干燥的回转式石灰窑，石灰总生产能力 1 200 t/d，入窑白泥干度 75%</td></tr>
<tr><td>（5）生物质气化炉，采用进口干燥和气化设备，将木屑等生物质气化生产生物质气，功率为 80 MW，生物质气经净化后作为石灰窑燃料</td></tr>
<tr><td>（6）余热电站，碱回收炉产汽 1 159 t/h，配套 165 MW 双抽机组、70 MW 抽汽背压机组</td></tr>
<tr><td colspan="2" rowspan="4">化学品制备</td><td>二氧化氯车间，采用综合法，由 $NaClO_3$ 电解、HCl 合成、ClO_2 发生、吸收等系统组成，制备过程副产物氯产生量不能满足 HCl 合成需求，需补充外购氯参与 HCl 合成，35 t/d</td></tr>
<tr><td>制氧站，氧气深冷法，6 500 m^3/h（标态）</td></tr>
<tr><td>臭氧制备车间，臭氧电晕放电法，600 kg/h</td></tr>
<tr><td></td></tr>
<tr><td rowspan="6">公用工程</td><td rowspan="3">供水</td><td>新鲜水</td><td>取水水源：某河及某水库引水；取水规模：25 018 m^3/d</td></tr>
<tr><td>化学水</td><td>规模：500 m^3/h</td></tr>
<tr><td>循环冷却水塔</td><td>规模：55 000 m^3/h</td></tr>
<tr><td colspan="2">供电</td><td>来自余热电站</td></tr>
<tr><td colspan="2">供汽</td><td>碱回收炉产汽量：1 159 t/h</td></tr>
<tr><td colspan="2">压缩空气站</td><td>6×70 m^3/min，6 台螺杆式压缩机（5 用 1 备）
1×150 m^3/min，1 台离心式压缩机</td></tr>
<tr><td rowspan="5">储运工程</td><td colspan="2">原料场</td><td>2×30 万 m^3（虚积）圆形堆场，贮存能力 16.5 d</td></tr>
<tr><td colspan="2">化学品仓库</td><td>储存制浆车间用化学品，包括硫代硫酸钠、硫酸镁、滑石粉等，为固体袋装物品，溶解后使用。建筑面积 500 m^2</td></tr>
<tr><td colspan="2">化学品储存区</td><td>液氯储罐，3×30 m^3（2 用 1 备）；二氧化氯储罐，6×541 m^3；氯酸钠储罐，1×144 m^3；32%盐酸储罐，2×143 m^3；98%硫酸储罐，1×137.4 m^3；氢氧化钠储罐，2×298 m^3；氢氧化钠储罐，3×30 m^3 双氧水储罐，2×265 m^3；30%盐酸储罐，2×30 m^3；10%～15%次氯酸钠储罐，2×100 m^3；次氯酸钠、氢氧化钠储罐，2×60 m^3</td></tr>
<tr><td colspan="2">轻质柴油罐</td><td>2×2 000 m^3</td></tr>
<tr><td colspan="2">柴油罐</td><td>1×10 m^3</td></tr>
<tr><td>环保工程</td><td colspan="2">废气治理</td><td>碱回收炉烟气：
PSCR 脱硝，脱硝效率以 48%计；四电场静电除尘器除尘，除尘效率 99.8%；湿式静电除尘，除尘效率以 50%计，达标烟气经 $\Phi 6.8 \times H150$ m 烟囱排放</td></tr>
</table>

类别	工程	主要内容及规模
环保工程	废气治理	臭气收集处理系统： 高浓恶臭气体经处理后送碱回收炉燃烧，低浓臭气经处理后作为碱炉二次风燃烧。事故状态时分别通过臭气备用燃烧炉燃烧后排放
		石灰窑废气： 五电场静电除尘器除尘，除尘效率99.9%；臭氧脱硝，脱硝效率以33.3%计；湿式静电除尘，除尘效率以50%计，达标烟气经 $\Phi 3 \times H$ 60 m烟囱排放
		二氧化氯车间废气： 过量氢气排空尾气：碱液洗涤，净化效率大于99%，净化后经25 m排气筒排放 盐酸合成尾气：碱液洗涤，净化效率大于99%，净化后经42 m排气筒排放 罐槽尾气：碱液洗涤，净化效率大于99%，净化后经30 m排气筒排放
		漂白车间废气： 碱液洗涤，净化效率大于99%，净化后经67 m排气筒排放
	污水处理	依托集团现有污水处理厂，处理后进一步送拟建8万 m^3 中水回用膜处理工程，纯水回用，浓水与其他污水处理厂达标排水一起排市政污水处理厂进一步处理
	噪声治理	压力筛、真空泵、风机、水泵、空压机等噪声设备，降噪处理采取低噪设备、基础减振、隔声等降噪措施
	固废处置	木屑送气化炉，浆渣外售综合利用，污泥、石灰渣、绿泥由某市环卫垃圾清运有限责任公司清运填埋处置，废活性炭、废空滤格送现有热电锅炉焚烧，废油桶、废机油等由有资质单位处置，其他由厂家回收
	料场初期雨水收集池	有效容积2 160 m^3
	事故池	有效容积12 000 m^3
“以新带老”工程	15.3万t化学木浆	淘汰15.3万t化学木浆生产线及配套碱回收炉
	化机浆废水	20万t化机浆、17万t化机浆废水不再送污水处理厂处理，经过MVR和蒸发工段蒸发后送碱回收炉燃烧，蒸发冷凝水回用
	公司抽凝机组改造	2×50 MW抽凝机组拟改造为1×60 MW背压式汽轮发电机组
	公司机组关停	1×155 MW机组关停

1．主要工艺生产及污染物排放流程分析

主要生产工艺流程及产污节点见图 5-1、图 5-2。

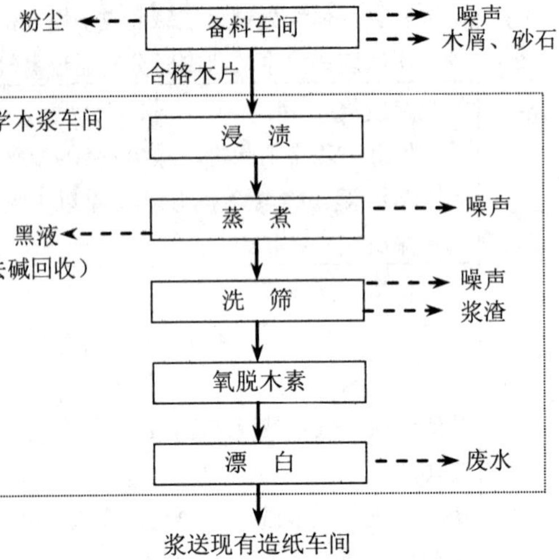

图 5-1　主要生产工艺流程及产污节点

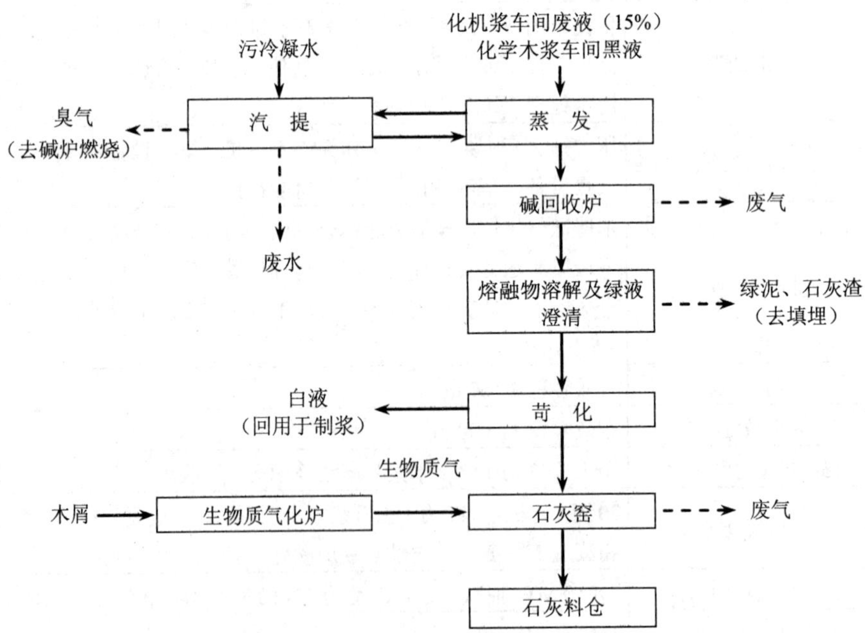

图 5-2　碱回收车间工艺流程及产污节点

2．二氧化氯制备主要原理

采用综合法（R6 法）制备二氧化氯。

综合法制取二氧化氯由 $NaClO_3$ 电解、HCl 合成、ClO_2 发生、吸收等系统组成，各系统反应原理如下：

$NaClO_3$ 电解系统：$NaCl+3H_2O=\!=\!=NaClO_3+3H_2$

HCl 合成系统：　$H_2+Cl_2=\!=\!=2HCl$

ClO_2 发生系统：　$NaClO_3+2HCl=\!=\!=ClO_2+1/2Cl_2+NaCl+H_2O$（主反应）

在氯酸钠电解系统电解槽内通入直流电，NaCl 溶液被电解，产生 $NaClO_3$、H_2。$NaClO_3$ 溶液泵送到浓 $NaClO_3$ 槽，经冷却、过滤后送 ClO_2 制备系统使用。H_2 通过脱气器分离送到盐酸合成单元，和补充的氯以及系统中循环的稀氯气在盐酸合成塔内燃烧后生成HCl，用软水吸收，生成盐酸。

在二氧化氯发生器中，$NaClO_3$ 与来自盐酸合成单元的盐酸反应，产生 ClO_2、Cl_2、NaCl。ClO_2、Cl_2 气体经冷却后送至二氧化氯吸收塔，NaCl 溶液被送回氯酸钠电解槽。在二氧化氯吸收塔内，ClO_2 气体被低于 7℃的冷冻水吸收，形成 ClO_2 溶液，溶液浓度一般为 10 g/L，贮存在玻璃钢贮槽中，最后泵送漂白工段。Cl_2 经气体分离器分离后回盐酸合成单元。

主要工艺流程见图 5-3。

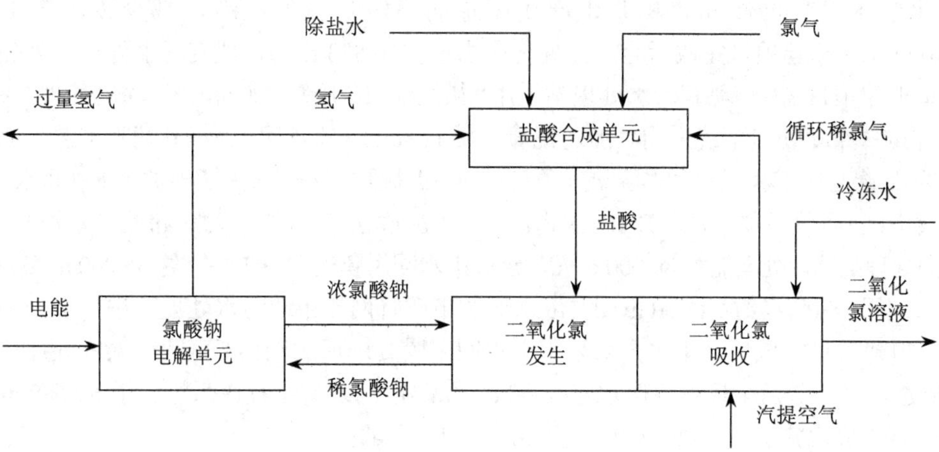

图 5-3　综合法（R6 法）二氧化氯生产流程

3．污染源及污染物排放分析

项目主要污染物排放情况见表 5-2。

（1）废水排放及控制措施

项目主要废水排放源有制浆车间、碱回收车间、软化水车间、木片堆场初期雨水等。除制浆车间黑液进入碱回收系统进行处理外，其他废水 53 776 m^3/d 全部进公司现有污水处理站“好氧+深度处理系统”进行处理，处理后废水全部送拟建中水回用膜处理工程进一步处理。

表 5-2 项目主要污染源及污染物排放

序号	生产车间/工序	主要污染物排放情况
1	备料车间	粉尘、木屑、砂石
2	制浆车间	臭气、黑液、制浆废水、浆渣、Cl_2
3	碱回收车间	废水、石灰窑烟气、碱炉烟气、臭气、绿泥、石灰渣
4	软化水车间	酸碱废水、废活性炭、废交换树脂
5	二氧化氯车间	含 Cl_2、HCl 废气
6	生物质气化炉	灰渣
7	污水处理站	达标废水、污泥
8	木片堆场	初期雨水、颗粒物
9	设备运行产生的噪声	

现有污水处理站处理能力 135 000 m^3/d，现有工程需处理废水量 97 703 m^3/d，经深度处理后 28 014 m^3/d 回用，现有工程废水排放量 69 689 m^3/d。通过采取淘汰 15.3 万 t 落后化学木浆生产线和化机浆生产线废水的 MVR 蒸发改造，减少废水产生量 34 646 m^3/d，拟建项目完成后全厂需处理废水量 116 833 m^3/d，现有污水处理站处理能力满足拟建项目需求。现有污水处理站采用“初沉池+IC 厌氧+曝气好氧+深度处理系统”工艺，其中深度处理系统采用“加药混凝沉淀+Fenton+除铁曝气池+砂滤”工艺。拟建中水回用膜处理工程采用“均质池+预反应池+机械加速澄清池+锰砂滤池+中间水池+臭氧反应池+曝气生物滤池（BAF 生物滤池）+砂滤池+清水池+超滤+超滤产水池+反渗透”的处理工艺，处理能力 80 000 m^3/d，经过中水回用膜处理后 70%（约 56 000 m^3/d）作为清水回用，30%（约 24 000 m^3/d）浓水通过市政管网排市政污水处理厂进一步处理后排放。拟建项目完成后回用水全部采用中水回用膜处理后的水，不再回用深度处理后的水。拟建项目完成后全厂排放废水量为 60 833 m^3/d，与现有工程废水排放量 69 689 m^3/d 相比，减少废水排放量 8 856 m^3/d，折 301.10 万 m^3/a。

1）常规因子

废水经处理后出水水质 pH、COD_{Cr}、BOD_5、SS 可达到与市政污水处理厂的协议标准 pH 为 6～9、COD_{Cr}≤300 mg/L、BOD_5≤84 mg/L、SS≤94 mg/L 要求；氨氮、总氮、总磷、色度能够满足《污水排入城镇下水道水质标准》（GB/T 31962—2015）表 1 中 B 等级标准氨氮≤45 mg/L、总氮≤70 mg/L、总磷≤8 mg/L、色度≤64 要求；由于废水经处理后 70%回用，拟建项目单位产品排水量折 6.09 t/t（浆），符合《制浆造纸工业水污染物排放标准》（GB 3544—2008）要求。

通过采取淘汰 15.3 万 t 落后化学木浆生产线、化机浆生产线废水的 MVR 蒸发改造以及废水膜处理后回用，拟建项目完成后，全厂排入市政污水处理厂的废水量减少

301.10 万 t/a，COD、氨氮、总氮、总磷量分别减少 903.35 t/a、36.05 t/a、172.30 t/a、4.91 t/a。

2）漂白废水 AOX 排放

漂白废水（酸性废水、碱性废水）中含有的木素降解产物与含氯漂剂反应产生的酚类及其有机氯化物，主要是氯代酚类化合物，目前多以总有机氯（Total Organic Cholorinate，TOCl）和可吸附有机卤化物（Adsorbable Organic Halogen，AOX）表示。

AOX 发生量与漂白工艺所用活性氯量有直接关系，随二氧化氯取代液氯量的增加，AOX 发生量将大幅减少。拟建项目化学木浆车间采用无元素氯漂白，采用 Z/D0-EOP-D1 三段的 light-ECF（轻无元素氯漂白）漂白技术，即在第一段采用臭氧和少量的二氧化氯、第二段采用碱和双氧水，可最大限度地减轻漂白废水中的 AOX 污染，漂后浆白度为 88%～90%ISO。根据安德里兹公司关于 Z/D0-EOP-D1 漂白工艺 AOX 产生情况技术文件，AOX 可控制在 8 mg/L 以内，同时类比海南某公司、湛江某公司、湖南某公司制浆项目，制浆车间 AOX 排放浓度满足《制浆造纸工业水污染物排放标准》（GB 3544—2008）中 AOX＜12 mg/L（车间排口）的限值要求。

AOX 仅表示废水中卤化物数量，但不能分辨相同数量下的毒性差异。以前，纸浆厂排放废水中的 AOX 被当作是潜在的和长期的影响环境的重要因素，现在采用了 ECF 漂白技术，浆厂排放的废水中 AOX 含量非常低，基本在吨浆 0.1～0.3 kg。对鱼和其他水生生物长期观察的结果显示，现代的硫酸盐浆厂采用 ECF 漂白技术和现代化的二级生化废水处理手段后，排放的废水中 AOX 浓度很低，对水生生物几乎没有影响。另外有研究也表明，浆厂排水中的急性或慢性毒性与漂白车间排水中的 AOX 之间没有关系（摘自《漂白废水对水生环境的影响》，Tana 1996 赫尔辛基，芬兰环境署）。

3）漂白废水二噁英排放

造纸工业中，二噁英类主要来自含氯漂白剂，通过控制漂白的氯化过程可以从源头上控制二噁英类污染物的产生。拟建项目蒸煮工段采取改良连续蒸煮方法，中浓筛选，二段氧脱木素，多段逆流洗涤，漂白工段采用 Z/D0-EOP-D1 三段的 light-ECF 漂白技术，即在第一段采用臭氧和少量的二氧化氯、第二段加入碱和双氧水，无 Cl_2 漂白。与传统的氯漂相比，light-ECF 漂白技术基本不再新产生二噁英，主要为原料本身自带的二噁英，可大大降低二噁英类物质的排放量。

根据世界卫生组织修订的毒性当量因子，漂白车间废水二噁英排放限值为 13.19 pgTEQ/L。这是世界上对制浆漂白废水中二噁英最严格的限值要求。随着 ECF 漂白工艺的运用和现代化制浆技术的采用，制浆工业已完全满足此项规定的要求。

类比湛江某公司年产 70 万 t 漂白硫酸盐化学木浆采用 D0-EOP-D1-P0 四段二氧化氯漂白，二氧化氯用量为 15 kg/Adt，根据湛江该公司制浆车间排口取样监测表明，制浆车间排口二噁英浓度为 0.25～3.77 pgTEQ/L，低于 GB 3544—2008 表 2 限值要求。

拟建项目二氧化氯用量为 12 kg/Adt，结合排放标准，制浆车间排水的二噁英浓度按照保守的取值为小于 15 pgTEQ/L，满足《制浆造纸工业水污染物排放标准》（GB 3544—2008）中二噁英 30 pgTEQ/L 控制限值的要求。

（2）废气排放及控制措施

1）正常工况下有组织废气排放

工程配套一台设计能力 6 700 tds/d 的碱回收炉，可提供蒸汽 689.4 t/h。烟气采用炉内高分子干法脱硝系统（PSCR 脱硝系统），脱硝效率以 48%计，四电场静电除尘器除尘，设计除尘效率 99.8%，湿式静电除尘器，除尘效率以 50%计，处理后达标烟气由 H150 m×Φ6.8 m 烟囱排放，烟气温度为 65℃；碱回收车间还配置一座石灰窑进行白泥回收，烟气采用五电场静电除尘器除尘，设计除尘效率为 99.9%，臭氧脱硝，脱硝效率以 33.3%计，湿式静电除尘器，除尘效率以 50%计，处理后达标烟气通过 H60 m×Φ3 m 烟囱排放，烟气温度为 65℃，石灰窑采用生物质气为燃料。

制浆车间漂白工段产生的酸性气体经碱液洗涤器洗涤后通过 H67 m×Φ0.8 m 排气筒排放。

二氧化氯车间氯酸钠电解槽过量氢气排空尾气经稀碱液洗涤后通过 H25 m×Φ0.15 m 排气筒排放；二氧化氯车间盐酸合成尾气经碱液洗涤器洗涤后通过 H42 m×Φ0.15 m 排气筒排放；二氧化氯车间罐槽尾气经海波塔洗涤后通过 H30 m×Φ0.3 m 排气筒排放。

2）非正常工况下废气排放

拟建项目非正常工况下废气排放工况主要考虑以下情况：碱回收炉、石灰窑烟气除尘装置出现故障，除尘效率均下降至 95%，脱硝效率为 0。

3）无组织排放分析

① 木片堆场粉尘无组织排放分析。木片堆场的粉尘主要产生于木片圆堆成堆过程，由于木片含水量大，木片不易起尘，同时在堆场周围设置 29 m 高钢结构抑尘墙，长度为 1 854 m。设计抑尘率为 85%以上，滤尘率为 80%以上。设置防风抑尘墙后，木片堆场粉尘基本不会对项目区大气环境带来不利影响。

② 备料车间粉尘无组织排放分析。备料车间的扬尘主要产生于木片筛，木片筛位于封闭车间内，产生的扬尘量很小，且基本不会飘散至室外，不会对项目区大气环境带来不利影响。

③ 二氧化氯车间 Cl_2、HCl 无组织排放分析。拟建项目二氧化氯车间氯酸钠电解槽过量氢气排空尾气、盐酸合成尾气、罐槽尾气经洗涤器洗涤后排空，但类比同类项目实际生产情况，在生产过程中，仍可能产生 Cl_2、HCl 少量的无组织排放。

类比同类项目验收监测结果可知，拟建项目化学品制备车间 Cl_2、HCl 的无组织排放对周围环境的影响不大。

4）臭气

硫酸盐法制浆过程产生的气体排入大气形成独特的硫酸盐浆厂的气味。臭气的主要成分为 H_2S、甲硫醇、二甲硫醇和二甲二硫醚，统称为总还原硫（TRS），其量以 H_2S 的当量表示，浆厂的臭气主要分高浓度不凝气（CNCG）、低浓度不凝气（DNCG）、汽提气（SOG）以及碱回收炉、石灰窑、污水处理厂臭气。

CNCG：主要来源于蒸煮器冷凝系统、蒸发器热井、蒸煮喷放锅、重污冷凝水槽、高浓黑液槽、入炉高浓黑液槽等，总还原硫的浓度一般为 50 000～200 000 mg/m^3（标态）；

SOG：主要来源于碱回收蒸发工段汽提污冷凝水的汽提塔，它含有 50%（质量比）甲醇和 40%（质量比）水蒸气，其余成分 10%包含 TRS、氮气和氧气，属于高浓臭气。

DNCG：主要来源于制浆车间蒸煮工段的木片仓、中浓浆液贮存槽、过滤机、筛选设备、洗涤器、真空泵和滤液槽，以及碱回收车间蒸发工段的稀黑液槽、二次冷凝水槽、中浓黑液槽、碱炉溶解槽、碱灰混合槽、污冷凝水槽，苛化工段的洗涤器、苛化器、绿液稳定槽、绿泥混合槽等槽罐，总还原硫的浓度一般为 100～1 500 mg/m^3（标态）。

还有一部分来源于碱回收炉烟气、石灰窑烟气以及排水沟等分散臭气。正常情况下这些分散臭气源中的总还原硫的浓度一般为 0～5 mg/m^3（标态），现代浆厂由于在源头采取了有效的控制，分散臭气源对空气质量影响的贡献是有限的。

拟建项目设臭气收集系统，包括 CNCG 系统、DNCG 系统和 SOG 系统，分别将蒸煮、洗涤及碱回收蒸发、燃烧、苛化过程中产生的不凝气全部收集起来，高浓臭气和汽提气经处理后直接送到碱回收炉燃烧，低浓臭气经碱液洗涤后送碱回收炉作二次送风。臭气收集系统均为密闭收集系统，通过控制收集风机，保证收集点位置为负压状态，废气全部进行收集。封闭制浆车间、碱炉工段厂房，使其车间内部微负压，废气与全厂低浓臭气经处理后一起作为碱回收炉二次风。为避免臭气处理系统事故时直接排放，在碱回收炉安装两套臭气焚烧炉分别燃烧高浓臭气、汽提气和低浓臭气（柴油、天然气点火的臭气燃烧炉）。在事故工况下，高浓臭气、低浓臭气分别通过臭气备用燃烧炉燃烧后排放，以避免臭气直接排空。

5）拟建项目大气污染源达标排放分析汇总（略）

（3）固体废物产生及控制措施

拟建项目产生的固体废物：主要有备料车间砂石、金属、木屑；制浆车间浆渣；碱回收车间绿泥、石灰渣；气化炉灰渣；污水处理站活性污泥。

拟建工程固体废物产生及处理情况见表 5-3。

表 5-3　拟建项目各生产工段固体废物产生及处理情况

污染物来源	固废名称	固体废物性质	固废成分	产生量/（t/a）	处置措施
备料车间	砂石、金属	一般固体废物	砂石、金属等	1 700	金属外售回收利用，砂石由环卫部门收集处置
	木屑	一般固体废物	木屑（含水率以40%计）	67 000	送生物质气化炉作原料
制浆车间	浆渣	一般固体废物	节子、浆渣等（含水率55%）	20 000	外售综合利用
碱回收车间	绿泥	一般固体废物	碳酸钠、硫化钠、Fe	6 654（绝干）	委托填埋处置
	石灰渣	一般固体废物	碳酸钙、硅酸钙、有机物、砾石等	927（绝干）	委托填埋处置
气化炉	灰渣	一般固体废物	草木灰和少量的石灰石粉末	8 021	外售综合利用
污水处理站	活性污泥	一般固体废物	沉淀污泥（含水55%）	14 000	委托填埋处置

（4）噪声产生及控制措施

拟建工程主要噪声源：生产车间各类泵、空压机、风机以及高压气体排空等。产生噪声的主要设备、噪声级、所在位置及数量（略）。

点评：

1．本案例最大特点之一是存在现有工程，分析了现有工程存在的问题及采取的“以新带老”措施，同时为拟建项目的建设创造条件，对现有生产线进行了淘汰、节水改造。

2．本案例工程污染分析系统、深入。分主体工程、辅助工程、公用工程、依托工程详细阐述了工程组成情况，分工序分别排查工艺流程、排污环节及工程污染因子。突出了行业特征污染物 AOX、二噁英和恶臭污染源的分析与估算，同时分析了事故状态下的污染源强、污染治理措施与预防对策。可为存在现有工程项目编制思路的确定以及同类项目产污环节、污染因子和污染源强的确定提供借鉴。

3．本项目采取的水污染减排措施是本案例的一大亮点，既包括了现有工程淘汰减排、现有工程改造减排，又包括了拟建项目为做到增产不增污采取的中水回用措施，基本涉及了水污染减排措施的所有可能选择。

4．新建化学木浆生产线采用国际上最先进的装备，达到国际清洁生产领先水平，具有单条生产线规模大、节能节水的特点，与淘汰的化学木浆生产线相比，废水产生量由 56.7 m^3/t 浆降低至 20 m^3/t 浆以下，单位产品废水产生量大幅降低。

四、环境影响预测

（一）预测模型选择

1．大气环境影响预测模型

本案例选用《环境影响评价技术导则　大气环境》（HJ 2.2—2018）推荐的模式预测各污染物小时浓度、最大日均浓度、保证率日均浓度、年均浓度。同时，评价基准年2018年PM_{10}、$PM_{2.5}$保证率日均浓度不达标，项目所在评价区域为PM_{10}、$PM_{2.5}$不达标区，项目所在区域尚未编制限期达标规划，需寻找区域削减源，计算本项目建成前后预测范围内年平均质量浓度变化率k，且满足导则$k<-20\%$的要求。

2．地表水环境影响分析

本案例生产废水经管道收集排入公司现有污水处理站进行处理，处理后废水全部送拟建中水回用膜处理工程进一步处理后清水回用，浓水通过市政管网排入市政污水处理厂进一步处理。重点分析市政污水处理厂接纳本项目废水的可行性，并对B河现状情况、流域治理措施实施后水体功能规划目标的实现，以及项目实施后对B河的影响进行分析。

3．地下水环境影响预测模型

本案例根据 HJ 610—2016 推荐的模型对项目风险状况下对地下水的环境影响进行预测。

（二）环境影响预测

1．大气环境影响预测

（1）大气环境影响预测

本案例大气环境影响评价等级为一级，预测方案见表5-4，常规预测情景组合见表5-5。

表5-4　评价预测方案

源类别	常规预测内容		NO_2	SO_2	PM_{10}	一次$PM_{2.5}$	二次$PM_{2.5}$	Cl_2	HCl	H_2S
本项目新增排放源	小时浓度	碱炉烟囱	√	√						√
		石灰窑烟囱	√	√						√
		漂白工段烟囱						√		
		过量氢气排空尾气排气筒						√		
		盐酸合成排气筒						√	√	
		罐槽尾气排气筒						√		

源类别	常规预测内容		NO_2	SO_2	PM_{10}	一次 $PM_{2.5}$	二次 $PM_{2.5}$	Cl_2	HCl	H_2S
本项目新增排放源	最大日均浓度	碱炉烟囱	√	√	√	√	√			
		石灰窑烟囱	√	√	√	√	√			
	保证率日均浓度	碱炉烟囱	√	√						
		石灰窑烟囱	√	√						
	年均浓度	碱炉烟囱	√	√	√	√	√			
		石灰窑烟囱	√	√	√	√	√			
本项目非正常排放源	小时浓度	碱炉烟囱	√		√	√	√			
		石灰窑烟囱	√		√	√	√			
叠加已批在建项目排放源	保证率日均浓度	在建粉煤灰污泥综合利用项目P1	√	√						
	年均浓度	在建粉煤灰污泥综合利用项目P1	√	√						
区域削减项目排放源	保证率日均浓度	区域化学木浆碱炉烟囱	√	√						
		某电厂烟囱1	√	√						
		某电厂烟囱2	√	√						
		某电厂烟囱1	√	√						
		某电厂烟囱2	√	√						
	年均浓度	区域化学木浆碱炉烟囱	√	√	√	√	√			
		某电厂烟囱1	√	√	√	√	√			
		某电厂烟囱2	√	√	√	√	√			
		某电厂烟囱1	√	√	√	√	√			
		某电厂烟囱2	√	√	√	√	√			

注：1. “√”表示进行计算，空白表示不进行计算。

2. 由于本项目新增 NO_x+SO_2 排放量＞500 t/a，故需预测二次 $PM_{2.5}$。

3. 评价基准年2018年逐日现状监测数据中，数据总数357个＞324个，其中预测因子 SO_2、NO_2、PM_{10}、$PM_{2.5}$ 日均浓度超标天数分别为0 d、5 d、49 d、70 d，故 SO_2、NO_2 按达标区方案预测，PM_{10}、$PM_{2.5}$ 按不达标区方案预测。

表5-5 常规预测情景组合

序号	污染源类别	预测工况	预测因子	计算点	预测时段
1	本项目新增排放源（贡献值）	正常	NO_2 SO_2	环境空气保护目标网格点及其最大值	小时浓度[1] 日均浓度[1] 年均浓度
			PM_{10} 一次 $PM_{2.5}$ 二次 $PM_{2.5}$		日均浓度[1] 年均浓度
			Cl_2 HCl H_2S		小时浓度[1]

序号	污染源类别	预测工况	预测因子	计算点	预测时段
2	本项目新增排放源+已批在建项目排放源−区域削减项目排放源（叠加背景值）	正常	NO_2 SO_2	环境空气保护目标网格点及其最大值	保证率日均浓度 年均浓度
3	本项目非正常排放源+本项目同因子正常排放源（贡献值）	非正常	NO_2 SO_2 PM_{10} 一次 $PM_{2.5}$ 二次 $PM_{2.5}$	环境空气保护目标网格点及其最大值	小时浓度
4	本项目新增排放源、区域削减项目（额外单独运行计算）排放源[2]	正常	PM_{10} 一次 $PM_{2.5}$ 二次 $PM_{2.5}$	网格点	年均浓度

注：1. 参与计算本项目大气环境防护距离；

2. 由于项目所在区域由 PM_{10}、$PM_{2.5}$ 判定为不达标区，尚未编制限期达标规划，故计算 PM_{10}、$PM_{2.5}$ 年均浓度变化率 k 值。

预测结果（略）。

（2）大气环境防护距离、卫生防护距离

本项目全厂大气排放源最大贡献值预测结果均能满足相应质量标准限值要求，大气环境防护距离为 0，不需要设置大气环境防护区域。

根据《造纸及纸制品业卫生防护距离　第 1 部分：纸浆制造业》（GB 11654.1—2012），本项目制浆生产规模大于 30 万 t/a，项目所在地区近 5 年平均风速为 2～4 m/s，据此确定卫生防护距离区域为项目制浆车间外围 800 m 范围。根据《非金属矿物制品业卫生防护距离　第 2 部分：石灰制造业》（GB 18068.2—2012），本项目石灰窑车间生产规模为 408 kt/a＞200 kt/a，项目所在地区近 5 年平均风速为 2～4 m/s，据此确定卫生防护距离区域为项目石灰窑车间外围 400 m 范围。石灰窑车间卫生防护距离范围在制浆车间卫生防护距离范围内部。项目卫生防护距离包络线范围超出项目主体工程区域东厂界最远距离 746 m，超出南厂界 757 m，超出西厂界最远距离 757 m，超出北厂界 476 m，相应防护区域内不存在环境空气保护目标。项目完成后，该防护区域内不再设置居民住宅、学校、医院等环境敏感目标以及与本项目性质不相容企业。

2．地表水环境影响分析

根据《环境影响评价技术导则　地面水环境》（HJ/T 2.3—2018），本案例生产废水经管道收集排入厂区污水处理站及中水回用系统，经回用后浓水排入市政污水处理厂，因此确定本项目地表水环境影响评价等级为三级 B。重点分析内容如下：

（1）市政污水处理厂接纳本项目污水可行性分析：包括市政污水处理厂服务范围、进水水质可行性、水量可行性。

（2）市政污水处理厂排水环境影响分析；

（3）事故情况下排水环境影响分析；

（4）B 河综合整治方案分析和拟建项目通过“以新带老”措施后对 B 河的影响减缓分析：市政污水处理厂设计处理能力 12 万 m^3/d，现状接收本公司废水 69 689 m^3/d，拟建项目完成后全厂减少废水排放量 8 856 m^3/d，市政污水处理厂处理能力满足公司需求。本项目特征污染物 AOX、二噁英在排放标准中控制点为车间排放口，且浓度较低，经过公司污水处理厂进一步处理后浓度进一步降低，一般不会对依托污水处理设施产生影响。

分析结果（略）。

3. 地下水环境影响预测

根据 HJ 610—2016，本案例项目类别为报告书Ⅱ类、地下水环境敏感程度为“较敏感”，地下水环境评价为二级评价。

在模拟污染物扩散时，不考虑吸附作用、化学反应等因素，重点考虑了对流、弥散作用。因此，预测的结果较保守。

污染情景设置：制浆车间废水收集池出现破损。

对于上述情景，预测事故工况下污染物在不同时段的扩散范围、超标范围、最大运移距离、浓度变化等。

污染源概化：渗漏的污染物是以恒定的浓度释放的，污染源可概化为点源连续注入；将风险最大化，不考虑包气带的吸附、溶滤、降解作用，将注入的溶质浓度设定为渗漏污水中污染物的浓度。

模拟期：将预测的地下水流场作为模拟初始水位，模拟期从假定渗漏时刻起，至 20 年后止，即 7 300 d。

预测结果（略）。

点评：

1. 本案例于 2019 年开展环评工作，按照 HJ 2.2—2018 开展评价工作，评价工作等级为一级。本案例废气污染源情况较复杂，除本项目新增污染源外，还涉及已批在建污染源，以及本项目取代污染源、区域削减项目污染源。案例根据导则要求开展了：①本项目排放源正常排放条件下，预测环境空气保护目标及网格点主要污染物的短期浓度和长期浓度贡献值，评价其最大浓度占标率；②对于属于达标区的评价因子，在本项目排放源正常排放条件下，叠加区域已批在建排放源，考虑本项目取代污染源、区域削减项目排放源，叠加背景值，开展进一步预测，预测环境空气保护目标和网格点主要污染物的保证率日平均质量浓度和年平均质量浓度的达标情况；③本项目排放源非正常排放条件下，预测环境空气保护目标和网格点主要污染物的 1 h 最大浓度贡献值及占标率；④对于属于不达标区的评价因子，考虑本项目取代污染源、区域削减项目排放源，预测评价区域环境质量的整体变化情况，实施区域削减方案后预测范围的年平均质量浓度变化率 $k\leqslant-20\%$，可判定项目建设后区域环境质量得到整体改善。同时，核算了大气环境防护距离、卫生防护距离，并对上述防护距离内敏感目标情况进行分析，对防护距离内居民住宅、学校、医院等人群聚集点的建设提出要求。

与 HJ 2.2—2008 相比，改进了评价等级判定方法，简化了环境空气质量现状监测内容，修订了大气环境影响评价模型和方法，增加了二次污染物的预测及评价方法，改进了大气环境防护距离确定方法，增加了污染物排放量核算内容和环境监测计划要求，满足排污许可证制度与环境影响评价制度有效衔接的管理要求。本项目开展了二次 $PM_{2.5}$ 的预测与评价。

2．本案例废水经厂区污水处理站处理和中水回用系统后浓水排入接管污水处理厂，分析论证重点在于分析接管污水处理厂接纳本项目废水的可行性。案例从接管污水处理厂的服务范围、本项目废水水量、水质的符合性等不同角度展开论证，同时对本项目事故情况下废水的环境影响进行分析，分析论证合理、全面。

六、污染防治对策措施的技术经济分析

（一）废气治理措施分析

1．烟气污染防治措施

拟建工程的烟气污染源主要是碱回收炉和石灰窑，碱回收炉烟气采用炉内 PSCR 脱硝、四电场静电+湿式静电除尘器除尘；石灰窑烟气采用五电场静电除尘器除尘，臭氧脱硝，湿式静电除尘器除尘。碱回收炉炉内 PSCR 脱硝、石灰窑臭氧脱硝属于新兴技术，在部分企业进行了实验性运行，经过分析论证并结合实验监测结果，碱回收炉、石灰窑废气控制措施可行，碱回收炉烟气中烟尘、SO_2、NO_x 排放满足地方《区域性大气污染物综合排放标准》中第四时段重点控制区排放限值要求，二噁英类排放浓度满足《危险废物焚烧污染控制标准》（GB 18484—2001）要求；石灰窑排放的烟气满足地方《建材工业大气污染物排放标准》表 2 重点控制区排放限值要求；碱回收炉及石灰窑 H_2S 排放达到《恶臭污染物排放标准》（GB 14554—93）表 2 要求。

2．工艺废气污染防治措施

制浆车间漂白工段酸性气体（特征污染物 Cl_2）经碱液洗涤后排放，类比已运行同类项目的实际监测结果，污染物可满足《大气污染物综合排放标准》（GB 16297—1996）要求。二氧化氯制备工段酸性尾气（特征污染物 Cl_2、HCl）在气体收集塔加稀碱液洗涤后排空，类比已运行同类项目的实际监测结果，污染物可满足《无机化学工业污染物排放标准》（GB 31573—2015）表 3 标准。

3．臭气污染防治措施

制浆工程产生臭气的生产环节主要有制浆蒸煮系统、碱回收炉、石灰窑、熔融物溶解槽、蒸发站、稀黑液槽、污冷凝水槽等。高浓臭气收集后送碱回收炉进行焚烧处置，

低浓臭气进入碱炉作为二次风的一部分。为避免臭气处理系统事故时直接排放，在碱回收炉安装两套臭气焚烧炉分别燃烧高浓臭气、汽提气和低浓臭气（柴油、天然气点火的臭气燃烧炉）。在事故工况下，高浓臭气、低浓臭气分别通过臭气备用燃烧炉燃烧后排放，以避免臭气直接排空。类比已运行同类项目的实际监测结果，臭气浓度可达到《恶臭污染物排放标准》（GB 14554—93）要求。

（二）废水治理措施分析

1. 废水治理措施概述

拟建项目制浆车间黑液进入碱回收系统进行处理，其他废水 53 776 m^3/d 全部进公司现有污水处理站"好氧+深度处理系统"处理，处理后废水全部送拟建中水回用膜处理工程进一步处理。现有污水处理厂采用"初沉池+IC 厌氧+曝气好氧+深度处理系统"工艺，其中深度处理系统采用"加药混凝沉淀+Fenton（芬顿）+除铁曝气池+砂滤"工艺。拟建中水回用膜处理工程采用"均质池+预反应池+机械加速澄清池+锰砂滤池+中间水池+臭氧反应池+BAF 生物滤池+砂滤池+清水池+超滤+超滤产水池+反渗透"的处理工艺。经过中水回用膜处理后 70%作为清水回用，30%浓水通过市政管网排市政污水处理厂进一步处理后排放。工艺流程见图 5-4、图 5-5。

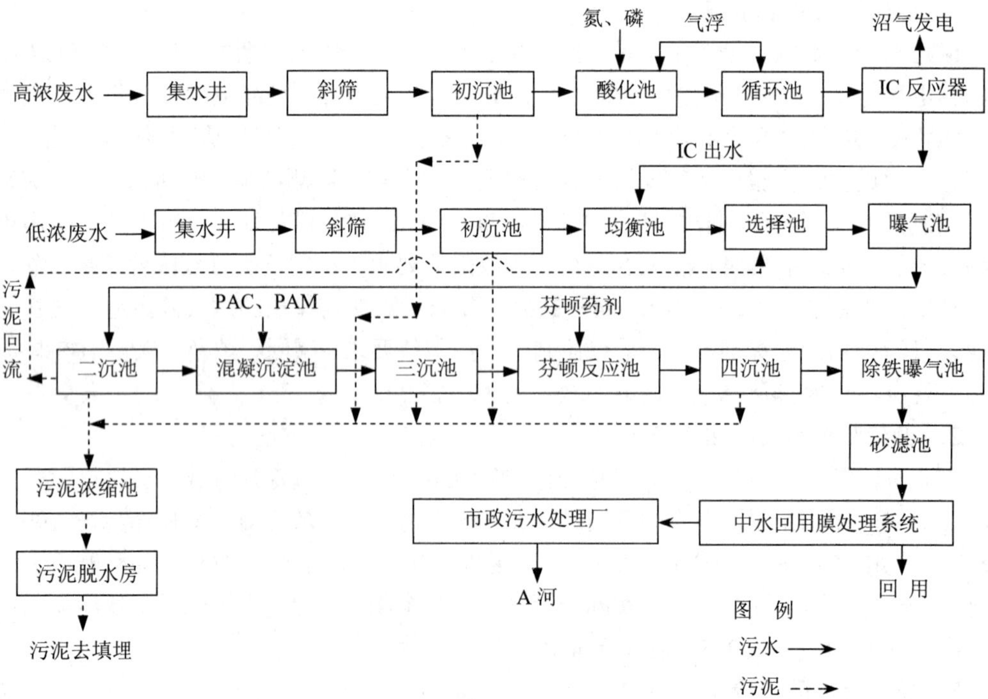

注：PAC 为聚合氯化铝；PAM 为聚丙烯酰胺。

图 5-4 污水处理站工艺流程

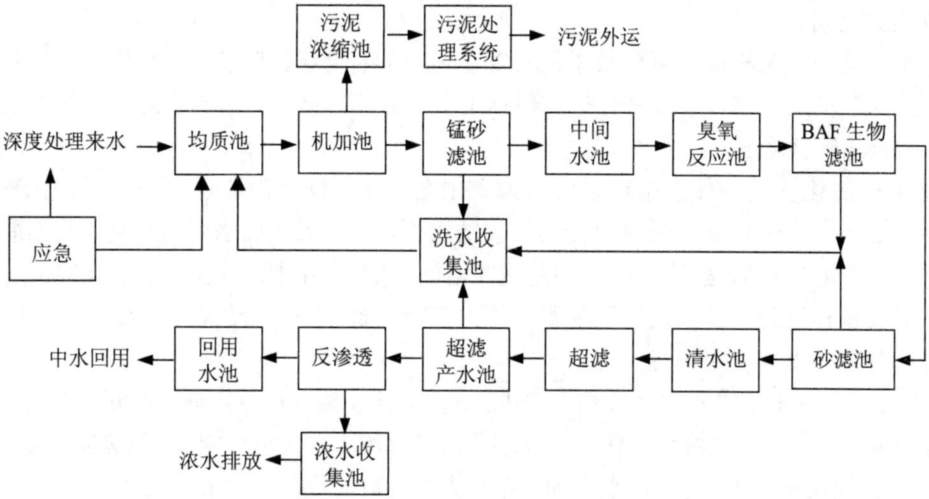

图5-5　中水回用膜处理工艺流程

2. 废水治理达标可行性分析

本项目利用现有污水处理厂，现有污水处理站处理能力135 000 m^3/d，现有工程需处理废水量97 703 m^3/d，通过采取淘汰15.3万t落后化学木浆生产线和化机浆生产线废水的MVR蒸发改造，拟建项目完成后全厂需处理废水量116 833 m^3/d，现有污水处理站处理能力满足拟建项目需求。

根据现有污水处理厂实际运行情况，均能稳定达到排放标准限值的要求。

（1）项目污水处理达标可行性分析

① 一级沉淀预处理。项目污水处理站采用的一级沉淀处理是一种物理处理形式，是最常规有效的一级预处理措施，其技术与设备均成熟可靠。目前在制浆污水处理项目中被广泛应用，主要去除水中的悬浮物与非溶解性有机物。

② 二级生物处理。二级生物处理工艺是保证污水处理达标且实现运行经济的关键，需要采用经过实践检验且成熟可靠的处理工艺。

本项目采用“选择池+曝气池”，COD去除效率能够稳定达到85%以上，为三级芬顿处理工艺提供了良好的条件。

③ 深度处理系统。三级深度处理是进一步去除二级处理出水中剩余污染物的净化过程，是实现达标排放的最终保证措施。目前在国内实现工程化应用并取得良好效果的主要是混凝气浮（或沉淀）技术、高级氧化（芬顿）技术。

现有污水处理厂深度处理系统采用“加药混凝沉淀+Fenton+除铁曝气池+砂滤”工艺。

混凝沉淀处理方法是废水深度处理技术中常用的处理方法之一，该方法投资少、过程简单、操作方便、体积与占地面积小、运行成本相对较低。从已经公布的一些统计数据看，当二沉池后出水采用混凝处理时，有机物的去除效率一般能达到50%～70%，有些可以达到更高。

高级氧化技术又称深度氧化技术，是 20 世纪 80 年代发展起来的一种用于处理难降解有机污染物的新技术，高级氧化技术包括了多种方法，目前在国内实际应用较多的是芬顿（Fenton）氧化法。

Fenton 氧化法是一种采用过氧化氢为氧化剂、以亚铁盐为催化剂的均相催化氧化法，反应中产生的•OH 是一种氧化能力很强的自由基，能氧化废水中有机物，从而降低废水的色度和 COD 值，去除率随着加药量的增加而增大。相比其他高级氧化法，Fenton 试剂法具有操作过程简单、反应物易得、无须复杂设备、不会分解产生新的有害物质、对后续的处理无毒害作用等优点。

“除铁曝气池+砂滤”可进一步将 Fe^{2+}进行氧化，当水流经砂滤池时，在滤层中发生接触氧化反应及滤料表面生物化学作用和物理截留吸附作用，使水中 Fe^{3+}得以去除，进一步降低了出水中的悬浮物和色度，水中的污染物大部分被去除，可回用于生产。

④ 达标可行性分析。拟建项目完成后，废水进现有污水处理厂处理，其水量和水质情况见表 5-6。

表 5-6　污水处理厂进水水量和水质情况

项目	废水量/（m^3/d）	COD/（mg/L）	BOD/（mg/L）	SS/（mg/L）
拟建化学木浆项目	53 776	1 483.4	545.6	560.9

根据现有污水处理厂实际运行情况，经“一级沉淀预处理+二级生化处理”处理后，主要污染物的去除效率能达到：COD＞83.5%、BOD＞90.8%、SS＞88.1%；再经深度处理（芬顿处理系统）后，COD、BOD、SS 去除效率分别能达到：COD＞95.2%、BOD＞99.5%、SS＞98.6%，据此计算得出拟建项目完成后污水处理厂进出水水质情况，见表 5-7。

表 5-7　拟建项目建成后污水处理厂进出口水质

项目		COD/（mg/L）	BOD/（mg/L）	SS/（mg/L）
进口		1 483.4	545.6	560.9
生化处理后	去除率	83.5%	90.8%	88.1%
	出口	245	50	67
深度处理后	去除率	95.2%	99.5%	98.6%
	出口	70	＜10	＜10

拟建项目建成后废水经污水处理厂“一级沉淀预处理+二级生物处理”后，外排 COD_{Cr}、BOD_5、SS 满足公司与市政污水处理厂协议标准要求：COD_{Cr}≤300 mg/L、

BOD_5≤84 mg/L、SS≤94 mg/L 要求，能做到达标排放。同时，经深度处理系统处理后，出水水质可达到 COD_{Cr}≤70 mg/L、BOD_5≤10 mg/L、SS≤10 mg/L 水平，满足中水膜处理系统进水要求。

（2）中水膜处理系统出水水质分析

中水回用膜处理系统采用“均质池+预反应池+机械加速澄清池+锰砂滤池+中间水池+臭氧反应池+BAF 生物滤池+砂滤池+清水池+超滤+超滤产水池+反渗透”的处理工艺。厂区污水处理厂深度处理系统出水，再经过一系列物化预处理后，可进一步去除废水中残留的较大分子的污染物，再经超滤+反渗透膜处理工艺，从而能够有效地去除水中的溶解盐类、胶体、微生物以及分子量大于 200 道尔顿的有机分子；根据设计参数，中水回用膜处理系统出水水质可达到作为清水回用的效果，具体水质见表 5-8。

表 5-8　中水回用膜处理系统出水水质　　单位：mg/L（pH 除外）

序号	指标	出水水质
1	pH	6～9
2	COD_{Cr}	≤10
3	BOD_5	≤2
4	氨氮	≤1
5	总磷	≤1
6	TDS	≤300
7	SO_4^{2-}	≤60
8	Cl^-	≤200
9	总硬度（按 $CaCO_3$ 计）	≤5

（3）混合废水达标排放可行性分析

污水处理厂深度处理系统出水再进入中水回用膜处理系统，进一步处理后清水直接回用，浓水与污水处理厂“一级沉淀预处理+二级生物处理”后出水混合后排入污水管网，再进入市政污水处理厂进一步处理后排放。不考虑中水膜处理系统预处理去除效率，只看作超滤膜+反渗透膜对污染物浓缩效果，中水处理系统浓水水质核算情况见表 5-9。

表 5-9　中水处理系统浓水水质

项目	水量/（t/d）	COD_{Cr}/（mg/L）	BOD_5/（mg/L）
中水膜处理系统进口	80 000	70	50
清水水质	56 000	≤10	≤2
浓水水质	24 000	<225	<33.3

从表 5-9 分析，浓水水质能达到 COD_{Cr}＜225 mg/L、BOD_5＜33.3 mg/L，与污水处理厂“一级沉淀预处理+二级生物处理”出水（COD_{Cr}≤300 mg/L、BOD_5≤84 mg/L、SS≤94 mg/L）混合后，能达到公司与市政污水处理厂协议标准（pH 为 6～9、COD_{Cr}≤300 mg/L、BOD_5≤84 mg/L、SS≤94 mg/L）要求。

（4）其他污染物达标可行性分析

拟建项目原辅材料中无含氮、含磷等物料的添加，仅在污水处理过程中，为提高微生物活性，添加少量含氮、磷的微生物营养物质。在初沉池之后，对氮和磷浓度分两段控制：第一步是生物处理（二级处理），在生物处理段对氮（总氮）、磷（总磷）进行控制以维持对活性生物生长至关重要的碳—氮—磷的平衡关系，可通过测量生物处理段废水的氮、磷浓度进行，如果在未处理废水中营养物质不足以维持必要的碳—氮—磷平衡，则需要加入额外的营养物质到生物系统中，项目废水生物系统中典型的营养水平是 1～5 mg/L 总氮和 0.1～0.8 mg/L 总磷，实际水平取决于浆厂运行时的微调，对浆厂低 N/BOD 比值的未处理废水添加氮（通常是尿素）是必要的，典型的平衡水平为 BOD∶氮∶磷＝100∶（2.5～5）∶（0.5～1），在实际运行中根据情况进行调整控制；第二步控制营养成分是采用化学处理的三级处理，在处理后通常可降低总氮 10%～30%，降低总磷 20%～50%。

根据实际监测结果显示，经二级生物处理后出水氨氮、总氮以及总磷分别为氨氮＜28.4 mg/L、总氮＜68.6 mg/L、总磷＜7.67 mg/L，均能够符合《污水排入城镇下水道水质标准》（GB/T 31962—2015）表 1 中 B 等级标准（氨氮≤45 mg/L、总氮≤70 mg/L、总磷≤8 mg/L）要求。

3．废水中AOX的分析

（1）控制废水中 AOX 发生的措施

① 降低浆的卡伯值；

② 浆的有效洗涤；

③ 减少活性氯用量，采用无氯漂剂。

（2）拟建项目化学木浆车间 AOX 产生情况

拟建项目采取了上述的各类措施控制废水中 AOX 的产生量：化学木浆蒸煮工段采用改良连续蒸煮技术，可降低浆中木素量，降低浆的卡伯值；采用两段氧脱木素，预计可降低 50%的卡伯值；纸浆出氧脱木素后，经一台压榨洗浆机洗涤，然后进入中浓贮浆塔贮存，再经第二台压榨洗浆机洗涤后泵送漂白工段，漂白各工段间均进行了有效的洗涤，氧脱木素及漂白工段洗浆机均由国外引进，经过有效洗涤，可降低浆中木素量，降低了浆的卡伯值；漂白工段拟采用 Z/D0-EOP-D1 三段的 light-ECF 漂白技术，即在第一段采用臭氧和少量的二氧化氯、第二段加入碱和过氧化氢，无 Cl_2 漂白，满足出车间废水中 AOX 浓度小于 12 mg/L 的标准要求。

4．废水中二噁英的分析

（1）控制二噁英发生的措施

① 蒸煮深度脱木素；

② 采用新的漂白工艺技术。

（2）拟建项目化学木浆车间二噁英产生及排放情况

拟建项目蒸煮工段采取改良连续蒸煮方法，中浓筛选，二段氧脱木素，多段逆流洗涤，漂白工段拟采用 Z/D0-EOP-D1 三段的 light-ECF 漂白技术，即在第一段采用臭氧和少量的二氧化氯、第二段加入碱和过氧化氢，无 Cl_2 漂白。出车间废水中二噁英浓度＜15 pgTEQ/L，满足《制浆造纸工业水污染物排放标准》（GB 3544—2008）中二噁英浓度＜30 pgTEQ/L 的限值要求。

点评：

本案例废水治理措施分析编写得深入细致，废水利用现有污水处理站处理，处理后废水全部送拟建中水回用膜处理项目进一步处理。经过中水回用膜处理后 70%作为清水回用，30%浓水通过市政管网排市政污水处理厂进一步处理后排放，降低了废水排放量。对废水中 AOX、二噁英进行了成因机理分析，提出控制 AOX、二噁英产生的措施；这些治理措施和污染控制技术均为前沿技术。达标可行性分析结论可信。

七、环境风险评价

1．环境风险识别

本项目的风险因素主要包括生产过程中危险化学品的泄漏、污染物的事故排放、易燃易爆物质及装置发生的火灾爆炸事件，主要风险因素分析见表 5-10。

表 5-10　项目主要风险因素分析

风险因素	具体风险环节	可能原因	扩散途径	可能受影响的环境保护目标
危险化学品泄漏	氯酸钠、二氧化氯、次氯酸钠、氢氧化钠、过氧化氢、硫酸、盐酸等发生泄漏	储罐、储槽破裂，管道泄漏以及可能发生的运输事故	化学品溶液在围堰中收集，通过管线进入事故池	地面水环境 地下水环境
	液氯	储槽破裂，恰逢报警及自动喷淋装置失效、液氯储存间门开启	向大气环境中排放	厂区员工风险评价范围内人群
污染物的事故排放	碱回收系统	黑液从储罐中溢出，管道、阀门破裂	围堰中收集，通过管线进入事故池	地下水环境
	碱炉及石灰窑烟气处理系统	烟气处理设备出现故障，处理效率下降	向大气环境中排放	厂区员工大气评价范围内人群

<table>
<tr><th>风险因素</th><th>具体风险环节</th><th>可能原因</th><th>扩散途径</th><th>可能受影响的环境保护目标</th></tr>
<tr><td rowspan="5">火灾爆炸</td><td rowspan="2">柴油储罐</td><td>柴油燃烧产生次生污染物（二氧化硫和不完全燃烧次生一氧化碳）</td><td>向大气环境中排放</td><td>厂区员工
风险评价范围内人群</td></tr>
<tr><td>储罐破裂，发生泄漏进而引起火灾</td><td rowspan="4">火灾产生的 CO_2、TSP 进入大气</td><td rowspan="4">厂区员工
邻近厂区边界人群</td></tr>
<tr><td>原料堆场</td><td>管理不善引发火灾</td></tr>
<tr><td>二氧化氯车间及其储罐区</td><td>氯酸钠、二氧化氯、氢气可能引发火灾或爆炸</td></tr>
<tr><td>碱回收车间、石灰窑、气化炉</td><td>由于机械故障，碱炉、石灰窑、气化炉等设备维修保养不当引发爆炸</td></tr>
</table>

2. 源项分析

通过对本项目的危险物料以及生产功能单元的分析，本项目的主要风险源为液氯储罐发生泄漏后对周边环境造成的影响。

通过对历史事件的分析，液氯储罐发生泄漏，将是本项目对周边环境造成的主要环境风险事件。

3. 评价等级与范围

本项目环境风险潜势综合判定过程及结果见表 5-11。

表 5-11 项目环境风险潜势综合判定情况

<table>
<tr><th>判定总项</th><th>判定分项</th><th>计算统计结果/判定</th><th>判定结果</th><th>备注</th></tr>
<tr><td rowspan="3">危险物质及工艺系统危险性（P）的分级</td><td>危险物质数量与临界量比值（Q）</td><td>91.3</td><td>Q<100</td><td>由液氯、氯酸钠、二氧化氯、次氯酸钠、硫酸、柴油、一氧化碳、甲烷等危险物质计算确定</td></tr>
<tr><td>行业及生产工艺（M）</td><td>∑M=20</td><td>M2</td><td>二氧化氯车间涉及“电解工艺（氯碱）”；汽化炉内部温度 710℃>300℃，生物质气涉及一氧化碳、甲烷等危险物质；石灰窑内部温度 1 000～1 200℃>300℃，燃料涉及一氧化碳、甲烷等危险物质</td></tr>
<tr><td>判定结果</td><td colspan="3">P2</td></tr>
</table>

判定总项	判定分项	计算统计结果/判定	判定结果	备注
环境敏感程度（E）的分级	大气环境	本项目厂址周边500 m范围内人口数小计2 675人	E1	—
	地下水环境	地下水功能敏感性	G2	涉及水源地水源井的补给区
		包气带防污性能	D2	项目区岩土层单层厚度总体在1.5～5 m＞1 m，平均渗透系数为1.0×10^{-6}～1.0×10^{-4} cm/s，包气带分布连续、稳定
		环境敏感程度	E2	—
环境风险潜势	大气环境	Ⅳ		一级评价
	地表水环境[注]	—		简单分析
	地下水环境	III		二级评价
	综合判定	Ⅳ		一级评价

注：本项目废水依托厂外污水处理设施处理后排放，不直排地表水体，公司、依托厂外污水处理设施均配有废水事故应急措施和完善的应急体系，事故情况下一般不会进入下游地表水体，且拟建项目周围无地表水体，因此废水排放方面的环境风险只需分析对其依托的厂外污水处理设施运行状况可能带来的不利影响，不必从地表水环境敏感程度角度判定环境风险潜势。

由项目环境风险潜势综合判定结果可知，本项目环境风险评价等级为一级，大气环境、地表水环境、地下水环境的风险评价分别按一级评价、简单分析、二级评价的工作深度开展评价工作。

大气环境风险评价范围确定为以原料堆场区域西南角（近似项目厂区中心点）为中心、5.6 km（选定的中心点与项目厂区各拐点的最大距离约为600 m）为半径的近圆形区域。地下水环境风险评价范围同地下水环境影响评价范围，面积为162.22 km^2的矩形区域。

4．影响预测

经预测，对于液氯储罐泄漏风险事故，在最不利气象条件下，氯气预测浓度达到毒性终点浓度-1（毒性终点浓度-1，58 mg/m^3）的最大影响范围距液氯储罐约为660 m，达到毒性终点浓度-2（毒性终点浓度-2，5.8 mg/m^3）的最大影响范围距液氯储罐约为2 660 m。各主要关心点均不在毒性终点浓度-1浓度范围内，毒性终点浓度-2浓度范围内的环境敏感目标包括18个关心点。超过毒性终点浓度-2浓度的时间在11～23 min（最先超标的关心点为西公孙村），相应超标持续时间在12～15 min，最大浓度在6.0～48.1 mg/m^3（浓度最高的关心点为西公孙村）。

在最常见气象条件下，氯气预测浓度达到毒性终点浓度-1（毒性终点浓度-1，58 mg/m^3）的最大影响范围距液氯储罐约为610 m，达到毒性终点浓度-2（毒性终点浓度-2，5.8 mg/m^3）的最大影响范围距液氯储罐约为2 310 m。各主要关心点均不在毒性终点浓度-1 浓度范围内，毒性终点浓度-2 浓度范围内的环境敏感目标包括 14 个关心点。超过毒性终点浓度-2 浓度的时间在 8～15 min（最先超标的关心点为西公孙村），相应超标持续时间在 11～14 min，最大浓度在 5.3～41.1 mg/m^3（浓度最高的关心点为西公孙村）。

项目液氯储罐位于封闭的液氯储存间内部，储罐区备有应急电源，配有碱液喷淋装置和漏氯自动吸收装置，每个储罐设有氯气泄漏监测报警装置，设有安全阀、压力表等，安全阀及事故放空均设有收集处理系统，设有集水设施。日常操控完全按照《氯气安全规程》（GB 11984—2008）进行：氯气生产、使用的厂房、库房建筑符合《建筑设计防火规范》（GB 50016—2014）的规定；氯属于Ⅱ级（高度危害）物质，直接接触氯气生产、使用、贮存、运输等作业人员，必须经专业培训，考试合格，取得特种作业合格证后，方可上岗操作；氯气生产、使用、贮存、运输车间（部门）负责人（含技术人员），应熟练掌握工艺过程和设备性能，并能正确指挥事故处理；氯气生产、使用、贮存、运输等现场，都应配备抢修器材；另外，还制定了《危险化学品安全管理制度》，规范危险化学品的管理。液氯储罐发生泄漏后，基本可控制在封闭室内，且由漏氯自动吸收装置及碱液喷淋装置进行处理，对室外及周边敏感目标的影响将远小于本次预测结果。

根据事故发生时的气象特征及受风险影响的程度，确定风险事故疏散范围如下：

① 首要疏散范围：依据毒性终点浓度-1 浓度及事故发生时的风向，确定设定事故发生时，应立即疏散的范围是事故泄漏源下风向 660 m 范围内的人员（主要为厂内工作人员）；

② 重点疏散范围：依据毒性终点浓度-2 浓度及事故发生时的风向，确定设定事故发生时，应重点疏散的范围是事故泄漏源下风向 2 660 m 范围内的人员（18 个环境空气保护目标）。

设定事故发生时，公司应急指挥领导小组责任领导应立即辨别当时的上风向和侧风向，并通报“首要疏散范围”“重点疏散范围”所涉及村委会领导，由建设单位应急指挥领导小组人员与村委会领导共同指导村民向事故发生地的上风向或侧风向撤离。

由于设定事故状态下，所有环境空气保护目标均未出现在毒性终点浓度-1 浓度范围内，可见只要在发生泄漏事故之后采取及时有力的措施且做好下风向人群的疏散工作，项目氯气储罐发生泄漏事故的风险是可以接受的。

点评：

本案例根据《建设项目环境风险评价技术导则》（HJ/T 169—2018）开展环境风险预测与评价，按照导则推荐的预测模式确定了事故影响范围，并提出了疏散方案，制定了相应的风险防范及应急措施，提出的措施有针对性，可操作性较强。

八、清洁生产水平分析

本次评价根据《制浆造纸行业清洁生产评价指标体系》（国家发展和改革委员会 环境保护部 工业和信息化部公告 2015 年 第 9 号，2015 年 4 月 15 日）中漂白硫酸盐木浆评价指标，根据生产线实际运行情况，对本项目的清洁生产水平进行定量评价。

根据《制浆造纸行业清洁生产评价指标体系》制浆造纸行业不同等级清洁生产企业综合评价指数评定条件，对于Ⅰ级（国际清洁生产领先水平），需同时满足综合评价指数 YⅠ′≥85，且限定性指标全部满足Ⅰ级基准值要求；对于Ⅱ级（国内清洁生产先进水平），需同时满足综合评价指数 YⅡ′≥85，且限定性指标全部满足Ⅱ级基准值要求。

根据《制浆造纸行业清洁生产评价指标体系》综合评价指数计算，综合评价指数 YⅠ′=100，且限定性指标全部满足Ⅰ级基准值要求，企业清洁生产水平为Ⅰ级，达到国际清洁生产领先水平。

点评：

根据《环境影响评价技术导则　总纲》（HJ 2.1—2016），简化了清洁生产与循环经济相关评价要求，本案例参考《制浆造纸行业清洁生产评价指标体系》进行生产线清洁生产水平评价。

九、评价结论

1. 产业政策符合性

拟建项目为化学木浆项目，建设内容为：一条年产 100 万 t 漂白硫酸盐法化学木浆生产线及其配套辅助和公用工程。拟建项目符合《造纸产业发展政策》《产业结构调整指导目录（2011 年本）》（2013 年修订）、《中国造纸协会关于造纸工业“十三五”发展的意见》等国家产业政策及相关规定。

2. 选址的环境可行性

拟建项目选址位于东部沿海某市工业园区内，属 3 类工业用地，选址符合《某市国民经济和社会发展第十三个五年规划纲要》《某市环境保护“十三五”规划》《某省加强污染源头防治推进“四减四增”三年行动方案（2018—2020 年）》等。另外，拟建项目与《某工业园规划》及其规划环评报告、审查意见的各项要求均相符合。

拟建项目通过淘汰现有化学木浆生产线、对现有化机浆废水进行 MVR 蒸发改造以及废水膜处理后回用，可减少排入市政污水处理厂的废水量，减少 COD、氨氮等污染物排放量，进一步减小对纳污水体的影响，为本项目的建设创造条件。

3．达标排放

采取相应措施后，拟建项目排放的废水、废气、噪声均能达到相应标准限值要求，各生产工段产生的固体废物均得到合理有效处置，且处理处置措施可行。

4．清洁生产水平

经过分析与评价，拟建项目达到了国际清洁生产领先水平，同时实现了企业的循环经济发展。

5．环境风险评价

经预测，当液氯储罐发生泄漏，恰逢液氯储存间内的报警及喷淋装置未能及时启用、同时液氯储存间的门开启，保守地按室外气象场开展液氯泄漏的事故预测工作，在最不利和最常见两种气象条件下，各环境敏感目标均不在毒性终点浓度-1浓度影响范围内，超过毒性终点浓度-2浓度的最早时间为8 min，相应超标持续时间最长为15 min。液氯储罐发生泄漏后，基本可控制在封闭室内，且由漏氯自动吸收装置及碱液喷淋装置进行处理，对室外及周边敏感目标的影响将远小于本次预测结果。通过制定完善的环境管理、风险管理措施（预案），设施配备齐全，加强相关人员培训，采取适当的风险防范措施和应急措施，可以将各种风险发生率、危害程度大大降低。拟建项目的环境风险是可以接受的。

6．污染物总量控制

拟建项目完成后，可以做到增产减污，排放污染物满足排污许可证许可排放量要求。

7．公众参与

建设单位在确定环境影响报告书编制单位后在公司网站进行了第一次公示。公示内容主要有建设项目名称、选址选线、建设内容等基本情况，建设单位名称和联系方式，环境影响报告书编制单位名称，公众意见表的网络链接，提交公众意见表的方式和途径。公示期间没有收到公众反馈意见。

建设项目环境影响报告书征求意见稿形成后，建设单位在公司网站、某日报、项目环境影响评价范围内的村委会公示栏进行了征求意见稿公示。公示内容主要有环境影响报告书征求意见稿全文的网络链接及查阅纸质报告书的方式和途径；征求意见的公众范围；公众意见表的网络链接；公众提出意见的方式和途径；公众提出意见的起止时间。公示期间没有收到公众反馈意见。

建设单位在向某市生态环境局报批环境影响报告书前，于公司网站公开了拟报批的环境影响报告书全文和公众参与说明。

案例分析

一、本案例环境影响评价特点

本案例为典型硫酸盐法制浆项目，同时存在现有工程。分析了现有工程存在的问题及采取的“以新带老”措施，对现有化学法制浆生产线进行了淘汰，为拟建项目的建设创造条件。本案例可为存在现有工程项目的编制思路提供借鉴。

该项目环境影响报告书于 2019 年 4 月获得某市生态环境局批复。随着环境保护标准、规范、技术导则的不断完善，对项目环境影响评价的要求和深度越来越严。项目的环境影响报告内容全面、格式规范，现状描述和工程分析翔实，环境影响识别和评价因子筛选合理，环境标准适用准确，措施建议充分、合理。尤其是该环评报告书较准确地提出了项目建设涉及环境影响的难点问题，如：工艺过程中 AOX 的产生和控制；现有工程、拟建项目可能存在的特征因子 Cl_2、HCl、非甲烷总烃为环境空气现状评价因子；同时开展了土壤环境监测。

二、林纸一体化项目环境影响评价应特别关注的几个问题

1. 国家产业政策及相关规划的符合性

（1）林基地建设应符合《全国林纸一体化工程建设“十五”及 2010 年专项规划》与《造纸产业发展政策》。

（2）符合地方总体发展规划、环境保护规划、环境功能区划、生态保护规划。

（3）评价区域内若有特殊保护区、生态敏感与脆弱区、社会关注区及环境质量达不到或接近环境功能区划要求的地区，均应列为环境制约因素。

（4）水资源规划及项目水资源供给可靠性与环境可行性论证；合理利用地表水资源、保护好地下水，保障饮用水安全，不挤占生态用水及农业用水。

2. 选址布局要合理并符合国家相关规定

（1）浆（纸）厂选址应注意的问题

根据《关于切实加强风险防范严格环境影响评价管理的通知》（环发〔2012〕98 号）的要求，制浆造纸项目必须在依法设立、环境保护基础设施齐全并经规划环评的产业园区内布设。在环境风险防控重点区域如居民集中区、医院和学校附近、重要水源涵养生态功能区等，以及因环境污染导致环境质量不能稳定达标的区域内，禁止新建或扩建可能引发环境风险的项目。

对于制浆造纸项目，尤其是新建项目，选址要保障饮用水安全的同时，区域内应有充足的水源，缺水地区禁止开采地下水作为水源；国家重点水污染整治流域，禁止新建化学制浆企业；化学木浆厂应选址于近海地区或水环境容量大且自净能力强的大江、大

河下游地区，废水要离岸排放；黄淮海地区制浆造纸工程建设必须结合原料结构调整，确保流域内污染物大幅削减。同时应论证排污口的选择合理性。

同时应注意项目选址与规划的相符性。

（2）造纸林基地建设选址应注意的问题

造纸林基地建设项目必须纳入《全国林纸一体化工程建设“十五”及2010年专项规划》，符合《造纸产业发展政策》的布局要求，严格在500 mm等雨量线以东的5个地区布局。对利用退耕还林地的，必须符合国家《退耕还林条例》相关规定，保护基本农田。不得占用水土保持林地、水源涵养林地等，同时还应满足《中华人民共和国水土保持法》《中华人民共和国河道管理条例》《中华人民共和国防洪法》等的规定要求。

禁止在下列地域划列造纸林基地：自然保护区及自然保护区之间的廊道、25°以上陡坡地（竹林基地除外）、江河故道、行洪道、分洪道、未经主管部门规划与批准的滩地、风景名胜区及其外围保护区、依《森林采伐更新管理办法》《国家林业局 财政部重点公益林区划界定办法》等法规文件确定的公益林区、湿地保护区、国家级水土流失重点预防保护区，以及“天然林资源保护工程”“三北及长江中下游等重点防护林体系建设工程”“退耕还林工程”“京津风沙源治理工程”“野生动植物保护及自然保护区建设工程”等涉及土地范围。

3. 林基地立地条件、树种选择、清林整地方式、采伐方式及管理模式等是林基地建设生态环境影响的关键因素，是其工程分析的重点内容。林基地建设生态环境影响评价的重点主要包括：生态系统稳定性、物种和生物多样性保护、树种选择与物种入侵、林地类型变化、水源涵养、水土保持、石漠化治理、土壤退化、病虫害防治和面源污染防治等。

4. 制浆造纸项目属于用水和排污大户，因此要求新建、扩建、改建项目清洁生产均需达到国内、国际先进水平。水资源是林纸一体化项目的制约因素，其用水必须进行水资源论证。

5. 重点关注特征污染物，如AOX、恶臭、二噁英，应采用清洁生产工艺从源头控制。

6. 污染治理措施需多方案论证。废水排放口位置选择及排污方式应优先论证，项目受纳水体满足环境功能区划要求的同时，需要有接纳项目排水的环境容量。

7. 关注脱墨废渣处置，防止产生二次污染。

8. 林基地环境影响评价应有针对性地提出具体防治对策与减缓、恢复及补偿措施。

案例六　水库工程环境影响评价

一、项目工程概况

（一）流域及流域规划与开发概况

某拟建水库工程（以下简称“本工程”）位于白水江一级支流复宁江，复宁江全长141 km，落差644 m，河道平均坡降4.57‰，流域面积2 774 km^2，汇口处多年平均流量48.70 m^3/s，较大的支流有次一河、次二河、次三河、次四河等。本工程是白水江（复宁江汇口以上）流域综合规划确定的复宁江干流龙头水库工程，也是流域重点水源工程，坝址位于复宁江上游段，坝址以上控制集雨面积为347 km^2，多年平均流量6.8 m^3/s，多年平均径流量2.1亿 m^3。

复宁江干流20世纪70年代左右集中开发建设有12座小型水利水电工程。其中，H水库大坝位于本工程坝址上游120 m，正常蓄水位862.5 m，相应库容660万 m^3，死水位855 m，最大坝高32.5 m，水库具有季调节性能，为小（1）型水库，水库具有城镇生活和工业供水功能，已划定为H水源保护区。由于建设较早，工程未考虑最低下泄生态流量要求。本工程建成后，将淹没H水库大坝及其库区，并替代H水库及其水源保护区的供水任务。其余11座已建工程全部位于本工程坝下河段，均为无调节能力的径流式水电站，坝高为3～12 m。此外，在本工程水库库尾以上23 km干流河段已建26座滚水坝，功能主要为灌溉、景观、交通，各滚水坝间距离多在2 km以内，坝高多为2 m以下。

次一河为本工程坝址下游1.6 km的右岸一级支流，流域面积72.5 km^2，主河道全长20.4 km，多年平均流量1.44 m^3/s。干流上已建有10余处滚水坝，主要功能多为交通、灌溉、供水、景观等。最后一级滚水坝距离河口约1.58 km。

次二河为本工程坝址下游11.1 km的左岸一级支流，流域面积196 km^2，干流全长24 km，多年平均流量3.34 m^3/s。干流上已建有G水库等2处水利水电工程和1处滚水坝，滚水坝距离汇口约为2 km。近期规划在次二河上游建设2座小（1）型水库。

次三河为本工程坝址下游28.3 km的右岸一级支流，流域面积为348 km^2，干流全长63 km，多年平均流量为6.12 m^3/s。干流上已建有20余处滚水坝，主要用于灌溉、交通及景观，最后一级滚水坝距离河口约为500 m。此外，上游已建成5座小型水库，规划建设1座中型水库、1座小型水库。

次四河为本工程坝址下游39.9 km的左岸一级支流，流域面积为344 km^2，主河道全长为 51.9 km，多年平均流量为 5.5 m^3/s。次四河共规划十级水电开发方案，总装机容量约为 8 MW，已建成 5 座水电站，近期规划建设 1 座中型水库和 1 座小型水库。

本工程除向复宁江流域供水外，还将跨流域通过三级泵站提水向娄宁河流域娄宁河上的在建 S 水库调水。娄宁河长 23.9 km，流域面积为 122 km^2，多年平均流量为 1.9 m^3/s。S 水库工程任务为供水和灌溉，水库正常蓄水位 1 143.0 m，兴利库容为 422.7 万 m^3，总库容 515 万 m^3，水库规模为小（1）型，调节性能为多年调节。设计水平年供水量 570.4 万 m^3，其中城乡供水量为 341.9 万 m^3，工业供水量为 37.1 万 m^3，灌溉供水量为 191.4 万 m^3。

项目区流域水系和水库工程布置见图 6-1。

（二）流域规划及规划环评概况

2015 年，白水江流域编制完成复宁江汇口以上流域综合规划并同步开展规划环评工作。2016 年省环保厅印发的规划环评审查意见中提出各梯级水利水电工程应严格实施生态用水的下放和保证措施，规划大中型水库应充分论证下泄低温水影响并落实下泄低温水减缓措施，加强流域污染源和水环境风险治理，开展流域水污染防治规划，严格污染物总量控制和达标排放管理，落实鱼类栖息地、过鱼设施以及增殖放流站等鱼类保护措施等要求。

由于复宁江下游受区域磷化工企业、城镇生活生产污水排放等影响，总磷、氟化物等特征污染物超标，为区域水污染治理的重点河段之一。近年来，地方政府通过一系列水质达标治理方案治理后，复宁江下游总磷、氟化物浓度大幅度下降，部分月份水质已达Ⅲ类水质标准。为跟踪评价复宁江汇口以上流域综合规划实施以来的环境影响情况及环境保护效果，2018 年白水江流域复宁江汇口以上流域开展了规划环境影响跟踪评价，省环保厅在跟踪评价审查意见中提出继续实施一系列污染防治措施，按照“生态优先、统筹考虑、适度开发、确保底线”原则，水资源开发须优先满足流域内生活、工农业用水及河道生态用水。严格实施生态用水的下放和保证措施。坚持有序利用资源，控制资源上线。强化污染控制，保证质量底线。

（三）建设项目环评概况

本工程环境影响评价工作于 2018 年完成并取得批复，报告书评价目的及原则、评价标准、评价工作等级、评价范围等主要依据当时发布的法律法规、部门规章、技术规范及文件等确定。

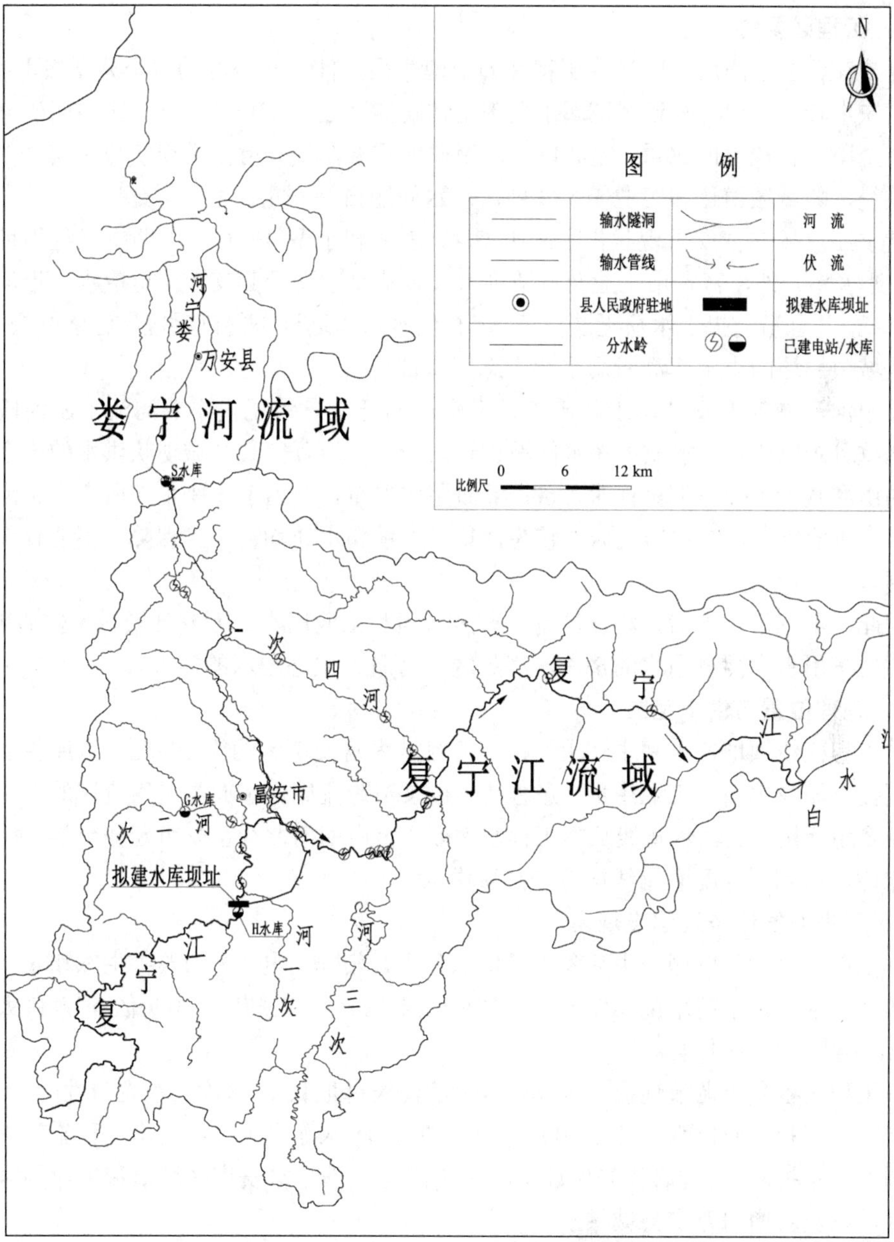

图 6-1　项目区流域水系和水库工程布置

（四）工程概况

1. 工程必要性

复宁江、娄宁河所在区域由于特殊的地理气候条件，水资源的时空分布极不均匀，工程性缺水较为突出。两处区域属于全国主体功能区划中重点开发区，区域磷矿储量和产量在全国占有较大的比重，是我国出产磷矿的重要基地，但由于现状缺乏统一的工业供水系统，随着城镇化和工业园区发展，缺水问题日趋严重。

复宁江流域的富安市现状供水除中型 G 水库和小型 H 水库（即本工程坝址上游 120 m 处水库）外，富安市工业及城镇供水大多从复宁江及其支流河道取水，沿河提水保证率低，并且沿河提水水质无法保证，现有供水水源远远不能满足区域经济社会发展，而导致城镇周边的小水库灌溉用水和生态用水被挤占。

娄宁河流域的万安县由于磷矿等矿产资源的开采导致境内主要河流下游河段水质污染严重且难以治理，水质型缺水问题也较为严重。为万安县县城现状供水的 5 个小型水库均由灌溉供水任务调整而来，挤占灌溉用水严重，但由于 5 座水库所在上游河流流量较小，耕地集中，农村居民居住较为密集，水量和水质均得不到保障，不适宜作为供水水源。

因此，本工程供水后，将保证富安市区城镇和工业用水、万安县城城乡生活用水，降低对生态用水、灌溉用水的挤占，满足区域灌溉、生态用水的需求。

2. 地理位置与供水范围

本工程枢纽坝址位于复宁江上游，下距流域内富安市区约为 10 km。水库主要向富安市区提供城乡生活及工业用水，并通过三级泵站跨流域提水向娄宁河流域的万安县城提供城乡生活用水。输水管线从本工程水库取水，由南向北经富安市延伸至娄宁河流域的 S 水库，再利用其配套管线向万安县城供水。

3. 工程开发任务及建设规模

本工程主要任务以城乡生活和工业供水为主，兼顾发电，并为改善生态和农业灌溉创造条件。水库正常蓄水位 909 m，总库容 1.04 亿 m^3，兴利库容 0.9 亿 m^3，最大坝高 90.0 m，属Ⅱ等大型工程。

本工程具备多年调节性能，水库建成后将淹没并取代 H 水库（季调节性能），完成富安市区城镇和工业供水任务 2 200 万 m^3（对于 H 水库大坝，将在本工程施工期作为上游围堰，不拆除），同时优先保证下游生态流量，满足富安市区城镇和工业园区的新增供水，以及新增向万安县城供水。

本工程建设按照“规模一次建成、分期达产供水”的原则进行开发建设。初期供水规模为 5 260 万 m^3，远期供水规模为 7 110 万 m^3。

4. 工程组成和施工规划（节选）

本工程包括新建 1 座水库，配套相应的输水系统工程，工程组成见表 6-1。

表 6-1　本工程组成（节选）

<table>
<tr><th colspan="2">建设内容</th><th colspan="2">本工程组成</th></tr>
<tr><td rowspan="8">主体工程</td><td rowspan="4">水源枢纽工程</td><td>挡水建筑物</td><td>碾压混凝土重力坝</td></tr>
<tr><td>泄水建筑物</td><td>2 个溢流表孔</td></tr>
<tr><td>引水发电进水口（取水发电共用）</td><td>拦污栅、分层取水叠梁闸门、事故检修闸门、坝上进水口、坝内引水主管、右岸供水干管及调节池</td></tr>
<tr><td>发电建筑物</td><td>坝后左右岸发电厂房</td></tr>
<tr><td rowspan="4">输水系统工程</td><td>无压隧洞</td><td>8 963 m 无压隧洞、施工支洞、2 432 m 无压隧洞、调节池</td></tr>
<tr><td>交叉建筑物</td><td>埋管、桥下埋管、跨河埋管、跨河管桥、跨沟埋管</td></tr>
<tr><td>输水管道工程</td><td>钢管、埋地钢管、阀门、阀井、镇墩、调节池</td></tr>
<tr><td>泵站工程</td><td>一级泵站、二级泵站、三级泵站</td></tr>
</table>

水源枢纽工程由挡水建筑物、泄水建筑物、引水发电进水口和发电建筑物等组成。

挡水建筑物为碾压混凝土重力坝，坝顶全长 273.0 m，坝顶高程 912.00 m，最大坝高 90.0 m。

泄水建筑物由 2 个泄流表孔组成。表孔的每个孔净宽为 12.5 m，堰顶高程为 901.00 m，溢流堰面为开敞式 WES 堰面曲线。堰上安装弧形工作闸门，由坝顶下游侧机房内的液压启闭机启闭。本工程采用底流消能，消力池池深 4.0 m，池长 70 m。

引水发电进水口共设 1 孔，引水及发电共用此口，沿水流方向依次设有拦污栅、分层取水叠梁闸门、事故检修闸门。引水发电进水口进口底坎高程 863.00 m，拦污栅孔口尺寸 4.0 m×53.34 m。叠梁闸门最大挡水水位 904.4 m，闸门的规格为 4.0 m×41.0 m，1 套叠梁闸门由 9 节组成，每节高度 4.6 m。当水库水位变化时，通过启闭叠梁闸门的节数控制取水水位。

电站建筑物分为左岸发电厂房和右岸发电厂房，其中左岸发电厂房为坝后式，包括主、副厂房等。主厂房内共布置 3 台卧式水轮发电机组，其中 2 台小机组单机容量 1.0 MW，1 台大机组单机容量 2.0 MW。右岸发电厂房为坝后式，包括主厂房、出水池和回车场等。厂房内布置 2 台卧式水轮发电机组，单机容量 0.5 MW，总装机容量 1.0 MW。在出水池左侧布置尾水平台，尾水闸门孔口尺寸 2.52 m×1.5 m。

输水系统工程由引水发电进水口、无压隧洞（长 8 963 m）、末端无压隧洞（长 2 432 m）、加压泵站 3 座、输水埋管、输水明管、跨河管桥 1 座、跨河（冲沟）埋管 20 处、过路结构 55 处（其中穿越乡村道路 38 处）和管道附属建筑物等组成。输水线路水平投影总长度 53.28 km。水由引水发电进水口进入，通过引水口连接坝内引水总管，总管出坝体碾压区后布置垂直方向“卜”形主岔管，一支沿主管方向连接右岸供水干管，一支沿坝坡向下连接电站及生态基流供水。水库输水由右岸供水干管、右岸供水系统引水至出水调节池，北上经过无压隧洞向富安市 1 号水厂供水，然后通过一级泵站、二级泵站及输水明管、暗管向富安市 2 号水厂供水，通过三级泵站、输水明管、暗管、末端无压隧洞至 S 水库，利用 S 水库的输水系统向万安县城供水。

水源枢纽工程土石方开挖 87.46 万 m^3（自然方），弃渣总量为 80.7 万 m^3（自然方），共规划 6 个弃渣场。输水系统工程土石方开挖 111.85 万 m^3（自然方），弃方 61.02 万 m^3（自然方），共设置 12 个弃渣场。建设征地总面积 12 383.84 亩，其中永久征地 8 683.34 亩，临时征地 3 700.50 亩。水源枢纽工程总工期为 48 个月，高峰施工人数 1 560 人；输水系统工程总工期为 35 个月，高峰施工人数 1 600 人。

本工程静态总投资为 420 112 万元，其中环保投资 13 548.82 万元，约占工程总投资的 3.2%。

5．移民安置

本工程建设征地涉及 14 个行政村，至规划水平年生产安置人口 2 413 人，搬迁安置人口 2 146 人，工程规划 3 处集中安置点。专项复建项目涉及国道、高速公路、高铁桥墩加固、铁路局部改线等。

6．工程运行

水库运行阶段优先满足下游河道生态用水以及其向城镇生活的供水需求，再分期满足工业用水需求。水库具有多年调节性能且进行跨流域调水，工程考虑生态优先的调度原则，在水库调度图中设置了加大生态泄水区，在水位位于该区域时，维持该水位，多余水量经过电站机组发电加大生态流量下泄。调度运用在来水不足的特枯水年份，必须首先满足具有用水优先权的水环境用水和城镇基本生活用水要求。

本工程利用 S 水库库区及输水系统中转向万安县城供水，在保障 S 水库下泄生态流量的基础上，需根据供水过程进一步优化其运行调度方案。

点评：

本部分简要说明项目所在流域的水资源特点、开发利用情况、存在的环境问题等，对跨流域调水的情况做了简要介绍。重点叙述综合规划环评及跟踪环评对流域、拟建工程所提出的环境保护要求等，工程设计优化调整及工程任务中也需要考虑工程开发建设在流域环境保护中起到的作用。

工程概况中阐明工程地理位置、开发任务、规模、工程运行、项目建设内容及主要工程特征参数等，包括主体工程、施工辅助工程、水库淹没及移民安置等部分。本工程将淹没并取代现有水库供水，应注意“以新带老”的相关评价。工程通过优化调整，采取“规模一次建成、分期达产供水”的原则进行开发建设，初期限制工业供水规模，综合考虑了生态优先的原则，统筹为区域生态环境改善提供条件。

二、工程分析与环境影响识别

（一）符合性和协调性分析

1．与法律法规的符合性

本工程建设符合《中华人民共和国水法》《中华人民共和国水污染防治法》《饮用水水源保护区污染防治管理规定》《风景名胜区条例》等相关法律法规的要求。

2．与国家相关政策的符合性

本工程建设符合《产业结构调整指导目录》《国务院关于实行最严格水资源管理制度的意见》《中共中央 国务院关于加快水利改革发展的决定》《水污染防治行动计划》等相关要求，其工业供水对象工业园区也开展了相关规划环评，符合相关产业政策。

3．与相关规划的符合性和协调性

白水江流域复宁江汇口以上流域综合规划环评中对本工程提出了环境敏感区、增殖放流、过鱼、水温减缓等相关措施，对流域水环境保护提出了加强区域水污染防治的相关建议。本工程在环评和可研设计阶段，针对下游水质保护开展了水污染综合防治规划、水量水质联动调度等工作，进一步深化增殖放流、过鱼、水温减缓、栖息地保护等相关措施，细化了流域综合规划环评的要求，已开展的流域综合规划环境影响跟踪评价以及监测结果表明，目前流域水环境质量已有明显改善，各项水污染防治工作得到不断落实，将复宁江水质达标作为既定目标，响应了流域综合规划环评及其审查意见的相关要求。

此外，本工程建设基本符合《全国主体功能区规划》《全国生态功能区划》《长江经济带生态环境保护规划》《重点流域水污染防治规划（2016—2020 年）》《水利改革发展“十三五”规划》等相关规划，本工程通过合理确定工程的设计供水、初期工业供水规模，承担部分栖息地修复、连通性工程等措施，改善流域生态环境。工程建设与相关规划基本协调。

（二）工程方案环境合理性分析

本工程在充分考虑环境影响和效益最大化的同时，重点针对工业供水对象与供水水资源量配置、水资源利用率与水环境污染治理压力等分析内容和论证结果，论证了分期供水规模、跨流域调水规模及工程运行调度方案的环境合理性。同时，在工程设计各阶段，对坝址、坝型、正常蓄水位、供水线路、施工布置、移民安置和主要专项设施复建等方面做了多方案优化和比选。

（三）影响源分析与环境影响识别

1．施工期

本工程坝址上游 120 m 已建有 H 水库，施工期利用 H 水库作为上游围堰，其水文情势、水温等影响基本维持现状，工程开挖、弃渣、占地等施工活动以及“三废”排放及噪声，将扰动原地貌、损坏土地和植被、新增水土流失，并降低工程周围环境质量，对施工区内居民生产生活环境产生一定影响；同时对取水、交通、旅游、土地资源利用、社会经济、人群健康等产生一定的影响。

2．运行期

水库蓄水将淹没上游 H 水库，产生新的水文情势、水温影响，使上下游河段水生生境发生变化。水库供水后会改变区域水资源配置，提高流域水资源利用程度，坝下形成减水河段，新增供水产生的退水会增加复宁江和娄宁河退水区水污染负荷，影响周边地表水水质以及地下水水位和水质。水库通过 S 水库向万安县城供水，对其库区水质、水温等产生一定影响。

3．移民安置及专项复建

本工程生产安置人口 2 413 人，搬迁安置人口 2 146 人，规划 3 个集中安置点。本工程的专项设施复建工程包括公路交通设施复建、铁路交通设施复建、电信设施复建、输变电设施复建。

点评：

本部分对项目与相关法律法规的符合性、相关规划的协调性、项目设计方案的环境合理性等开展了全面分析，从环境保护的角度综合比选各工程设计及施工工艺方案，并对工程推荐的生产、施工组织和工程调度运行方式进行环境合理性分析。重点关注了取代水源保护区的法律法规的符合性分析，相关综合规划及规划环评中要求“生态优先”“三先三后”等原则与项目设计方案的协调性分析，区域水污染防治规划与工程水资源配置之间的协调性分析，工业园区规划及规划环评与工业供水量的协调性分析。

工程分析与项目建设可能产生的环境影响识别反映了项目及当地环境特征，通过工程环境影响识别，分析工程施工和运行过程对环境的作用因素与影响源、影响方式与范围、污染物源强和排放量、生态影响程度等，确定评价因子。突出了流域环境特点，重点关注坝址下游减水增污河段水文情势变化与水质之间响应关系。

三、环境现状

（一）地表水环境

本工程评价区涉及的地表水体包括复宁江水系和娄宁河水系，水源枢纽工程区、富安市区退水区均位于复宁江流域；水量调入区 S 水库和万安县城退水区位于娄宁河流域。复宁江流域呈东西向不规则形状，流域内富安市拥有大型磷化工基地。娄宁河流域主要呈现南北向长条形状，万安县县城位于娄宁河流域。

复宁江坝址以上河段水质较好，现状大部分河段位于依据 H 水库取水口划定的 H 水源保护区内，区域主要分布的无组织排放为农村生活生产、农田径流等面污染源，无工矿企业和集中废污水处理设施等污染源，未发现集中分布的危险废物，水质满足Ⅲ类水质标准。

复宁江中下游流经富安市区河段水质开始逐步变差，主要由于早期富安市磷化工产业和城镇化迅速发展，相关磷石膏渣场防渗环境保护标准及设施等未配套完善，造成了水质急剧恶化，总磷、氟化物、氨氮等大幅度超标，并且发生了一次较大的水环境污染事件，产生影响较为深远，省政府高度重视水环境污染问题，2013 年启动编制白水河流域水环境保护规划，2015 年批复并实施该规划，2015 年国家“水十条”出台后，国家对水环境质量要求进一步加强，要求对于未达标水体要制定水体达标方案，因此在水环境保护规划的基础上，省政府开始启动编制流域水体达标方案，在前期水环境保护规划实施效果的基础上，主要针对不达标水体进一步细化了各个控制单元的允许排放量，增加重点控制工程等，该水体达标方案为对水环境保护规划效果检查及进一步治理方案的补充，增加污染防治项目，进一步明确了达标时间、制定达标日程表、落实达标责任。经过以上相关治理后，复宁江流域中下游河段污染物降低较为明显，2013—2017 年总磷指标降低 96%，氟化物指标降低 78%，氨氮指标已达到Ⅲ类水标准，2018 年部分月份水质已达Ⅲ类水质标准。

娄宁河流经万安县城段部分月份水质超标，主要超标因子为氨氮，超标原因主要是城镇生活污水排放；S 水库位于娄宁河上游支流，水质满足Ⅲ类水质标准。

（二）地下水环境

流域地下水主要靠大气降雨的垂直补给，其次为地表水的侧向补给。岩溶地区的地下水多在管道暗河中运移。复宁江是流域内最低排泄基准面，两岸地表、地下水流均向河谷汇集。工程占地范围区域的地下水泉点除部分泉点大肠杆菌、氨氮等指标超标外，水质基本满足《地下水质量标准》（GB/T 14848—2017）中Ⅲ类水质标准的要求，超标原因主要是周边居民点生产生活污染。流域内磷化工企业部分渣场所在区域沿河泉点由于磷石膏渣场渗漏等污染导致氟化物及总磷超标，汇入地表水河流中导致地表水水质污染。

（三）大气环境

水源枢纽区及输水管线区现状多为农村生活环境，各监测点空气中 NO_2、TSP 均满足《环境空气质量标准》（GB 3095—2012）的二级标准要求，评价区域环境空气质量状况较好。

（四）声环境

评价区各监测点昼间、夜间等效连续A声级均能达到《声环境质量标准》（GB 3096—2008）2类标准，区域声环境质量现状较好。

（五）陆生生态

评价区区域气候温和，人为活动频繁，地带性植被退化严重，植被以农作物（小麦、油菜、水稻等）为主，自然植被零星分布；现状植被多为以马尾松、柏木、枫香树、响叶杨等为主的乔木林及以皱叶雀梅藤、火棘、小果蔷薇等为主的藤刺灌丛。

调查区域内有维管束植物150科427属665种，植物区系为温带性质，以北温带成分为主，具有过渡性等特点。发现古树10种31株，其中有2种2株位于淹没区，为木犀（*Osmanthus fragrans*）及朴树（*Celtis sinensis*）。调查区域共有陆生脊椎动物4纲24目63科167种；无国家一级重点保护野生动物；国家二级重点保护野生动物10种，省级重点保护野生动物 49 种。国家二级重点保护动物主要为黑鸢、凤头鹰、普通鵟、松雀鹰、红隼、领角鸮、灰林鸮、斑头鸺鹠、大灵猫和小灵猫，省级重点保护动物 49 种主要为黑框蟾蜍、中华蟾蜍、斑腿泛树蛙、泽陆蛙、锈链腹链蛇、草腹链蛇、钝尾两头蛇、翠青蛇、普通鹰鹃、四声杜鹃、大杜鹃、中杜鹃等。

（六）水生生态

复宁江干流水生生境破碎化较为严重，本工程水库库尾以上 23 km 干流河段已建了多座滚水坝，各滚水坝间距离多在2 km以内。本工程坝址至下游最近已建径流式水电站区间河段长3 km，该河段干流两岸多为悬崖峭壁，河流底质主要为卵石、砾石，水质较好，受外源污染物影响较少，区间有次一河汇入；本工程坝址下游最近已建水电站至河口段全长98 km，该河段区间支流有次二河、次三河、次四河等汇入，已建成10座径流式水电工程，地形从上游往下逐渐从两岸悬崖峭壁、水深较深向平缓过渡。

经过调查，评价河段有34种鱼类，分别隶属于4目8科27属，以鲤形目为主，其次为鲇形目，主要为云南光唇鱼、宽鳍鱲、白甲鱼、华鲮、黄颡鱼、麦穗鱼、鲫等，大多为流水类群，少部分为静缓流类群。流域内无珍稀保护鱼类、长距离洄游鱼类和产漂流性卵鱼类分布。鱼类主要产黏沉性卵，产卵基质以黏砾石、砂石等为主，适宜产卵生境分布广泛，主要分布于次二河、次四河，但没有较大规模的产卵场。

（七）重要环境敏感区

1．省级风景名胜区

某省级风景名胜区 1990 年由省人民政府批准成立。景区主要以峡谷、栈道、古桥、暗河为特色。水库淹没、枢纽工程以及主体工程施工布置均不涉及风景名胜区范围，坝址距离风景名胜区上游边界 3 km。输水系统工程约有 1.2 km 管线在省级风景名胜区三级保护区范围内。

2．水源保护区

H 水源保护区位于复宁江上游，主要依据 H 水库取水口划定；P 水源保护区位于次一河下游，主要依据次一河下游的河道取水口划定，两处水源保护区均于 2007 年由省人民政府批准成立。由于成立时间较早，H 水源保护区将 H 水库坝址下游部分区域划定为一级保护区及准保护区范围，本工程中水源枢纽工程区坝址、导流隧洞及进场公路在 H 水源保护区一级保护区内，位于取水口下游；砂石加工系统位于坝址下游的 H 水源保护区准保护区内。输水系统工程中输水隧洞下穿 P 水源保护区一级保护区和准保护区，隧洞距离水源保护区河道河床约 60 m，其余施工设施布置均不涉及该水源保护区。

（八）敏感保护目标

根据本工程区环境状况，结合区域环境功能、水土保持规划及污染物防治标准等，确定该水库工程环境保护敏感目标见表 6-2。

表 6-2 本工程环境保护敏感目标

<table>
<tr><th>环境要素</th><th colspan="2">保护目标名称</th><th>与本工程关系</th><th>保护要求</th></tr>
<tr><td rowspan="4">地表水</td><td rowspan="2">水源枢纽区</td><td>库区河段水质</td><td>库区河段 17 km 河段</td><td>满足Ⅲ类水域标准</td></tr>
<tr><td>坝下减水河段</td><td>主要为坝址下游至次三河汇口约 30 km 河段</td><td rowspan="2">近期 2020 年干流水质逐步达到Ⅲ类水域标准，远期 2030 年控制断面稳定满足Ⅲ类水域标准</td></tr>
<tr><td rowspan="2">退水区</td><td>复宁江</td><td>富安市供水受纳水体</td></tr>
<tr><td>娄宁河</td><td>万安县城供水受纳水体</td><td>近期 2020 年水质达到Ⅲ类水域标准，远期 2030 年控制断面稳定满足Ⅲ类水域标准</td></tr>
<tr><td>地下水</td><td colspan="2">地下泉点</td><td>枢纽区、隧洞及输水管线附近 19 处泉点</td><td>保持现状的水质，满足地下水Ⅲ类标准</td></tr>
</table>

环境要素	保护目标名称	与本工程关系	保护要求
环境空气和声环境	略		《环境空气质量标准》（GB 3095—2012）二级标准、《建筑施工场界环境噪声排放标准》（GB 12523—2011）和《声环境质量标准》（GB 3096—2008）
生态环境	重要经济鱼类黄颡鱼、白甲鱼、泉水鱼、大眼鳜等	复宁江干流上游河段及部分支流等	拟采取栖息地保护及修复、增殖放流、过鱼、科学研究、渔政管理等措施
	5 处零星鱼类产卵场	坝址下游支流	
	国家二级重点保护野生植物 2 种：香果树、金荞麦	位于水库枢纽区施工区附近，水库淹没不涉及	施工期保护采取保护措施使其不受影响
	10 种 31 株古树：木犀、朴树、银杏、皂荚等	淹没区有古树 2 种 2 株，其余均位于水库正常蓄水位以上区域	对淹没区古树采取移栽保护措施，对受施工影响的古树采取预防保护措施
	国家二级重点保护野生鸟类 8 种：黑鸢、凤头鹰、普通鵟、松雀鹰、红隼、领角鸮、灰林鸮、斑头鸺鹠；兽类 2 种：大灵猫和小灵猫	评价区内广泛分布	采取预防保护措施，使其生境及个体不受损害
	省级保护动物：蛙类 16 种、蛇类 22 种、鸟类 11 种	评价区内广泛分布	
敏感保护区域	某省级风景名胜区	坝下 3 km 起至 15 km 河段及沿岸部分区域属于景区范围，输水系统工程中约 1.2 km 管线位于景区范围内，不涉及核心景区	保证下泄流量满足景观用水，严格控制施工扰动范围，保护其功能结构以及景观功能不受工程影响
	H 水库饮用水水源保护区	水库建成后将替代 H 水库现有供水功能，坝址、进场公路以及导流隧洞位于水源保护区一级保护区内；砂石加工系统位于其准保护区内	严格控制施工扰动影响，采取严格的污染防治措施，制定施工期应急预案，保护水源保护区供水水质、水量不受工程施工影响；水库建成后划定新的水源保护区替代
	次一河饮用水水源保护区	输水隧洞下穿水源保护区，距离次一河河床底部约 56 m	严格控制施工扰动影响，保证饮用水水源保护区供水水质、水量不受影响
社会环境及移民安置环境	移民安置及高速公路、铁路、国道专项复建周边水环境、生态环境等	水库涉及搬迁人口 2 146 人，规划 3 个集中安置点。专项复建工程主要为高速公路、铁路、国道线复建等	移民安置区、复建交通工程的影响区环境质量总体满足功能要求，保证水源保护区供水不受影响

（九）社会环境（略）

（十）H 水库环境影响回顾性评价

H 水库于 1998 年建成，由于建设时间较早，未开展环评及验收工作，本次环评对其开展回顾性评价。

H 水库多年平均供水量占多年平均径流量的 10.24%，供水后，坝下多年平均径流量较天然径流量降低了 9.70%（6 月）～39.38%（1 月）。根据 2016 年实测数据显示，水库坝前未发现明显的水温分层现象。水库垂向存在 2.1℃的温差，但不存在温跃层。坝下水温与入库天然来流水温差距不大，不存在低温水下泄问题。

H 水库库区已划为 H 水源保护区，总体水质较好且稳定，未发生富营养化。水库已建成多年，周边受施工影响的陆生生态已基本被次生植被和人工植被所替代，现存库区森林植被、灌丛及灌草丛植被面积均较少，库区周边生态系统组成结构简单，服务功能相对较弱，水源涵养能力较弱，基本没有重要的动物栖息地，主要动物种类均为周边广域分布动物。

H 水库库尾以上没有水利水电梯级开发，但河段设置有多处滚水坝，现状调查发现区域鱼类多为喜流水性鱼类（如宽鳍鱲等）为主；H 水库库区回水约 4 km，区间鱼类多为适应静缓流的麦穗鱼、鲫等鱼类。H 水库坝址下游约 3 km 处为径流式开发的水电站梯级，汛期回水基本至 H 水库坝下，该 3 km 河段鱼类主要是以云南光唇鱼、黄颡鱼为主的流水类鱼类。整体来说，H 水库建成运行多年后，喜流水性鱼类如宽鳍鱲等由于生境压缩，逐步退缩至库区上游河道及坝址下游河段，基本在库区消失，库区喜缓流鱼类（如麦穗鱼、鲫等）开始增加，随着时间的推移，坝址上下游鱼类已适应这种改变了的环境，能完成其繁殖、摄食、生长和越冬等生命周期的各个环节，并维持一定的种群。但由于区域生境较为破碎化且受人为干扰较大，H 水库所在河段喜流水性鱼类主要呈现小型化、低量化特点，库区喜静缓流的鱼类资源量相对有所增加。

点评：

水利水电工程环境现状应结合工程特点介绍区域环境背景情况，主要包括地形地貌与地质环境、水文地质、水环境、地下水、生态环境、大气环境、声环境等。对于涉及自然保护区、风景名胜区等敏感区域的建设项目，要阐明其类型、级别、范围与功能分区、主要保护对象状况及其与工程的区位关系。要识别并简要介绍区域内存在的主要环境问题。

本案例在充分收集、利用已有资料的同时，根据需要开展了现场调查和环境监测工作，调查和监测方法、范围、线路、时段和频次满足相应评价等级的要求，环境现状分析评价内容全面、重点突出，总体反映了当地生态环境特征。对于水环境较为敏感的项目，还应补充收集近3年该河上各控制断面的水质监测、水文及其相关污染源，水污染防治规划及其实施效果，区域地下水水质监测及其水文地质情况等。

对于取代原有供水任务的工程，需要按照“以新带老”的要求开展回顾性评价，对原有水库工程建设产生的水环境、水生生态、陆生生态等环境影响问题开展回顾性评价，对于资料较少的工程，还需进一步补充水温、水生生态、陆生生态的调查及监测工作，识别出工程开发带来的相关环境问题。

四、环境影响预测评价

（一）水环境影响预测评价

1．区域水资源配置

本工程实施将进一步改变复宁江水资源的时空分布。在汛期拦蓄、削减洪峰，在枯期除根据供水任务蓄积坝址上游来水外，还利用调节库容满足坝址下游生态用水量。近期供水规模5 260万m^3供水量情况下，水库坝址处用水总量占流域多年平均水资源量的4%和坝址处多年平均径流量的25%。远期供水规模7 110万m^3供水量情况下，坝址处用水总量分别占流域多年平均水资源量的5%和坝址处多年平均径流量的34%。此外，工程向娄宁河新增供水1 470万m^3，占其多年平均流量的17.6%。

多年平均情况下，坝址断面汛期下泄流量较现状情况有所减少，枯水期较现状情况有所增加，各月下泄径流量占天然入库径流量的39%（5月）～81%（9月），全年下泄径流量占天然入库径流量的57%。相较于H水库运行现状，月均下泄径流量减少7%（8月）～58%（次年1月），年均下泄径流量减少36%。枯水期部分月份下泄径流量较现状下泄径流量增加6%（10月）～18%（9月）。

2．水文情势影响

施工期，水库大坝利用H水库大坝作为上游围堰，控制施工导流期间H水库水位保持正常蓄水位，通过原有供水管道保证供水任务，其余水量通过导流隧洞和H水库供水管道生态岔管下泄，下游水文情势基本维持现有H水库运行状态。水库蓄水后，将淹没原H水库4.3 km的库区以及13.1 km的天然河段，水域面积由0.37 km^2增加至5.12 km^2。水库水深从坝前至库尾具有不同程度的增加，水面面积和水体体积大量增加，水面比降变缓，使库内流速减小。

运行期本工程具有多年调节性能并进行跨流域调水，坝址下游虽然有水电梯级开发但均为径流式开发的小水电，坝高较小且梯级间水位未完全衔接，因此工程调蓄和供水引起的水文水动力条件变化会导致形成一定的减水河段。坝址下游流量变化主要呈现汛期降低、枯水期增加，同时由于区间支流补给水量较大，受下游支流汇水影响较大。从平水年典型年上看，远期供水情况下坝下断面各典型年月均流量较现状变幅为−57%～19%，水位变幅为−0.32～0.03 m。经下游各支流径流补给后，平水年位于坝址下游 11 km 的景区断面处各典型年月均流量变幅为−31%～8%，水位变幅为−0.36～0.05 m。水库调度运行跨流域向 S 水库逐月均匀供水，退水后娄宁河年均流量较现状增加 13%。

3. 下泄流量论证

本工程坝下分布有景区、工业和生活污水排放口等，因此工程下泄流量需重点考虑满足下游水生生态、景观和污染物稀释等用水需求。通过采取水文水力学法、景区专题论证、区域水污染防治规划确定的水环境容量及水量水质响应关系模型进行预测，综合考虑，提出枯水期（10 月至次年 3 月）最低下泄流量为 1.82 m^3/s，占多年平均流量的 27%，在丰水期（4—9 月）最低下泄流量为 30%坝址多年平均流量，即为 2.04 m^3/s；在 4—5 月，根据下游鱼类产卵需求进行生态调度过程。

4. 水温影响

采用库容比法判别水库的水温结构类型为分层型，部分月份下泄水温低于天然水温，最大降幅 8.8℃（5 月）。本工程采用单层取水口、四层取水口、H 水库坝体做前置挡墙与叠梁门方案比选，根据立面二维水温模型预测结果，采取叠梁门方案的效果相对较好，在采取叠梁门进行取水后，平水年较单层取水口 3 月下泄水温提高 0.8℃、4 月提高 3.9℃、5 月提高 6.2℃、6 月提高 3.8℃，7 月份提高 2.6℃。

本工程向娄宁河流域 S 水库供水，S 水库有一定的灌溉功能，由于本工程水库取水口前设置有叠梁门取水，在采取叠梁门分层取水措施，通过 53.22 km 输水管线沿程增温后，工程供水对 S 水库灌溉水温的影响不明显。

5. 水质影响

（1）施工期水质影响（略）

（2）运行期水库库区水质影响

本工程水库库区周边无工矿企业和集中废污水排放源分布，以无组织排放的农业农村面源污染为主。采用立面二维水质数学模型对水库水质进行预测评价，各水平年库区 COD、NH_3-N、BOD_5 均满足Ⅲ类水质要求；库区综合营养指数属于中度营养化水平，水库建库后总体水质不易发生富营养化。工程通过 S 水库向万安县城供水，本工程水库出水水质满足 S 水库要求的Ⅲ类水质标准，不存在不利影响。

（3）减水、退水河段水质影响

本工程向富安市的供水退水在坝址下游约 11 km 处基本退至复宁江中，新增了该河段的污染负荷，综合考虑区域支流汇入及监测控制断面水质状况，确定本工程坝址以下约 30 km 河段为复宁江减水、退水主要影响河段。

采用纵向一维水质模型对坝址下游 30 km 河道及水库受水区水质过程进行模拟预测，预测工况考虑坝下游及受水区河段丰、平、枯水年典型年以及每个水期的汛期和枯期水质的变化过程、工程近期供水、远期供水情况，预测因子选择 COD、NH_3-N、TP、氰化物，其中氰化物主要为渣场渗漏排放，由于现有氰化物降解机制尚未定论，初步只考虑稀释作用。

复宁江段由于受上游水库供水后减水影响，上游来流根据水库工程长系列运行调度数据，采用丰水年（P=10%）、平水年（P=50%）、枯水年（P=90%）3 个典型水库运行调度代表年作为上游来流条件，对应的坝址下泄流量按照正常最低下泄生态流量、应急增加下泄生态流量等工况分别考虑，同时考虑沿线支流汇入情况作为模拟的水文边界条件。

污染负荷主要依据流域达标方案相关数据，结合近 3 年各环保设施实际运行排放数据进行复核，其中工业园区污染负荷根据环境保护部 2017 年 12 月 28 日发布的《关于发布计算污染物排放量的排污系数和物料衡算方法的公告》（公告 2017 年 第 81 号）中相关附件，结合工业园区规划发展产业及产品结构进行复核。此外，鉴于水体达标方案正在实施，考虑了水体达标方案未实施、实施中等效果、实施良好效果等情况作为工况进行预测。

综合以上情况，建立了坝址下游流量水质响应关系模型，通过收集近 3 年各控制断面逐月水质和水文数据进行模型参数率定，之后按照多种工况对该 30 km 河段的 9 个控制断面开展了逐月水质预测，并且对监测控制断面纳污能力的影响进行了分析。预测结果表明，基于退水区污染防治规划实施条件，并考虑一定的环境余量，上述断面相关预测指标可以达标。

本工程向 S 水库调水后，不改变 S 水库坝下水文情势，故对调水区的水质影响主要为向万安县城的供水退水，退水点位于娄宁河县城段下游 3 km 处，综合考虑区域支流汇入及监测控制断面水质状况，确定万安县城退水排放口以下约 9 km 河段为退水主要影响河段。基于退水区污染防治规划实施条件预测，跨流域调水供水区退水影响的娄宁河控制断面 COD、NH_3-N、TP 等指标可以达标。

（4）地下水影响

水库蓄水后不存在邻谷渗漏问题；工程施工期间长隧洞的开挖可能会导致隧洞沿线的泉水水位下降，可能会受到周边渣场渗漏的影响，影响输水隧洞水质安全。

（二）生态环境影响预测评价

1. 对陆生生态的影响

水源枢纽区占地总面积 101.81 hm^2，其中耕地占地面积比例为 62.21%、林地 34.20%、草地 0.28%，水源枢纽区永久占地面积为 24.92 hm^2，其中耕地占地面积比例为 53.60%、林地 31.73%、草地 1.13%；输水系统工程区占地总面积 199.56 hm^2，其中耕地占地面积比例为 65.26%、林地 34.74%，输水系统工程区永久占地面积为 29.76 hm^2。

本工程占地区土地利用类型以耕地为主，其次为灌木林；林地上植被以人工林为主，常见的经济树种有杉木、楸、杜仲、油桐等，常见的植物有响叶杨、山莓、火棘、水麻、楝、女贞、粗叶悬钩子、竹叶花椒、小叶女贞、求米草等，工程占地、蓄水对区内植物及植被影响较小，仅为个体损失。水源枢纽区生物量总损失为 12 388.1 t，占评价区总生物量的 6.77%，平均生产力减少了 61.36 gC/（m^2·a），输水系统工程区生物量总损失为 780.80 t，占评价区总生物量的 0.43%，平均生产力减少了 2.77 gC/（m^2·a），植被损失的生物量占评价区总生物量的比例不大，平均生产力减少的幅度较小，工程建设对评价区自然体系恢复稳定性影响较小，在区域自然系统可以承受的范围之内。对景观自然体系的生产能力和稳定状况及组分异质化程度影响不大，区域自然体系抗干扰能力仍较强，阻抗稳定性仍较好。

本工程对陆生动物的影响主要表现为施工噪声造成的惊扰，水库蓄水、施工占地、土石方开挖、弃渣堆放等造成的生境占用和破坏以及可能发生的施工人员非法捕猎等。水库建成蓄水后，库区水域面积增加较大，为静水型两栖动物如沼水蛙等提供了适宜的生境。库区周边潮湿的环境有利于植物的生长，岸边生境的改善对适应这一区域的动物摄食有利，可能导致库区周边一定范围内动物种类和数量增加。水库建成蓄水后，库区水域面积的增大，对游禽、涉禽等类型的鸟类，如鹈鹕目、雁形目、鹤形目和鸻形目的部分种类有一定的吸引作用，这些类型鸟类的种类和数量将会明显增加。爬行类和小型哺乳动物，受水库淹没影响，在蓄水初期会向库周合适的生境中迁移，使这些地区的动物种群密度相应的有所上升，经过一段时间的调节后，其种群密度将达到新的平衡状态。

评价区有国家二级重点保护野生植物 2 种，分别为香果树、金荞麦，不在本工程占地及淹没区内，但距离施工区较近，在采取施工期隔离保护措施后本工程建设对其生命活动产生不利影响较小。水库淹没区涉及古树 2 株，分别为木犀、朴树。评价区内有国家二级重点保护野生动物 10 种。其中，黑鸢、凤头鹰、普通鵟、松雀鹰、红隼、领角鸮、灰林鸮、斑头鸺鹠 8 种鸟类均为猛禽类，飞翔能力较强，在评价区较为常见，活动范围较大，在评价区主要分布在山地森林、林缘地带和灌草丛，偶见于村落、农田附近，水库淹没、坝址建设施工等对其影响极小。大灵猫和小灵猫为兽类，主要分布在人为干扰小的山地较茂密的林中，远离施工区和淹没区，喜欢居住在岩穴、土洞或树洞中，昼伏夜出，项目建设对其影响不大。

2．对土地利用变化的影响（略）

3．对生态系统完整性的影响（略）

4．对水生生态的影响

复宁江干流已建成 H 水库等 12 座水利水电工程，由于梯级建设较早，均未考虑鱼类保护措施，因此，复宁江干流生境破碎化较为严重，鱼类资源量较少。各梯级间分布的鱼类，主要为产黏沉性卵、完成生活史不需要大的空间的群体，由原来的区域分布演变成各干支流点状分布，形成多个相互隔离的异质种群。另外，水利水电建设改变了鱼类生长的外源因子，对鱼类生长产生一定的影响，主要包括食物、温度、溶解氧、光照、盐度以及其他理化因子。

本工程建成后将淹没现有的 H 水库库区，库区将进一步加深、加宽，水流进一步变缓。根据分析，库尾及坝下河段仍有一定河段可以保持一定的流水特征。水文情势变化导致库区鱼类种类组成将进一步向“湖泊相”演变。H 水库库区上游流水河段原来适应于底栖急流、砾石、洞穴、岩盘等底质环境产黏沉性卵的鱼类，将进一步被压缩至干流库尾流水河段，种群数量将明显下降，而在库区的数量急剧减少，甚至消失。而 H 水库库区缓流或静水环境生活的鱼类种群数量将上升，如鲤、鲫等，将会成为库区的优势物种。此外，由于 H 水库大坝已经造成了阻隔影响，水库的建设对所在河段的阻隔作用维持现有影响。

坝址下游水位发生变化，下泄流量和天然河流相比，透明度升高，清水下泄主要是对坝下河段造成冲刷下切，导致河势河态的变化，坝下河段河床底质多为基岩，且区段生境破碎化，其影响程度和范围很有限。

本工程为多年调节水库，2—5 月存在下泄低温水问题，且存在一定的延迟现象。水库的运行使坝下水温到达 16℃、18℃的时间进一步延迟至 5 月上旬，较天然情况延迟 1 旬左右。鱼类长期生活、栖息在水温偏低环境中，会使生长发育变慢，生长期缩短，繁殖期推迟。同时，水温的降低，也影响饵料生物的生长发育，使繁殖出的仔稚鱼得不到适口的饵料，影响鱼类的生长和成活率。水库坝址下游降温幅度最大的是 3 月和 4 月，4 月份正是黄颡鱼、白甲鱼的繁殖季节，水温的下降直接影响鱼类的性腺发育，鱼类繁殖时间延迟。虽然下游有支流汇入，以及下游水电站形成的库区对水温具有掺混作用，水温逐渐恢复，但将一定程度上缩短鱼类的生长季节，不利于鱼类的生长发育。

评价河段尚未发现产漂流性卵鱼类产卵场，产黏沉性卵鱼类零星产卵场及产卵生境多分布在坝址下游支流上，水库蓄水不会淹没现有的产卵场，对坝址下游产卵场影响不大。

5．水土流失预测评价（略）

（三）对省级风景名胜区的影响

本工程枢纽区没有施工布置位于景区范围内，不会对风景名胜区资源产生直接的破坏，水库运行期水文情势变化对下游景区有一定影响，水库通过下放景观流量维持下游景观用水，复宁江干流河道两侧所涉及景点大多为峡谷、人文、人工构筑物等，对流量基本没有特别要求。水库建成后水位较现状情况降幅相对于两岸高达 50 m 以上的峡谷来说变化程度很小，不会造成景点游览价值的降低。

本工程输水管道系统工程中 1.2 km 位于三级景区范围，占地相对较小且未涉及核心景区或景点。通过对管线穿越景区方案进行了比选，采取埋管穿过，减少对区域的陆生生态阻隔，对景区功能结构影响较小。

本工程开展了专题研究并取得主管部门同意意见。

（四）对水源保护区的影响

1. 对H水源保护区的影响

大坝、场内临时道路等必要设施位于 H 水源保护区的一级保护区内，但均位于取水口下游，砂石加工系统位于准保护区，其余工程布置如渣场、修理厂、施工营地等施工设施均已调整出水源保护区。工程大坝及临时道路施工主要产生的废水、废渣等均采取措施进行处理回用或运至水源保护区外的渣场堆放，严禁外排；砂石加工系统位于 H 水源保护区准保护区，生产废水汇入坝址下游支流，对水源保护区库区取水口没有影响，施工期对 H 水库取水影响较小。水库建成后将淹没 H 水源保护区，替代水源保护区功能，属于替换现有供水设施的新建供水设施。

2. 对P水源保护区的影响

本工程仅输水隧洞从 P 水源保护区一级、二级保护区内下穿，水库其余施工布置均未位于水源保护区内，输水隧洞涌水从隧洞出入口处理后回用于坝址下游洒水降尘、施工用水等，水库工程施工对 P 集中式饮用水水源保护区水质基本没有影响。下穿水源保护区隧洞埋深在 56～70 m，通过预测模拟，该段隧洞开挖影响半径约 160.8 m，在未采取任何措施的情况下，该段涌水量约 26.6 m^3/d，隧洞开挖对水源保护区地表水水位可能有一定的影响，需要采取相关防渗、应急预案等措施。

对 H、P 水源保护区的相关影响均征求了主管部门意见并取得其同意。

（五）移民安置部分环境影响预测评价

1. 移民安置对环境的影响

本工程至规划水平年生产安置人口共计 2 413 人，建设 3 个集中安置点，各安置点人数在 280～915 人，如果生活污水和生活垃圾不进行处理直接排放，对局部水域水质将产生一定的影响。

2. 专项设施复建对环境的影响

本工程涉及的专项设施主要有高速公路、铁路、国道等。其中交通复建工程涉及 H 水源保护区准保护区范围，施工中产生的施工废水及施工人员生活废水若随意排放将对 H 水源保护区产生一定影响。运行期交通复建工程均位于本工程拟划定的水源保护区准保护区范围内，如果不做好交通复建工程非经常性污水或事故性污水收集处理措施，制定相应的环境应急预案，会对水库拟划定的水源保护区产生一定的影响。

（六）大气环境影响预测评价（略）

（七）声环境影响预测评价（略）

（八）环境地质影响预测评价（略）

（九）社会经济影响预测评价（略）

点评：

该案例环境影响预测评价根据工程分析结论，紧密结合项目和环境特点，采取定性与定量结合的方式分析了工程对水环境、地下水环境、陆生生态、水生生态、环境敏感区、移民安置区等的环境影响。

其中水环境影响抓住了水文情势、水质、水温影响等重点因素，主要采用定量方法，突出了本工程水文情势与水质问题相互关联影响的特点，综合考虑水污染防治规划实施效果、工程供水近远期等多种工况，建立水量水质响应模型，选取区域污染特征因子，对减水退水河段多处控制断面开展预测。对水温采取模型预测多种工况下的水温影响及减缓效果，同时也关注到输水隧洞开挖对周边水源保护区的影响，建立模型、定量计算水温影响范围及程度。

对于生态环境影响评价，突出了流域水生生境破碎的特点，针对性地对大坝阻隔和水环境改变对水生生态及鱼类的影响开展了分析。陆生生态影响主要分析水库淹没、工程占地、施工期及移民安置过程中对区域占地类型、植被类型、分布及演替趋势的影响，分析对陆生动物分布与栖息地的影响，重点关注对国家和地方重点保护类动植物的影响，以及对生态完整性、稳定性、景观的影响。此外，对于施工期大气、声、固体废弃物的环境影响，重点预测了工程施工对周边具体敏感目标的影响，具有针对性，内容全面。

五、环境保护措施

（一）地表水环境保护措施

通过枯期、汛期下放一定的生态流量，保障坝址下游的生态、景观、环境稀释等用水需求，4—5月份根据下游鱼类产卵需求开展生态调度。蓄水初期通过在H水库下游供水管道旁设置生态岔管及流量控制阀下放生态流量。运行期本工程坝后安装的机组在电网中不承担调峰任务，电站运行时通过发电方式可以满足下游生态流量要求，当全部机组检修时，通过生态岔管下放生态流量。在水库初期蓄水前，在坝下应建成生态流量实时监测系统。

本工程采取在发电取水口设置 4.6 m×9 层叠梁门方案。运行时段一般为鱼类产卵期对低温水较为敏感的 3—6 月，其他月份仍采用原单层取水。叠梁门运行后各典型年较单层取水口方案水温增加 0.4～6.2℃，其中 4 月份各典型年较单层取水口方案增加 3.9～4.3℃，但仍较天然水温降低 1.9～2.4℃，下泄水温到达 16.5℃较天然水温延迟 9～18 d，叠梁门方案在一定程度上减缓了下泄低温水影响程度。

施工期水质保护措施主要有：砂石骨料加工废水采用高效污水净化器处理后回用；混凝土拌和系统冲洗废水自然沉淀后回用或洒水降尘；机修含油废水经隔油和混凝沉淀池处理后循环利用；生活污水采用一体化污水处理设备处理后用于绿化和降尘等。制定施工期水源保护区环境风险应急预案，保障水源保护区供水水质、水量不受影响。

本工程水库蓄水初期开展库底清理，输水系统应加强少量外露明管的管理和维护，完善包覆、基墩等防护措施。控制库周农业等面源排放，应及时开展饮用水水源地保护区的划定保护，替代 H 水源保护区，严格执行水源地各项保护措施，确保水质达到其水域功能区划要求。

针对本工程坝址下游受污染河段，应建立流域水质监测体系，核查水体达标方案及污染防治措施落实情况，建立项目供水区、项目建设及影响河段的环境评估机制，强化环境影响跟踪监测与环境影响分析评估，在不影响复宁江水质持续稳定达标的条件下，可逐步将工业供水提升至远期供水规模。区域内制定详细的应急调度方案，开展下游水质实时监测并对水库运行调度与工业供水进行联动管理，必要时需停止新增工业供水，相应工业供水量全部下放以增加下游生态环境用水，进一步优化运行调度及生态调度方案。

娄宁河退水影响河段，应严格实施水污染防治规划，提高区域污水处理系统处理量及处理水平，出水标准提高至《城镇污水处理厂污染物排放标准》（GB 18918—2002）中一级 A 标准，污水处理厂建设中水回用系统、生态湿地处理系统。

在本工程水库供水前，地方政府应严格制定并实施各类环境保护规划、水体达标方案，组织实施流域水环境综合治理规划，加强退水区地下水污染及磷石膏堆场渗漏污染防治，保证水库受纳河段水质按照污染防治规划目标达到相应水功能区划的要求。限制向工业园区现有产能新增工业供水，落实“三先三后”原则，同时采取“以水定产”“以渣定产”，优化用水效率，限制发展基础磷化工产业，延长磷化工产业链，优化调整产业结构，发展高端产业替代低端产业，新增工业供水主要供给新材料、新能源等新型产业。

（二）地下水环境保护措施

加强地下水和可能受影响的泉点监测，部分隧洞加强防渗措施，施工过程中重视提前预报，必要时对其进行专项水文地质勘察研究，避免施工中突发涌水；及时治理隧洞涌水，做好施工区污废水处理设施防渗措施，制定应急预案并预留应急预备金等相关措施，减缓工程建设对周边地下水环境影响。要求定期开展或者评估渣场渗漏对输水隧洞水质的影响，查明隧洞周边渣场渗漏及岩溶发育情况，防范对输水隧洞水质产生影响的风险。

（三）生态环境保护措施

优化工程布置，工程选址应尽量避免占用该区域林地，尽量选择荒地、未利用地和水库淹没土地，减少对沿线自然生态和植被的破坏。施工过程中尽量减少开挖面，减少渣场面积，加强弃渣场防护；优化工程布置，评价区农业生态系统多分布于输水线路区，该区域施工便道及临时用地要采取“永临结合”的方式，尽量缩小范围，减少对耕地的占用。

施工前划定施工活动范围，加强施工监理工作，严格控制施工作业宽度，确保施工人员在征地范围内活动，从而减轻非施工因素对周围植物及植被的占用与压踏。区域耕地较多，为了防止施工占地对表层土的损耗，要求将施工开挖地表面 30 cm 厚的表层土分层剥离，分层预留。施工结束后，对耕地及草地区应进行场地清理、土地整治后采取复垦或者抚育的方式恢复生境。对于淹没涉及 2 株古树，应对其采取迁地保护措施；加大宣传力度，加强宣传教育活动，提高施工人员的保护意识，严禁捕猎野生动物。

水生生态措施主要为开展栖息地修复和保护，综合考虑流域水生生态生境破碎化、鱼类资源低量化的特点，为改善区域水生生态环境，将复宁江干流本工程库尾以上 6 km、坝址以下区间 96 km 河段，支流次一河下游 8 km 河段，次二河下游 5 km 河段作为鱼类栖息地进行修复和保护。

其中复宁江干流库尾以上由于滚水坝较多且上游流量较小，主要集中对水生生境条件较好的库尾 6 km 河段开展栖息地保护，并对该区间 6 处滚水坝采取连通性修复工程，开展相关科学研究，为喜流水性鱼类营造良好的水生生境；复宁江干流坝址以下至河口区间 96 km 河段主要分两期进行，近期对坝址下游 11 km 水质较好河段的 1 处滚水进行拆除，2 处水电站及 1 处滚水坝开展连通性改造，对余下 85 km 河段加强环境管理和水环境治理，禁止新增拦河设施等，远期适时对相应的小水电开展退出机制或进行相应的连通性改造。支流次一河和次二河由于现状水质较好且与区间干流连通，水生生态及生境与干流较为相似，主要开展生境改造，与干流相连接，为鱼类提供多样的生存空间。其余较大支流次三河、次四河由于距离较远且区域滚水坝、水电站阻隔较多，纳入其他水利水电工程开发考虑。其余措施还包括岸边带营造、渔政管理措施等。水库建设集运鱼系统过鱼，新建鱼类增殖放流站，承担该流域放流任务，放流对象为白甲鱼、云南光唇鱼、华鲮、泉水鱼等，开展泉水鱼驯养繁殖试验研究，同时开展生态调度研究。水生生态措施的开展符合《关于印发〈长江经济带小水电无序开发环境影响评价管理专项清理整顿工作方案〉的通知》（环办环评函〔2018〕325 号）中“针对未批先建、生态环境破坏严重、监管不到位等问题，实施分类清理整顿，同步开展生态修复”的工作目标，通过前期摸底排查，对区域小水电、滚水坝等信息进行统计分析，优先清理整顿废弃的滚水坝，同时根据水生生态特点分类划定生态修复和保护范围，分阶段开展连通性修复工作，后续需要严格依据该工作方案，逐步对区域小水电等开展整改工作，鼓励其主动退出。

（四）水土保持措施（略）

（五）环境敏感区保护措施和要求

对于省级风景名胜区，施工期应优化施工布置，输水管道应与穿越地区的地形地貌结合，采用浅埋管道，融入周围环境，减少视觉冲突。施工结束后尽快对占地区及输水管道周边进行植被恢复，使其与山体形成自然过渡。运行期下放生态流量以满足景区用水要求，在景区主要水上游览线路设置电子警示牌，显示水库出库流量等信息，以警示下游水位变化。

对于水源保护区，在施工期应严格控制施工范围，及时清运施工产生的弃渣，施工废水应集中收集于水源保护区取水口下游，处理达标后全部回用，严禁直接外排，在砂石加工系统周边污水处理设施处设围堰挡墙及边沟，污水处理设施设置应急事故池。制定施工期水源地风险防范和应急保护方案。下穿水源保护区隧洞开挖时加强地质预测预报，加强该段隧洞防渗工程，在取水口处设置水位监测点，制定应急预案，最大限度地降低涌突水危害。

（六）移民安置环境保护措施

移民生产开发应合理利用土地资源，尽量减少对地貌和植被的破坏，尽量避免造成水土流失。集中安置点采取水土保持措施防止水土流失，生活污水选用一体化处理设备或者纳入当地市政管网进行处理，生活垃圾处置纳入当地垃圾处理系统。交通专项复建应注意与水库拟划定水源保护区管理要求相协调，并开展专项环评。

（七）大气环境保护措施（略）

（八）声环境保护措施（略）

（九）固体废物处理措施（略）

点评：

本部分根据环境影响预测结果，结合环境敏感对象及环境保护目标，按施工期、运行期，分枢纽、输水工程区、移民安置区提出各项环境保护对策措施，包括预防、减免、恢复、补偿、管理、科研、监测等对策措施。此外，在制定环境保护措施时进行了技术和经济多方案比选，确保环境保护措施的可行性和有效性，在此基础上，进行环境保护投资概算，并绘制了环境保护措施布置图及有关措施设计图纸。

本部分重点关注的是水环境保护措施，首先需要根据当地生产、生活、环境、生态以及景观需水的要求，统筹考虑经济、社会和环境效益，确定下泄生态流量，并有泄水建筑物以确保生态流量下泄。运营期，有下泄低温水影响下游农业生产和鱼类繁殖、生长的，要提出分层取水和水温恢复措施。施工期生产废水、生活营地生活污水处理措施、处理能力要考虑施工期高峰期的产生量。库底清理应提出水质保护要求。对于有城镇生活供水功能的水库，对库区水质提出相关保护的对策措施。对于本工程减水退水区水污染是较为突出的问题，不仅要从水库水资源配置、生态流量、运行调度等方面优化调整，满足区域环境保护要求，也需要配套相应的地方政府的水污染防治规划实施治理，对于现状水质不达标的区域，还需要配套水环境综合治理规划，从源头统筹治理区域的水环境污染。此外，考虑到区域水污染防治实施效果，需要预留一定的环境安全余量及防范环境风险，可考虑通过分期供水、工业用水应急调度等方式，保障区域水质稳定安全。

水生生态保护措施也是水利水电工程关注的重要内容，根据保护对象生态习性、分布状况，结合工程建设特点和所在流域环境问题，对受影响的国家和地方重点保护、珍稀濒危特有或土著鱼类、经济鱼类等水生生物提出增殖放流、过鱼设施、栖息地保护、跟踪监测、加强渔政管理等措施。特别是针对区域水生生境破碎化问题，补充提出了栖息地修复、连通性改造等措施，为区域生态环境修复提供条件。

六、环境风险评价（略）

七、环境管理与监理（略）

八、环境保护投资概算和经济损益分析（略）

九、结论与建议

（一）结论

1．工程概况（略）

2．环境准入评价（略）

3．环境影响评价（略）

4．公众参与结论（略）

5．总体结论

本工程开发任务以城乡生活和工业供水为主，兼顾发电，并为改善生态和农业灌溉创造条件，具有显著的社会效益、经济效益，保障城市和农村生产、生活用水，解决工程性缺水现状问题，促进国民经济和社会发展，此外，工程建设为改善区域生态水量和农业灌溉创造条件，推动区域环境治理、生态修复的不断强化落实，促进区域工业发展结构的转型升级以及区域经济、社会和环境的可持续发展。本工程对环境的不利影响主要体现在水环境及自然生态方面，工程施工、水库淹没与移民安置、工程运行等活动对水环境、水生生物、陆生动植物、风景名胜区、水源保护区等环境因子产生不利影响，但在落实相应的水污染综合防治规划后，区域环境质量逐步改善至相关规划目标，采取落实本报告提出的环境保护措施后，工程带来的不利影响可以得到减缓。从环境影响角度分析，本工程建设基本可行。

（二）建议

（1）各级地方政府应严格实施流域水污染综合防治规划，全面推进"河长制"工作要求，实现规划水功能区水质目标，建立健全环境风险应急预案。落实"先节水后调水，先治污后通水，先环保后用水"的"三先三后"原则。

（2）对流域内的工矿企业实施产业升级、节能降耗和清洁生产审核，淘汰落后产能、关停不符合环保政策的企业，"以渣定产""以用定产"，限制或逐步退出现有基础磷化工产业，优化产业结构，延伸磷化工产业链，"倒逼"区域产业升级。

（3）落实长江经济带保护对小水电的相关要求，建立小水电退出机制，进一步优化水电开发。

点评：

本部分简明扼要地介绍了评价结论，包括现状评价、环境准入评价、环境影响评价、公众参与结论等，阐明了现状及其存在的问题，环境影响对象、影响范围和影响程度，提出了需要关注的环保措施重点，总体结论明确了工程建设的环境可行性。在对工程自身环保要求的基础上，案例中进一步从严格实施水污染防治、促进产业结构调整、建立小水电退出机制等方面提出了工作建议，以期从区域层面解决相关的环境问题提供综合保障。

案例分析

本项目环评工作开展及审批时，现行的地表水环境等评价导则尚未发布实施，因此对相关导则内容的应用不是本案例分析的主要目的。但作为具有引调水性质的水利项目，其环境影响特征非常具有代表性，其工程分析开展、环境影响识别、边界条件设定、预测工况选择、对策措施拟定等，充分体现了此类项目环评工作的技术路线。水库蓄水及运行后导致下游河段生态环境流量减小，一方面会加剧现状下游河段的水环境问题，另一方面下游受水区退水的增加，将进一步增加河流水污染防治的压力。针对拟建工程所在流域的水环境制约问题，按照“保护优先、绿色发展”“以供定需”“三先三后”的原则对拟建工程的设计方案优化调整，不仅关注了工程本身供水水质，也重视区域水质达标，进一步体现了区域水资源配置规划和水污染防治规划之间相辅相成、联动的重要性。同时，作为拦河筑坝的水库工程，对河流水生态的影响也是此类项目关注的重点，不仅要关注工程本身带来的生态影响，又要对所在河流现存的水生态问题进行调查分析，重视流域的生态修复。本案例突出了长江经济带生态环境保护与可持续发展要求，贯彻落实水资源与生态环境保护的管理政策与原则，充分体现了以改善环境质量为核心的环境影响评价的理念。

案例七　公路建设项目环境影响评价

一、工程及自然环境概况

（一）工程概况

1．建设地点、路由、标准、规模

我国西南地区某县拟新建一条二级公路。公路起点 K0+000 m 位于县级公路 S60 与某高速公路收费站连接线外 200 m 处的平交路口，路线整体走向为由西向东，终点 K38+936.886 m 止于该县荣华乡，线路长度 38.93 km。路由走向见图 7-1。

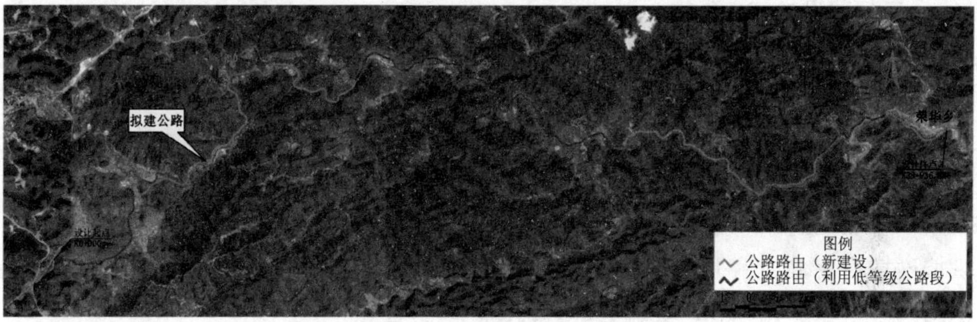

图 7-1　拟建公路走向示意

二级公路主要技术标准：设计车速 40 km/h，路基宽度 8.5 m，双向 2 车道，行车道宽度 2×3.5 m，路面为沥青混凝土。

公路所在县境内地势由西北向东南倾斜，略呈阶梯形态。路线所处海拔高程在 280～660 m。工程区域内主要地表水体为鉴河，公路基本沿鉴河进行布设。

公路走廊带内原有部分低等级公路，一段是高速公路收费站连接线外 200 m 至那造村段，一段是那雷村至荣华段。两段公路均为四级公路，路基宽度 6.5 m，路面宽度 5 m，路面为沥青。由于建成年份较早，这些公路建设未办理环评及竣工环保验收手续。新建公路结合当地交通现状，充分利用沿线两段低等级公路的 4 个路段和一段村道布线 17.65 km（注：利用方式大多沿四级公路，依山就势局部开挖或回填，将低等级公路的 6.5 m 路基扩展成 8.5 m 路基，本阶段没有严格的左边幅或右边幅，不似高速公路），另外新布线 21.28 km。新建公路利用现有低等级公路情况见表 7-1。

表 7-1 新建公路利用现有公路路段分布

路段	长度/m	路段分布
K0+000～K3+900	3 900	沿茶亭至那造公路布线
K5+500～K6+450	950	沿村道布线
K15+200～K15+900	700	沿云梯至荣华公路布线
K16+900～K26+300	9 400	沿云梯至荣华公路布线
K34+100～ K36+800	2 700	沿云梯至荣华公路布线
小计	17 650	

全线共设置大、中桥 1 172 m/13 座，小桥 44 m/2 座，涵洞 1 961.5 m/157 道，平面交叉 26 处，养护站 1 处，便民候车亭 10 处。工程总占地 103.05 hm^2，其中永久占地 94.53 hm^2、临时占地 8.52 hm^2；工程拆迁建筑物 3 894 m^2（均为工程拆迁）。临时工程拟设置弃渣场 3 处、临时堆土场 4 处、施工生产生活区 3 处、施工便道 3 条。

2．工程建设内容

建设内容主要包括路基工程、路基排水与防护工程、路面工程、桥涵工程、交叉工程、交通工程及沿线设施工程；施工期间包括土石方临时工程。各子项工程基本情况如下述。

（1）路基工程

路基宽 8.5 m，路基横断面标准为车道宽 2×3.5 m，两侧土路肩为 2×0.75 m；行车道路拱坡度均为 2%，土路肩 3%。路基设计标高以路基边缘标高高出 50 年一遇计算水位+壅水高+波浪侵袭高+0.5 m 安全高度进行控制。

填方路基边坡：一般 0～8 m 填土高度边坡坡度为 1∶1.5，8～20 m 为 1∶1.75；当路基边缘至填方边坡坡脚高度小于 12 m 时不设平台；高度大于 12 m 而小于 20 m 时，从路基边缘往下 8 m 处设置一个宽度为 1.5 m 的平台。在地面自然横坡陡于 1∶5 的斜坡上，填土前将原地面挖成向内倾斜 4%、宽度大于 2.0 m 的台阶。

挖方边坡路段：一般采用 1∶（0.5～1.5）。在挖方边坡边沟外侧设 1.0 m 宽的碎落台，当挖方边坡距碎落台高度小于 12 m 时，不设平台；高度大于 12 m 时，在距碎落台 10 m 高度处设一道 2.0 m 宽的平台；高度大于 20 m 时再增设一级。

（2）路基排水与防护工程

路基排水：全路段结合地形设置排水沟、截水沟、边沟等，并自成系统，将路基边坡、路面及坡顶、坡脚流向路基的水排至路线附近的天然沟渠或低洼地带。路面排水通过路拱坡度来完成。

填方路基防护措施：边坡受洪水冲刷及过水塘路段设置浆砌片石护坡或挡土墙，其余采用满铺草皮或种草防护。

挖方路基防护措施：以边坡稳定为基本原则，在坡脚处设碎落台。对于松散破碎、裂隙水丰富的石质挖方边坡及坡面易受侵袭的土质边坡，采用浆砌片石护面墙或拱形骨架种草进行防护。对稳定的边坡以绿化坡面防护为主。

（3）路面工程

路面采用沥青混凝土结构。结构组成（略）。

（4）桥涵工程

全线设置大、中桥 1 172 m/13 座，小桥 44 m/2 座；涵洞 1 961.5 m/157 道。

桥梁工程结构形式：上部结构为后张预应力钢筋混凝土小箱梁，下部结构为双柱式墩，桥台为重力式 U 形桥台。桥梁设置情况见表 7-2。

表 7-2 桥梁设置基本情况

序号	中心桩号	桥梁名称	孔数×孔径/m	桥长/m	桥梁跨越水体情况	水中墩数/个	备注
1	K4+692	那翁中桥	1×20	36	—	—	新建
2	K5+378	**大桥	11×20	226	鉴河，河宽 37 m	2	新建
3	K12+268	**大桥	10×16	166	鉴河，河宽 44 m	2	新建
4	K15+095	**大桥	10×16	166	鉴河，河宽 31 m	2	新建
5	K16+708	**小桥	1×16	22	冲沟，河宽 3 m	0	新建
6	K20+015	**中桥	3×16	54	冲沟，河宽 5 m	0	拆除旧桥重建
7	K24+315	**中桥	1×20	26	冲沟，河宽 5 m	0	新建
8	K25+495	**中桥	3×20	66	冲沟，河宽 5 m	0	新建
9	K27+340	**中桥	3×16	54	冲沟，河宽 5 m	0	新建
10	K27+838	**中桥	2×20	46	冲沟，河宽 5 m	0	新建
11	K28+307	**1 号中桥	3×16	54	—	—	新建
12	K29+254	**2 号大桥	6×20	126	冲沟，河宽 5 m	0	新建
13	K32+413	**中桥	1×20	26	—	—	新建
14	K36+853	保明大桥	6×20	126	鉴河，河宽 36 m	2	新建
15	K38+421	**小桥	1×16	22	—	—	新建

涵洞工程：按照泄洪排水及排灌要求的需要设置涵洞，共设置涵洞 1 961.5 m/157 道。涵洞一般采用钢筋混凝土圆管涵或钢筋混凝土盖板涵。

（5）交叉工程

设置平面交叉 26 处。其中，起点处与高速公路互通连接线采用二级公路渠化交叉，其他 25 处与现有村道四级公路非渠化交叉。

（6）交通工程及沿线设施工程

包括交通标志、标线、护栏、视线诱导设施等。全线共设置便民候车亭 10 处，不设置收费站和服务区，那雷村（公路桩号 K16+500）附近设养护站 1 处。

（7）土石方量

按照“挖方+借方=填方+弃方”，工程总挖方量 325.21 万 m^3，无借方，总填方量 148.66 万 m^3、弃方 176.55 万 m^3（含剥离表土、普通土和淤泥，以及施工期间用作建材和其他工程利用料）。

（8）临时工程

工程设置弃渣场、堆土场、施工营地和临时便道。剥离表土集中堆放，后期回用于绿化或复垦。弃渣场等施工场地、营地的位置、方量、占地面积、占地类型等基本情况见表 7-3 和表 7-4（注：选址的环境可行性论证见生态部分）。

表 7-3 临时工程场地基本情况

场地类型	桩号及左右侧位置	方量/万 m^3	地貌/占地类型
弃渣场位置	1．K4+400 右侧	1.23	山凹地/旱地
	2．K11+200 左侧	3.20	山凹地/旱地
	3．K37+500 右侧	2.14	山凹地/水田、旱地、其他草地
临时堆土场	1．K3+200 右侧	4.39	平地/旱地
	2．K18+100 右侧	4.65	平地/水田
	3．K25+350 左侧	2.49	平缓地/水田
	4．K35+000 左侧	1.99	平缓地/水田
施工生产生活区	1．K4+800 左侧 30 m	—	平缓地/旱地
	2．K16+850 左侧 100 m	—	平缓地/旱地
	3．K31+700 左侧 110 m	—	平缓地/旱地

表 7-4 项目占地类型及数量

项目组成	占地性质	用地类型及数量/hm^2							
		水田	旱地	有林地	河流水面	公路用地	其他草地	宅基地	合计
路基工程区	永久占地	9.75	17.08	51.04		8.78	6.63	0.06	93.34
桥梁工程区	永久占地	0.2	0.11	0.37	0.41		0.02		1.11
附属设施区	永久占地		0.08						0.08
弃渣场区	临时占地	0.37	1.81				0.12		2.30
临时堆土场区	临时占地	3.34	1.64						4.98
施工生产生活区	临时占地		1.03						1.03
施工便道区	临时占地		0.21						0.21
合计		13.66	21.96	51.41	0.41	8.78	6.77	0.06	103.05
永久占地小计		9.95	17.27	51.41	0.41	8.78	6.65	0.06	94.53
临时占地小计		3.71	4.69	0			0.12		8.52

弃渣场：共设 3 处，场地布设于公路与山体合围的凹地内。弃渣场占地面积 2.30 hm^2，用地类型属水田、旱地、其他草地，渣场容量 8.38 万 m^3。

临时堆土场：施工临时堆土 9.34 万 m^3，沿线设置 4 个临时堆土场，位于公路沿线临近路基的一侧，占地共计 4.98 hm^2，用地类型为旱地及水田，地貌类型为平地及平缓地。

生产生活区：3 处，作为临时办公室、宿舍、简易材料仓库、简易设备仓库、拌和场及堆料场等。施工生产生活区占地类型为旱地，总占地面积 1.03 hm^2。

施工便道：为满足筑路材料、工程土石方调配等运输需要，除充分利用现有道路外，施工前修建临时施工道路贯通。施工便道大部分利用旧路，新建施工便道 310 m，新建施工便桥 90 m/2 座。施工负责对所利用旧路的维护和恢复；新建施工便道采用砂土路面，便道路基宽度 4.5 m，共占用土地 0.21 hm^2；施工便桥位于主体工程占地范围内，不新增占地。

3. 建设工期及投资

工程建设工期 2 年，总投资 51 824.465 2 万元，其中环保投资约为 491.52 万元（不含新增水保投资），占总投资的 0.95%。

4. 预测车流量及车型比

根据设计文件，交通量车型比为：大型车∶中型车∶小型车=12.50%∶29.88%∶57.62%，昼夜间交通量比为 8∶2，近期（2022 年）、中期（2028 年）、远期（2036 年）3 个特征年车流量预测结果见表 7-5［转换标准小客车流量的计算方法参见《公路工程技术标准》（JTG B01）的相关规定］。

表 7-5　项目交通量预测结果　　单位：辆/d

年份	小型车	中型车	大型车
2022	2 002	1 090	456
2028	2 850	1 478	618
2036	3 896	2 021	845

5. 施工方案

土石方工程（略）。

路基工程、路基排水与防护工程（略）。

路面工程：面层沥青混凝土，采用站拌供应沥青，摊铺机配以自卸车连续摊铺沥青混合料，压路机碾压密实成型。

桥涵工程：对需拆除重建的桥梁工程，先进行施工便道布设，再进行旧桥拆除，采用机械撞击破碎与人工拆除相结合的方式，破碎后产生的建筑垃圾运至指定弃渣场处置。大桥设置水中墩，采用围堰施工。

（二）自然环境概况

1. 气象、地形地貌、地质（略）

2. 河流水文

鉴河是珠江水系西江（右江）支流龙须河上游河段，源自靖西县巴蒙一带，从西向东横跨县区中部，在县境内流经东关、城关、足荣、荣华等乡镇，到荣华乡大坤村流入相邻的县区境内后称为龙须河，后注入右江。鉴河在工程所在县境内流程 70 km，河流多年平均流量 34.1 m^3/s，年最大流量 884 m^3/s，最枯流量 2.15 m^3/s；河床天然落差较大，平均坡降 0.76%。

公路沿鉴河河岸布线，部分线位距鉴河水域较近，在 K5+378、K12+268、K15+095 及 K36+85 四处分别设置桥梁跨越鉴河。项目所在区域水系分布情况见图 7-2。

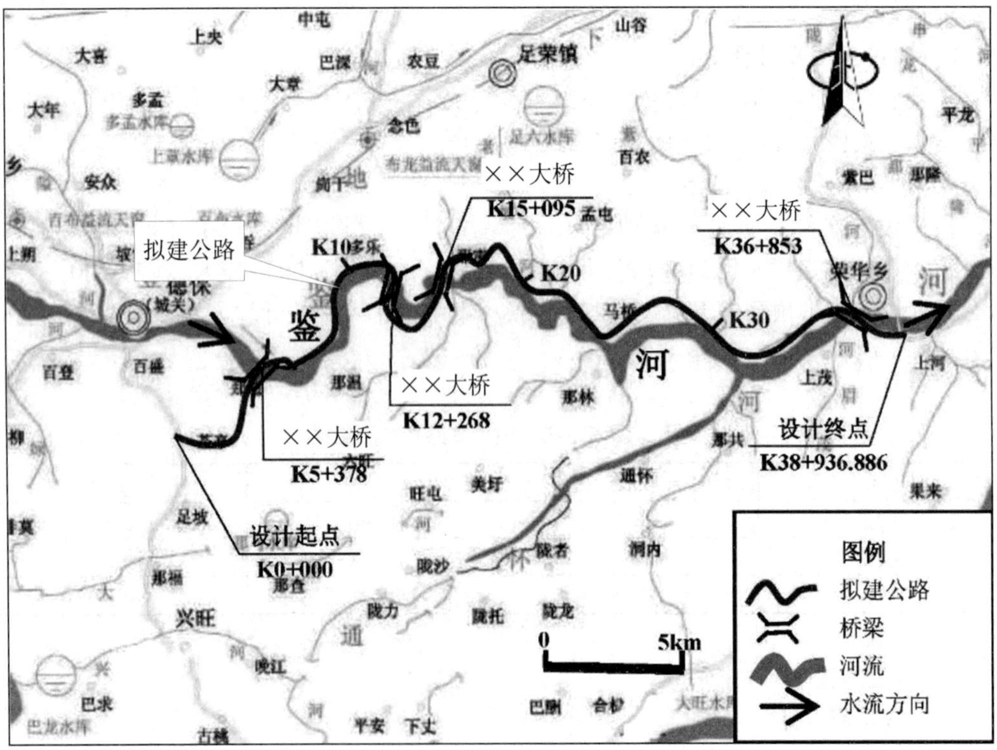

图 7-2　公路与水系关系

（三）路线方案比选及规划符合性分析

1. 路线方案分析

因工程自身建设目标，公路起、止点具有唯一性。路线走向方案主要考虑走廊带交通现状及规划路网，沿线地形、地质、水文，重要城镇规划、建筑拆迁，以及交通事故风险控制、工程资金条件等因素综合确定。根据上述因素及征求的地方政府意见，确定项目走廊带后，工程提出推荐路线方案（K 线）及 A、D、E、F、G 线 5 个局部比较路线方案。

A 线方案为 K 线（K3+740～K5+750）的比选方案，A 线长 4.265 648 km。A 线旧路利用率较高，路线布设在旧路和河流间狭窄的走廊带，沿河路基的挡土防护工程数量较大，存在较高的环境风险。

D 线方案为 K 线（K9+150～K15+420）的比选方案，D 线长 5.769 km。D 线较 K 线短 500 m，部分线位距离村庄较近，土石方量较 K 线大 20 万 m^3，平纵指标差，存在较高的环境风险事故隐患。

E 线方案为 K 线（K17+100～K20+390）的比选方案，E 线长 3.064 km。路线较 K 线短 200 m，土石方量较 K 线大 17 万 m^3，平纵指标差，从环境风险事故隐患和生态影响等方面不如 K 线。

F 线方案为 K 线（K24+360～K26+072.973）的比选方案，E 线长 3.199 km。路线较 K 线长 1 400 m，平纵指标差，从环境风险事故隐患和生态等方面不如 K 线。

G 线方案为 K 线（K30+918.954～K37+200）的比选方案，G 线长 6.242 km。G 线方案沿线分布的敏感点较 K 线多，且涉及位于鉴河支流的荣华乡饮用水水源保护区取水口，相对 K 线方案环境风险事故危害较大。

针对 5 段路由，从不同方案的路线长度、占用土地数量、破坏植物种类情况和程度（占用土地、破坏植被、水土流失）、影响声敏感点数量、影响水环境及水源地情况等方面与对应的 K 线进行比较。根据影响程度判断，K 线方案总体优于 A、D、E、F 线方案或环境影响相当。针对项目终点附近的乡镇级饮用水水源保护区（鉴河支流），设计方案提出新建路由的 K 线方案与利用原低等级公路改造的 G 线方案进行方案比选，采用 K 线水环境风险更小，具体比较见水环境章节部分。

2. 规划符合性分析

公路走向、布局符合当地交通规划路网，与城镇总体规划基本相符。项目已获得地方住房和城乡规划建设主管部门的选址意见书。

点评：

1. 本案例新建公路充分利用现有低等级公路进行改造，利用旧路改造大约占总里程的 45.3%，对于减少占地、降低工程建设的生态影响有积极的作用。有关主体工程组成及临时工程的弃渣场、临时堆土场、施工生产生活区、施工便道等情况介绍基本清楚（临时工程的合理性分析见本案例生态专题部分）。

2．工程概述要结合施工、运行的环境影响特点进行，案例对桥梁及施工方案进行了较为详细的介绍。如公路有邻近或涉及生态敏感区的隧道、路基工程等，工程概述要有针对性地描述隧道、路基布置和施工内容。为避免临时工程影响的不确定性，在现场调查阶段通过细致的调查，根据临时占地初步选取情况，评判识别可能的影响，特别注意拌和站布置避免靠近居民区和布设在生态敏感区内。熟悉现场并清晰描述，有利于判断工程的环境影响和措施的有效性。

3．案例中提供了运营后第1年、第7年和第15年的交通量（绝对数）、车型比及昼夜比等参数。噪声预测需要根据绝对车流量进行换算，换算方法可参见《公路工程技术标准》（JTG B01）的相关规定。

4．路由比选是公路环评的重要内容之一，该部分内容要综合考虑生态敏感区、水源保护区，交通规划、城镇规划以及各要素的环境影响来进行环境比选。尽管当地城乡规划建设主管部门出具了选址意见书，本案例有关规划符合性分析内容还应结合环境要素进行适当深入的分析。

5．公路大部分与河流伴行，针对公路运输货物类型进行分析，可以为环境风险分析提供判断基础数据。案例没有介绍区域工业类型，公路危化品运输货种和比例交代不够明确。

二、生态环境影响评价

（一）影响识别及评价等级确定

1．环境影响识别

根据收集调查的资料进行了环境影响识别。项目位于省级主体功能区划中省级层面限制开发区域（重点生态功能区）、岩溶山地生态功能保护区（生物多样性保护），市级生态功能区划中的岩溶山地土壤保持功能区。不涉及占用重点生态公益林。公路线位不涉及省级《生态保护红线划定方案》（送审，尚未发布）的生态保护红线。

公路沿线300 m范围内不直接涉及生态敏感区，施工期主要是工程主线和临时工程等占地对沿线农业生态、陆生生物等的影响，以及桥梁基础施工对水生生物的影响。从施工类型和程度判断主要是植被破坏影响。营运期公路路基路面与沿线周边自然地面属性的差异，交通车辆运行对沿线动物有生物阻隔效应。二级公路的路基阻隔效应相对小于高陆基、路堤的高速公路。

2．评价等级

公路不占用重要生态敏感区，占地面积总体不大，路线不长，按照《环境影响评价技术导则　生态影响》（HJ 19—2011），生态评价等级确定为三级。划分情况判定见

表 7-6。

表 7-6　生态评价工作等级划分

工作等级	划分依据	项目实际情况
三级	依据 HJ 19—2011，项目影响区域涉及重要生态敏感区及一般区域，工程占地面积不大于 2 km^2 或路线长度不大于 50 km	新建项目，项目影响区为一般区域。工程占地面积为 0.945 3 km^2<2 km^2，公路全长 38.93 km<50 km

3．评价范围

主体工程区生态评价范围为公路用地界外两侧各 100 m 以内区域；取弃土场、施工场地等临时占地区生态评价范围为临时用地区及周边场界外 100 m 范围内区域。

4．评价因子筛选

根据现场调查和资料调查，按照施工和营运期的影响类型确定主要评价因子（表 7-7）。

表 7-7　生态环境影响评价因子筛选

现状	建设期	营运期
调查沿线植被分布、种群、种类；野生（保护）动物种类、分布及生境；农业、林业现状；土壤及地形地貌、耕地分布情况等	植被破坏、野生保护植物、古树名木	植被恢复
	野生（保护）动物及生境	野生（保护）动物及生境
	土地占用、农林业生产	防护工程及农业土地复垦
	土壤及地貌	地形整治及植被恢复
	耕地占用及节约用地	

（二）生态现状调查

1．调查工作方案

生态现状评价在区域生态基本特征现状调查的基础上，对评价区生态现状进行定量或定性的分析评价。三级评价可充分利用借鉴已有资料说明生态现状。

考虑公路线性特点，公路经过地区涉及不同生态系统，可能影响沿线动植物，借鉴已有资料难以说明生态现状，因此结合公路影响特征（永久、临时工程占地损毁植被，运行期对动物形成阻隔效应），对沿线路段开展植被和重要物种的现场调查。

调查工作技术路线：核查工程邻近地区生态敏感区基本情况，沿线评价范围内植物与植被现状、陆生动物现状现场调查；结合工程所在地非生物因子特征，重点调查沿线可能影响的珍稀濒危物种、关键种、土著种和特有种的物种或生境分布；依据已有资料推断植物生物量；引用资料进行水生生物现状及保护物种及鱼类“三场”、土地利用与农业生态现状、水土流失现状、区域生态功能区划等调查；归纳工程所在地区的生态特征；总结区域的主要生态问题。

2．生态敏感区

根据公路所在县境内生态敏感区资料，公路南侧分布有森林类型的自然保护区，公路桩号 K24+450 处与自然保护区边界最近距离约 1.6 km。自然保护区保护类型：森林生态系统类型；主要保护对象：北热带山地森林生态系统，德保苏铁、黑叶猴等珍稀濒危动植物及其栖息地，水源涵养林。由于公路大部分路段伴行鉴河（天然阻隔因素），并利用已有原低等级公路，邻近自然保护区的路段（K24～K26）与南侧自然保护区间分布有较密集村庄，人类活动较频繁，植被多以次生植被为主，经征询林业部门，判断这一区域不涉及野生保护动物通道分布，公路建设预计不会对自然保护区的生物通道造成生态阻隔影响（图 7-3）。

公路中心线 5 km 范围内无其他自然保护区、风景名胜区、地质公园及森林公园等生态敏感区分布。

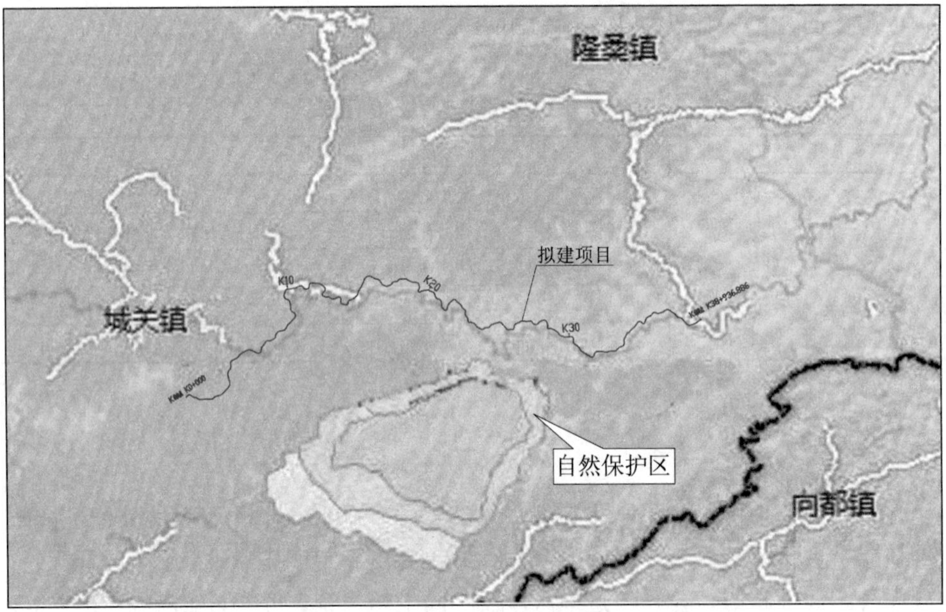

图 7-3　路由与保护区关系示意

3．植物与植被现状及保护物种

（1）调查工作及方法简述

① 植被调查。在工程所在地区收集地方志、植物名录以及野生植物调查报告等资料。

现场踏勘时，通过全线观察，记录拟建公路沿线大致的植被类型、结构和主要的物种组成情况。对法定珍稀濒危保护植物、古树名木以及资源植物采取野外调查、专家咨询和民间访问相结合的方法进行。对不能确认的植物采集标本并拍摄照片，后期进行标本鉴定。结合工程所在地其他工程环评资料以及林业部门有关文献资料，得到典型植被的生物量。

根据中国植物区系分区系统确定项目所在植物区、植物亚区、植物地区。植被分类主要依据《中国植被》的分类原则——植物群落学与生态学原则来进行划分，结合当地的实际情况，对一些植被类型的归属，主要参考地方天然植被分类系统。

② 陆生野生脊椎动物调查。采取资料调研、走访调查（专家咨询、民间访问）和现场踏勘等多种方法对沿线野生动物进行调查，重点对列入国家及地方野生保护名录动物及其生境进行调查。走访调查主要针对当地野生动物保护站，以及生境良好区域附近熟悉当地野生动物情况的本地居民。

采用数量等级方法评估各类动物种类数量的丰富度。数量等级：数量多，用“＋＋＋”表示，该种群为当地优势种；数量较多，用“＋＋”表示，该动物种为当地普通种；数量少，用“＋”表示，该物种为当地稀有种。估计数量等级评价标准见表 7-8。

表 7-8　估计数量等级评价标准

种群状况	表示符号	估计标准
当地优势种	＋＋＋	数量多
当地普通种	＋＋	数量较多
当地稀有种	＋	数量少

（2）植物区系

拟建公路位于泛北极植物区，在植物亚区上位于中国-日本森林植物亚区，在植物地区上属于滇、黔、桂地区。由于长期人为活动的影响，公路沿线植被以栽培植被占主体，自然植被多为次生起源，以灌丛为主；与同区域原生植被相比，植物区系构成发生明显变化，栽培物种或归化种在个体数量上占优势。

（3）主要植被类型群落结构

根据植被的分类原则，评价区陆地植被共划分 2 级，有植被型组 5 个，植被型 9 个，植被亚型（自然植被）6 个，主要群系有 22 个。其中，自然植被有植被型组 3 个，植被型 5 个，植被亚型 6 个，群系有 13 个；栽培植被有植被型组 2 个，植被型 4 个，群系有 9 个。

① 自然植被。

阔叶林：沿线主要分布于 K0+000～K3+000 路段石山山体中上部，谷地、洼地为农作物或村庄，呈“孤岛”状零星分布。

暖性针叶林：主要群系为马尾松林。评价区有大面积分布，以中幼龄林为主。主要分布于沿线丘陵区域，丘陵集中分布路段为 K3+000～K38+937 路段。

竹林：植被类型有热性竹林 1 个亚型，主要包括青皮竹林、撑篙竹林，竹林在评价区零星分布，在沿线村庄周边、河流两岸及丘陵呈斑块状分布。

暖性灌丛：植被类型有红壤土地区灌丛 1 种亚型，主要包括山麻杆灌丛、毛桐灌丛、野漆灌丛等群系，在评价区分布面积不大，一般在丘陵中下部及旧路边坡呈斑块状分布。

灌草丛：植被类型划分为禾草丛和蕨类草丛 2 个亚型，为森林植被破坏后形成，主要群系包括五节芒草丛、类芦草丛、粽叶芦草丛、乌毛蕨草丛、淡竹叶草丛、铁芒萁草丛等，在拟建公路沿线主要分布在公路边坡。

② 栽培植被。

用材林：主要群系为尾叶桉林、杉木林等。杉木林主要分布于 K31+000～K34+000 沿线丘陵区域，其余路段呈零星斑块状分布；尾叶桉林主要分布于 K5+000～K7+000 沿线丘陵区域，其余路段呈零星斑块状分布。

经济林：评价区经济林主要种植板栗林、龙眼林及柑橘林。板栗林分布于 K1+000 路段附近山间平地，龙眼林及柑橘林零星分布于沿线河流阶地、山间平地、丘陵区域。

农作物：本植被类型可分为水田作物和旱地作物，水田主要种植水稻，旱地主要种植玉米、木薯、桑等。农作物在评价区分布于沿线河流阶地、山间平地。

（4）保护植物及古树、大树

评价范围未发现有国家及省级保护植物分布，发现 10 株古树、大树，均位于项目占地范围外，与项目边界线距离为 3～195 m。

（5）植被生物量

根据地方林学院对典型植物群系的调查结果、《我国森林植被的生物量和净生产量》《尾叶桉人工林生物量和生产力的研究》等文献进行类比分析，根据评价区植被的结构、物种组成等实际情况，对典型植被生物量进行适当修正计算后，给出评价区主要植被类型生物量（表 7-9）。

表 7-9 评价区主要植被类型生物量

类型	植被类型	代表植物	平均生物量/（t/hm^2）
自然植被	季雨林	清香木等	28.53
	暖性针叶林	马尾松等	67.52
	热性竹林	青皮竹等	18.90
	灌丛	毛桐等	10.20
	草丛	五节芒、铁芒萁等	4.55
人工植被	用材林	尾叶桉、杉木等	58.35
	经济林	板栗、龙眼、柑橘等	29.87
	水田作物	水稻等	10.69
	旱地作物	玉米等	8.87

4．陆生动物现状及保护物种

动物区从地理区划上属于东洋界中印亚界季风区华南区的北缘，是华南区与华中区的交界过渡带，动物区系中热带—亚热带类型（东洋）成分最为集中。

珍稀濒危物种：沿线水田可能出现3种区级两栖类野生重点保护动物黑眶蟾蜍、沼水蛙、泽陆蛙；沿线森林、灌丛等处可能出现4种省级爬行类野生重点保护动物三索锦蛇、滑鼠蛇、金环蛇、银环蛇，2种国家二级野生重点保护鸟类、8种省级野生重点保护鸟类（略），1种省级保护野生哺乳类动物赤腹松鼠。野生重点保护动物生态习性（略）。

两栖类野生重点保护动物黑眶蟾蜍、沼水蛙、泽陆蛙沿线可能分布在有水田的桩号区间 K0+400～K0+800、K4+000～K5+000、K16+000～20+200、K23+900～K25+800及K37+400～终点路段。图7-4给出了部分水田桩号区间示意。

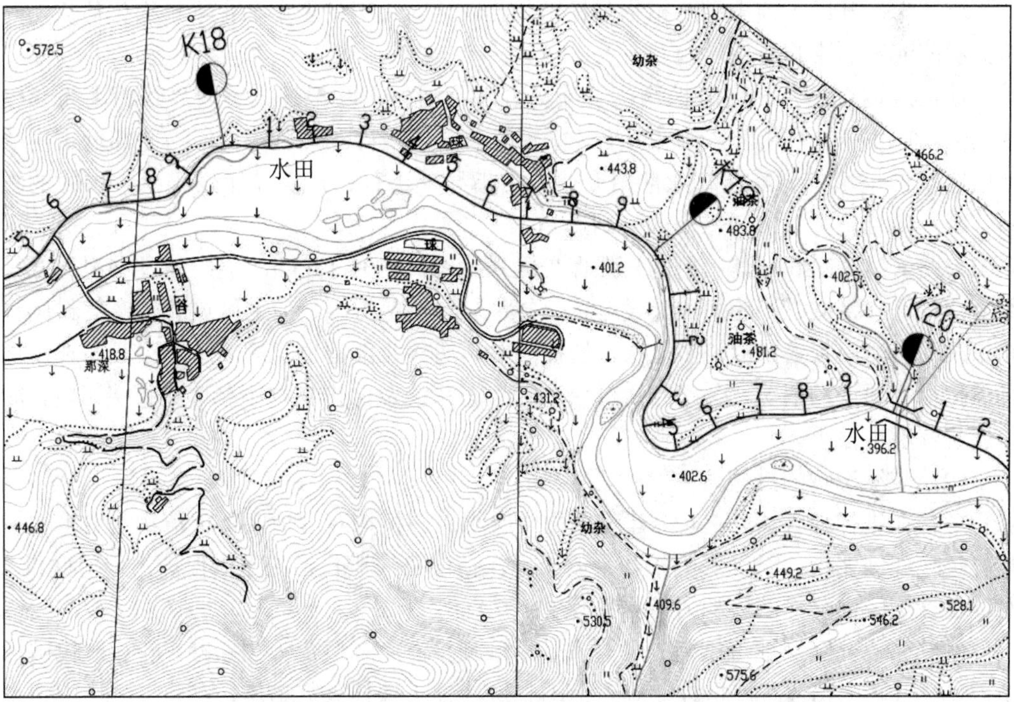

图7-4　部分典型路段（K18+000～K20+200）沿线水田分布

爬行类野生重点保护动物三索锦蛇、滑鼠蛇、金环蛇、银环蛇主要栖息于沿线森林、灌丛等处，沿线有较大面积的森林灌丛的桩号区间主要在 K6+700～K9+500、K12+700～16+000、K20+200～K23+900及K28+800～K37+400路段。

鸟类、赤腹松鼠在沿线森林、果园均可能分布。

5．水生生物现状及保护物种及鱼类“三场”

鉴河河段浮游动植物、底栖动物、水生维管束植物、鱼类情况略。项目所在鉴河河段无保护鱼类种类，也无主要大型鱼类产卵场、索饵场和越冬场分布。

6．其他生态调查

其他生态调查包括土地利用与农业生态现状调查、水土流失现状调查、区域生态功能区划等。

（三）生态影响评价及减缓影响措施

1．公路主线对陆生植物与植被的影响及减缓影响的措施

（1）主要影响分析

环评文件开展了施工期对植物与植被的影响，对古树的影响，生物量损失估算，对植被群落演替的影响分析等。

评价区调查的古树 10 株均位于项目占地范围外，与拟建公路边界线距离为 3～195 m。部分古树（黄连木、秋枫及枫香）根系位于项目占地范围内，这些邻近古树的路段路基开挖填方前需在林业部门专业人员指导下进行，避免施工伤害上述古树的根系，减小项目施工对古树带来的不利影响。

公路 K24～K26 与其南侧的自然保护区最近距离约有 1.6 km。这一路段利用原低等级公路，且公路主要伴随河流建设运行，公路与自然保护区之间的区域有较密集村庄分布，人类活动较频繁，植被多以次生植被为主，从林业部门也了解到这一路段不涉及珍稀保护动物通道的情况。公路布线对保护区生态系统及保护物种不会造成直接影响，间接影响程度也很小。

（2）减缓影响的措施

工程在进行地表清除之前，建设单位应组织专门机构对占地区保护植物与名木古树情况进行详细调查，对受影响植物采取异地保护或路线避让措施予以保护，不得砍伐。对项目评价区内分布的古树进行挂牌保护。

严禁砍伐公路用地范围之外的林木，尽量减少占用和避免人为践踏、随意砍伐破坏植被。经过林区路段，严格控制施工范围并做好预防森林火灾措施，在施工区周围山上竖立防火警示牌，加强森林防火宣传教育。

采取施工活动尽量在征地范围内进行，建设材料等临时占地尽量设置于永久占地内，弃渣场等临时占地不得占用发育较好的植被等措施。临时占地施工后期予以及时恢复。

工程实施需要进行植被清除，进而导致被破坏植被的生物量损失，包括永久占地和临时占地两大部分。单位面积生物量根据评价区主要植被类型生物量调查结果，经计算，得到拟建公路占地区生物量损失估算结果，工程实施将导致生物量损失 3 357.34 t，其中永久占地区生物量损失 3 278.53 t、临时占地生物量损失 78.81 t。

项目位于亚热带湿润季风气候区，水热配置较好，自然环境稳定，适合植物的生长。永久占地可以通过边坡绿化得到一定的补偿，临时占地经植被恢复可基本恢复。

2．公路主线对陆生脊椎动物的影响及减缓影响的措施

（1）两栖类、爬行类动物影响分析

二级公路路基基本与两侧自然地形平顺连接，对公路沿线两栖类动物的交流产生的阻隔影响较小。施工期间路基占地和施工噪声、频繁往来车流、人流行为可能对两栖类、爬行类动物生境产生一定影响，使其迁徙受到干扰。人为随意抓捕将对其造成伤害和减量。营运期主要是过往汽车碾压、灯光噪声干扰，形成通行阻隔。总体来看，营运期公路阻隔对两栖爬行类有局部影响，项目的桥梁及涵洞维护了公路两侧的生态连通性，具有一定的动物通道作用，可减缓公路的阻隔影响程度（图 7-5）。

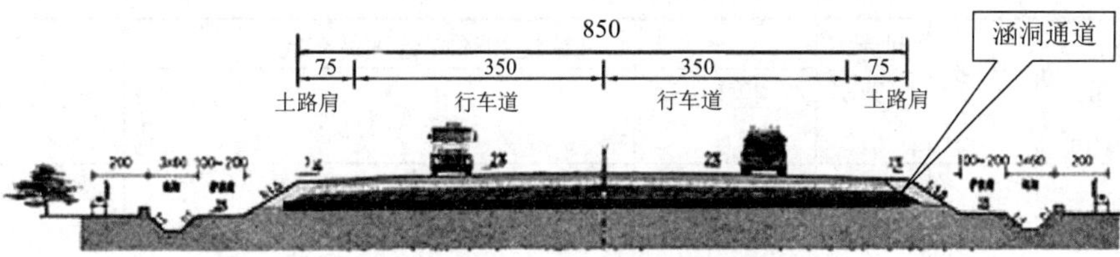

图 7-5　路基横断面图示意

（2）减缓影响的措施

在两栖爬行类活动较多的区域或可能出现的生境路段，如水田或沟谷路段，公路建设方案可以适当考虑提高路基填方，尽量增设涵洞以减缓影响，并在涵洞两端设计成缓坡状，便于爬行类迁移活动。对两栖动物分布生境的 K0+400～K0+800、K4+000～K5+000、K16+000～20+200、K23+900～K25+800、K37+400～终点路段，及对爬行动物分布生境的 K6+700～K9+500、K12+700～16+000、K20+200～K23+900、K28+800～K37+400 路段，采取加密有通道作用的涵管等进行补充（该通道略高于地面，其与只具有排水功能的涵管的功能不同）。

对鸟类、哺乳类动物、水生生物的影响分析及减缓影响的措施（略）。

3．临时工程生态影响分析及减缓影响的措施

（1）影响及合理性分析

对弃渣场、临时堆土场、施工生产生活区等进行了生态评价，分析了环境合理性。

工程的 3 处弃渣场占地 2.30 hm^2，拟布设于公路与山体合围的凹地内，用地类型属水田、旱地、其他草地。4 处临时堆土场占地 4.98 hm^2，地貌类型为平地及平缓地，用地类型为旱地及水田。3 处生产生活区总占地 1.03 hm^2，作为临时办公室、宿舍、简易材料仓库、简易设备仓库、拌和场及堆料场等，占地类型为旱地。施工期间利用旧路 12 956 m，新建 3 条便道 320 m。施工便道采用砂土路面，路基宽度 4.5 m，占地范围按平均 6.5 m 宽计算，占用土地 0.21 hm^2。

针对水保方案拟定的 3 处弃渣场，分析认为 2#弃渣场占用水田，且位于乡镇总体规划范围内，应另行选址。针对拟定的 3 处施工生产生活区，分析认为 2#施工生产生活区西南侧 130 m 处分布有村屯、160 m 处分布有小学，选址不合理，应另行选址。

此外，提出临时占地应满足的要求：不得设置在饮用水水源保护区、自然保护区、风景名胜区、森林公园、基本农田保护区等敏感区域，以及不得设置在公路沿线河流两岸 200～500 m 及河流汇水范围内；同时避开村庄、学校、医院等敏感点。结合站场位置和周围环境概况，开展项目环境可行性和合理性分析，有关分析和结论及建议见表 7-10 至表 7-12。

表 7-10　弃渣场用地环境合理性分析

<table>
<tr><th rowspan="2">弃渣场位置</th><th rowspan="2">弃渣/量/万 m^3</th><th rowspan="2">占地/hm^2</th><th rowspan="2">地貌/占地类型</th><th colspan="2">环境可行性和环境合理性分析</th><th rowspan="2">结论与建议</th></tr>
<tr><th>主要影响方式</th><th>现状</th></tr>
<tr><td rowspan="5">1. K4+400 右侧</td><td rowspan="5">1.23</td><td rowspan="5">0.44</td><td rowspan="5">山凹地/旱地</td><td>占地</td><td>占地为旱地</td><td>基本可行，尽量减少耕地占用</td></tr>
<tr><td>环境敏感区与敏感目标</td><td>不涉及环境敏感区，无保护动植物，西南方向分布有那造屯（位于弃渣场的上游），距离约 350 m，有树林相隔，弃渣对那造屯基本没有影响</td><td>基本可行</td></tr>
<tr><td>运输路线影响</td><td>弃渣场位于路侧，沿旧路及路基运输到达场地，不涉及敏感区</td><td>不涉及，可行</td></tr>
<tr><td>景观影响</td><td>在公路可视范围内，堆土量低于路基标高，不对公路两侧景观造成影响</td><td>基本可行</td></tr>
<tr><td colspan="3">结论：基本可行，及时进行复耕，减缓景观影响</td></tr>
<tr><td rowspan="5">2. K11+200 左侧</td><td rowspan="5">3.20</td><td rowspan="5">1.28</td><td rowspan="5">山凹地/旱地</td><td>占地</td><td>占地为旱地</td><td>基本可行，尽量减少耕地占用</td></tr>
<tr><td>环境敏感区与敏感目标</td><td>不涉及环境敏感区，无保护动植物，西北方向分布有村屯（位于弃渣场的上游），距离约 390 m，弃渣对村屯基本没有影响</td><td>基本可行</td></tr>
<tr><td>运输路线影响</td><td>弃渣场位于路侧，沿旧路及现有村道运输到达场地，不涉及敏感区</td><td>不涉及，可行</td></tr>
<tr><td>景观影响</td><td>在公路可视范围内，堆土量低于路基标高，不对公路两侧景观造成影响</td><td>可行</td></tr>
<tr><td colspan="3">结论：基本可行，及时进行复耕，减缓景观影响</td></tr>
</table>

弃渣场位置	弃渣/量/万 m^3	占地/hm^2	地貌/占地类型	环境可行性和环境合理性分析		结论与建议
				主要影响方式	现状	
3. K37+500 右侧	2.14	2.30	山凹地/水田、旱地、其他草地	占地	占地以水田、其他草地为主	占用水田，不可行
				环境敏感区与敏感目标	不涉及环境敏感区，无保护动植物，北侧方向分布有荣华乡，距离约280 m，有鉴河相隔，弃渣对荣华乡基本没有影响；西侧邻近荣华乡饮用水水源保护区	位于荣华乡总体规划范围内，不可行
				运输路线影响	弃渣场位于路侧，沿旧路及现有村道运输到达场地，不涉及敏感区	可行
				景观影响	在公路可视范围内，堆土量低于路基标高，不对公路两侧景观造成影响	可行
				结论：占用水田，且荣华乡总体规划范围内，不可行，要求另行选址		

表 7-11　临时堆土场环境合理性分析

序号	桩号	地貌	占地类型	合理性分析
1	K3+200 右侧	平地	旱地	距离路线较近，地形为平地，不涉及饮用水水源地及自然保护区等环境敏感区，距最近的村屯 240 m，选址基本合理
2	K18+100 右侧	平地	水田	距离路线较近，地形为平地，不涉及饮用水水源地及自然保护区等环境敏感区，距最近的村屯 160 m，选址基本合理
3	K25+350 左侧	平缓地	水田	距离路线较近，地形为平缓地，不涉及饮用水水源地及自然保护区等环境敏感区，距最近的村屯 140 m，选址基本合理
4	K35+000 左侧	平缓地	水田	距离路线较近，地形为平缓地，不涉及饮用水水源地及自然保护区等环境敏感区，周边没有敏感点，选址基本合理

表 7-12　施工生产生活区用地环境合理性分析

序号	桩号	地貌	占地类型	合理性分析
1	K4+800 左侧 30 m	平缓地	旱地	不涉及饮用水水源地及自然保护区等环境敏感区，距最近的村屯 280 m，中间有鉴河相隔，选址基本合理。如设置沥青拌和站，站址设置距离村屯需大于 300 m
2	K16+850 左侧 100 m	平缓地	旱地	不涉及饮用水水源地及自然保护区等环境敏感区，西南侧分布有村屯及小学。距附近村屯约 130 m，距附近小学约 160 m，要求另行选址
3	K31+700 左侧 110 m	平缓地	旱地	不涉及饮用水水源地及自然保护区等环境敏感区，距最近的村屯约 470 m，中间有山丘及树林相隔，选址基本合理

（2）减缓影响的措施（略）

点评：

1．案例调查了公路所在区域的生态功能区区划、生态保护红线、重点公益林等，明确工程与周边重要的生态敏感目标的位置关系后，根据公路里程、建设占用面积以及运行特点确定生态评价等级。有关生态影响识别基本抓住了工程生态影响特征。公路作为线性工程，其施工建设主要体现的是土地占用和改变属性，植被、陆生动物影响和水土流失等。营运期主要是路面抬高（填方路基）或降低（路堑）与周边地形地貌的差异，以及噪声、灯光、行驶车辆对沿线陆生动物的生态阻隔效应等影响。

2．案例从区域生态特征、公路沿线及部分点位的生态特点等方面进行了描述，对沿线植被进行了调查，重点调查了珍稀保护植物或古树、大树，提出了保护措施建议。陆生生态评价重点结合公路对两栖类和爬行类动物适宜生境、公路建设运行的阻隔影响进行了判别，提出在相关影响路段增设具有生态通道功能的涵管的建议；对临时工程及布局环境合理性进行了分析，提出了减缓生态影响措施建议。

3．本案例生态三级评价，植被生物量结合工程所在地其他环评资料取得。当一个地区缺乏典型植被生物量数据时，需要进行典型样方调查，了解主要植被类型和重要生境的群落结构特征。样方布设遵循以下基本原则：尽量在路线穿越成片植被区域选取样地，并考虑布点均匀性和地形地貌、海拔等因子；选取样方植被类型应包括评价区主要植被类型或重要植被类型，在重点工程和植被发育良好路段适当增加样方数，选取的样方应具有该植被类型群落结构的代表性。样方面积：阔叶林群落 20×20 m^2，针叶林或针阔混交林群落 10×10 m^2，灌草丛 5×5 m^2，草本 1×1 m^2。

4．案例不足之处是没有对建议调整后的弃渣和施工生活区给出具体的环保可行位置。弃渣场还可以通过方案比选，结合部分两栖爬行类动物生境具体分布桩号区域，将弃渣用于抬高局部路段路基回填高度（但也不能过高），利于增设涵洞等措施的通道有效性（防止低位水浸没或淤积），既减少弃渣占地，又可以用于减缓生态影响。将生态环保理念融入设计，以合理技术手段实现交通功能，达到既满足设计标准又实现生态保护，这是提醒工程方案需要进行总结的。

5．本案例跨河桥梁桥墩少，对于河道河床占用小，对水生生态的影响甚小，有关分析较简略。根据有可能对水生生态影响的单体建（构）筑物，给出河流水生生态的调查范围区间，可以给关注此类影响的读者以明确的指向。

三、声环境影响评价

（一）影响识别、评价等级、评价范围、评价标准

1. 环境影响识别

施工期主要是土石方、路基、路面、桥梁等作业施工、材料运输车辆行驶施工噪声，施工源强参照有关资料中的公路机械噪声测试值给出了取值。营运期主要是通行车辆交通噪声，公路运行车辆噪声源属于线声源，对路边的声环境敏感目标造成影响。

2. 评价等级

根据《环境影响评价技术导则　声环境》（HJ 2.4—2009），提出各类型车平均辐射源强声级。由于车辆平均行驶速度为 40 km/h，而单车噪声源强计算模型一般适用于车速大于 40 km/h 的情况，案例利用以往的公路交通噪声现状调查资料和公路交通噪声污染特性及衰减规律进行分析，并利用二阶多项式模型对实测值进行拟合，得出接近实际规律的拟合模型。

具体方法是在规范推荐模型为二阶对数模型［$Y=a+b\ln(x)$］基础上，对参数 a、b 进行修正，利用计算程序对监测数据进行最小二乘回归分析。设定 Y=噪声监测值，X=车速的自然对数［$\ln(x)$］，将各组监测数据输入程序，计算各组对数模型与实测值之差的平方和为最小。3 种类型车辆单车 A 声级最大值（L）与车速（x）的数学关系式：

小型车：$L_s=9.6871\ln(x)+37.431$

中型车：$L_m=5.8144\ln(x)+59.823$

大型车：$L_h=4.5338\ln(x)+68.917$

利用上述公式，估算各车型不同预测年辐射声级见表 7-13。

表 7-13　拟建公路各预测年各车型辐射声级　　单位：dB（A）

辐射声级路段名称＼预测年限		2022 年		2028 年		2036 年	
		昼间	夜间	昼间	夜间	昼间	夜间
拟建公路	大型车	72.1	71.9	72.4	72.2	72.7	72.4
	中型车	67.2	67.0	67.5	67.3	67.8	67.5
	小型车	64.7	64.4	65.0	64.7	65.3	65.1

按照项目建设前后评价范围内的声敏感点噪声级增高量大于 5 dB（A）的情况分析，评价等级为一级。

3. 评价范围

公路中心线两侧各 200 m 以内的范围，对沿线村庄、学校等敏感目标进行重点评价。

4．评价标准

公路部分路段沿现状低等级公路布线，部分则为新建路段。

（1）现状评价

沿线两侧区域执行《声环境质量标准》（GB 3096—2008）中的 1 类标准（乡村无公路段）、2 类标准（有公路段）。

（2）影响评价

若边界线两侧临路建筑以高于三层楼房以上（含三层）为主，临路第一排建筑面向交通干线一侧执行《声环境质量标准》（GB 3096—2008）中的 4 a 类标准；若临路建筑以低于三层楼房（含开阔地）为主，边界线两侧 35 m 以内的区域执行 4 a 类标准，以外区域执行 2 类标准。

评价范围内学校等特殊敏感点声环境执行昼间 60 dB（A）、夜间 50 dB（A）。

（二）声环境质量现状调查

1．声环境敏感目标

沿线声环境敏感保护目标 33 处，其中学校 1 处、职工宿舍 4 处、村镇居民点 28 处。枚举 2 处代表性敏感点主要环境特征及与公路关系见表 7-14。

表 7-14 部分声环境敏感目标与公路关系

敏感点	桩号	方位	与公路边界线/中线最近距离/m	临路房屋与公路角度	各功能区居民（或影响人数）分布前排临路户数/人数	敏感点与路面高差（相对路面）/m	主要环境特征
××屯	K16＋230～K16＋870	右	13/18	平行	4 a 类：8/40 2 类：70/350	−12～−6	村庄房屋分布较密集，主要为 2 层砖混结构房，安装有铝合金窗
××小学	K16＋730～K16＋820	右	教师宿舍楼：36/41 教学楼：49/54 学生宿舍楼：75/78	平行	学校：学生 110 人，教职工 7 人	0	一栋 3 层教学楼、一栋 3 层学生宿舍楼、一栋 3 层教师宿舍楼，均安装有铝合金玻璃窗。学校用地场界建有 2 m 高的围墙。无晚自习，有师生住宿

上述两个敏感点位于同一路段。原低等级公路两侧居民点较多，新建公路布线如全部沿用，则建筑物拆迁量大，噪声影响也较大。新建公路绕避居民点，可沿北侧山脚重

新布线。该路段线位布局如图 7-6 所示（居民点最近在 K16+870 处距离公路最近 18 m，其他大部分在 80 m 以外）。

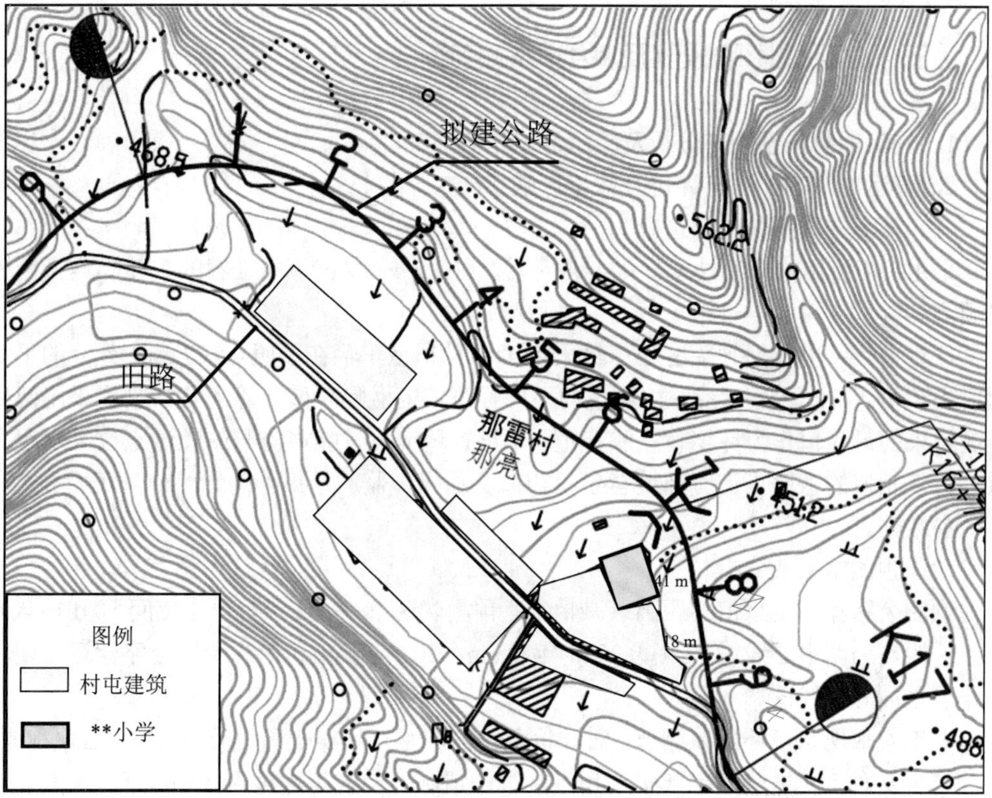

图 7-6　公路与典型敏感点位置关系示意

2．现状监测

现状声环境污染源主要是现有公路交通噪声和社会生产生活噪声。

现状噪声监测布点采取“以点带线”，对沿线评价范围内居民相对稠密区选择具有代表性的路段敏感点进行了监测（有三层建筑物的，开展垂直监测）。对于路线通过旷野的路段一般只做代表性监测。设置多处噪声监测点，包含表 7-14 中的 2 处敏感点。

监测方法与数据处理按《声环境质量标准》（GB 3096—2008）中的有关规定进行。声环境监测 2 d，昼夜各一次，昼间在 08:00—12:00、夜间在 22:00—24:00 各测 1 次，每次 20 min。交通噪声在监测时段内统计车流量。由于旧路沿线主要为丘陵地貌，且车流量较小，每天约 720 辆，进行断面噪声监测难以表征声衰减情况，未对现状旧路设置断面噪声监测。

监测点有代表旧路交通噪声和环境噪声两大类。评价给出现状监测点位及其环境特征，噪声监测代表性说明。项目评价范围内所有敏感点声环境质量现状分别满足《声环境质量标准》（GB 3096—2008）中 1、2 类标准。

（三）声环境影响预测及减缓影响措施

1．施工期影响预测与分析及减缓影响措施（略）

2．营运期影响预测与评价及减缓影响措施

（1）预测方法及参数的选取

采用《环境影响评价技术导则　声环境》（HJ 2.4—2009）中推荐的公路噪声预测模式预测。

计算参数：单车行驶辐射噪声级采用第 i 种车型车辆在参照点（7.5 m 处）的平均辐射噪声级［dB（A）］L_{Oi} 并按修正的不同预测年辐射噪声值计算。背景噪声采用两日监测结果的最高值作为环境背景噪声值，未进行环境背景噪声监测的预测点位采用距离近、特点相似的敏感点已有环境背景噪声或交通噪声监测结果作为预测点环境背景值。其他参数略。

（2）预测结果及分析

预测公路噪声贡献值随距离衰减情况。预测表明，满足 2 类标准［夜间 50 dB（A）］的点位距离公路中心线最小距离 2028 年 35 m、2036 年 40 m。绘制了公路营运远期典型路段平面等声线图。

考虑叠加现状声环境监测值，对评价范围内敏感点环境噪声进行近、中、远期预测，预测结果是有 5 处敏感点出现中期超过标准的情况，最大超标量为 2.9 dB（A）。

（3）噪声防治措施

城乡规划中注意公路两侧建筑功能布局，尽量不沿线临路建设居民区和学校等。对于不能达到 2 类功能区标准要求的区域（拟建公路边界线 40 m 范围内的区域）内新建居民住宅、办公楼等敏感建筑物时，建筑本身须做好墙、窗的降噪设计，并合理进行建筑内部布局，以减轻公路交通噪声所带来的影响。

路面结构采用沥青混凝土路面并做好结构防护。

绿化带可有一定的降噪衰减量，但是二级公路绿化带宽度较窄，一般单排，降噪效果有限。考虑沿线居民出行等因素，居民点附近的绿化带应因地制宜。

本工程运行期超标量较低，在居民点邻路侧设声屏障有妨碍居民直接出行的情况，公众诉求一般也不会提出邻路采取声屏障降噪措施。

总体方案：个别学校采取加高围墙降低公路噪声影响，对于学校附近邻路的 2 m 围墙加高，保证学校建筑物满足声环境质量要求，参照《声屏障声学涉及和测量规范》（HJ/T 90—2004），确定围墙的长度和高度。声学设计目标的确定与学校附近的公路噪声预测值、背景噪声值及学校要求的声功能标准值相关。学校噪声背景值小于声功能标准值，预测的公路噪声预测值减去声功能标准值即为降噪设计目标值。对于已有围墙，围墙（声屏障）与公路及学校的相对位置、高程关系已经确定，降噪设计方案主要考虑围墙几何尺寸中的长与高，通过适当加长加高围墙，使得学校建筑物位于声影区，再计算插入损失，尽量保证达到设计目标值（降噪量）。对公路沿线营运中期预测噪声超标的其他敏感点，建筑物采取被动防护措施（隔声门窗等），采取措施后的室内声环境质量标准参照《民用建筑隔声设计规范》（GB 50118—2010）中的各类型建筑允许噪声级。换装的隔声窗应符合《隔声窗》（HJ/T 17）要求（隔声窗的隔声量≥25 dB），并应结合南方气候特点，满足通风需求。

建设单位在项目环保竣工验收时，应依据实际监测超标情况，结合《地面交通噪声污染防治技术政策》（环发〔2017〕7 号）的要求，从噪声源控制、传播途径噪声削减、敏感建筑物噪声防护等方面调整降噪达标措施。

点评：

1. 案例根据公路建设前后评价范围内的声敏感点噪声级增高量判断，确定评价等级，制定了项目环境质量现状监测方案，获得拟建公路两侧声敏感点的环境质量现状数据。评价等级、环境标准选取基本适宜。

2. 案例针对二级公路车速偏低，不完全适用于预测模型的情况，结合经验对单车噪声源强进行适当修正调整，估算各车型不同预测年辐射声级，这种方式对于补充完善预测条件有一定的作用。实测监测资料注意结合不同路段和车流量等，有足够的数据分析，才能使得模型数字模拟接近实际情况。

3. 案例提出了二级公路常见的交通噪声防治方案。高速公路主要吸引大流量大型过境车辆，二级公路承担地区和支线必要的交通流量，夜间如果没有大流量的大型货车，噪声影响一般多能接受，极少有设置声屏障等将公路与邻路居民点隔离开的方式。尽管如此，在公路设计阶段选线尽量避绕集中居民区以及其他重要生态敏感区、控制大型货车数量、路面保持平整及适当车速等，都可以在减缓声环境影响方面体现正面效应。

关于利用学校现有围墙增加长度和高度，主要是使学校建筑位于声影区内，且满足达标要求。可按照《声屏障声学涉及和测量规范》（HJ/T 90—2004）通过声学计算后确定。围墙的材料和厚度一定，传声损失（TL）可以通过计算得到，单侧保护可不再考虑吸声结构，围墙的几何尺度的选择（长与高）主要根据插入损失确定。结构声学设计要求TL（传声损失）$-\Delta L_d$（绕射声衰减）≥10 dB。对于无限长声源及有限声屏障而言，ΔL_d采用规范中的公式计算后要进行必要的修正。

四、环境空气影响评价

（一）影响识别、评价等级、评价范围、评价标准

《环境影响评价技术导则　大气环境》（HJ 2.2—2018）提出了评价工作程序三阶段的要求和相应的工作内容。第一阶段开展项目污染源、环境空气保护目标调查，评价因子筛选与确定评价标准，区域气象与地表特征调查，收集区域地形参数，确定评价等级和评价范围等。第二阶段依据评价等级开展工作，包括与项目评价相关污染源调查与核实，环境质量现状调查或补充监测，开展大气环境影响预测与评价工作等。第三阶段主要工作包括制订环境监测计划，明确大气环境影响评价结论与建议等。

1．环境影响识别

根据公路施工和运行，对公路污染源及影响进行初步的分析识别。公路施工期间主要是土石方填挖、混凝土搅拌、材料运输与装卸导致的粉尘污染，以及沥青拌和、施工机械、运输车辆行驶尾气排放对环境空气质量的影响，主要污染物为总悬浮颗粒物（TSP）、可吸入颗粒物（PM_{10}）。公路没有长、大隧道，没有设立加油站、服务区，营运期主要是车辆行驶的尾气对环境空气质量的影响，主要污染物为二氧化硫（SO_2）、二氧化氮（NO_2）等。

调查拟建公路沿线基本为山区地形，两侧主要为农村集中居住地村庄、学校、耕地、林地及乡镇，没有特殊环境空气敏感保护目标。

2．评价等级和评价范围

根据 HJ 2.2—2018，营运期公路无集中式排放源，不含加油站和服务区，评价等级为三级。评价等级划分情况见表 7-15。

表 7-15　环境空气评价工作等级划分

工作等级	划分依据	项目实际情况
三级	HJ 2.2—2018，根据项目污染源初步调查结果，分别计算项目排放主要污染物的最大地面空气质量浓度占标率 P_i（第 i 个污染物，简称“最大浓度占标率”） P_{max}≥10%，一级 1%≤P_{max}<10%，二级 1%<P_{max}，三级 等级公路、铁路项目，分别按项目沿线主要集中式排放源（如服务区、车站大气污染源）排放的污染物计算其评价等级	项目为二级公路，不含加油站和服务区，无集中式排放源。评价按三级评价

三级评价不需设置大气环境评价范围。

3．评价工作内容

根据评价等级，工作内容包括与项目评价相关污染源调查与核实，环境质量现状调查或补充监测，明确区域环境质量达标情况，本项目新增污染源和拟被替代的污染源；大气环境影响评价不进行进一步预测，结合公路特点，进行施工和营运期的影响分析，核算本项目的新增污染源；分析污染治理措施；参照 HJ 819 的要求制订环境监测计划。对大气环境影响评价主要内容与结论进行自查。参照 HJ 2.2—2018 附录要求填写建设项目大气环境影响评价自查表。

4．评价标准

环境现状和影响评价执行《环境空气质量标准》（GB 3095—2012）二级标准。大气污染物排放执行《大气污染物综合排放标准》（GB 16297—1996）中的无组织排放标准。

（二）环境质量现状调查

1．环境空气污染源

公路沿线主要为乡镇、村庄、林地及农田，评价范围内现状无大型的工业污染源，区域空气污染主要为居民生活燃料燃烧面源污染和现状公路车辆尾气和扬尘。结合调查现有车辆交通流量，估算现有交通车辆大气污染物排放量。

2．环境空气现状区域达标情况

调查基本污染物环境质量现状数据，采用地方生态环境主管部门发布的评价基准年环境质量公告数据结论。根据当地环境状况报告，项目所在县已开展二氧化硫（SO_2）、二氧化氮（NO_2）、可吸入颗粒物（PM_{10}）、细颗粒物（$PM_{2.5}$）、一氧化碳（CO）、臭氧（O_3）6 项污染物监测，环境空气质量评价指标全部达标。

3．环境空气现状监测

评价范围大气环境保护目标 33 处。沿线设置 3 处大气监测点，2018 年秋季连续监测 7 d（此时导则尚未发布）。监测因子二氧化氮（NO_2）、总悬浮颗粒物（TSP）、一氧化碳（CO）、可吸入颗粒物（PM_{10}）。监测同时记录气温、气压和相对湿度、风向、风速及周围环境简况等，监测结果满足《环境空气质量标准》（GB 3095—2012）二级标准。

（三）环境空气影响分析及减缓影响措施

1．施工期影响分析及措施

（1）影响分析

施工期间土石方开挖、建筑材料运输、装卸及混凝土搅拌过程产生的扬尘使周边大气环境中颗粒物浓度增加。沥青混凝土路面施工时，沥青拌和站沥青熬制中产生的烟气和苯并[*a*]芘及铺路时的热油蒸发等影响，拌和站沥青烟中含 THC、TSP 及苯并[*a*]芘等有毒有害物质的排放对操作人员及邻近排放源人群健康尤其产生不利影响；施工机械作业的尾气污染物排放，对空气环境也可产生影响。目前，施工期间的临时站场离最近的居民点 280 m。

（2）主要措施

施工堆料场、沥青拌和站设置场地远离居民区或其他人口密集处，置于较为空旷的地方，在选址下风向 300 m 内不应有居民区、学校等敏感目标。拌和设备进行密封，并配除尘装置。施工临时站场将拌和设备位置布置在远离居民点 300 m 外，以满足一般的防范措施要求。

施工材料运输公路采取定时洒水降尘措施。主要措施（略）。

2．营运期影响分析及措施

（1）影响分析

车辆尾气造成的大气污染影响。车辆尾气排放量与车流量、车速、不同车型的耗油量及排放系数有一定的关系，排放源强按照污染物单车因子排放参数、各年份交通量计算，得到工程不同预测年份日均及高峰小时交通量状况下 CO 和 NO_2 的排放源强（表 7-16）。采用类比分析方法进行了评价，认为项目运营后评价范围内大气污染物中 CO、NO_2 均不会造成环境敏感点超过《环境空气质量标准》（GB 3095—2012）二级标准。

表 7-16　拟建公路日均空气污染源估算　　单位：mg/（m·s）

路段	预测年限	污染物		
		CO	NO_x	NO_2
拟建项目	2022 年	0.042 2	0.002 88	0.002 50
	2028 年	0.057 2	0.003 90	0.003 40
	2036 年	0.078 3	0.005 34	0.004 70

（2）主要措施

路边种植乔木、灌木，可净化吸滞车辆尾气中的污染物和减缓大气中总悬浮微粒扩散，并起到美化环境、改善公路沿线景观的效果。严格执行汽车排放车检制度，对汽车排放状况进行抽查，限制尾气排放严重超标的车辆上路。

（3）环境管理与环境监测计划（略）

（4）建设项目大气环境影响评价自查

按照 HJ 2.2—2018 中表 E.1 填写建设项目大气环境影响评价自查表。

点评：

1．该案例公路辅助设施不含加油站和服务区，环境空气评价等级确定适宜。

导则提出，对等级公路、铁路项目，分别按项目沿线主要集中式排放源（如服务区、车站大气污染源）排放的污染物计算其评价等级；对新建包含 1 km 及以上隧道工程的城市快速路、主干路等城市道路项目，按项目隧道主要通风竖井及隧道出口排放的污染物计算其评价等级。公路评价应注意靠近城区的公路（包括高速公路）长隧道大气污染物排放的核算和评价等级的确定。

2．公路现状调查评价、影响评价等内容基本符合导则的要求。项目所在区域空气环境质量达标，工程建设运行对环境空气污染影响贡献值总量较小，可以不开展环境监测补充调查，该案例 2018 年开展现场调查监测工作。应注意《环境影响评价技术导则　大气环境》（HJ 2.2—2018）发布后，环境空气监测中的采样点、采样环境、采样高度及采样频率，应按 HJ 664 及相关评价标准规定的环境监测技术规范执行。

五、水环境影响评价

（一）公路经过饮用水水源保护区路段路由比选

公路路段 K36+540～终点段与鉴河干流伴行。该路段所在的鉴河干流、支流六兵小溪及两侧部分陆域分布有荣华乡饮用水地表水水源保护区，保护区属于地表水型，水源一级保护区、取水口均位于鉴河左岸支流六兵小溪。

1．水源保护区基本概况

一级保护区范围：水域范围从取水口抽水点上游 2 200 m 处至下游 100 m 处的河道水域；水域宽度为 5 年一遇洪水所能淹没的区域，面积 0.11 km^2。陆域范围是上述河道两岸 50 m 范围内，面积 0.23 km^2。

二级保护区范围：水域范围在一级保护区上游边界向上游延伸 2 000 m，一级保护区下游边界向下游延伸 200 m 河道水域；水域宽度从一级保护区水域向外 10 年一遇洪水所能淹没的区域，面积 0.1 km^2。陆域范围从上述河道两岸 1 000 m 范围以内除一级保护区的陆域范围外，面积 5.0 km^2。

2．乡镇水源保护区取水口与河道干流、现状公路及相关构筑物关系

取水口在支流六兵小溪汇入鉴河河口上游 280 m。该支流在河口设有水坝与鉴河干流相隔，水坝坝顶标高 233 m，支流汇入口处的鉴河水面标高约为 228.9 m。支流取水口处水质不受鉴河干流影响。

现有低等级公路在该区域位于鉴河北岸，设有桥梁跨越支流六兵小溪，穿越饮用水水源二级保护区水域及陆域范围，桥墩距上游的取水口 260 m。该路段还穿过荣华乡镇居民区。

3．环境比选

设计提出在该区域鉴河北侧利用原低等级公路（穿行支流六兵小溪）设置 G 线以及在鉴河南侧设置 K 线（新线）的两个方案，经比较后推荐采用 K 线方案。

该案例开展了水源保护区调查和该部分路段的环境比选。

K 线在鉴河南侧布线，K36+540～K37+460 共 920 m 路段以路基及桥梁形式在该路段穿越二级保护区，不再利用现有低等级公路。从水环境保护角度，因支流六兵小溪入河口设置有水坝，支流高程高于鉴河，K 线新建路段建设运行期间的排水完全与取水口所在的支流六兵小溪隔离，对水源保护区取水水质不造成影响，也不会对其形成环境风险危害（图 7-7 和图 7-8）。

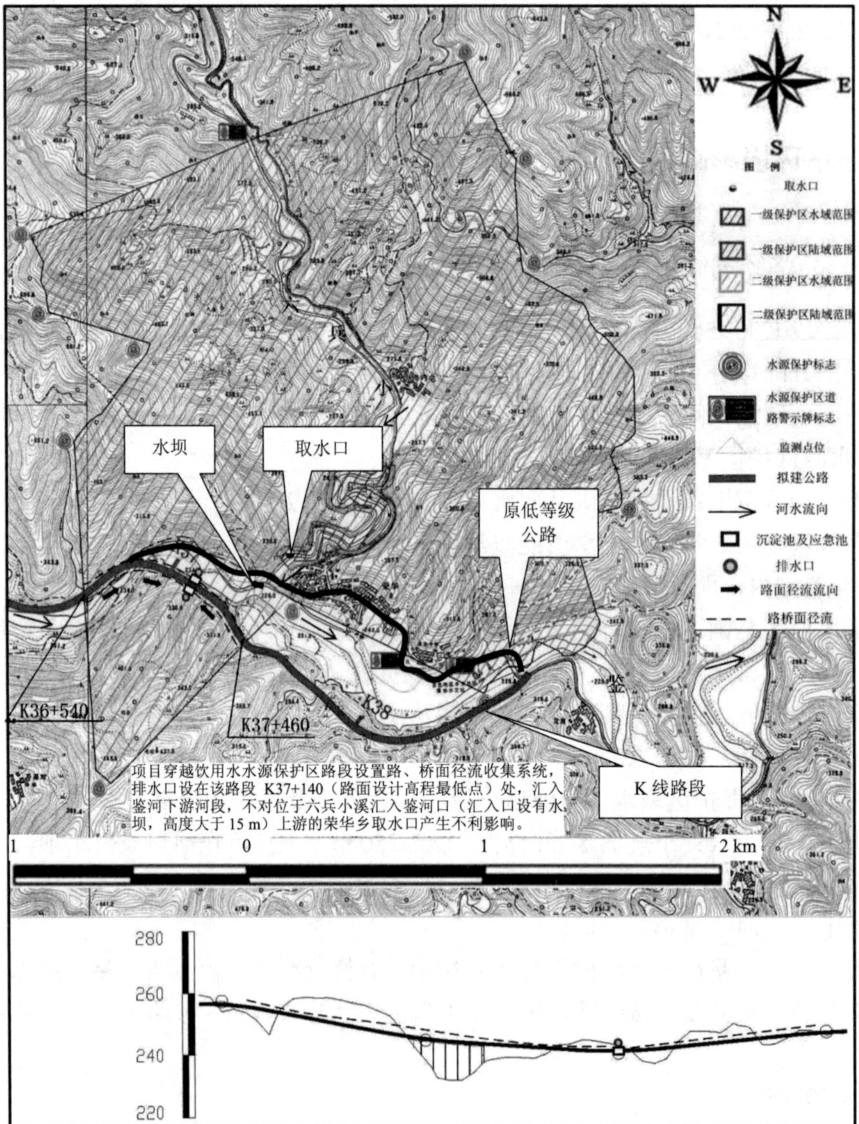

图 7-7　公路与饮用水水源保护区关系示意

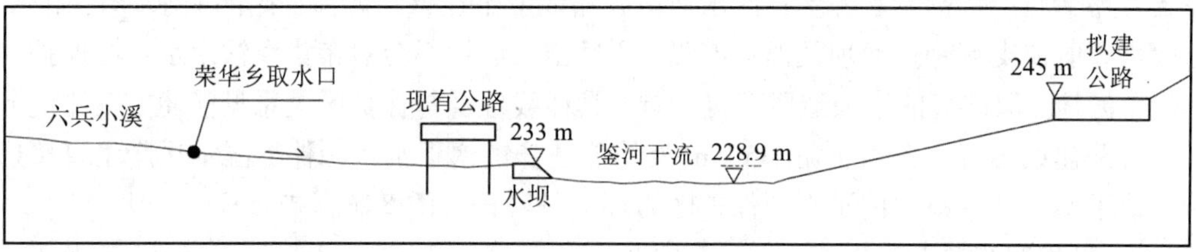

图 7-8　取水口与原低等级公路、水坝、鉴河干流、新建公路的位置、高程关系

采用新建公路，将消除原低等级公路车辆环境事故风险对取水口水质的污染影响。

该路段鉴河北岸向北、南岸向南区域均为山地，海拔较高，植被丰茂，避开水源保护区选线则可能带来较大的生态不利影响。选择公路在河道南岸就近布线，一方面规避了对北岸以及水源地取水口可能的直接影响，同时也避免了山体开挖对生态较大的破坏影响。

该水源地为乡镇级，当地县人民政府已同意拟建公路 K 线约 900 m 路段经过饮用水水源二级保护区。对于经过水源保护区的路段，需针对性地做好各项环保措施及环境风险防范措施，避免项目建设对干流水源保护区水质产生影响。

（二）影响识别和评价等级

1．环境影响识别

（1）环境敏感保护目标

推荐方案 K36+540～K37+460 路段穿越荣华乡镇饮用水水源二级保护区陆域范围（划分情况见前述方案比选）。

公路设有 4 座跨河大桥，从上游到下游桥梁中心桩号依次是 K5+378、K12+268、K15+095、K36+853。第 4 座大桥（K36+853）以及公路终点处鉴河下游 35 km 处为邻县乡镇饮用水水源保护区，该保护区采用河边打井取水（井深 7 m），以河水作为补水水源（水源保护区划分情况略）。

（2）环境影响识别

施工期涉水桥梁施工基础围堰、开挖，沿河路段路基施工地表径流冲刷，导致水体悬浮物浓度增大；施工机械“跑、冒、滴、漏”将使水体石油类浓度升高；施工营地生活污水、冲洗污染物对地表水环境造成一定的污染。

营运期地表水污染主要为路面雨水径流所含污染物，污染物浓度较低；公路设置有 1 处养护站（公路桩号 K16+500），定员 10 人，站址不在水源保护区等敏感地带，少量生活污水经化粪池处理后用作养护站周边旱地农肥，不直接排入水体，对水环境影响基本无影响。

公路 K36+540～K37+460 路段穿越荣华乡镇饮用水水源二级保护区陆域范围，跨河桥梁及路基施工将影响水源保护区水质；公路线位不在该水源保护区的取水口汇水区，与取水口所在支流有拦河坝及旧路相隔，项目施工运行不会对荣华乡饮用水水源保护区一级水源地、取水口的水质造成直接影响（具体线位及与保护区关系见前述方案比选）。

公路建设运行不会对下游 35 km 处的邻县乡镇饮用水水源保护区水质产生直接影响。该下游邻县乡镇饮用水水源保护区为环境风险评价的敏感保护目标。

2. 评价等级

按照《环境影响评价技术导则　地表水环境》（HJ 2.3—2018），建设项目地表水环境影响评价等级按照影响类型、排放方式、排放量或影响情况、受纳水体环境质量现状、水环境保护目标等综合确定。通过对河流水文影响和水污染影响两部分判别，公路仅有养护站，污水量小，污染物直接排放，不影响敏感保护区，评价等级为三级 B；河流水文影响评价等级为三级。地表水等级划分分析见表 7-17。

表 7-17　地表水环境评价工作等级划分

工作等级	划分依据	项目实际情况
1. 水污染影响型评价等级为三级 B。 2. 水文要素影响评价等级为三级	1. 水污染影响型建设项目根据排放方式和废水排放量划分评价等级。直接排放建设项目评价等级分为一级、二级和三级 A，根据废水排放量、水污染物污染当量数确定，间接排放建设项目评价等级为三级 B。 2. 水文要素影响型建设项目评价等级划分根据水温、径流与受影响地表水域等三类水文要素的影响程度进行判定。 当项目不改变水温、径流时，采用项目对受影响地表水域的（河流）占比情况判断。包括：工程垂直投影面积及外扩范围 A_1、工程扰动水底面积 A_2、过水断面宽度占用比例或占用水域面积比例 R。 注：影响范围涉及饮用水水源保护区、重点保护与珍稀水生生物的栖息地、重要水生生物的自然产卵场、自然保护区等保护目标，评价等级应不低于二级	1. 水污染影响情况：公路运营仅有养护站污水经化粪池处理后用作农肥，污水量小，不涉及污染物直接排放进入水体，不涉及敏感保护区。评价等级为三级 B。 2. 水文要素影响情况：对河流水文影响主要为 4 座跨河桥梁水中墩，计算得到的工程垂直投影面积及外扩范围 $A_1 \leqslant 0.05$、工程扰动水底面积 $A_2 \leqslant 0.2$、过水断面宽度占用比例或占用水域面积比例 $R \leqslant 5$。评价等级三级。 占用数量和占比很小，对水文情势的影响属于极小，基本不会对下游饮用水水源保护区的河流水文造成影响

3. 评价范围、时段

影响范围涉及水环境保护目标，评价范围至少应扩大到水环境保护目标内受到影响的水域。本次确定评价范围为公路跨越的鉴河干流，从公路最上游的跨河桥梁以上 100 m 至最下游跨河桥梁以下 1 000 m，以及荣华乡镇饮用水水源二级保护区作为评价范围（可能产生施工期污染）。

导则提出，涉及地表水环境风险的，评价范围覆盖环境风险可能影响的水环境保护目标水域。除荣华乡镇饮用水水源二级保护区，鉴河在公路终点以下 35 km 河段及邻县乡镇饮用水水源保护区纳入评价范围（在环境风险评价章节具体分析环境风险影响）。

评价时段主要考虑枯水期施工对河流的水质影响。

4．环境质量和排放标准

按照河流水功能区划，饮用水水源保护区及工程沿线河流地表水执行《地表水环境质量标准》（GB 3838—2002）III类标准。排入沿线河流的污水执行《污水综合排放标准》（GB 8978—1996）中一级标准；排入农灌沟渠的污水执行《农田灌溉水质标准》（GB 5084—2005）中的相应标准。水源保护区内禁止水污染物排放。

5．评价工作安排

开展地表水环境现状调查与评价、影响评价及提出减缓影响的措施等。

K36+540～K37+460 路段穿越荣华乡镇饮用水水源二级保护区范围，跨河桥梁及路基施工将影响水源保护区水质，重点分析在水源二级保护区路段建设的影响（不涉及一级保护区）。

按照环境风险导则要求，对工程跨河桥梁下游邻县饮用水水源保护区河流取水口进行调查和必要的分析。

（三）地表水环境现状调查与评价

环境现状调查与评价包括建设项目及区域水污染源调查、受影响水体水环境质量现状调查、区域水资源与开发利用状况调查、水文情势与水文特征值调查，水环境保护目标、水环境功能区或水功能区及其相关的水环境质量管理要求调查等。对水环境质量现状开展监测评价。

1．水污染源、水环境质量现状、水资源与开发利用、水文情势等调查（略）

2．公路经过（或跨越）水体情况、保护目标

公路部分路段沿鉴河河岸布线，与鉴河水域距离较近。公路在 K5+378、K12+268、K15+095 及 K36+853 等处分别设置 4 座桥梁跨越鉴河（各处河道宽度 31～44 m 不等，各桥梁长度 116～226 m 不等）。

两处水环境保护目标：

① 公路 K36+540～K37+460 路段穿越乡镇级别的饮用水水源地保护区；

② 公路终点河流下游 35 km 以下的邻县乡镇饮用水水源保护区。

水环境保护目标地理位置、四至范围，主要保护对象和保护要求，以及与建设项目占地区域的相对距离、坐标、高差，与排放口的相对距离、坐标等信息，与建设项目的水力联系等（略）。

3．地表水环境质量现状监测与评价

公路大部分路段沿河岸布线，4 座大中桥跨越鉴河，在鉴河最上游和最下游桥位处（K5+378，K36+853）分别设置断面监测鉴河水环境现状质量。监测项目为水温、pH、

BOD_5、悬浮物、石油类、高锰酸盐指数、DO、NH_3-N、COD_{Cr}。各项监测指标均满足《地表水环境质量标准》（GB 3838—2002）中Ⅲ类标准。鉴河支流饮用水水源保护区六兵小溪取水点处设置一个监测断面，水质监测各指标满足《地表水环境质量标准》Ⅲ类标准。

（四）水环境影响分析及减缓影响措施

1．施工期地表水环境影响分析及减缓影响措施

主要是施工期桥梁建设对河流局部水文情势（水位、流速等变化）的影响，水体的扰动造成水质悬浮物的影响，施工人员生活污水排放、堆放在水体附近的施工材料被径流冲刷或进入水体对水环境造成的影响。

（1）桥梁建设对水文情势的影响

主要是水源保护区河流径流要素影响评价，预测分析大桥施工造成水体天然性状发生变化的水域，以及下游增减水影响水域；说明水源保护区相对建设项目建设前流速及水位变化幅度。由于 4 座桥梁相距较远，没有水文要素影响重叠。水源保护区涉水大桥各设置 2 组水中墩，采用“钢围堰+钻孔灌注桩”施工工艺。

在枯水期下，采用平面二维浅水数学模型，分析计算桥墩施工枯水期钢围堰对水面面积、径流过程、水位、流速、冲淤变化等影响。计算结果表明相关因子的影响程度超范围较小，基本不影响水源保护区的相关水文情势。

（2）桥梁建设对水环境的影响

由于涉水大桥设置 2 组水中墩，水中桩基采用“钢围堰+钻孔灌注桩”施工工艺，钢围堰设置完成后，桥梁桩基及墩柱等下部结构施工均在围堰内进行，不与外界河流水体接触；采用“循环钻孔灌注桩”施工方式，钻孔护壁泥浆循环使用，不外排。钢围堰设置好后，桥梁下部结构施工基本不对水体产生不利影响。钢围堰设置时段内短期产生较大的悬浮物，对评价河段局部水域产生不利影响。据模拟分析，采用围堰法施工，施工处下游 100 m 范围外悬浮物增量不超过 50 mg/L，对下游 100 m 范围外水域水质不产生污染影响。随着钢围堰设置后，该类污染将得以消除。桥梁下部结构施工尽量安排在枯水季节进行。

跨河桥梁施工区域对施工作业污水需要进行处理，不能直接排入河道。

跨河桥梁施工不会对六兵小溪支流饮用水水源保护区取水口和下游 35 km 外的邻县水源保护区水质造成影响。

（3）部分沿河路段施工对水环境的影响

多个路段沿鉴河河岸布线，与鉴河水域边界较近，沿河路段路基开挖施工形成的裸露面、开挖弃渣不及时清运等，遇雨水冲刷易形成含泥污水进入水体，导致鉴河悬浮物的增加。需要采取措施减缓悬浮物对鉴河水质的影响。

（4）施工营地对水环境的影响

施工营地均不在水源保护区，有关影响略。

2．营运期地表水环境影响分析及减缓影响措施

公路营运期对水环境的污染主要来自辅助设施工作人员排放的生活污水以及雨天路面径流影响。具体分析和保护措施略。

3．水源保护区路段减缓影响措施

（1）施工期保护措施

穿越饮用水水源地路段在枯水期施工，严格控制施工范围，禁止在水源保护区范围内设置取土场、弃渣场、临时堆土场、施工营地等临时用地，项目建设不会对饮用水水源保护区造成不利影响。

跨河桥梁围堰法施工，桥梁下部结构施工安排在枯水季节进行。废渣设泥浆干化池干化处理后，与沉淀污泥一并运至弃渣场处置。施工区域对施工作业污水沉淀处理，上清液回用于项目制作水泥混凝土或场地洒水降尘。

沿河路段施工修建导排水沟，在汇水处设置沉淀池，并在出水口用土工布过滤后排放。尽量减少沿河路段路基施工过程中产生的雨水直接流入河流和灌渠，控制水体悬浮物的升高。

（2）水源地路段应急防护措施

公路排水来自路面径流水和坡面径流水，初期降雨污染物及危险运输品事故污染物来自路面径流水。

根据设计文件中的纵断面线和周边地表汇水区，提出穿越水源地二级保护区的K36+540～K37+460 路段排水设计方案。

桥面径流排水：桥梁设置雨水排水收集管道，与路基路面径流收集系统中的排水沟渠衔接，桥面雨水自流排入桥边径流排水管道系统。

路基路面径流双排水系统：为避免径流水水量过大，水源保护区路段内路基排水采用双排水系统，路面径流水与山坡坡面径流水分别由不同的排水系统收集与排放，其中坡面径流水收集后根据周边地形及水系情况就近直接排放；路面径流尽可能收集后排出保护区外，或经收集处理后方可排放。

设置事故应急系统：在保护区河段靠下游侧设置排水口、沉淀池及事故应急池（采用混凝土结构，并进行防渗处理）。排水系统中的沉淀池与事故应急池为并联的钢筋混凝土结构物；非事故情况下，收集的路面径流水经沉淀池后可排放；发生风险事故时，可关闭沉淀池，开启应急池，将泄漏的危险化学品暂时存储起来，再按项目风险应急预案由相关专业单位转运处置。

事故应急池容积考虑危险品运输车辆泄漏事故时的有毒有害物质发生量、消防冲洗水和一定的地面雨水径流量进行估算。V（事故池容积）$=V_1$（罐车容积，取 10 m^3）$+V_2$（消防冲洗水，取 20 m^3）$+V_3$［地面雨水径流，30.6 m^3，按照 400 m（路面长度）×8.5 m

（路面宽度）×0.9（径流系数）×降雨强度（0.010 m）估算］=60.6 m^3，公路水源保护区路段在纵面最低点设置沉淀池及事故应急池（图 7-9），事故应急池容积为 60 m^3，加之适量的沟渠折算的容积，基本满足降雨期间应急容积设定要求。典型公路双排水系统示意见图 7-10。

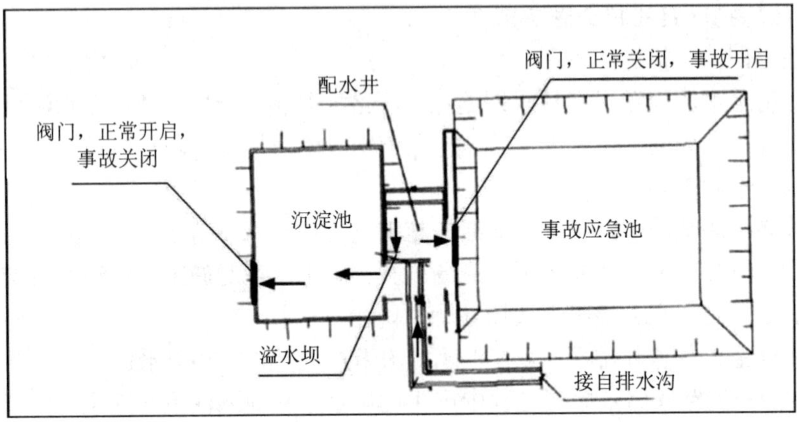

图 7-9 典型沉淀池与事故应急池平面布置示意

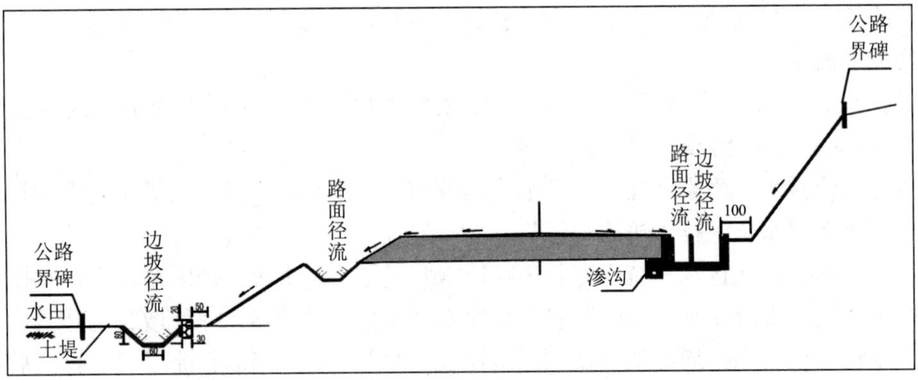

图 7-10 双排水系统设计示意

沟渠、事故应急池等构筑物进行防渗处理，设置防撞护栏及警示标志。

保护设施投资包括事故沉淀池和应急池、路面及桥面径流收集系统、桥梁及路基两侧设置加强型混凝土防撞护栏、水源保护区警示标志设置、应急设备库及应急物资、限速牌等。

4．环境管理与环境监测计划（略）

5．地表水环境影响评价自查表

参照 HJ 2.2—2008 附录 H，填写地表水环境影响评价自查表。

点评：

1．该案例公路终点附近的部分路线经过饮用水水源保护区，开展了新设线路和利用原低等级公路改造的两个方案的路由比选。新建公路不涉及取水口所处汇水区，也解决了原低等级公路对支流一级水源保护区可能的环境事故风险影响，在水源保护区路段采取径流水收集、排放和风险防范、应急防控等，工程建设运行基本不会造成干流二级水源保护区的环境影响。路由环保相对正效应是可予以确认的。

2．案例结合工程自身及与饮用水水源保护区关系和影响特征确定评价等级，基本适宜。

导则规定，直接排放受纳水体影响范围涉及饮用水水源保护区、饮用水取水口、重点保护与珍稀水生生物的栖息地、重要水生生物的自然产卵场等保护目标时，水污染影响评价等级不低于二级。本案例辅助设施不涉及污水直接排放、且不在敏感区，评价等级三级 B。

由于跨河桥梁涉及饮用水水源保护区，按照水文要素影响判断按照二级开展评价工作，可重点说明桥梁建设对下游饮用水水源保护区的流速和水位变幅、影响程度，其他内容可以简要说明。实际工作中水文要素评价可根据项目特征开展相关工作。

3．在开展水源保护区相关影响分析时，需要取得路由与水源地的位置、高程关系的数据和图件。如果线路在水源地汇水区内，则必须有足够的汇水区径流收集及事故应急防范措施，沟渠系统还可利用闸板有效拦截事故水，确保实现不对水源地水质产生影响。

4．案例对地下水环境的评价进行了等级的确定。按照《环境影响评价技术导则　地下水环境》(HJ 610—2016)；该项目不涉及地下水环境敏感区，不设置加油站，行业类别属Ⅳ类项目，无须开展地下水环境影响评价。

六、危险品运输环境事故风险评价

（一）环境风险识别及评价工作等级的确定

1．环境风险识别

按照《建设项目环境风险评价技术导则》（HJ 169—2018）、《物质危险性标准》《危险化学品重大危险源辨识》（GB 18218—2018）等的相关规定，对项目涉及的有毒有害、易燃易爆物质进行危险性识别，判别水污染事故类型，确定评价等级。

（1）货物类型

公路建成运行涉及的危险性物质主要为车辆自身携带的汽柴油以及运输的危险化学品。主要性质：易燃、易爆、易流动、易挥发、易积聚静电，以及毒性等特性。

（2）污染事故类型

污染事故类型主要是车辆携带的汽柴油或机油泄漏、运输化学危险品车辆坠河后油品、石化等物质泄漏。

（3）后果识别

公路运输风险主要是有毒化学危险品的泄漏、落水对水体的污染，危及饮用功能、农业灌溉功能；易挥发有毒有害物质泄漏对附近居民环境空气质量的影响；危险品事故泄漏对陆域土地正常使用功能的影响，破坏陆域生态环境。

2．环境风险评价等级判定

《建设项目环境风险评价技术导则》（HJ 169—2018）中，主要明确了有害有毒和易燃易爆危险物质的生产、使用、储存（包括使用管线运输）的建设项目的评价要求。

公路项目不涉及有害有毒和易燃易爆危险物质的生产、使用、储存。针对车辆危险品运输事故风险，评价经过识别，依据导则中一般性原则要求进行，分析车辆事故风险泄漏对工程河段及下游的河流水质及敏感目标的影响，提出预防控制减缓措施，明确环境风险监控及应急建议要求。环境风险评价等级判定分析见表 7-18。

表 7-18 环境风险评价工作等级划分

工作等级	划分依据	项目实际情况
简单分析（一般性原则）	1．导则适用于涉及有毒有害和易燃易爆危险物质生产、使用、储存（包括使用管线输运）的建设项目可能发生的突发性事故（不包括人为破坏及自然灾害引发的事故）的环境风险评价。 2．对于有特定行业环境风险评价技术规范要求的建设项目，本标准规定的一般性原则适用。 3．一般性原则：以突发性事故导致的危险物质环境急性损害防控为目标，对建设项目环境风险进行分析、预测和评估，提出环境风险预防、控制、减缓措施，明确环境风险监控及应急建议要求，为建设项目环境风险防控提供科学依据	公路项目不涉及有毒有害和易燃易爆危险物质生产、使用、储存。 涉及饮用水水源二级保护区。 按导则一般性原则要求，分析敏感路段发生危险品运输事故的环境风险

3．环境风险评价范围

评价范围主要根据水环境敏感目标分布情况、事故可能对环境产生危害的范围等综合确定。重点考虑营运期跨河、与河流伴行路段发生危险品运输事故导致危险品泄漏对水源地以及下游水环境保护目标的影响。

评价范围：公路上游跨鉴河大桥（K5+378）至公路终点间的沿鉴河伴行路段及跨河桥梁；公路终点至其到鉴河下游 35 km 的河流；环境敏感区包括 K36+540～K37+460 路段穿越的荣华乡镇饮用水水源二级保护区（水域、陆域）；距公路终点鉴河下游 35 km 的邻县乡镇饮用水水源保护区。

（二）危险品运输事故风险分析评价

1．陆域环境风险（环境空气）

公路交通事故、违反危险品运输有关规定，使被运送的危险品在运输途中突发性发生逸漏、爆炸、燃烧等，将在很短的时间内造成一定面积的恶性污染事故，对当地空气环境造成较大危害。运输有毒气体的车辆泄漏事故，因其排放总量小，只要人员及时撤离到一定的距离就可避免伤亡。

据调查，运输没有特别危害的货物种类的公路路段，周边居民相对密度不大，通过提前做好公路交通应急防范工作，事故风险的环境空气影响危害较小。

如果有可能造成环境空气特别大的潜在危害的，运输车辆应在运输路途予以足够的关注，对车辆型式、公路坡度转弯半径、桥梁荷载等技术参数予以复核，满足要求的车辆可以通过，否则应予以拒绝通行或采取其他措施。需要对运输车辆运送的货物种类做好判别，提前做好事故风险应急预案。

2．水环境事故风险

车辆在跨河桥梁及沿河路段存在坠河的环境风险。运输危险品货物的车辆在跨河桥梁及沿河路段发生交通事故，将对水体水质带来污染影响。根据调查资料，结合模式估算拟建项目建成通车后各敏感路段危险品运输车辆发生交通事故的概率，预测跨越水体桥梁路段危险品运输事故概率在 0.005 244～0.014 013 次/a；沿河路段具有一定的事故发生率；事故一旦发生，对环境造成的危害较大。

预计车辆事故坠入河道将对鉴河干流荣华乡水源二级保护区和下游一定范围内的水质造成危害，对水质影响范围、危害程度与事故泄漏量、事故状态下的河流水文条件如流速、流量等相关。评价根据工程建设后交通运输及河流水文特征采用模式判断说明了溢油对敏感目标的影响情景。

需要制订营运期应对沿河路段所采取的相应措施，减缓风险事故影响。在水源地采取施工和运行期间的风险防范措施，主要是跨河桥梁、路基部分设置防撞护栏和径流水收集系统等，见水环境影响评价部分。

（三）环境风险防范和应急预案

1．应急预案定位和制订

二级公路定位为突发公共事件地方应急预案和突发公共事件部门应急预案。

项目应编制环境风险应急预案，并纳入公路所在县的突发环境事件应急预案体系。

公路运管部门应根据项目制订的应急预案，建立环境风险应急体系。一旦发生环境风险事故，根据体系规定配合地方政府部门开展应急处置工作。

2．敏感路段风险防范和应急措施

项目编制环境风险应急预案，成立环境风险应急机构。

预案应做到与县级突发环境事件应急预案体系有效衔接，能根据风险级别依靠自身或外部力量有效控制环境风险事故危害。

公路环境事故可能影响河流水质，特别是水源保护区水质，需要制订水源保护区专项环境风险应急预案。

风险防范措施主要是水源保护区内路面径流收集措施及设置沉淀池、事故应急池，控制防治车辆事故风险可能造成的对水源保护区水质的影响。其他公路跨河桥梁两侧及部分沿鉴河路段在沿河一侧设置加强型防撞护栏；沿线设置报警电话信息公示牌；运管部门日常加强对路段内设置防护措施的维护；加强危险品运输车辆管理；恶劣天气情况下应禁止危险品运输车辆通行；加强应急机构的日常演练，完善能力建设。

点评：

1. 本案例环境风险评价根据建设项目涉及的物质及系统危险性和所在地的环境敏感性确定环境风险评价工作内容，针对公路沿线特点开展相对深入的分析，提出的风险防范措施总体有效。

2. 环境风险评价主要是为工程设计和环境管理提供资料和依据，以达到降低危险、减少危害的目的。根据河流枯水期和丰水期的流速，判断污染团在设定流速下抵达下一个水源地的距离的时间，可以为下游取水口采取应急防范措施提供依据。

七、评价结论

1. 主要评价结论

（1）拟建公路根据交通现状及沿线重要城镇规划，以及地形、地质、水文等条件，环保和安全因素，综合原低等级公路利用等，开展工程及环境因素比选，采用推荐方案 K 线路由。公路基本沿鉴河布线，路线长度为 38.93 km，采用二级公路标准建设。

（2）公路 K 线方案 K36+540～K37+460 共 920 m 路段位于鉴河南岸，在荣华乡饮用水水源二级保护区陆域范围，替代原有位于鉴河北岸的穿越荣华乡饮用水水源二级保护区水域及陆域范围的低等级公路，经比较，其他绕避方案相对生态影响较大。当地县人民政府已同意拟建公路经过该乡镇级别的饮用水水源二级保护区，在做好各项环保措施及环境风险防范措施后，项目建设对荣华乡饮用水水源保护区的影响在可接受范围内。

（3）公路路段南侧最近 1.6 km 分布有自然保护区，评价范围不涉及其他重要生态敏感目标。评价范围内可能分布国家级和地方级保护鸟类、爬行和两栖动物，未挂牌的保护古树。工程实施将导致一定的植物生物量损失，采取局部避绕等措施不对古树产生不利影响；对野生动物原有的活动范围产生一定的干扰、阻隔影响，利用工程涵洞并设置一定数量的具有生物通道功能的其他涵洞通道，减缓对爬行和两栖动物的影响。工程对其他动物影响甚小。弃渣场、临时堆土场、施工生产生活区不在水源保护区布置，施工后及时植被恢复；个别距离村屯较近的临时场地另行选址。

（4）大气和声环境保护目标 33 处。公路沿线声环境质量良好，施工期间会出现施工噪声场界超标的情况，营运中期预计 5 处声敏感点超标。通过制定合理的施工时间、场界处设置隔声板等措施进行施工期降噪；营运期超标敏感点采取建筑物换装隔声窗、加高已有围墙等措施降噪。施工期间扬尘采取洒水、加盖篷布等防除尘措施，沥青拌和站避开居民区且考虑下风向 300 m 范围内不应有敏感点分布；营运期没有服务区等大气污染源。工程建设运行对空气环境不会造成大的不利影响。

（5）公路运行存在车辆运输事故坠落水体且发生泄漏的风险，重点关注沿河及跨越水体桥梁路段，通过桥梁两侧及沿河路段靠近河流一侧设置防撞护栏，水源地范围内路面设置径流水收集系统，制订环境事故风险应急预案，采取各项防范措施等，以防范环境事故对水环境保护目标的影响。

（6）施工期及营运期各环境要素环境保护措施列入管理计划，根据敏感保护目标的分布、影响特点及措施要求，制订相应的监测计划，在建设运行中实施管理和监控。

2. 总结论

拟建公路在环境影响评价中提出的环保措施、环保投资全部落实的情况下，建设和营运不会对沿线环境造成大的不利影响；项目建设从环境保护角度可行。

案例分析

一、本案例生态、声、水、风险环境影响评价特点

1. 公路项目一般由于线路较长，涉及的生态环境影响因子往往较多，需要调查识别、分析评判工程环境影响特征。本案例先期开展了资料调查，识别公路线位位于限制开发区域，不涉及生态保护红线，不涉及自然保护区、风景名胜区及森林公园等其他生态敏感区。案例结合沿线环境敏感目标特征进行了进一步的现场调查，有关调查内容基本反映了工程沿线环境特点。

2. 该项目线位距离南侧自然保护区 1.6 km，涉及饮用水水源二级保护区，沿线部分路段有两栖、爬行类野生保护动物栖息生境。针对此类项目，评价工作首先判别公路是否涉及生态红线或其他法定禁止穿越的敏感区，如是，则应提出设计调整路由的要求。如公路邻近生态敏感区域，则依据生态导则，根据相互位置关系确定公路评价等级、工作内容，是否开展生态专题论证等。针对路由可能涉及的其他的非法规禁止穿越的敏感区，结合环境影响程度识别，开展环境比选，提出路线避绕的建议或制定减缓环境影响的措施。公路经过区域涉及野生保护植物或保护动物时，通过开展植物生长区或动物（习性）栖息地的生境调查，在此基础上，分析公路施工运行影响，提出路由局部避让和其他生态保护措施建议等。生态影响评价工作注意不能按照三级评价完全借用收集资料开展工作，还应进行必要的现场调查，取得工程沿线相关生态实际调查资料，分析影响并提出针对性的保护措施。

案例根据公路路由涉及饮用水水源二级保护区的情况进行了方案比选，认为新建路

段可以解决原公路交通运输可能的环境事故风险问题，且不涉及取水口所处支流一级保护区汇水区，在新建经过饮用水水源二级保护区的路段采取径流水收集、排放和其他风险防范、应急防控等，不会造成保护区水质危害，工程建设后能体现一定的环境正效应。

3. 案例开展了声环境现状调查，对敏感点营运中期声环境质量进行了预测，对部分超标敏感点声环境提出防噪降噪措施建议。针对二级公路车速偏低，不完全适于预测模型的情况，通过总结不同车速单车噪声源强和实测数值的差异后进行源强调整，在此基础上开展噪声影响预测。该方式对于归类公路噪声预测参数的选取仍有积极的作用，还需要根据实测资料数据分析，分类总结，完善有关参数使用条件。

4. 公路约 900 m 路段穿越乡镇级别的饮用水水源二级保护区范围，不在一级水源地及取水口汇水区范围，新建公路采取严格控制施工边界、设置桥面及路面径流系统、沉淀池及应急池等措施后，可以基本避免对该路段饮用水水源保护区的不利影响。从收集系统设置方式和规模看，案例提出保护区内路面径流水收集措施基本适宜。水环境影响评价需熟悉了解地形测量、河流水文和市政排水等专业知识。

5. 环境风险导则没有明确规定公路环境风险评价等级、评价范围等，从近 20 年来的公路评价内容来看，开展必要的分析识别，结合公路风险特点开展事故风险影响定性分析，提出风险防范措施总体可以满足导则要求。案例收集公路下游最近的饮用水水源保护区或取水口的资料，采用河流不利水文条件情景判断车辆溢油泄漏等事故风险影响情况，得出风险影响的评价结论，这对环境风险应急预案和防范措施的制定有着积极的作用。

二、其他注意事项

1. 公路项目还应注意与“环境影响评价制度与排污许可制度”的衔接。

2. 案例对土壤环境评价进行了识别。按照《环境影响评价技术导则　土壤环境（试行）》（HJ 964—2018），该项目不设置加油站，行业类别属Ⅳ类项目，不开展土壤环境影响评价，且项目自身不涉及敏感目标，无须对土壤环境现状进行调查。今后建设加油站等另行评价中应关注此内容。

3. 案例中部分内容存在不足。

（1）工程概况及环境风险评价对公路危化品车辆货物分类种类情况不够明确。

（2）大气和水环境影响评价导则更新发布后，各行业结合导则的技术有关要求还有一个统一认识和规范化的过程。本案例有关现状调查形式、内容交代不够清晰、规范，应予以注意。公路建设项目环境影响评价行业导则出台后，相应技术要求会得到统一。

（3）案例提出个别临时场地因不满足环境保护要求另行选址的建议，没有对调整后的弃渣和施工生活区给出具体的环保可行位置；此外没有结合生态保护深入开展弃渣综合利用方案比较，如提出结合两栖爬行类动物生境具体分布区域，将弃渣用于局部路段路基回填提高高度、增设涵洞等措施，则可以减少弃渣占地，进一步减缓生态影响。工程设计自身提升生态环保设计理念，有助于落实生态保护措施。

案例八　城际高速铁路客运专线环境影响评价

一、建设项目概况

（一）项目背景

项目位于沿海某省中东部，是国家中长期铁路网、长三角城镇化地区综合交通网和该省城际轨道交通网的重要组成部分，定位、走向和设计标准符合批复的国家中长期铁路网规划要求，规划中有相应规划环境影响评价章节。

（二）工程概况

工程正线从既有杭甬客专绍兴北站接轨，终于沿海铁路温岭站，新建线路长度224.368 km，为双线电气化高速铁路客运专线。正线路基长度 30.185 km，桥梁 72 座/95.44 km、隧道 54 座/98.743 km，桥隧比达 86.5%。全线设车站 9 座，动车运用所 1 处、动车存车场 1 处，牵引变电所 5 座。工程配套建设绍兴北站联络线及动车存车场走行线 7.468 km、温岭站联络线及动车所走行线 8.718 km。

（三）主要工程内容及技术参数

1．开行方案

本线运营选用 CRH 型动车组，正线设计速度目标值为 350 km/h。评价年度为近期 2030 年，远期 2040 年。动车开行对（列）数见表 8-1。

表 8-1　评价年度本线动车开行对（列）数　　单位：对/d（除①③④）

<table>
<tr><th rowspan="3">序号</th><th rowspan="3">工程内容</th><th rowspan="3">起讫</th><th rowspan="3">区段</th><th colspan="2">近期（2030 年）</th><th colspan="2">远期（2040 年）</th></tr>
<tr><th colspan="2">动车</th><th colspan="2">动车</th></tr>
<tr><th>短编</th><th>长编</th><th>短编</th><th>长编</th></tr>
<tr><td rowspan="4">1</td><td rowspan="4">正线</td><td rowspan="4">绍兴北站—温岭站</td><td>绍兴北站—东关站</td><td>33</td><td>37</td><td>53</td><td>71</td></tr>
<tr><td>东关站—临海站</td><td>33</td><td>37</td><td>43</td><td>49</td></tr>
<tr><td>临海站—台州站</td><td>39</td><td>72</td><td>53</td><td>84</td></tr>
<tr><td>台州站—温岭站</td><td>9</td><td>67</td><td>13</td><td>78</td></tr>
<tr><td rowspan="4">2</td><td rowspan="4">配套工程</td><td colspan="2">①绍兴北站上、下行联络线</td><td>35 列</td><td>35 列</td><td>22 列</td><td>35 列</td></tr>
<tr><td colspan="2">②绍兴北站动车存车场走行线</td><td>2</td><td>5</td><td>4</td><td>9</td></tr>
<tr><td colspan="2">③温岭站动车所走行线</td><td>34 列</td><td>69 列</td><td>53 列</td><td>107 列</td></tr>
<tr><td colspan="2">④温岭站下行联络线</td><td>9 列</td><td>67 列</td><td>13 列</td><td>78 列</td></tr>
</table>

本线开行长途跨线及区域城际客车，长编组采用 16 辆编组，短编组采用 8 辆编组。全天运营时间为 18 h，在夜间设置 6 h 的综合维修天窗时间。

2．主体工程

（1）线路（略）

（2）站场（略）

（3）轨道

正线一般区间及绍兴北站联络线、动车存车场走行线铺设 CRTS Ⅰ型双块式无砟轨道，采用 60 kg/m、100 m 定尺长 U71MnG 无螺栓孔新轨和 WJ-8B 型扣件及 SK-2 型双块式轨枕；正线椒江特大桥主桥（72+96+312+96+72）m 钢桁斜拉桥及前后相邻连续梁上及动车所走行线、沿海铁路温岭站下行联络线铺设有砟轨道，采用 60 kg/m、100 m 定尺长 U71MnG 无螺栓孔新轨、弹条Ⅴ型扣件、混凝土轨枕和碎石道砟。工程采用跨区间无缝线路。

注释： 无缝线路是指将钢轨焊接起来的线路，称焊接长轨线路，又因长轨中存在巨大的温度力，故也称温度应力式无缝线路。按焊接长轨条长度不同而有普通无缝线路和跨区间无缝线路。前者的焊接钢轨长度一般为 1～2 km，在两长轨条之间设置 2～4 根标准轨用普通钢轨接头形式与长轨条连起来，形成缓冲区，它虽然减少了钢轨接头，但缓冲区内仍然存在钢轨接头。跨区间无缝线路为焊接长轨条贯穿整个区段，并与车站道岔焊接，桥上铺设无缝线路，自动闭塞地段采用强度高的绝缘接头，取消了介于长轨条与它们之间的缓冲区，消灭了钢轨接头，彻底实现了线路的无缝化。（摘自：马广文．交通大辞典．上海：上海交通大学出版社，2005.）

（4）桥梁

正线工程新建桥梁 72 座、长度 95.44 km，配套工程新建桥梁 9 座、长度 7.348 km。正线及绍兴北站联络线、动车存车场走行线、温岭站下行联络线桥梁采用简支箱梁，双线桥面总宽度 12.6 m，单线桥面总宽度 7.6 m；动车所走行线桥梁采用简支 T 梁，单线桥面总宽度 4.5 m。

（5）隧道

正线工程新建隧道 54 座、长度 98.743 km，配套工程新建隧道 3 座、长度 0.832 km。长度大于 5 km 的隧道施工共采用 8 处辅助坑道，其中 5 处营运期改为避难所或紧急出口。全线隧道不设置机械通风。

（6）动车设施

本工程在绍兴北站新建动车存车场 1 处，设计近期设 2 条存车线（其中 1 条兼具人工洗车线功能）、远期预留 3 条存车线，负责绍兴北站始发终到动车组停放和整备，整备包括上水排水、车厢内部清洁、消耗品补充、密闭式厕所系统污水地面接收及处理、车体外皮清洗、车内垃圾收集及转运，并根据需要进行上砂、润滑油脂补充和餐车物料供给等，无检修任务；工程在温岭站新建动车运用所 1 处，近期按 6 线检查库、24 条存车线规模设置，远期预留 6 线动车组检查库 1 座、存车线 8 条，负责地区始发终到动车组停放、一二级检修：一级检修包括整备和一级检查，一级检查作业为通过人工目视和车载故障诊断系统对动车组主要技术状态和部分技术性能进行例行检查检测；二级检修包括二级检查及临修作业，二级检查为对车体及车载设备进行进一步检查检测和部分车体零部件的更换，不涉及车体零部件拆解检修、机械加工以及喷漆等工艺；临修是对动车组转向架及走行部、受电弓、空调、制动等大部件检查或更换，以及对车轮踏面或制动盘进行打磨切削，配备更换转向架、车上车下部件、受电弓以及空调设施和不落轮镟车床、列车牵引定位装置等设备。

（7）电气化工程

正线工程采用 AT 供电方式，外部供电电压 220 kV，采用直接供电方式。新建 5 座 AT 牵引变电所，主变压器采用户外式布置。接触网供电电压 27.5 kV，正线接触网采用全补偿弹性链形悬挂，配套工程接触网采用简单链形悬挂。

（8）综合维修

本工程新建维修车间 2 处、维修工区 3 处、保养点 3 处。维修车间、工区及工点承担本线营运期的工务、电务、通信、接触网、供变电、水电、房建等设备的检测和综合维修、日常保养、临时补修及抢修等工作职能，并提供作业车辆停放、检测、维修设备及材料存放及工作人员办公生活的场所。不涉及固定设施设备如轨道扣件、接触网、电力设备等零部件清洗、拆解检修、机械加工及喷漆等工艺。

（9）通信

本线采用 GSM-R 移动通信系统，新设置基站 61 处。

（10）给排水（略）

（11）房建（略）

（12）暖通（略）

（13）改移工程（略）

3．临时工程

（1）取、弃土（渣）场

全线设取土场 9 处、弃土场 8 处、弃渣场 51 处，见表 8-2 和表 8-3。

（2）施工便道、便线（略）

（3）施工生产生活区

本工程设置铺轨基地 1 处，制（存）梁场 7 处，钢梁预拼存放场 2 处，轨枕预制场 2 处，混凝土搅拌站 37 处，填料集中拌和站 10 处，材料厂 6 处。

除 21#混凝土拌和站外，沿线施工生产生活区不涉及特殊、重要生态敏感区及饮用水水源保护区。21#混凝土拌和站设置在始丰溪湿地公园合理利用区，环评要求优化施工组织设计，将混凝土拌和站调整出湿地公园范围。

（4）施工能源及材料供应（略）

表 8-2 取土场设置情况一览表（例）

序号	行政区划	名称	里程	位置/m		取土量/m^3	面积/hm^2	选址环境合理性分析
				左	右			
1	上虞区	2#取土场	CK30+300-CK30+900	800		86.24	12.32	不属于特殊及重要生态敏感区（世界遗产、自然保护区、风景名胜区、森林公园、地质公园、湿地公园等）和饮用水水源保护区等环境敏感区，不属于基本农田保护区、天然林、野生动物重要栖息地、重点保护野生植物生长繁殖地，选址合理
2	……	……	……	……	……	……	……	……

表 8-3 弃土（渣）场设置情况一览表

序号	行政区划	名称	里程	位置/m		弃土量/m^3	面积/hm^2	选址环境合理性分析
				左	右			
弃土场								
1	嵊州市	2#弃土场	CK68+800		50	31.75	3.97	不属于特殊及重要生态敏感区（世界遗产、自然保护区、风景名胜区、森林公园、地质公园、湿地公园等）和饮用水水源保护区等环境敏感区，不属于基本农田保护区、天然林、野生动物重要栖息地、重点保护野生植物生长繁殖地，选址合理
弃渣场								
1	上虞区	3#弃渣场	CK37+200	1 275		47.09	5.89	不属于饮用水水源保护区等环境敏感区，不属于基本农田保护区、天然林、野生动物重要栖息地、重点保护野生植物生长繁殖地，但所在区域属于C风景名胜区，选址不合理
2	……	……	……	……	……	……	……	……

注释：主体工程选线选址合理性在前期环保选线时均已考虑，但临时工程因数量大、较分散往往比较容易忽视，因此分析临时工程与生态敏感区、饮用水水源保护区及基本农田、天然林及野生动物重要栖息地和重点野生保护植物繁殖地的位置关系，结合法律法规及规章的具体要求，可对临时工程环境选址合理性进行预判分析，根据分析结果可在环保措施方面对临时工程选址优化提出明确建议。

4．工程用地、土石方及拆迁概况

工程用地 1 391.1 hm^2，其中永久用地 716.7 hm^2、临时用地 674.4 hm^2；工程土石方总量 4 241.53 万 m^3，其中填方 1 203.05 万 m^3，挖方 3 038.48 万 m^3；利用方 935.13 万 m^3，借方 267.92 万 m^3，弃方 2 103.35 万 m^3。全线拆迁总量为 2 054 754 m^2。

5．施工工艺

（1）路基工程

路基填筑以机械施工为主，采用推土机配合铲运机、挖掘机配合自卸汽车施工，重载压路机碾压。路堑开挖采用大型挖掘机和装载机为主，近距离调配以推土机为主，远距离以挖掘机挖、自卸车运输为主。框架桥采用常规方法现浇施工，涵洞一般采用现场灌注施工，圆涵涵节集中预制，现场拼装。

（2）桥梁工程

本工程简支箱梁均采用预制梁，架桥机架设；连续梁采用悬灌法或现场预制、轨道车运至现场铺架施工；32 m 简支槽型梁、72 m 及 96 m 简支拱桥采用支架法施工；钢横梁采用工厂焊接制造结构，现场架设施工。一般墩台及基础采用常规方法施工，靠近既有铁路、公路处桥墩台基础采用钢板桩防护施工；水中墩水深超过 3 m 时采用钢板桩围堰施工，其余墩台采用现浇施工。

（3）隧道工程

双线隧道地段Ⅱ级围岩采用全断面法施工；Ⅲ级围岩采用台阶法施工；Ⅳ级围岩采用台阶法或三台阶法施工；Ⅴ级围岩普通衬砌段采用三台阶+临时横撑法；Ⅴ级围岩隧道洞口段、洞身浅埋段和围岩破碎段采用三台阶临时仰拱法。隧道开挖采用光面爆破，严格控制超欠挖，初期支护喷射混凝土宜采用湿喷工艺。

（四）规划协调性、环境合理性分析

1．上位路网规划及规划环评符合性分析

项目是《中长期铁路网规划》高速铁路“八纵”之一“沿海通道”的重要辅助通道，其功能定位、线路走向和设计标准符合国家中长期铁路网规划要求。对照《中长期铁路网规划》中有关预防和减轻不良环境影响的措施，本项目落实情况见表 8-4。

表 8-4　《中长期铁路网规划》环境影响措施落实情况

对应措施	预防和减轻不良环境影响措施	本工程落实情况
一	坚持“保护优先、避让为主”的路网布设原则，加强对沿线环境敏感区保护。合理设计项目线路走向和场站选址，尽量利用既有交通廊道，避开基本农田保护区，避绕水源地、自然保护区、风景名胜区等环境敏感区域以及水土流失重点预防区和治理区	根据环保选线原则，避绕了绍兴市的舜江源省级自然保护区和曹娥江省级风景名胜区。 本工程已落实环保措施要求

对应措施	预防和减轻不良环境影响措施	本工程落实情况
二	开展环境恢复和污染治理，做好地形、地貌、生态环境恢复和土地复垦工作；采取综合措施有效防治铁路沿线噪声、振动；做好水土保持等生态保护，加强生态恢复工程，注重景观恢复和铁路绿色通道建设；大力推广采用环保新技术，促进废气、废水和固体废物的循环使用和综合利用	主体工程设计已考虑水土保持防护、噪声、振动治理措施及铁路绿色通道建设，工程采用节能环保设备，废水可达标排放，固体废物综合利用；环评报告对噪声、振动治理措施提出补强要求，环评报告及水土保持方案对生态恢复及水土保持措施提出优化建议及要求。 本工程已落实环保措施要求
三	严格遵守环境保护相关法律法规，在中长期铁路网的规划和建设过程中切实落实环境影响评价制度	依法开展建设项目环境影响评价报告书编制工作。 本工程已落实环保措施要求

2．与主体功能区划的相符性分析（略）

3．与省环境功能区划的相符性分析

（1）与绍兴市越城区环境功能区划及管控要求的相符性分析

本工程以隧道、桥梁等形式穿越镜湖国家城市湿地公园自然生态红线区（管控措施：严格按照《省湿地保护条例》和《绍兴市镜湖国家城市湿地公园保护管理办法》进行管控），铁路等基础设施建设不属于《省湿地保护条例》《绍兴市镜湖国家城市湿地公园保护管理办法》中规定的禁止行为，线路穿越湿地公园的游览活动区，但隧道和桥梁远离公园的重点保护区，工程占地不会破坏湿地资源，工程建设不会损害城市湿地公园的生态功能及环境质量，符合城市湿地公园保护区管控要求；其他环境功能区内的工程行为符合环境管控要求。

（2）与绍兴市嵊州市环境功能区划及管控要求的相符性分析

工程正线穿越长乐江饮用水水源二级及准保护区，线路位于取水口上游约 2.33 km，通过优化跨河桥梁孔径设计，不在二级保护区内设置桥墩及施工临时围堰，加强准保护区内工程施工期环境管理、严禁废水排入河道等措施，工程可满足该功能区环境管控要求，线路方案已取得嵊州市人民政府同意；其他环境功能区内的工程行为符合环境管控要求。

（3）与绍兴市新昌县环境功能区划及管控要求的相符性分析

工程线路未进入天姥山国家级风景名胜区的核心景区，不属于禁止行为，线路在风景名胜区内大部分以隧道形式穿越，桥梁及路基穿越段在施工期会对周边风景资源造成轻微的不利影响，通过严格施工期用地和环境管理，加强施工期环境监理，可减缓施工对风景名胜区的影响，随着施工结束及绿色通道逐步发挥植被和景观恢复的作用，因工程存在造成的景观不协调性将逐渐缓和，可满足风景名胜区规划对建设项目的环境管控措施要求，线路走向及在风景名胜区内选址方案已取得该风景名胜区管理委员会及省住建厅同意；其他环境功能区内的工程行为符合环境管控要求。

（4）与绍兴市上虞区和台州市天台县、临海市、温岭市及椒江区、路桥区市环境功能区划及管控要求的相符性分析

本工程在上述行政区内不涉及自然生态红线区，工程行为符合环境管控要求。

4．与绍兴、台州市域综合交通规划的相容性分析（略）

5．与沿线城镇的相符性分析（略）

6．主要比选方案的环境合理性分析

（1）影响方案的控制因素

影响本段线路方案的主要控制因素有：舜江源省级自然保护区、曹娥江省级风景名胜区、小仙坛青窑遗址、前岩水库饮用水水源保护区；绍兴市嵊州市北侧地质灾害易发区；绍兴市越城区、上虞区（东关镇）、王坛镇和三界镇等经济据点。

（2）方案说明

主体设计依据工程技术标准和上述控制因素，对 CK2+300～CK94+300 段（长 79.425 km）线路进行了经三界镇方案（方案Ⅰ）和经王坛镇取直方案（方案Ⅱ）的比选。

① 方案Ⅰ：经三界镇方案。该方案新建线路长 79.425 km，新建双线桥 23 座 44.304 km，新建双线隧道 11 座 19.043 km，桥隧比例 79.8%，工程静态投资约为 142.12 亿元。

② 方案Ⅱ：经王坛镇取直方案。该方案新建线路长 73.664 km，新建双线桥 13 座 31.738 km，新建双线隧道 13 座 34.715 km，桥隧比例 90.21%，工程静态投资约为 138.25 亿元。

（3）方案比选

两方案的工程比选内容见表 8-5。

表 8-5 方案工程比选一览表

方案名称	优点	缺点
方案Ⅰ：经三界镇方案	1. 符合绍兴市城市规划中越城区和上虞区融合发展的规划要求；线路从城市规划区边缘通过，与杭甬客专共用廊道通过规划区，对城市规划影响小； 2. 上虞区设站，可充分吸收该区域客流； 3. 与高速公路、国道共通道，交通条件便利，地形条件相对较好，施工组织条件较优	线路较长，工程投资大
方案Ⅱ：经王坛镇取直方案	线路长度短 5.761 km、工程投资节省 3.85 亿元	1. 线路从越城区中心城区穿越，不符合城市规划要求； 2. 沿线经济据点规模小，客流吸引能力弱； 3. 穿越区域以低山丘陵为主，隧道较多，现状道路等级低、数量少，施工组织条件较差

工程比选结论：推荐方案Ⅰ（经三界镇方案）对城市规划影响小，符合绍兴市政府相关意见，客流吸引能力强且施工组织条件较优，工程设计比选后作为贯通方案。

（4）环境比选

① 生态影响分析：

◆对工程占地影响分析：方案Ⅰ永久用地 236.08 hm^2，方案Ⅱ永久用地 212.53 hm^2，由于方案Ⅰ线路较方案Ⅱ长，其用地数量相对较大。

◆水土流失影响分析：方案Ⅰ新增水土流失量为 20 185 t/a；方案Ⅱ新增水土流失量为 18 171 t/a。方案Ⅰ水土流失量较方案Ⅱ大。

◆对重要环境敏感区影响分析：方案Ⅰ和方案Ⅱ分别穿越了重要环境敏感区 3 处和 5 处，其中方案Ⅰ、方案Ⅱ均穿越了大运河文化遗产、镜湖国家城市湿地公园和长乐江饮用水水源保护区，方案Ⅱ还穿越了绍兴市北溪、南溪及坑东水库饮用水水源保护区。两个线路方案穿越重要环境敏感区的位置均不属于法律法规及行政规章禁止穿越的区域（表 8-6），方案Ⅱ在穿越重要环境敏感区数量、长度及形式等方面均比方案Ⅰ对敏感区的环境影响要大。

表 8-6 方案穿越环保敏感区比较一览表

环保敏感区		方案Ⅰ	方案Ⅱ
世界文化遗产	大运河文化遗产	线路 CK26+920～CK7+300 段以桥梁形式跨越，穿越长度 0.38 km	线路 C1K14+173～C1K14+363 段以桥梁形式跨越，穿越长度 0.19 km
重要湿地	镜湖国家城市湿地公园	正线 CK2+095～CK2+760 段、动车走行线 ZXCK0+000～ZXCK0+450 段以桥梁、隧道和路基形式穿越湿地公园，穿越长度 1.115 km。其中，正线桥梁 178 m、隧道 487 m；动车走行线桥梁 228 m、隧道 410 m、路基 5 m	同方案Ⅰ
饮用水水源保护区	绍兴北溪饮用水水源保护区	不穿越	线路 C1K42+550～C1K44+460 段以桥梁、隧道形式跨越饮用水水源二级保护区，穿越长度 1.91 km。其中，桥梁 1.37 km、隧道 0.54 km
	绍兴南溪饮用水水源保护区	不穿越	线路 C1K44+460～C1K46+020 段以桥梁、路基、站场形式穿越饮用水水源二级保护区，穿越长度 1.56 km。其中，桥梁 0.6 km、路基 0.1 km、站场 0.86 km
	坑东水库饮用水水源保护区	不穿越	线路 C1K52+990～C1K55+000 段以隧道形式穿越饮用水水源二级保护区，穿越长度 2.01 km
	长乐江饮用水水源保护区	线路 CK74+335～CK76+450 段以桥梁、路基形式跨越饮用水水源二级保护区及准保护区，穿越长度 2.115 km（桥梁 1.75 km、路基 0.365 km）	线路 C1K67+410～C1K69+435 段以桥梁、路基形式跨越饮用水水源二级保护区及准保护区，穿越长度 2.025 km（桥梁 1.95 km、路基 0.075 km）

◆对植被影响分析：项目所在区两方案位于同一地形地貌单元内，评价范围内植被型组主要包括针阔混交叶林、灌草丛及人工栽培植被，不同方案间差别不明显。

② 地表水影响分析：方案Ⅰ线路跨越长乐江等沿线 4 条主要河流，方案Ⅱ跨越长乐江等沿线 4 条主要河流及坑东水库。方案Ⅱ跨越地表河流及水库涉及 4 个饮用水水源二级保护区，对水质保护的要求较高，尤其是在饮用水水源二级保护区内设置车站，其施工期及运营期对地表水环境影响的程度要较方案Ⅰ大。

③ 噪声影响分析：方案Ⅰ和方案Ⅱ均由既有杭甬客专绍兴北站接轨，线路引出后与既有铁路并行穿行城镇建成区地段长度相仿，对城镇段噪声敏感目标的影响基本相仿。方案Ⅰ线路长度较方案Ⅱ要多 6 km 左右，但多出的线路长度主要分布在山区路段，该区段线路主要以隧道形式通过，对噪声敏感目标的影响较小。总体分析，两个方案对沿线噪声敏感目标的影响大体相当。

④ 环境影响分析结论：方案Ⅰ在线路长度、工程用地较方案Ⅱ要多，但方案Ⅰ穿越重要环境敏感区的数量、长度及影响程度方面要弱于方案Ⅱ，方案Ⅰ对沿线饮用水水源保护区的影响程度也明显小于方案Ⅱ，两方案对噪声敏感目标的影响大体相当。在切实采取有效的保护措施的前提下，从环境保护角度而言，方案Ⅰ较方案Ⅱ对环境影响程度要小。

（5）综合比选结论

线路方案的选择需要综合考虑运营安全性、经济据点、环境保护等多方面的因素，方案Ⅰ经三界镇方案对城市规划影响小，对客流吸引能力强且施工组织条件较优，对沿线重要环境敏感区的影响程度要小，尤其是对沿线饮用水水源保护区的影响程度较方案Ⅱ更小，对噪声敏感目标的影响大体相当。在工程建设和运营过程中严格落实各项减轻环境影响和生态恢复措施的前提下，本次评价认为设计推荐的方案（方案Ⅰ）是可行的（表 8-7）。

表 8-7　绍兴市上虞区至嵊州市段方案综合比选

<table>
<tr><th colspan="3" rowspan="2">比选因素</th><th colspan="2">线路方案</th></tr>
<tr><th>方案Ⅰ：经三界镇方案</th><th>方案Ⅱ：经王坛镇取直方案</th></tr>
<tr><td rowspan="6">工程比选</td><td colspan="2">工程投资/亿元</td><td>142.12</td><td>138.25</td></tr>
<tr><td colspan="2">线路长度/km</td><td>79.425</td><td>73.664</td></tr>
<tr><td colspan="2">永久用地/hm^2</td><td>236.08</td><td>212.53</td></tr>
<tr><td rowspan="2">主要工程</td><td>特大、大、中桥/（km/座）</td><td>44.304/23</td><td>31.738/13</td></tr>
<tr><td>隧道/（km/座）</td><td>19.043/11</td><td>34.715/13</td></tr>
<tr><td colspan="2">工程比选结论</td><td colspan="2">方案Ⅰ经三界镇方案对城市规划影响小，对客流吸引能力强且施工组织条件较优，工程设计采用方案Ⅰ为该段线路的贯通方案</td></tr>
</table>

<table>
<tr><th colspan="2" rowspan="2">比选因素</th><th colspan="2">线路方案</th></tr>
<tr><th>方案Ⅰ：经三界镇方案</th><th>方案Ⅱ：经王坛镇取直方案</th></tr>
<tr><td rowspan="5">环境比选</td><td>重要环境敏感区</td><td>穿越3处</td><td>穿越5处</td></tr>
<tr><td>水土流失</td><td>新增水土流失量20 185 t/a</td><td>新增水土流失量18 171 t/a</td></tr>
<tr><td>噪声</td><td colspan="2">基本相当</td></tr>
<tr><td>地表水</td><td>跨越主要河流5条，涉及饮用水水源二级保护区1处</td><td>跨越主要河流5条及水库1座，涉及饮用水水源二级保护区4处，其中1处保护区内设站</td></tr>
<tr><td>环境比选结论</td><td colspan="2">方案Ⅰ穿越重要环境敏感区的数量、长度及工程影响程度方面要弱于方案Ⅱ，方案Ⅰ对沿线饮用水水源保护区的影响程度也明显小于方案Ⅱ，两方案对噪声敏感目标的影响大体相当。在切实采取有效的保护措施的前提下，从环境保护角度而言，方案Ⅰ较方案Ⅱ对环境影响程度要小</td></tr>
<tr><td colspan="2">地方政府意见</td><td colspan="2">绍兴市政府反对方案Ⅱ线路穿越越城区、破坏城市规划，要求在上虞区设置车站</td></tr>
<tr><td>综合比选结论</td><td colspan="3">线路方案的选择需要综合考虑运营安全性、经济据点、环境保护等多方面的因素，方案Ⅰ经三界镇对城市规划影响小，对客流吸引能力强且施工组织条件较优，对沿线重要环境敏感区的影响程度要小，尤其是对沿线饮用水水源保护区的影响程度较方案Ⅱ更小，对噪声敏感目标的影响大体相当。在工程建设和运营过程中严格落实各项减轻环境影响和生态恢复措施的前提下，本次评价认为设计推荐的方案（方案Ⅰ）是可行的</td></tr>
</table>

7.“三线一单”符合性分析

本工程“三线一单”符合性分析见表8-8。

表8-8 “三线一单”符合性分析

内容	符合性分析	备注
生态保护红线	线路以隧道、桥梁形式经过绍兴市越城区镜湖国家湿地公园保护区，以隧道、桥梁、路基形式经过绍兴市新昌县天姥山国家级风景名胜区，以桥梁形式经过绍兴市嵊州市长乐江饮用水水源保护区，上述红线区内主体工程远离湿地重点保护区域、风景名胜区的核心景区以及水源一级保护区、水源二级保护区内未设置桥墩，红线区内未设置取、弃土（渣）场	符合
环境质量底线	沿线主要地表水体环境质量基本满足相应标准要求。沿线声环境除既有铁路、公路并行段部分敏感点噪声超标外，不受既有铁路、公路噪声影响的敏感点现状声环境质量均达标。沿线部分区域大气环境不能满足《环境空气质量标准》的二级标准，主要污染物为$PM_{2.5}$，但本项目营运期车站采用空调制暖，动车组采用电力牵引无废气排放，通过代替部分公路交通运输量，有利于改善区域环境空气质量	符合
资源利用上线	本项目运营过程中消耗一定量的电力、水等资源，项目资源消耗量相对区域资源利用总量较小，符合资源利用上线	符合
生态环境准入清单	沿线生态环境功能区划为生态功能保障区、农产品安全保障区、人居环境保障区、环境优化准入区、环境重点准入区、自然生态红线区，本工程不属于工业、矿产开发及水利水电等非生态环境准入清单项目	符合

点评：

本案例综合高速铁路工程建设项目特点，明确了列车开行计划、编组方案及开行时间，详细说明了线路、站场、轨道、路基、桥梁、隧道等主体工程内容，给出了动车所及存车场、综合维修设施、牵引变电所及基站的位置，并结合临时工程类型及分布分析了其选址环境的合理性，交代了主体工程及临时工程的施工方式。工程内容介绍全面。

存在的问题：

1. 缺少对长三角城际铁路网规划说明及对其规划环评报告书审查意见的符合性分析。

2. 受方案走向及主体设计深度的影响，主要比选方案虽在环保方面进行了多方面比较，但比选结论受工程、地质、地方政府意见等因素影响较大，环境合理性论述稍显牵强。

环评中应注意：

1. 铁路工程往往规模大，涉及内容相当复杂。目前铁路项目环境影响报告书对主体工程内容给予重视，近年来对临时工程设置也给予足够的关注，但由于工程内容往往摘于可研文件或初步设计文件，根据铁路行业自身设计规范，设计人员在可研或初步设计阶段对许多临时工程无法给出详细的设计内容，或即使给出了，在以后的设计、施工阶段也往往会发生很大变化。这个问题目前还不能得到很好的解决，但环评编制人员起码对环境敏感区内的临时工程应给予重视并完整说明。

2. 由于铁路工程线长点多，不仅有自然环境因素的制约，同时社会环境因素的制约也越来越重要。自然环境方面，除了铁路上典型的生态环境和声环境因素，还有地质环境因素，而社会环境因素主要是指沿线城市总体规划、交通规划等。一个好的线路方案不一定是环境最优，而是各个因素的综合平衡。如有时为了绕避地质不良区域可能就会进入环境敏感区，有时为了拉动某个城市的发展，设置车站就会影响城市规划区。因此，如何在满足各方面条件的情况下避免不可接受的环境影响并将一般环境影响降至最低限度才是线路方案比选的真正意义。新建铁路项目进行线路方向方案的环境合理性与可行性的比选论证是环境影响评价的关键内容，充分的论证和明确的结论对调整和确认选线及指导建设项目的下阶段设计是十分必要的。这就需要地方政府相关职能部门、建设单位、设计单位、环评单位不断沟通协调、不断优化，环评人员应积极参加这种优化过程，并向各相关方说明清楚环境保护的要求，争取环境保护方面的利益最大化。

二、工程主要污染源分析及环境影响识别

（一）工程主要污染源分析

1. 噪声源

本工程运营期噪声源采用《关于印发〈铁路建设项目环境影响评价噪声振动源强取

值和治理原则指导意见（2010 年修订稿）〉的通知》（铁计〔2010〕44 号）确定。

（1）路堤段噪声源强

本工程采用 60 kg/m，无缝线路，无砟轨道，与参考源强线路条件一致。

（2）桥梁段噪声源强

本工程正线桥梁采用宽 12.6 m 的箱型梁，而铁计〔2010〕44 号中为 13.4 m 宽的箱型梁源强，两者桥面宽度不一致。根据原环保部已批复的京沈高铁（设计速度目标值 350 km/h、采用 12.6 m 宽箱型梁，与本工程一致）环评报告中确定的桥梁源强：12.6 m 宽箱型梁噪声源强在铁计〔2010〕44 号文中的路基段噪声源强值的基础上减 1 dB（A）。本工程涉及动车组噪声源强见表 8-9。

表 8-9 评价采用的噪声源强 单位：dB（A）

声源种类	速度/（km/h）	路堤	桥梁	备注
		无砟轨道	无砟轨道	
动车组	280	91.5	90.5	1. 线路条件：高速铁路，无缝、60 kg/m 钢轨，轨面状况良好，混凝土轨枕，平直线路； 2. 参考点位置：距列车运行线路中心 25 m，轨面以上 3.5 m 处
	290	92.0	91.0	
	300	92.5	91.5	
	310	93.5	92.5	
	320	94.0	93.0	
	330	94.5	93.5	
	340	95.0	94.0	
	350	95.5	94.5	

2. 振动源

本工程运营期振动源采用《关于印发〈铁路建设项目环境影响评价噪声振动源强取值和治理原则指导意见（2010 年修订稿）〉的通知》（铁计〔2010〕44 号）确定。

本工程涉及动车组振动源强见表 8-10。

表 8-10 评价采用的振动源强值 单位：VL_{zmax}/dB

振源种类	速度/（km/h）	路堤	桥梁	备注
		无砟轨道	无砟轨道	
动车组	280	76.0	72.0	1. 参考点位置：距离列车运行线路中心 30 m 的地面处。 2. 线路条件：高速铁路、无缝、60 kg/m 钢轨，轨面状况良好，混凝土轨枕，平直线路。 3. 轴重：16 t。 4. 地质条件：冲积层
	290	76.5	72.5	
	300	77.0	73.0	
	310	77.5	73.5	
	320	78.0	74.0	
	330	78.5	74.5	
	340	79.0	75.0	
	350	79.5	75.5	

3. 水污染源（略）

4. 空气污染源（略）

5. 电磁污染源（略）

6. 固体废物（略）

（二）环境影响识别与筛选

1. 环境影响识别

根据城际铁路客运专线环境影响特点，本工程环境因素综合识别结果见表 8-11。

表 8-11 主要工程项目环境影响筛选矩阵表

工程阶段	环境要素 工程项目	自然生态环境				物理-化学环境				
		环境敏感区	水土保持	植被	土地	声环境	水环境	大气环境	固体废物	电磁环境
施工期	征地拆迁（线路、站场）	-○	-○	-○	-●	-○			-○	
	土石方工程（路基、站场）	-●	-●	-○	-○	-○	-△	-○	-○	
	桥梁工程	-○	-○		-△	-△	-○		-△	
	隧道工程	-○	-○	-○	-△	-○	-○	-△	-△	
	房屋建筑等站后配套工程		-△	-○	-△	-△	-△	-△	-△	
	防护工程（路基、站场、桥涵、隧道及绿化等）	+○	+●	+●	+○	+○	+○	+○	+○	
	材料运输	-△			-△	-○		-○	-○	
	施工机械	-△				-○	-△	-○	-△	
	施工营地、施工便道	-○	-△	-△	-△	-○	-△	-○	-○	
运营期	列车运行	-△				-●		-○	-○	-△
	站场客运作业					-●	-○	-△	-△	-△
	动车设施					-△	-△	-△	-△	-△
	生活福利设施				+○	-△	-○	-○	-○	
	运营意外事故	-○		-○	-○	-△	-○	-○	-○	

注：●较大影响，○一般性影响，△轻度影响，+有利，-不利。

城际铁路客运专线工程总体上分析，对环境产生的污染影响表现为能量损耗型（噪声、振动、电磁辐射）为主，以物质消耗型（污水、废气、固体废物）为辅；对生态环境影响表现为以对沿线特殊、重要生态敏感区及其保护对象的影响（植被覆盖及群落结构、动物生境及其活动路线、景观格局、景观风貌、水土流失）为主，以对其他非生态敏感区的影响（征地、农业生产、土地利用）为辅。

从本工程环境影响空间概念上可分为路基段、站场段、桥梁段、隧道段与动车设施、牵引变电所、通信基站等；从影响时间序列上可分为施工期和运营期。

根据本工程建设和运营特点，确定工程在施工期和运营期产生的环境影响的性质，结合工程沿线环境特征及环境敏感程度情况，对本工程环境影响评价因子进行筛选，结果见表 8-12。

表 8-12　环境影响评价因子汇总

<table>
<tr><td rowspan="2">评价要素</td><td colspan="2">施工期</td><td colspan="2">运营期</td></tr>
<tr><td>评价因子</td><td>单位</td><td>评价因子</td><td>单位</td></tr>
<tr><td>声环境</td><td>昼、夜间等效声级，L_{Aeq}</td><td>dB（A）</td><td>昼、夜间等效声级，L_{Aeq}</td><td>dB（A）</td></tr>
<tr><td>环境振动</td><td>铅垂向 Z 振级，VL_{z10}</td><td>dB</td><td>铅垂向 Z 振级，VL_{zmax}</td><td>dB</td></tr>
<tr><td rowspan="2">地表水环境</td><td rowspan="2">pH、COD、BOD_5、SS、石油类</td><td rowspan="2">mg/L（pH 除外）</td><td>生产废水：pH、COD、BOD_5、SS、石油类</td><td rowspan="2">mg/L（pH 除外）</td></tr>
<tr><td>生活污水：pH、COD、BOD_5、SS、氨氮</td></tr>
<tr><td>环境空气</td><td>PM_{10}、TSP、SO_2、NO_x</td><td>μg/m³</td><td>—</td><td>—</td></tr>
<tr><td rowspan="3">电磁辐射</td><td rowspan="3">—</td><td rowspan="3">—</td><td>工频电场、工频磁感应强度</td><td>kV/m、mT</td></tr>
<tr><td>功率密度值</td><td>μW/cm²</td></tr>
<tr><td>信噪比</td><td>dB</td></tr>
<tr><td>固体废物</td><td>建筑垃圾、生活垃圾</td><td>kg</td><td>车站职工办公生活垃圾、旅客列车及候车垃圾</td><td>kg</td></tr>
<tr><td>生态环境</td><td>水土流失、土地资源、动植物资源、生态完整性</td><td>—</td><td>特殊及重要生态敏感区、植被生物量及生产力、景观</td><td>—</td></tr>
</table>

2．评价等级

（1）生态环境

本工程线路长度 240.554 km，大于 100 km；工程用地 13.911 km²，小于 20 km²。线路穿越特殊生态敏感区和重要生态敏感区分别为 1 处和 5 处。依据《环境影响评价技术导则　生态影响》（HJ 19—2011）生态影响评价工作等级确定为“一级”。

（2）声环境

本项目属新建工程，项目所在区的声环境功能区划为《声环境质量标准》（GB 3096—2008）中的 2 类区和 4 类区。工程建成后，评价范围内敏感目标的噪声增量大于 5 dB（A），受影响人口较多。依据《环境影响评价技术导则　声环境》（HJ 2.4—2009），声环境影响评价工作等级确定为“一级”。

（3）环境振动

本工程为新建铁路，评价范围内敏感目标众多。依据《铁路工程建设项目环境影响评价技术标准》（TB 10502—93），环境振动影响评价深度确定为Ⅰ级。

（4）地面水环境

本工程产生的污水主要为生活污水、动车卸污水和生产废水，单个站、所污水最大排放量 243.6 m^3/d，小于 1 000 m^3/d；主要污染物为 COD、BOD_5、SS、氨氮、石油类等非持久性污染物，所需预测的水质参数小于 7，水质复杂程度为“简单”；根据《环境影响评价技术导则　地面水环境》（HJ/T 2.3—93）的规定，水环境影响评价等级确定为“三级”。

（5）地下水环境

本工程为新建项目，无机务段工程，为Ⅳ类建设项目。项目建设场地不涉及地下水集中式饮用水水源地和分散式饮用水水源地等环境敏感区。根据《环境影响评价技术导则　地下水环境》（HJ 610—2016）的规定，本工程无须开展地下水环境影响评价工作。

（6）环境空气

本工程运营期动车所采用电力牵引，无机车废气排放；沿线车站不采用锅炉供暖，无锅炉废气排放。本工程环境空气影响全部集中在施工期，大气环境影响评价等级定为“三级”，并且工作量适当从简。

注释：本项目编制及批复均在 2018 年以前。《环境影响评价技术导则　地面水环境》（HT 2.3）和《环境影响评价技术导则　大气环境》（HJ 2.2）均于 2018 年更新，生态、噪声等导则后续也将陆续更新。

3．环境保护目标

本工程线路两侧分布有较多的居住住宅、学校、政府机关、医院和部分河流、水库、世界遗产、自然保护区、风景名胜区、地质公园、森林公园、湿地公园、文物保护单位等。本工程声环境、振动环境、水环境、环境空气、电磁环境、生态环境及规划敏感目标分布情况分别见表 8-13 至表 8-19（简略示意）。

表 8-13　噪声、振动环境敏感目标（例）

行政区域	线路区间	序号	敏感点名称	对应里程		与新建/既有线位置关系				与公路位置关系/m	敏感点概况				影响因素
				起点	终点	距离/m	高差/m	形式	方位		规模/户	层数	结构	建筑年代	
某市某区	绍兴北站～东关站	1	某村	CK1+600	CK1+830	7	12	桥梁	右侧	距解放大道红线 65 m	70	1-3	Ⅱ	20 世纪 80 年代	噪声、振动

注：1. “高差”指敏感点相对轨面的高度差，轨面高于敏感点地面为正值，反之为负值；2.“距离”指敏感点距线路外轨中心线距离；3.“影响因素”列中，①噪声，②振动；4.“规模”指在评价范围内的规模。

表 8-14 水环境敏感目标（例）

保护目标类别	名称	批准文号	所在地域	保护对象	线路相对关系	主管部门意见
饮用水水源保护区	长乐江饮用水水源保护区	浙政函〔2015〕71 号	绍兴市嵊州市	水源水质	正线 CK74+335～CK76+450 段以桥梁、路基形式跨越饮用水水源的二级保护区及准保护区，穿越长度 2.115 km。桥位距下游取水口 2.33 km	嵊州市人民政府以便函同意线路方案
II类水体	大田港	浙政函〔2015〕71 号	台州市临海市	水体水质	正线 CK171+164～CK171+180 段以桥梁形式跨越，穿越长度 0.016 km	—

表 8-15 电磁环境敏感目标（电视信号）（例）

序号	敏感点名称	对应里程		与新建线位置关系				敏感点概况		
		起点	终点	距离/m	高差/m	形式	方位	规模/户	层数	入网率
1	某村	CK1+600	CK1+830	7	12	桥梁	右侧	26	1～3	100%

注：“规模”指在评价范围内的规模。

表 8-16 电磁环境敏感目标（牵引变电所、基站）（例）

序号	敏感点名称	对应位置	最近距离/m	敏感点概况	
				规模/户	层数
1	某村	某牵变所西侧	7	26	1～3

注：“规模”指在评价范围内的规模。

表 8-17 生态敏感目标（例）

生态敏感目标类别		名称	级别	批准文号	所在行政区	保护对象	线路相对关系	主管部门意见
特殊生态敏感区	世界文化遗产	大运河文化遗产	世界级	—	绍兴市上虞区	河道遗产、自然与人文景观	正线 CK26+920～CK27+300 段以桥梁形式跨越文化遗产保护区，穿越长度 0.38 km	国家文物局同意线路穿越
	自然保护区	舜江源自然保护区	省级	浙政函〔2016〕6 号		某水库水资源及水源保护区森林生态系统和湿地资源	未进入保护区，正线 CK43+200～CK47+150 段以隧道形式从保护区外东侧经过，与保护区边界最近距离 23 m，与核心区和缓冲区最近距离分别为 123 m 和 73 m	—

<table>
<tr><th colspan="2">生态敏感目标类别</th><th>名称</th><th>级别</th><th>批准文号</th><th>所在行政区</th><th>保护对象</th><th>线路相对关系</th><th>主管部门意见</th></tr>
<tr><td rowspan="6">重要生态敏感区</td><td rowspan="3">风景名胜区</td><td>曹娥江风景名胜区</td><td>省级</td><td>浙江省人民政府1993年批准建立</td><td>绍兴市上虞区</td><td>窑址史迹、自然景观</td><td>未进入风景名胜区，正线CK36+100～CK38+400段以隧道形式在某景区及其外围控制地带外西侧通过，与外围控制地带最近距离260 m</td><td>—</td></tr>
<tr><td>天姥山风景名胜区</td><td>国家级</td><td>国函〔2009〕152号</td><td>绍兴市新昌县</td><td>地质地貌、河谷水体等自然景观</td><td>正线CK86+865～CK93+135、CK97+375～CK102+575段以隧道、桥梁、路基形式穿越某片区和某片区及其外围控制地带，穿越长度11.47 km。线路与某寺、某瀑、某庙等景点的距离分别为485 m、960 m、70 m</td><td rowspan="2">省住建厅以规选审字第〔2016〕096号文同意项目选址</td></tr>
<tr><td>天台山风景名胜区</td><td>国家级</td><td>国发〔1988〕51号</td><td>台州市天台县</td><td>山水景观资源</td><td>正线CK141+500～CK143+800段（含车站）以桥梁、路基和站场形式穿越某景区及其外围控制地带，穿越长度2.3 km。线路与某寺、御旨龙碑等景点的距离分别为584 m、570 m</td></tr>
<tr><td>地质公园</td><td>硅化木地质公园</td><td>国家级</td><td>2004年3月批准建立</td><td>绍兴市新昌县</td><td>化石群、丹霞及火山岩地貌</td><td>正线CK88+575～CK91+555段以隧道形式下穿公园某区，穿越长度2.98 km。线路与某石、送子观音、某瀑等地质遗迹点的距离分别为80 m、870 m、960 m</td><td>省国土厅以土资函〔2016〕152号文同意线路穿越</td></tr>
<tr><td rowspan="2">重要湿地</td><td>镜湖国家城市湿地公园</td><td>国家级</td><td>绍政办发〔2014〕125号</td><td>绍兴市越城区</td><td>湿地水体资源、景观风貌、湿地动植物资源及历史文化遗存</td><td>正线CK2+095～CK2+760段、动车走行线Z新昌CK0+000～Z新昌CK0+450以桥梁、隧道形式穿越湿地公园的某游览区，穿越长度1.115 km。本工程正线特大桥距某湖面0.4 km，正线及动车走行线某隧道位于某景区下方5～25 m，距某湖塘南湿地、某景区、荷叶地等重点保护区距离分别为1.47 km、3.7 km、3.3 km</td><td>省住建厅以规选审字第〔2016〕096号文同意项目选址</td></tr>
<tr><td>始丰溪国家湿地公园（试点）</td><td>国家级</td><td>浙政办发〔2014〕125号</td><td>台州市天台县</td><td>湿地资源及景观</td><td>正线CK142+255～CK142+900段以桥梁形式跨越合理利用区和湿地恢复区，穿越长度为0.645 km</td><td>省林业厅以林办便〔2016〕513号文同意工程方案</td></tr>
</table>

表 8-18　文物保护单位分布（例）

名称	级别	批准文号	所在地域	保护对象	线路相对关系	主管部门意见
大运河	国家级	国发〔2013〕13号	绍兴市上虞区	河道遗产、自然与人文景观	正线 CK26+920～CK27+300 段以桥梁形式跨越保护区，穿越长度 0.38 km	国家文物局同意线路穿越

表 8-19　沿线规划居住区（例）

序号	行政区域			里程	位置	距离/m	地块类型
1	某市	某区	某镇/街道	CK5+640～CK5+880	左侧	90	二类居住用地

（三）既有铁路环境影响回顾性分析

本工程因正线接轨和线路合站设置等原因，仅对杭甬客专绍兴北站和沿海铁路临海站、温岭站进行改建或扩建，工程不涉及上述既有铁路区间线路改建。因此，报告书仅对工程所依托的既有绍兴北站、临海站和温岭站的环境影响进行回顾。

1．噪声影响

本工程评价范围内受既有铁路车站噪声影响的敏感目标有 6 处，其中受杭甬客专运行噪声影响的有 2 处敏感目标，受沿海铁路运行噪声影响的有 4 处敏感目标。

根据噪声现状监测结果，涉及既有铁路车站沿线 4b 类区内的敏感目标现状值为昼间 52.2～62.1 dB（A）、夜间 45.4～53.4 dB（A），昼、夜间声环境质量满足相应标准；涉及既有铁路车站沿线 2 类区内的敏感目标监测值为昼间 47.2～63.5 dB（A）、夜间 41.5～54.1 dB（A），昼间有 1 处敏感点超标，超标量为 3.5 dB（A），夜间有 1 处敏感点超标，超标量为 4.1 dB（A），超标原因为受 G329 国道交通影响背景噪声超标。在只考虑铁路噪声影响情况下，既有铁路车站沿线敏感目标声环境质量现状基本能达标，既有铁路噪声对其环境质量影响相对较小。

2．环境振动影响

既有铁路车站评价范围内共有 3 处敏感目标受既有铁路振动影响，根据现状监测结果，现状值昼、夜间分别为 50.4～75.1 dB 和 48.4～73.2 dB，昼夜间均能满足标准要求，说明既有铁路两侧区域振动环境质量较好。

3．污水和固体废物影响

既有铁路车站污水经化粪池处理后纳入车站附近污水管网，最终进入污水处理厂，车站垃圾由市政环卫部门每日定期清运，能满足相应标准和管理要求。

4．电磁影响

本工程评价范围内沿线区域有线电视入网率为 100%，既有铁路车站附近产生的电磁干扰不会对电视信号接收产生影响。

5. 本工程“以新带老”措施要求

本工程对既有车站仅作站场站规模调整或扩建，站房内生活污水处理设施及污水管网和生活垃圾清运措施均不发生改变。既有车站生活污水和固体废物排放满足环境保护要求，本工程车站新增污水和生活垃圾均可利用既有设施处置。

点评：

本案例存在的问题：

1. 报告书采用文献法确定噪声、振动污染源强，应注意类比条件和类比数据的有效性，报告书在对桥梁噪声源强的选择上已注意到该问题，依据有关批复报告对铁计〔2010〕44号文源强进行了修正。但受现有监测条件限制，对开行速度低于160 km/h、简支T梁的动车噪声、振动源强，以及动车通过隧道产生的振动源强和对上方建筑物或文物保护单位的影响，仍缺少可采用的源强或类比数据。因此，铁路噪声、振动源强确定时，应在工程及环境均具有等效相似性的基础上方可采用，否则容易产生较大偏差。

2. 环境保护目标一览表中，给出的信息较为完整，但仍有可以完善的地方。表8-18中，未明确文物保护单位的保护范围、建设控制地带、保护对象本体与线路的具体位置关系；又如表8-17中，对隧道下穿生态环境敏感目标交代了水平距离，但未给出垂向位置关系。

3. 本工程概况中，提出隧道局部地段采用爆破施工，但工程污染源分析中，未明确爆破施工污染源强。

三、区域环境质量现状

沿线区域声、地表水、环境空气质量状况引用自2015年环境质量公报。

（一）声环境质量现状

1. 区域声环境质量现状

表8-20　沿线区域声环境质量概览

行政区域	绍兴市	台州市
声环境质量状况	2015年全市各区、县（市）以上城市区域环境噪声平均计权均值52.5～54.9 dB（A），声环境质量等级属较好，生活和交通噪声源是城市的主要环境噪声源；全市交通噪声路长计权平均等效声级为63.8～69.1 dB（A），除SY区外声环境质量等级属好（一级），全市路长超标率为13.9%；全市各功能区存在不同程度的超标现象。夜间噪声超标情况重于昼间	2015年全市区域环境噪声平均计权均值53.7 dB（A），声环境质量等级属较好（二级），交通和生活噪声源是城市的主要环境噪声源；全市交通噪声路长计权平均等效声级为67.1 dB（A），声环境质量等级属好（一级），全市路长超标率为21.7%；全市各功能区定点噪声平均超标率为15.6%。夜间噪声超标重于昼间。各功能区按噪声超标率大小顺序排列依次为：2类标准区（21.8%）>4类标准区（18.8%）>3类标准区（12.5%）>1类标准区（9.4%）

2. 评价范围内敏感点声环境质量现状

根据现场监测，评价范围内敏感点现状监测值昼间为 40.9～68.4 dB（A），夜间为 37.2～60.0 dB（A）。其中，仅受既有铁路噪声影响的 30 处敏感点，昼间可达标，夜间有 1 处敏感点超标，超标量为 0.5～1.9 dB（A）；仅受既有公路（或城市道路）噪声影响的 15 处敏感点，昼间有 5 处敏感点超标、夜间有 9 处敏感点超标，昼夜间超标量分别为 0.9～6.2 dB（A）和 0.1～6.3 dB（A）；同时受既有铁路和公路噪声影响的 13 处敏感点，昼间有 4 处敏感点超标、夜间有 9 处敏感点超标，昼夜间超标量分别为 0.1～3.5 dB（A）和 0.2～5.4 dB（A）；其余 125 处敏感点主要受社会噪声影响，昼间为 40.9～53.2 dB（A），夜间为 37.2～46.3 dB（A），昼、夜间均可达标。

（二）环境振动质量现状

根据现场监测，沿线敏感点环境振动现状值昼间为 49.5～77.1 dB，夜间为 47.1～75.9 dB。其中有 11 处敏感点受既有铁路振动影响，其振动现状值分别为昼间 64.5～77.1 dB，夜间为 62.8～75.9 dB，对照《城市区域环境振动标准》（GB 10070—88）中“铁路干线两侧”昼、夜 80 dB 的标准要求，昼夜间均达标。另外 114 处敏感点主要受社会生活振动及公路振动影响，其振动现状值分别为昼间 49.5～73.2 dB，夜间 47.1～71.1 dB，昼夜均满足 GB 10070—88 中“混合区、商业中心区”标准要求。

（三）地表水环境质量现状

1. 区域地表水环境质量

表 8-21 沿线区域地表水环境质量概览

行政区域	绍兴市	台州市
地表水环境质量状况	2015 年全市地表水总体水质属中度污染，主要污染物为石油类、氨氮、五日生化需氧量和化学需氧量。五大水系和湖库 110 个监测断面，符合Ⅰ～Ⅲ类标准的断面占 65.5%；劣Ⅲ类水的断面占 34.5%，其中劣Ⅴ类断面占 25.9%；满足水环境功能要求的断面 71 个，占总断面数的 64.5%	2015 年全市地表水总体水质属轻度污染，主要污染物为氨氮、总磷和化学需氧量。五大水系和湖库 70 个市控及以上监测断面，符合Ⅰ～Ⅲ类标准的断面占 58.6%，Ⅳ、Ⅴ类或劣Ⅴ类水的断面占 41.4%；满足水环境功能要求的断面 42 个，占总断面数的 60.0%

2. 评价范围内地表水环境质量现状

为了解本工程跨越主要河流的水环境质量现状，搜集水质断面监测例行资料显示：长乐江饮用水水源区水质满足Ⅱ类标准；除绍兴市上虞区西直河（振兴桥）断面高锰酸钾以及台州市椒江区灵江（栅浦）断面溶解氧、路桥区南官河（利民）断面中 COD、溶解氧、氨氮不满足《地表水环境质量标准》（GB 3838—2002）Ⅲ类标准要求，沿线其余III类河流水质监测因子均达标。

（四）环境空气质量现状

表 8-22　沿线区域环境空气质量概览

行政区域	绍兴市	台州市
环境空气质量状况	2015 年全市空气质量指数达到优良天数比例为 72.6%～85.3%，平均 79.5%。全市环境空气质量综合指数平均为 5.20。全市及各区、县（市）环境空气质量不能达到《环境空气质量标准》（GB 3095—2012）“二级”标准。全市除 ZJ 市外，总体水平属中酸雨区，降水 pH 年均值低于 5.60，平均酸雨率为 78.4%	2015 年全市 7 个城市日空气质量达标天数比例为 88.2%～94.8%，平均 90.1%。全市环境空气质量综合指数平均为 4.01。全市及大部分区、县（市）环境空气质量不能达到《环境空气质量标准》（GB 3095—2012）“二级”标准。全市总体水平属中酸雨区，降水 pH 年均值为 4.84，平均酸雨率为 86.3%

（五）生态环境状况

1．生态敏感区分布

主体工程经环保选线避绕了舜江源省级自然保护区和曹娥江省级风景名胜区，但受线路走向、技术标准、车站选址、工程地质条件等因素限制，工程仍涉及 6 处特殊及重要环境敏感区，分别为大运河世界文化遗产、天姥山国家级风景名胜区、天台山国家级风景名胜区、硅化木国家地质公园、镜湖国家城市湿地公园和始丰溪国家湿地公园（试点）。

2．评价范围内土地利用现状

评价范围内土地利用类型以林地为主，为 6 494.47 hm^2，占整个评价区域总面积的 42.42%；其次为耕地 5 118.11 hm^2，占评价区域总面积的 33.43%；园地 1 619.79 hm^2，占评价区域总面积的 10.58%；草地 505.23 hm^2，占评价区域总面积的 3.30%；城镇建设及交通用地 1 007.39 hm^2，占评价区域总面积的 6.58%；水域及水域设施及其他用地总面积 564.94 hm^2，占评价区域总面积的 3.69%。

3．植物资源现状

根据现场踏勘、样方调查和标本鉴定，并参考本底资料和相关科研成果，确定沿线区域共有种子植物 157 科 659 属 1 565 种，其中裸子植物 7 科 17 属 30 种，被子植物 150 科 642 属 1 535 种。在野外踏勘和卫星图像解译的基础上，参照《中国植被》中的植被分类原则，评价范围内的常见陆生植被可分为针叶林、阔叶林、竹林、灌丛和草丛、栽培植被以及水生植被六大类；评价范围内针叶林植被面积比例较大，占植被总面积的 31.61%，远高于其他植被类型，其生物量所占比重（52.06%）在评价范围内占绝对控制地位；本工程位于水热条件较好、有利于植被发育的亚热带季风气候区，评价范围的自然体系平均净生产力（NPP）达到 763.65 gC/（m^2·a），明显高于国内大陆平均水平；结合沿线地区有关重点保护野生植物研究资料、保护野生植物的生物特性及现场调查，判定评价范围内共有香樟和野大豆两种国家二级保护植物；经现场踏勘、调查走访，并查阅沿线林业部门提供的古树名录，确定评价范围内分布有古树18株，全部为树龄100～450年的二级、三级古树，均在工程占地范围外。

4．动物资源现状

通过搜集沿线地方林业部门提供的野生动物调查资料和相关研究文献，并结合野外踏勘、调查走访所获得的信息进行综合分析，评价范围内分布有两栖动物2目7科18种，爬行动物3目9科29种，鸟类13目36科99种，兽类6目11科21种，其中有国家二级重点保护野生动物1种——虎纹蛙，省级重点保护动物35种。

评价范围的水域内有浮游植物82种，其中硅藻门39种、绿藻门20种、蓝藻门8种、裸藻门4种、隐藻门3种、黄藻门3种、金藻门2种、褐藻门2种和甲藻门1种，共占28%；浮游动物共有4大类42种，其中枝角类最多、达15种，轮虫9种、桡足类9种、原生动物9种；评价范围内共检出底栖动物5纲14科66属（种），其中水生寡毛类及水生昆虫19个属种，软体动物单壳类6科11种，双壳类3科26种，虾蟹类2科10种；跨越河流涉及鱼类65种，隶属6目13科，其中鲤形目的种类最多、达42种，青、草、鲢、鳙传统“四大家鱼”以及鳊、鲤、鲫、泥鳅为沿线鱼类的优势种，无国家级重点保护水生生物分布；评价范围内水体底质多为淤泥，跨河段周边有一定的城镇化水平，人为干扰较大，经过现场踏勘考察，未发现野生保护性鱼类“三场”和洄游通道分布。

点评：

报告书按环境空气、地表水、声环境、环境振动及自然生态环境给出了该工程沿线区域的环境质量现状。

存在的主要问题：

1．本项目噪声评价等级为一级。已在区分现有噪声源的基础上考虑对不同声环境功能区的敏感点进行现状监测布点，但当项目涉及城市区域时，报告欠缺对高层楼房布设垂直监测断面的考虑，尤其是对受噪声影响最大的楼层缺少布点；受拟建工程位置关系影响，处于不同声环境功能区内的同一排楼房也应考虑布设不同的监测点。对于现状声环境同时受其他交通噪声、生活噪声及其他复杂声源影响时，应对其他声源影响程度给予量化说明。

2．本项目地表水评价等级为三级。地表水环境质量现状监测数据主要引用沿线环境监测部门提供的常规监测水质断面监测数据，但未说明监测断面与本工程跨越处河流在上下游、干支流的关系，较难判断监测数据的代表性。由于铁路建设项目运营期对水环境影响范围及程度相对可控，但施工涉水桥梁尤其是涉及跨越敏感水体桥梁在时间和空间维度存在一定环境影响，因此当常规监测断面水质无法满足要求时，应对跨越河道水质开展现状监测。

3．铁路项目应按项目沿线主要集中式排放源（如车站大气污染源）排放的污染物计算评价等级，本项目沿线车站不设置锅炉，无大气污染物排放，按照旧导则，环境空气影响从简分析，现状监测数据可引用地方环境保护部门公开发布的评价基准年环境质量公告或环境质量报告中的数据或结论。铁路项目环境空气评价需要注意：根据新导则HJ 2.2—2018，对于涉及车站大气污染源，如采暖燃气或燃煤锅炉、装卸场扬尘等，应先调查项目所在区域环境质量达标情况，二级以上评级应再调查评价范围内有环境质量标准的评价因子的环境质量监测数据或进行补充监测，并对区域环境质量达标情况及环境污染物环境质量现状进行评价。

4．本项目生态评价等级为一级。报告书缺少对线路沿线区生态功能区划的说明，应结合区域生态功能区划说明评价范围内区域主导生态功能，分析存在的主要生态环境问题；沿线生态敏感区众多，生态评价是报告重点，生态评价对评价范围内土地利用、陆生动植物及水生生物资源现状均做了交代，基本满足生态现状评价的要求，但缺少对植物样方数量选择、布置的代表性说明，植物生物量及生产力数据规范性和有效性也值得完善，报告书需补充沿线重点保护野生动植物分布与工程线路走向位置关系示意图，水生生态调查应主要针对涉及的湿地及鱼类“三场一通道”开展。生态一级评价的铁路项目现状调查是一项专业性较强的现场工作，往往需要植物、陆生动物（鸟类、两栖类、爬行类、兽类）、水生生物及鱼类等专业知识，委托专业院校及科研机构开展专项调查是评价工作周期内短时间获取信息的有效手段，但建设项目工程特点和环评要求等知识是专业院校及科研机构缺乏的，因此调查内容及重点的识别、调查工点及时间的选择则需要环评单位主导并加以指导。

四、主要环境影响预测及对策措施

（一）声环境影响预测与评价

1．现状质量和保护目标（略）

2．主要环境影响及拟采取的环保措施

（1）施工期（略）

（2）运营期

1）预测方法及参数

本工程为新建铁路，声环境影响预测采用《关于印发〈铁路建设项目环境影响评价噪声振动源强取值和治理原则指导意见〉的通知》（铁计〔2010〕44号）确定的模式法预测。

① 铁路噪声等效声级 $L_{eq,T}$ 的预测计算式为：

$$L_{eq,T}=10\lg\frac{1}{T}\left(\sum_i n_i t_{eq,i}10^{0.1(L_{p0,t,i}+C_{t,i})}\right)$$

式中：T——规定的评价时间，s；

n_i——T 时间内通过的第 i 类列车列数；

$t_{eq,i}$——第 i 类列车通过的等效时间，s；

$L_{p0,t,i}$——第 i 类列车最大垂向指向性方向上的噪声源强，dB（A）；

$C_{t,i}$ ——第 i 类列车的噪声修正项，dB（A）。

② 等效时间：列车通过的等效时间 $t_{eq,i}$ 按下式计算：

$$t_{eq,i}=\frac{l_i}{v_i}\left(1+0.8\frac{d}{l_i}\right)$$

式中：l_i——第 i 类列车的列车长度，m；

v_i——第 i 类列车的列车运行速度，m/s；

d——预测点到线路的距离，m。

③ 列车噪声修正值计算。列车的噪声修正项 C_i 按下式计算：

$$C_{t,i}=C_{t,v,i}+C_{t,\theta}+C_{t,t}+C_{t,d,i}+C_{t,a,i}+C_{t,g,i}+C_{t,b,i}+C_{t,h,i}$$

式中：$C_{t,v,i}$——列车运行噪声速度修正，dB（A）；

$C_{t,\theta}$——列车运行噪声垂向指向性修正，dB（A）；

$C_{t,t}$——线路和轨道结构对噪声影响的修正，dB（A）；

$C_{t,d,i}$——列车运行噪声几何发散损失，dB（A）；

$C_{t,a,i}$——列车运行噪声的大气吸收，dB（A）；

$C_{t,g,i}$——列车运行噪声地面效应引起的声衰减，dB（A）；

$C_{t,b,i}$——列车运行噪声屏障声绕射衰减，dB（A）；

$C_{t,h,i}$——列车运行噪声建筑群引起的声衰减，dB（A）。

④ 各修正项计算式：

A．列车运行噪声速度修正 $C_{t,v,i}$

预测时直接采用列车运行速度，根据预测点对应区段的列车通过速度确定。

B．列车运行噪声垂向指向性修正 $C_{t,\theta}$

列车运行噪声辐射垂向指向性修正量 $C_{t,\theta}$ 可按下式计算：

当−10°≤θ<24°时，

$$C_{t,\theta}=-0.012\times(24-\theta)^{1.5}$$

当 24°≤θ<50°时，

$$C_{t,\theta}=-0.075\times(\theta-24)^{1.5}$$

式中：θ—— 声源到预测点方向与水平面的夹角，(°)。

C．线路修正 $C_{t,t}$

本线全线采用无缝长钢轨，线路修正量 $C_{t,t}$=0。

D．列车运行噪声几何发散损失 $C_{t,d,i}$

列车运行噪声具有偶极子声源指向性，根据不相干有限长偶极子线声源的几何发散损失计算方法，列车噪声辐射的几何发散损失 $C_{t,d,i}$ 按下式计算：

$$C_{t,d,i}=-10\lg\frac{d\arctan\dfrac{l}{2d_0}+\dfrac{2l^2}{4d_0^2+l^2}}{d_0\arctan\dfrac{l}{2d}+\dfrac{2l^2}{4d^2+l^2}}$$

式中：d_0—— 源强的参考距离，m；

d —— 预测点到线路的距离，m；

l —— 列车长度，m。

E．空气吸收衰减 $C_{t,a,i}$

空气吸收衰减 $C_{t,a,i}$ 按下式计算：

$$C_{t,a,i}=-\alpha s$$

式中：α—— 大气吸收引起的纯音声衰减系数，dB/m；

s—— 声音传播距离，m。

F．地面效应声衰减吸收 $C_{t,g,i}$

地面衰减主要由从声源到接受点之间直达声和地面反射声的干涉引起，当声波越过疏松地面或大部分为疏松地面的混合地面时，地面衰减按下式计算：

$$C_{t,g,i}=-4.8+(2h_m/d)[17+(300/d)]$$

式中：h_m—— 传播路程的平均离地高度，m。

$$h_m=\frac{1}{2}(h_s+h_r)$$

h_s—— 声源距离地面高度，m；

h_r—— 受声点距离地面高度，m。

G．声屏障插入损失 $C_{t,b,i}$

将列车噪声源看成无限长线声源，按《声屏障声学设计和测量规范》（HJ/T 90—2004）确定声屏障的插入损失值，计算公式如下：

$$C_{t,b,i}=\begin{cases}-10\lg\left[\dfrac{3\pi\sqrt{1-t^2}}{4\mathrm{arctg}\sqrt{\dfrac{1-t}{1+t}}}\right], t=\dfrac{40f\delta}{3c}\leqslant 1\\ -10\lg\left[\dfrac{3\pi\sqrt{t^2-1}}{2\ln\left(t+\sqrt{t^2-1}\right)}\right], t=\dfrac{40f\delta}{3c}>1\end{cases}$$

式中：f—— 声波频率，Hz；

δ—— 声程差，$\delta=a+b-c$，m；

c—— 声速，m/s，c=340 m/s。

H．建筑群引起的声衰减 $C_{t,h,i}$

当声的传播通过建筑群时，房屋的屏蔽作用将产生声衰减。根据《声学户外声传播衰减　第 2 部分：一般计算方法》（GB/T 17247.2—1998），固定点声源的衰减 $C_{f,h,i}$ 不超过 10 dB 时，近似 A 声级可按下式估算。当从接收点可直接观察到铁路时，不考虑此项衰减。

$$C_{f,h,i}=C_{h,1}+C_{h,2}$$

$$C_{h,1}=-0.1Bd_{\mathrm{b}}$$

式中：B—— 沿声传播路线上的建筑物的密度，等于以总的地面面积（包括房屋所占面积）去除房屋总的平面面积所得的商；

d_{b}—— 通过建筑群的声路线长度。

如靠近铁路有成排整齐排列的建筑物时，则可将附加项 $C_{h,2}$ 包括在内（倘使这一项小于在同一位置上与建筑物的平均高度等高的一个屏障的插入损失）。

$$C_{h,2}=10\lg[1-(p/100)]$$

式中：p—— 相对于在建筑物附近的铁路总长度的建筑物正面的长度百分数，其值小于或等于 90%。

⑤ 铁路噪声预测技术条件：

A．预测年度：近期 2030 年，远期 2040 年。

B．车辆长度：动车长编组，按 402 m 计（16 编组）。动车短编组，按 201 m 计（8 编组）。

C．列车对数：本工程评价年度列车开行对（列）数参见表 8-1。

D．列车运行速度：预测速度按列车牵引曲线确定。

E．采用的铁路噪声源强：本工程动车组噪声源强见表 8-9。

2）预测结果

报告书预测，沿线 168 处居民住宅区，在叠加了背景噪声之后，设计近期昼、夜间等效连续 A 声级预测值分别为 43.2～78.0 dB（A）和 39.1～72.7 dB（A），对照相应声环境功能区标准限值，昼间有 120 处敏感点超标，超标量为 0.1～8.4 dB（A），夜间有 149 处敏感点超标，超标量为 0.1～12.7 dB（A）；设计远期昼、夜间等效连续 A 声级预测值分别为 43.7～78.7 dB（A）和 39.5～73.4 dB（A），对照相应声环境功能区标准限值，昼间有 125 处敏感点超标，超标量为 0.1～8.9 dB（A），夜间有 149 处敏感点超标，超标量为 0.1～13.4 dB（A）。

沿线 10 处学校、2 处医院、1 处政府机关（夜间均无住宿），在叠加了背景噪声之后，设计近期昼间等效连续 A 声级分别为 48.4～68.9 dB（A），对照标准限值，有 6 处敏感点超标，超标量为 0.6～8.9 dB(A)；设计远期昼间等效连续 A 声级分别为 49.0～71.7 dB(A)，对照标准限值，远期有 7 处敏感点超标，超标量为 0.1～11.7 dB（A）。

沿线 2 处规划居民住宅小区，在叠加了背景噪声之后，设计近期昼、夜间等效连续 A 声级分别为 59.5～68.9 dB（A）和 54.3～63.6 dB（A），设计远期昼、夜间等效连续 A 声级分别为 60.2～69.6 dB（A）和 54.9～64.3 dB（A），对照相应标准限值，不同声环境功能区昼、夜间均存在超标可能。

动车所及存车场外 9 处居民住宅区，在叠加了背景噪声之后，设计近期昼、夜间等效连续 A 声级分别为 47.7～50.5 dB（A）和 41.4～44.0 dB（A），设计远期昼、夜间等效连续 A 声级分别为 48.3～51.0 dB（A）和 41.9～44.5 dB（A），对照相应声环境功能区标准限值，昼、夜间均达标。

报告书预测，受牵引变电所噪声影响的 1 处居民住宅区，在叠加了背景噪声之后，昼、夜间等效连续 A 声级可达标。

报告书提出的环保措施为：对 154 处敏感点、2 处规划敏感点设置 3.05 m 高铁路路基声屏障 4 046 m，2.30 m 高桥梁声屏障 35 161 m，半封闭桥梁声屏障（约 8 m 高）2 310 m；对受省道交通噪声影响现状超标的某 2 处小区，另设置 5 m 高和 4 m 高的公路路基声屏障各 551 m；全线设置隔声窗 90 110 m^2。在采取上述噪声防治措施后，沿线现有敏感点和规划敏感小区声环境均可达标或较现状不恶化。

沿线规划部门合理规划铁路两侧未开发地块功能，在铁路两侧 200 m 区域内不宜新建居民住宅、学校、医院、敬老院等易受噪声影响的建筑，若新建此类建筑则需其自身采取噪声防护措施，并合理进行建筑群布局。从降低噪声影响角度，周边式建筑群布局优于平行式布局，平行式建筑群布局优于垂直式布局，且临铁路的第一排建筑宜规划为工业、仓储、物流等非噪声敏感建筑，以减少交通干线噪声对建筑群内声环境质量的影响。本工程对城市规划敏感建筑用地（居民区）采取预留 9 254 m 铁路声屏障设置条件。

（二）振动影响预测与评价

1．现状质量和保护目标（略）

2．主要环境影响及拟采取的环保措施

（1）施工期（略）

（2）运营期

1）预测方法及参数

本次振动预测采用的列车振动源强和预测模式根据《关于印发〈铁路建设项目环境影响评价噪声振动源强取值和治理原则指导意见（2010 年修订稿）〉的通知》（铁计〔2010〕44 号）确定。

① 预测公式。列车所产生的列车振动 Z 振级，在评价范围内可用下式计算：

$$VL_Z = \frac{1}{n}\sum_{i=1}^{n}\left(VL_{Z0,i} + C_i\right)$$

式中：$VL_{Z0,i}$ —— 振动源强，列车通过时段的最大 Z 计权振动级，dB；

C_i —— 第 i 列列车的振动修正项，dB；

n —— 列车通过的列数。

② 振动修正项计算。振动修正项按下式计算：

$$C_i = C_V + C_D + C_W + C_G + C_L + C_R + C_B$$

式中：C_V —— 速度修正，dB；

C_D —— 距离修正，dB；

C_W —— 轴重修正，dB；

C_G —— 地质修正，dB；

C_L —— 线路类型修正，dB；

C_R —— 轨道类型修正，dB；

C_B —— 建筑物类型修正，dB。

A．速度修正 C_V。速度修正 C_V 关系式见下式：

$$C_V = 10n\lg\frac{V}{V_0}$$

式中：C_V —— 速度引起的振动修正量，dB；

n —— 速度修正参数，本次评价结合源强取值进行修正；

V —— 列车运行速度，km/h；

V_0 —— 参考速度，km/h。

B．距离修正 C_D。铁路环境振动随距离的增加而衰减，其衰减值与地质、地貌条件密切相关。

a. 线路形式为路基、桥梁时

$$C_D = -10k\lg\frac{d}{d_0}$$

式中：d_0 —— 参考距离，30 m；

d —— 预测点到线路中心线的距离，m；

k —— 距离修正系数，与线路结构有关，当 $d \leqslant 30$ m 时，k 取 1；当 30 m $< d <$ 60 m 时，k 取 2。对于桥梁线路，当 $d \leqslant 60$ m 时，k 取 1。

b. 线路形式为隧道时

i. 隧道两侧地面

$$C_D = -20\lg R + 12$$

式中：R —— 预测点至隧道底部中心的直线距离，m。

ii. 隧道顶部（垂直）上方地面

$$C_D = -20\lg(H/H_0)$$

式中：H_0 —— 隧道顶至钢轨顶面的距离，m。本工程 H_0 取 6.4 m；

H —— 隧道轨面至地面的距离，m。

C. 轴重修正 C_W：

$$C_W = 20\lg\frac{W}{W_0}$$

式中：W_0 —— 参考轴重，t；

W —— 预测车辆的轴重，t，本工程动车轴重 W=16 t。

D. 地质修正 C_G

相对于冲积层地质，洪积层地质修正：$C_G = -4$ dB；

相对于冲积层地质，软土地质修正：$C_G = 4$ dB。

本工程沿线为冲积层地质，$C_G = 0$ dB。

E. 轨道类型修正 C_R：根据本工程轨道类型，C_R=0 dB。

F. 建筑物类型修正 C_B：预测建筑物室外振动时，应根据建筑物类型进行修正。不同建筑物室外对振动响应不同。一般将各类建筑物划分为 3 种类型进行修正：

Ⅰ类建筑为良好基础、框架结构的高层建筑：

$$C_B = -10 \text{ dB}$$

Ⅱ类建筑为较好基础、砖墙结构的中层建筑：

$$C_B = -5 \text{ dB}$$

Ⅲ类建筑为一般基础的平房建筑：

$$C_B = 0 \text{ dB}$$

③ 振动预测技术条件。

A．预测年度：近期2030年，远期2040年。

B．线路、轨道条件：本工程正线为无缝线路、无砟轨道，铺设跨区间无缝线路。

C．轴重：本线动车组选用CRH3车型，轴重 W=16 t。

D．列车运行速度：详见噪声章节。

E．列车对数：详见噪声章节。

F．振动源强确定：振动源强见表8-10。

2）预测结果

报告书预测，沿线125处敏感点受本工程振动影响，昼间为56.1～81.8 dB、夜间为56.1～81.8 dB，对照相应标准，26处敏感点预测值超标，超标量为0.2～1.8 dB；

距线路10 m 以内隧道上方共有2 处敏感点，根据类比测量结果，结合模式计算建筑物室内二次结构噪声等效声级昼间为35.9～37.0 dB（A）、夜间为35.9～37.0 dB（A），参照相应的参考标准限值，昼、夜间均达标。

报告书提出的环保措施：对于预测超标的26处敏感点108户居民敏感目标采用功能置换措施，在采取上述措施后，沿线振动环境可达标。

报告书提出，铁路沿线规划部门对线路两侧未开发区域进行合理的规划，在距铁路外轨中心线达标距离（路堤段 11 m、桥梁段 27 m）以内两侧区域不得新建居民住宅、学校、医院等振动敏感建筑。

（三）地表水环境影响预测与评价

1．现状质量和保护目标

根据《浙江省水功能区、水环境功能区划分方案》，长乐江饮用水水源保护区上游起点位于南山水库、下游终点位于南桥，其中一级保护区起点断面为南桥、终点断面为雅稚桥，二级保护区起点断面为雅稚桥、终点断面为马家桥，准保护区范围为：马家桥至南水水库出口水域，水库出口至南桥整个河段沿岸纵深 1 000 m（不超过第一重山脊线）、除一级、二级保护区外汇水区的陆域。

根据当地环境保护监测站提供的常规断面监测资料，该饮用水水源区水质满足Ⅱ类标准，沿线其余河流水质总体满足Ⅲ类标准。

2．施工期主要环境影响及拟采取的环保措施

本工程 CK74+335～CK76+450 段以桥梁、路基形式穿越饮用水水源二级保护区和准保护区陆域范围，穿越长度2.115 km。其中二级保护区内长度0.095 km（全部为桥梁）、准保护区内长度2.02 km（其中路基长0.365 km、桥梁长1.655 km）。线路位于取水口上游，距取水口最近距离约 2.33 m，距一级保护区边界 1.32 km。跨越水体桥梁在河堤内侧设桥墩2个。

本工程运营期线路开行动车组采用全封闭车型，内置污水收集及集便系统，沿途不排

放污水，不会对饮用水水源保护区产生不利影响。工程对保护区地表水环境的影响主要体现在施工期桥墩施工工艺废水处理不当向河道直排，因施工营地设置产生的施工作业人员生活污水直排，以及因材料堆放及运输和路基工点等未做好防护产生地表径流汇入河道。

报告书分析：桥梁施工对保护区的影响主要表现在桥墩尤其是堤内桥墩基础开挖和钻孔产生的弃土及泥浆若处理不当，以及施工机械产生的油污直接排入河道，影响保护区水体水质；施工营地生活污水主要来自施工人员餐饮和洗涤产生的污水以及粪便水，污水中主要含动植物油、食物残渣、洗涤剂等，如不经处理而直接排放，将会对保护区水体水质产生影响；砂、石料等小颗粒、易飘散的建筑材料在运输过程中的车辆漏撒、堆放过程因风力作用产生的扬尘、因降雨径流冲刷等进入水体，会影响水环境质量；路基填筑将产生换填土和表层土，临时堆放区不做好苫盖和临时排水措施，将在雨季产生水土流失，地表径流夹带泥沙汇入地表水体，将对河道水质产生影响。

报告书提出的环保措施：加大跨河道桥梁孔径设计，取消C江堤内的2个桥墩，施工单位应合理组织跨河桥梁梁体施工，施工时间应尽量安排于枯水期施工，避开洪水期，梁体及桥面施工做好拦挡，杜绝施工废弃物落入河道污染水体；施工单位根据水源保护要求对施工场地进行合理布置，禁止在水源二级保护区范围内设置制存梁场、混凝土拌和站、临时材料厂、机械维修场地、施工人员生活营地等可能产生水污染源的大临设施，准保护区内应避免设置制存梁场、机械维修场地及施工人员生活营地等；施工单位加强环境管理，对于设置在准保护区内的临时材料厂，应加强对散体建筑材料的保管，必要时覆盖防水油布，避免因降雨径流冲刷、车辆漏撒、扬尘等环节造成建筑材料颗粒物进入水体；准保护区内桥梁基坑及桩基开挖产生的渣土禁止弃于二级保护区的河道内，应及时外运出保护区外的指定地点处置，桥梁施工产生的泥浆水应排入临时沉淀池处理，上清液可作为场地降尘用水，严禁排入水体或可能汇入河道的沟渠，沉淀泥浆干化后与工程渣土外运出保护区至规定地点；若准保护区内设置施工人员生活营地，应设高效化粪池初步处理生活污水，推荐采用环保移动厕所，经收集后统一交地方环卫部门收集处理，禁止生活污水排入水体或可能汇入河道的沟渠；施工期开展环保监理，定期对饮用水水源进行水质监测，发现异常及时反馈当地环保部门；施工前制定应急预警机制，施工中如发生意外事件造成水体污染，及时汇报给市环保局和水利局，采用应急措施控制水源污染。

报告书还提出，全线跨河桥梁的基础施工应选择在枯水期，水中墩施工采用钢板围堰施工，跨河桥梁的施工营地和料场选址应与河岸有一定的缓冲距离，防止对水体的污染，桥梁钻孔废弃泥浆采用泥浆池、沉淀池和干化场处置，干化后泥浆用于农田种植、绿化利用或交由市政部门处置，沉淀出的废水循环使用或排入附近农灌沟渠；混凝土搅拌站应远离水体设置，并建临时沉沙池对污水进行悬浮物分离，尽量做到清水回用，无法回用的需经中和沉淀池处理后达标排放；隧道施工排水不得直接排入附近水体，应在隧道施工洞口设置沉淀池，对施工产生泥浆废水中和沉淀处理后用于隧道爆破后的洒水降尘。

3．运营期环境影响（略）

（四）环境空气影响预测与评价（略）

（五）电磁环境影响预测与评价

1．现状质量和保护目标（略）

2．主要环境影响

报告书分析，本工程沿线村庄经济条件较好，有线电视入网率较高，评价范围内居民住宅均已接入有线电视网，工程营运期动车产生的电磁辐射对沿线居民收看电视基本无影响；牵引变电所在围墙处产生的工频电场和工频磁感应强度很低，符合《电磁环境控制限值》（GB 8702—2014）中规定的相关限值要求；以天线为中心，沿铁路方向两侧各 20 m、垂直线路两侧各 10 m，竖直方向天线至向下 6 m 的区域可定为天线的超标区域（控制区），即超标区外辐射功率密度可满足小于 8 $\mu W/cm^2$，符合 GB 8702—2014 和 HJ/T 10.3—1996 的要求，基站天线高度为 25～50 m，只要不是基站天线近距离正对居民楼房，不会对环境保护目标产生电磁辐射影响。

3．拟采取的环保措施（略）

（六）固体废物影响预测与评价（略）

（七）生态环境影响预测与评价

1．现状质量和保护目标（略）

2．主要环境影响

（1）对镜湖国家城市湿地公园和始丰溪国家湿地公园（试点）的影响分析

本工程以桥梁、隧道和路基形式穿越城市湿地公园的游览活动区，穿越段无湖泊和河流湿地分布，对湿地公园与周边水系连通无影响，不会对湿地资源产生影响；沿线区域不存在珍稀濒危野生动植物栖息地，工程用地范围主要以人工栽植植被为主，易于恢复或重建，工程建设对湿地公园内动、植物资源影响较小；工程以隧道形式穿越凤凰山，不破坏湿地公园“一湖、两山、荷叶地”的整体地形地貌，且受环湖绿化带及周边村落房屋和绿地遮挡，从湿地公园内较难发现凤凰山下的桥梁和隧道等工程，对观景点视觉景观影响有限。本工程建设对国家城市湿地公园影响整体是可控的。

本工程以桥梁形式穿越始丰溪国家湿地公园（试点），不会造成对湿地水力联系和湿地生态系统的分割，线路穿越区域为湿地公园合理利用区和湿地恢复区，远离湿地保育区，施工期会对生活在桥址附近滩涂和水体的动物造成短期影响，但对湿地公园内主要保护对象栖息地的干扰影响很小。工程线位处既有人为干扰因素较多，评价范围内未分布国家或省级保护动物及其栖息和繁殖地，项目建设对生物多样性影响在基本无影响—较小影响程度，也不会造成湿地生态功能的明显下降。

（2）对大运河世界文化遗产的影响分析

本工程以桥梁形式穿越世界文化遗产及缓冲区，工程线位避开了古纤道、码头、桥等文化遗产点，工程采用大跨径连续梁跨越运河河道，未在遗产区河道内设置水中墩，缓冲区内设置 2 个水中墩，最大限度降低了对河道遗存的直接影响，对遗产要素河道本体及其所承载的遗产价值影响较小。运营期动车组以 350 km/h 通过桥梁时，与最近的石砌护岸处地表振动速度为 0.19 mm/s，可以满足《古建筑防工业振动技术规范》（GB/T 50452—2008）的要求，列车通行桥梁产生的振动对遗产安全的影响是可控的。工程新建跨河桥梁对沿岸景观风貌的影响通过优化桥梁型式、风格、体量、色调，能够在一定程度上得以缓解。采取上述措施后，本工程建设对世界文化遗产的影响是可接受的。

（3）对硅化木国家地质公园的影响分析

本工程以隧道形式下穿国家地质公园十里潜溪景区地质遗迹二级、三级保护区，线路已经尽可能地避开绝大部分珍贵的地质遗迹保护区（点），相关的临时工程选址已避开地质公园，对地质公园景观风貌和主要景点的视觉景观无影响。由于隧道埋深较大，距离地质遗迹点较远，施工期通过采取控制单次爆破用药量、优化爆破方案、落实各项支护工程等措施后，工程对周边地质遗迹点的影响较小；运营期动车组以 350 km/h 通过，在线路周边最近的地质遗迹点处地表振动速度为 0.07 mm/s，可以满足 GB/T 50452—2008 的要求，在隧道内通行产生的振动对地表地质遗迹的影响较小。因此，本工程建设对地质公园影响较小。

（4）对天姥山国家级风景名胜区的影响分析

本工程以隧道、桥梁和路基形式穿越风景名胜区的二级、三级保护区及外围保护地带。工程在景区内的地表出露工程包括隧道及斜井洞口和桥梁工程。隧道及斜井洞口占地范围内植被以人工针叶林或针阔混交林为主，主要树种为马尾松、枫香及枫杨，易于通过人工方法进行恢复或栽植；隧道顶部植被生长用水来源于降雨和包气带内非饱和带滞留水，施工期涌水漏失基岩裂隙水基本不影响包气带土壤含水，工程施工对隧道顶部植被生长影响轻微；桥梁工程占地范围内植被资源以耕地、园地为主，对风景区内森林植被影响有限。

东茗隧道及其 1、2 号斜井进出口、深挖路堑段因山体遮挡不会对九峰寺、大石瀑、韩妃庙等景点景观产生影响；白岩岭隧道进口距离韩妃庙景点较近，周围无房屋或农村，四旁树木对其遮挡效果有限，隧道进口较容易被察觉到，但对景点本身所蕴含的史实故事要素和墓碑未破坏，对景点景观价值影响不大；东茗隧道下穿景区段施工涌水在枯水期可能会对地表水体水量造成漏失或减少，但隧道下穿段沿线景点不涉及水体景观要素，景观影响相对有限。风景名胜区外围控制地带深挖路堑段虽然不会对周边相关景点产生影响，但大开挖会增加对原地貌景观的扰动。

左圩江特大桥建设会对韩妃庙周边景观风貌产生一定程度的扰动，但通过优化设计，考虑桥梁型式、体量与周边景观的协调性，工程对韩妃庙景点周边景观风貌影响是可控的。

注释：《风景名胜区总体规划标准》（GB/T 50298—2018）中 4.0.2 条规定“按分级保护要求应科学划定风景名胜区一级、二级和三级保护区”。根据 M 国家级风景名胜区总体规划，一级保护区对应《风景名胜区管理条例》中的核心景区，二级和三级保护区对应风景名胜区内除核心景区以外的一般景区。T 国家级风景名胜区划分情况相同。

（5）对天台山国家级风景名胜区的影响分析

工程主要以桥梁形式穿越风景区二级、三级保护区（即一般景区）及外围保护地带，设计桥址靠近既有国道，未对景区造成新的景观切割，且桥址距离周边旅游景点远，工程建设及运营对风景资源基本无影响。考虑到桥梁占地范围有限，占地范围内植被类型主要为农田和次生林，通过路基边坡植物防护措施和绿色通道工程建设，可以缓解因植被减少对风景区风貌的影响。总体分析，工程建设对国家级风景名胜区的影响有限。

（6）对邻近生态敏感区的影响分析

① 本工程以隧道的形式从曹娥江省级风景名胜区景区外围控制地带西侧外通过，与风景名胜区最近距离 260 m。主体工程隧道进、出口均未设置在风景名胜区范围内，临时工程弃渣场会对风景名胜区窑址遗迹产生一定影响。

② 本工程以隧道的形式从舜江源省级自然保护区东部外侧通过，工程未进入自然保护区界限，隧道进口与保护区最近距离 494 m，隧道出口与保护区最近距离 1 018 m，均远离自然保护区范围。临时工程均设置在保护区外，施工活动地带远离水库与周边水鸟栖息地。工程建设对省级自然保护区主要保护对象的影响较小。

3．对土地资源的影响分析（略）

4．对动植物资源的影响分析

工程施工将造成路基、站场等主体工程用地内植被的永久性消失和施工营地、施工场地等临时工程用地内植被的暂时性消失，但不会造成评价区域植物种类的减少，更不会使区域植物区系发生改变。工程建设完成后，评价区域自然体系生产能力由现状的 763.65 gC/（m^2·a）降低到 738.01 gC/（m^2·a），自然体系的平均生产力减少 25.65 gC/（m^2·a）。工程建设对评价区域的自然生产力将产生轻微的负面影响，但是减少量占评价范围现状值的 3.36%，对区域整体自然体系生产力的影响轻微；工程建设虽然会造成评价区域生态系统生物量每年减少 22 528.88 t，但主体工程、水土保持方案设计采取植物恢复措施后，能够减缓植被生物量损失和自然体系生产力下降。

工程占地缩小了野生动物的栖息空间，分割了部分陆生动物的活动区域、迁移途径、栖息区域、觅食范围等，从而对动物的生存产生一定的影响，但这种影响范围较小，而且区域环境十分相似，因此不会使其种群数量发生明显变化。

沿线国家级保护野生动物主要分布于嵊州市—新昌县及台州市天台县山区，线路主要以隧道形式通过，不会对野生动物的活动产生明显影响。运营期列车影响持续时间短，因此，工程建设及其运营对上述重点保护野生动物的阻隔作用影响轻微。

5. 对景观的影响分析（略）

6. 临时工程环境选址的合理性分析

主体工程全线布设取土场 9 处、弃土场 8 处和弃渣场 51 处，其中全部取土场、弃土场和 50 处弃渣场所在区域不涉及世界遗产、自然保护区、风景名胜区、森林公园、地质公园、湿地公园和饮用水水源保护区等环境敏感区，不属于基本农田保护区、天然林、野生动物重要栖息地、重点保护野生植物生长繁殖地，符合选址要求。3#弃渣场位于曹娥江风景名胜区内，工程建设会对景区风貌产生不利影响，环境选址不合理，需要调整。

本工程设置铺轨基地 1 处、制（存）梁场 7 处、钢梁预拼存放场 2 处、轨枕预制场 2 处、混凝土搅拌站 37 处、填料集中拌和站 10 处和材料厂 6 处。除 21#混凝土拌和站外，其余施工生产生活区不涉及世界遗产、自然保护区、风景名胜区、森林公园、地质公园、湿地公园和饮用水水源保护区等环境敏感区，不属于基本农田保护区、天然林、野生动物重要栖息地、重点保护野生植物生长繁殖地。21#混凝土拌和站设置在始丰溪湿地公园合理利用区，临时工程建设会对公园风貌产生不利影响，环境选址不合理，需要调整。

7. 拟采取的环保措施

报告书对工程提出的沿线生态敏感目标环保措施如下述。

（1）镜湖国家城市湿地公园和始丰溪国家湿地公园（试点）的保护措施与建议

优化镜湖国家城市湿地公园内桥梁工程和隧道洞口设计方案，应考虑与湿地公园游览活动区风貌协调；在与湿地有水力联系的坑塘沟渠附近进行桥梁施工时要加强管理，防止渠道堵塞，不破坏湿地公园原状水系；及时开展隧洞洞口及周边裸露山体的植被恢复，植被恢复尽量采用当地树种。

优化加大跨越始丰溪国家湿地公园（试点）河道桥梁度；优化施工组织设计，将 21#混凝土拌和站调整出湿地公园范围：尽量增大孔径，避免在河道中流线处设置桥墩，进一步降低工程对河道水文动力条件的影响程度，在枯水期施工和动植物活动相对不频繁的季节开展跨越河道桥梁施工；桥梁施工废弃泥浆需运送上岸经沉淀池处理干化后，与其他建筑垃圾和工程渣土一并外运至指定地点处置；加强施工管理，严禁在施工场地及湿地公园内猎杀、捕食鱼类、鸟类、两栖爬行类等野生动物；对桥梁占用河道南岸的樟树应考虑就近移栽，并保证其成活；施工结束后应及时对桥下用地进行场地清理及植被恢复，植被恢复宜优先选用适生的湿生植物，严禁采用列入外来入侵植物名录的物种。

（2）大运河世界文化遗产的保护措施与建议

进一步优化跨大运河特大桥跨越运河处的孔跨及墩台布置，桥墩布设位置应尽可能远离遗产区，缓解工程运营期桥梁产生振动对河道护岸的影响；缓冲区内应尽量少设涉水桥墩，梁体、墩台线条设计注重与周边景观的协调性。

涉水桥墩基础施工采用钢板桩围堰施工，严禁将桩基钻孔出渣及施工弃土弃渣排入水体，钻孔出渣通过泥浆管线排至岸上泥浆池，其他弃土弃渣运至指定的弃渣场堆放，不得弃于河道及河滩地；泥浆池设置远离河道，并及时加固维修，防止泥浆外溢污染运河水质；施工过程中如发现早期护岸、沉船等，应及时停工报知市文物局，由省人民政府文物行政部门根据文物保护的要求会同建设单位共同商定保护措施，遇有重要发现的，由省人民政府文物行政部门及时报国务院文物行政部门处理。

（3）硅化木国家地质公园的保护措施与建议

施工前要对现场进行勘察、调研，并编制地质遗迹保护规划和实施方案；对施工过程中可能发现的有意义的地质遗迹，提前制定应急保护方案；施工过程中若发现地质遗迹，立即停止施工，及时上报相关部门，待协商确定保护方案后再开工；进一步优化隧道施工工艺，施工时严格控制爆破一次最大用药量，采用多点连续小剂量爆破的施工方法，采用能降低振动强度的爆破方法，避免塌方对地质遗迹造成影响。

（4）天姥山国家级风景名胜区的保护措施与建议

隧道进、出口设计应考虑与景区风貌相协调，洞口上方应考虑植物恢复措施；进一步优化斜井设计方案，风景区范围内尽量不设置斜井出口；优化左圩江大桥桥梁型式设计，适当加强桥下的植物绿化及景观设计，降低其与韩妃庙周边乡村景观差异程度，减少景观突兀感；外围控制地带内深挖路堑段优化为隧道形式，减少对原地貌的景观扰动；施工前对作业人员进行环保教育，严禁砍伐树木、攀折树枝、剥损树皮，加强火灾防范工作，防止森林火灾；临时场地应做好临时水土保持防治措施，做好场地整治和绿化，并做好排水设施；施工应严格控制作业范围，合理安排景区内的施工作业便道及运输路线；东茗隧道及斜井进、出口的施工生产区应合理规划布置，远离韩妃庙等景点，并做好场地的围挡及景观美化措施；景区内施工营地应做好生产、生活污水的处理措施，经处理达标后回用或外排，严禁施工废水未经处理直排入景区内河道；工程结束后，对临时用地及时进行复垦或植被恢复，植被恢复尽量选择与周边树种景观协调一致、共生性好的植被种类。

（5）天台山国家级风景名胜区的保护措施与建议

对跨越河流桥梁景观型式进行优化设计，使之能与景区景观和周边风貌协调适应；对线路穿越景区段的路基、桥梁等工点绿色通道进行优化设计，保证与景区风貌的协调性；严格控制施工作业带范围，合理安排景区内的施工作业便道及运输路线；施工设置围挡时要预留风景区北片区、西片区的联系道路；施工过程中强化作业人员环保教育，严禁作业人员对周边宗教景点的破坏，注重对宗教建筑、碑刻的保护，禁止私自刻画；跨某特大桥涉水桥墩基础应考虑采用钢板桩围堰施工，严禁将桩基钻孔出渣及施工废水排入水体，钻孔出渣及施工废水均应外运上岸，施工污水经临时沉淀池、隔油池处理达标后回用降尘或外运处置，废弃泥浆经干化池处理后，与其他弃土、弃渣运至指定的弃渣场处置，不得弃于河道及河滩；严禁将施工废水排入河流。

（6）对邻近生态敏感区的保护措施与建议

对位于曹娥江省级风景名胜区内的弃渣场选址进行优化，将选址调整至风景区范围以外；优化临时施工便道，施工便道尽量远离曹娥江省级风景名胜区、舜江源省级自然保护区，减少进入风景区和自然保护区内的机动交通量，降低对其自然风貌和保护对象的干扰程度；施工前对作业人员进行安全环保教育，风景区内严禁破坏树木，加强火灾防范工作，非作业需求禁止明火；自然保护区周边严禁捕杀鸟类，严禁施工人员随意进入自然保护区。

报告书还提出，设计减少高填、深挖路段，深挖高填段考虑桥隧替代可能性，对路堑段应采取收缩边坡、设置挡墙、边坡生态修复等减缓措施；加强土石方调配，尽量利用弃土、弃渣，减少临时用地。

施工结束后应加强植被恢复和工程绿化措施，根据“适地适树”的原则，恢复项目区域内植被覆盖率，改善沿线生态环境，全线设计可增加乔木 65 961 株、灌木 2 110 547 株、攀缘植物 126 308 株、撒播草籽 2 953 002 m^2。

开展科普知识讲座、法律法规宣传，提高施工人员的环保意识，严禁在施工区及其周围捕猎野生动物，特别是重点保护野生动物虎纹蛙等，加大对乱捕滥杀野生动物和破坏其生态环境的行为的惩治力度；防止爆破噪声对野生动物的惊扰，避免在晨昏及夜间爆破。

加强土地整理、复垦、绿色通道建设等恢复工作，增加斑块连通性，维护景观系统的自组织能力和稳定性，减缓工程建设产生的廊道效应和景观异质性。施工结束后，应对取、弃土（渣）场采取撒播草籽等植被措施，逐步消除其对视觉景观的影响。

点评：

本案例对工程产生的主要环境影响，评价方法总体可行，评价结论明确。

存在的主要问题：

1. 报告书提出了采用 3 种高度的声屏障控制噪声影响，也对不同高度声屏障降噪效果进行了分析比较，但缺少对重大敏感点实施声屏障后的达标可行性的针对性分析。

本报告书针对主体工程影响的环境保护措施尤其是噪声治理措施是具体且明确的，但从规划角度考虑，专家建议穿越城镇规划居住区地段应预留声屏障条件。说明环评工作不仅要着眼于既有条件，还要考虑到因城镇建设的快速发展带来的环境影响。

2. 报告书对桥梁跨越河道型文物保护单位、下穿地表型地质遗迹点给予了定量分析及影响判定，对隧道上方建筑物二次结构噪声影响进行了定量分析，这种探索是值得肯定的。但鉴于铁路工程在土建工程、车辆构造、轨道型式、运行速度等方面与轨道交通工程存在一定差异，且目前地下铁路工程振动源强缺少实证型研究成果，预测模式及参数选取是否可以直接采用值得进一步探讨。

3. 随着生态环境影响评价要求的深入，需要环评人员对工程所在区域的生态环境特别是生态背景有充分的了解，限于专业背景及信息储备，本报告书生态现状调查相关情况说明（样方设置原则、代表性和覆盖性）、鱼类“三场”及生物量等现状评价内容虽然全面、完整，可满足环评的基本要求，但专业性、规范性仍有不足，当项目涉及生态敏感性较高区域时，可委托对当地生态环境熟悉的专业机构开展现状调查，对掌握现状信息的专业性、全面性、及时性有更好的优势。

4. 报告书对设置环境敏感区临时工程优化选址的要求明确具体，但受限于设计文件深度，部分临时工程的选址及施工工艺无法完全确定，因此对这些临时工程的环境影响分析和保护措施尚有不足。

五、评价结论

铁路工程属于国家产业政策鼓励类项目，本工程径路、功能定位和设计标准符合《中长期铁路网规划》要求，与沿线城市总体规划、环境功能区划等均具有较好的相容性。工程涉及世界文化遗产、风景名胜区、地质公园、湿地公园等 6 处特殊和重要生态敏感区及 1 处饮用水水源保护区，其中穿越镜湖国家城市湿地公园、天姥山国家级风景名胜区和长乐江饮用水水源保护区的路段属于省环境功能区的自然生态红线区。线路穿越上述重要环境敏感区已获得国家文物及省级住建、国土及林业等相关主管部门和嵊州市人民政府同意。工程选线选址及建设符合国家和地方有关环境保护法律法规政策，并能符合沿线区县的环境功能区划，整体满足“三线一单”要求。根据《环境影响评价法》的有关规定，建设单位完成了公众参与调查工作，对与环保有关的噪声、振动、电磁影响等方面的公众合理性意见予以采纳。

本工程属于非污染类项目，工程建设虽然将会对所在区域的生态、声、振动、水、电磁环境等产生一定程度的不利影响，但工程设计已提出了行之有效的生态保护和污染控制措施，本报告又对其进行了补充完善，在施工和运营管理中认真、全面落实本报告提出的各项环保措施后，工程建设对环境造成的影响和污染将得到有效控制，从环保角度出发，本工程建设是可行的。

案例分析

1. 本项目位于沿海某省中东部，项目所在地为平原和低山丘陵区，水系发达、气候湿润，造就了沿线类型多样的生态敏感区；区域交通基础设施比较发达，在为经济发展提供便利的同时，也带来了环境噪声、振动的不利影响，同时也对新建交通类项目环境管理提出了更高要求；沿海经济发达地区因为历史原因，地表水环境容量相对有限，往往对涉及饮用水水源保护区建设项目的保护措施较为关注。

本项目生态评价对象基本涵盖世界遗产、风景名胜区、重要湿地、地质公园等铁路环评项目可能涉及的特殊及重要生态敏感区，环评针对敏感区内施工工艺特点和施工周期，提出了深路堑段优化为隧道、风景名胜区内弃渣场选址调整、湿地公园保护植物移栽等合理可行的工程优化措施，加强了环评对工程优化的指导作用。

本项目在多条既有交通干线廊道敷设，声环境本底质量堪忧、环境允许增量较低，受影响的以高层及多层楼房为主，科学合理区分本工程和既有交通工程的噪声贡献、采取合理治理措施是本次环评需解决的技术重点。通过监测分析判断同一敏感目标受不同交通类型噪声现状影响程度，评价敏感目标噪声现状，作为营运期采取噪声治理措施的基础依据；对本项目新建铁路运营期噪声评价，采用 Cadna 软件计算公路噪声、本项目和既有铁路的噪声贡献及综合噪声预测值，根据现状及运营期超标情况，厘清本线、既有铁路和公路对超标敏感目标的噪声治理责任。采用 Cadna 软件建模仿真模拟不同类型、结构的声屏障对不同高度楼房的插入损失及分析实施效果，按照区域环境声环境不恶化的原则，根据敏感目标分布和治理要求合理选择声屏障结构，对受既有交通噪声影响程度较大的敏感目标提出设置桥梁半封闭式声屏障结合公路声屏障的综合治理措施，得到了建设单位及审批部门的认可。

环评报告通过指导环保选线，确保主体工程线路避绕了沿线大部分县级以上饮用水水源保护区及乡镇水源地，对线路无法避绕的水源保护区，环评报告提出了优化孔跨布置、不在水源二级保护区河道水域内设置水中墩的工程措施，杜绝了水中墩施工污水影响。

2. 铁路建设项目因其工程性质（如客运专线、客货共线、货运专线，特长隧道、特大桥路，站房等）和所在地区（如平原、丘陵、山区）的不同，对环境影响的种类和程度有较大差别。

应重点对铁路建设项目主体工程（轨道、路基、桥涵、隧道、站场、牵引供变电、机务车辆、动车设施、给排水等）及临时工程（取、弃土渣场、制梁场、铺轨基地、混凝土搅拌站、填料拌和站、预制场、施工便道等）开展工程分析，结合所在区域环境敏感性，对项目可能产生的环境影响因子进行详细的分析识别，在此基础上完成评价因子筛选；应重点识别生态敏感区、噪声及振动环境敏感区、地表水（饮用水水源保护区和Ⅰ、Ⅱ类水体）、电磁、环境空气等环境保护目标，分析判定工程污染源强及排放方式，与各类环境敏感区空间关系、影响范围及方式、作用时间等。

环境影响评价应重点关注以下几点：① 主体和临时工程与生态敏感区及地表水（饮用水水源保护区和Ⅰ、Ⅱ类水体）等环境保护目标的位置关系，评价需结合上述敏感区环境保护对象的保护要求，从主要工程内容、施工工艺及施工组织方式等角度评价判断生态及地表水环境影响，并有针对性地提出可实施的工程措施及施工组织方式；② 不同线路区段铁路运营期噪声、振动对沿线不同声环境功能区内敏感目标的影响程度及范围，对既有交通廊道或铁路枢纽内的敏感目标应重点关注新建项目噪声贡献值对背景声环境的影响程度，减振降噪措施应考虑分析声屏障措施的结构形式及其技术经济性；③ 铁路车站污水处理设施工艺有效性、污水排放达标可行性，车站污水排入规划市政污水管网的需重点关注接入管网的节点、规划管网建设与拟建铁路建设时序关系以及污水排放水质与水厂接纳标准可达性。

铁路建设项目环评还应评价选址选线方案的环境合理性，重点对绕避敏感区方案环境比选结论予以明确，分析与上位规划环评、沿线铁路（交通）规划、城镇总体规划、生态红线的相符性及相容性。

案例九　LNG 管道工程环境影响评价

一、工程概况

（一）项目背景

为响应国家能源政策，京津冀地区大力发展天然气事业，开展“煤改气、气代煤”工程，提高天然气在一次能源中的占比。某 LNG 管线工程是环渤海天然气基础设施建设重点工程，也是 2019 年国家天然气基础设施互联互通重点工程。项目建成后，将引进海外优质的 LNG 气源，与京津冀骨干输气管道实现互联互通，有力保障京津冀乃至华北区域“煤改气、气代煤”工程的顺利实施。

（二）工程概况

工程起点位于 S 市，终点位于 T 市，线路全长 176 km，包括两座工艺站场、9 座阀室，设计压力 10 MPa，管径 1 422 mm。工程一般区段采用沟埋方式（大开挖）敷设，局部地段采用定向钻、顶管等非开挖方式敷设。沟埋方式敷设一般区段作业带宽度为 32 m，穿越 C 省级重要湿地段沟埋方式敷设作业带宽度为 50 m。穿越 C 省级重要湿地段的作业带上铺施工厚板，避免了作业带直接硬化对湿地造成的影响。

工程主要包括线路工程、站场工程、辅助工程、公用工程及环保工程，项目组成情况见表 9-1。

表 9-1　项目组成

<table>
<tr><th>类别</th><th>组成</th><th colspan="2">建设内容</th></tr>
<tr><td rowspan="6">线路工程</td><td rowspan="3">管线</td><td>线路长度</td><td>176 km</td></tr>
<tr><td>管沟挖深</td><td>一般线路段管顶埋深不小于 1.2 m，石方段不小于 1.0 m。管道穿越鱼（水）塘和水渠时，埋设深度在渠底深度 1.2 m 以下，且管顶埋深不应小于 2.5 m</td></tr>
<tr><td>穿跨越情况</td><td>河流大型穿越 4 630 m/5 处，河流中型穿越 4 100 m/5 处，主要采用定向钻方式穿越；河流、沟渠小型穿越共计 300 处，主要采用大开挖方式穿越。共穿越等级公路 44 处，总穿越长度 2 870 m。共穿越铁路 15 次，总穿越长度 1 100 m;
新建施工便道 23 km，整修施工便道 25 km，修建施工桥涵 10 处</td></tr>
<tr><td rowspan="3">附属工程</td><td>监控阀室</td><td>4 座</td></tr>
<tr><td>监视阀室</td><td>5 座</td></tr>
<tr><td>阴极保护站</td><td>2 座</td></tr>
</table>

类别	组成	建设内容	
线路工程	附属工程	标志桩及警示牌	里程桩、转角桩、穿越桩、交叉桩、结构桩、加密桩等标志桩 2 472 个，警示牌 660 个
站场工程	A 站	建设内容	该站主要功能为过滤、加热、计量、调压、预留远期用户接口。站内设置过滤分离器两套、水套式加热炉两套、放空立管 1 具
	B 站		
辅助工程	防腐	管道采用外防腐涂层和阴极保护联合保护	
	自控	采用数据采集与监视控制（SCADA）系统，用于运行数据采集、监视、控制和管理等	
公用工程	暖通	两座站场的综合值班室冬季采用热水集中供暖，热源由燃气壁挂炉提供，燃气壁挂炉燃料为天然气，由站内调压后输送至厨房供灶具及燃气壁挂炉使用	
	供热	每座站场各设两台水套式加热炉	
	给水	两座站场均有可靠的市政供水管网可依托	
	排水	有可靠的市政管网可以依托	
	消防	站场的工艺系统中配备了完善的气源切断装置，在站内各构筑物内配置建筑灭火器	
环保工程	废气处理	运行期间的污染源主要在两座站场，主要为水套式加热炉（燃料为天然气）排放的废气（主要污染物有 NO_x 等），以及清管收球作业、检修或站内系统超压时放空的少量天然气。水套式加热炉排放的废气将通过符合排放标准的排气筒排放，清管收球作业、检修或站内系统超压时放空的少量天然气将由放空系统冷排放	
	废水处理	依托市政管网	
	噪声治理	本项目将采用低噪声设备，正常操作时无大的噪声源，过滤分离器和调压阀门可能因气体流动产生低强度噪声；在非正常工况下放空管将产生高强度噪声，为瞬时强噪声，由于放空噪声具有突然性且影响较大，在需要检修放空前应及时告知周围居民并做好沟通工作	
	固废处置	生活垃圾由环卫部门统一清运处理； 清管及收发球产生的废渣、备用柴油发电机产生的废机油及其他固体废物分别委托有相应资质的单位处置	

工程站场的主要功能为过滤、加热、计量、调压、预留远期用户接口，每座站场内将分别设置过滤分离器两套、水套式加热炉两套、放空立管 1 具，进站天然气经过过滤、加热、计量、调压后为下游天然气公司供气，同时预留远期用户接口。水套式加热炉排气筒高 18 m、内径 0.3 m，燃料为天然气，根据可行性研究报告，工程近期只运行一台加热炉，远期输气量增大时将两台同时运行。站内将建化粪池，站场生活污水经排水管道收集、化粪池预处理达标后排至市政管网。工程正常运行期间，每座站场每年将进行 1～2 次清管作业，将有极少量气体通过站场外 15 m 高的放空立管排放，排放量约为 850 m^3/次。工程系统超压时将通过放空立管进行放空，放空频率为每年 1～2 次，每次持续时间 15 min，放空量约为 1.5 万 m^3。

工程输送介质主要为 LNG 接收站气化后的天然气，天然气组分具体见表 9-2。

表 9-2　工程输送的天然气组分

序号	组分	摩尔百分比/%
1	C_1	91.46
2	C_2	4.74
3	C_3	2.59
4	i-C_4	0.57
5	n-C_4	0.54
6	i-C_5	0.01
7	N_2	0.09
8	合计	100.00
9	烃露点	−28.86℃（在 4.8 MPa 下）
11	高热值	41.52 MJ/m^3

点评：

这是该类工程通常需要的项目组成表，用于反映主体工程、穿越工程、辅助工程、公用工程和环保工程等主要内容和工程量。该工程的特点是采用了更大直径管道，且穿越中型以上河流全部采用定向钻，因此该表的线路工程部分还应该给出管道材质和管径、壁厚等规格参数，以便和后面的内容呼应；穿越工程涉及内容较多，通常更适合单列；环保工程部分的废水处理涉及两个站场，需明确依托市政管网是否具备条件或依托方式。此外，还应反映出工程永久占地和临时占地、土石方量及施工便道信息。

二、沿线主要环境敏感目标

（一）生态环境保护目标以及生态敏感区

工程管道穿越了A河国家湿地公园、B中华绒螯蟹国家级水产种质资源保护区以及C省级重要湿地，均为工程的生态环境保护目标，其中，穿越A河国家湿地公园、B中华绒螯蟹国家级水产种质资源保护区的穿越方式为定向钻，出、入土点均位于公园与保护区外；工程将穿越C省级重要湿地20 km，穿越方式为大开挖。近距离生态环境保护目标主要为距离项目相对较近的D湿地和鸟类省级自然保护区，最近距离为10 m，详见表9-3。

工程管道同时穿越了国家级生态保护红线与T市永久性生态保护区域。其中，T市永久性生态保护区域主要包含 5 条河流，穿越方式均为定向钻，穿越长度在 700～1 300 m，穿越处位于河床下10 m以下，出、入土点位于红、黄线区外；国家级生态保护红线共包括7条河流，穿越方式为定向钻与顶管，穿越长度在240～1 250 m，出、入土点均位于红线外。

表 9-3 工程管道穿越的主要生态环境保护目标

序号	类型	敏感点名称	保护对象	穿越方式
1	生态保护目标	A 河国家湿地公园、C 省级重要湿地、D 湿地和鸟类省级自然保护区	湿地生态	大开挖、定向钻
2		B 中华绒螯蟹国家级水产种质资源保护区	水产种质资源	定向钻
3	地表水环境保护目标	T 市 Y 明渠饮用水水源保护区	Ⅱ类水体	定向钻
4		穿越的地表水体	地表水体	定向钻

（二）地表水环境保护目标

工程管道穿越了 T 市 Y 明渠饮用水水源保护区的一级区与二级区，及多处地表水体，均为工程地表水保护目标。

（三）地下水环境保护目标

根据《环境影响评价技术导则 地下水环境》（HJ 610—2016），地下水环境保护目标应为潜水含水层和可能受建设项目影响且具有饮用水开发利用价值的含水层，集中式饮用水水源地和分散式饮用水水源地，以及《建设项目环境影响评价分类管理名录》中所界定的涉及地下水的环境敏感区。

根据现场调查结果，工程站场周围 500 m 范围内、管道沿线 200 m 范围内均无地下水集中式饮用水水源保护区，管道沿线 200 m 范围内调查到一处分散式饮用水井，距离管道 150 m。

（四）环境空气、声环境保护目标

工程的环境空气保护目标为站址周边 2.5 km 范围和管道两侧 200 m 范围的村庄，声环境保护目标为站址周边 200 m 范围和管道两侧 200 m 范围的村庄。

根据可行性研究报告的路由方案，管道两侧 200 m 范围内的集中式居民点为 11 处，其中 100 m 范围内有 4 处，分别为 X 村、B 村、F 村、Q 村，距离分别为 10 m、15 m、45 m、95 m，涉及居民百余户。为了降低环境风险，环评单位建议建设单位对近距离居民点采取避绕措施。根据建设单位与可研单位对 X 村、B 村、F 村、Q 村提出的避绕方案，避绕后距离这 4 个村庄分别为 105 m、120 m、150 m、195 m。采取避绕方案后本管道两侧 100 m 范围内无集中式居民点，200 m 范围内的集中式居民点为 7 处。

（五）环境风险保护目标

工程的环境风险保护目标为站址周边 5 km 范围内及管道两侧 200 m 范围内的居民点。

工程管线涉及的主要环境保护目标如图 9-1 所示。

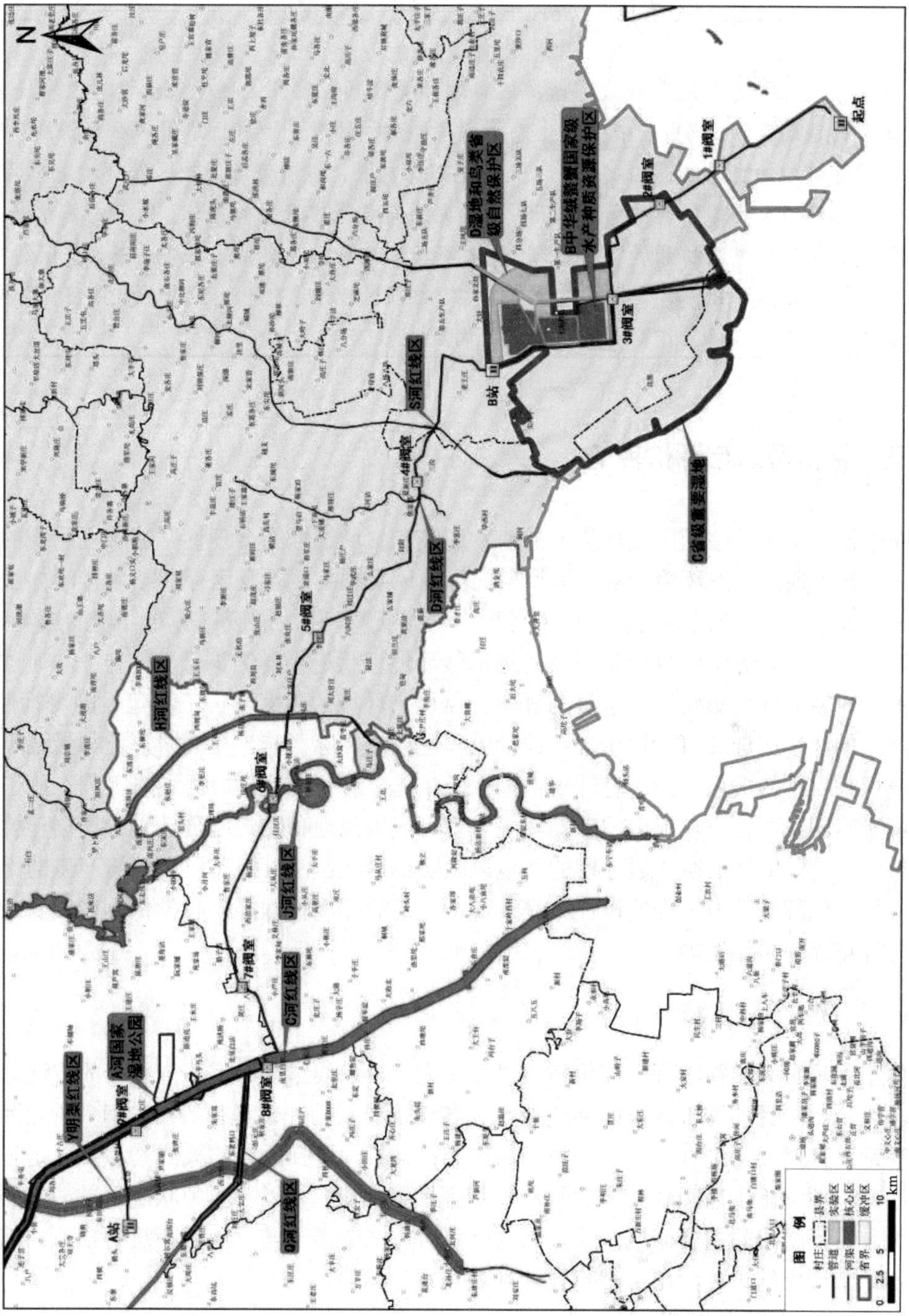

图 9-1　工程管线涉及的主要环境保护目标

点评：

由于线性工程穿跨越范围大，涉及的各地环境敏感区较多，环境保护目标识别成为一项重要的基础工作。该报告书按照生态等环境要素和环境风险进行了保护目标识别，查清了穿越区域内的生态保护红线区、永久性生态保护区、种质资源保护区等环境敏感区，也识别了各环境要素的保护目标，给出了工程路由与各保护目标的方位、距离关系，为进一步制定评价工作方案和开展路由比选、要素环境影响评价等提供了很好的基础。识别结果表明，部分工程路由穿越了国家或地方的生态红线区或永久性生态保护区，如何优化或避绕将成为该工程环评工作需要解决的关键问题。

三、评价等级与评价目的

在本次评价中关注的主要环境问题有：选线和站场选址的合理性、敏感区避绕的优化方案、施工期的生态环境影响、运行期的环境风险影响，以及运行期站场排污如生活污水、生活垃圾、水套式加热炉等设备运行产生的噪声、排放的废气等对环境的影响等。

本次环境影响评价的目的是在对管道沿线环境现状进行详细调查的基础上，通过对工程不同时期的环境影响进行预测与评价，从保护环境的角度评价工程建设的可行性，进行路由的环境比选和可行性论证；评价工程建设的实际影响，并根据管道与沿线不同的环境保护目标的关系，提出有针对性的保护措施、缓解措施；根据线路工程在施工期对环境影响的主要特点，提出施工期环境管理、环境监理和监督监测计划；根据环境风险评价结果，提出施工期和运行期的环境风险防范措施；使工程建设对环境产生的不利影响降到最低程度；为工程的设计、建设及运行期的环境管理提供科学依据，做到经济建设与环境保护协调发展。

（一）评价工作方法

由于本项目为线路工程，评价按照“以点为主、点线结合、反馈全线”的方法开展工作。结合本项目各评价区段的环境特征和各评价要素的评价工作等级，有针对性地、有侧重地对环境要素进行监测与评价。通过类比调查，选择适当的模式和参数，定量或定性地分析项目施工期间和投产运行后对周围环境的影响，以及事故状况下的影响，针对评价结论反映出的主要问题，结合国内外现有方法提出预防、恢复和缓解措施。综合分析各章节评价结论，给出工程建设的环境可行性结论。

（二）控制污染与保护环境的目标

（1）控制站场的各种污染物排放量，做到达标排放，使管道建成后各站场周围的环境质量不低于现有的环境功能。

（2）控制和减轻管沟开挖及临时施工便道建设对地表植被和土壤的破坏而造成的水土流失，特别注意控制对林地、湿地及生态环境敏感区的影响。

（3）控制沿线穿跨越河流对地表水体的影响，特别注意控制Ⅲ类及Ⅲ类以上水体河流周围的施工活动，防止由于施工等活动影响地表水体和地下水体功能。

（4）控制和减轻本项目建设期与运行期对管道沿线及站场周围居民的影响。

（三）评价工作等级和评价范围

1．环境空气

（1）评价等级

正常工况下，本项目废气排放源主要为两座站场的水套式加热炉排放的废气，以及在清管收球作业、分离器检修时通过放空系统排放的少量天然气；根据估算模式估算出两座站场的水套式加热炉排气筒排放的 NO_x 的最大地面浓度占标率分别为 1.50%与 1.42%，因此，综合确定本项目环境空气评价工作等级为三级。

（2）评价范围

以各站厂址为中心区域，直径为 5 km 的圆形区域。

2．地表水环境

（1）评价工作等级

工程两座站场将产生极少量的生活污水、设备清洗水，不外排，地表水环境影响评价工作等级为三级。

（2）评价范围

地表水评价范围为河流穿越段上游 200 m 至下游 1 km 范围内的区域。

3．地下水环境

（1）评价工作等级

工程为典型的线性工程，依据《环境影响评价技术导则　地下水环境》（HJ 610—2016），工程为Ⅲ类建设项目，沿线无地下水敏感区域。根据 HJ 610—2016 确定工程地下水环境评价工作等级为三级。

（2）评价范围

地下水环境评价范围为管道中心线两侧各 200 m 的带状范围。

4．声环境

（1）评价等级

根据现场调查，各站场所在区域为 2 类区，确定工程的噪声影响评价工作等级为二级。

（2）评价范围

在施工期，声环境影响评价范围为管道中心线两侧各 200 m 的范围；在运行期，声环境影响评价范围为各站场厂界外 200 m 的范围。

5．生态环境

（1）评价等级

工程线路长 176 km，生态影响范围较大，并且涉及国家湿地公园、湿地与鸟类自然保护区等敏感区域，因此确定工程生态环境影响评价的工作等级为一级。

（2）评价范围

评价范围确定为管道中心线两侧各 500 m 的带状范围，以及所涉及的生态保护区的全部范围。

6．环境风险

（1）评价等级

本项目输送介质为天然气，属易燃、易爆危险物。按照《危险化学品重大危险源辨识》（GB 18218—2009）中规定的临界量进行辨识，属于重大危险源。按照《建设项目环境风险评价技术导则》（HJ/T 169—2004）划分原则，确定工程环境风险评价等级为一级。

（2）评价范围

评价范围为管道中心线两侧各 200 m 及工艺站场周围 5 km 的范围。

评价工作等级和范围见表 9-4。

表 9-4 评价工作等级和范围

序号	环境要素	工作等级	评价范围
1	环境空气	三级	以各站厂址为中心区域，直径为 5 km 的圆形区域
2	地表水环境	三级	河流穿越段上游 200 m 至下游 1 km 范围内的区域
3	地下水环境	三级	管道中心线两侧各 200 m 的带状范围
4	声环境	二级	施工期为管道中心线两侧各 200 m 的范围；运行期为各站场厂界外 200 m 的范围
5	生态环境	一级	管道中心线两侧各 500 m 的带状范围，以及所涉及的生态保护区的全部范围
6	环境风险	一级	管道中心线两侧各 200 m 及工艺站场周围 5 km 的范围

点评：

主要环境问题归纳的过于笼统，如果结合该工程及其经过区域的环境特点指出存在的主要环境问题就更完整了。

四、环境现状调查与监测

（一）区域自然环境概况（略）

（二）站场周围环境概况

工程站场选址避绕了环境敏感区，站场 500 m 范围内没有居住区、学校等敏感点。

（三）环境现状调查与监测

1. 生态环境现状调查

工程沿线地貌类型较为单一，以平原为主；主要景观类型为农田。根据中国植被区划，工程所经地区的植物属于温带草原地带、暖温带落叶阔叶林区域。根据现场调查和卫星遥感影像图片解译结果，管道两侧 500 m 范围内以农业栽培植被为主，主要为春小麦、大豆、玉米、高粱、甜菜、亚麻、向日葵以及水稻等；管道沿线所经林地以天然次生林和人工林为主，主要树种包括杨树、柳树防护林；野生灌草主要有荆条、酸枣灌丛、羊草和杂类草草甸。

沿线生态环境调查原则和方法：首先根据管线设计方案通过卫片将沿管线走向约 2 km 宽区域勾绘出来。依据已有资料对沿线地形和植被进行初步解译。然后依线路走向进行野外实地调查。沿线调查了 32 个样点，共记录 95 种植物。从植物物种种类来看，沿途各类植被类型的物种多为普通常见种，未见濒危及国家 2 级以上保护物种，也未见有重要经济价值的野生药材等植物。

工程管道沿线所经过的区域以平原为主，区内人类活动频繁，特别是由于经过地区大部分为农业耕地，人为活动更为突出，这种环境不利于兽类动物的活动，因此兽类野生动物明显很少。由于沿线分布着多个河流、湿地，鸟类分布较多。

本次评价通过现场调查和卫星遥感影像图片解译对管道沿线土地利用现状进行调查与分析，统计结果表明，评价区土地利用现状以耕地为主，约占评价区面积的 52%。管道沿线土壤类型较丰富，土壤的分布既有明显的地带性也有隐域性。地带性土壤为黑土、黑钙土、栗钙土、潮土和灌淤土；隐域性土壤有白浆土、草甸土、盐渍土、碱土、风沙土、沼泽土、泥炭土和水稻土等。

根据调查，工程管道将穿越 A 河国家湿地公园的恢复重建区与生态保育区，穿越方式为定向钻，穿越长度为 700 m，其中出、入土点均位于湿地公园外；将穿越国家生态保护红线与 T 市永久性保护生态区域，穿越方式为定向钻，穿越的出入土点均位于国家生态保护红线与 T 市永久性保护生态区域外。

点评：

生态现状调查与分析是油气管道等线性工程的主要专题工作之一，由于穿越区域广泛，根据生态评价工作等级要求，通过现场调查和卫星遥感影像图片解译识别和分析评价区主要生态特征、土地利用情况等，并制作相应的生态现状分布图件，为进一步开展生态影响分析提供了基础。案例中还应该反映一下是否针对主要生态敏感区开展了样方调查工作。

2．环境空气质量现状调查

根据调查，该工程两座站场距离国家或地方环境空气质量监测站点较远，为了了解工程站场所在区域的环境现状，根据《环境影响评价技术导则 大气环境》（HJ 2.2—2008），本次评价委托监测单位对工程沿线的两座站场和两处敏感点进行了环境空气质量现状监测，对常规污染物与非甲烷总烃均进行了监测。根据监测数据，工程周围环境空气中的常规污染物与非甲烷总烃符合该区域标准限值要求。

点评：

环境空气现状调查主要是了解评价区涉及的站场和近距离主要敏感点的环境空气质量现状情况，评价因子除常规因子外，通常特征污染因子需选择非甲烷总烃。由于该工程有加热保温流程，现状背景监测应考虑未来加热炉烟气排放影响，如果有常规监测因子的例行监测结果，也可不安排现场监测工作，案例中应该提供这样的说明内容。

3．地表水环境质量现状调查

为了进一步了解管道沿线地表水环境质量、在工程施工期与运行期更好地保护地表水体，本次评价在收集资料的基础上委托监测单位对管道穿越的大中型河流、保护区等重要保护目标的水体均进行了现状监测，监测项目为 pH、DO、石油类、COD_{Cr}、氨氮、挥发酚、硫化物，并同步记录了各河流监测点的水温、河宽、水面宽、水深等情况。

点评：

该案例针对管道工程沿线穿越的重要水体开展了水环境质量现状监测，所选河流的施工方式均为定向钻穿越。不足之处是还应考虑挖沟敷设穿越的河流，该类施工方式采用围堰导流方法直接扰动水体，施工期对河流水质会产生直接影响。

4．地下水环境质量现状调查

管道建设对地下水的影响主要发生在施工期，主要为管沟开挖对地下水补径排条件以及对水质的影响。施工活动潜在污染源有施工生活污水和生产废水、施工过程中的辅料、废料及施工机械泄漏油品。在工程运行期，由于输气管线是全封闭系统，正常工况下所输天然气不会与地下水发生联系，因此运行期地下水污染源主要集中在各站场，主要为生活污水、生产废水。

为了进一步了解管道沿线地下水环境质量、在工程施工期与运行期更好地保护地下水体，根据管道沿线地区的水文地质条件及本项目特点，本次评价对管道沿线的地下水环境质量进行了现状监测，针对管道沿线近距离分散水井、站场及其周边地下水情况共布设了 3 个监测点，监测项目为 pH、总硬度、溶解性总固体、高锰酸盐指数、氨氮等 26 项，由监测结果可以看出当地地下水环境质量较好。

5．声环境现状调查（略）

五、环境影响评价

（一）环境影响要素识别和评价因子确定

1．环境影响要素识别

在施工期，环境影响主要为施工作业带的清理、管沟的开挖、布管等施工活动对周围环境产生的不利影响。一种影响是对土壤的扰动和自然植被等的破坏，这种影响是比较持久的，在管道施工完成后的一段时间内仍将存在；另一种是在施工过程中产生的污染物排放对环境造成的影响，这种影响是短暂的，待施工结束后将随之消失。

在运行期，环境影响主要为两座站场产生的废水、废气、固体废物及噪声的影响。

（1）施工期环境影响

① 施工期生态环境影响。施工期间对生态环境的影响主要是土石方的开挖引起自然地貌及人工植被的破坏，引起土地利用的改变、生物量和生产力的变化，由此引发区域生态环境的破坏；临时道路、临时施工场地等占用耕地、林地及其他土地导致农业、林业生态系统发生较大变化；穿越河流产生的弃渣和施工行为对当地地表水环境质量的影响。

② 施工期污染影响。管道施工期的废水主要来自施工人员在施工作业中产生的生活污水、管道安装之后清管试压排放的废水。施工废气主要来自地面开挖、运输车辆行驶产生的扬尘及施工机械（柴油机）排放的烟气。施工期产生的固体废物主要为生活垃圾、废弃泥浆、工程弃渣和施工废料等。噪声源主要来自施工作业机械，如挖掘机、电焊机、定向钻机械等，其强度在 85～100 dB（A）。

（2）运行期环境影响

① 正常和非正常工况。正常工况下主要为水套式加热炉排放的废气对大气环境的影响；站场内生活污水对地表水环境的影响；站场产生的生活垃圾、清管作业以及分离器检修产生的少量固体粉末对环境的影响；站场设备噪声对厂界声环境质量的影响。

非正常工况时，主要为系统超压、清管作业和站场检修时经放空装置直接排放的天然气对大气环境的影响。

② 事故状态。包括输气管线及工艺站场发生泄漏、爆炸、火灾等事故产生的环境影响。

2. 评价因子确定

项目主要环境影响评价因子见表9-5。

表9-5 环境影响评价因子

分类	环境要素	主要评价因子
环境现状评价因子	环境空气	SO_2、NO_2、PM_{10}、$PM_{2.5}$、CO、O_3、非甲烷总烃
	地表水	pH、溶解氧、COD_{Cr}、BOD_5、氨氮、挥发酚、石油类、总磷
	地下水	pH、总硬度、氟化物、COD_{Mn}、挥发酚、氨氮、硝酸盐氮、亚硝酸盐氮、溶解性总固体、石油类、总大肠菌群
	噪声	区域环境噪声 L_{Aeq}
	生态	植被类型、土地利用类型、土壤类型、生物量
污染评价分析及预测因子	环境空气	NO_x和非甲烷总烃
	地表水	COD、氨氮、石油类
	地下水	COD、氨氮、石油类
	噪声	厂界噪声、施工期噪声
	生态	农业生产损失、生物量、生物多样性

（二）生态环境影响评价

根据管道工程建设的特点，工程对生态环境的影响以施工期为主，影响范围较广且呈带状分布。工程生态环境现状调查与评价采用现场调查和卫星遥感影像图片解译相结合的方法，对评价区生态环境现状作出评价。利用该区域TM卫星影像及收集的相关资料，初步判断项目区周围土地利用、植被、敏感目标状况，并找出关键和典型地段然后进行现场考察，进一步明确评价区内土地利用类型、植被类型、敏感目标保护状况等生态环境质量现状；在实地调查的基础上，对典型的群落地段进行样方调查。最后利用软件将TM卫片与地形图、植被图、管线走向图等纠正对准，经人工目视解译，提取评价区内土地利用数据、植被数据，依据各项数据和图表对生态环境现状给出定量与定性的评价。

（1）T市A河国家湿地公园

工程管道将穿越 A 河国家湿地公园的恢复重建区与生态保育区，穿越方式为定向钻，穿越长度为 700 m。同时，该管道有 16 km 管段将沿该湿地公园边界外铺设，与湿地公园边界距离为 10～20 m，位置关系见图 9-2。

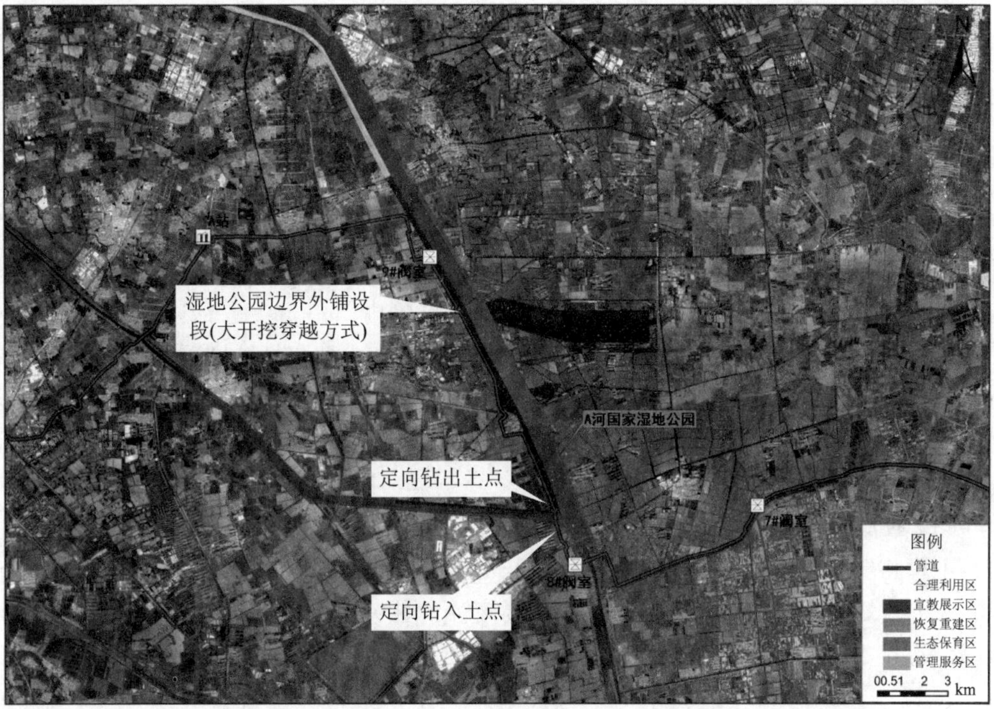

图 9-2　工程与 A 河国家湿地公园的位置关系

该湿地公园于 2014 年获国家林业局正式批准，包括生态保育区、恢复重建区、合理利用区、宣教展示区、管理服务区，属于当地政府划定的永久性保护生态区域。该湿地公园内主要植被为人工栽培群落和自然植被，自然植被主要是沼泽植被（以芦苇群落为主）和杂草群落，其中包括国家二级重点保护植物野大豆。该区域位于东亚至澳大利西亚候鸟迁飞通道区域，每到迁徙季节，大量候鸟在此停歇，以雁鸭类和鸥类居多，经统计，该区域共有鸟类 16 目 41 科 130 种，其中，国家一级重点保护鸟类 2 种，国家二级重点保护鸟类 16 种。

管道施工的整个施工过程由具有相应施工机械设备的专业化施工队伍来完成。在线路施工时，首先要清理施工现场，并修建必要的施工道路（以便施工人员、施工车辆和各种材料等进入施工场地）；在完成管沟开挖、铁路和公路穿越、河流穿越等基础工作以后，按照施工规范，将运到现场的管道进行焊接、补口、补伤、防腐处理，然后下到管沟内。以上建设完成以后，对管道进行分段试压，然后覆土回填，清理作业现场，恢复地貌和地表植被。定向钻穿越是目前较为常见的技术方法，是由垂直钻井中所采用的定向钻技术发展起来的，主要包括钻机、动力源、泥浆系统、钻具、控向测量仪器及重型吊车、推土机等辅助设备。工程穿越 A 河国家湿地公园的穿越方式为定向钻，出土点、入土点均位于公园外，定向钻穿越施工方法是先用定向钻机钻一导向孔，当钻头在对岸出土后，撤回钻杆，并在出土端连接一个根据穿越管径而定的扩孔器和穿越管段。

根据调查，定向钻的出土点、入土点均位于湿地公园外，穿越出土点、入土点和临时施工场地处均为农田。因管道距离生态保护区边界较近（10 m 左右），施工中应严格限制施工活动范围，并应避开鸟类迁徙期。

（2）永久性保护生态区域与生态红线

工程定向钻穿越永久性保护生态区域的出土点、入土点均在生态保护红线、黄线区外，距离生态保护红线、黄线区边界约为 100 m，施工中应严格限制施工带宽度与施工活动范围，严禁施工作业场地布置在红线、黄线范围内。

工程所涉及的生态红线为河滨岸带类生态红线区，主要包括分别采用顶管与定向钻方式穿越的河流，穿越处位于河床下 5～10 m 以下，出土点、入土点均在红线外，不会对河流产生直接扰动。施工中应严格控制施工范围，避免对地表水体及红线区造成扰动与破坏。

（3）B 中华绒螯蟹国家级水产种质资源保护区

工程将穿越该水产种质资源保护区的核心区（即 S 河），穿越方式为定向钻，出土点、入土点均位于保护区外，不与水体直接接触（图 9-3）。根据该种质资源保护区的申报书，每年 5—6 月份为河蟹繁殖期，因此工程施工期应避开 5—6 月份。

图 9-3　工程与 D 湿地和鸟类省级自然保护区、C 省级重要湿地及 B 中华绒螯蟹国家级水产种质资源保护区的位置关系

（4）D湿地和鸟类省级自然保护区与C省级重要湿地

工程将穿越C省级重要湿地20 km，穿越方式为大开挖，且该段管道距离D湿地和鸟类省级自然保护区较近，最近距离为 10 m（图 9-3）。管道施工可能对管线附近的地下水流动产生暂时和局部影响，会对地表植被所依托的生态系统及周边野生动物的生活环境产生影响。根据调查，施工区域主要野生动物为鸻鹬类和鸥类，偶有东方白鹳，主要活动时期为春季3—5月、秋冬10—12月，如果在该时段施工将对上述鸟类产生一定影响，因此应避开此时段施工。

点评：

该案例对施工期生态影响分析较细致，特别是针对A河与D湿地和鸟类自然保护区、C省级重要湿地等分别开展了生态影响分析，提出了施工期避开中华绒螯蟹繁殖期和鸟类栖息阶段的保护要求；对穿越敏感河流提出了采用定向钻施工的要求；对保护区穿越段提出了陆域施工期保护要求等。不足之处是还应明确陆地施工尽量减少施工带宽度、采取分层开挖、分层堆放、分层回填等土壤保护措施。

（三）环境空气影响评价

根据工程建设和运行的特点，将工程对环境空气的影响分为施工期和运行期两个阶段。施工期，管沟开挖、站场及施工便道建设产生的扬尘，施工机械、车辆产生的废气会对周围的环境造成一定的影响；运行期，水套式加热炉燃烧排放的废气以及清管作业与分离器检修等排放的少量天然气将对周围环境产生影响，能做到达标排放。

（四）地表水环境影响评价

工程对水环境的影响主要在施工期，运行期的污水将依托市政管网，对水环境的影响较小。

工程大中型河流主要采用定向钻的穿越方式，定向钻穿越河流的主要影响是施工场地的废弃泥浆和岩屑、生活污水、生产与生活垃圾对周围水环境的影响。施工所用泥浆的主要成分是膨润土和少量（一般为5%左右）的添加剂（羧甲基纤维素钠CMC），入土场地设容浆池和沉淀池；出土场地设钻屑沉淀池和泥浆收集池。泥浆池底应采用防渗处理以防渗漏，泥浆池的大小应按30%的余量设计以防雨水冲刷外溢。在施工过程中应严格限制泥浆与机械机油落地，返回地面的泥浆经过滤出钻屑后应重复使用，施工结束后的废弃泥浆应交由有能力的单位进行处置。

工程的小型河流主要采用大开挖的穿越方式。在大开挖穿越过程中，管沟渗水的排放会使河水中泥沙含量在短期内有所增加，各项机械施工作业可能导致污染物（机油）渗漏对水体造成污染，管沟回填后多余土石方处置不当可能造成河道淤积和水土流失。

另外，施工人员的活动对水环境的影响还包括生活污水、生活垃圾等。因此，河流、沟渠开挖穿越施工中应制定严格的环境保护措施。

工程管道将穿越Y明渠，穿越长度为1 300 m，其中穿越Y明渠饮用水水源保护区的一级区150 m，穿越Y明渠饮用水水源保护区的二级区1 000 m。为了不扰动该明渠，工程将采取定向钻方式从河床下方最低点27 m处穿过Y明渠，出土点、入土点位于保护区外，其中西侧出土点距离明渠上开口约为570 m，东侧入土点距离明渠上开口约为580 m。

（五）地下水环境影响评价

工程管道输送介质为天然气，因此对地下水的影响主要发生在施工期，施工活动对地下水的影响主要为管沟开挖对地下水补径排条件以及地下水水质的影响。施工活动的潜在污染源有施工生活污水、施工过程中的辅料、废料和生产废水等。

工程管径为1 422 mm，一般线路段管顶埋深不小于1.2 m，因此，管道在一般地段最大挖深为2.7 m。在地下水水位大于2.7 m处开挖管沟，管沟挖深小于地下水水位，施工活动对地下水基本没有影响。在地下水小于2.7 m处开挖管沟，挖深大于地下水水位，施工活动将会改变松散层孔隙潜水径流方向和排泄条件。

（六）声环境影响评价

根据工程分析，两座站场高噪声设备数量较少，声源强度相对较低。根据调查，两座站场周围200 m范围内均没有村庄等声环境敏感点，因此正常工况下两座站场不会出现噪声扰民现象。

当站场检修或发生异常超压时，放空立管会产生高噪声，其噪声值约为100 dB（A），发生概率小（每年1～2次），持续时间短，为瞬时强噪声。若仅考虑噪声随距离衰减，在距离100 m处其噪声贡献值即能符合《声环境质量标准》（GB 3096—2008）中农村地区“夜间突发噪声”标准60 dB（A）的要求，因此建议各站场放空立管的噪声控制距离为100 m。鉴于放空噪声具有突发性且影响较大，因此，除异常超压情况外，在需要检修放空前应及时告知周围居民并做好沟通工作。

（七）环境风险评价

该工程管道输送物质为天然气，属于甲B类火灾危险物质，具有易燃、易爆、低毒等危险特性。因管道沿线部分地段环境敏感目标及人口分布较为密集，存在近距离居民点，且穿越大中型河流较多，故环境风险敏感性较高。

1. 环境风险识别

（1）输送介质危险性识别

该工程输送物质为净化天然气，按照《石油天然气工程设计防火规范》（GB 50183—

2004)，天然气属于甲B类火灾危险物质。天然气中主要组分为甲烷、乙烷、丙烷等，天然气具有以下危险特性：易燃性、易爆性、毒性、热膨胀性、静电荷聚集性、易扩散性。

天然气的泄漏不仅会影响管道的正常输送，还会污染周围的环境，甚至使人中毒，更为严重的是增加了火灾爆炸的危险。当管道系统密封不严时，天然气极易发生泄漏，并可随风四处扩散，遇到明火极易引起火灾或爆炸。

（2）生产设施风险识别

该工程管线属于长输管道，输送的介质具有易燃、易爆危险性。在设计、施工、运行管理过程中，可能存在设计不合理、施工质量问题、腐蚀、疲劳等因素，可能造成阀门、仪器、仪表、管线等设备及连接部位泄漏而引起火灾、爆炸事故。

（3）定向钻穿越河流风险识别

该工程大中型河流穿越采用定向钻的施工方式，根据水文地质勘察及工程地质勘察报告的结果，其水文地质条件和工程地质条件均能满足定向钻施工的要求，穿越处地层条件基本为黏土、粉砂、细砂，因此定向钻穿越方式可行。

由于该工程定向钻穿越地层多为粉砂层，地质较为松软，地层压力较小，有冒浆的风险，发生冒浆的原因主要是泥浆压力大于其上的河流水体与土壤的自重，从而导致泥浆在压力的作用下沿土壤孔隙进入钻孔上层的土壤覆盖层，严重时甚至会直接冲破钻孔上层的土壤覆盖层而进入河流水体或涌出地面。

该工程可研阶段要求定向钻施工时使用水基环保体系泥浆，其主要成分为膨润土，在泥浆配制过程中，除使用水作为配制助剂外，还会加入少量 Na_2CO_3，定向钻穿越使用的膨润土泥浆一般呈弱碱性，泥浆成分中没有重金属、有机物等有毒有害物质，为无毒、低毒物质。

该工程在进行定向钻施工时，施工人员应在施工现场进行全程监视，一旦发生冒浆事故，立即关停钻进作业并采取相应补救措施，将环境影响降至最低。施工过程中，一旦在河流穿越点发生冒浆事故导致泥浆进入河流水体，其主要环境影响在于会提高河流中的悬浮物浓度，使河流浑浊。随着河流的流动，悬浮物逐渐沉降至河床，冒浆事故导致的环境影响将逐渐消失。

（4）扩散途径识别

该工程管道泄漏产生的天然气和燃烧后产生的CO为气态污染物，进入大气环境，通过大气扩散对项目周围大气环境造成危害。

该工程定向钻等施工过程中如果发生施工机械油品泄漏、冒浆等事故，将对水环境产生影响。

（5）敏感目标识别

该工程环境风险因素是气态污染物，因此主要环境风险因素是对大气环境的影响，环境风险评价范围内敏感目标是集中性居住区、社会关注点以及近距离的自然保护区等。

2．重大危险源识别

该工程是由输气站场、阀室、输气管道组成的一个输气系统，将管线每两个截断阀间的管段作为一个单元，按照《危险化学品重大危险源辨识》（GB 18218—2009）中规定的临界量进行辨识，结果见表 9-6 和表 9-7。

由结果可见，该工程管道各管段天然气在线量均大于 10 t，属于重大危险源；各站场天然气在线量均大于 10 t，属于重大危险源。

表 9-6 工程重大危险源辨识

管段名称	管段长度/km	地区等级	长度/km	天然气在线量/t	重大危险源
起点—1#阀室	15.87	二级地区	5.55	1 877	是
		三级地区	10.32		
1#阀室—2#阀室	7.43	二级地区	1.79	878.5	是
		三级地区	5.64		
2#阀室—3#阀室	13.09	二级地区	0.36	1 547	是
		三级地区	12.73		
3#阀室—B 站	18.17	二级地区	15.08	2 149	是
		三级地区	3.09		
B 站—4#阀室	19.74	二级地区	15.01	2 334	是
		三级地区	4.73		
4#阀室—5#阀室	21.67	二级地区	17.17	2 562	是
		三级地区	4.50		
5#阀室—6#阀室	18.99	二级地区	17.34	2 245	是
		二级地区	1.65		
6#阀室—7#阀室	21.94	二级地区	3.96	2 594	是
		二级地区	17.98		
7#阀室—8#阀室	11.79	二级地区	1.37	1 393	是
		二级地区	10.42		
8#阀室—9#阀室	15.86	二级地区	2.58	1 875	是
		三级地区	13.28		
9#阀室—A 站	11.63	二级地区	7.86	1 376	是
		三级地区	0.69		

表 9-7 工程各站场重大危险源辨识

站场名称	天然气在线量/t	重大危险源
A 站	39.19	是
B 站	31.20	是

3．风险评价

（1）天然气管道火灾次生污染事故影响分析

当管道发生100%*D*口径的完全破裂事故时，高压天然气将从破裂口高速喷射和膨胀。天然气的爆炸危险性很大，其爆炸极限范围为5%～15%（*V*/*V*）。当泄漏天然气与空气组成混合气体，其浓度处于该范围内时，遇火即发生爆炸。只有当天然气泄放到一定程度，遇火源才能稳定燃烧，本次评价将针对此种情景分析天然气燃烧产生的废气污染物的次生环境影响。

（2）预测因子及预测源强

天然气泄漏如遇明火燃烧，主要伴生污染物为CO和NO_x，CO危害浓度见表9-8。预测因子确定为CO，预测源强见表9-9。

表9-8 CO危害浓度

序号	阈值名称	数值/（mg/m^3）	指标来源
1	半致死浓度（4 h大鼠吸入）LC_{50}	2 069	《危险化学品安全技术全书》
2	立即威胁生命和健康浓度（IDLH）	1 700	《呼吸防护用品的选择、使用与维护》（GB/T 18664—2002）
3	短时间接触容许浓度（PC-STEL）	30	《工作场所有害因素职业接触限值》（GBZ 2—2002）

表9-9 天然气泄漏火灾事故源强

管段名称	天然气最大泄漏量/（kg/min）	CO排放量/（kg/min）	断裂口直径/mm	管道压力/MPa
3#阀室—B站	543 000	173.8	1 422	10
6#阀室—7#阀室	562 000	179.8	1 422	10
8#阀室—9#阀室	530 000	169.6	1 422	10
9#阀室—A站	503 000	161.0	1 422	10

（3）计算结果及分析

假定事故在各类天气条件下CO影响后果预测见表9-10。

表9-10 火灾事故CO预测结果

管段名称	气象条件	最大落地浓度/（mg/m^3）	最大落地浓度出现的距离/m
3#阀室—B站	0.5 m/s，D	27.66	353.8
	0.5 m/s，F	11.37	1 096
	5.4 m/s，D	2.702	2 023
	5.4 m/s，F	0.973 9	7 748

管段名称	气象条件	最大落地浓度/（mg/m^3）	最大落地浓度出现的距离/m
6#阀室—7#阀室	0.5 m/s，D	28.62	353.8
	0.5 m/s，F	11.77	1 096
	3.4 m/s，D	4.44	2 023
	3.4 m/s，F	1.60	7 748
8#阀室—9#阀室	0.5 m/s，D	211.99	353.8
	0.5 m/s，F	11.10	1 096
	3.0 m/s，D	4.75	2 023
	3.0 m/s，F	1.71	7 764
9#阀室—A 站	0.5 m/s，D	25.62	353.8
	0.5 m/s，F	10.54	1 096
	3.0 m/s，D	4.51	2 023
	3.0 m/s，F	1.62	7 748

注：D 与 F 代表大气稳定度帕斯奎尔分级，D 代表中性稳定，F 代表稳定。

由结果可见，在静风、小风及各地年均风速的不利气象条件下，工程各段管道破裂火灾事故产生的 CO 最大落地浓度为 28.62 mg/m^3，均未超过短时间接触容许浓度 PC-STEL（30 mg/m^3），因此，管道破裂发生火灾事故时产生的 CO 对管道两侧的敏感点及近距离处的村庄的影响均较小。

4．设计拟采取的风险事故防范措施

根据本次评价对天然气泄漏事故以及火灾次生污染环境事故的分析，工程的环境风险是可以接受的。但仍需要加强风险防范措施，制定相应的事故应急预案，降低风险发生的可能性，并将事故造成的损失降至最低。并且应采用合理的穿越方式穿越环境敏感目标，保证管顶埋深，提高设计等级，增加管道壁厚，焊接采用双百检测，采用加强级三层 PE 防腐涂层等措施，提高管道运行期间的安全系数。此外，敏感目标穿越段上游、下游应合理设置监控阀室。

（1）管道路由优化。选择线路走向时，充分考虑沿线所经过城镇的总体规划，避开居民区和城镇繁华区、城镇规划区、工矿区和自然保护区，充分考虑当地政府部门的合理意见和建议，合理用地。尽量避开居民区以及不良地质地段、复杂地质地段、地震活动断裂带和灾害地质段。如无法完全避让，也应尽量减少上述地段的通过长度，确保管道长期安全运行。

（2）总图布置安全防护措施。工程与地面建（构）筑物的最小间距应符合《石油天然气工程设计防火规范》（GB 50183—2004）、《输气管道工程设计规范》（GB 50251—2015）等规范要求，降低危险隐患。

（3）工艺设计和设备选择。选用质量可靠的管材和关键工艺设备，保证管道的运行安全。

（4）采用加强级三层 PE 防腐层。

（5）采用 SCADA 自动控制防护措施。工程采用 SCADA 系统对输气管道站场及截断阀室实施远距离的数据采集、监视控制、安全保护和统一调度管理。

（6）设防雷、防爆、防静电设施，设置管道标志桩（测试桩）、警示牌及特殊安全保护设施。

5．施工阶段的事故防范措施

严格保证各类建设材料的质量，严禁使用不合格产品；施工过程中加强监理，确保涂层、管道接口焊接等工程施工质量。

定向钻施工中要做好泥浆回收处理，在入土点、出土点场地各布置一台泥浆回收系统和一台泥浆泵。回收废泥浆时分离出来的泥沙应设专门的堆放场地，并交由有资质的单位进行处置。

6．运行阶段的事故防范措施

（1）严格控制输送天然气的气质，定期清管，排除管内的积水和污物，以减轻管道内腐蚀。

（2）定期进行管道壁厚的测量，对严重减薄的管段，及时维修更换，避免爆管事故的发生。

（3）每半年检查管道安全保护系统（如截断阀、安全阀、放空系统等），使管道在超压时能够得到安全处理，使危害影响范围减小到最低程度。

（4）在公路、河流穿越点的标志不仅清楚、明确，并且其设置应能从不同方向、不同角度均可看清。

（5）加大巡线频率，提高巡线的有效性。

（6）按《中华人民共和国石油天然气管道保护法》的要求，在管道线路中心线两侧各 5 m 地域范围内，禁止种植乔木、灌木、藤类、芦苇、竹子或者其他根系深达管道埋设部位可能损坏管道防腐层的深根植物。

点评：

该案例对环境风险评价等级进行了判定，针对工程大管径特点考虑穿越河流施工的破壁风险问题，计算了两个截断阀阀室之间管段的泄漏量，从中选取了 4 个天然气存在量较大或较敏感的管道段作为风险评价段，符合管道类项目环境风险评价要求，并针对保护区段提出了风险防范措施与应急预案要求。

不足之处是项目环评处于新导则执行前，评价等级判定还没有关联新的环境风险评价技术导则（HJ 169—2018）的相关内容，包括管道中心线两侧 200 m 内人口数量和站界 5 km 内人口数量、地表水和地下水等环境敏感性因素等，后果预测还需通过参数判定确定预测模式，后果评价标准需采用终点浓度评价等。

（八）固体废物对环境的影响分析

工程施工期的主要固体废物：定向钻穿越产生的废弃泥浆、钻屑，管道施工产生的多余土石方，管道焊接、防腐等过程产生的施工废料，施工人员产生的生活垃圾。运行期的主要固体废物包括：站场工作人员产生的生活垃圾，分离器检修、清管收球作业产生的废渣，备用柴油发电机产生的废机油（表9-11）。

表9-11 固体废物处理、处置方式及最终去向

固体废物种类	来源	处理处置方式及最终去向
废弃泥浆、钻屑	定向钻施工	泥浆池做防渗处理；泥浆池周围设土堤防止泥浆外泄；废弃泥浆应交给有资质的单位进行处置
工程弃土、弃渣	管道开挖管沟作业	管沟开挖需产生少量多余土方，可就地平整到管线铺设地；弃土石要回填到管垄上，顶管作业产生的弃土可用于地方基础设施建设
施工废料	站场、管道建设施工	对包装材料等能回收利用的送到相关部门回收，不能利用的委托当地职能部门有偿清运
清管、检修废渣	管道清管	送有资质的单位处置
废机油	备用柴油发电机	按照危险废物的标准与规定进行处置
生活垃圾	施工人员	定期送到附近垃圾填埋场进行填埋处理

点评：

该案例对工程不同阶段产生的固体废物和危险废物进行了归纳分析，明确了处置去向。其中应注意对废弃泥浆的影响分析和处置要求，对于异地处置的需明确处置去向。

（九）路由评价

长输管道工程的特点决定了其对周围环境的影响是线性影响，路由合理与否将对管道沿线周围敏感区域的影响起到决定性的作用，因此，管道路由的选择和确定，是该类线性工程前期研究中的重要内容，如何选择、是否合理，会涉及与沿线各类环境敏感区、生态红线等的协调问题，故有必要对该管道线路走向选择的环境合理性和站场选址的可行性进行论证。

工程管道穿越了Y明渠、A河国家湿地公园、C省级重要湿地和B中华绒螯蟹国家级水产种质资源保护区等环境敏感目标；近距离环境敏感目标有D湿地和鸟类省级自然保护区等。本次评价对宏观路由与局部路由均进行了方案比选，并对重点区段路由进行

了方案比选及合理性分析。

工程管道为东西走向，Y 明渠为南北流向的渠道，工程难以避绕，只能以垂直相交的方式穿越 Y 明渠。工程共穿越长度为 1 300 m，其中穿越 Y 明渠饮用水水源保护区的一级区 150 m，穿越 Y 明渠饮用水水源保护区的二级区 1 000 m。为了避免扰动该明渠，工程将采取定向钻方式从河床下方最低点 27 m 处穿过 Y 明渠，出土点、入土点位于保护区外，其中西侧出土点距离明渠上开口约为 570 m，东侧入土点距离明渠上开口约为 580 m。

工程沿 A 河国家湿地公园的边界外铺设，管线与湿地公园边界并行约为 16 km，与湿地公园边界相距 10～20 m。根据湿地公园规划图与工程整体路由方案，工程管线难以避绕该公园，穿越国家湿地公园的管线为 700 m，采用定向钻穿越方式，出土点、入土点位均位于湿地公园外，出土点、入土点距离公园两侧截渗沟各 76 m。穿越处属于 A 河国家湿地公园的生态保育区，穿越断面处河床宽度为 600 m。为了减轻对 A 河国家湿地公园的影响，工程将尽可能避让 A 河主河道，且定向钻出土点、入土点均位于保护区外，对保护区的影响很小。

根据 B 中华绒螯蟹国家级水产种质资源保护区的规划图与工程整体路由方案，工程管线难以避绕该保护区，工程将穿越 B 中华绒螯蟹国家级水产种质资源保护区的核心区（即 S 河），穿越长度为 700 m。为了减轻工程建设对保护区的影响，工程将采用定向钻的方式穿越，且定向钻的出土点、入土点均位于保护区外，对保护区的影响很小。

根据 C 省级重要湿地的介绍资料，该湿地面积较大，湿地内有大面积的芦苇沼泽、草甸沼泽、滨海滩涂、虾池、鱼池、平原水库、水稻田、河流、人工排灌渠等。工程将穿越该湿地 20 km，工程路由为该市规划局指定路由，位于该市管廊带内，穿越区域以盐池为主，由于施工占地以临时占地为主、施工期限较短，对湿地的影响较小。

由于工程在 X 村、B 村、F 村、Q 村区段距离集中式居民点较近，为了降低环境风险，建议工程在 X 村、B 村、F 村、Q 村区段能够采用推荐的避绕路由方案。

点评：

该案例路由评价难点在于有多处管道段穿越了生态敏感区，对于不可避让穿越问题，如何进行优化路由和施工方式，尽量做到无害化或最小影响通过，案例给出了解决方案，即能采用定向钻穿越的，进土点、出土点均在保护区外；对于近距离居住区，则提出避绕方案。

（十）政策规划符合性

工程符合国家能源产业政策，符合《能源发展“十三五”规划》《天然气发展“十三五”规划》《国家能源战略行动计划（2014—2020）》及沿线各市、县的城市总体规划，充分利用上游的LNG接收站天然气，为沿线各县市提供清洁高效的天然气能源。

管线经过或靠近4个规划区，分别是M工业区、N经济开发区、P临港经济开发区、J新城规划区。

M工业区位于S市，管道路由按照S市规划部门要求在规划管廊带内敷设，线路总长约36 km。工程管廊带为城市规划部门预留，廊带内有多条原油、天然气管道，工程管道与周边设施留有一定的安全距离。

P临港经济开发区位于S市G区，根据G区规划部门意见，本管线对P临港经济开发区进行了避让，全部从其外侧通过，管道和开发区规划边界间距大于100 m，长度约为4.6 km。

J新城规划区位于T市W区。该规划区管道路由为T市规划指定，管道在C河西岸J新城规划区边缘绿化带敷设，总体与已建某燃气管道并行，并行长度总计约为18.1 km，其中靠近规划区段长16.4 km，经过规划区边缘段长1.7 km，在工程管道的建设与运行中应制定并行段管道的保护措施。

工程其余管段均远离现有城镇的规划区域，对现有城镇发展规划无影响。

六、环境敏感区段环境保护措施

为便于施工期的环境管理，现根据施工中的作业特点和各施工区段的敏感目标分布情况，分别提出环境保护措施（表9-12）。

表9-12 施工期重点区段环境保护措施

点段	主要环境影响	保护目标	减缓措施
A河国家湿地公园	采用定向钻方式穿越该湿地公园，且出土点、入土点位于湿地公园外，出土点、入土点和临时施工场均为农田，规范施工的前提下对湿地公园环境的影响很小	湿地生态系统及珍稀野生动物	1）严格按照相关主管部门的要求实施工程建设，工程施工方案、环境保护及恢复方案需征得相关主管部门的认可后实施； 2）严格控制施工范围，以免对湿地水体造成大面积破坏； 3）不得在水体附近清洗施工器具、机械等，不得污染水体。加强施工机械维护，防止施工机械漏油。若有漏油现象应及时收集，并用专门容器盛装后统一处理； 4)加强对施工人员的管理和教育，严格遵守湿地公园的管理规定，严格限制施工作业范围，不得随意调整、扩大施工区域，以免进入湿地公园内，对公园造成不利影响

点段	主要环境影响	保护目标	减缓措施
C省级重要湿地	管道施工将会对一定范围内的动植物造成影响和干扰	湿地生态系统	1）施工前按照规定办理各项审批手续，并编制湿地恢复的可行性方案，获得批准后方可开始施工；尽量缩小施工带宽度； 2）施工过程严格遵守湿地保护的相关管理规定，严格按照主管部门批准的路线和范围施工，严禁随意变更线路和超范围施工，注意保护围栏、界碑、界桩宣传牌等湿地工程设施； 3）工程实施过程中要以保护湿地植被和野生动物栖息、生存环境为原则，施工过程中尽量避免噪声和不必要的机械、车辆进入，遵守湿地保护的相关法律法规要求； 4）施工单位和人员在施工期间应严格遵守国家和地方法令，除施工限定场地外，不得随意进入周边区域破坏野生植物和惊扰野生动物； 5）注意文明施工、卫生施工，生产废物和生活垃圾及时清理，避免对湿地造成破坏和污染； 6）工程施工结束后尽快恢复湿地原貌； 7）防腐情况：加强级防腐+黏弹体补； 8）增加壁厚； 9）根据S市农林畜牧水产局的复函，施工期应避开鸟类迁徙、繁衍期
B中华绒螯蟹国家级水产种质资源保护区	工程将以定向钻穿越该水产种质资源保护区的核心区（即S河），出土点、入土点均位于保护区外。不与水体直接接触，对河道防洪及稳定均影响很小	种质资源	1）合理安排施工时段、施工时序，避开每年禁渔期和绒螯蟹繁殖产卵季节（5—6月）； 2）合理安排施工组织、施工机械，严格按照施工规范进行操作，施工单位必须选用符合国家标准的施工机械和运输工具，对强噪声源安装控噪装置，减小噪声对绒螯蟹的影响，同时控制施工运输过程中交通噪声的影响； 3）保护区内严禁设置取土场、弃渣场、施工营地。施工期间，生活污水、工程污水不得随意排入河道，施工不得造成保护区内水质污染； 4）加强对施工人员的宣传教育，提高其生态环境保护意识，防止生境污染；严禁施工人员进行非法捕捞作业或下河捕鱼、捕蟹、垂钓活动
D湿地和鸟类省级自然保护区	工程位于该保护区的实验区南部、西部边缘，不穿越该保护区	湿地生态及珍稀特有物种	工程位于该保护区的实验区南部、西部边缘，不穿越该保护区。由于工程距离该保护区较近，最近处距离为10 m，因此，应采取有效的保护措施： 1）强化施工阶段的环境管理及环境监理； 2）减少夜间作业，避免灯光、噪声对鸟类及其他夜间动物活动的惊扰； 3）施工期尽量避开鸟类（如东方白鹳）的迁徙期； 4）妥善处理施工期产生的各类污染物；施工结束后，施工单位应负责及时清理现场，使之尽快恢复原状，将施工期对生态环境的影响降到最低限度； 5）河流开挖、湿地穿越后及时进行河床平整及底质恢复； 6）增加壁厚

点段	主要环境影响	保护目标	减缓措施
Y明渠饮用水水源保护区一级区、S河	正常施工情况下，不会对水体造成扰动，施工人员的生活污水、生产废水以及施工中洒落的机油等污染物发生扩散可能会影响水体	水源水质	1）禁止直接或间接排放废水。保护区内禁止设立施工营地，环保厕所应尽量远离河道； 2）禁止在河流两岸堤防以内给施工机械加油、存放油品储罐；禁止在河内清洗施工机械； 3）设立明确标识，以免施工进入保护范围内；及时清理、回收施工垃圾、生活垃圾，以免进入保护范围内； 4）定向钻泥浆池按照规范设立，容积考虑30%余量，以防雨水冲刷外溢。施工结束后，产生的废弃泥浆应交给有资质的单位进行处理； 5）防止施工污染物的任意弃置，应及时清理回收施工废物或泄漏机油等
基本农田	管沟开挖扰动土体使土壤结构、组成及理化特性等发生变化	农业生产	1）划定施工范围，尽可能少占用耕地； 2）挖掘管沟时，应分层开挖、分开堆放；管沟填埋时，也应分层回填，即底土回填在下，表土回填在上。分层回填前应清理留在土壤中的固体废物，回填时，还应留足适宜的堆积层，防止因降水、径流造成地表下陷和水土流失。回填后多余的土应平铺在田间或作为田埂、渠埂，不得随意丢弃； 3）施工时，应避免农田受施工设施碾压而失去正常使用功能； 4）施工期应尽量避开作物生长季节，减少农业生产损失； 5）施工结束后做好农田的恢复工作，清理施工作业区域内的废弃物，按国务院的《土地复垦规定》复垦。凡受到施工车辆、机械破坏的地方，都要及时修整，恢复原貌，植被（包括自然的和人工的）破坏应在施工结束后的当年或来年予以恢复
河流定向钻穿越段	施工中将使用一定量的泥浆、施工场地将临时占用土地等均会对周围环境产生一定影响。若机械设备有漏油现象，将对河流水质有潜在影响	河水水质	1）施工营地应设置在河漫滩外，施工人员的生活污水、生活垃圾和粪便应集中处理； 2）严格控制施工范围，以免对河流造成大面积破坏； 3）施工场地应尽量紧凑，减少占地面积；产生的废弃泥浆应交给有资质的单位进行处理； 4）施工生产废水（包括泥浆分离水、管道试压水、管沟开挖的渗水以及施工机械废水等）均不得随意排放，需按环保部门的要求进行处置； 5）施工时所产生的废油等严禁倾倒或抛入水体，不得在水体附近清洗施工器具、机械等。加强施工机械维护，防止施工机械漏油； 6)含有害物质的建筑材料如沥青、水泥等不准堆放在河漫滩附近，并应设篷盖和围栏，防止雨水冲刷进入水体。施工作业过程排放的废弃土石方应在指定地点堆放，禁止弃入河道或河滩，以免淤塞河道； 7）施工结束后，应运走废弃物和多余的填方土，保持原有地表高度，恢复河床原貌，以保护水生生态系统的完整性

点段	主要环境影响	保护目标	减缓措施
大开挖穿越河流段	施工段水体的悬浮物浓度易发生短时间、小范围升高的现象；若机械设备有漏油现象，将对河流水质有潜在影响	河水水质	1）施工征得当地生态环境局及有关部门许可； 2）施工营地远离河道； 3）严格控制施工范围，尤其是河流穿越段，应尽量控制施工作业面，以免对河流造成大面积破坏； 4）不得在水体附近清洗施工器具、机械等。加强施工机械维护，防止施工机械漏油。若有漏油现象，应及时收集，并用专门容器盛装后统一处理； 5）管道敷设及河道穿越作业过程产生的弃土石方应在指定地点堆放，用于修筑水保设施和两岸堤坝，禁止将其弃入河道或河滩，以免淤塞河道； 6）施工结束后，保持原有地表高度，恢复河床原貌
距管道 200 m 范围内的村庄	施工过程中各种机械、车辆排放的废气、扬尘，产生的噪声将影响该地区居民的正常生活	居民	1）施工时采用土工布对料堆进行覆盖，工地实施半封闭隔离施工，如防尘隔声板护围，以减轻施工扬尘及噪声对周围环境的影响； 2）控制施工时间在 6：00—22：00，严禁夜间施工，尽量避免使用强噪声机械设备； 3）粉状材料（石灰、水泥）运输采用袋装或罐装，禁止散装运输； 4）工程有时需要夜间施工，应提前告知附近居民

点评：

该案例施工期环保措施部分归纳得较好，将评价中各专题涉及的环保措施按照要素或项目不同阶段进行了归纳和汇总，便于后续环境管理需要。既符合该类工程的惯例做法，也具有一定特色。

七、环境影响评价主要结论

工程符合《能源发展“十三五”规划》《天然气发展“十三五”规划》《国家能源战略行动计划（2014—2020）》及沿线各市、县的城市总体规划。工程在建设中，不可避免地会对周围的环境产生一定的不利影响，同时在运行过程中还存在一定的风险。在采取各种减缓环境影响和降低环境风险的措施后，其影响和风险是可以接受的，从环境保护角度考虑，工程是可行的。

案例分析

一、本案例的环评特点

该案例是有代表性的输气管道工程。报告书对生态现状及影响、生态保护与恢复、地表水污染防治、地下水影响、环境风险及路由比选等重点内容进行了全面调查和评价。主要体现在以下几个方面。

1. 项目包括管道段、阀室、站场等，报告书分单元进行工程分析，并突出了管道段重点工程。识别了管道沿线评价范围内涉及的生态敏感区（种质资源保护区、重要湿地和鸟类自然保护区、国家生态保护红线区和地方永久性生态保护区等）和具有重要功能的河流以及距离最近的 4 个村庄等，结合管道工程特点分析了施工期和运营期生态影响和污染物产生量、排放量、处理处置措施等，体现了该类工程兼具的环境污染和生态影响的双重特点。

2. 报告书结合资料收集、卫片解译、样方调查对评价区生态环境现状进行了较为细致的分析，按照管道段施工期临时占地影响、站场永久占地影响等开展了生态影响分析和评价工作，提出了生态保护与恢复措施，针对施工期废弃泥浆提出了异地处置要求。

3. 报告书在运营期针对站场开展环境空气现状监测、影响预测与评价，针对站场污水提出了站内处置和依托市政管网和城市污水处理厂的处理要求，针对声环境进行了现状监测、影响预测和评价，特别是针对排气管放空噪声提出了控制要求，针对站内固体废物按照清管产生的排污、生活垃圾等分别提出了处置要求。

4. 报告书开展的路由评价具有一定特色，对穿越生态敏感区、重要河流段路由，提出了具体的路由优化和施工方式优化措施，以及生态保护与恢复措施；针对近距离村庄段，提出了避让方案。体现了输气管道工程和线性项目的特点。

5. 该案例中涉及采用大管径管道穿越河流和环境敏感区段的环境问题，针对施工期大管径管道定向钻施工穿越河流的泥浆泄漏环境风险提出了水体保护措施，针对环境敏感区段提出了管道出土点、入土点均在保护区外等生态环境保护措施，明确了在生态敏感区段开展跟踪生态监控工作的要求。

6. 该项目针对输气管道工程特点开展了各专题环境影响评价工作，分析评价内容既有施工、运营阶段的一般性环境问题，又突出了涉及环境敏感区的环境问题，内容比较全面，编制比较规范，总体上符合油气管道工程环评文件的编制要求。结合项目穿越区域特点针对性开展了选址选线工作，管道路由穿越多处生态红线区和其他环境敏感区，特别是近距离居民区，通过环评识别工作，提出的建议避绕路由等都具有特色。符合相关法律法规、政策要求，对类似项目环评文件的编制具有一定的指导作用。

二、该类项目环评关注点

1. 重点开展建设项目选址选线工作。输气管道工程主要关注生态和环境风险问题，在项目前期和环评工作启动后，首要工作是进行管道沿线环境保护目标识别，了解管道路由与保护目标的方位、距离等位置关系，对于涉及生态敏感区和居住区的，应开展路由的环境比选工作，以避绕为优先原则，确实不能避绕的，尽量采取无害化或最小化影响的施工方式或敷设方式。该案例给出的环境比选内容尚显不足。

2. 近 20 年来针对直径 1 016 mm 以下的输气管道工程开展的环评工作较多，已有许多成熟的案例。该工程与以往同类工程的显著差别是采用了 1 422 mm 的大管径管道，应该在施工方面有一些新的问题值得探索，如大管径管道定向钻施工的技术是否带来新的环境问题、管径增大是否增加环境风险等。该案例在定向钻施工可能引起破壁进而产生泥浆泄漏污染河流的风险方面进行了分析，提出了环保措施要求，属于较以往项目新颖之处。

3. 需注意该案例评价工作内容与相关新环评技术导则的衔接。由于该报告编制于新的环境空气、地表水和环境风险评价技术导则实施前，应在借鉴该类工程分析、源项识别与预测情景等基本技术方法的基础上，根据新导则的要求完善环境空气、地表水和环境风险等专题的评价工作等级、环境质量现状监测与影响预测模式选取内容，案例中上述相关内容仅具有参照作用。

案例十　某高性能树脂项目环境影响评价

一、概述

（一）项目背景及建设必要性

超高分子量聚乙烯（UHMWPE）为热塑性树脂类型，与常规聚乙烯（分子量 3 万～20 万）相比，其分子量为 150 万～700 万，最高可达 900 万以上，具有更优异的耐磨、耐化学药品、耐冲击、耐低温、耐应力开裂、自润滑性、抗结垢性和卫生性，其下游产品高强聚乙烯纤维为继碳纤维、芳纶纤维之后的世界第三代特种纤维，在实现工业化的纤维材料中强度和防弹性能最高，在同等重量的情况下其强度相当于优质钢丝的 15 倍，广泛应用于国防军工、航空航天、海洋工程、体育器材、工业防护等领域，市场需求较大，为国家重点发展的新型工程塑料和高科技产品之一。

某公司位于专业化工园区，拥有自主知识产权的低压淤浆法生产超高分子量聚乙烯树脂生产工艺，现有的年产 4 000 t 超高分子量聚乙烯生产装置已稳定运行多年。为进一步发挥其技术优势，企业拟利用现有空置厂房，建设年产 10 000 t 超高分子量聚乙烯生产装置，项目建成后现有装置停产。

改扩建项目除产能增加以外，还在工艺技术和设备上进行了同步优化，将目前反应料浆与溶剂油分离方式（批次汽提和空气干燥）改进为加压过滤、干燥局部连续生产，进一步完善了 DCS 控制系统，使工艺技术和生产操作更为安全与合理；采用高效催化剂，提高反应转化率；加强生产系统内物料的循环利用，实现节能减排，体现绿色化工的环境友好性。改扩建项目在环境效益方面的提升措施有：

（1）采用高效低毒催化剂和低毒溶剂（溶剂油）。

（2）增加对聚合反应剩余乙烯的回收储存设备，使其回用于生产，减少乙烯排放。

（3）增加对加压过滤用氮气和干燥用氮气的收集处理和循环使用措施，减少溶剂油气排放。

（4）通过进一步降低有机废气冷凝温度（最低−75℃），配合活性炭吸附深度处理，减少溶剂油气排放。

（5）在料仓仓顶过滤、岗位集气除尘措施的基础上，设置粉粹工序房间和筛分工序房间，并进行房间整体换风收集、配套中央除尘过滤器等措施，进一步降低废气、粉尘排放。

（6）增加脱重、脱轻两级串联工艺，回收生产系统溶剂油，减少溶剂油废液的产生量。

（二）环境影响评价的工作过程（略）

（三）项目特点、关注的主要环境问题（略）

（四）环境影响评价结论（略）

点评：

案例在概述部分说明了项目建设的必要性、技术来源、项目环评范围、改扩建前后原料单耗和清洁生产水平变化，对照《建设项目环境影响评价分类管理名录》(2021 年版)等管理文件，判定了环评类别，并分析了项目特点和关注的主要环境问题，给出了从环保角度项目建设可行的结论。

从该部分内容可初步了解到项目的总体情况、建设项目及周边环境的敏感性。该章节的总结与整个报告评价思路有关联，在实际环评工作中应重视对项目的汇总。

项目虽然属于化工行业，但操作工艺简单，原料毒性小且聚合反应操作压力低，可从源头降低环境风险，符合绿色发展要求，项目污染防控重点为 VOCs 全过程控制和对含尘废气（颗粒物）的处理，并加强燃爆事故后的三级防控。

二、总则

（一）编制依据（略）

（二）评价时段和环境影响识别（略）

（三）环境功能区划

根据项目所在地环境功能区划和规划环评报告，当地环境功能为：环境空气二类，地表水环境Ⅴ类；声环境 3 类，地下水Ⅳ类。

（四）评价因子和评价标准

1. 评价因子

评价因子包括环境质量现状评价因子、环境影响预测评价因子、环境风险评价因子、污染物总量控制因子等，具体见表 10-1。由于项目涉及的主要化学品溶剂油列入《环境影响评价技术导则　大气环境》(HJ 2.2—2018) 附录 D 的 TVOC 范畴，评价选择 TVOC 作为其他污染物评价。

表 10-1　评价因子

环境要素		环境质量现状评价	营运期环境影响预测评价	环境风险评价	污染物总量控制	施工期环境影响评价
空气		基本污染物：SO_2、NO_2、PM_{10}、$PM_{2.5}$、CO、O_3 其他污染物：TVOC	PM_{10}、TVOC	溶剂油、CO	烟粉尘、VOCs	扬尘 CO、NO_x
水	地表水*	pH、DO、化学需氧量（COD）、BOD_5、氨氮、高锰酸盐指数、总磷、石油类、挥发酚、阴离子表面活性剂	COD_{Cr}、NH_3-N	石油类	COD_{Cr}、NH_3-N	SS
	地下水	pH、总硬度（以 $CaCO_3$ 计）、溶解性总固体、硫酸盐、氯化物、铁、锰、挥发性酚类（以苯酚计）、耗氧量（COD_{Mn}法，以 O_2 计）、氨氮（以 N 计）、亚硝酸盐（以 N 计）、硝酸盐（以 N 计）、氰化物、氟化物、汞、砷、镉、铬（六价）、铅、阴离子表面活性剂、总石油烃；挥发性有机物（VOCs）、半挥发性有机物（SVOC）； 钾、钠、钙、镁、CO_3^{2-}、HCO_3^-	COD_{Mn}	COD_{Mn}	—	—
声		等效连续 A 声级	厂界环境噪声连续等效 A 声级	—	—	施工噪声
土壤		砷、镉、铬（六价）、铅、铜、汞、镍、挥发性有机物、半挥发性有机物、石油烃（C_{10}～C_{40}）	石油烃	石油烃	—	—
工业固废		—	工业固废排放量；危险废物种类	—	工业固废排放量	建筑垃圾

注：1. 地表水评价等级为三级 B，对地表水的现状评价为引用数据。

2. 土壤现状评价监测的挥发性有机物和半挥发性有机物中，包括了《土壤环境质量　建设用地土壤污染风险管控标准》（GB 36600—2018）表 1 基本项目和表 2 中的相应污染物。

3. 环境风险评价等级为简单分析。

2. 评价执行标准

（1）环境质量标准（略）

（2）污染物排放标准

1）废气

项目所在地为执行大气污染物特别排放限值的地域范围，运行期废气排放污染物执行《合成树脂工业污染物排放标准》（GB 31572—2015）表 5 大气污染物特别排放限值和表 9 企业边界大气污染物浓度限值。

根据《石化行业挥发性有机物治理实用手册》中的“无组织排放控制标准解释说明”，《挥发性有机物无组织排放控制标准》（GB 37822—2019）发布前已实施的标准已对 VOCs

无组织排放源项（储罐、泄漏等）进行了规定，这些行业的无组织排放控制按行业排放标准规定执行，不执行 GB 37822—2019 的通用要求。有更严格地方排放标准要求的，应执行地方标准的规定。

GB 31572—2015 列入上述行业标准范围，且项目地未颁布更严格的地方排放标准，因此，项目对挥发性有机物的控制不执行 GB 37822—2019 的相关要求。具体数值见表 10-2。

表 10-2　大气污染物排放限值

<table>
<tr><th rowspan="2">污染物项目</th><th rowspan="2">排放限值/（mg/m³）</th><th colspan="2">无组织排放</th><th rowspan="2">标准来源</th></tr>
<tr><th>监控点</th><th>排放限值/（mg/m³）</th></tr>
<tr><td>非甲烷总烃</td><td>60</td><td>边界</td><td>4.0</td><td rowspan="3">《合成树脂工业污染物排放标准》（GB 31572—2015）表 5、表 9</td></tr>
<tr><td>颗粒物</td><td>20</td><td>边界</td><td>1.0</td></tr>
<tr><td>单位产品非甲烷总烃排放量（kg/t 产品）</td><td>0.3</td><td>—</td><td>—</td></tr>
</table>

施工期废气排放污染物执行标准（略）

2）废水

现有项目废水纳管园区污水处理厂，应执行 GB 31572—2015 中表 1 间接排放限值。废水主要污染因子为 pH、悬浮物、COD_{Cr}、BOD_5、氨氮、总氮，GB 31572—2015 未规定间接排放限值，由企业与园区污水处理厂商定标准，并报当地生态环境主管部门备案（相关附件略），具体标准值见表 10-3。

表 10-3　水污染物排放限值

<table>
<tr><th>污染物项目</th><th>限值</th><th>标准来源</th></tr>
<tr><td>pH（量纲一）</td><td>6～9</td><td rowspan="6">与园区污水处理厂纳管协议</td></tr>
<tr><td>悬浮物/（mg/L）</td><td>400</td></tr>
<tr><td>COD_{Cr}/（mg/L）</td><td>500</td></tr>
<tr><td>BOD_5/（mg/L）</td><td>300</td></tr>
<tr><td>氨氮/（mg/L）</td><td>45</td></tr>
<tr><td>总氮/（mg/L）</td><td>70</td></tr>
</table>

改扩建后项目不产生工艺废水，仅新增循环水系统排水、实验室废水及生活废水，并考虑部分不可预见废水排放量。废水主要污染因子没有变化，执行现有项目企业与园区污水处理厂商定标准。

3）噪声（略）

4）固体废物（略）

（五）评价工作等级和评价重点

改扩建项目评价等级为：大气一级、地表水三级 B、声环境三级、地下水二级、环境风险为简单分析。

改扩建项目环评在《环境影响评价技术导则　土壤环境（试行）》（HJ 964—2018）实施时间（2019.7.1）前完成，环评参考 HJ 964—2018，按二级评价进行了现状监测。

评价重点：以工程分析为基础，将污染治理措施可行性分析、大气环境影响评价、废水纳管可行性分析和环境风险评价作为评价重点。

（六）评价范围及环境敏感区

大气环境影响评价范围：大气评价等级为一级，$D_{10\%}$为 150 m＜2.5 km，评价范围为以项目所在厂区为中心区域，边长 5 km 的矩形区域（附图略）；

地表水环境评价范围：地表水评价等级为水污染影响型三级 B，可不开展区域污染源调查，主要进行废水纳管依托污水处理设施环境可行性分析。

声环境评价范围：评价范围为厂界外 200 m 范围内，该区域内无声环境保护敏感目标。

地下水环境评价范围：厂区及周边，东至 A 河、南至 B 河、西至 C 河、北至 D 河以内约 9 km^2 的水文地质单元范围。

环境风险评价范围：改扩建项目环境风险潜势为 I，风险评价工作可开展简单分析。

土壤环境评价范围：改扩建项目占地范围内全部及占地范围外 200 m 范围内（参考 HJ 964—2018）。

改扩建项目环境保护敏感目标见表 10-4。

表 10-4　改扩建项目环境保护敏感目标（摘录）

类型	编号	名称		坐标/m		环境保护敏感目标		环境功能区	相对厂址方位	相对企业边界最近距离/m
				X	Y	规模	类型			
大气	1	××镇	××村	−199	538	约 5 600 人	居民	环境空气二类	NNW	570
	2		……							
	1	××镇	××镇政府	−1 285	−644	约 50 人	机关		WSW	1 440
	2		……							
	1	××镇	××镇社区卫生服务中心	1 911	−566	100 床位	医院		ESE	1 990
	2		……							
地表水	W1	B 河		—	—	宽约 20 m	河流	地表水Ⅴ类	S	1 500
	W2	C 河		—	—	宽约 18 m			W	1 600
	W3	……			—					

（七）评价工作程序（略）

（八）规划符合性分析

包括：改扩建项目与产业政策、“三线一单”生态环境分区管控方案（以下简称“三线一单”）、区域规划环评及审查意见、当地建设项目环境准入要求、《重点行业挥发性有机物综合治理方案》（环大气〔2019〕53 号）等环保政策的符合性。

点评：

关于化工项目入园，在 2012 年环境保护部《关于进一步加强环境影响评价管理防范环境风险的通知》（环发〔2012〕77 号）中，即有“石化化工建设项目原则上应进入依法合规设立、环保设施齐全的产业园区，并符合园区发展规划及规划环境影响评价要求”的规定，2021 年 12 月工信部等 5 部委联合发布的《化工园区建设标准和认定管理办法（试行）》（工信部联原〔2021〕220 号）中提出，“未通过认定的化工园区，不得新建、改扩建化工项目（安全、环保、节能和智能化改造项目除外）”。因此，选址位于具有化工定位的规范园区，是化工项目设立的前提。

本案例企业位于专业化工园区内，不涉及产业控制带和搬迁问题，通过改扩建，可进一步提高工艺技术和自动化水平，降低污染物排放，项目建设符合“三线一单”、规划环评、VOCs 管控等环保政策要求。

化工项目评价时段重点关注生产运行期。虽然本案例原料相对简单，但在评价因子识别方法上，仍进行了与总量控制污染物、环境质量标准和所选污染物排放标准、大气导则附录 D、风险导则附录 B、有毒有害大气污染物和水污染物名录、一类污染物、ODS 受控物质、国家危废名录及《重点行业挥发性有机物综合治理方案》等文件规范中的污染物对照。结合物料特性和环保管理要求，遵循上述原则进行评价因子识别和筛选，可避免遗漏评价关注污染物。

在现状监测因子识别中，环评文件结合《环境影响评价技术导则 大气环境》（HJ 2.2—2018）附录 D 中 TVOC 标准 0.6 mg/m^3 来源［根据导则编制说明，该标准参考《室内空气质量标准》（GB/T 18883—2002）］，分析认为项目所用物料溶剂油列入 GB/T 1883—2002 标准中的 TVOC 定义“利用 Tenax GC 或 Tenax TA 采样，非极性色谱柱（极性指数小于 10）进行分析，保留时间在正己烷和正十六烷之间的挥发性有机化合物”，因此，将 TVOC 筛选为“其他污染物”进行现状评价。在排放管理上，溶剂油应对标“非甲烷总烃”因子。

目前国家尚未颁布环境空气质量中 TVOC 的标准监测方法，原则上，针对 HJ 2.2—2018 附录 D 中 0.6 mg/m^3 的 TVOC 质量标准，所选监测方法应与相应标准匹配，即对应 GB/T 18883—2002 附录 C。但是，由于目前对挥发性有机物有理化性质、监测方法、光化学反应等多种定义方式，现阶段对环境现状的 TVOC 监测方法存在不一致，也有仍以非甲烷总烃或特征因子监测代替 TVOC 监测情况，该问题可在环评工作中做进一步研究和探讨。

在废气达标排放分析上，溶剂油对应的考核标准为非甲烷总烃。

根据《生态环境标准管理办法》（生态环境部部令　第 17 号），"同属国家污染物排放标准的，行业型污染物排放标准优先于综合型和通用型污染物排放标准"。项目属合成树脂行业，污染物排放执行《合成树脂工业污染物排放标准》(GB 31572—2015)，废水应执行表 1 间接排放限值，对标准中未规定限值的污染物项目由企业与园区污水处理厂商定相关标准。

项目根据《石化行业挥发性有机物治理实用手册》中"无组织排放控制标准解释说明"，对 VOCs 的管控执行标准（GB 31572—2015）规定，若地方后续颁布有进一步的无组织排放控制要求，应执行地方规定。

总体上，该案例评价因子识别清楚，评价工作等级及评价范围确定符合导则要求，并按环境空气、地表水等不同要素列出了环境保护敏感目标，调查较为细致。

三、现有工程回顾

（一）公司概况

包括公司发展历程、已建项目装置概况和环保手续履行情况、生产管理体系和总图布局说明等。

（二）现有装置生产简述

现有工程生产装置为一条 4 000 t/a 超高分子量聚乙烯生产线及配套设施，年工作 330 天、24 h 连续生产。该项目建成后，现有装置停用。

现有生产工艺包括聚合、过滤、汽提、干燥、筛分、包装等环节，为批次生产操作。

来源自工业区的乙烯在聚合釜内与溶解有催化剂的溶剂油混合，在催化剂（含助催化剂，以下同）作用下，乙烯发生聚合反应，控制操作条件，生成所需分子量的超高分子量聚乙烯。聚乙烯湿料密闭输送至过滤器，通入氮气后经加压、过滤、分离大部分溶剂，进入汽提干燥塔。在汽提干燥塔内直接通入蒸汽，蒸出溶剂后，物料再经热空气干燥去除水分及残余溶剂成为干料。现有工程中过滤、汽提、干燥在不同设备内进行。

干料用氮气输送至高位料仓，经振动筛筛分，合格粒径物料采用气力输送至产品料仓，再包装入库。少量大颗粒物料经粉碎后返回高位料仓，进行再次筛分。

汽提蒸出的溶剂油经冷凝、油水分离后进入溶剂回收罐，冷凝水至废水处理装置处理。聚乙烯湿料过滤分离的溶剂油也进入溶剂回收罐，循环使用。

（三）现有项目装置组成（略）

（四）产品产量、原辅料及公用工程消耗情况（略）

（五）原料及产品储存情况（略）

（六）主要生产设备（略）

（七）公用工程情况

工业区配套设施齐全，厂内工业、生活用水均来自园区供水管网，用水量为 3.17 万 m^3/a；循环水用量为 300 m^3/h，来自厂内循环水站；蒸汽主要用于汽提、废气处理（活性炭吸附）装置再生、进反应釜的溶剂油预热（换热后蒸汽再至汽提干燥塔和废气处理装置）等环节，蒸汽消耗量约为 4 020 t/a，由工业区管道供应。

（八）现有工程水平衡（略）

现有工程水平衡如图 10-1 所示。

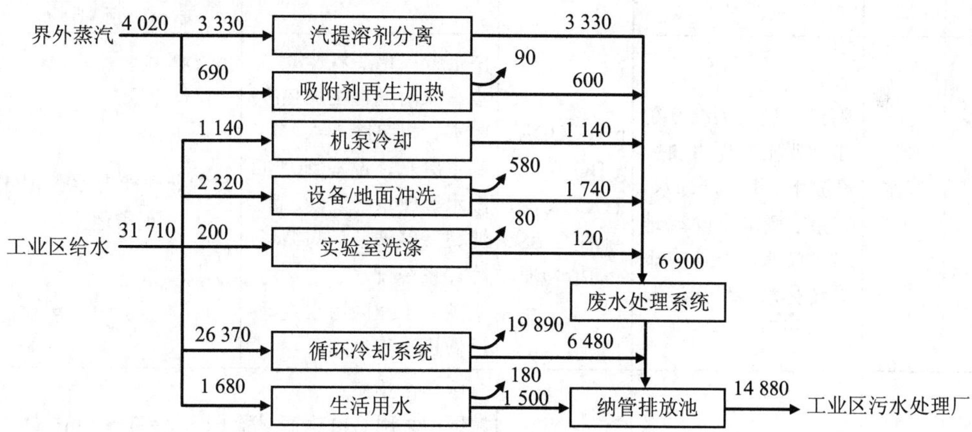

图 10-1 现有工程水平衡（单位：m^3/a）

（九）现状环保投入及配套的环保措施

现状环保设施情况如表 10-5 所示。

表 10-5 现状环保设施情况

序号	类别	处理对象	污染物	治理设施	环保设施情况说明
1	废气处理	汽提干燥塔排气	颗粒物、非甲烷总烃	汽提塔干燥排气先经“高效布袋除尘”预处理，再与其他废气均至“多级冷凝+VOCs 吸附（再生式）”装置处理，再生采用蒸汽加热解析	装置处理能力 1 500 m^3/h，排气筒高 26 m；正常运行
		油水分离器废气、储槽呼吸气、反应釜进料置换气、过滤器置换气、污水处理罐废气	非甲烷总烃		
		气力输送、筛分、包装废气	颗粒物	高效布袋除尘系统 1	装置处理能力 3 800 m^3/h，排气筒高度 26 m；正常运行
		高位料仓排气	颗粒物	高效布袋除尘系统 2	装置处理能力 450 m^3/h，排气筒高度 26 m；正常运行
		分析室废气	非甲烷总烃	活性炭吸附装置 1	装置处理能力 1 500 m^3/h，排气筒高度 15 m；正常运行
		实验室废气	非甲烷总烃	活性炭吸附装置 2	装置处理能力 1 500 m^3/h，排气筒高度 15 m；正常运行
2	废水处理	溶剂分离槽蒸汽冷凝水、吸附剂再生加热冷凝水、机泵冷却水、实验室废水、设备/地坪冲洗水、循环冷却系统排水、生活污水	pH、COD_{Cr}、BOD_5、TOC、氨氮、石油类、SS、动植物油	溶剂分离槽蒸汽冷凝水、吸附剂再生加热冷凝水、机泵冷却水、实验室废水、设备/地坪冲洗水等废水经隔油、沉淀、酸碱调节后与循环冷却系统排水、生活污水纳入工业区污水处理厂做进一步处理	装置处理能力 100 m^3/d。正常运行
3	防渗措施	分区防渗	危险化学品泄漏物、事故废水	分区防渗措施： 罐区：采用 C30 钢筋混凝土板，厚 350 mm；C15 素混凝土垫层，厚 100 mm；C30 混凝土，厚 120 mm。 车间：结构地坪，采用碎石垫层 150 mm 夯实，内灌 M2.5 混合砂浆、100 mm 厚碎石垫层夯入土内，内灌 M2.5 混合砂浆，素土夯实。 事故水池和消防废水池、废水管线：结构地坪，采用 C30，P6 抗渗混凝土板最小厚度 300 mm，初期雨水，消防废水管线采用双壁缠绕塑料管。废水管道采用加强筋 UPVC 管	

序号	类别	处理对象	污染物	治理设施	环保设施情况说明
4	噪声控制	噪声	噪声	选用低噪声设备，将水泵、空压机等高噪声设备单独设室布置，并进行水泵的隔声减振支撑，在风机进、出口安装消声器	
5	危废间	危废	无组织排放泄漏的物料	$81\ m^2$，危险废物在密闭桶内暂存，危废间基础垫层 C30；C30 抗渗混凝土，混凝土抗渗等级为 P8	
6	环境风险防范	罐区设置集水沟和围堰，槽区内集水池出口安装有自动切断阀；监控报警装置；$1\ 000\ m^3$ 消防事故废水池，$100\ m^3$ 事故废水池，雨水系统设置截断阀			
7	超压放散	事故应急火炬，1 根 33 m 高应急火炬，处理气量 $750\ m^3/h$			

（十）现状排污监测和统计

该企业环境管理体系较为完善，按照生态环境相关管理规定，每年委托有资质的第三方监测单位对公司污染源及厂界污染物进行监测。

现状排污监测和统计内容包括：废气实测和在线监测数据、废水实测监测数据和噪声监测数据汇总和统计、LDAR（泄漏检测与修复）工作情况和结论、固废产生和处置去向等。（具体数据和固废处置等内容略）

（十一）现有工程污染物排放汇总（略）

（十二）公司环保工作评述

公司环保工作评述包括：企业环境管理和环境风险管理工作评述、环保手续及环保要求落实情况、排污许可证要求执行情况、环保投诉、事故和处罚情况、现有工程存在的环保问题及“以新带老”要求。

该企业目前的环保管理工作总体较好，但部分污染物监测频率偏低。在环评期间，企业已对此作出改进，按排污单位自行监测技术指南要求完善了监测计划。

点评：

该案例现有工程回顾内容完整，介绍了企业环保手续履行及合规性、废气、废水和噪声排放情况、固废产生和处置情况、土壤和地下水防渗措施、环境风险防控措施、排污许可证执行情况等，并结合排污许可证和企业监测数据，统计了现有工程污染物排放量。同时，提出了企业应按排污单位自行监测指南等新规定强化监测等要求，并明确企业正在落实改进工作。

该章节给出了现有装置组成表，有助于直观了解现状情况。该内容也可列入项目概况章节，与项目组成表合并对比，以便于说明改扩建前后装置变化和相互依托关系。

四、建设项目概况

（一）项目基本信息

项目名称：××高性能树脂项目（以下简称“本项目”）

项目性质：改扩建

建设单位：某公司

建设地点：某化工园区内。具体位置见附图 1（略）。

行业类别：合成材料制造（C265）

项目投资：总投资××万元，环保投资 ××万元，占总投资额的 4.95%。

生产制度：新增劳动定员 15 人，四班二运转，每班 12 h，年工作日 330 d，年工作时间为 7 920 h。

（二）产品方案

拟建一套年产 1 万 t 超高分子量聚乙烯高性能专用树脂（即超高分子量聚乙烯）生产装置。项目实施后，现有年产 0.4 万 t 超高分子量聚乙烯生产装置停用。

本项目装置规模与产品方案如表 10-6 所示。

表 10-6 装置规模和产品方案 单位：t/a

产品名称	现有规模	本项目		项目建成后规模
		新建	停产	
超高分子量聚乙烯	4 000	10 000	4 000	10 000

（三）产品质量指标（略）

（四）项目工程组成

本项目工程组成如表 10-7 所示。

表 10-7 本项目工程组成

类别	名称	本项目内容及规模	现状情况及依托说明
主体工程	生产车间	1 万 t/a 超高分子量聚乙烯生产线，包括溶剂油回收、催化剂稀释等辅助装置。 除生产装置外，车间内设×× m^2 催化剂稀释间，内置 1 个×× m^3 原料罐、1 个×× m^3 稀释罐、1 个×× m^3 缓冲罐	现状为空置厂房，占地面积×× m^2，厂房高度×× m，钢混结构，甲类防火建筑

类别	名称	本项目内容及规模	现状情况及依托说明
公用工程	供电系统	新增 1 台 500 kVA 变压器	在现有 500 kW 供电设施基础上扩容至 1 000 kW
	供排水系统	新增生产区域至现有公用工程供应系统的连接管道； 增加蒸汽冷凝水回用装置	依托现有供排水系统基础上新增连接管道
	供热系统		依托厂内现有供热管道，热源来自工业区集中供热系统
	氮气供应系统		依托厂内现有供气管道，氮气源自工业区供应系统
	压缩空气供应系统		依托厂内现有空压站，3 台空压机（1 用 2 备），单机供气量 14 Nm^3/min
	循环冷却水系统		依托现有循环水站，设计循环水量 1 000 m^3/h
	制冷系统	改造制冷机组，提供 4℃、−25℃、−75℃冷冻水	现有冷冻机组一级 1 套，二、三级各 2 套（1 用 1 备），单台能力 200 m^3/h
	消防系统	依托现有消防水系统，新增生产区域的管路系统和消防设施	现有消防系统消防水总管 DN 250 mm，1 路供水；上水池 600 m^3（厂区北侧）；2 台 50 L/s 主泵，2 台 5 L/s 辅泵
储运工程	仓库	依托现有仓库，存放成品及催化剂等	依托现有仓库，面积××m^2
	储罐	新增催化剂稀释间内的原料罐、稀释罐和缓冲罐	溶剂油循环罐、乙烯缓冲罐、氮气缓冲罐、蒸汽缓冲罐依托现有，详见储罐一览表
	管线	增加乙烯、溶剂油、N_2 现有储罐至新装置输送管线	依托现有厂外乙烯管线，该管线不在本项目建设范围
	综合楼	依托现有综合楼（包括分析室、监控和办公）	现有综合楼，2 层，建筑面积×× m^2 包括分析室（进行产品分子量测定）、监控及现场办公室等
辅助工程	聚合实验室	新增一个 30 L 反应釜	依托现有实验室，主要进行超高分子量聚乙烯聚合实验
	门卫	依托现有设施	厂区东部、北部分别设置出入口，共 2 个门卫
环保工程	废气处理	1. 1 套中央除尘器（袋式除尘），处理气量 6 500 m^3/h，排气筒高度 26 m； 2. 有机废气低温冷凝+活性炭吸附处理装置，冷凝温度−75℃，装置处理能力 160 m^3/h	利用现有两个活性炭罐，位置调整，废气处理装置和排气筒均为新建
	废水处理	项目无工艺生产废水产生，循环冷却系统排水、实验室排水等依托现有废水纳管排放系统	依托现有废水纳管排放系统

类别	名称	本项目内容及规模	现状情况及依托说明
环保工程	环境风险防控	1. 装置区内监控报警装置 2. 装置区至现有消防事故水池和应急池的管路系统	现有 1 个 1000 m^3 消防事故水池、1 个 100 m^3 事故应急池、雨水排口截止阀、装置区监控报警装置
	噪声处理	减振、隔声、降噪等措施	新建
	固体废物处理	依托现有固废暂存间	一般固废暂存间 30 m^2；危废暂存间 81 m^2
	事故放散	装置至应急火炬的管路系统	依托现有装置 1 根 33 m 应急火炬，处理气量 750 m^3/h

（五）总图布置（略）

（六）原辅材料

主要原辅材料消耗量见表 10-8。原辅材料理化性质表略。

表 10-8　主要原辅材料消耗表

序号	用途	名称	相态	年消耗量/t	来源	输送方式	最大存储量/t
1	生产	乙烯	气体	10 000	工业区	管道 [1]	0.15
2		溶剂油	液体	4.0 [2]	外购	槽车	18
3		催化剂（含助催化剂）[3]	半固态	5.4	外购	车辆运输	1.33
4		干燥剂 [4]	固态	2.0	外购	车辆运输	1
5	废气处理	活性炭	固态	1.0	外购	车辆运输	1
6	聚合实验	乙烯	气体	0.05	生产系统	管道	0.05 kg
7		催化剂	液体	0.001 5		—	0.03 kg
8		溶剂油	液体	0.1		—	2 kg

注 1. 原材料乙烯是由工业区乙烯管道供应，依托现有配套乙烯缓冲罐和净化塔。

2. 溶剂油在生产系统年使用量 12 000 t。

3. 催化剂（含助催化剂）中，不含重金属，不含 ODS、POP_S 物质、优先控制污染物、“三致”物等环境危害物质，急性毒性低，未列入 HJ 169—2018 附录 B 危险物质。半固体状，可溶于溶剂油，可燃，有化学反应活性，需在氮气下保存。助催化剂的作用是改变催化剂的部分性质，改善催化剂活性、选择性、抗毒性和稳定性。助催化剂化学反应活泼，接触空气自燃。对微量氧及水分反应灵敏，易燃易爆，与酸、卤素、醇、胺类发生剧烈反应，需在氮气下保存并严格控制在线量，但毒性较低。

4. 干燥剂为固体，无毒无害。

5. 分析室进行产品分子量测试，改扩建前后样品量不变。

（七）公用工程消耗、来源及依托可行性（略）

（八）储运工程

本项目新增现有储罐至新装置的管路系统，输送物料为乙烯和溶剂油。

本项目主要原料乙烯、溶剂油、助催化剂等为储罐贮存，催化剂、产品等分别贮存在原料仓库和成品仓库。

厂外乙烯管线依托现有，管线单独办理过环保手续。本项目不涉及该管线调整，厂外管线不列入项目内容。储罐情况见表 10-9。

表 10-9　储罐情况一览

序号	储罐名称	储存物质	储罐结构	数量/个	容积/m^3	最大存储量/m^3	储存温度/℃	储存压力/MPa	围堰情况/m
1	乙烯缓冲罐	乙烯	压力罐	1	6	6	25	0.6	无
2	溶剂油循环罐	溶剂油	固定顶罐	2	20	16	25	常压	22.5×4×1
3	氮气缓冲罐	N_2	固定顶罐	1	16	16	25	0.6	无
4	蒸汽缓冲罐	蒸汽	固定顶罐	1	2.2	2	≤130	≤0.2	无
5	催化剂原料罐	催化剂	固定顶罐	1	××	××	××	××	6.2×2×0.2
6	催化剂缓冲罐	催化剂	固定顶罐	1	××	××	××	××	
7	催化剂稀释罐	催化剂、溶剂油	固定顶罐	1	××	××	××	××	

（九）主要生产设备（略）

点评：

该案例按《建设项目环境影响评价技术导则 总纲》（HJ 2.1—2016）要求，按主体工程、公用工程、储运工程、辅助工程、环保工程列出了项目组成，清晰说明了改扩建前后装置组成变化，并分析了本项目与现有装置的依托可行性。

项目所用原料乙烯来自园区，厂外管线不列入项目内容，环评中乙烯管线范围为外管接入界区点至现有缓冲罐，以及依托设施至新增装置的管路系统。若项目需新增或改造厂外原料输送管线，原则应将厂外管线列入项目评价范围（另行环评除外，但需考虑管线与项目时间进度匹配情况）。

对项目组成和评价边界的确认，是环评工作的基础。

该案例列出了生产系统、废气处理、聚合实验的原料消耗，但未给出分析室、循环水系统等公用系统、开停工设备清洗过程化学品用量，需在工作中引起注意。

另外，化工项目应关注原料、产品和中间产品物性数据，并与环境影响因子识别、环保措施和环境影响分析相衔接。

五、工程分析

（一）生产工艺简述

1、技术来源与工艺原理

（1）工艺原理

淤浆聚合是指聚合反应的引发剂和形成的聚合物都不能溶于单体本身和溶剂（或稀释剂）的聚合反应过程。低压淤浆法生产超高分子量聚乙烯工艺是建设单位自主研发技术，经历了几十年的技术研发和生产放大实践。本项目生产技术进一步优化了工艺和设备，完善了 DCS 控制系统，使工艺技术和生产操作更为安全与合理。

以乙烯为原料，溶剂油为分散剂，在高效催化剂作用下低温低压聚合。过程包括聚合、过滤、干燥、筛分、包装等工序。主要化学方程式表达如下：

聚合反应：$n\mathrm{CH_2{=}CH_2} \xrightarrow{\text{催化剂}} \mathrm{\left[CH_2CH_2\right]}_n$

链配位反应：$\mathrm{H_2C{=}CH_2 \longrightarrow 2CH_2}$

链增长反应：$\mathrm{CH_2\cdot + H_2C{=}CH_2 \longrightarrow H_2C{-}CH_2{-}CH_2\cdot}$

链转移反应：$\mathrm{H_2C{-}CH_2{-}CH_2\cdot + H_2C{=}CH_2 \longrightarrow H_2C{-}CH_2{-}CH_2{-}CH_2{-}CH_2\cdot}$

……

$$\mathrm{R{-}CH_2\cdot + R'{-}CH_2{-}R'' \longrightarrow R{-}CH_3 + R'{-}\underset{\cdot}{C}H_2{-}R''}$$

$$\mathrm{R'{-}\underset{\cdot}{C}H_2{-}R'' + H_2C{=}CH_2 \longrightarrow R'{-}\underset{\displaystyle \overset{|}{CH_2{-}CH_2\cdot}}{CH_2}{-}R''}$$

链终止反应：$\mathrm{R{-}CH_2\cdot + R{-}CH_2\cdot \longrightarrow R{-}CH_2{-}CH_2{-}R}$

（2）工艺流程

生产工艺流程如图 10-2 所示。

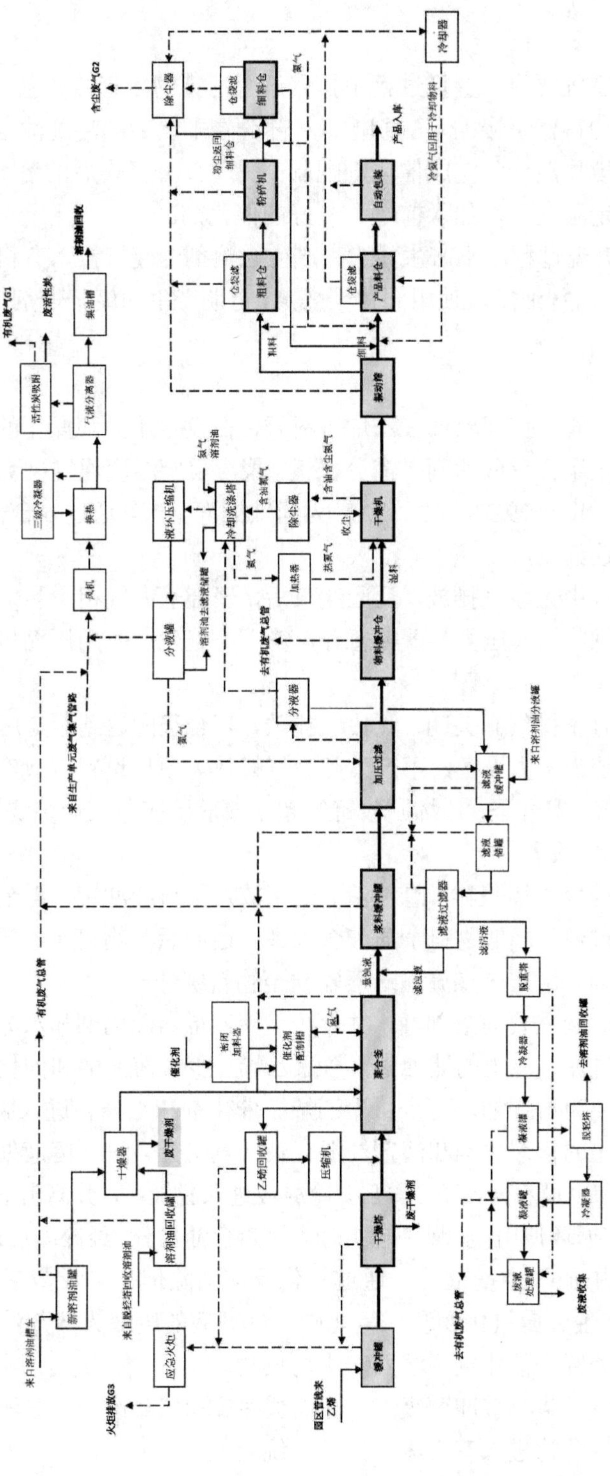

图 10-2　本项目生产工艺（排污）示意图

（3）工艺流程说明

【聚合前】

生产系统先用氮气置换，置换过程中排气不含污染物，直接放空。

催化剂由密闭加料器缓慢加入配制槽，一部分经干燥后的溶剂油也加入配制槽，在氮气保护下两者经搅拌混合，完成催化剂配制；另一部分干燥后的溶剂油加入聚合釜，在聚合釜升温至设定温度后，加入前述配制好的催化剂。

加料、搅拌、升温过程中不产生粉尘，产生含溶剂油废气接入有机废气总管，进入有机废气处理系统。溶剂油干燥使用固体干燥剂，定期产生的废干燥剂含10%的溶剂油，作为危废处置。

【聚合】

关闭聚合釜排气阀，打开聚合釜乙烯进料阀，在设定压力和操作的条件下，使乙烯在催化剂作用下发生聚合反应达到所需分子量。聚合反应温度通过夹套和盘管换热稳定控制，反应转化率不低于99.9%。聚合反应为间歇批次生产，通过6台聚合釜错时运行，可使整个系统视同连续生产。

在聚合反应过程中无废气排放。反应结束后，聚合釜内气相中剩余少量乙烯和溶剂油气全部排入乙烯回收罐（压力容器）暂存，待下一釜生产时用压缩机压入反应釜，作为反应原料。

乙烯加料时聚合釜排气阀关闭，无废气排放，聚合釜内达到额定压力会连锁关闭进料阀。乙烯储运系统为压力设备，不产生呼吸气排放。项目设置事故应急火炬，涉及乙烯的缓冲罐、干燥塔、聚合釜、乙烯回收罐等超压放散至应急火炬焚烧，确保生产安全。

【过滤及溶剂油回收】

聚合反应产生的聚乙烯浆料（悬浊液）密闭放入浆料缓冲罐，再至加压过滤器对聚乙烯物料进行充分过滤，降低物料杂质和含油率。过滤后湿物料（主要为聚乙烯，含有少量溶剂油和催化剂）用密闭螺旋输送器输送至物料缓冲仓。

过滤分离出的滤液主要为溶剂油，并含少量聚乙烯、催化剂和水分，经收集后再至滤液过滤器进一步过滤，滤出的滤浊液（含聚乙烯、少量溶剂油和催化剂）返回浆料缓冲罐，滤清液（主要为溶剂油，含少量聚乙烯、催化剂和水分）进入脱重塔。

经脱重塔分离出的含催化剂和溶剂油混合液（重组分）进入废液处理罐；脱重塔轻组分主要含溶剂油和少量水分，经冷凝后，冷凝液进入脱轻塔，分离出溶剂油至溶剂油回收罐，返回生产系统循环使用；脱轻塔轻组分为少量含油水分，经冷凝后进入废液处理罐。

在废液处理罐中加入少量空气，通过氧化反应消除催化剂反应活性（即催化剂失活），该过程中会产生金属氧化物和二氧化碳。处理后的废液为溶剂油与金属氧化物的混合物，作为危废处置。催化剂不涉及一类污染物。

加压过滤器废气、浆料缓冲罐废气、滤液缓冲罐和储罐废气、凝液罐废气、废液处理罐废气等均经废气总管进入有机废气处理系统处理。

【干燥】

在干燥机内，采用热氮气加热来自物料缓冲仓的湿料，得到干燥粉料。干燥器产生的含尘油气进入袋式除尘器，回收其中的物料返回料仓。除尘滤袋选择耐潮复合材料，可防止物料在滤袋上的“挂糊”和避免增加过滤压力。除尘尾气进入冷却洗涤塔。

物料缓冲仓内湿料具有一定含湿率，缓冲仓废气主要含溶剂油气，扬尘量很少，使其至冷却洗涤塔处理。

冷却洗涤塔采用溶剂油对干燥后高温油气进行冷却和洗涤，降低废气中的溶剂油含量。溶剂油洗涤液循环喷淋，定期排放至滤液储罐。冷却洗涤塔尾气主要为含少量溶剂油的氮气，一部分经加热后用于干燥氮气，一部分用于洗涤过滤氮气，剩余部分管道至有机废气总管，进入有机废气处理系统。

【筛分和包装】

干燥后的粉料通过管道输送至振动筛分设备，筛分出≥××目合格粒度产品，气流输送至产品料仓，由自动包装机包装后入库。筛分出＜××目粒度的少量物料，送入粗料仓，经粉碎至合格粒度后进入细料仓，气流输送至产品料仓。

料仓自带袋滤回收粉尘，其排气与振动筛分房间废气、粉碎机房间废气、包装岗位收集的含尘废气一并进入中央除尘器（布袋除尘器），处理后尾气 G_2 通过 1 根 26 m 高排气筒达标排放。中央除尘器收集的粉料返回细料仓。

【有机废气处理】

以上需要处理的有机废气均通过管道送入有机废气总管，经与低温冷凝器排出的物料换热后进入低温冷凝器（最低−75℃），冷凝不凝气再经活性炭吸附装置进一步处理后，尾气 G_1 通过 1 根 26 m 高排气筒达标排放。

低温冷凝器冷凝液进入收集罐收集后至溶剂油循环罐，返回生产系统。循环罐呼吸气排气至本系统废气处理。

定期更换的废活性炭作为危废处置。

（二）物料平衡

1．主要生产物料平衡

根据设计资料，本项目主要物料平衡见表 10-10。

表 10-10　主要生产物料平衡　　单位：t/a

投入		产出		
物料名称	消耗量	类别	物料名称	数量
乙烯	10 000	产品	超高分子量聚乙烯	9 999.99
溶剂油	4.0	进入废气颗粒物	颗粒物（有组织）	0.051
催化剂（含助催化剂）	5.4		颗粒物（无组织）	0.330

<table>
<tr><th colspan="2">投入</th><th colspan="3">产出</th></tr>
<tr><th>物料名称</th><th>消耗量</th><th>类别</th><th>物料名称</th><th>数量</th></tr>
<tr><td rowspan="5"></td><td rowspan="5"></td><td rowspan="2">进入废气（溶剂油、少量乙烯）</td><td>非甲烷总烃（有组织）</td><td>0.042</td></tr>
<tr><td>非甲烷总烃（无组织）</td><td>0.280</td></tr>
<tr><td rowspan="3">固废</td><td>废液处理残液（含油）</td><td>8.500</td></tr>
<tr><td>进入废干燥剂（含油）</td><td>0.100</td></tr>
<tr><td>进入废活性炭（含油）</td><td>0.078</td></tr>
<tr><td>合计</td><td>10009.4</td><td colspan="2">合计</td><td>10 009.4</td></tr>
</table>

注：1. 物料平衡中，聚合反应后乙烯基本都转化为产品，极少量进入废气。催化剂中少部分（约 8%）进入产品，大部分进入废液。

2. 主要生产物料平衡不包括实验用料部分。

2. 溶剂油物料平衡

溶剂油物料平衡见表 10-11。

表 10-11 溶剂油物料平衡 单位：t/a

<table>
<tr><th colspan="2">投入</th><th colspan="3">产出</th></tr>
<tr><th>物料名称</th><th>数量</th><th>类别</th><th>去向</th><th>数量</th></tr>
<tr><td>生产回用溶剂油</td><td>12 000</td><td>溶剂</td><td>生产回收溶剂油</td><td>12 000</td></tr>
<tr><td rowspan="5">生产补充溶剂油</td><td rowspan="5">4.0</td><td rowspan="2">废气</td><td>生产装置有组织排放</td><td>0.042</td></tr>
<tr><td>生产装置无组织排放</td><td>0.280</td></tr>
<tr><td rowspan="3">固废</td><td>废液处理残液</td><td>3.500</td></tr>
<tr><td>进入废干燥剂</td><td>0.100</td></tr>
<tr><td>进入废活性炭（生产系统）</td><td>0.078</td></tr>
<tr><td rowspan="3">实验用溶剂油</td><td rowspan="3">0.1</td><td>废气</td><td>实验室废气</td><td>0.010</td></tr>
<tr><td rowspan="2">固废</td><td>进入废活性炭（实验室）</td><td>0.015</td></tr>
<tr><td>进入实验室废液</td><td>0.075</td></tr>
<tr><td>合计</td><td>12 004.1</td><td colspan="2">合计</td><td>12 004.1</td></tr>
</table>

注：1. 溶剂油干燥塔每年更换两次干燥剂，更换出废干燥剂 1.1 t/a，其中含油 0.1 t/a。

2. 滤洗液溶剂精馏回收中，为确保催化剂的安定性，废液处理残液必须含有溶剂油，每年溶剂油消耗约 3.5 t。

3. 水平衡

改扩建后，反应物料加压过滤由目前批次操作优化为连续生产，并实现了系统保护氮气（含油氮气）和溶剂油的连续分离和循环回用，不再产生汽提蒸汽冷凝水等工艺含油废水，减少了废水排放。

改扩建后水平衡图略。

（三）污染物源强、治理措施及排放情况

1．废气

（1）废气处理系统图（略）

（2）废气排放分析

该企业属于合成树脂工业，本项目从 12 个环节全面筛选企业 VOCs 产生源。

项目中乙烯系统均属压力系统，废气统一和聚合装置尾气一起送有机废气处理系统，不单独核算乙烯系统装载和储罐系统排放。

溶剂油由槽车送至厂内，通过顶部浸没式卸料至溶剂油缓冲罐，卸料过程配套平衡管控制大呼吸排放，储罐小呼吸接入有机废气处理系统。

项目改进了过滤工艺，在氮气体系下，通过加压过滤器进行溶剂油和聚乙烯的分离，实现整个系统密闭操作和形成氮气循环体系，无含油工艺废水产生。其他废水均密闭输送储存，不涉及废水集输储存处理处置过程挥发性有机物逸散。

项目不涉及燃烧烟气排放。产品为固体，不涉及有机液体装车。

冷却循环水与设备间接换热，根据现有工程 LDAR 检测结果，循环水进出水中 EVOCs 无差值，可认为基本无 VOCs 物料泄漏至冷却循环水中，因此，不计算该环节 VOCs 排放。

对“设备动静密封点泄漏（含采样过程）”“有机液体储存与调和挥发损失”“工艺有组织排放”“工艺无组织排放”环节 VOCs 排放分析列入正常废气排放分析。

开、停工及维修、火炬燃烧废气列入非正常排放中分析，不列入“三本账”核算范围。

（3）正常工况废气排放分析

项目外排污染物主要含油溶剂油，溶剂油属典型的非甲烷总烃类物质，有机废气污染物考核指标为非甲烷总烃（NMHC）。

溶剂油在生产系统中的年循环量约为 12 000 t，根据企业实际运行经验和设计预计，溶剂油消耗量为 4 t/a。

在生产中，溶剂油通过过滤回用、含油氮气内循环回用、油气−75℃深冷等措施回收，深冷后不凝气再经活性炭吸附处理，由此计算出非甲烷总烃（溶剂油）有组织排放量为 0.042 t/a，其余溶剂油损耗为：通过废液和吸附剂吸附带走、进入废气无组织排放。

① 有机废气（有组织）。有组织废气计算见表 10-12。

② 有机废气（无组织）。装置和设备的动静密封点是无组织排放的主要来源，根据现有工程 LDAR 实测和修复后统计，现有工程 VOCs（即溶剂油气）无组织排放量约为 400 kg/a。

表 10-12　有组织排放量计算

单元	单元入项/（t/a）	回收去除率/%	回收去除量/（t/a）	单元出项/（t/a）
过滤回收	12 000	98	11 760	240
内循环干燥回收	240	99	237.60	2.40
废气低温冷凝（−75℃）	2.40	95	2.28	0.12
活性炭吸附	0.12	65	0.078	0.042

本项目主体生产装置均为新建，加压过滤、干燥等局部连续操作较现有间歇操作明显改进，连接组件也更少。由于环评处于项目前期，尚无详细的泵、阀门等连接组件具体情况，考虑到本项目装置和设备动、静密封组件性能好于现有工程，故按现有工程无组织排放量的 70%计算，VOCs 无组织排放约为 280 kg/a。

③ 含尘废气。生产性粉尘（颗粒物）来自聚合后物料的干燥、输送、筛分、粉碎、包装等环节。通过料仓自带袋滤、洗涤、集中布袋除尘（中央除尘器）、粉粹和筛分房间整体密闭换风集气等方式进行含尘废气处理。其中，干燥机含尘含油废气经布袋除尘、经溶剂油冷却洗涤后，大部分循环使用，进入废气总管的少量剩余废气中基本不含颗粒物，其他环节除尘后尾气中，颗粒物有组织排放量合计 0.051 2 t/a，无组织排放量为 0.33 t/a。颗粒物源强计算见表 10-13。

表 10-13　粉尘源强计算情况

单元	物料量/（t/a）	产尘量系数/%	产尘量/（t/a）	收集率/%	有组织收集量/（t/a）	收集措施	除尘措施	总除尘率/%	有组织排放量/（t/a）	无组织排放量/（t/a）	总排放量/（t/a）
干燥机	10 000	0.005	0.50	98	0.49	管道	除尘器+溶剂油洗涤后，部分气体经加热后进干燥循环使用，部分气体经液环压缩机至加压过滤，剩余部分进入有机废气处理系统	~100	0	0.01	0.01
产品料仓	9 500	0.02	1.90	100	1.90	管道	料仓自带除尘器处理后，再至中央除尘器（布袋除尘）进一步处理	99.8	0.003 8	0	0.003 8
均化料仓	9 500	0.02	1.90	100	1.90	管道		99.8	0.003 8	0	0.003 8
粗料仓	500	0.02	0.10	100	0.10	管道		99.8	0.000 2	0	0.000 2
细料仓	500	0.02	0.10	100	0.10	管道		99.8	0.000 2	0	0.000 2
粉碎房	500	0.04	0.20	90	0.18	岗位集风+房间整体	至中央除尘器	98.5	0.002 7	0.02	0.022 7
振动筛分房	10 000	0.02	2.00	90	1.80			98.5	0.027	0.2	0.227 0
包装	10 000	0.01	1.00	90	0.90			98.5	0.013 5	0.1	0.114 0
合计			7.70		7.37				0.051	0.330	0.381 0

根据生产经验，计算产尘系数据的取值原则为：干燥机内物料相对稳定，产尘系数0.005%；料仓、粉碎、振筛、包装的产尘系数分别取 0.05%～0.01%。粉尘收集效率取值：密闭料仓为100%；干燥机相对密闭，取98%；粉碎、振筛、自动包装为90%。

粉尘去除率取值：料仓袋滤为 90%，集中布袋除尘器为 98.5%。料仓袋滤+集中布袋除尘器合计 99.8%。料仓袋滤过滤+溶剂油洗涤+活性炭吸附装置接近 100%。

布袋除尘装置收集的粉料返回细料仓回收利用。

④ 实验室废气。聚合实验主要用于催化剂中试评价，工艺为间歇淤浆法，与现状工艺一致。实验依托现有实验室，新增不大于 30 L 反应釜，容积低于生产用聚合反应釜单釜容积的 0.4%。实验新增少量溶剂油的使用，其挥发产生含非甲烷总烃废气。由于实验室操作物料用量很少，不会产生明显粉尘，但由于实验过程具有不确定性和变化多特点，实验操作单位产品溶剂挥发量可能高于相同工艺的生产过程，按保守估算，以溶剂油挥发量为使用量的 25%，计算实验操作产生非甲烷总烃约 0.025 t/a。

实验区域废气收集至活性炭吸附装置，由于该废气中非甲烷总烃量较少，处理效率按 60%计算，得出排放量约 0.010 t/a。实验室设独立排气筒。

本项目废气产排情况见表 10-14，废气无组织排放情况见表 10-15。

表 10-14　本项目废气产生、配套处理措施和排放情况

排气筒编号	污染物名称	产生情况		治理措施	处理效率/%	排放情况		排放特征
		最大产生速率/（kg/h）	产生量/（t/a）			最大排放速率/（kg/h）	排放量/（t/a）	
G_1（有机废气）	非甲烷总烃	0.303	2.40	低温冷凝+活性炭吸附	98.25	0.005 3	0.042	连续，7 920 h/a
G_2（含尘废气）	颗粒物	4.91	7.37	布袋除尘	99.30	0.034	0.051	间歇，1 500～2 640 h/a（按1 500 h/a 计算最大排放速率）
G_3（实验室废气）	非甲烷总烃	0.031 2	0.025	活性炭吸附	60	0.012 5	0.010	间歇，100 d/a，8 h/d

注：1. 本评价中低温冷凝和活性炭吸附的去除率取值分别为 95%和 65%，去除率合计为 98.25%。

2. 粉尘总去除率 99.3%是计算值，代表所有粉尘处理单元的合计去除率。

3. 正常工况时，应急火炬不使用，无排放。

4. 分析室基本不增加测试工作量，废气可认为不增加，不做排污核算，表中不列出。

表 10-15 无组织废气排放情况

废气类别及编号	有效高度/m	长/m	宽/m	污染物	年排放量/（t/a）
车间 A	8.0	48.6	16.6	颗粒物	0.33
				非甲烷总烃	0.28

（4）废气污染物排放及达标情况

由表 10-16 和表 10-17 可知，项目建成后，各排气筒非甲烷总烃的排放浓度可满足《合成树脂工业污染物排放标准》（GB 31572—2015）中表 5 大气污染物特别排放限值要求。

表 10-16 各废气污染源及污染物排放情况

排气筒编号	排放参数			污染物名称	最大排放情况				排放标准	达标情况
	气量/（m^3/h）	*H*/m	*D*/m		本项目/（kg/h）	现有/（kg/h）	本项目+现有 速率/（kg/h）	本项目+现有 浓度/（mg/m^3）	浓度/（mg/m^3）	
G_1（有机废气）	145.8	26	0.15	非甲烷总烃	0.005 3	—	0.005 3	36.40	60	达标
G_2（含尘废气）	6 500	26	0.45	颗粒物	0.034	—	0.034	5.23	20	达标
G_3（实验室废气）	1 500	15	0.25	非甲烷总烃	0.012 5	0.003 8	0.016 3	10.90	60	达标

注：1. G_1 和 G_2 为新建排气筒，G_3 为依托的实验室现有排气筒。

2. 《合成树脂工业污染物排放标准》仅规定有排放浓度限值，对排放速率不做考核。

表 10-17 单位产品非甲烷总烃排放量符合性

本项目 NMHC 排放量/kg	本项目产能/t	本项目单位产品非甲烷总烃排放量/（kg/t 产品）	单位产品非甲烷总烃排放量限值/（kg/t 产品）
332	10 000	0.033 2	0.3
含工艺有组织排放量 42 kg/a，设备连接组件泄漏量 280 kg/a，实验室排放量 10 kg，合计 332 kg/a			

本项目单位产品非甲烷总烃排放量为 0.033 2 kg/t 产品，满足 GB 31572—2015 中表 5 0.3 kg/t 产品的限值要求。

本项目聚合釜为批次操作，年生产 6 500 批次，为配合聚合反应后续的过滤、干燥连续操作，6 个反应釜生产安排尽可能在时间上均衡平稳，故生产废气排放无明显的峰值时段，排污达标不做峰值及达标分析。

料仓和破碎为间歇操作，颗粒物排放时间在 1 500～2 640 h/a，按 1 500 h/a 估算最大排放速率和进行达标排放分析。

GB 31572—2015 仅规定有排放浓度限值，对排放速率不做考核。

2．废水

本项目改扩建后，取消原汽提工艺，不再产生含油工艺废水，与现有装置配套的公用工程等也不再产生废水；改扩建前后生产装置厂房占地变化不大，可认为地坪冲洗水不变。相应地，本项目仅新增循环水系统排水、实验室废水及生活污水，并考虑部分不可预见废水排放量。

改扩建后反应、过滤、干燥等工序总体连续，正常生产期间设备不清洗。

本项目新增废水产生情况见表 10-18。

表 10-18　本项目新增废水产生情况

废水编号	废水类别	废水产生量/（m^3/a）	污染物名称	产生情况		新增废水汇总	
				产生浓度/（mg/L）	产生量/（t/a）	浓度/（mg/L）	污染物排放量/（t/a）
W_1	循环冷却水系统排水	11 550	SS	100	1.16	COD_{Cr}：79.9 BOD_5：13.0 NH_3-N：1.8 TN：2.2 SS：105	水量：12 271 m^3/a COD_{Cr}：0.98 BOD_5：0.16 NH_3-N：0.022 TN：0.027 SS：1.285
			COD_{Cr}	60	0.69		
W_2	实验室废水及其他不可预见废水	100	COD_{Cr}	400	0.04		
			SS	50	0.005		
W_3	生活污水	621	COD_{Cr}	400	0.25		
			BOD_5	250	0.16		
			NH_3-N	35	0.022		
			TN	44	0.027		
			SS	200	0.12		

本项目改扩建后企业废水总排口污染物排放及达标排放分析见表 10-19。

表 10-19　改扩建后企业总排口污染物排放及达标排放分析

项目	本项目新增排放量/（t/a）	现有工程排放量/（t/a）	现有装置停产削减量/（t/a）	改扩建后全厂废水纳管情况		排放标准/（mg/L）	达标情况
				纳管放量/（t/a）	纳管浓度/（mg/L）		
废水量/（m^3/a）	12 271	14 880	13 260	13 891		—	—
COD_{Cr}	0.980	1.858	1.208	1.630	117.3	500	达标
BOD_5	0.160	0.794	0.419	0.535	38.5	300	
NH_3-N	0.022	0.126	0.073	0.075	5.4	45	
TN	0.027	0.158	0.092	0.093	6.7	70	
SS	1.285	1.786	1.480	1.591	114.5	400	

在废水核算上，由于现有分析室、实验室、生活污水仍继续产生，这部分废水不计入现有装置停产削减量中（削减量仅为 4 000 t/a 生产装置、与之配套的公用辅助设

施废水）。

本项目实施后，废水排放满足 GB 31572—2015 及与园区污水处理厂纳管协议标准。

3．噪声（略）

4．固体废物

本项目固体废物产生情况见表 10-20。

表 10-20 本项目固体废物产生情况

编号	固体废物名称	产生工序	形态	主要成分	固体废物属性	废物代码	预测产生量/（t/a）	产废周期
S_1	废液处理残液	精馏回收	液态	溶剂油、催化剂	危险废物	HW11 900-013-11	8.50	间断
S_2	溶剂油干燥塔废干燥剂	干燥塔	固态	干燥剂、溶剂油	危险废物	HW49 900-041-49	1.10	间断
S_3	废活性炭	活性炭吸附装置	固态	活性炭、溶剂油	危险废物	HW49 900-041-49	1.285	间断
S_4	实验室废液	实验室	液态	溶剂油	危险废物	HW49 900-047-49	0.075	间断
S_5	沾染化学品的废包装袋、废手套及废抹布等	原材料解包、维修清洁等	固态	包装袋、抹布、手套、油污	危险废物	HW49 900-041-49	0.05	间断
S_6	未沾染化学品的废包装袋	原材料解包	固态	纸箱、塑料等	一般固废	—	0.02	间断
S_7	废机油	设备维修等	液态	机油	危险废物	HW08 900-249-08	0.02	间断
S_8	乙烯干燥塔干燥剂	干燥塔	固态	干燥剂、总烃杂质	危险废物	HW49 900-041-49	1.00	5～7 年
S_9	生活垃圾	办公生活	固态	生活垃圾	生活垃圾		2.48	间断

（四）新增污染物排放及企业污染物排放“三本账”

本项目污染物产生、配套措施削减及新增排放情况见表 10-21。

表 10-21 本项目污染物产生、配套措施削减及新增排放情况 单位：t/a

类别	污染物	产生量	配套措施削减量	排放量
废气有组织	颗粒物	7.370	7.319	0.051
	非甲烷总烃	2.425	2.373	0.052
废气无组织	颗粒物	0.330	0	0.330

类别	污染物	产生量	配套措施削减量	排放量
	非甲烷总烃	0.280	0	0.280
废水	废水量/（m^3/a）	12 271	0	12 271
	COD_{Cr}	0.980	0	0.980
	BOD_5	0.160	0	0.160
	NH_3-N	0.022	0	0.022
	TN	0.027	0	0.027
	SS	1.285	0	1.285
固体废物产生量[1]	危险废物	12.030	12.030	0
	一般固废	0.020	0.020	0
	生活垃圾	2.480	2.480	0

注 1：固废废物削减量为委托处置量。

本项目建成后，企业污染物排放“三本账”见表 10-22。

表 10-22　本项目建成后企业污染物排放“三本账”　单位：t/a

污染物		现有工程排放量	以新带老削减量	本项目排放量	企业总排放量	增减量变化
废气（有组织+无组织合计）	颗粒物	0.123	0.123	0.381	0.381	+0.258
	非甲烷总烃	0.920	0.882	0.332	0.370	−0.573
废水	废水量/（m^3/a）	14 880	13 260	12 271	13 891	−989
	COD_{Cr}	1.858	1.208	0.980	1.630	−0.228
	BOD_5	0.794	0.419	0.160	0.535	−0.259
	NH_3-N	0.126	0.073	0.022	0.075	−0.051
	TN	0.158	0.092	0.027	0.093	−0.065
	SS	1.786	1.480	1.285	1.591	−0.195
固废	危险废物	0（10）	0（10）	0（12.03）	0（12.03）	0（2.03）
	一般工业固体废物	0（0.3）	0（0.2）	0（0.02）	0（0.12）	0（−0.18）
	生活垃圾	0（5.1）	0（0）	0（2.48）	0（7.58）	0（2.48）
	危险废物	0（10）	0（10）	0（12.03）	0（12.03）	0（2.03）

注：括号内的是固废产生量。

“以新带老”削减量为现有装置停产的排放量，包括 4 000 t/a 聚乙烯装置及配套公用辅助设施污染物排放量；实验室和分析室及现有员工生活排污量不列入“以新带老”削减范围。

（五）非正常工况排放分析

生产系统非正常工况包括装置启动和停止、检维修和环保设施故障运行。

在一般情况下，生产装置将按计划进行启动和停止。启动前需先用氮气置换装置内空气，此时除了氮气无原辅材料加入，置换气中无污染物，置换氮气直排。在装置停产前，首先通过逐步减产降低系统中的物料量，再按程序使用氮气进行设备吹扫，该过程产生的含溶剂油气的氮气均至低温冷凝和活性炭吸附装置处理。生产装置局部检维修时，也需对相关装置进行氮气置换，污染物处理同上述停产流程。

本项目严格按化工企业开启、停止检维修程序进行，并保证环保设施先于生产装置开启，晚于生产装置停运。

生产系统出现超压等紧急情况时，乙烯供料及净化系统、聚合釜内乙烯、溶剂油混合气等将通过应急管路排入现有应急火炬焚烧处理，该火炬具有自动点火装置，焚烧后非甲烷总烃排放量很少。在正常生产工况情况下，应急火炬不使用。

环保设施故障情形及非正常工况分析见表 10-23。

表 10-23 非正常工况（环保设施故障）排放情况

排放源	非正常工况类型	单次持续时间/h	年发生频次	排气筒参数	排放因子	排放参数
G_1（有机废气）	活性炭吸附失效	1 h 以内	低	26 m 高 管径 0.15 m	非甲烷总烃	常温常压 排放气量 145.8 m^3/h 排放速率 0.0152 kg/h 排放浓度 103.9 mg/m^3
G_1（有机废气）	冷凝温度不够，冷凝效率由 95%降低至 70%	1 h 以内	低	26 m 高 管径 0.15 m	非甲烷总烃	常温常压 排放气量 145.8 m^3/h 排放速率 0.0318 kg/h 排放浓度 218.2 mg/m^3
G_2（含尘废气）	布袋除尘破损，总效率由 99.3%降低至 96%	1 h 以内	低	26 m 高 管径 0.45 m	颗粒物	常温常压 排放气量 6 500 m^3/h 排放速率 0.216 kg/h 排放浓度 33.2 mg/m^3
G_3（实验室废气）	活性炭吸附失效	1h 以内	低	15 m 高 管径 0.25 m	非甲烷总烃	常温常压 排放气量 1 500 m^3/h 排放速率 0.0312 kg/h 排放浓度 20.8 mg/m^3

（六）总量控制（略）

点评：

提高生产装置密闭性、实现连续操作、加强物料回用等措施是实现含 VOCs 废气源头减排的有效措施，化工项目环评应优先考虑源头控制污染物产生。

本案例对项目工艺原理和工艺流程介绍清晰，流程图较好地体现了溶剂油回用、氮气回收系统和有机废气系统。

与现有工程相比，改扩建后工艺和环保措施均有改进，现状非甲烷总烃实测数据对项目不具类比性，采用设计提供的物料平衡进行污染物产生量核算，符合《污染源源强核算技术指南准则》（HJ 884—2018）要求。

由于项目 6 个聚合釜顺序操作，整个系统可为连续生产，改扩建后仅破碎等环节为间歇操作，因此，项目以年为单位进行了物料平衡，并结合含尘废气产生时间计算了最大排放浓度和进行达标排放分析。对序批次操作的生产项目，环评需考虑进行批次物料平衡，达标排放分析应以最大排放速率和排放浓度进行对标。

低温冷凝（−75℃）是对含溶剂油废气的有效处理方式，且回收溶剂油可回用于系统。环评单位在与设计单位和企业沟通的基础上，结合冷凝温度、溶剂油饱和蒸汽压和资料查询，认可设计单位提供的处理效率，并以此进行了排污估算。但环评文件对数据来源分析偏弱，应进一步充实源强核算系数和效率选择，并在措施中提出深冷装置的管理要求。

环评文件编制时间为 2019 年，无组织排放参考现状 LDAR 结果并结合改扩建后设备密闭性提升做一定修正，估算了连接组件泄漏量。随着 VOCs 管理精细化，建议可在环评工作中，提醒企业请设计单位提前介入，相对准确进行连接组件预计，这样可减少估算误差，利于与排污许可证和后续管理衔接。

项目符合《合成树脂工业污染物排放标准》（GB 31572—2015）提出的 VOCs 污染控制要求，对 VOCs 的过程控制为目前排放标准规定的内容，需在评价中关注。在满足排放标准的基础上，化工企业进行持续减排还可考虑：采用干式快接头、密闭采样器、闭式循环水装置、加强对事故火炬的管理等方面。

项目无工艺废水排放，与大多数化工项目存在一定差异。若涉及工艺废水排放项目，环评需关注进入废水的特征污染物情况，并做到分质处理，提高对毒害性、难降解性废水的处理效率。

该案例中非正常工况分析了开启和停止运行及环保设施故障等情形，但未说明生产过程中可能存在聚合物黏结、需在启动、停止过程中按需进行清洗操作情况，并提出对应的环保措施。

六、环境现状调查与评价

（一）自然环境现状调查与评价（略）

（二）区域开发概况及规划（略）

（三）区域污染源调查（略）

（四）环境现状监测及评价

1. 大气环境

（1）达标区判定

本项目引用《2018 年某市环境质量状况公报》进行达标区判断，结果见表 10-24。

表 10-24 2018 年某市空气质量现状评价

污染物	年评价指标	现状浓度/（μg/m³）	标准值/（μg/m³）	占标率/%	达标情况
SO_2	年平均	8	60	13.3	达标
	日平均值的第 98 百分位数	15	150	10.0	
NO_2	年平均	33	40	82.5	达标
	日平均值的第 98 百分位数	76	80	95.0	
PM_{10}	年平均	57	70	81.4	达标
	日平均值的第 95 百分位数	117	150	78.0	
$PM_{2.5}$	年平均	39	35	111.4	超标
	日平均值的第 98 百分位数	89	75	118.7	
臭氧	日最大 8 h 滑动平均值的第 90 百分位数	172	160	107.5	超标
CO/（mg/m³）	日平均值的第 95 百分位数	1 000	4 000	25.0	达标

$PM_{2.5}$ 的日平均值的第 95 百分位数和年平均质量浓度、O_3 的日最大 8 h 滑动平均值的第 90 百分位数超过《环境空气质量标准》（GB 3095—2012）的二级标准限值要求；SO_2 的年平均浓度和日平均值的第 98 百分位数、NO_2 的年平均浓度和日平均值的第 98 百分位数、PM_{10} 的年平均浓度和日平均值的第 95 百分位数、CO 的日平均值的第 95 百分位数均能达到 GB 3095—2012 的二级标准限值要求。因此，本项目所在区域为大气环境质量不达标区，不达标基本污染物为 $PM_{2.5}$、臭氧，达标基本污染物为 NO_2、SO_2、PM_{10}、CO。

（2）其他污染物的监测结果与评价

项目其他污染物为 TVOC，监测结果表明，TVOC 的 8 h 平均质量浓度满足大气导则附录 D 的限值要求。

项目生产装置布置在车间内，颗粒物产生量不大，并设置有密闭产品破碎和筛分房、包装岗位集气罩，有效控制了生产性粉尘的无组织排放，在生产中大颗粒粉尘主要沉降于车间地面，通过门窗无组织逸散的主要为 PM_{10}，因此，其他污染物不考虑对 TSP 的监测。

2. 地表水环境

本项目产生的废水纳管进入园区污水处理厂处理，不直接排入地表水，本次地表水环境质量现状评价引用 2018 年 11 月 25 日某监测公司对项目附近 B 河道断面的监测结果。根据监测结果，各监测因子标准指数均小于 1，满足Ⅴ类水标准限值。

3．地下水环境

本项目地下水评价为二级，根据导则要求，设置 5 个潜水含水层水质监测点（包括水位），以及其他 5 个水位监测点，同时对现有生产装置附近包气带分层取样分析。

根据本次水位监测结果绘制的等水位线图，该区域地下水总体流向为西北方向流向东南方向。

根据监测结果，现有生产装置未对包气带造成污染；厂区内监测数据均无超标现象。厂区外 1 点位存在 NH_3-N 超标现象，该超标点位于厂区上游，NH_3-N 超标可能与区域地下水埋藏浅，与人为活动干扰有一定关系。

其余因子皆满足《地下水质量标准》（GB/T 14848—2017）Ⅳ类标准。

VOCs 共检出 15 项，其中氯仿、邻苯二甲酸二（2-乙基己）酯、苯并[*b*]荧蒽、苯并[*a*]芘满足 GB/T 14848—2017 Ⅳ类标准，1,2-二氯乙烷、溴二氯甲烷等无相关标准。其余因子皆低于检出限，检出项目不涉及企业使用物料。

4．土壤环境

参考 HJ 964—2018，项目布置设了 6 个土壤监测点（位置同地下水），其中 1#～3#点为柱状样、4#～6#点为表层样点，符合导则要求。

根据监测结果，VOCs 和 SVOC 均未检出，镍、砷、镉、铅、铜、汞、铬（六价）达到《土壤环境质量　建设用地土壤污染风险管控标准（试行）》（GB 36600—2018）表 1 中的第二类用地筛选值，石油烃达到表 2 的第二类用地筛选值。

5．声环境（略）

> **点评：**
>
> 该案例按照各环境要素导则进行环境质量现状评价，总体符合要求。
>
> 项目在车间内操作，属室内作业，颗粒物产生量不大，且由于 TSP 不是影响当地环境空气质量的主要污染物，现状评价因子中未考虑 TSP 监测。若项目涉及室外操作或颗粒物产生量较高，应将 TSP 作为其他污染物进行监测。
>
> 项目地表水评价等级为三级 B，报告书引用历史监测数据进行现状评价，符合要求。
>
> 对地下水中检出的 VOCs 物质，案例进行了检出项目与所用原料的相关性分析，结果为不涉及项目所用物料。在化工企业运行中，通过对地下水和土壤跟踪监测，关注企业物料在地下水和土壤中的监测结果，有利于地下水和土壤污染防控。

七、环境影响预测与评价

（一）施工期环境影响预测与评价

本项目利用企业空置厂房建设，建设期施工主要为设备基础建设、设备和配套管路系统、仪表电器等设施安装，项目建成后现有装置停产，但暂不拆除（为后续项目预留）。

后续，若依托利用上述装置建设新项目，需按规定另行办理环保手续；若进行装置拆除，需满足对设施拆除的相关环保管理要求。

施工期主要环境影响（略）

施工期环境影响减缓对策建议（略）

（二）环境空气影响预测与评价

评价采用《环境影响评价技术导则　大气环境》（HJ 2.2—2018）推荐的 AERMOD 模型，预测了全年在逐时、逐日、长期气象条件下，项目生产过程中正常有组织排放、无组织排放、非正常排放的废气污染因子 TVOC、颗粒物（PM_{10}）的大气环境影响，预测中考虑区域其他拟建、在建项目、环境空气质量现状的叠加影响。

1．大气预测评价因子

废气污染因子为颗粒物和 TVOC，不涉及 SO_2 和 NO_x 排放，不涉及二次污染物评价因子；项目不涉及燃烧工艺，排放颗粒物粒径属 PM_{10} 表征范畴，因此，评价不考虑 $PM_{2.5}$，确定项目大气预测评价因子为：PM_{10}、TVOC。

根据 HJ 2.2—2018，对仅有 8 h 平均质量浓度限值的 TVOC 和日平均质量浓度限值的 PM_{10}，分别按 2 倍和 3 倍折算为 1 h 平均质量浓度限值，并由此最大浓度占标率和判断评价等级。

2．评价等级和评价范围

采用 HJ 2.2—2018 附录 A 推荐的估算模式 AERSCREEN，分别计算每一种污染物的最大地面浓度占标率 P_i 及第 i 个污染物的地面浓度达标准限值 10%时所对应的最远距离 $D_{10\%}$。

估算结果为：PM_{10} 最大浓度占标率为最大，其 P_{max} 为 75.42%＞10%，判定大气评价为一级；$D_{10\%}$为 150 m＜2.5 km，评价范围确定为以项目所在厂区为中心区域，边长为 5 km 的矩形区域。

3．进一步预测

采用 HJ 2.2—2018 推荐的 AERMOD 模型进行进一步预测，污染源类型、预测因子、评价基准年气象条件、地形特征等，均与模型适用。

对评价范围进行网格化处理，项目厂址中心为坐标原点（0，0），对距中心坐标 500 m 以内范围，网格间距取 50 m；在 500～2 500 m，网格间距取 100 m。沿厂界线平均每 20 m 布一点，作为厂界影响浓度预测。

本次预测范围覆盖了评价范围（5 km）和各污染物短期浓度贡献值占标率大于 10% 的区域（$D_{10\%}$为 150 m）。预测基准年为 2017 年。

废气污染源清单包括：本项目新增污染源、现有污染源、“以新带老”污染源、区域拟（在）建污染源。预测情景包括正常排放和非正常排放。

4．预测结果

① 新增污染源正常排放短期浓度预测结果

新增污染源正常排放下，各网格点 PM_{10} 日均浓度贡献值的最大浓度占标率为 29.94%，TVOC 8 h 平均浓度贡献值的最大浓度占标率 2.2%，均小于 100%。

评价范围内各环境空气保护目标的 PM_{10} 日均浓度贡献值最大浓度占标率 0.29%～2.82%，TVOC 8 h 平均浓度贡献值的最大浓度占标率为 0.1%~0.58%，对敏感目标影响总体较小。

② 新增污染源正常排放长期浓度预测结果

PM_{10} 年均浓度贡献值的最大浓度占标率为 15.75%＜30%。评价范围内环境空气保护目标的 PM_{10} 年均浓度贡献值的最大浓度占标率为 0.03%～0. 29%，对敏感目标影响总体较小。

③ 叠加现状浓度及区域拟建、在建项目的预测结果

PM_{10} 保证率日平均浓度、年均质量浓度，符合《环境空气质量标准》（GB 3095—2012）二级标准，TVOC 8 h 平均浓度符合 HJ 2.2—2018 附录 D 的限值要求。

项目大气评价范围的环境功能区划为二类功能区，叠加后环境空气质量浓度预测结果满足 GB 3095—2012 二级标准及 HJ 2.2—2018 附录 D 的限值要求，符合环境功能区划，不改变大气环境质量等级，项目建设对大气环境影响是可以接受的。

④ 非正常排放预测结果

在非正常排放情况下，项目主要污染物 PM_{10} 和 TVOC 的 1 h 预测浓度有所增加，对敏感目标影响总体不大。

⑤ 大气环境防护距离

项目实施后企业污染源对厂界外主要污染物的短期贡献浓度均小于环境质量标准，区域内无超标网格点（间距 50 m），不需设大气环境防护距离。

（二）地表水环境影响分析

本项目废水纳入工业区污水管网，不向地表水排放。

本项目运行期产生的废水主要有生活污水、循环冷却系统排水、实验室排水等，水质简单，纳管水量为 12 271 m^3/a。

园区污水处理厂设计处理规模为 5 万 m^3/d，采用兼氧酸化池+AC 卡鲁塞尔氧化沟处理工艺，总排口出水满足《城镇污水处理厂污染物排放标准》（GB 18918—2002）一级 A 标准。

本项目纳管废水量在园区污水处理装置处理余量范围内，纳管水质符合排放标准和园区污水厂纳管协议。与目前相比，扩建后不再产生汽提和活性炭再生的含油废水，降低了纳管水量和浓度，项目废水纳管可行。

（三）地下水环境影响分析

项目已参照《石油化工工程防渗技术规范》（GB/T 50934—2013）要求采取防渗措施，根据《环境影响评价技术导则　地下水环境》（HJ 610—2016）可不进行正常状况情景下的预测。评价选取污水汇水池泄漏作为事故类型，考虑废水直接渗入泄漏区域附近的土壤中，进而污染地下水的情形。

在上述设定泄漏情景下，50 年预测时段内，特征污染因子 COD 超标距离为 54 m，位于园区内，COD 最大运移距离为 77 m，在厂区范围内，无地下水取水点等地下水环境敏感目标。可以看出，在该设定的泄漏情景下，本项目潜在地下水污染源对周边地下水环境影响较小，项目地下水环境影响的风险可以接受。

项目采取分区防渗措施，通过在设计、施工中严格落实防渗要求，生产运行过程中加强设施检查和进行地下水跟踪监测等措施，可有效防范土壤、地下水污染。

（四）土壤环境影响分析

环评期间，HJ 964—2018 颁布但尚未正式实施，环评参考 HJ 964—2018 进行了相应预测分析，重点为加强土壤污染防范措施。

1. 预测评价范围

本项目位于工业区，评价范围内均为工业区用地，不涉及土壤环境敏感目标。

2. 预测评价时段

本项目为租赁厂房，不涉及土建，建设期基本不会对土壤造成影响。评价确定的重点预测时段为运行期。

3. 情景设置

① 本项目主要废气污染物为非甲烷总烃和颗粒物，通过大气沉降进入土壤。

② 物料在输送及废水收集过程中发生管线泄漏等情况进入土壤。

4. 预测因子

预测因子为石油烃。

5. 预测方法

本项目为土壤污染影响型建设项目，环境影响评价工作等级为二级，本次环评选取 HJ 964—2018 附录 E 推荐土壤环境影响预测方法一。

6. 预测结论

在设定的预测情景下，环评范围内单位质量表层中的石油烃增量为 0.107 6 g/kg，叠加土壤环境质量现状值后，预测值为 0.119 3 g/kg，低于 GB 36600—2018（第二类用地）筛选值。

7. 保护措施和对策

企业目前防渗措施符合 GB/T 50934—2013 要求，根据现状调查，现状土壤环境监测结果符合标准要求，显示现有防渗措施有效。

同地下水污染防控措施，通过落实分区防渗、加强跟踪监控和事故防范，项目对土壤环境影响较小。

（五）声环境影响预测与评价（略）

（六）固体废物影响分析

本项目固废分类收集、定点暂存，其中危险废物委托有资质单位处理，一般工业固废由物资部门回收，生活垃圾由环卫部门清运，固废处置率 100%，不外排。

本项目危废外委处置前，分类密闭储存在危废暂存间。危废暂存间按《危险废物贮存污染控制标准》（GB 18597—2001）及其修改单要求建设，满足固废存储要求。

点评：

本项目建成后现有装置停产但不拆除，根据《土壤污染防治行动计划》（国发〔2016〕31 号），本案例提出了后续拆除活动“需满足对设施拆除的相关环保管理要求”。在环评文件施工期环境影响中，案例需进一步细化现有活性炭吸附装置移位、新增管线与现有储罐连接，以及是否存在本项目施工与现有装置生产运行同步等情形，并提出污染防控措施和管理要求。

环评工作中，对涉及拆除或后续拟拆除的装置内容，应提出按《企业拆除活动污染防治技术规定》（环保部公告　2017 年　第 78 号）开展相关工作要求。

环境影响预测需关注以下问题：

区域环境空气质量为不达标区（不达标因子 $PM_{2.5}$），项目排放颗粒物，环评文件未对 $PM_{2.5}$ 进行预测分析，分析了不进行 $PM_{2.5}$ 预测的原因。

在环评预测分析中，若涉及不达标污染物的排放，应分析区域达标规划年的保证率日均浓度和年均浓度，并计算年均浓度变化率，以说明区域环境质量的改善情况，同时还应根据 HJ 2.2—2018 相关格式要求，列出污染源、主要环境保护目标、自查表等。

本案例大气评价等级为一级，采用 HJ 2.2—2018 推荐的 AERMOD 模型进行了进一步预测，模型选取适用，评价内容符合 HJ 2.2—2018 要求。需要注意的是，根据 HJ 2.2—2018，化工等高耗能行业的多源项目编制报告书时，评价等级应提高一级，因此化工项目多为一级评价，这也是该类项目的特点。

企业目前已参照《石油化工工程防渗技术规范》（GB/T 50934—2013）要求采取防渗措施，根据《环境影响评价技术导则　地下水环境》（HJ 610—2016）可不进行正常状况情景下的预测；非正常工况选择污水池泄漏情形，但未进行依托溶剂油储罐泄漏对地下水的影响分析，需结合项目特点做进一步完善（该内容也可放在地下水环境风险评价中）。

土壤环境影响评价参考了即将实施的 HJ 964—2018，并结合现有项目监测结果，分析了现有防渗措施效果，体现了改扩建项目特点。

案例根据《建设项目危险废物环境影响评价指南》《国家危险废物名录》等，分析了危险废物产生、收集、贮存、运输、利用、处置等环节，分析了依托现有危废暂存点的可行性，并提出了管理要求。由于项目废液含溶剂油，除密闭暂存以外，建议企业进行暂存间 VOCs 定期监测，根据监测结果确定是否需进行危废间的废气收集和处理。

目前《危险废物贮存污染控制标准》已在修订，若标准更新，应执行新标准要求。

本案例反应转化率高，无工艺副产物。若化工项目涉及多步反应、转化率和收率较低，应根据《固体废物鉴别标准 通则》（GB 34330—2017），确定副产物属性，避免出现以副产物形式逃避监管、造成副产品使用过程的环境事故。

八、环境风险评价

本项目环境风险评价依据《建设项目环境风险评价技术导则》（HJ 169—2018）进行。现有工程环境风险评价早于 HJ 169—2018 的实施时间，其评价结果不能与本项目评价结果作对比，若需做对比，需要应用 HJ 169—2018 对现有工程进行危险识别、风险潜势分析，给出本项目建设后环境风险的变化情况说明。

（一）现有工程环境风险回顾

1. 现有工程危险物质、分布及风险潜势

现有工程危险物质主要有乙烯、溶剂油、催化剂、十氢萘、聚乙烯（粉料）、危险废物。工厂不涉及燃料使用。危险物料主要分布于厂内乙烯管道、车间装置、车间中间罐、催化剂稀释间、料仓、危废暂存间以及本项目拟依托的乙烯缓冲罐、溶剂油罐、实验室等装置设施。

2. 现有工程风险管控措施

企业现有环境风险防控措施符合 HJ/T 169—2004，具体措施如下：

（1）符合设计规范和区域上位预案风险管控要求。

（2）实施车间（单元）、工厂、区域三级风险防控措施。车间（单元）防控措施包括安全生产、乙烯等安全储运、废水废液等截流防渗；工厂防控措施包括组织机制与管理、管理制度、供应商安全管理，包括废气、废水、固废、土壤、地下水系统风险防控与应急措施、应急火炬监控与安全措施、事故废水截流等风险专项防控与应急措施；区域级防控措施包括管理要求、应急指挥、应急资源和与企业应急联防联治的联动内容。

（3）环保管理制度、环境风险管控制度、供应商安全管理制度、突发环境事件应急预案。

3．现有工程环境风险回顾评价结论

（1）现有工程危险物质具有燃烧、爆炸、泄漏扩散影响环境的危险性，总体上危险物质环境毒性低，泄漏扩散事故对环境污染影响程度和范围较小。

（2）严控危化品最大存储量，不构成重大危险源。

（3）按规定完成突发环境事件应急预案备案。采取的各围挡、防渗、截流、收储等风险控制措施，重点是车间、工厂、区域三级防控措施和区域联动，符合园区环境风险管控要求和项目环评批复要求。

（4）公司建成运行至今，未发生突发环境事件和环境问题投诉，环保管理措施和应急管理措施总体有效。当前需要整改的内容是强化环境风险管控应急演练和补充堵漏、泄漏液吸附材料等应急物资及布设点。

（二）本项目环境风险评价

1．风险调查

（1）危险物质

《建设项目环境风险评价技术导则》（HJ 169—2018）定义危险物质是“具有易燃易爆、有毒有害等特性，会对环境造成危害的物质”，该导则附录 B 给出了重点关注的危险物质列表（表 B.1），以及表 B.1 外的危险物质判定原则（表 B.2），即需识别列入健康危险急性毒性物质（类别 1~3）、危害水环境物质（急性毒性类别 1）的物质。

依据本项目涉及的原辅材料、产品、危险废物等物料的危害特性，对照 HJ 169—2018，识别项目危险物质是：乙烯、溶剂油、危险废物（COD_{Cr} 浓度≥10 000 mg/L 有机废液）。

给出危险物质的危险特性表（略），危险特性信息包括物料（化学）品名、CAS 号、性状、沸点、闪点、蒸汽压、爆炸极限、毒性数据、主要危害性和应急措施等。

与现有工程（执行原 HJ/T 169—2004）危险物质识别相比，本次按 HJ 169—2018 识别的危险物质变化如下：

取消了十氢萘：改扩建后实验室取消该试剂使用。

不再将聚乙烯（粉料产品）列入危险物质。聚乙烯不在 HJ 169—2018 附录 B 范围内。聚乙烯粉末可在粒径 30～50 μm、浓度 26～35 g/m^3、引燃温度 410℃下发生粉尘燃爆，本项目工作环境和生产装置不存在该燃爆条件，发生粉尘燃爆事故概率极小，

不再将催化剂（包括助催化剂）列入危险物质。催化剂不在 HJ 169—2018 附录 B 范围内。其中，助催化剂具有一定燃爆性和化学活性，容易成为燃爆事故源，但该物质及其燃爆产物不对环境造成急性毒性危害。

HJ 169—2018 明确“油类物质”属于危险物质，因此将生产、实验室产生的主要含溶剂油成分的废液识别为该类危险物质。

（2）危险单元

本项目涉及危险物质储存、使用和运输的危险单元是：储罐区（溶剂油储罐、乙烯缓冲罐）、中间物料罐区、厂内乙烯管道（厂外管线不在本评价范围内）、催化剂稀释预混间、生产车间（主要是反应、过滤、洗涤、干燥、溶剂回收等部分工艺单元）、车间料仓、危废暂存间等。危险物质在各危险单元最大储存量情况见表 10-25。

表 10-25 危险物质在各危险单元最大储存量情况

序号	物质名称	形态	分布场所	最大储存量/t
1	乙烯	气态	乙烯缓冲罐（依托现有设施）	略
			生产装置	略
			厂内管线（部分依托现有设施，部分新增）	略
2	溶剂油	液态	储罐（依托现有设施）	略
			生产装置及中间罐	略
			管道（部分依托现有设施，部分新增）	略
3	生产废液（主要成分溶剂油）	液态	生产车间	1.0
			危废暂存间	2.0
4	实验室废液（主要成分溶剂油）	液态	危废暂存间（依托现有设施）	0.004

（3）危险工艺

本项目行业类别为“化工”，生产反应涉及聚合工艺，生产设施涉及危险物质的储存罐区。

2．环境敏感目标调查

根据评价确定的评价等级和危险物可能的影响途径，给出了项目厂址周边 3 km 范围内居民点、医院、学校、地表水体等环境风险敏感目标分布情况，包括相对方位、距离关系、属性及规模等信息。敏感目标分布表、图（略）。

3．环境风险潜势判别

（1）危险物质数量与临界量比值（Q）

依据 HJ 169—2018 附录 C，各种危险物质的最大存在总量与其对应临界量的比值 Q 按照下式计算。

$$Q=\frac{q_1}{Q_1}+\frac{q_2}{Q_2}+\cdots\frac{q_n}{Q_n}$$

式中，q_n、Q_n 分别为每种危险物质的最大储存总量（t）和其临界量（t）。

本项目危险物质数量与临界量比值（Q）计算见表 10-26。

表 10-26　本项目危险物质数量与临界量比值（Q）

序号	危险物质名称	CAS 号	最大储存总量/t	临界量/t	该种危险物质 Q 值
1	乙烯	74-85-1	0.2	10	0.02
2	溶剂油	略	112.6	2 500	0.045
3	生产废液	主要为溶剂油	3.0	2 500	0.001 2
4	实验室废液	主要为溶剂油和试剂	0.004	2 500	1.6×10^{-6}
	Q 值合计				0.066

注：临界量数值取自 HJ 169—2018 附录 B。其中生产废液、实验室废液主要成分是溶剂油油，按该附录 B 第 381 序号“油类物质”临界量 2 500 取值。

虽然本项目较现有工程增加了危险物质存在量，但 Q 值仍然小于 1（仅为 0.066）。

（2）所属行业及生产工艺特点（M）

本项目为“化工”行业，有聚合反应工艺（6 套），并有危险物质的储存罐区（1 个罐区）。依据 HJ 169—2018 附录 C，M 赋分合计 65＞20，以 M_1 表示。

（3）危险物质及工艺系统危险性（P）

根据以上 Q 值和 M 值，按照 HJ 169—2018，查表确定危险物质及工艺系统危险性等级（P）。本项目 Q 值＜1，不需要确定 P 值。

（4）环境敏感程度（E）

依据 HJ 169—2018 附录 D，环境敏感程度（E）识别见表 10-27。

表 10-27　环境敏感程度（E）识别

环境要素	评估依据	敏感程度	代号
大气环境	厂界外 5 km 范围内居住等敏感目标总人口大于 5 万人	环境高度敏感区	**E1**
地表水环境	周边地表水水域环境功能区划Ⅴ类，河流最大流速时 24 h 流经范围内不涉及跨省界	地表水功能敏感性低	F3
	排放点下游 10 km 范围内无敏感保护目标	环境敏感目标敏感性低	S3
	综合 F3 与 S3 识别环境敏感程度	环境低度敏感区	**E3**
地下水环境	不涉及地下水保护区、环境敏感区	地下水功能敏感性低	G3
	Mb≥1.0 m，1.0×10^{-6}cm/s＜K≤1.0×10^{-4} cm/s 且分布连续、稳定	包气带岩土的渗透性能中等	D2
	综合 G3 与 D2 识别环境敏感程度	环境低度敏感区	**E3**

（5）环境风险潜势

根据本项目涉及的物质和工艺系统危险性 P、所在地环境敏感程度 E，结合事故环境影响途径，判别本项目潜在环境危害程度（环境风险潜势）。

本项目 Q 值<1，按照 HJ 169—2018 确定项目环境风险潜势为Ⅰ级。

4．环境风险评价等级与评价范围确定

根据 HJ 169—2018，风险潜势Ⅰ级项目，其环境风险评价可开展简单分析，即在描述危险物质、环境影响途径、环境危害后果、风险防范措施等方面给出定性分析说明。简单分析不设评价范围。

5．环境风险事故类型

根据相关危险物料的危险特性分析，环境风险事故类型为火灾、爆炸、有害物泄漏、扩散后毒性影响。其中火灾、爆炸的环境风险主要是指火灾、爆炸事故中可能产生危害物料的飞溅、喷射、蒸发、次生危害物对环境生态的影响和人体健康的影响。

本项目能产生火灾、爆炸的物质主要是乙烯、溶剂油，其中乙烯为易燃易爆物质，吸入急性毒性为低毒（LC_{50} 大于 20 000 mg/m^3）；溶剂油在高温下易燃，吸入急性毒性为低毒（LC_{50} 大于 20 000 mg/m^3）。乙烯、溶剂油的最大存在总量都小于 500 t，依据 HJ 169—2018 附录 F 中表 F.4，可以不考虑其火灾爆炸事故中未参与燃烧的有毒有害物质释放的影响。乙烯、溶剂油为碳氢化合物，其易燃特性容易在燃烧区域因快速燃烧而造成局部缺氧，不完全燃烧释放大量一氧化碳，对环境生态和人体健康影响，因此，本项目考虑一氧化碳次生危害的影响。

6．环境影响途径及危害后果

环境风险影响的主要途径是物料泄漏后大气扩散、地表径流、地下渗漏。由于本项目危险物质在线存在量少，事故源强小，且周边最近敏感目标距离本项目边界 570 m，事故对周边敏感目标影响较小。

大气环境风险物质为挥发性有机物（乙烯、溶剂油）、一氧化碳（乙烯、溶剂油的燃烧次生物）。相比较而言，一氧化碳的吸入急性毒性更高。催化剂具有一定燃爆性和化学活性，容易成为燃爆事故源，但该物质及其燃爆产物不对环境造成急性毒性危害，不分析其危害后果。在事故防控措施上需要重视其环境隔离和灭活方法。

燃爆事故后产生消防事故废水，可能对地表水体的影响途径主要是污染物泄漏后或消防事故废水通过地面径流，或通过雨水管网等流入河道。项目危险物质对水环境毒害影响是慢性、低毒性的，风险影响程度较小。地表水环境风险防控措施主要为围堵、收储、防渗和纳入污水管网，防止进入地表水。

对消防事故废水的收集截留通过装置、厂区、园区层面做好三级防控，并与区域防控措施联动。

危险物料可以通过泄漏渗漏、直接接触等方式污染区域地下水、土壤环境。项目危险物质对地下水、土壤环境毒理为低毒。评价区内不涉及地下水保护区、环境敏感区，不涉及敏感性土地利用，项目地下水、土壤环境风险程度较小。风险防控措施主要是在确保设备不泄漏、泄漏后围堵、收储基础上，做好分区分级防渗措施，此外，按规范做好地下水、土壤的定期监测监控措施。

7．依托现有事故池的可行性分析

本项目所需事故池的总有效容积参照《事故状态下水体污染的预防与控制技术要求》（Q/SY 1190—2013）计算。事故废水最大量来自消防废水，产生量 625 m^3。事故废水通过厂内 100 m^3 和 1 000 m^3 事故池收集，现有事故废水池具有依托可行性。

雨水截止阀日常关闭。

8．风险防范措施与要求

现有工程环境风险管控措施总体有效，可适用于本项目。结合本项目建设方案，环境风险措施要求上，企业需做好以下工作：

（1）加强化工生产本质安全。工艺上实施氮气气氛中进行过滤、干燥等安全操作，替代高温汽提和热空气干燥工艺。对于聚合危险化工工艺，采取氮封、稳定搅拌、消除静电、紧急冷却、供料紧急切断、反应紧急终止、可燃气体（针对乙烯和溶剂油气）监测报警、聚合釜温度和压力报警、工况检测与装置作业联锁等安全系统措施。

（2）加强乙烯储运管理。采取安全警示标示、制定安全管理制度和操作规程、安装可燃气体探测器、设置必要的氮气吹扫、安全阀、压力表、温度表、液位计等及其远传记录设备、应急切断装置等。使用防爆电器，严格热源、火源，严防静电雷电，设置防爆和泄爆结构。严格执行定期检验、维护保养制度，做好定人定期巡检工作。

（3）加强事故废水有效收集和乙烯物料的应急处置（火炬处理）管理。

（4）增加吸附棉、消防沙等堵漏和消除应急物资。

（5）及时进行突发环境事件应急预案修编，结合项目特点，重点修订内容为危险物质、危险单元、应急物资配置及分布、应急响应措施、应急监测、预案演练等方面的变化。

（5）风险防控措施应列入“三同时”内容。

9．风险评价结论与建议

相比现有工程，本项目不涉及厂外乙烯输送管线变化，厂内管线增长，输送条件参数不变。危险工艺的聚合反应设备套数增加，危险单元基本不变。本项目危险物质种类减少十氢萘（实验室使用），其他不变。危险物最大存在总量增加。经计算，项目 Q 值小于 1，风险潜势为 I 级，风险潜势等级没有增加。

事故情形、事故源强、污染途径和影响后果基本不变。危险物质消耗量增加和危险工艺设备套数增加，会增加事故发生频次，需要强化化工生产的本质安全措施。

相比较而言，燃烧产生的次生污染物一氧化碳的吸入急性毒性要高于其他危险物质，但事故对周边敏感目标影响较小。催化剂化学活性高，易燃易爆，需要重视其环境隔离和灭活方法。催化剂本身及其燃爆产物不对环境造成急性毒性危害。聚乙烯粉末燃爆条件有限，在正常工况下发生概率很小。本项目危险物质对水环境、土壤毒害影响是慢性、低毒性的，风险影响程度较小，重点做好分区分级防渗、定期监测、三级防控与区域联防联治措施。

现有风险管理制度、三级防控措施有效，可适用于本项目风险管理，现有截断、截留、防渗、应急火炬等风险应急措施可以依托使用。同时，还需要在工艺上实施氮气气氛中进行过滤、干燥等安全操作，替代高温汽提和热空气干燥工艺。对于聚合危险工艺，采取氮封、稳定搅拌、消除静电、紧急冷却、供料紧急切断、反应紧急终止、可燃气体监测报警、聚合釜温度和压力报警、工况检测与装置作业联锁等安全系统措施。加强应急设备的维护保养和巡检，强化环境风险管控应急演练，完善堵漏、泄漏液吸附材料等应急物资配置及布设。对项目建设产生的应急对象、应急响应措施变化，及时修编应急预案。

在采取以上环境风险管理和控制措施后，本项目环境风险可控。

10．建设项目环境风险简单分析表（略）

点评：

改、扩建和技术改造项目，通过环境风险回顾，分析现有环境风险防范措施的有效性和设施的依托可行性，提出完善意见和建议。

对涉及与现有装置存在依托关系的扩建项目，应将依托设施列入风险评价范围，进行风险识别和 Q 值计算，在本项目环评中，Q 值计算包括依托的乙烯缓冲罐、溶剂油储罐等设施。

本项目评价范围不包括厂外管线。若项目内容涉及厂界外原料或产品输送管线，则应将其纳入风险评价范围，进行风险识别、分析泄漏事故影响和提出风险防控措施。同时，在项目评价范围确定及环评文件其他章节中，也均应考虑管线相关内容。

若需要在环评中分析改扩建前后环境风险变化，在现有工程环境风险评价方法、标准与本项目评价不一致时，需要按现行评价导则统一评价后再做对比分析。

简单分析是相对于详细评价而言的，在危险物质识别、环境影响途径、环境危害后果、风险防范措施等方面给出定性说明，但不排除需要时采用合适的量化计算给予说明。防范措施应与危险物质的事故情形和影响后果相对应，同时也应与生产工艺危险性管控措施相对应。

九、环境污染防治措施及其可行性论证

（一）废气污染防治措施

1．有机废气治理措施

有机废气主要产生于生产过程溶剂油的挥发，本项目首先通过对加压过滤环节的工艺改进，实现连续操作和含油氮封气的内循环，并可降低间歇操作中加料、放料、溶剂脱除等环节废气排放，在此基础上，采用“低温冷凝+活性炭吸附”装置进行废气处理，

结合溶剂油特性，进一步降低油气冷凝温度，处理后尾气经 26 m 高排气筒达标排放。

多级冷凝：来自聚合釜、过滤器、干燥压缩机分离罐、溶剂油回收罐及中间罐的含油有机废气均通过管道进入冷凝器（4℃、−25℃、−75℃），冷凝下来的溶剂进入溶剂回收装置回收，少部分不凝废气进入活性炭吸附装置进一步处理。多级冷凝器冷凝效率高，−75℃冷凝后，可对溶剂油有较好冷凝去除，降低活性炭吸附装置负荷。

活性炭吸附：本项目在低温冷凝后设置活性炭吸附装置，可进一步去除废气中残存的溶剂油。

活性炭可吸附大多数有机物，吸附效果受温度、吸附质浓度和分子大小、气流速度、吸附剂结构等影响，由于项目工艺废气气量小、冷凝后废气中溶剂油气浓度较低，污染物浓度处于活性炭吸附装置适用范围内，采用活性炭吸附进行废气末端处理可行。

废气处理装置设有压差控制系统，考虑处理废气情况，选择定期进行活性炭更换，不进行活性炭再生。废气排放口设有非甲烷总烃在线监测，可实时监测处理装置的运行情况。

2. 含尘废气治理措施

本项目产品为固体，生产中采用密闭输送方式，可从源头控制粉尘产生。

本项目根据需要设置有不同功能的料仓，料仓自带除尘系统，除尘尾气再至中央除尘器做进一步处理。中央除尘器采用高效袋式除尘器，该装置广泛应用于净化含有微小粉尘粒子的气体，可满足处理不同气量的含尘气体的要求。根据设计单位提供资料，该净化装置已在同类企业进行长期有效运行，其效率可达到99.9%以上，具有运行可靠，操作、维护简单的特点。

布袋除尘装置设置压差监控仪，可通过报警及时发现问题、停运或及时更换滤袋。

破碎、筛分等环节通过岗位集气、设置粉粹工序房间、筛分工序房间的整体换风收集，废气也至中央除尘器。

经上述处理后，本项目含尘废气排放浓度可满足 GB 31572—2015 的要求。

3. 无组织排放控制措施

本项目溶剂油、乙烯等有机物料均由管线运输，溶剂油卸料设置平衡管，含溶剂油的物料均在储罐储存，管道加料；生产工艺除过滤、干燥等设备实现连续、密闭和自动操作以外，还将对溶剂油等不涉及固体物料的输送系统选择密闭性好的无泄漏泵、阀门等连接组件；通过取消汽提工艺，可从源头消除含油工艺废水，其他废水均管道密闭输送和密闭暂存；危废均放置在密闭容器内暂存。

本项目运行后，企业将按要求开展 LDAR 工作，并按规定做好启动和停止、检维修等环保管理，超压放散废气均至火炬燃烧并加强火炬管理。

总体上，本项目符合 GB 31572—2015 中对挥发性有机物的过程污染控制要求，符合《重点行业挥发性有机物综合治理方案》（环大气〔2019〕53 号）要求。

聚乙烯聚合物属 VOCs 物料，本项目不进行产品的进一步加工。在物料输送上均采用密闭输送器或气流输送，实现密闭操作；破碎、筛分设置单独操作房间，房间整体通风至除尘系统，同样实现了源头密闭+中间控制+末端治理的全过程无组织排放控制。

（二）废水污染防治措施（略）

（三）噪声、固体废物污染防治措施（略）

（四）地下水土壤污染防治措施

本项目新增 1 万 t 超高分子量聚乙烯装置，其他公辅工程、储运工程、危废暂存等依托现有。参照 GB/T 50934—2013 要求，本项目将新装置车间划分为一般污染防治区。

根据技术规范中一般污染防治区的防渗要求：防渗层不应低于 1.5 m 厚渗透系数为 1.0×10^{-7}cm/s 的黏土层的防渗性能。防渗层可由单一或多种防渗材料组成。

空置厂房施工时采取防渗混凝土，达到一般污染防渗区要求。

因此，在保证装置正常运行，可有效控制对地下水、土壤环境的影响。

点评：

该案例分析了废气治理设施的有效性和达标可行性，并分析了项目与《合成树脂工业污染物排放标准》挥发性有机物污染控制要求、与《重点行业挥发性有机物综合治理方案》要求的符合性，项目所选环保措施、无组织排放控制措施均具有针对性。

本项目性质为改扩建，储罐等部分设施依托现有，对地下水和土壤的污染防治措施应重点分析防渗措施与现行规范要求的符合性，并说明项目的依托可行性。

根据《环境影响评价技术导则　地下水环境》，已颁布污染控制国家标准或防渗技术规范的行业，水平防渗技术要求按照相应标准或规范执行，厂内危废间防渗措施应按 GB 18598 进行防渗。

目前排污许可证核发技术规范已颁布，现阶段环评中还应明确所选处理方案是否为可行技术。

十、环境经济损益分析

（一）建设项目的经济效益（略）

（二）建设项目的环境效益（略）

（三）建设项目的社会效益（略）

（四）环境经济损益分析（略）

点评：

该部分需关注环保措施不漏项以及环保措施的经济有效运行，特别是环境风险防控措施应列入环保投资一览表，并作为项目竣工环保验收检查内容。

十一、环境管理及监测计划

（一）环境管理（略）

（二）企业现有环境管理工作评述（略）

（三）对本项目的环境管理要求（略）

（四）环境监测

1．监测方案

企业为大气环境重点排污单位，除了根据《排污单位自行监测技术指南 石油化学工业》（HJ 947—2018）、《排污单位自行监测技术指南 总则》（HJ 819—2017）、《排污许可证申请与核发技术规范 石化工业》（HJ 853—2017）、评价导则、《合成树脂工业污染物排放标准》（GB 31572—2015）等完善监测计划，还应执行国家和地方对重点排污单位的管理要求。

本项目建成后，企业例行监测计划清单见表10-28。

表 10-28　企业例行监测计划清单

<table>
<tr><th>污染类型</th><th>排气筒编号</th><th>排气筒名称</th><th>排放口类型</th><th>监测点位</th><th>监测内容</th><th>监测频次</th><th>依据</th></tr>
<tr><td rowspan="5">废气</td><td>G_1</td><td>VOCs 吸附装置排放口</td><td>主要排放口</td><td>排气筒出口处</td><td>废气量、非甲烷总烃</td><td>自动监测</td><td>关于印发《重点行业挥发性有机物综合治理方案》的通知（环大气〔2019〕53 号）</td></tr>
<tr><td>G_2</td><td>含尘废气排放口</td><td>主要排放口</td><td>排气筒出口处</td><td>废气量、颗粒物</td><td>月</td><td>《排污单位自行监测技术指南 石油化学工业》（HJ 947—2018）</td></tr>
<tr><td>G_3</td><td>实验室排放口</td><td rowspan="2">一般排放口[1]</td><td>排气筒出口处</td><td>废气量、非甲烷总烃</td><td>半年</td><td rowspan="2">《排污单位自行监测技术指南 总则》（HJ 819—2017）</td></tr>
<tr><td>G_4</td><td>分析室排放口*</td><td>排气筒出口处</td><td>废气量、非甲烷总烃</td><td>半年</td></tr>
<tr><td colspan="3">厂界无组织排放</td><td>根据监测当天风向设置 1 个上风向厂界、3 个下风向厂界</td><td>颗粒物、非甲烷总烃</td><td>季度</td><td>《排污单位自行监测技术指南 石油化学工业》（HJ 947—2018）</td></tr>
<tr><td rowspan="5">废水</td><td colspan="3" rowspan="5">无</td><td rowspan="5">污水总排口</td><td>pH</td><td>月</td><td rowspan="5">《排污单位自行监测技术指南 石油化学工业》（HJ 947—2018）</td></tr>
<tr><td>化学需氧量</td><td>周</td></tr>
<tr><td>五日生化需氧量</td><td>季度</td></tr>
<tr><td>悬浮物</td><td>月</td></tr>
<tr><td>氨氮</td><td>周</td></tr>
<tr><td>雨水排放口</td><td colspan="6">略</td><td></td></tr>
<tr><td>噪声</td><td colspan="6">略</td><td></td></tr>
<tr><td>地下水</td><td colspan="6">略</td><td></td></tr>
<tr><td>土壤</td><td colspan="6">略</td><td></td></tr>
</table>

注：* 由于《排污单位自行监测技术指南 石油化学工业》（HJ 947—2018）中没有规定合成树脂工业的实验室废气排放口监测频次，故本次评价参考《排污单位自行监测技术指南 总则》（HJ 819—2017）中的相关要求（重点排污单位，一般排放口）。

2．排污口规范化（略）

（五）项目污染物排放清单（略）

（六）后续环保竣工验收管理及验收监测建议

1. 自主验收要求（略）

2. 信息公开要求（略）

3. 自主验收内容和竣工验收建议（略）

本项目竣工环境保护验收内容建议见表 10-29。

表 10-29　本项目竣工环境保护验收内容建议

类别	项目	方案措施	措施效果	验收内容	时间
废气	有机废气排放口 G_1	低温冷凝（4℃、−25℃、−75℃））+活性炭吸附装置。26 m 高排放	达到《合成树脂工业污染物排放标准》GB 31572—2015 表 5 中要求	废气量、排气筒高度、非甲烷总烃排放浓度和排放速率、冷凝温度等，非甲烷总烃在线监测设备	与工程同步
	含尘废气排放口 G_2	料仓自带除尘器、中央除尘器处理后，26 m 高排气筒排放		废气量、排气筒高度、颗粒物排放浓度和速率	
	实验室废气排放口 G_3	活性炭吸附装置（依托现有排口）		废气量、排气筒高度、非甲烷总烃排放浓度和速率	
	厂界	—	GB 31572—2015 表 9 企业边界大气污染物浓度限值	监测点位：厂界四周颗粒物、非甲烷总烃	
废水	生产废水总排放口	纳入园区污水总管	达到 GB 31572—2015 间接排放标准和与污水处理厂纳管协议	流量，pH、COD_{Cr}、BOD_5、氨氮、总氮、悬浮物浓度	
噪声	噪声源	除屋顶风机外，其他设备均室内布置，并配套隔声、减振措施，风机出口设置消声器	厂界环境噪声符合《工业企业厂界环境噪声排放标准》（GB 12348—2008）的 3 类标准	厂界噪声	
固废	危险废物	委托资质单位处理，外送前规范定点暂存	按《危险废物贮存污染控制标准》（GB 18597—2001）及其修改单暂存、按规范处置	1. 危废处置协议和联单； 2. 暂存点防雨、防风、防雨、防渗、防逸散等措； 3. 危废标识	
地下水污染防范措施		地面防渗措施	符合《石油化工工程防渗技术规范》	按规范分区防渗	

类别	项目	方案措施	措施效果	验收内容	时间
事故防范	事故防范措施	化学品规范储存、使用、监控报警、应急物资；围堰、废水收集系统、雨水截止阀、与园区消防废水收集池的连通系统	有效防控事故； 事故泄漏后及时应急和消除泄漏物； 消防废水收集系统与园区连通	事故防控措施	与工程同步
	管理措施	环境风险管理制度、应急预案，与园区的联动预案	能满足事故发生后有效应急	管理档案 （应急预案修订）	
排放口	污染物排放口	环保图形标志，规范采样口和采样平台	按规范实施	环保图形标志、采样口和采样平台现有主要排放口、污水排放口设置在线监测仪表，按要求验收和联网	
环境管理	管理文件	针对项目制定相关管理措施	具有可操作性； 及时更新	机构组织、管理文件、监测计划	

注：现有 4 000 t/a 间歇法超高聚乙烯树脂装置停产。

点评：

该案例环境管理和监测计划较全面，回顾了企业现有环境工作情况，针对本项目和项目建成后全厂的环境管理工作进行了梳理，结合现行管理要求，提出了完善改进内容。

建设项目竣工环境保护验收内容建议中，仅备注了“现有 4 000 t/a 超高聚乙烯树脂装置停产”，未明确停产内容应作为验收项。

本项目依托现有分析室，虽然在工程分析中明确分析室操作变化不大，可视为不新增排放，但验收表中仍应说明分析室排口是否纳入本项目验收内容。

《合成树脂工业污染物排放标准》中仅规定了污染物排放浓度，未对排放速率做规定，对排放速率的验收主要考虑对应排污核算表，建议在本部分中，明确对排放速率不做验收对标分析。

十二、环境影响评价结论

1．建设项目概况（略）

2．环境质量现状（略）

3．污染物排放情况（略）

4．主要环境影响（略）

5．公众意见采纳情况

在环评过程中，建设单位按照《环境影响评价公众参与办法》规定进行了两次公示，环境信息公示采取网站公示和现场张贴公告方式进行；报批稿公示采取网站公示。公示期间均未收到公众反馈意见。

6. 环境保护措施（略）

7. 环境影响经济损益分析（略）

8. 环境管理与监测计划（略）

9. 建设项目的环境影响可行性结论

本项目在企业现有技术的基础上，进行了氮气内循环和连续过滤方式等工艺改进，通过本次改扩建，可提高原料回收率，降低生产单耗和废水排放；通过全过程控制 VOCs 控制，可实现 VOCs 减排，项目建设符合清洁生产和总量控制要求；本项目不涉及区域禁止使用的原料，符合规划环评、地区建设项目环境准入、“三线一单”管理要求。

经预测，本项目新增污染物排放对环境影响较小，不改变区域环境质量等级，对大气环境影响可以接受；本项目废水纳管可行，土壤和地下水污染防控措施有效；项目原料和产品毒性低，环境风险可防控。

在严格落实各项环保措施和环境风险防控措施的前提下，从环境保护角度看，本项目建设可行。

案例分析

化工行业归类在《国民经济行业分类》中制造业（C），为 26“化学原料和化学制品制造业”大类，该类别下分 261～268 共 8 个中类、下又细分 38 个小类，行业内生产工艺、原料、产品具有多样性，部分生产装置工艺流程长、使用原料复杂、副产物多、涉及高温和高压操作，原料和产品具有毒性高、易燃易爆、异味重、降解困难、生态累积等特点，因此，化工行业列入“高能耗、高污染”项目管理。

根据现行《关于加强高耗能、高排放建设项目生态环境源头防控的指导意见》（环环评〔2021〕45 号），化工项目应走“两高”项目评审流程，并在环评中体现相关工作。本案例环评编制于该政策出台前，未进行能耗、物耗等进一步分析，仅从工艺改进角度体现了项目的“清洁生产”理念。

根据《关于开展重点行业建设项目碳排放环境影响评价试点的通知》（环办环评函〔2021〕346 号），目前已在河北省等 7 个省市开展了环评中碳排放环境影响评价试点工作，环评中相关内容可结合当地管理要求进行。

本项目属于 C265“合成材料制造”中的 2651“初级形态塑料及合成树脂制造”类别，与存在多步反应的农药、染料等企业相比，本项目生产工艺和原料相对简单，产品质量和性能主要受工艺技术、催化剂、操作条件等控制，技术进步和减排主要体现在实现了加压过滤等环节连续密闭操作、氮气系统和溶剂油系统的内部循环，从源头上减少了 VOCs 排放量，符合重点行业 VOCs 综合治理要求。

选择该简单案例，也便于环评人员更直观理解化工项目环评的工作思路和方法。

该案例按导则总纲、各环境要素导则和专项导则要求进行报告编制，结合项目物料和操作工艺特点，进行了评价因子识别和针对性评价，符合化工项目特点。

源强核算可采用物料平衡、类比调查、系数法等，本项目虽属改扩建项目，但工艺和环保设施均做改进，与现状排污监测数据不具可类比性，该案例参考了现状监测结果，降低冷凝温度至−75℃，并结合物料平衡进行了源强估算，符合源强核算原则。

在标准执行顺序上，行业标准优先执行，该案例除了进行与行业标准中污染物排放限值、单位产品非甲烷总烃排放量的对标分析，还分析了与标准中各环节污染控制要求的符合性。

该案例提出的环保措施具有可操作性，体现项目特点，低温冷凝+活性炭吸附、布袋除尘等均为可行技术，企业应从设计、设备、实际运行参数控制方面全过程管理，保证环保设施稳定运行，达到环评预计要求。

该案例对照排污许可证核发技术规范、企业自行监测技术指南等要求，分析了现有环境管理中存在的问题，提出了项目建成后的环境监测计划。企业后续应按排污许可证管理要求，不断提高在环境管理方面的规范性。

环境风险是化工项目重点关注内容，本项目物料具有易燃易爆的特点，但物料毒性较低，危险物质存量不大，项目环境风险评价等级为简单分析。该案例的危险物质识别、环境影响途径、环境危害后果等均结合项目特点进行了分析，对现有风险防控措施的有效性、消防事故水收集、三级防控和应急联动均进行了说明，得出的环境风险可防控结论可信。

案例十一　煤电基地科学开发规划环境影响评价

一、总则

（一）项目背景（略）

（二）评价对象与时空范围

1．评价对象

《山西煤电基地科学开发规划》（2015 年 10 月）。

2．评价时段

规划基准年为 2015 年，规划期为 2016—2020 年。

3．评价空间范围

考虑到跨界影响，大气环境影响评价范围涵盖整个山西省和河北省、北京市部分区域。生态影响分析、地表水与地下水现状评价范围为整个山西省域，重点评价三大煤电基地规划范围涉及的 81 个县（市、区），面积近 11.2 万 km^2，约为山西全省面积的 72%。评价范围示意如图 11-1 所示。

（三）评价目标与原则（略）

（四）评价依据（略）

（五）评价重点内容

1．与相关规划的协调性分析

分析煤电基地规划与不同层次的主体功能区规划、生态功能区划、环保政策和规划等在功能定位、开发原则和环境准入等方面的符合性。分析规划方案与其他相关规划在资源保护与利用、生态环境要求等方面的冲突与矛盾。论证规划方案规模、布局、结构、建设时序与区域发展目标、定位的协调性，分析与相关输电通道规划的协调性。

2．区域生态环境现状分析和回顾性评价

结合自然保护区、饮用水水源保护区等重要环境保护目标，分析说明近年来大气环境、地表水、地下水、土壤环境等区域生态环境现状与变化。通过分析区域内煤电和相关煤炭、煤化工行业规划实施引发的生态环境演变趋势，识别区域突出的生态环境问题及其成因。

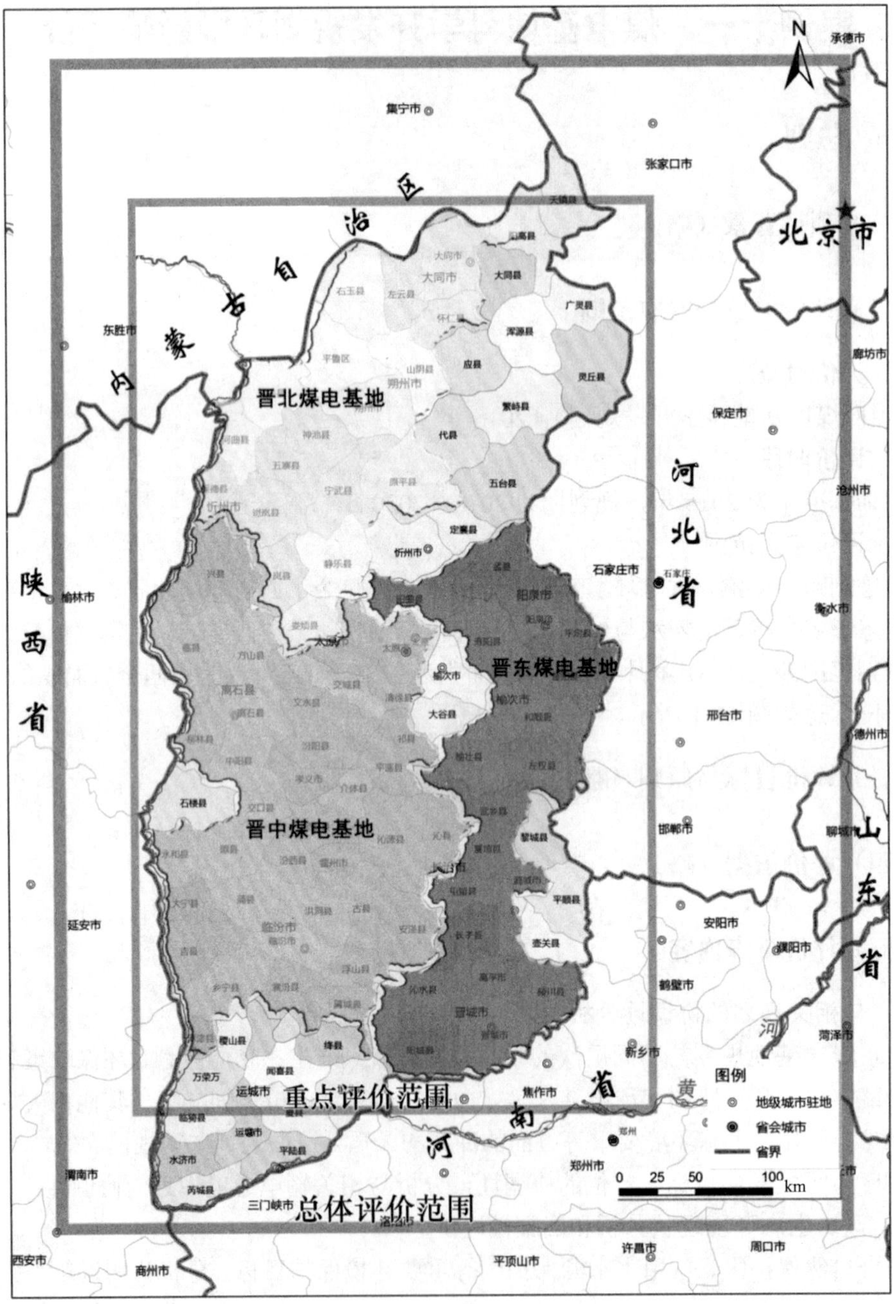

图 11-1　评价范围示意图

3．资源环境承载力分析

统筹考虑具有较为明确发展意愿的晋北煤化工基地，综合分析区域大气环境承载能力和区域水资源供需平衡。根据所依托矿区的煤炭产能、产量与流向，核实煤炭资源承载能力。

4．环境影响预测和分析

重点分析基地排放的二氧化硫（SO_2）、氮氧化物（NO_x）、可吸入颗粒物（PM_{10}）、细颗粒物（$PM_{2.5}$）和汞等污染物对煤电基地大气环境的影响，分析其对北京等周边城市的跨界影响。分析煤电及相关产业发展对区域防风固沙、水土保持、水源涵养、生物多样性保护等重要生态功能的影响，分析煤电基地开发对生态系统主导功能的影响，分析是否会加剧现有生态环境问题。

5．规划优化调整建议

以资源环境可承载为前提，从煤电基地规划规模和空间布局、下游产业发展方向及区域产业结构调整等方面提出规划草案的优化调整建议。对与环保政策要求存在明显冲突、将显著加剧或引发严重生态环境问题、建设规模缺乏必要性或无输电通道支撑、现状环境容量不足且区域削减措施滞后或效果不佳、现状水资源难以承载且供水存在较大不确定性等情况，提出规划规模调减和布局优化等建议。

6．预防或减缓不良环境影响的对策措施

立足大气环境质量改善，提出相关大气污染物削减方案、大气污染防控对策。细化水资源循环利用方案，分类明确固体废物综合利用、处理处置的有效途径和方式。制订有针对性的跟踪评价方案。

（六）评价技术路线

本次评价在分析相关规划、环保政策、法规等有关资料及现场踏勘基础上，识别规划实施的主要环境影响，确定评价范围、评价内容、评价重点和评价方法，进行环境影响预测与评价，对规划产业规模、结构和布局的环境合理性等进行分析，解析区域环境容量条件与总量控制要求，对规划内容总体进行综合论证并提出环保对策和措施要求、环境影响评价结论和规划优化调整建议。具体规划环境影响评价技术路线图（略）。

（七）生态功能区划（略）

（八）环境保护目标

本次评价将主要环境敏感区和重点生态功能区作为环境保护目标，根据《规划环境影响评价技术导则　总纲》（HJ 130—2014）中关于环境敏感区和重点生态功能区的说明，结合规划内容的特点，确定本次规划环评的环境保护目标主要为规划煤电基地涉及区域的自然保护区、森林公园、风景名胜区、城市、饮用水水源地、泉域保护区、重要水体及城镇等居民集中区以及水源涵养、生物多样性保护和自然景观保护类型生态功能区等，其中主要环境保护目标统计情况见表 11-1，分布情况见图 11-2。

表 11-1 主要环境保护目标统计

煤电基地	自然保护区	风景名胜区	饮用水水源地	泉域保护区	森林公园
晋北	桑干河、朔州紫金山、芦芽山、贺家山、汾河上游、尉汾河、黑茶山 7 个自然保护区	万年冰洞地质公园 1 个	城北、口泉河等水源地 44 个	神头泉域、雷鸣寺泉域、马泉泉域、天桥泉域等 4 个	杀虎口、洪涛山、飞虎山等国家级森林公园 7 个，云冈等省级森林公园 2 个，十里河、金沙等县级森林公园 12 个
晋中	庞泉沟、薛公岭、韩信岭、绵山、五鹿山、灵空山、霍山、翼城翅果油树、人祖山、管头山、红泥寺 11 个自然保护区	北武当山、临县碛口、天龙山、石膏山、姑射山等 5 个	龙头、兴地等 80 个水源地	天桥泉域、柳林泉域、晋祠泉域、郭庄泉域、洪山泉域、霍泉泉域、龙子祠泉域、古堆泉域 8 个	黑茶山、安国寺等国家级森林公园 9 个，太岳山、天龙山等省级森林公园 4 个，九龙山、胜溪湖等县级森林公园 15 个
晋东	凌井沟、药林寺冠山、铁桥山、孟信垴、红豆杉、蟒河、崦山、历山、泽州猕猴 9 个自然保护区	榆社新生代化石、陵川棋子山地质公园、蛇曲谷地质公园 3 个	长治县城、大京等水源地 34 个	兰村泉域、娘子关泉域、辛安泉域、三姑泉域、延河泉域 5 个	和谐园、冠山等国家级森林公园 13 个，乌金山、方山等省级森林公园 3 个，松树山、龙王山等县级森林公园 13 个

注：未标明国家级自然保护区的均为省级自然保护区。

点评：

1. 本案例将大气环境影响评价范围扩大至周边河北省、北京市部分区域，分析其对周边重点城市的跨界大气环境影响是合理和必要的，符合环保部《关于做好煤电基地规划环境影响评价工作的通知》（环办〔2014〕60 号）有关要求，但如何扩、扩多少应根据电源点的布局和气象、地形等条件综合分析后确定，对此报告书应进行阐述。

2. 本案例开展了环境敏感保护目标的调查，给出了三大煤电基地范围内自然保护区、风景名胜区、水源保护区、泉域保护区以及森林公园的分布情况图、表，调查内容较全面。案例还应结合规划电源点的布局和环境影响特点，说明识别和确定环境保护目标的理由。

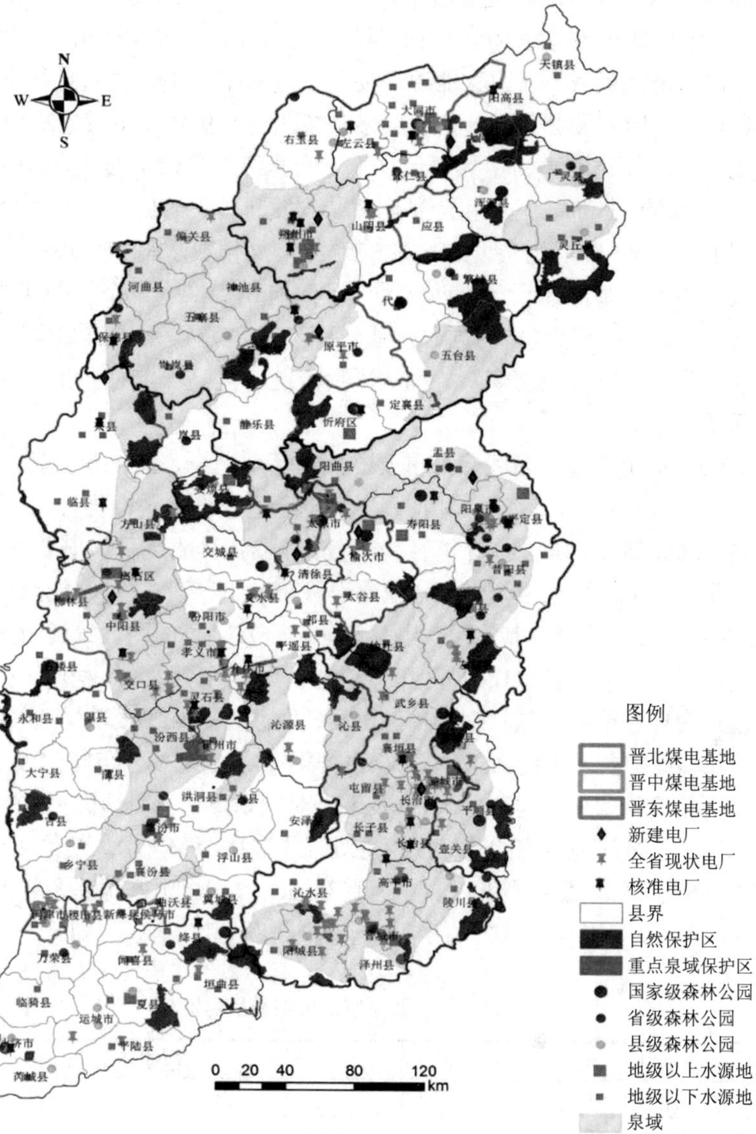

图 11-2　环境保护目标分布示意

二、规划分析

（一）规划概述

为调整国家能源结构，推进煤电的科学开发和建设，提升煤炭清洁利用水平，加强生态环境保护，国务院《能源发展战略行动计划（2014—2020年）》明确提出重点建设9个千万千瓦级大型煤电基地，其中在山西部署了晋北、晋中和晋东三个煤电基地。2014年6月9日国家能源局发布《国家能源局关于推进大型煤电外送基地科学开发的指导意见》（国能电力〔2014〕243号），提出要稳步推进以上9个大型煤电基地建设，到2020年逐步形成一批以外送电力为主的现代化千万千瓦级大型煤电基地。2014年12月国家能源局又联合环境保护部、工业和信息化部共同发布《关于促进煤炭安全绿色开发和清洁高效利用的意见》（国能煤炭〔2014〕571号），文件要求科学推进以上9个千万千瓦级清洁高效大型煤电基地建设。山西省委、省政府积极推进三个煤电基地的科学规划，希望在服务全国清洁能源战略的同时，通过煤电基地建设引领省内煤电行业的绿色升级，发展热电联产、替代散烧煤炭、淘汰落后产能、提高煤电行业治理水平，推动区域环境空气质量改善。

山西省煤炭资源丰富，是我国最重要的能源基地之一，全国能源输出大省，地处我国中部地区，具有跨区“西电东送”和特高压输电通道建设的区位优势。为了贯彻落实《能源发展战略行动计划（2014—2020年）》的实施意见，山西省人民政府要求依托煤炭基地，重点加快晋北、晋中、晋东三个煤电基地建设。2013年9月，国家能源局以国能综电力〔2013〕357号《关于抓紧编制山西煤电基地科学开发规划的函》致函山西省发改委，要求抓紧编制晋北、晋中、晋东煤电基地的开发规划，编制规划的环境影响评价报告。

环评过程中环评单位与规划编制单位山西省发改委进行了多次沟通。环评单位以“三线一单”等环境保护要求为约束条件，从发展思路、规划规模、布局、治污措施等方面对规划提出了优化调整意见和建议，山西省发改委对规划环评意见研究后在规划中进行了充分的吸收和采纳。对规划新增的装机规模也进行了多次调整，由最初的2 554万kW第一次压减为1 676万kW，最终晋北、晋中、晋东三个大型煤电基地新增装机规模调整为到2020年1 344万kW，共调减1 210万kW，调减比例为47.4%（表11-2）。

表11-2　规划新增装机规模目标汇总

煤电基地	规划期新增/万kW
晋北煤电基地	532
晋中煤电基地	412
晋东煤电基地	400
总　计	1 344

目前，山西电网从北到南已形成覆盖全省的500 kV为主干的全省电力网络。按照220 kV供电分片划分，山西省电网分为大同、忻朔、中部、南部四大供电区。山西省外送通道输电能力为2 000万kW。根据《国家能源局关于加快推进大气污染防治行动计划12条重点输电通道建设的通知》（国能电力〔2014〕212号）文件，列入大气污染防

治行动计划的山西重点输电通道有 4 个:“两交一直”特高压外送通道和 1 个 500 kV 点对网交流外送通道，分别为：蒙西—晋北—北京西 1 000 kV 特高压交流外送通道；榆横—晋中—石家庄 1 000 kV 特高压交流外送通道；晋北—江苏±800 kV 特高压直流外送通道；盂县—河北南网点对网 500 kV 交流外送通道。共计可形成 1 450 万 kW 的能力。

规划新建通道分别为：隆彬—晋东南—江苏 2 回 1 000 kV 交流，晋东南—荆门—湖南 3 回 1 000 kV 交流（扩建），晋北—浙江±800 kV 直流，晋中—山东±800 kV 直流，共计可形成 2 600 万 kW 外输电能力。

（二）规划备选项目情况

以环境保护要求为约束条件，经多次调整以后，晋北煤电基地规划火电装机规模确定为 532 万 kW，有 3 个备选项目，装机规模 532 万 kW。其中，2×100 万 kW 项目 2 个；2×66 万 kW 项目 1 个。晋中煤电基地规划火电装机规模目标为 412 万 kW，有 4 个备选项目，装机规模 412 万 kW。其中，2×35 万 kW 项目 2 个；4×35 万 kW 项目 1 个；4×66 万 kW 项目 1 个。晋东煤电基地规划火电装机规模目标为 400 万 kW，有 2 个备选项目，均为 2×100 万 kW 项目，共计装机容量共 400 万 kW。

新增备选项目具体情况统计见表 11-3，位置示意图（略）。

表 11-3　山西煤电基地科学开发规划新增项目统计

序号	电厂名称	装机容量/万 kW	机组构成/万 kW	所属省辖市	所在矿区
晋北煤电基地					
1	晋北 1#电厂	200	2×100	大同市	大同矿区
2	晋北 2#电厂	200	2×100	朔州市	平朔矿区
3	晋北 3#电厂	132	2×66	忻州市	河保偏矿区
	小　计	532			
晋中煤电基地					
4	晋中 1#电厂	70	2×35	晋中市	西山矿区
5	晋中 2#电厂	140	4×35	太原市	西山矿区
6	晋中 3#电厂	132	2×66	吕梁市	离柳矿区
7	晋中 4#电厂	70	2×35	吕梁市	离柳矿区
	小　计	412			
晋东煤电基地					
8	晋东 1#电厂	200	2×100	阳泉市	阳泉矿区
9	晋东 2#电厂	200	2×100	长治市	潞安矿区
	小　计	400			
合　计		1 344			

（三）规划协调性分析

1．与主体功能区划协调性分析

（1）与《国家主体功能区规划》协调性分析

在国土开发方面，煤电基地开发规划基本符合国家主体功能区规划要求和定位。山西省涵盖了《国家主体功能区规划》国家层面重点开发区域中的“太原城市群”。该重点开发区域包括山西省中部以太原为中心的部分地区。其功能定位是：资源型经济转型示范区，全国重要的能源、原材料、煤化工、装备制造业和文化旅游业基地。

煤电基地与国家层面上限制开发区域中的汾渭平原主产区有部分重叠，但汾渭平原同时也是矿产资源富集区。针对这类区域，《国家主体功能区规划》明确提出“能源和矿产资源开发，往往只是‘点’的开发，将一些能源和矿产资源富集的区域确定为限制开发区域，并不是要限制能源和矿产资源的开发，而是应该按照该区域的主体功能定位实行‘点上开发、面上保护’”的要求，基地规划总体符合这一指导思想；煤电基地区域范围有国家自然保护区、风景名胜区和森林公园等国家层面禁止开发单元，但基地电源布局均远离以上环境敏感点。

在能源与资源的开发布局方面，煤电基地开发规划基本符合国家主体功能区规划要求和定位。《国家主体功能区规划》要求山西省“合理开发煤炭资源，积极发展坑口电站，继续发挥保障全国能源安全的功能，除满足本地区能源需要外，应主要保障京津冀、山东半岛、长江三角洲、珠江三角洲、东陇海、海峡西岸、中原、长江中游等城市化地区及其周边农产品主产区和重点生态功能区的能源需求。”山西目前已落实与北京、天津、江苏、浙江、湖南、湖北、山东 7 省市的 5 700 万 kW 外输电市场。本次规划项目的建设实施，不仅可以扩大晋电外送规模，促进和保障京津冀及其他用电地区提高清洁能源利用比例，满足其用能需求，为国家整体能源结构优化调整发挥了重要作用。

（2）与山西省主体功能区划协调性分析

基地范围几乎囊括了山西省大部分市县，因此基地不可避免地与三类主体功能区大面积重叠；从矿区层次来看，20.4%矿区用地位于重点开发区，54.9%属于限制开发的重点生态功能区，24.6%位于限制开发的农产品主产区，本次规划涉及的矿区规划环评皆已通过审查；从电厂布局来看，4 个电厂位于重点开发区，1 个布局于农产品主产区内，4 个布局于重点生态功能区，禁止开发区内均未布置电厂。

考虑到电厂布局在区位优势明显、资源富集等发展条件较好的区域，符合主体功能区规划“突出重点，点状开发”的据点式开发原则。同时也满足“开发与发展的关系”的要求，即限制开发区并不是限制发展，也允许适度开发能源和矿产资源，允许发展那些不影响主体功能定位、当地资源环境可承载的产业。

2．与生态环境保护规划政策协调性分析

（1）与生态功能区划协调性

煤电基地区域范围有国家自然保护区、风景名胜区和森林公园等国家层面禁止开发单元，但基地电源布局均远离以上环境敏感点。因此基地电源布局范围国土没有涉及国家层面的重要生态功能区。

山西省生态功能区划为 5 个生态区、15 个生态亚区、44 个生态功能区。依据区域主导生态功能，44 个生态功能区可归属为 6 类生态功能区。大部分电厂分布在煤炭、有色金属开发与生态系统恢复类型生态功能区，个别电厂分布在农牧业生产类型为主的生态功能区和城市发展与城郊、盆地农业类型生态功能区。基本符合生态功能区主导功能要求。

（2）与环境保护政策协调性分析

规划合理选用清洁高效的发电机组，建设高度节水的空冷机组和高参数、大容量、高效率的机组，煤耗、水耗符合《国家发展改革委关于燃煤电站项目规划和建设的有关要求的通知》（发改能源〔2004〕864 号）、污染物排放和区域污染物削减等符合《关于落实大气污染防治行动计划严格环境影响评价准入的通知》（环办〔2014〕30 号）和《关于促进煤炭安全绿色开发和清洁高效利用的意见》（国能煤炭〔2014〕571 号）的要求。为进一步提升煤电高效清洁发展水平，国家发展改革委、环境保护部、国家能源局联合印发《关于印发〈煤电节能减排升级与改造行动计划（2014—2020 年）〉的通知》（发改能源〔2014〕2093 号），提出“东部地区新建燃煤发电机组大气污染物排放浓度基本达到燃气轮机组排放限值，中部地区新建机组原则上接近或达到燃气轮机组排放限值，鼓励西部地区新建机组接近或达到燃气轮机组排放限值”。规划要求新增装机全部为空冷机组，除热电联产和兼顾供热项目外耗水指标不超过 0.12 m^3/s。同时《关于推进全省燃煤发电机组超低排放的实施意见》（晋政办发〔2014〕62 号）为进一步贯彻落实《大气污染物防治行动计划》，提高了火电行业的准入条件，要求从 2014 年 8 月 30 日起，全省新建常规燃煤和低热值煤发电机组全部分别执行超低排放标准Ⅰ、Ⅱ，排放浓度与发改能源〔2014〕2093 号要求一致。

3．与区域发展目标、定位的协调性分析

规划符合山西是全国重要煤电能源基地的定位。2014 年 6 月 9 日国家能源司发布《国家能源局关于推进大型煤电外送基地科学开发的指导意见》（国能电力〔2014〕243 号），提出要稳步、科学推进锡林郭勒盟、鄂尔多斯、晋北、晋中、晋东、陕北、宁东、哈密、准东 9 个大型煤电基地建设，到 2020 年逐步形成一批以外送电力为主的现代化千万千瓦级大型煤电基地。山西省布局有晋北、晋中、晋东 3 大外输电煤电基地，扩大晋电外送规模，促进山西省的经济发展，同时满足周边北京、河北、天津、山东等地区电网负荷增长需要，支持周边地区清洁能源利用和煤炭总量控制目标的实现，缓减地区环境压力。

基地依托的矿区与电源点布局基本符合《山西省主体功能区规划》要求；规划电厂

5 个为“上大压小”项目，5 个为集中供热替代低矮大气污染源项目，规划电厂全部执行超低排放标准，满足《山西省“十三五”环境保护规划》有关煤电行业污染物减排要求。

4．与相关输电通道规划的协调性分析

山西外部电力消纳市场现已基本落实，在 2009 年特高压投运之初，山西省政府分别已与山东、湖南两省签订战略合作框架协议，与江苏省政府签订战略合作备忘录。山西煤电基地规划外输电通道及相关进度见表 11-4。

表 11-4　山西煤电基地现有及规划外输电通道

序号	通道名称	输电能力/万 kW	建设进度
1	大同二电厂—房山三回线	450	已投运
2	神头二电厂—保北双回线	350	已投运
3	阳泉—石家庄各 2 回 500 kV 交流	170	已投运
4	阳城电厂—江苏 2 回 500 kV 交流	330	已投运
5	晋东南—荆门—湖南 3 回 1 000 kV 交流	500	已投运
6	潞城—邯东—聊城 2 回 500 kV 交流	200	已投运
	小　计	2 000	
7	内蒙古—晋北—北京西—天津南 1 000 kV 交流双回线路	250	国家加快推进
8	山西晋北至江苏±800 kV 直流工程	800	国家加快推进
9	榆横—晋中—石家庄—济南—潍坊 1 000 kV 交流双回线路	200	国家加快推进
10	山西盂县电厂至河北南网 500 kV 双回线路	200	国家加快推进
	小　计	1 450	
11	陇彬—晋东南—江苏 2 回 1 000 kV 交流	500	规划建设
12	晋东南—荆门—湖南 3 回 1 000 kV 交流（扩建）	500	规划建设
13	晋北—浙江直流±800 kV 直流	800	规划建设
14	晋中—山东±800 kV 直流	800	规划建设
	小　计	2 600	
合　计		6 050	

上述 14 条输电通道中 6 条（1～6）为山西现有输电通道，通道能力合计 2 000 万 kW；4 条（7～10）为《国家能源局关于加快推进大气污染防治行动计划 12 条重点输电通道建设的通知》（国能电力〔2014〕212 号）要求新建重点外输电通道，也是《关于开展落实大气污染物防治行动计划电网实施方案》的规划通道，通道能力约 1 450 万 kW，为本次规划外送电项目依托的电网通道；4 条（11～14）为国家电网规划及设想新增通道，其外输电线路的落实正在推进过程中，通道能力为 2 600 万 kW。

本次规划新增 9 个备选煤电项目中，4 个项目为配套外送电项目，装机规模为 800 万 kW，本次规划外送电项目依托的 4 条电网通道能力为 1 425 万 kW，能够满足新增外送电装机需求。

（四）规划环境影响识别与评价指标体系建立

1．规划环境影响识别

本案例仅分析电源点建设的环境影响，以电厂可能产生的环境影响为基础，分析识别规划方案的实施可能对自然环境和社会环境产生的影响，以及各种影响与规划决策因素（选址、规模、布局）的关系。环境影响识别具体情况统计见表 11-5。

表 11-5　规划煤电项目实施环境影响识别一览表

主要议题	主要的影响环境行为或主要影响	正/负效应	影响程度	影响时段	与规划决策的相关性
（1）占用土地					
占用土地	(a) 永久改变土地利用类型，农业用地或荒草地等转化为工业用地，减少农业种植面积，改变原有的生态功能	N	★★	L	用地规模
	(b) 大幅度提高土地单位面积的产值	B	★★★	L	
（2）生态环境					
珍稀物种	各电厂选址及邻近无珍稀物种				选址
生态敏感区	规划中的个别电厂邻近自然保护区、风景名胜区	N	★★★	L	选址
湿地	不涉及湿地				选址
重要水体/饮用水水源地	电厂选址及邻近无重要水体或饮用水水源地				选址
（3）地下水					
供水	电厂禁止开采地下水，用水来源主要为中水，其次为地表水				供水规划
地下水	(a) 硬化地面，减少废水下渗	N	★	L	功能区布局
	(b) 有些地方浅层地下水埋深较浅，表土层对地下水的防护性能较差	N	★★★	L	选址/功能区布局
	(c) 化学品泄漏可能污染地下水	N	★	L	选址
（4）水资源与水环境质量					
供水	(a) 电厂供水可能增加区域供水压力或影响生态用水需求	N	★★★	L	电厂选址/供水规划
	(b) 电厂不建地下水取水设施	—	—	—	供水规划
废水处理/排放	(a) 建设污水处理设施，电厂废水处理后全部回用不外排	B	★	L	污水处理方案
中水回用	(a) 减小水资源和水环境压力	B	★★	L	供水规划
（5）能源利用与环境空气质量					
能源消费	燃煤增加向大气排放烟尘、SO_2、NO_x 等污染物	N	★★	L	规模
工业供热	(a) 集中供热，减小周围地区污染物排放，采用除尘、脱硫、脱硝技术	B	★	L	供热规划
	(b) 总体规模过大可能使区域空气质量降低	N	★★	L	规模

主要议题	主要的影响环境行为或主要影响	正/负效应	影响程度	影响时段	与规划决策的相关性
废气排放	（a）电厂常规大气污染物排放，对大气环境构成压力	N	★★★	L	规模
	（b）导致区域环境空气质量下降	N	★★★	L	规模/布局
	（c）废气对周围环境产生影响	N	★★	L	选址/布局
（6）固体废物管理					
生活垃圾	收集后送城市垃圾卫生填埋场处理	N	★★	L	规划/项目
粉煤灰、炉渣及脱硫石膏	首先选择综合利用，暂时不能利用的做填埋处置	N	★★	L	产业类型
危险废物	由有资质的专业处理公司收集，并安全处置处理	N	★★	L	规模
（7）风险管理					
大气环境	有害气体如液氨泄漏对周边大气环境和人员健康影响	N	★★	Sh	脱硝剂
水环境	液体化学品泄漏对地下水及附近河流水环境的影响	N	★★	Sh	选址
安全	存在液氨运输风险，对本企业及周边村庄、城市安全影响	N	★★	Sh	选址/布局
（8）历史文化遗产、城市建成区和旅游					
历史文化遗产	没有在历史、文化古迹方面的损失	—	—	—	选址
城市建成区	除热电厂机组外，电厂不得建在城市建成区	—	—	—	选址
旅游	没有对旅游资源方面的损失	—	—	—	选址
（9）防洪与防震					
防洪	防洪能力设计为（20 年一遇）	N	★	L	选址
地震	按标准设计建筑物和做基础处理	—	—	—	选址
（10）社会经济与生活					
搬迁安置	（a）原住居民失去土地，由农民变为城市居民，解决居住问题	B	★	L	选址/规模
	（b）形成一定的就业需求	N	★★	Sh	规划方案
投资与就业	大规模的开发建设为各公司和层次人群增加各种投资、创业和就业机会	B	★★	L	规划方案
交通（与区外连接）	各电厂皆邻近国道、省道或县道，交通便利	B	★★	L	选址
公建与服务设施	按城市建设标准配套公建和服务设施	B			规划方案

注：B—有利影响；N—不利影响；空白—与具体的管理有关；★—较少；★★—中等；★★★—显著；L—长期影响；Sh—短期影响。

经环境影响识别，应关注规划项目实施二氧化硫（SO_2）、氮氧化物（NO_x）、可吸入颗粒物（PM_{10}）、细颗粒物（$PM_{2.5}$）和汞等大气污染物排放、粉煤灰等固废排放的处理处置和综合利用等情况，同时也应关注分析煤电电源布局对生态敏感区、饮用水水源地、自然保护区等敏感区域的影响。

2. 环境目标与评价指标体系

（1）环境目标

以促进山西煤电产业清洁、绿色发展为目标，通过规划优化调整、提升火电行业环保技术水平和环境管理手段，大幅降低火电行业污染排放贡献，促进区域大气环境质量改善；电厂生产用水优先采用城市污水处理厂中水和矿井水，不挤占生态、生活用水，产业废水趋零排放；拓宽固体废弃物综合利用途径，促进灰渣 100%综合利用；优化电厂选址，减少规划实施对自然保护区、风景名胜区及泉域保护区等敏感目标的影响。

（2）评价指标体系

综合规划内容、环境背景调查和规划实施所涉及环境保护重点内容，确定的评价指标见表 11-6。

表 11-6　规划环境影响评价指标

<table>
<tr><th>项目分类</th><th colspan="2">评价指标</th><th>规划目标值</th><th>至 2020 年评价值</th></tr>
<tr><td rowspan="3">大气环境</td><td colspan="2">SO_2 排放浓度限值/（mg/m^3）</td><td>—</td><td>35</td></tr>
<tr><td colspan="2">NO_x 排放浓度限值/（mg/m^3）</td><td>—</td><td>50</td></tr>
<tr><td colspan="2">烟尘排放浓度限值/（mg/m^3）</td><td>—</td><td>5</td></tr>
<tr><td>水环境</td><td colspan="2">例行监测断面达标情况</td><td>—</td><td>现状定量分析</td></tr>
<tr><td rowspan="4">生态环境</td><td colspan="2">土地利用变化</td><td>—</td><td rowspan="4">改变较小，不会引发生态环境问题</td></tr>
<tr><td colspan="2">植被覆盖率</td><td>—</td></tr>
<tr><td colspan="2">土壤侵蚀</td><td>—</td></tr>
<tr><td colspan="2">景观格局变化</td><td>—</td></tr>
<tr><td rowspan="6">资源消耗与循环利用</td><td colspan="2">60 万 kW 及以上机组平均供电耗煤/［g 标准煤/（kW·h）］</td><td>302</td><td>302</td></tr>
<tr><td colspan="2">发电耗水量/［m^3/（GW·s）］</td><td>0.1</td><td>0.1</td></tr>
<tr><td rowspan="2">灰渣综合利用率/%</td><td>热电厂</td><td>100</td><td>100</td></tr>
<tr><td>其他电厂</td><td>100</td><td>100</td></tr>
<tr><td colspan="2">污水处理率/%</td><td>100</td><td>100</td></tr>
<tr><td colspan="2">废污水回用率/%</td><td>100</td><td>100</td></tr>
<tr><td>环境管理与风险防范</td><td colspan="2">灰场场地防渗率/%</td><td>—</td><td>100</td></tr>
</table>

注：“—”指规划中未列的指标。

山西省涉及的外输电通道见表 11-4，有关输电通道作为本次规划外输电的依托通道，是本次规划需要满足的约束条件之一。

点评：

1．煤电基地规划方案概述主要包括基地电力装机总目标、新增装机规模、备选电源建设方案、电网建设方案、外送通道能力以及环境保护规划等。本案例的规划概述简明、清晰。原报告书中对规划方案的环境保护要求也进行了详细阐述。

2．在规划的协调性分析中，本案例主要分析了规划方案与国家和地方主体功能区规划、生态环境保护政策与规划、区域能源发展规划的符合与性，与输电通道规划以及其他相关规划的协调性，分析内容较全面，但还应进一步分析煤电基地备选电源点。2020 年投产装机规模与国家煤电调控、去产能等有关政策的符合性。此外，本规划有 4 个电源点布局于山西省重点生态功能区内，报告书应根据重点生态功能区的保护要求，重点分析电源点建设与区域生态服务功能定位的协调性。

3．本案例结合规划内容、环境背景调查和规划实施主要环境问题开展了环境影响识别，确定了规划实施的环境目标，建立了评价指标体系，各项量化指标符合国家、地方及行业的有关要求。不足之处：一是在环境影响识别中，应考虑煤电基地水资源短缺的制约因素；二是建立的评价指标体系仅仅只考虑了火电规划项目的评价指标，没有综合考虑煤炭开采的评价指标。

三、区域概况与煤基产业发展回顾

（一）自然环境（略）

（二）资源概况（略）

（三）社会经济概况（略）

（四）火电行业发展回顾

1．火电布局与规模

晋北煤电基地位于山西北部，涉及大同市、忻州市、朔州市的 20 个县（市、区），现有煤电装机容量 1 508 万 kW，占全省的 26.34%。

晋中煤电基地位于山西中部和西部，涉及太原市、晋中市、临汾市、吕梁市的 36 个县（市、区），现有煤电装机容量 1 103 万 kW，占全省的 19.27%。

晋东煤电基地主要位于山西东部，涉及阳泉市、长治市、晋城市的 25 个县（市、区），现有煤电装机容量 1 531.3 万 kW，占 26.75%。

山西省火电行业火电总装机容量呈现上升趋势。根据环境保护火电核查信息统计，2010—2015 年，山西省火电总装机容量从 4 229 万 kW 增加到 5 959 万 kW，为 2010 年的 1.41 倍。2010—2015 年山西省火电行业电力装机发展情况见图 11-3。

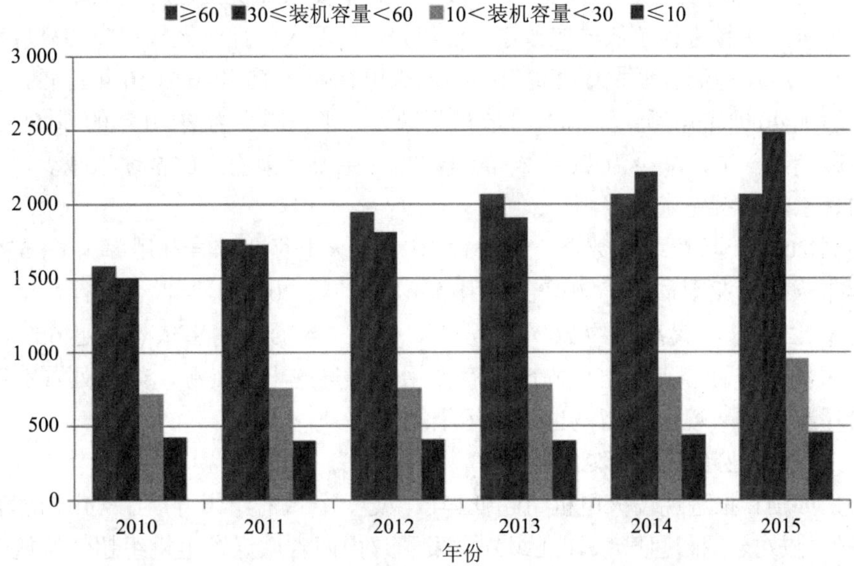

图 11-3　2010—2015 年山西省火电行业电力装机发展情况

2. 火电行业排污分析

2011 年我国第三次修订发布《火电厂大气污染物排放标准》（GB 13223—2011），大幅提高排放浓度限值要求，2012 年 1 月 1 日新建电厂执行新标准，2014 年 7 月 1 日起现役火电机组全面执行新标准。2014 年山西省政府印发了《关于推进全省燃煤发电机组超低排放的实施意见》（晋政办发〔2014〕62 号），在全国率先全面推行火电行业大气污染物超低排放限值控制要求，本次规划环评大气污染物排放烟尘、二氧化硫、氮氧化物（以 NO_2 计）执行晋政办发〔2014〕62 号要求，汞及其化合物、烟气黑度（林格曼黑度）执行 GB 13223—2011 标准，具体指标见表 11-7。

表 11-7　规划项目大气污染物排放标准　　单位：mg/m^3（烟气黑度除外）

标准＼污染物		烟尘	二氧化硫	氮氧化物（以 NO_2 计）	汞及其化合物	烟气黑度（林格曼黑度）/级
GB 13223—2011	燃煤锅炉一般限值	30	100	100	0.03	1
	燃煤锅炉特别排放限值	20	50	100	0.03	1
晋政办发〔2014〕62 号	常规燃煤发电机组	5	35	50		
	低热值煤发电机组	10	35	50		

山西省经信委 2015 年《关于印发〈山西省现役燃煤发电机组超低排放提速三年推进计划〉的通知》（晋经信电力字〔2015〕77 号），要求加快推进现役火电机组按照晋政办发〔2014〕62 号进行超低排放改造。近年来，山西火电行业大气污染物排放控制要求连续升级，产业清洁水平大幅度提升。山西火电行业 2015 年与 2010 年比较，在火电装机规模增加 40.9%的情况下，SO_2 排放量削减近一半，减少为 2010 年的 50.9%；NO_x 排放量削减超过一半，减少为 2010 年的 49.8%。主要污染物排放量逐年减少，火电行业污染治理水平不断提高。

根据 2015 年环境统计数据，山西省 2015 年火电行业综合利用率为 64.57%。山西省近年来火电行业固体废弃物综合利用率不断提升，2015 年全省火电行业工业固废综合利用率比 2007 年提高了约 26 个百分点。但是，综合利用率依然不足 65%，比全国平均水平低 4 个百分点。电厂固废堆存占用了大量的土地资源，如果处置不善，灰场扬尘会污染大气环境，渗滤液也可能污染地下水。

3．火电行业超低排放改造进展

为了鼓励和推进现役火电机组超低排放改造，省政府组织开展了《山西省燃煤发电机组超低排放技术推进研究》，还组织印发了《山西省燃煤发电机组超低排放改造项目省级奖补资金管理暂行办法》，部署安排全省现役单台 30 万 kW 以上 98 台机组 4 106 万 kW 中的 90 台机组 3 800 万 kW 进行超低排放改造。截至 2017 年 1 月，已改造完成并通过验收了 61 台机组（装机 2 593 万 kW），占总数量的 68.23%，已完成验收的超低排放改造现役火电项目基本信息统计表（略）。

4．火电行业淘汰落后产能计划

山西省经信委于 2016 年 5 月印发了《关于报送山西省“十三五”电力行业淘汰落后产能计划的报告》（晋经信电力字〔2016〕161 号），向国家能源局报送了山西省电力行业“十三五”期间淘汰落后产能的计划。2017—2020 年山西省淘汰落后产能的计划包括山西侯马晋田热电有限责任公司的 1#机组和 2#机组等 10 台机组，淘汰火电小机组项目清单见附件（略）。

5．近期热电联供、集中供热、电代煤等措施情况

2016 年下半年，山西省城乡采暖“煤改电”改项试点工程全部开工建设，对太原市、大同市、晋中市的部分村庄进行试点建设，加快散烧煤替代步伐。在集中供热方面，2013—2016 年全省城镇集中供热率提高 7.5 个百分点达到 87.5%。另外，山西省政府印发了《山西省落实大气污染防治行动计划实施方案》及每年的行动计划、《山西省 2013—2020 年大气污染治理措施的通知》、《山西省大气污染防治 2017 年行动计划（征求意见稿）》和《关于进一步控制燃煤污染改善空气质量的通知（征求意见稿）》等，要求提高集中供热、供气率，以清洁能源替代散煤燃烧。积极发展热电联产，推行集中供热。整合现有分散供热锅炉和小型供热机组，适度建设大型热电联产机组，推进区域热电联产、工业余热回收利用，加快城市集中供热管网等基础设施建设改造。在适宜的供

热距离范围内，发电项目须向附近县城集中供热，应尽可能兼顾周边工业企业和居民集中供热需要，以集中供热替代分散小锅炉供热，以削减污染物排放量。

6．火电行业历史发展存在的环境问题

（1）火电行业大气污染物排放量及固废产生量较大

电力行业 SO_2、NO_x 和烟尘等燃烧型污染物排放较多，燃烧残余物粉煤灰和炉渣生成量也较大。根据环境统计数据，2015 年全省火电行业核定 SO_2 排放量占全省排放量的 38.0%，NO_x 排放量占全省的 36.0%。2014 年山西省工业固体废弃物产生总量为 30 198 万 t，火电行业的固体废弃物产生量为 6 499 万 t，占全省工业固废的 21.5%。

（2）排放标准日趋严格，大气污染防治水平亟待提高

随着《火电厂大气污染物排放标准》（GB 13223—2011）新标准以及超低排放标准的实施，火力发电锅炉执行的排放浓度限值要求进一步严格。根据《山西省燃煤发电机组超低排放改造项目省级奖补资金管理暂行办法》，部署安排全省现役单台 30 万 kW 以上 98 台机组 4 106 万 kW 中的 90 台机组 3 800 万 kW 进行超低排放改造。截至 2017 年 1 月，已改造完成并通过验收了 61 台机组（装机 2 593 万 kW），占总数量的 68.23%，尚有 29 台机组未完成提标改造任务。

（3）粉煤灰历史堆存量大，综合利用率不高

山西省是能源大省，煤电产业一直是国民经济的重要支柱，发展历史长，装机总量大，相应粉煤灰的累计产生量也较大。据统计，截至“十二五”末，山西全省粉煤灰排放量达 4.6 亿 t，静态存量约为 2.1 亿 t，灰场占地面积约 2 万余亩。山西省在过去 50 年间利用粉煤灰约为 2.5 亿 t，虽然利用总量较大，但综合利用率不高。

点评：

开展区域煤基产业发展回顾分析是本案例的特点，通过规划所在省份三大煤电基地火电行业发展现状的调查分析，包括电源点布局及装机规模、排污现状及超低排放改造进展、淘汰落后产能计划实施情况等，从而对该区域火电行业发展历史及存在的环境问题进行全面的梳理和了解，是非常必要的。不足之处是，案例还应对区域煤基产业发展中水资源利用存在的问题进行回顾分析。

四、区域生态环境现状及回顾性评价

结合自然保护区、饮用水水源保护区等重要环境保护目标，重点分析近年来大气环境、地表水、地下水、土壤环境等区域生态环境现状与变化。通过分析区域内煤电和相关煤炭、有色、煤化工行业规划实施引发的生态环境演变趋势，识别区域突出的生态环境问题及其成因。

环境质量现状

1. 环境空气质量现状

（1）年均浓度达标情况

按照《环境空气质量标准》（GB 3095—2012）评价，2015 年全省 11 个省辖市市区中，朔州、晋中、太原、吕梁、临汾 5 市的 SO_2 年均值超标，阳泉市的 NO_2 年均值超标，11 个市的 PM_{10}、$PM_{2.5}$ 年均值全部超标。

11 个省辖市市区 SO_2 占标率范围为 73%～127%，其中朔州市市区超标最为严重；NO_2 占标率范围为 65%～103%，其中只有阳泉市市区浓度超标；PM_{10} 占标率范围为 111%～163%，各市市区浓度全部超标，其中太原市市区超标最为严重。$PM_{2.5}$ 占标率范围为 114%～191%，各市市区浓度全部超标，其中运城市市区超标最为严重。各市大气主要污染物浓度如图 11-4 所示。

山西省周边城市 2015 年 $PM_{2.5}$ 年均浓度分布见图 11-5。

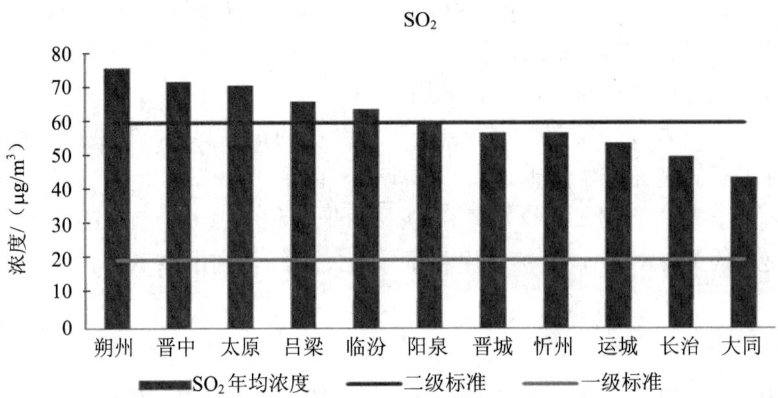

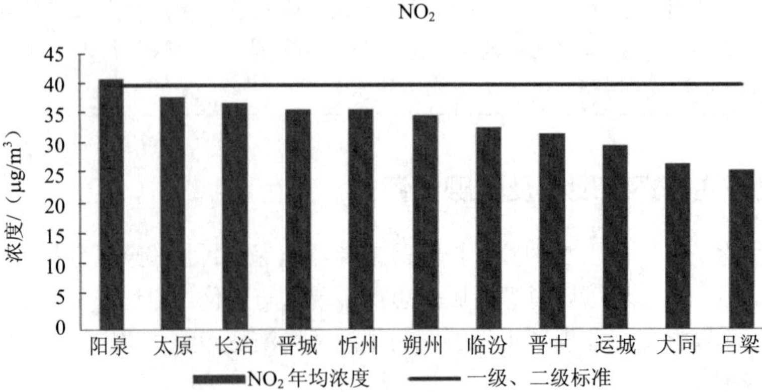

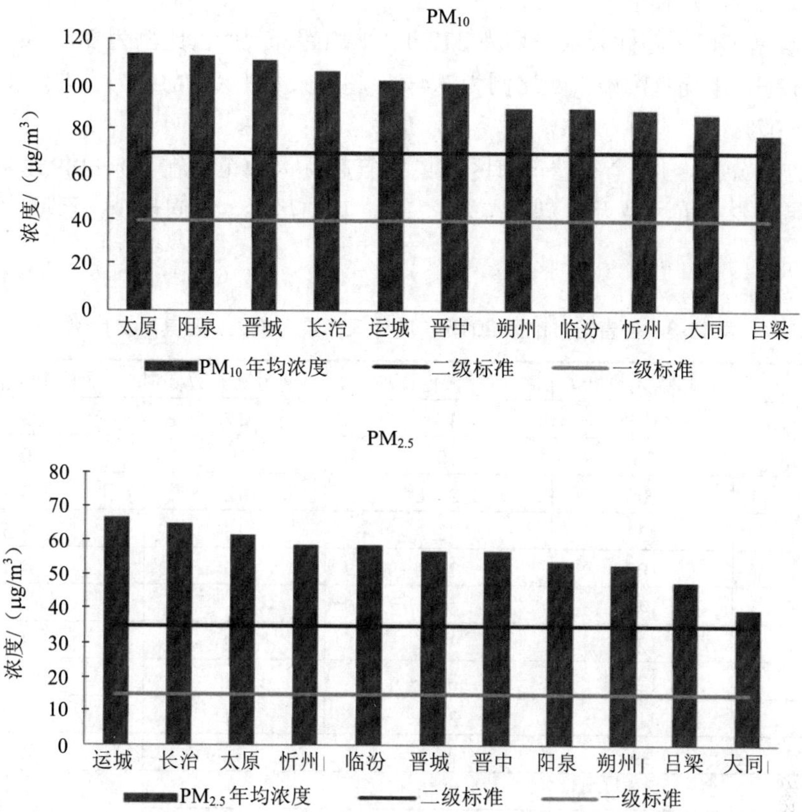

图 11-4　2015 年 11 个省辖市市区主要污染物年均浓度及达标情况

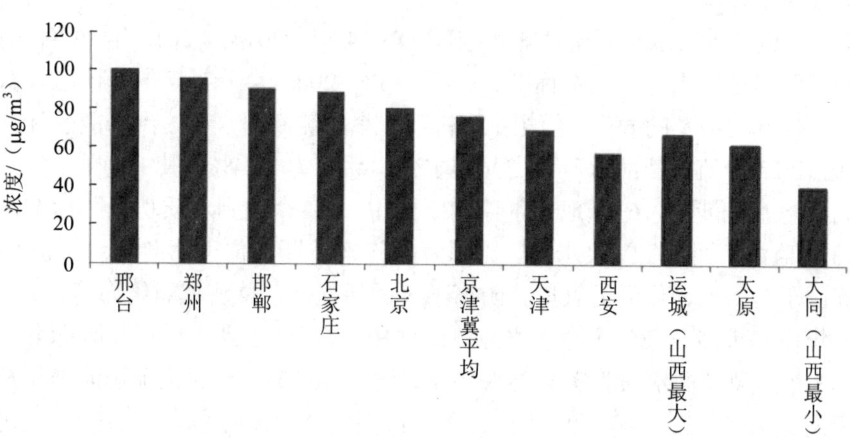

图 11-5　山西省周边城市 2015 年 $PM_{2.5}$ 年均浓度

（2）日均浓度达标情况

11 个省辖市市区超标天数平均为 112 d，平均超标天所占比例为 30.7%；重污染天数平均为 12 d，平均重污染天数比例为 3.4%；超标天数中以 $PM_{2.5}$ 为首要污染物，占超标天数的 68.7%。

各市分别分析，11 个省辖市市区环境空气超标天数范围在 73～149 d，其中朔州最多，大同最少；重污染天数范围在 1～21 d，其中吕梁、大同最少，运城、忻州最多（表 11-8）。

表 11-8　各省辖市市区 2015 年超标天（重污染天）及其所占比例

地区	超标天数/d	超标天占比/%	重污染天数/d	重污染天占比/%
太原市	135	37.0	12	3.3
大同市	73	20.0	1	0.3
阳泉市	100	27.4	12	3.3
长治市	123	33.7	13	3.6
晋城市	102	27.9	16	4.4
朔州市	149	40.8	8	2.2
晋中市	120	32.9	12	3.3
运城市	128	35.1	21	5.8
忻州市	110	30.1	21	5.8
临汾市	99	27.1	18	4.9
吕梁市	95	26.0	1	0.3
平均	112	30.7	12	—

2．水环境质量现状

（1）地表水环境现状

依据《山西省地表水水环境功能区划》（DB 14/67—2014）、2015 年山西省地表水例行监测资料和《地表水环境质量标准》（GB 3838—2002），分析煤电基地地表水水质情况可知，煤电基地涉及的 69 个监测断面中，42 个监测断面水质达到功能区标准，达标率为 60.9%。21 个监测断面水质为劣Ⅴ类水体，比例为 30.4%。其中：

晋北煤电基地涉及 16 个地表水监测断面中，11 个达到水质功能区标准，达标率 68.8%。3 个监测断面为劣Ⅴ类水体，比例为 18.75%，断面位于七里河、十里河和御河，主要超标因子为氨氮、化学需氧量、阴离子表面活性剂、总磷、氟化物等。

晋中煤电基地涉及 26 个地表水监测断面中，11 个达到水质功能区标准，达标率 42.3%。13 个监测断面水质为劣Ⅴ类水体，比例为 46.2%，断面位于汾河干流及其主要支流磁窑河、岚河、三川河、蔚汾河和文峪河，主要超标因子氨氮、总磷、生化需氧量和挥发酚等。

晋东煤电基地涉及 27 个地表水监测断面中，20 个达到水质功能标准，达标率 77.78%。6 个监测断面水质为劣Ⅴ类水体，比例为 22.22%，断面位于丹河、白水河、桃河、浊漳河和石子河，主要超标因子氨氮、总磷、氟化物和生化需氧量等。

（2）地下水环境现状

根据 2015 年山西省环境状况公报，2015 年 8 个地级市共监测 45 个监测点位，按《地下水质量标准》（GB/T 14848—93）进行评价，地下水总体水质为良好。其中，太原、朔州、吕梁市水质优良，大同、长治、晋城、临汾水质良好，阳泉市水质总硬度、硫酸盐超标，主要由地质环境背景影响所致。

（3）集中饮用水水源地水质现状

根据《2012 年度山西省地级以下城市集中式饮用水水源年度评估自查报告》统计，煤电基地共有水源地 52 个，其中湖库型水源地 3 个，其余为地下水水源地，服务人口为 314.3 万人。其中：

晋北煤电基地水源地 20 个，除赵家窑水库为湖库型外，其他均为地表水水源地，服务人口 153 万人，水质全部达标。

晋中煤电基地水源地 18 个，除石膏山水库为湖库型外，其他均为地表水水源地，服务人口为 122.5 万人。18 个水源地中 1 个不达标，1 个停用，5 个未监测，其余水源地均正常服务，水质全部达标。

晋东煤电基地水源地 7 个，除九京水库为湖库型外，其他均为地表水源地，服务人口 38 万人，水质全部达标。

3．生态环境现状

山西省地形复杂，生态类型多样，森林、湿地、草原等生态系统均有分布。全省主要土地利用类型为耕地和草地，占全省总面积的 70%以上，其中北部草地分布广泛，东部以耕地为主。全省植被覆盖以较高覆盖度为主，植被覆盖情况南部优于北部，东部优于西部。土壤侵蚀以轻度侵蚀为主，中部河谷地区土壤侵蚀情况明显轻于两侧山脉地区。基地受人类活动干扰较大，各景观类型边缘趋于平滑规则。

从美国国家航空航天局网站上获取 2012 年 MODIS 影像作为遥感数据源。采用现场调查与计算机相结合的方法，参考全国土地利用分类标准，考虑本地区实际情况，将山西省土地利用/覆盖类型分为耕地、林地、草地、水域、建设用地、未利用地六类。山西省内主要土地利用类型为耕地和草地，分别占山西省总面积的 37.00%和 28.76%。其次为林地，占总面积的 28.05%。

山西省全省和基地内主要土壤侵蚀强度均为轻度侵蚀，其次为中度侵蚀，重度侵蚀面积较小。

点评：

本案例开展了区域大气、地表水、地下水、土壤、生态环境质量现状的调查，调查范围、因子，调查方法符合有关标准与技术规范的要求，获取的基础资料翔实有效，全面反映了规划区环境质量现状。实际在原报告书中，还开展了区域生态环境演变趋势的分析与评价，这是非常重要的，通过对区域生态环境演变趋势的评价，结合区域产业发展历程的回顾，可准确识别区域突出的生态环境问题及其成因，客观判断影响规划实施的主要资源环境制约因素。

五、资源环境承载力分析

（一）大气环境承载力分析

区域主要大气污染物排放来源较多，除火电行业外，还包括钢铁、煤化工及生活面源。这里假定其他类别的污染源排放情况保持不变，着重分析煤电行业大气污染物排放变化对区域大气环境承载力的影响；由于晋北地区还规划建设煤化工基地，晋北地区进一步分析叠加煤化工基地的排污后的大气环境承载能力。

1．规划新增项目污染物排放量预测

基于各项目燃煤煤质，按规划新增项目达到超低排放估算大气污染物排放。估算结果详见表 11-9。

表 11-9 规划新增项目大气污染物排放量[①] 单位：万 t/a

区域	燃煤量	SO_2 排放量[②]	NO_x 排放量[②]	烟尘排放量[②]
晋北	1 627	0.34	0.49	0.06
晋中	1 365	0.27	0.39	0.06
晋东	922	0.26	0.38	0.04
小计	3 914	0.87	1.26	0.16

注：①年发电数以 5 500 h 计，下同；

②指《关于推进全省燃煤发电机组超低排放的实施意见》（晋政办发〔2014〕62 号）中的超低排放标准，其标准值为常规燃煤发电机组氮氧化物 50 mg/m^3、二氧化硫 35 mg/m^3、烟尘 5 mg/m^3，低热值煤发电机组氮氧化物 50 mg/m^3、二氧化硫 35 mg/m^3、烟尘 10 mg/m^3，下同。

规划新增火电项目每年约耗煤共计 3 914 万 t/a，共约排放 SO_2、NO_x、烟尘 0.87 万 t/a、1.26 万 t/a、0.16 万 t/a。

2．已核准发电项目污染物排放量

已核准发电项目按达到超低排放估算污染物排放量见表 9-10。

表 11-10 核准发电项目污染物排放量 单位：t/a

区域	SO_2 排放量	NO_x 排放量	烟尘排放量
晋北	0.6	0.9	0.17
晋中	0.6	0.8	0.15
晋东	0.6	0.8	0.16
小计	1.8	2.5	0.48

3．火电行业大气污染物削减潜力分析

对现役 30 万 kW 及以上机组实施超低排放改造、关停小机组、其他机组实施超低排放、电厂供热替代小锅炉、煤改电替代散煤五种措施下减排潜力进行估算，结果见表 11-11。

表 11-11 现有火电项目削减潜力分析 单位：万 t/a

分项	SO_2 排放	NO_x 排放	烟尘排放
现役 30 万 kW 及以上机组超低排放改造削减潜力①	11.7	6.4	2.0
关停小机组削减潜力①	0.334	0.250	0.063
其他机组实施超低排放改造削减潜力	0.66	0.95	0.19
电厂供热替代小锅炉削减潜力	1.9	1.7	3.0
煤改电替代散煤削减潜力	2.38	0.29	6.96
合计	17.0	9.6	12.2

注：① 指达《火电厂大气污染物排放标准》（GB 13223—2011）的前提下实施超低排放的或关停的削减潜力。

4．大气环境容量可承载性分析

考虑规划新增项目排放、在建拟建项目排放、现役 30 万 kW 及以上机组超低排放改造削减、供热替代小锅炉削减、关停小机组等要素，设置 5 个情景对大气环境容量可承载性进行分析，见表 11-12。

表 11-12 大气环境承载力分析情景设置

情景	情景内容
一	现状排放量+规划新增项目排放量
二	现状排放量+规划新增项目排放量+在建拟建项目排放量
三	现状排放量+规划新增项目排放量+在建拟建项目排放量−现役 30 万 kW 及以上机组超低排放改造削减量
四	现状排放量+规划新增项目排放量+在建拟建项目排放量−现役 30 万 kW 及以上机组超低排放改造削减量−供热替代小锅炉削减量
五	现状排放量+规划新增项目排放量+在建拟建项目排放量−现役 30 万 kW 及以上机组超低排放改造削减量−供热替代小锅炉削减量−关停小机组削减量

将不同情景下的大气污染物排放总量与大气环境容量进行对比，分析大气环境容量对规划建设项目大气污染物排放的承载情况。不同情景下大气污染物排放量、容量利用率见表 11-13。

表 11-13 预测不同情景下大气环境容量利用情况

情景		排放量/万 t					容量利用率/%				
		一	二	三	四	五	一	二	三	四	五
SO_2	晋北	20.6	21.2	17.5	17.0	17.0	64.5	66.5	54.9	53.4	53.4
	晋中	41.3	41.8	37.9	36.7	36.6	89.3	90.5	82.0	79.5	79.2
	晋东	28.3	28.8	24.7	24.5	24.3	93.1	95.0	81.4	80.6	79.9
	小计	90.1	91.8	80.1	78.2	77.9	83.0	84.7	73.9	72.1	71.8
NO_x	晋北	11.7	12.6	10.4	9.9	9.9	34.9	37.6	30.8	29.6	29.6
	晋中	21.8	22.6	20.7	19.7	19.4	45.0	46.6	42.9	40.7	40.2
	晋东	22.1	22.9	20.6	20.4	20.3	42.9	44.4	40.0	39.5	39.5
	小计	55.6	58.1	51.7	50.0	49.7	41.6	43.5	38.7	37.4	37.2
PM_{10}	晋北	14.3	14.4	13.8	13.1	13.1	101.8	103.0	98.3	93.1	93.1
	晋中	39.7	39.9	39.2	37.4	37.3	109.6	110.0	108.2	103.1	102.9
	晋东	27.0	27.2	26.6	26.2	26.2	124.6	125.3	122.3	120.5	120.5
	小计	81.0	81.5	79.6	76.6	76.5	112.6	113.2	110.5	106.4	106.3

按所有规划项目达到超低排放核算，预测新增项目约排放 SO_2、NO_x 和烟尘 0.87 万 t/a、1.26 万 t/a、0.16 万 t/a，叠加在建拟建发电项目后，规划项目总计约排放 SO_2、NO_x 和烟尘 2.76 万 t/a、3.76 万 t/a 和 0.64 万 t/a。现役 30 万 kW 及以上机组在 GB 13223—2011 基础上完成超低排放改造，约可分别减排 SO_2、NO_x 和烟尘 11.7 万 t/a、6.4 万 t/a 和 2.0 万 t/a，分别是规划新建项目及在建项目排放量的 4.2 倍、1.7 倍和 3.1 倍，火电行业总的排放量可以大幅降低。考虑供热替代小锅炉削减以及关停小机组后，可削减量进一步增加，整个火电行业大气污染物排放量将进一步减少。

将基地不同情景下的大气污染物预测排放量与环境容量进行对比，可以看出，因为现状 PM_{10} 超标普遍，在各种情景下 PM_{10} 环境容量利用率较高，SO_2 和 NO_x 的容量较为宽裕。

考虑各种削减情景后，现役 30 万 kW 及以上机组完成超低排放改造的削减量已经超过新建、在建项目排放量，火电行业排放总量大幅降低，再考虑供热替代、关停小机组等其他削减措施后，各项指标的容量利用率进一步降低，但 PM_{10} 的容量利用率仍超过 100%。单纯通过煤电行业的升级改造及供热替代难以使各城市空气质量全部达到目标要求，必须在新建、在建煤电项目执行最严格的排放标准、现役机组高标准提标改造、电厂集中供热的同时，通过清洁能源替代、扬尘污染控制、机动车污染防治等区域削减措施对区域大气环境综合治理。

（二）水资源承载力

1. 水资源总量

根据《山西煤电基地科学开发规划水资源论证报告》，山西煤电基地多年平均（1956—2000 系列）水资源总量 123.8 亿 m^3，其中河川径流量 86.77 亿 m^3，地下水资源量 84.04 亿 m^3，重复计算量 47.01 亿 m^3。山西煤电基地水资源总量分布情况表（略）。

按基地来看，晋北煤电基地水资源总量占山西煤电基地水资源总量的 29.10%，晋中煤电基地水资源总量占山西煤电基地水资源总量的 45.43%，晋东煤电基地水资源总量占山西煤电基地水资源总量的 25.47%。

2. 水资源利用现状

根据山西省水资源公报，按用途划分，各行业用水见图 11-6。

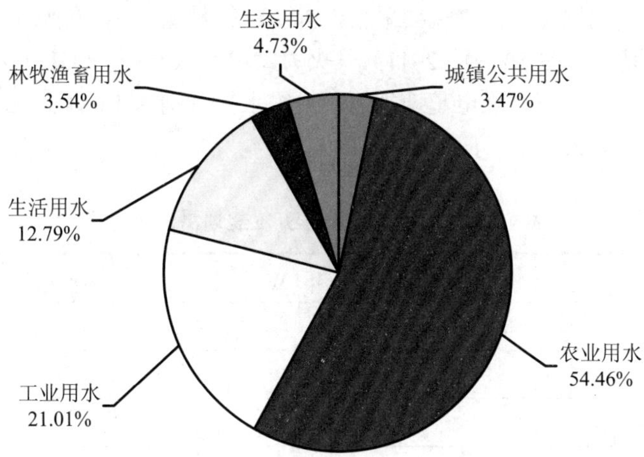

图 11-6　山西省 2013 年用水结构

3. 规划新增项目配套水源分析

规划新增项目配套水源途径主要有城市污水处理厂中水、矿井水、引黄工程供水及少量的当地地表供水工程。山西煤电基地规划新增项目配套水源的水资源量见表 11-14。

表 11-14　煤电基地规划新增项目配套水源的水资源情况*　　单位：万 m^3/a

煤电基地	城市中水水资源量	矿井水水资源量	引黄工程水资源量	区域地表水工程水资源量	配套水源水资源总量
晋北	3 120	147	4 681	0	7 948
晋中	2 523	0	1 803	224	4 550

煤电基地	城市中水水资源量	矿井水水资源量	引黄工程水资源量	区域地表水工程水资源量	配套水源水资源总量
晋东	1 606	0	0	0	1 606
合　计	7 249	147	6 484	224	14 104

注：* 基于《山西煤电基地科学开发规划水资源论证报告》及部分涉及煤电项目的水资源论证报告分析统计。

4．规划新增项目需水量

根据国家能源局关于推进大型煤电基地科学开发建设的指导意见，新建空冷机组用水定额不应大于 0.1 m^3/（s·GW）。按照《山西煤电基地科学开发规划水资源论证报告》测算方法，依据水利部办公厅《水利部办公厅关于做好大型煤电基地开发规划水资源论证工作的意见》（办资源〔2013〕234 号）及“大型煤电基地开发规划水资源论证技术要求”，山西省煤电基地发电规划项目需水规模采用定额法进行预测，主要用水指标执行《大中型火力发电厂设计规范》（GB 50660—2011）、《火力发电节水导则》（DL/T 783—2001），经测算，晋北、晋中、晋东三个煤电基地规划项目需水量分别为 1 081 万 m^3、989 万 m^3、788 万 m^3，共计 2 858 万 m^3，详见表 11-15。

表 11-15　山西煤电科学开发规划需水量

煤电基地	装机规模/万 kW	新增项目需水量/万 m^3
晋北基地	532	1 081
晋中基地	412	989
晋东基地	400	788
合计	1 344	2 858

5．水资源承载力分析

规划项目优先采用污水处理厂中水和矿井水，不足部分或不具备利用条件的采用引黄工程、地表水工程等水源。本次规划新增备选项目共需水 2 858 万 m^3/a，详见表 11-16。

表 11-16　煤电基地项目需水量占比分析*　　单位：万 m^3/a

基地	规划新增项目需水量	规划新增项目配套水源水资源总量					规划新增项目用水量占基地水资源量的比例/%
		中水	矿井水	引黄水	本地地表水	小计	
晋北基地	1 081	3 120	147	4 681	0	7 948	13.60
晋中基地	989	2 523	0	1 803	224	4 550	21.74
晋东基地	788	1 606	0	0	0	1 606	49.07

基地	规划新增项目需水量	规划新增项目配套水源水资源总量					规划新增项目用水量占基地水资源量的比例/%
		中水	矿井水	引黄水	本地地表水	小计	
小　计	2 858	7 249	147	6 484	224	14 104	20.26
规划新增项目需水量		1 792	147	755	164	2 858	—
规划新增项目需水量占各水源水资源量的比例/%		24.72	100	11.64	73.21	20.26	—

注：* 基于《山西煤电基地科学开发规划水资源论证报告》及部分涉及煤电项目的水资源论证报告分析统计。

规划新增项目利用中水 1 792 万 m^3/a，矿井水 147 万 m^3/a。在作为电厂项目生产供水之前，这部分中水和矿井水经处理后全部排入附近河道，出水水质虽可达到《地表水环境质量标准》（GB 3838—2002）中Ⅲ类水质要求，但相对于水质良好的天然水体，各因子浓度会增加，可能对地表水水质造成影响。作为规划新增项目生产供水水源后，可有效减少河流地表水体污染物的排放，有利于区域地表水环境质量的改善。

规划新增项目地表水（包括引黄水）用量为 919 万 m^3/a，占地表水（包括引黄水）可配置利用水量的 13.7%，不会明显改变用水格局，且地表水剩余水资源量是在扣除枯水年份河段最低生态基流量的基础上设计的，同时已扣除现有用户的取水量，因此，取用地表水不会大幅挤占其他用水，不会对区域水生态造成重大影响。

（三）煤炭资源承载力

山西煤电基地可用于发电原煤量（扣除外销和其他用途燃煤后用于山西省发电煤的资源量）433.61 Mt/a，可满足规划新增装机容量 1 344 万 kW 的用煤需求。详见表 11-17。

表 11-17　可支撑规划常规燃煤装机容量统计表

区域	可用于常规燃煤发电煤量/（Mt/a）	理论可支撑装机规模/万 kW	常规燃煤现役装机规模/万 kW	核准电厂装机规模/万 kW	可支撑新增常规燃煤装机规模/万 kW	规划新增装机规模/万 kW	可否支撑
晋北基地	191.18	8 437	1 663	1 156	5 618	532	可支撑
晋中基地	132.64	6 055	1 451	722	3 882	412	可支撑
晋东基地	109.79	4 900	1 488.5	1 128	2 283.5	400	可支撑

（四）生态承载力

采用生态弹性指数、资源环境承载指数和生态系统压力度来描述区域对煤电及相关产业开发利用活动的承载情况。根据生态承载力分级评价结果，综合评价区域生态承载力情况。

根据上述评价方法，确定各因子的权重和分值确定后，对区域生态弹性指数、资源环境承载指数、生态系统压力度指数进行计算，结果（略）。

根据计算结果，山西省生态系统弹性度为 36.07，按分级标准属弱稳定生态系统，说明规划区目前的生态系统自我调节能力、抗干扰和受干扰后的恢复能力较差。分析生态系统弹性指数偏低的原因，主要是地表径流指数和植被覆盖度偏低。因此，在煤电基地的开发过程中，要注重对植被的保护，加强绿化，提高植被覆盖度，同时提高用水效率，节约水资源，保护生态系统。

山西省生态系统资源与环境承载指数为 49.22，属中等承载水平，具有一定的承载能力。其中，资源承载指数属较高承载，说明总体资源相对非常丰富，而环境承载指数属低承载，表明现实环境承载力较小。因此对于山西省来说，环境承载力为制约其发展的主要因素，应加大对污染的治理力度，提高其承载力。

山西省生态系统压力度为 43.33，压力度分级为中压，其压力主要来自土地资源压力、水资源压力、旅游资源压力以及固废排放压力度等。土地资源压力度较大，说明土地生产力较低；水资源压力度较大，说明区域水资源供给能力较低。矿产资源压力小反映矿区资源丰富的特点，能够满足煤电基地煤炭供应需求。固体废物压力大，说明固体废物减量化—资源化—无害化处理能力有待提高。

山西省生态环境现状总体较为脆弱，区域生态承载力处于中等水平。因此，在煤电基地开发的过程中，应注重环境生态的修复。就煤电规划而言，大气环境、水资源和固体废物压力不容忽视。

点评：

1. 本案例大气环境承载力分析采用将五种不同情景下的大气污染物排放总量与大气环境容量进行对比，分析大气环境容量对规划电源项目大气污染物排放的承载情况。采用的方法较为科学合理，可作为其他煤电基地规划环评工作的借鉴。

2. 水资源承载力分析中，优先采用城镇污水处理厂中水和煤矿矿井水，不足部分或不具备利用条件的采用引黄工程、地表水工程等水源的水资源利用原则是合理的。但同时也应考虑到矿井水水量不稳定、水质差别较大，集中收集、统一供水可能性较小，城市中水水量有限、输水管线建设投资大、难以保证稳定供水等不确定性因素和风险。应结合备选电源点的具体位置、用水量，以及与煤矿、城镇的相对位置关系，深入论证分析供水的可行性、可靠性。

六、环境影响预测与评价

（一）大气环境影响分析

本次评价范围较大，根据《环境影响评价技术导则　大气环境》（HJ 2.2—2008）中 A.2.3.2 节，“CALPUFF 模式系统适用于评价范围大于 50 km 的区域和规划环境影响评价等项目”。本次评价利用 CALPUFF（version6.42）模式对规划实施的大气影响进行模拟。

1．评价范围及网格设置

按照晋北、晋中和晋东 3 个煤电基地的范围，并考虑规划项目对北京市及河北省的跨区影响，本次评价范围确定为以 112.542°E、37.859°N 为中心点（0，0），西向 200 km，东向 430 km，南北方向各 370 km 的矩形区域，其中山西省域范围为重点评价范围，如图 11-7 所示。

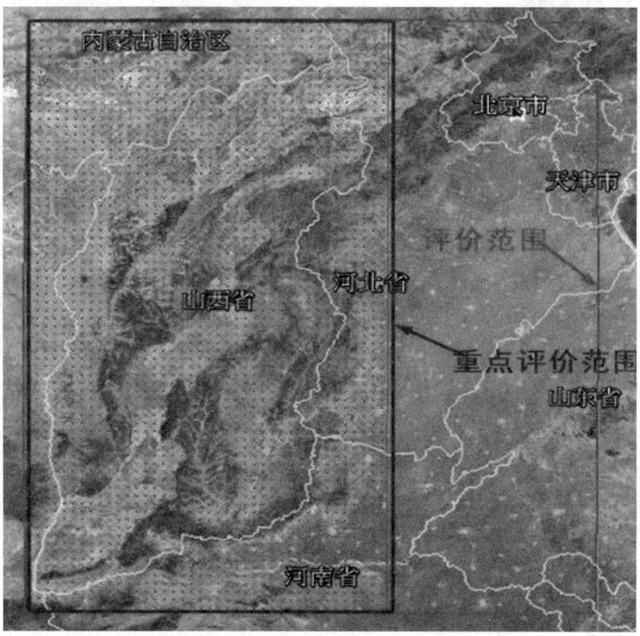

图 11-7　大气环境影响评价范围

Calmet 模块诊断风场网格：水平网格距 10 km，垂直方向 10 层（10 m，30 m，60 m，120 m，240 m，480 m，920 m，1 600 m，2 500 m，3 500 m），格点数为 4 662（63×74）个。

CALPUFF 模块计算网格：水平网格距、垂直分层、格点数同 CALMET，输入资料使用 CLAMET 的输出结果。

采样网格（Sampling Grids）：网格距 10 km，格点数 4 662（63×74）个。

2．关心点设置

本次大气环境影响评价范围较大，难以进行专门的环境空气质量现状监测，因此，这里重点评价范围山西省内将全省 11 个省辖市的市区以及煤电项目集中的其他 13 个县的行政中心设为关心点。跨界污染影响分析中在石家庄市西侧和东侧、保定市中心，以及北京市西南侧和东北侧各设 1 个关心点，关心点分布图如图 11-8 所示。

图 11-8 关心点分布

分析贡献值叠加背景值后的预测值时，由于除了 11 个市的市区外，其余各县（市、区）2015 年未正式对 $PM_{2.5}$ 等指标进行监测，为了真实反映区域的环境空气质量背景，山西省内仅对 11 个市的市区进行预测值分析。采用各关心点 2015 年环境空气质量常规监测结果作为环境空气质量背景值，其中日均浓度的预测值分析按每天的新增源贡献值叠加当天的实测值进行。

各关心点年平均浓度背景值具体取值表（略）。

3. 模拟情景设置

重点分析规划新建煤电项目、在建煤电项目的污染贡献，并综合考虑削减情景，叠加现役 30 万 kW 及以上机组超低排放改造、供热替代小锅炉、关停小机组等措施的削减，分五个情景进行模拟。具体模拟情景设置见表 11-18。

表 11-18　模拟情景设置

情景	污染源类别	预测因子	计算点	常规预测内容
一	规划新增源	SO_2、NO_2、PM_{10}、$PM_{2.5}$、Hg	关心点、网格点、区域最大地面浓度点	24 h 平均质量浓度、年平均质量浓度
二	规划新增源+在建拟建发电源	SO_2、NO_2、PM_{10}、$PM_{2.5}$	关心点	年平均质量浓度
三	规划新增源+在建拟建发电源−现役 30 万 kW 及以上机组超低排放改造①削减源	SO_2、NO_2、PM_{10}、$PM_{2.5}$	关心点	年平均质量浓度
四	规划新增源+在建拟建发电源−现役 30 万 kW 及以上机组超低排放改造①削减源—供热替代小锅炉削减源	SO_2、NO_2、PM_{10}、$PM_{2.5}$	关心点	年平均质量浓度
五	规划新增源+在建拟建发电源−现役 30 万 kW 及以上机组超低排放改造①削减源−供热替代小锅炉削减源−关停小机组削减源②	SO_2、NO_2、PM_{10}、$PM_{2.5}$	关心点	年平均质量浓度

注：①现役机组超低改造削减量取达到《火电厂大气污染物排放标准》（GB 13223—2011）的条件下，机组超低排放改造的削减量；

②机组关停的削减量取 2015 年火电核查的现状排放量。

4. 污染源参数

规划新增项目 9 个，装机总量 1 344 万 kW。

各类污染源排放参数确定方法为：

新建项目污染源：① 烟气量根据煤质利用公式计算，规划电厂有设计文件时，直接引用设计文件中煤质数据，无设计文件时，使用电厂所在矿区的平均煤质数据。② 执行《关于推进全省燃煤发电机组超低排放的实施意见》（晋政办发〔2014〕62 号）中的超低排放标准，其标准值为常规燃煤发电机组氮氧化物 50 mg/m^3（标态）、二氧化硫 35 mg/m^3（标态）、烟尘 5 mg/m^3（标态），低热值煤发电机组氮氧化物 50 mg/m^3（标态）、二氧化硫 35 mg/m^3（标态）、烟尘 10 mg/m^3（标态），下同。

在建拟建项目污染源：与新建项目污染源排放参数确定方法相同。

现役 30 万 kW 及以上机组超低排放改造削减污染源：按改造前后分别执行《火电

厂大气污染物排放标准》（GB 13223—2011）和超低排放标准，通过火电核查数据中各机组的锅炉类型，确定各机组超低排放改造前后执行的具体排放浓度限值，结合烟气量换算得到执行超低排放的排污强度。各机组超低排放改造前后的排放强度之差，即为各机组超低排放改造的削减。

供热替代面源：① 确定替代供热规模。经调查，约25个城市会因新建、在建煤电项目的建设而进行供热改造，由分散小锅炉供热改为电厂集中供热，替代供热面积约1.6万 m^2。电厂供热后所替代小锅炉按电厂供热区域内小锅炉供热占80%计，电厂供热可替代小锅炉 6 494 t。② 物料衡算法确定替代小锅炉的削减。按小锅炉供热标煤耗50 kgce/GJ、标煤折算系数0.715、脱硫率80%、除尘率90%、氮氧化物排放系数2.94 kg/t煤、采暖期152 d、日运行16 h计，估算替代小锅炉供热削减的主要大气污染物排放强度。

关停的小机组污染源：执行《火电厂大气污染物排放标准》（GB 13223—2011），通过火电核查数据中各机组的锅炉类型，确定各机组的具体排放浓度限值，结合烟气量换算得到排污强度。

$PM_{2.5}$的源强为一次源源强，排放量以占PM_{10}50%计。

规划新增源清单表（略），在建拟建发电源清单表（略），现役30万kW及以上机组超低排放改造削减源清单表（略），替代小锅炉削减源清单表（略），关停小机组削减源清单表（略）。

5．化学过程参数设置

NO_2/NO_x：本次预测假定NO_2/NO_x=0.9。

化学过程：采用MESOPUFF Ⅱ方案。O_3月际背景浓度取太原市O_3常规监测月均值；经查阅山西省内近年来部分城镇污水处理厂和生活垃圾填埋场项目环评中NH_3的现状监测结果，山西省内环境空气中NH_3的背景浓度非常低，普遍低于模型默认的10 μg/m^3，NH_3的月际背景浓度取模型默认值表（略）。其他化学过程反应参数均采用CALPUFF默认选项。

Hg的反应、输送和沉降机理：CALPUFF模型中没有Hg的反应、输送和沉降等物理化学过程，需要对其自定义。煤中的Hg在燃烧后会以气态或固态等形式排出，不同形态的汞可对环境造成不同程度和不同范围的影响及危害。气态零价汞可在大气中停留0.5～2年，能随大气环流迁移数千到数万千米，气态氧化汞则由于其水溶性和吸附性而易对周边环境造成危害。固态形式的汞则随其载体（飞灰、底渣以及脱硫副产物等）而转移。火力发电中的常规污染控制装置对烟气中的汞有较好的处理效果，颗粒态汞可随飞灰颗粒被除尘装置（ESP 或 FF）脱除；气态氧化汞具有较高的水溶性且在合适的温度下容易沉积，因此可通过湿法脱硫系统或除尘装置有效脱除；气态单质汞则具有较高的挥发性及低的水溶性，难以利用脱硫、除尘设施处理，但选择性催化还原（SCR）装置在将NO_x还原为N_2的同时，可有效促进零价汞的氧化。本次规划建设的电厂要实现达标排放，原则上都需要建设 WFGD 以及 SCR 装置，锅炉产生的烟气经过 SCR、FF 和 WFGD 装置后，90%左右为气态零价汞。这里在 CALPUFF 模型中设置 Hg 的反应、输送和沉降等参数时，将气态零价汞作为烟气中汞及其化合物的代表，扩散系数取 0.119 cm^2/s，亨利系数取 0.11 M/atm。

6. 气象数据及地理数据

常规地面观测资料使用右玉、大同、五寨、离石、阳泉、介休、临汾、长治、运城、阳城、太原 11 个基准、基本气象站，以及左云、朔州、晋城、山阴、忻州和榆次 6 个一般气象站 2015 年的逐时或逐次的观测数据。各地面气象观测站分布见图 11-9。

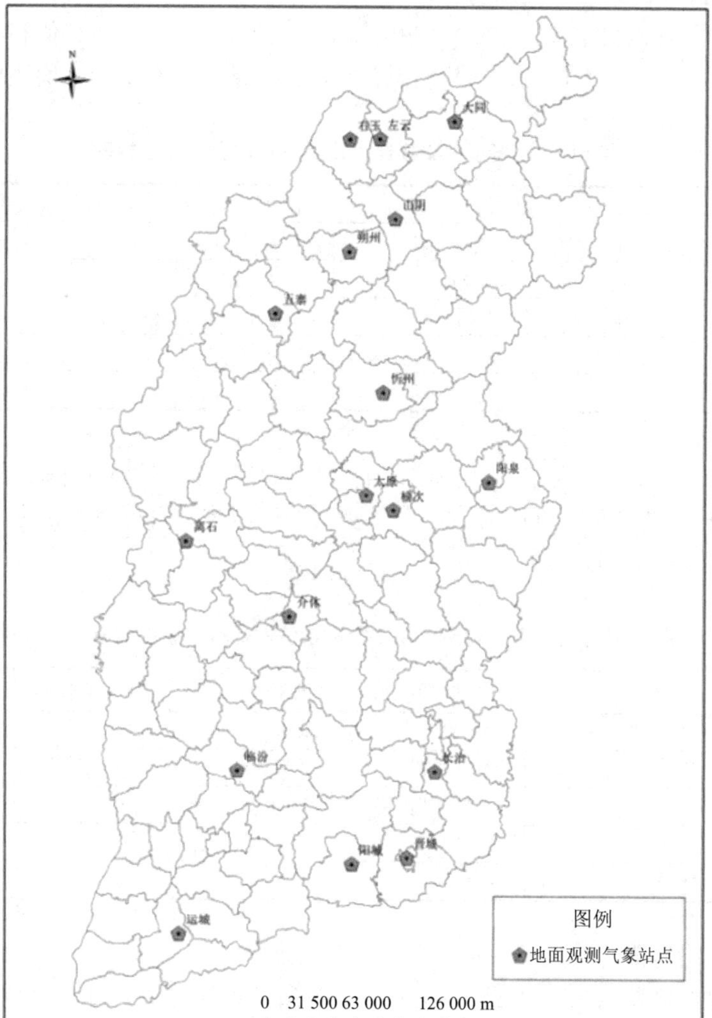

图 11-9　预测使用的各地面气象站分布示意

根据 HJ 2.8—2008，“如果高空气象探测站与项目的距离超过 50 km，高空气象资料可采用中尺度气象模式模拟的 50 km 内的格点气象资料”，本次预测高空气象资料直接采用 WRF 模式模拟的 2015 年高空数据。

WRF 中尺度数值模式模拟数据，采用了两重嵌套，水平网格距分别为 81 km 和 27 km，垂直方向 27 层。

CALPUFF 的地形数据采用 USGS 90 m 分辨率数据，陆面和植被数据采用 GLCC 1 km 分辨率数据。

7．预测浓度分析

（1）新增源（情景一）贡献值分析

① 网格点。各网格点 SO_2、NO_2、PM_{10}、$PM_{2.5}$ 及 Hg 的日均贡献值和年均贡献值均较小。所有网格点处最大日均、年均贡献值占标率如表 11-19 所示，均达标。

表 11-19　各项污染物最大日均、年均贡献值占标率

污染物	日均最大占标率/%	出现时间	年均最大占标率/%
SO_2	12.83	7月9日	1.68
NO_2	28.22	7月10日	1.65
PM_{10}	5.34	7月10日	1.03
$PM_{2.5}$	8.68	7月10日	1.83
Hg	—	—	1.86

② 关心点。各关心点处各项污染物的最大日均和年均贡献值均达标。日均浓度贡献值占标率不超过 17.13%（NO_2、河曲），年平均浓度贡献值占标率不超过 1.65%（NO_2、河曲）。具体见表 11-20。

表 11-20　所有关心点日均最大和年均贡献值占标率、所在位置及出现时间

污染物	日均占标率/%	出现时间	出现位置	年均占标率/%	出现位置
SO_2	8.19	7月9日	河曲县	1.16	平定县
NO_2	17.13	7月9日	河曲县	1.65	浑源县
PM_{10}	3.35	7月8日	河曲县	0.86	河曲县
$PM_{2.5}$	6.13	8月7日	河曲县	1.53	阳泉市区
Hg	—	—		1.36	河曲县

（2）叠加在建拟建发电源后对关心点贡献值分析

叠加在建拟建发电污染源后，各关心点处各项污染物的最大日均和年均贡献值均满足评价标准。日均浓度贡献值占标率不超过 18.74%，年平均浓度贡献值占标率不超过 4.49%，见表 11-21。

表 11-21　所有关心点日均最大和年均贡献值占标率、所在位置及出现时间

污染物	日均占标率/%	出现时间	出现位置	年均占标率/%	出现位置
SO_2	9.64	7 月 9 日	河曲县	3.22	清徐县
NO_2	18.74	7 月 9 日	河曲县	4.18	清徐县
PM_{10}	10.11	11 月 22 日	大同县	2.64	清徐县
$PM_{2.5}$	18.12	11 月 22 日	大同县	4.49	晋中市区
Hg	—	—		3.72	清徐县

（3）考虑削减源（情景三、四、五）后贡献值分析

在情景三下，现役 30 万 kW 及以上机组超低排放改造削减源对关心点的环境质量为正效益（浓度贡献值表现为负值），可以抵消新增源的影响，24 个关心点各项污染物的年均贡献值均为负值；24 个关心点的年平均贡献值（24 个关心点年均贡献浓度值的算术均值），SO_2、NO_2、PM_{10} 和 $PM_{2.5}$ 分别为−3.55 μg/m^3、−1.17 μg/m^3、−0.97 μg/m^3 和−0.69 μg/m^3。情景四和情景五下，火电行业整体的污染贡献相较情景三进一步降低。

新增源以及各类削减源年均浓度贡献值表（略）。不同情景下关心点年均浓度贡献值对比见图 11-10～图 11-13。

（4）叠加现状背景值后预测值分析

① 日均浓度。主要分析新增源的预测日均浓度值。新增源每一天的日均浓度贡献值叠加当天的实测值后，超标天数会有所增加，11 个市市区中吕梁市区增加最多（6 天），5 个市区重污染天数有轻微增加，长治市区增加最多（2 天），见表 11-22。

表 11-22　叠加新增源贡献值后 11 个市市区超标天数变化情况　单位：d

关心点	超标天数			重污染天数		
	2015 年实测	实测值叠加贡献值后	增加天数	2015 年实测	实测值叠加贡献值后	增加天数
忻州市区	100	100	0	21	21	0
长治市区	98	102	4	13	15	2
朔州市区	85	88	3	7	7	0
晋城市区	98	99	1	16	17	1
晋中市区	109	111	2	12	13	1
大同市区	55	56	1	0	0	0
临汾市区	95	96	1	18	19	1
吕梁市区	58	64	6	1	1	0
太原市区	127	132	5	12	12	0
阳泉市区	90	93	3	12	12	0
运城市区	93	97	4	21	22	1

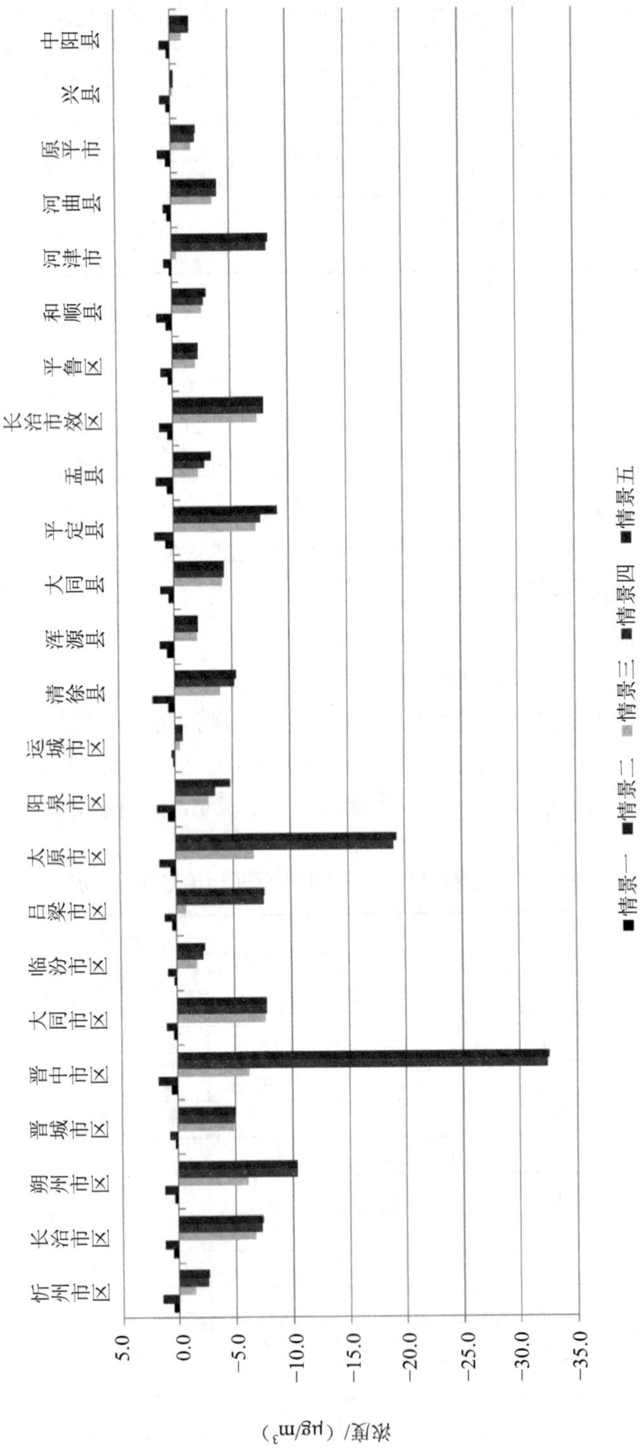

图 11-10 不同情景下 SO_2 年平均浓度值贡献值对比

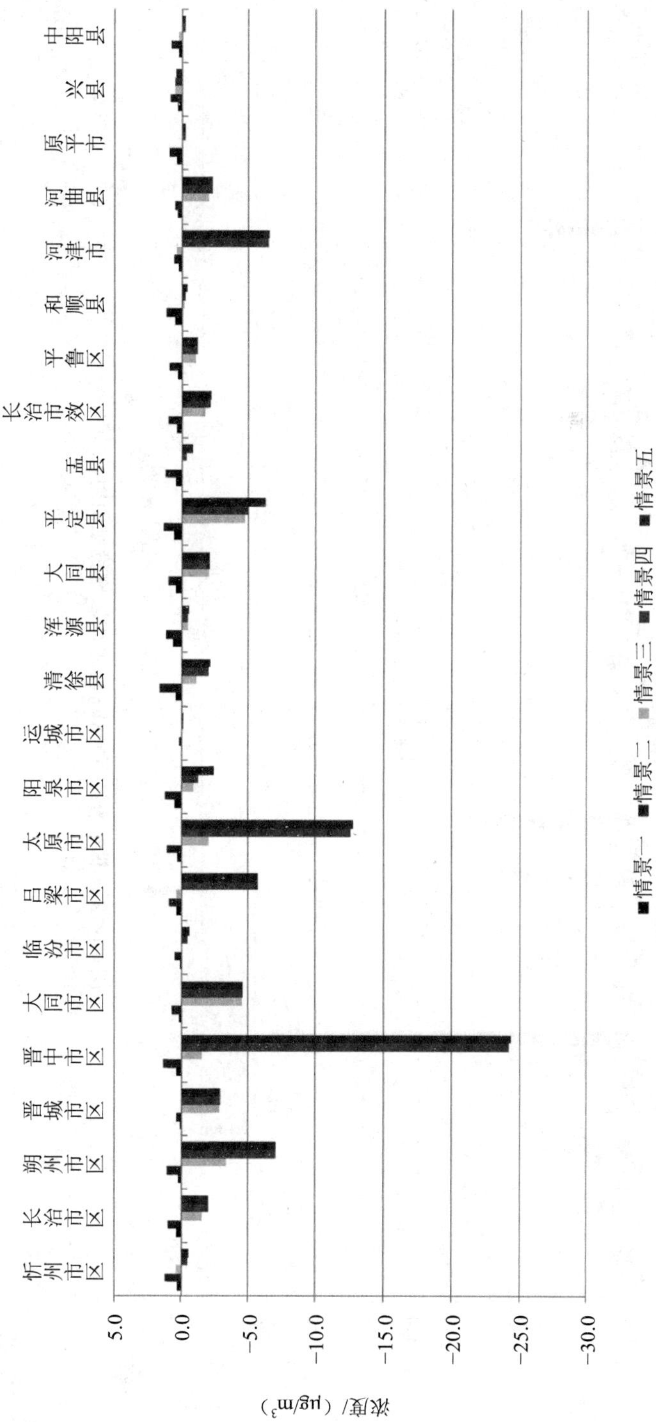

图 11-11　不同情景下 NO_2 年平均浓度值贡献值对比

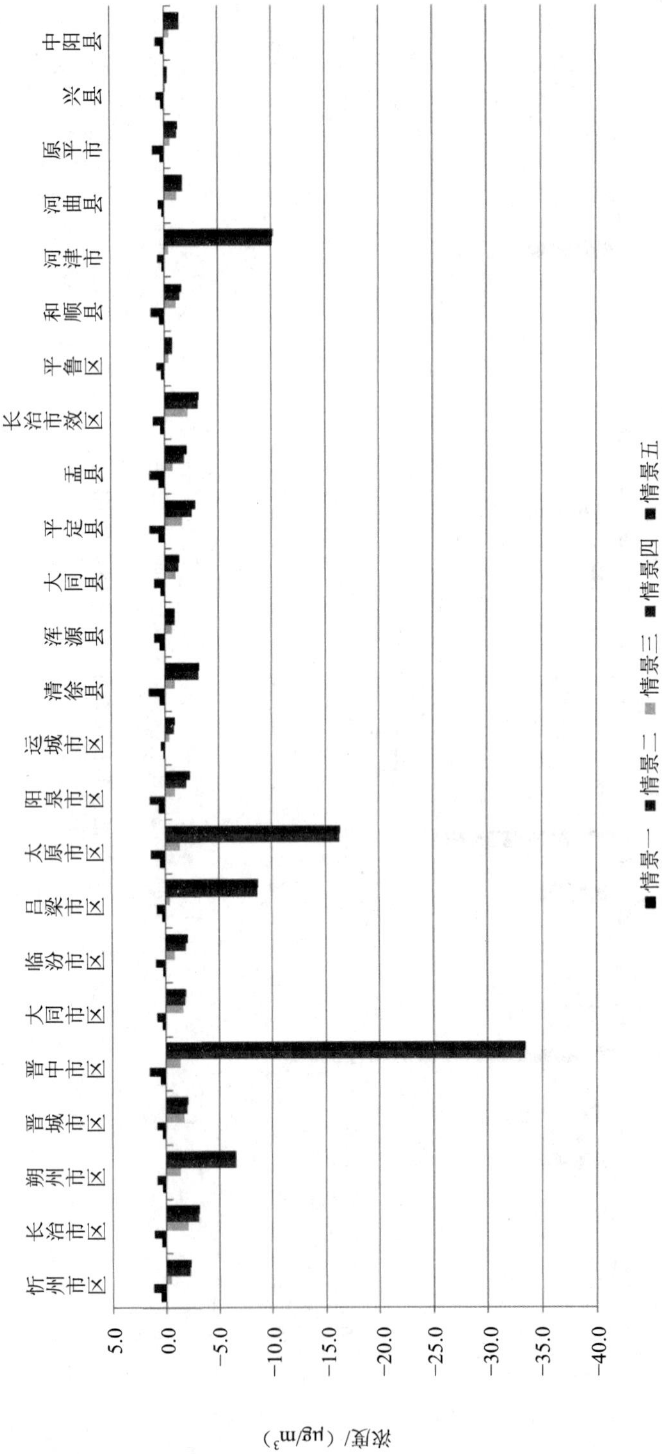

图 11-12　不同情景下 PM_{10} 年平均浓度贡献值对比

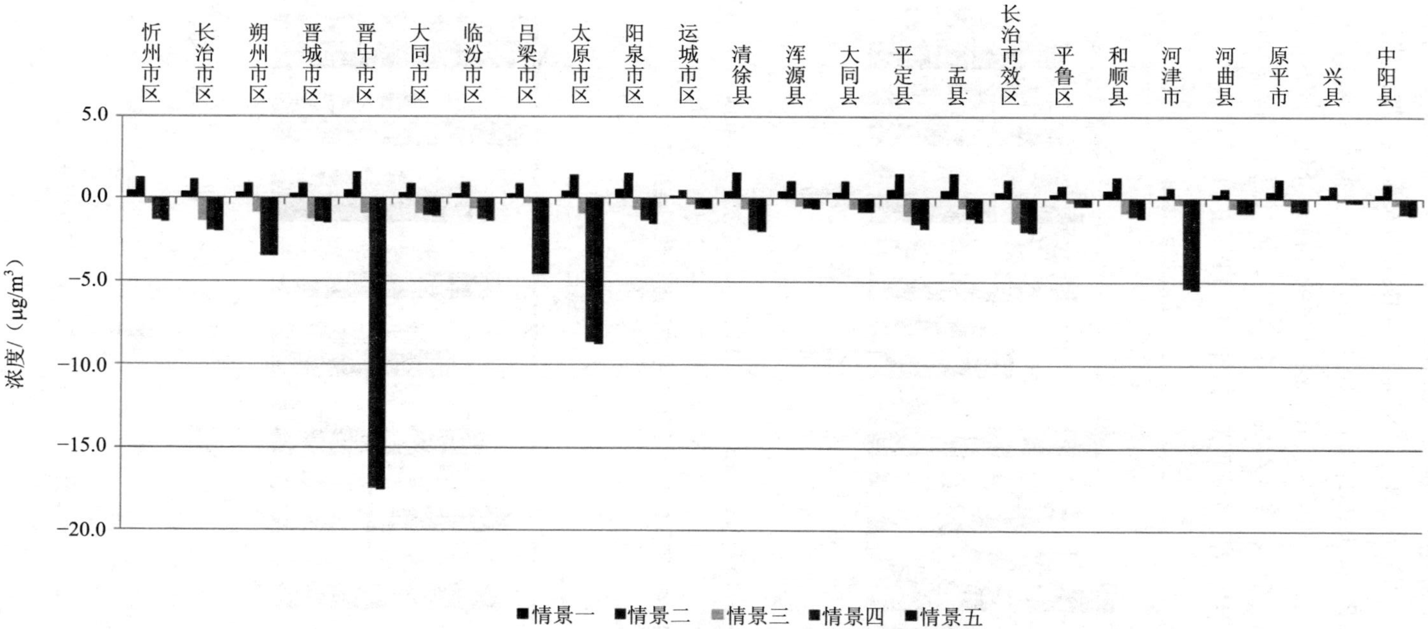

图 11-13　不同情景下 $PM_{2.5}$ 年平均浓度贡献值对比

② 年均浓度。各关心点年平均浓度，在情景一下，SO_2、NO_2、PM_{10} 和 $PM_{2.5}$ 的预测值相比现状值，分别增加了 0.59%、0.80%、0.40%和 0.62%；叠加在建拟建发电污染源的贡献后，SO_2、NO_2、PM_{10} 和 $PM_{2.5}$ 的预测值相比现状值，分别增加了 1.85%、2.61%、1.27%和 1.90%；在情景三下，预测值相比现状值有所降低，SO_2、NO_2、PM_{10} 和 $PM_{2.5}$ 分别降低 6.90%、4.30%、1.14%和 1.40%。在情景四、情景五下，降幅会进一步增加。

不同情景下关心点年均浓度预测值对比见图 11-14～图 11-17。

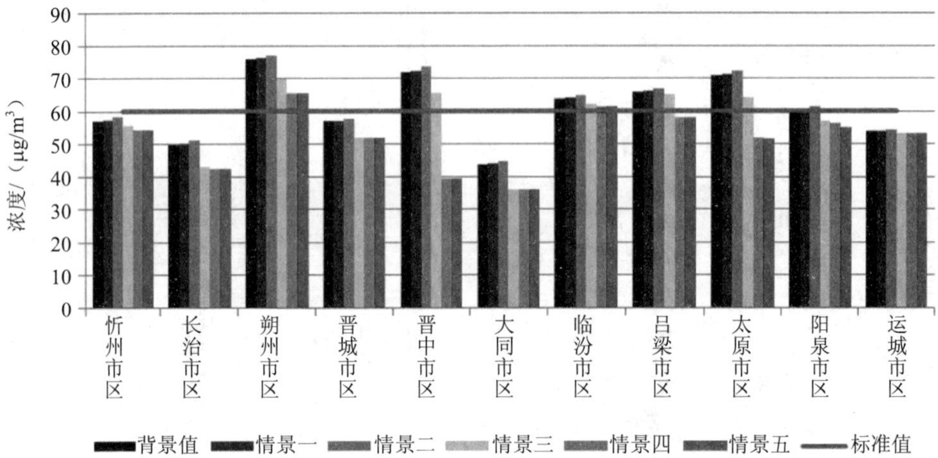

图 11-14　不同情景下 SO_2 年平均浓度值预测结果对比

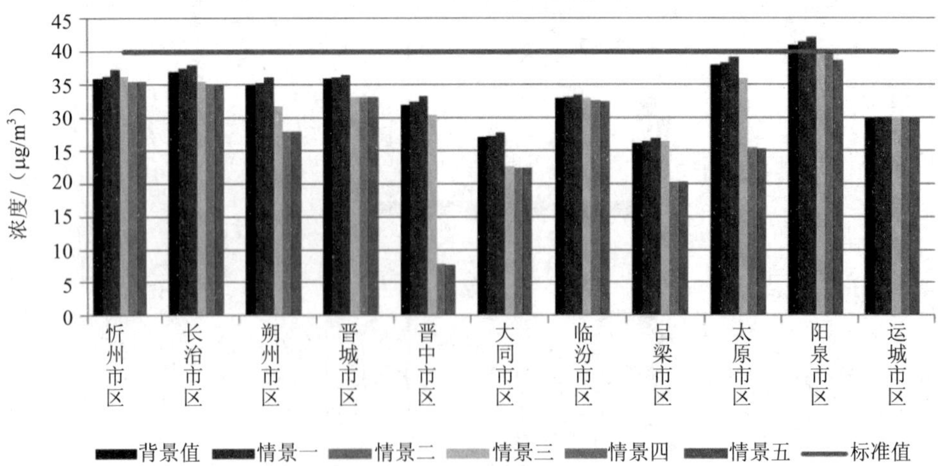

图 11-15　不同情景下 NO_2 年平均浓度值预测结果对比

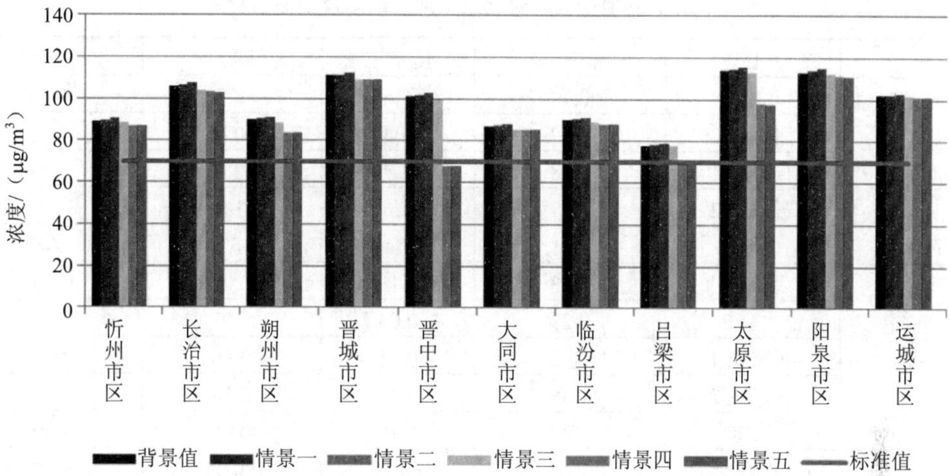

图 11-16　不同情景下 PM_{10} 年平均浓度值预测结果对比

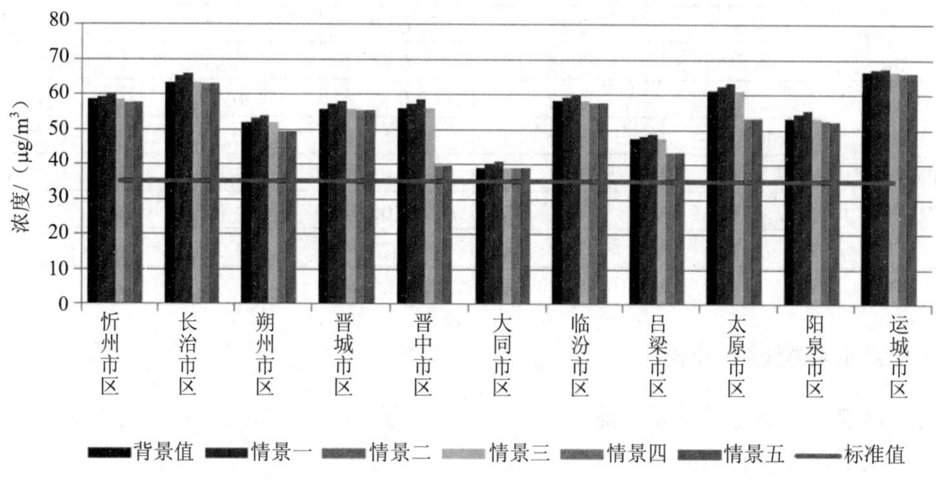

图 11-17　不同情景下 $PM_{2.5}$ 年平均浓度值预测结果对比

（5）跨界污染影响分析

针对规划实施对北京市和河北省大气环境的影响，本次评价在北京市设置两个计算点、河北设置三个计算点（图 9-8），利用 CALPUFF 模型进行了模拟。模拟结果略。规划新增项目（情景一）对北京市的年均浓度贡献值最大占标率为 1.04%，对石家庄市的年均浓度贡献值最大占标率为 1.69%，对保定市年均浓度贡献值最大占标率为 1.39%，贡献值较小。考虑叠加在建拟建发电污染源贡献及各项削减措施后，在不同情景下，削减源对大气环境的正效益大于增加污染源的不利影响，各情景下北京市、河北省计算点的年均浓度贡献值均表现为负值见表 11-23。

表 11-23 其他情景下对北京、河北的浓度贡献占标率对比 单位：%

	关心点	情景二	情景三	情景四	情景五
SO_2	北京 1	0.79	−0.63	−0.70	−0.73
	北京 2	0.47	−0.42	−0.46	−0.47
	石家庄 1	1.98	−1.72	−2.05	−2.49
	石家庄 2	1.77	−1.67	−1.95	−2.31
	保定	1.11	−1.18	−1.30	−1.42
NO_2	北京 1	0.53	0.10	0.07	0.06
	北京 2	0.29	0.04	0.03	0.02
	石家庄 1	1.62	0.45	0.26	−0.09
	石家庄 2	1.38	0.34	0.18	−0.08
	保定	0.72	0.10	0.06	0.00
PM_{10}	北京 1	1.44	−0.12	−0.34	−0.40
	北京 2	0.95	−0.10	−0.24	−0.28
	石家庄 1	2.61	−0.57	−1.29	−1.60
	石家庄 2	2.47	−0.60	−1.24	−1.53
	保定	2.03	−0.44	−0.83	−1.00
$PM_{2..5}$	北京 1	2.60	−0.17	−0.48	−0.59
	北京 2	1.72	−0.15	−0.35	−0.42
	石家庄 1	4.63	−0.95	−1.89	−2.43
	石家庄 2	4.40	−1.00	−1.85	−2.34
	保定	3.67	−0.73	−1.26	−1.58

（二）水环境影响分析

1．地表水环境影响分析（略）

2．地下水环境影响分析

（1）厂区建设阶段地下水环境影响分析（略）

（2）厂区生产运行阶段地下水环境影响分析

① 正常工况下厂区地下水影响分析。正常工况下厂区对地下水影响途径主要包括电厂排放的废污水、油作业区含油废水、含油雨水下渗等，在落实厂区各项废污水经处理达标后尽可能回收利用，厂区可能接触污水的地面硬化、隔水防渗，预计不会对地下水造成明显不利影响。

② 事故工况下厂区地下水影响分析。在事故工况下，电厂的运营可能对区域地下水造成影响。通过对电厂项目建设内容的分析，事故工况下电厂对地下水的可能影响途径主要包括：液氨储罐区防渗漏，液氨渗入地下影响地下水水质，工业废水池壁发生破裂，污水持续渗入地下，影响地下水水质。在采取设置事故水池、硬化地面等有关防渗措施

的情况下，可有效控制事故泄漏情况下对地下水的影响。

（3）服务期满后地下水环境影响分析

电厂如果服务期满后进行改造，应根据届时的最新环保要求，在建设阶段、生产运行阶段采用切实可行的地下水防治措施；如果电厂服务期满后关闭拆除，要严格执行《一般工业固体废物贮存、处置场污染控制标准》（GB 18599—2001）中的要求，必须对厂区内剩余的废污水妥善处理，不得随意外排。对于可能会对地下水造成影响的废污水贮存、处理设施拆除后的建筑垃圾应运到指定地点按要求处置。电厂服务期满停运后不再有废污水产生，只要对原有可能会对地下水造成影响的设施妥善处置，不会对地下水造成明显不利影响。

（4）灰场区地下水环境影响分析

① 建设阶段灰场区地下水环境影响分析。灰场建设内容主要为清基、修筑围堤及排水沟、敷设防渗层等。对地下水的影响途径主要为少量施工生产废水、生活污水排放。

由于灰场施工工程量较小，产生的施工废水量很小，一般采取临时沉淀处理后用于周围绿化或施工现场抑尘喷洒利用，不外排；灰场施工人员较少，产生的少量生活污水纳入村庄污水系统，灰场建设阶段对地下水影响小。

② 生产运行阶段灰场区地下水环境影响分析。灰场对地下水的影响途径主要为降雨淋滤入渗。在非降雨情况下，灰场需喷洒水湿润灰面，防止二次扬尘。但喷洒水量较少，灰场不会有水渗入地下，对地下水环境影响较小。

在降雨情况下，灰场雨水有下渗的条件。但压实灰体具有较好的保水性，一定厚度压实灰体一次降水难以形成重力入渗，一般降雨时雨水基本被灰体吸持，只有在遇到连续大降雨时，灰场雨水才可能产生下渗。按照《一般工业固体废物贮存、处置场污染控制标准》（GB 18599—2001）（2013 年修改），规划火电建设项目灰场和灰坝基底铺设复合土工膜做防渗处理，灰场防渗比例 100%。在正常工况下，灰场淋溶液不会对地下水造成污染。

③ 灰场服务期满后地下水环境影响分析。灰场服务期满后将封场。结合综合利用情况及周围标高、土地利用情况，按照《一般工业固体废物贮存、处置场污染控制标准》（GB 18599—2001）（2013 年修改）中相关要求采用相应的封场措施。尽可能将灰场内灰渣进行综合利用，封场标高可与周围环境标高相协调，灰场表面覆土还田或植树造林绿化，保持灰堤护坡及排水系统的完好并定期维护。只要按照相关规定采取合理措施进行封场，服务期满后灰场不会对周边地下水环境产生明显不利影响。

（三）生态环境影响分析

煤电基地开发对生态环境的影响主要表现在电厂和灰厂侵占土地及对地表植被和土壤侵蚀的影响等方面，以及由新增燃煤火力发电煤炭需求引发的矿区建设和开采等开发活动对生态环境的影响。

1. 对土地利用的影响

LUCC 的变化度是指某一区域某种土地利用/覆盖类型在一定时段的变化强度，土地利用/覆盖类型动态变化度能很好地反映某一区域某种土地利用类型在一定时段的变化程度和趋势。

以回顾性评价中土地利用类型面积统计数据为基础，计算 LUCC 变化度，2020 年山西省土地利用类型与现状年基本相同。

2. 对土壤侵蚀的影响

建设期对土壤侵蚀的影响主要来源于各火力发电厂工业用地、灰厂、场外公路、输电线路等施工区域。在施工过程中，由于场地平整、建构筑物基础和管沟开挖、临时堆土、弃渣流失、灰厂粉煤灰堆放、公路修筑、输电线路架设等，将严重扰动原地貌，产生大量的临时堆渣、弃土，地表植被将被清除或占压，不仅会破坏现有植被，使其丧失蓄水保水功能，而且各施工区域将受降雨等自然因素的作用产生水蚀，从而增加新的水土流失。若不能对临时弃渣进行及时的防护，水土流失将会对农业生产、地表水环境和抗洪排涝产生不利影响。

生产运营期土壤侵蚀主要表现在灰厂。灰厂由于粉煤灰的不断堆置，形成扰动后地貌，土壤侵蚀形式主要是水蚀。若不及时对裸露地表进行防护和治理，遇到暴雨，地表将受到严重的冲刷，土壤失去养分，植被失去赖以生存的物质基础，从而给当地生态可持续发展带来负面影响。

3. 对生态景观格局的影响

煤电基地的建设将在一定程度上影响当地原有的景观格局，改变项目区的景观结构，使局部地区自然或半自然的农、林业生态景观向着人工化、工业化、多样化的方向发展，使原来的自然景观类型转变为容纳工业厂房、铁路、道路、供电通话线路以及工业管道等人工景观，而且会对原来的景观进行分隔，造成空间上的非连续性和一些人为的劣质景观，造成与周围自然环境的不相协调，使评价区内的景观属性发生一定变化。

规划实施后，人工景观优势度将增加，而自然生态景观优势度将下降。然而，由于规划区范围较大，各景观变化度有限。可以预测晋北、晋中、晋东基地，草地和耕地的优势度依然保持最高，继续维持其景观模地的地位，这和规划实施前是一致的。因此，虽然评价区局部区域景观属性将受到影响，但只要对基地建设加强监管，合理布局，生态景观整体质量将不会出现较大的损失或降低。

（四）固体废弃物影响分析

1. 固废新增量

（1）一般固废

煤电基地新增电厂全部投产运营后，各电厂的一般工业固废产生总量为 957.7 万 t/a，其中电厂粉煤灰产生总量为 701.84 万 t/a，炉渣产生总量为 103.14 万 t/a，脱硫石膏产生总量为 152.73 万 t/a，规划新增电厂的生活垃圾产生量约为 0.1 万 t/a。

（2）危险废物

规划电厂实施后产生的危险废物主要为废弃 SCR 脱硝催化剂。危废类别为 HW50 中脱硝产生的钒钛系废催化剂。目前，SCR 脱硝工艺主要应用于高效煤粉锅炉，由于低热值煤发电机组均采用循环流化床锅炉，主要采用低氮燃烧+SNCR 的方式进行脱硝，故规划实施后危险废物的来源主要考虑本次规划包含的煤电项目。预计规划实施后，各电厂产生的危险废弃物约为 3 528 t/a。

2．固废综合利用途径分析（略）

3．固体废弃物环境影响分析（略）

（五）环境风险评价

1．环境风险影响识别

火电厂环境风险不涉及生产装置，主要为液氨、轻柴油和氢的储存、运输系统以及灰场的溃坝风险。储运过程中潜在的环境风险事故包括因材质设备、操作或控制等方面出现的问题而造成的容器破裂、物料泄漏、火灾爆炸、环境污染及中毒危害等。灰场溃坝主要在雨季山洪倾泻时可能发生。

2．环境风险分析

当液氨储罐发生泄漏事故时，大量泄漏的液氨将在罐区围堰内形成液池。由于液氨极易挥发，部分液氨将从液池表面挥发形成有毒蒸汽。液氨蒸汽比空气轻，能在较短时间扩散到较远的地方，污染周围空气，同时还存在遇明火回燃的危险。

灰场溃坝环境风险一般只在雨季山洪倾泻下来的时候才可能发生溃坝事故。垮坝事故可能会对附近地表水体造成重大影响。

制氢及氢的储存存在火灾危险，但不会直接造成进一步环境污染。火电厂使用和贮存轻柴油，存在泄漏造成水体污染和火灾造成大气污染的可能性。

点评：

1．本案例重点开展了规划实施大气环境影响预测与评价，预测模型及参数的选取正确，五种不同预测情景的设置与大气环境承载力分析相契合，预测方案较合理。同时，还开展了对周边河北省部分城市及北京市的跨界大气污染影响，预测内容较全面。

2．本案例生态和地下水环境影响预测相对较薄弱，仅进行了定性描述和原则性的分析。煤电基地的实施必然新增煤炭产能，加大区域煤炭开采力度，而煤炭资源开发将加大对区域生态环境和地下水资源的破坏。特别是对于规划所在的省份而言，半个多世纪的煤炭开采已对矿区生态环境造成了严重影响，地下水位下降、泉域水资源枯竭问题突出。因此，应开展一定深度的生态和地下水环境影响分析。

七、环境影响减缓措施

立足大气环境质量改善，提出煤电基地所在区域大气污染物削减方案、大气污染防控对策，以及受电区域控制煤电行业发展的政策建议。统筹制订煤电基地环境保护和生态修复方案，细化水资源循环利用方案，分类明确固体废物综合利用、处理处置的有效途径和方式。制订有针对性的跟踪评价方案，对煤电基地开发产生的实际环境影响、环境质量变化趋势、环境保护措施落实情况和有效性做好监测和评价。

（一）严格落实环保“三线一单”管理要求

严守生态保护红线、环境质量底线、资源利用上线。

确保规划备选项目或其他新的项目不与生态保护红线重叠，严格落实环评中已划定的禁止建设区、限制建设区、适宜建设区三大类空间管制要求。

环境质量底线是容量管控手段。为了完成国家下达的环境质量考核目标，要严格落实环评提出的环境质量改善和考核目标。

资源利用上线是环境准入要求。从环境管理角度，要严格执行规划环评提出的火电行业的环境准入条件。

（二）大气环境影响减缓措施

1．新建机组全部执行超低排放

新建常规燃煤和低热值煤发电机组全部执行超低排放，其中常规燃煤机组执行超低排放标准Ⅰ：NO_x 50 mg/m^3，SO_2 35 mg/m^3，烟尘 5 mg/m^3；低热值煤发电机组执行超低排放标准Ⅱ：NO_x 50 mg/m^3，SO_2 35 mg/m^3，烟尘 10 mg/m^3。

2．现役机组逐步进行超低排放改造

按照《关于推进全省燃煤发电机组超低排放的实施意见》（晋政办发〔2014〕62 号）的要求，依照超低排放标准Ⅰ、Ⅱ，2017 年年底全省单机 30 万 kW 及以上燃煤机组全部或部分主要污染物环保设施完成改造。

3．强化对超低排放的监管

执行超低排放标准的机组，应同步配套建设合适的在线监测设备。政府相关部门应研究制订超低排放监测和监管方案，加强监测比对，严格质量管理，确保升级改造实效。

4．实施热电联产，实现区域削减

适宜的供热距离范围内，发电项目须向附近县城集中供热，应尽可能兼顾周边工业企业和居民集中供热需要，采用热电联产或具备一定供热能力的机组，以集中供热替代分散小锅炉供热，削减污染物排放量。

在水资源得到保障的前提下，煤电项目尽量与煤化工项目配套建设，利用电厂锅炉

提供煤化工生产中需要的大量蒸汽，减少煤化工项目自备锅炉的建设。

5．加强电厂无组织面源控制

所用燃料优先采用运煤皮带或铁路专用线运输。粉煤灰必须采用全封闭方式运输。汽车运输燃料、炉渣、脱硫石膏等须采取严密的防止抛撒的措施。为有效控制无组织排放，电厂须建设全封闭煤场。

6．严格落实国家大气污染防治有关要求

严格执行《京津冀及周边地区落实大气污染防治行动计划实施细则》，地级及以上城市建成区，除必要保留的以外，全部淘汰每小时 10 蒸吨及以下燃煤锅炉、茶浴炉；到 2017 年年底，所有工业园区以及化工、造纸、印染、制革、制药等产业集聚的地区，逐步取消自备燃煤锅炉，改用天然气等清洁能源或由周边热电厂集中供热。

7．晋北煤化工基地自备锅炉全部执行超低排放

煤化工项目蒸汽用量较大，若全部由自备燃煤锅炉供汽，需大规模建设燃煤锅炉，锅炉污染物排放量也较大。因此，晋北煤化工基地应尽量利用电厂锅炉提供蒸汽，若要建设自备燃煤锅炉，锅炉烟气应同新建电厂锅炉一样执行超低排放。

8．淘汰、改造旧机组，实现增产减污

以在发展中拉动企业投资的方式，以新电厂建设为驱动力，积极引导和推进煤电行业淘汰、改造旧机组，实现煤电行业污染物增产减污。大气环境质量超标地区新建煤电项目，需通过淘汰小机组、现有机组提标改造、集中供热、淘汰小锅炉等措施，做到大气污染物排放增 1 减 2，切实改善区域环境空气质量。

（三）节水及水污染防治措施（略）

（四）固体废物影响减缓措施（略）

（五）生态影响减缓措施（略）

（六）环境风险防控措施（略）

（七）管理措施（略）

（八）项目环评重点与要求（略）

点评：

火电行业大气污染物排放量大，对环境空气质量的影响显著。目前煤电基地所在区域已无大气环境容量，需要采取切实可行的区域大气污染物削减措施，为规划新增电源项目的实施腾出环境容量。因此，应针对山西省火电行业装备水平较低的发展现状，进一步分析区域大气污染减排潜力，明确具体的减排途径、实施方案和时间表。

八、生态环境监测与跟踪评价方案（略）

九、规划方案综合论证

（一）规划规模合理性分析

1．大气环境承载能力

从对区域大气污染物浓度贡献来看，规划新增源污染贡献较小。排放浓度按达超低排放限值测算，其对各关心点中年均浓度占标率贡献最大不超过1.65%，污染贡献较小。

在严格落实各项环境管理政策，完成超低排放改造、关停小机组、供热替代等各类削减任务情况下，火电行业排污量明显下降，总体上大气环境可以承载规划的火电规模。

2．水资源供需平衡分析

山西属水资源相对缺乏的地区，水资源利用率较高。根据国家发改委《关于燃煤电站项目规划和建设有关要求》，本次规划项目严格落实“优先采用城市中水，禁止采用地下水，严格控制使用地表水，鼓励利用城市污水处理厂中水或其他废水”的原则，生产用水以城市中水和矿井疏干水为主，补充使用引黄工程和当地地表供水工程供水。规划新增项目配套水源的水资源总量为14 104万m^3/a，用水量为2 858万m^3，水资源可承载规划建设规模。规划新增项目补充使用的引黄工程及地表水供水工程水量约占配套水源水资源总量的14%，不会大幅影响区域用水格局。

3．输电通道分析

山西现有外输电通道能力合计2 000万kW，《国家能源局关于加快推进大气污染防治行动计划12条重点输电通道建设的通知》中有4条涉及山西省，通道能力合计1 450万kW。

规划新增的9个备选项目中，4个项目为配套外送电项目，装机规模为800万kW，外输电通道能力能够满足新增外送电装机外输电需求。

（二）规划布局合理性分析

规划新增备选项目厂址均不在自然保护区、风景名胜区等禁止开发区范围，全部位于矿区范围，规划布局合理。

（三）规划指标合理性分析

1．资源利用水平

根据《关于印发〈煤电节能减排升级与改造行动计划（2014—2020 年）〉的通知》（发改能源〔2014〕2093 号）的有关要求，本规划提出的“60 万 kW 及以上机组设计供电煤耗不高于 312 g/（kW·h），除热电联产和兼顾供热项目外耗水指标不超过 0.12 m^3/s”，应调整为“新建煤电项目 60 万 kW 级空冷机组设计供电煤耗不高于 302 g/（kW·h），30 万 kW 级空冷机组设计供电煤耗不高于 327 g/（kW·h），60 万 kW 级空冷机组设计供电煤耗不高于 320 g/（kW·h）。新建 60 万 kW 装机空冷机组设计耗水指标不高于 0.1 m^3/（GW·s），百万机组年耗水总量不超过 252 万 m^3”。

2．行业污染控制水平

规划提出火电厂需同步配套建设湿法脱硫除尘设施、脱硝设施，满足《火电厂大气污染物排放标准》（GB 13223—2011）新建电厂和 2014 年之后现有机组适用的排放限值要求；太原市新建电厂执行《火电厂大气污染物排放标准》（GB 13223—2011）表 2 特别排放限值。而依据国家发改委、环保部、能源局于 2014 年 9 月联合发布的《煤电节能减排升级与改造行动计划（2014—2020 年）》的通知（发改能源〔2014〕2093 号），我国中部地区新建机组原则上接近或达到燃气轮机组排放限值，山西省属中部地区，应按文件要求执行。根据山西省人民政府办公厅于 2014 年 8 月发布的《关于推进全省燃煤发电机组超低排放的实施意见》（晋政办发〔2014〕62 号），到 2020 年，全省单机 30 万 kW 及以上常规燃煤、低热值煤发电机组大气主要污染物排放分别确保达到超低排放Ⅰ、Ⅱ，其中，超低排放标准Ⅰ：NO_x50 mg/m^3，SO_2 35 mg/m^3，烟尘 5 mg/m^3，超低排放标准Ⅱ：NO_x50 mg/m^3，SO_2 35 mg/m^3，烟尘 10 mg/m^3。原规划内容要求达到《火电厂大气污染物排放标准》（GB 13223—2011）表 1 一般排放限值要求或特殊排放限值要求均已不能满足上述环保要求，应做出调整。另规划未明确汞排放控制要求，应当明确治理措施和达标排放要求。

规划提出要求对热电厂灰渣综合利用率 100%，对于其他电厂灰渣综合利用率达到 80%，处置率 100%。根据《关于促进黄河中上游能源化工区重点产业与环境保护协调发展的指导意见》（环发〔2011〕182 号）、《山西省低热值煤发电项目核准实施方案》等要求，规划项目灰渣处理率应调整为全部达到 100%。

（四）环境目标可达性分析

在规划实施过程中，采取电力行业全面提标超低排放改造、区域替代、集中供热、淘汰小机组等区域污染治理措施，可以达到预计的环境目标。

点评：

本案例从大气环境承载能力、水资源供需平衡分析，以及输电通道建设三个方面分析了煤电基地规划规模的合理性；根据新增备选电源项目厂址与各类环境敏感保护目标的位置关系分析了规划布局的环境合理性；结合最新产业和环保政策标准，分析了规划的资源利用水平和污染控制水平。规划的综合论证分析内容较全面，但还应根据大气环境影响程度和范围、区域削减措施的进度和效果，以及水资源承载力的可靠性，进一步优化规划电源项目的建设时序。

十、公众参与和省际会商

本次公众参与的形式主要包括发放调查问卷、召开公众参与座谈会、网络公示等，调查对象主要有山西省相关政府部门、项目所在县（市、区）环境保护局和发展改革委、国家及山西省规划环评方面的专家、本规划包括的发电企业和关注本次规划及规划环评工作的环境保护团体和个人等，并与北京市发改委、河北省发改委就山西煤电基地开发规划开展了省际会商。

本次公众参与和省际会商的反馈意见主要包括合理布局、合理规模，提升设备水平和污染治理水平，提高控制标准，拓展灰渣综合利用等方面。对于专家、部门提出的意见建议，本次规划环评全部采纳并且在报告中做了相应的调整完善。

点评：

根据环保部《关于做好煤电基地规划环境影响评价工作的通知》（环办〔2014〕60号），山西省和内蒙古自治区编制的煤电基地规划环境影响报告书，应根据报告书结论建议开展京津冀及周边地区环评会商，形成会商意见，重点从减缓跨界影响的角度提出规划方案优化调整和加强区域联防联控等方面措施建议。因此，本案例开展了与北京市、河北省有关部门的省际会商，并根据会商反馈意见对环评报告书进行了调整完善。

十一、评价结论与建议

（一）评价结论

规划总体基本符合国家和山西省有关规划和政策，满足“三线一单”的要求，规划内容符合山西省煤炭资源分布、发电需求实际，在落实规划环保措施和本次环评所提规划规模、布局、措施的优化调整建议的前提下，规划实施将落实国家外输电大型煤电基地建设有关精神、促进山西循环经济发展、提高煤炭资源利用率、减少电力行业的大气污染物排放总量、增加外输清洁电能和改善环境空气质量，对于优化国家整体能源结构、促进山西省资源型经济转型发展具有十分重要的意义，从环境保护角度是可行的。

（二）建议（略）

案例分析

该规划环评报告书编制内容简洁、格式规范、评价重点突出，评价方法基本正确，评价内容总体符合环保部《关于做好煤电基地规划环境影响评价工作的通知》（环办〔2014〕60 号）的有关要求。报告书关于规划所在区域生态环境现状与变化趋势的调查分析内容较全面，数据翔实有效；有针对性地开展了区域煤基产业发展回顾分析，对影响规划实施的主要资源环境制约因素分析较为客观；区域大气环境承载力分析方法合理，可作为类似规划环评大气环境承载力分析工作的借鉴；规划实施大气环境影响预测评价内容较全面、具有一定的深度；开展的公众参与工作和周边省市会商工作规范有效；提出的优化调整建议具有一定可操作性。

需要强调的是，本规划环评编制过程中，与《规划》的编制部门开展了有效的互动，基于主要资源环境约束，提出的将基地装机规模由 2 554 万 kW 调减为 1 676 万 kW 等优化调整建议已得到《规划》采纳，较好地体现了规划环评早期介入、与《规划》开展全过程互动的原则。

报告书的不足之处一是生态和地下水环境影响预测相对较薄弱，没有针对新增煤炭产能可能加重当地的生态和地下水环境影响进行必要的分析。二是水资源承载力分析中，对优先采用城镇污水处理厂中水和煤矿矿井水的供水方案论证分析不够深入，没有结合备选电源点的具体位置、用水量，以及与煤矿、城镇的相对位置关系，可利用水源的水质条件等，深入论证分析供水的可行性、可靠性。

煤电基地规划环评应重点关注以下几方面问题：

一、规划概述与分析

煤电基地规划内容相对较简单，主要包括基地规划电力装机总目标、新增装机规模、备选电源建设方案、电网建设方案、外送通道能力以及环境保护规划等。应采用图、表、文字相对应的形式，简明、清晰概述规划方案的主要内容，以及规划方案提出环境保护要求。

规划的协调性分析包括与相关政策法规、上层位规划的符合性分析，与同层位规划的协调性分析等。对煤电基地规划而言，应重点分析基地规划与主体功能区规划、生态红线规划、环保政策和规划等在功能定位、开发原则和环境准入等方面的符合性；分析规划方案与煤炭矿区总体规划、水资源利用规划、土地利用规划等相关规划在资源保护与利用、生态环境要求等方面的冲突与矛盾；同时，还应分析规划的煤电装机规模、建设时序与国家煤电调控、去产能等有关政策要求的符合性；以外送为主的煤电基地还应重点分析与相关输电通道规划建设的协调性。

二、规划方案综合论证

从大气环境承载能力、水资源供需平衡分析、生态承载力分析以及输电通道建设等方面综合分析煤电基地规划规模的合理性；根据新增备选电源项目厂址与各类环境敏感目标等生态红线的位置关系，分析规划布局的环境合理性。对与环保政策要求存在明显冲突、将显著加剧或引发严重生态环境问题、建设规模缺乏必要性或无输电通道支撑、现状环境容量不足且区域削减措施滞后或效果不佳、现状水资源难以承载且供水存在较大不确定性等情况，均应明确提出规划规模调减和布局优化等建议。

三、预防或减缓不良环境影响的对策措施

针对基地火电行业现状装备水平、大气污染防治和排放现状水平，分析区域大气污染减排潜力。将区域环境质量底线作煤电基地规划实施的硬约束，根据国家和地方改善环境质量的阶段性目标，提出有针对性的区域大气污染物削减方案和时间表；统筹制订煤电基地生态修复、水资源循环利用方案；分类明确煤电基地固体废物综合利用、处理处置的有效途径和方式；制订有针对性的基地环境保护措施落实情况和有效性跟踪监测和评价方案。

案例十二　城市轨道交通二期工程竣工环境保护验收

一、引言

某市城市轨道交通二期某号线工程（以下简称“某号线工程”）属于《某市城市轨道交通近期建设规划（2011—2020 年）》中的二期工程，一期工程已于 2008 年通过了竣工环保验收。

某号线工程穿越某市 FT 区和 BA 区两个行政区，全长 15.94 km（其中地下线 5.09 km，高架线 10.33 km，地面线和过渡线 0.52 km），共设 10 座车站、1 座主变电站和 1 座车辆段。该工程于 2007 年 7 月开工，2011 年 6 月建成投入试运营。工程实际总投资为 70 亿元，其中环保投资为 9 300 万元，占总投资的 1.3%。

2005 年某月，某院完成了《某市轨道交通二期某号线工程环境影响报告书》；2005 年某月，国家环保总局对该报告书予以批复。由于某市规划部门对市火车北站等用地规划进行了局部调整，工程调整了市火车北站等段线路的走向及部分车站的位置，并增加了 1 座车站。2011 年某月，完成了《某市轨道交通二期某号线工程环境影响补充报告书》，2011 年某月环境保护部予以批复。2012 年进行了该工程的竣工环境保护验收调查工作。

> 点评：
>
> 引言部分一般明确项目的建设背景、地理位置、基本概况、环境影响评价工作开展情况等内容。本案例介绍清楚，内容完善。

二、概述

（一）编制依据（略）

（二）调查目的（略）

（三）调查范围

本次竣工验收调查范围与环评中的评价范围一致，具体见表 12-1。

表 12-1 竣工验收调查范围

环境要素	评价范围	调查范围
生态环境	纵向与工程设计范围相同；横向综合考虑拟建工程的吸引范围和线路两侧土地规划，取工程征地界外 50～300 m，车辆段、主变电所、临时用地界外 50～100 m	与环评一致
噪声	地下车站及区间风亭、冷却塔周围 50 m 以内区域；地面段、高架段两侧距外轨中心 150 m 以内区域	与环评一致
振动	轨道中心线两侧各 60 m 以内区域	与环评一致
水环境	车站、车辆段污水排放总口	与环评一致
大气环境	车站风亭周围 50 m 内区域	与环评一致
电磁环境	过渡段、高架段两侧距外轨中心 50 m 以内区域；主变电所边界外 50 m 以内区域	与环评一致

（四）调查重点（略）

（五）验收标准

本次环境影响调查，原则上采用本工程环境影响报告书中所采用的标准，对已修订新颁布的标准则采用替代后的新标准进行校核。

（1）环境质量标准

根据《某市人民政府关于调整某市环境噪声标准适用区划分的通知》，本工程的声环境敏感点均分布在 2 类区和 4 类区内，且线路沿线临路以高于（含）三层楼房建筑为主，因此，执行《声环境质量标准》（GB 3096—2008）中的 2 类和 4a 类标准，与补充环评一致，具体标准限值略。

环境振动执行《城市区域环境振动标准》（GB 10070—88）中的“交通干线道路两侧”“混合区商业中心”和“居民文教区”标准，具体标准限值略。

（2）污染排放标准

LH 车辆段厂界噪声执行《工业企业厂界环境噪声排放标准》（GB 12348—2008）2 类标准，标准限值为昼间 60 dB（A），夜间 50 dB（A）。

本工程生活污水、检修含油污水全部经预处理后排入市政污水管网，要求满足《某省水污染物排放限值》（标准号略）三级标准要求，具体标准限值略。

风亭臭气浓度执行《恶臭污染物排放标准》（GB 14554—93）中的“恶臭污染物厂界标准值”二级标准，标准值为 20。

厨房油烟废气执行《饮食业油烟排放标准》（GB 18483—2001），标准值（略）。

主变电站的工频电场强度、工频磁感应强度执行《500 kV 超高压送变电工程电磁辐射环境影响评价技术规范》（HJ/T 24—1998）推荐的 4 kV/m 和 100 μT 的限值要求。0.5 MHz 下的无线电干扰值执行《高压交流架空送电线无线电干扰限值》（GB 15707—1995）中 46 dB（μV/m）的限值要求。

点评：

本案例中，按环境要素分别明确了验收调查范围和验收标准，较为清晰。

调查范围应根据工程运行后的实际环境影响范围确定，一般情况下与环评阶段是一致的，但线性工程在实际建设时线位有可能和环境影响报告书时的走向发生局部调整，验收时要根据工程实际建设情况做相应调整。本案例中，因在 2011 年某月完成了工程补充环境影响评价，因此，验收调查范围与环评时期保持了一致。

验收标准采用环境影响评价阶段确认的评价标准，但验收时如有新颁布的标准，需评价工程是否满足现行标准要求，如不能满足要求需提出改进措施与建议。另外，还需注意的是，对于验收时发现环评未给出某一类环境影响的标准且这种影响比较严重时，应向项目所在地环境保护部门说明情况，提出确定标准的建议。

三、工程概况

（一）地理位置及走向

某市轨道交通某号线是第一条连接市区南北的轨道交通主干线，分两期建设，一期工程线路长 4.55 km，已于 2008 年通过了竣工环保验收。

某号线工程（本工程）穿越 FT 区和 LH 新区两个行政区，全长 15.94 km（其中地下线 5.09 km，高架线 10.33 km，地面线和过渡线 0.52 km）。

项目地理位置及路线走向图略。

（二）工程建设过程（略）

（三）工程量和主要技术指标

工程全长 15.94 km（其中地下线 5.09 km，高架线 10.33 km，地面线和过渡线 0.52 km），共设 10 座车站、1 座主变电站和 1 座车辆段。在 LH 新建车辆段 1 座，作为车辆的维修、存车基地及整条 4 号线支援中心；新建主变电所 1 座。

工程量和主要技术指标见表 12-2，沿线车站和车辆段情况（略）。

表 12-2 工程量和主要技术指标

序号	名称		单位	环评	补充环评	实际建设
1	线路	正线全长	km	15.953	15.935	15.94
		地下线		5.201	5.089	5.09
		隧道类型		双线单隧道	双线双隧道	双线双隧道
		高架线		10.052	10.332	10.33
		地面线		0.7	0.513	0.52
		车辆段出入段线		0.75	0.61	0.61
		联络线		0.4	0.4	0.4
2	最高运行速度		km/h	80	80	80
3	最小曲线半径		m	正线：350 辅助线：250 车场线：150	正线：350 辅助线：250 车场线：150	正线：300 辅助线：250 车场线：150
4	轨道	轨距	mm	1 435	1 435	1 435
		正线数目	—	双线	双线	双线
		线路条件	—	无缝线路	无缝线路	无缝线路
		钢轨	kg/m	正线、辅助线：60	正线、辅助线：60	正线、辅助线：60
				车场线：50	车场线：50	车场线：50
		道床	—	地下线：短枕式整体道床	地下线：短枕式整体道床	地下线：短枕式整体道床
				地面线：新Ⅱ型混凝土枕碎石道床	地面线：新Ⅱ型混凝土枕碎石道床	地面线：新Ⅱ型混凝土枕碎石道床
				高架线：承轨台式整体道床	高架线：承轨台式整体道床	高架线：承轨台式整体道床
		扣件	—	地下线：扣件，地面线：弹条Ⅰ型扣件，高架线：WJ-2 型扣件	地下线：扣件，地面线：弹条Ⅰ型扣件，高架线：WJ-2 型扣件	地面线：弹条Ⅰ型扣件，地下、高架线：DTⅥ2-1 型扣件
		道岔	—	正线、辅助线：9 号	正线、辅助线：9 号	正线、辅助线：9 号
				车场线：7 号	车场线：7 号	车场线：7 号
5	场站	地下站	座	2	2	2
		地面站	座	1	1	1
		高架站	座	6	7	7
		车辆段	hm^2/座	30/1	17.2/1	17.23/1
6	车辆	车型	—	A 型车	A 型车	A 型车
		编组	辆	初期 4，远期 6	初期 4，远期 6	初期 4，远期 6
		列车长度	m	94.4	94.4	94.4

序号	名称		单位	环评	补充环评	实际建设
7	主变电站		座	1	1	1
	牵引降压混合变电所		座	6	6	6
	降压变电所		座	4	4	4
8	运行时间		—	6：00—24：00	6：00—24：00	6：00—24：00
9	运行初期行车密度		对	160	185	185
10	土石方	隧道开挖	10^4 m^3	16.99	—	60
		地面工程		319.01	—	40
11	占地	永久	hm^2	54.22	41.34	41.34
		临时		18.4	18.4	18.4

（四）主要工程变更

由于开展补充环评时，工程已进入施工图设计阶段，因此与补充环评相比，工程线路走向及长度、车站位置、占地情况、工程量、施工组织等均未发生变化。原环评、补充环评、实际建设情况对比见表 12-3。

表 12-3　工程内容变化对比

序号	工程及变化情况
环评工程情况	线路全长 15.9 km，其中地下段 5.2 km，高架段 10.1 km，地面段 0.7 km。设 2 座地下站、1 座地面站、6 座高架站，1 座车辆段。LH 车辆段占地约 450 亩。在 LH 镇中心设 1 座主变电所。设计初期（2011 年）、近期（2018 年）、远期（2033 年）运能分别为 160 对/d、270 对/d、232 对/d
与环评相比，补充环评情况	（1）线路：K4＋548.7～K9＋673.349 偏移 5～150 m，K7＋550～K7＋880 线位由地面线调整为地下线，地下段的部分调整为双线双隧道方案；K9＋963.349～ K10＋070 由地下线调整为地面线；K10＋100～ K10＋500 线路偏移 6 m，K10＋150.737～K10＋371 由地面线调整为高架线路；K10＋700～ K20＋487.259 线路偏移 2～180 m；车辆段出入段线曲线半径发生变化，向北偏移约 110 m，长度减少 140 m，仍为高架线。 （2）车站：新增 LS 车站；SML 站向东偏移 25 m；ML 站、BDL 站、SZ 北站、HS 站、ST 站由侧式改为岛式车站，位置偏移 90～210 m；QH 站由侧式改为岛式车站。 （3）车辆段：位置不变，占地面积缩小，由 30 hm^2 减至 17.2 hm^2。 （4）主变电站位置调整至车辆段内东北角。 （5）设计初期（2011 年）、近期（2018 年）、远期（2033 年）运能分别为 185 对/d、265 对/d、265 对/d
与补充环评相比，实际建设情况	线路走向及长度、车站位置、占地情况、工程量、施工组织等均未发生变化

（五）工况负荷

根据补充环评，初期（2011 年）、近期（2018 年）、远期（2033 年）均采用 A 型车，初期 4 辆、远期 6 辆编组，运营时段为 6：00—24：00，共 18 h。初期设计运能为 185 对/d，其中昼间 174 对/d，夜间 11 对/d（某市昼间时段为 7：00—23：00，夜间时段为 23：00—次日凌晨 7：00）。环评全日行车计划略。

试运营期列车正常营运时间为 6：30—23：00，共 16.5 小时。运输能力为 488 列/d，其中昼间 445 列/d，夜间 43 列/d。工作日（周一至周五）发车间隔及上线列车数量见表 12-4。

表 12-4　工程发车设置

时间段	行车间隔/min	列数	运行周期/min
6：30—7：15	5.7	12	68
7：15—9：30	2.8	13＋10	70
9：30—17：30	6.25	11	68.75
17：30—20：00	3	12＋10	69
20：00—22：00	6.8	10	68
22：00—23：00	8.5	8	68

据此计算，工程验收阶段工况负荷已达到设计初期（2011 年）、近期（2018 年）、远期（2033 年）设计值的 131.89%、92.08%、92.08%。试运营期昼间运能达到初期设计值的 127.88%，夜间运能达到初期设计值的 195.45%。

（六）工程投资与环保投资

工程实际总投资为 70 亿元，其中环保投资为 9 300 万元，占总投资的 1.3%，详细分类表（略）。

与补充环评相比，环保投资共计增加了 2 900 万元。主要变化是直立式声屏障、弹性短轨枕和弹性支承块减振措施的单价及数量略有增加所致。

点评：

该部分对工程概况和工程变更情况介绍基本清楚，按实际、原环评和补充环评列表对比说明了工程量和主要特性指标的变化情况，效果较好且文字简练。

本案例完成了补充环评，因此验收阶段工程不再存在变更情况。在同类项目中，注意除需说明工程变更情况，还应简要说明工程变更的原因及变更可能引起的环境影响变化情况。

四、环境影响报告书回顾

（一）原环境影响报告书主要结论和建议

1. 声环境

（1）声环境现状

工程高架线路主要经过 LH 拓展区和 LH 中心区 HP 路一带，LH 拓展区主要噪声源为社会生活噪声，HP 路一带主要噪声源为道路交通噪声。环境噪声现状值昼间为 52～73 dB（A）、夜间为 50～67 dB（A）；对照各敏感点执行的环境噪声标准，昼间 63%的监测点超标，超标量为 0.2～11 dB（A），夜间约 92%的监测点超标，超标量为 0.5～12 dB（A）。

（2）声环境影响预测

① 工程运营后，农村地区一般敏感点（MLAM 新村、BSL、XY 花园、LT 村）临路第一排预测点处的昼、夜噪声等效声级初期分别为 60～68 dB（A）、55～62 dB（A），分别比现状值增加 3～13 dB（A）、1～11.5 dB（A），昼间均满足"交通干线两侧"4 类标准，夜间均超过 4 类标准 2～7 dB（A）。设 2.5 m 高的吸声式声屏障后，BSL 超过标准 4～5 dB（A），LT 村超过标准 1 dB（A），其余均达标。

功能区测点（临路第二排前），昼间除 BSL 超过 1 类标准 11 dB（A）外，其余测点均满足各自相应标准；夜间除 CY 花园满足 2 类标准外，其余测点均超过各自相应标准，超标量为 2～14 dB（A）。设 2.5 m 高的吸声式声屏障后，昼间 BSL 仍超过标准 10.9 dB（A），其余夜间超标的测点仍然超过各自相应标准。主要原因是现状噪声超标较多。采取声屏障的措施后，只能使轨道工程运营后噪声环境维持现状水平，不恶化现状环境。

续建工程运营后的预测值较现状值增加 0.1～1.6 dB（A），说明地铁对第二排敏感点的影响甚微。

② 工程运营后，HP 路段临路第一排预测点处初期昼、夜噪声等效声级分别为 64～74 dB（A）、63～68 dB（A），分别比现状值增加 0.2～1 dB（A）、0.1～1.2 dB（A），昼间 78%的测点超过"交通干线两侧"4 类标准，超标量为 1.1～6.6 dB（A），夜间均超过 4 类标准，超标量 5～13 dB（A）。设 2.5 m 高的吸声式声屏障后，初期昼、夜噪声等效声级分别为 63～73 dB（A）、61～66 dB（A），几乎接近现状值，由于现状噪声超标较多，声屏障降噪效果不明显，各测点依然超标。

功能区测点（临路第二排前），位于三类区的，初期昼、夜噪声等效声级分别为 57～62 dB（A）、53 dB（A），能满足标准；位于二类区的，初期昼、夜噪声等效声级分别为 57～62 dB（A）、50～54 dB（A），均超过 2 类标准；位于一类区的，初期昼、夜噪声等效声级分别为 64～66 dB（A）、56～57 dB（A），均超过 1 类标准；工程运营后的预测值较现状值最大增幅为 0.5 dB，说明地铁对第二排敏感点的影响甚微。

③ DX 小学、SH 学校、LH 实验学校等特殊敏感点均超过二类区昼间 60 dB（A）标准，超标量初期为 1～9.7 dB（A）。采取声屏障降噪措施后，除 DX 小学达标，其余两个学校由于受 HP 路交通噪声影响，降噪效果不明显，仍然超过 2 类标准 5～9 dB（A）。

④ 对于 MLAM 新村、BSL、LT 等敏感点，高峰小时预测等效声级将比昼间预测等效声级增加 1～6 dB；对于 HP 路两侧噪声敏感点，高峰小时预测等效声级将比昼间预测等效声级增加 0～3 dB。

⑤ 车辆段和风亭的噪声不会对环境产生明显影响。

2. 其他（略）

（二）环境影响补充报告主要结论（略）

（三）环境影响报告书批复（略）

点评：

环境影响报告书回顾主要包括工程环评阶段的环境质量现状、环境敏感目标、环境影响预测结果、环境保护要求和建议、评价结论，以及环保行政主管部门审批文件的意见等内容。

本案例中摘录的内容基本涵盖了以上各方面，但未将环评中声环境和环境振动影响预测结果详细列出。

五、环保措施落实情况调查

工程在施工及试运营期基本落实了环境影响报告书及批复中的各项环保要求（表 12-5），进一步强化了声屏障措施，实际安装的干涉式声屏障由补充环评中的 790 延米/316 m^2 增加到 1 035 延米/900 m^2。但存在少部分措施发生变化的情况，具体如下：

1. HQ 村拆迁问题

补充环评批复：HQ 村应在工程运营前实施拆迁或进行功能置换，上述需要增补的措施必须在工程运营前实施完成。

补充环评：由于 HQ 村最近房屋将结合城市规划及地铁某号线的建设实施搬迁，建议工程开通运营前须实施搬迁，并满足水平距离大于 15 m。

落实情况：HQ 村第某栋村屋为 8 层楼房，距本工程水平距离 7 m，本工程试运营前，建设单位在街道办协调下拆除了高于轨道面的顶部 3 层建筑，但现场验收调查时发现，1～5 层建筑仍有租户居住。2013 年某月，在某市政府的协调下，市 LH 区办事处与该栋房屋房主签订房屋租赁协议，租用该栋房屋一年，将该房屋空置。

2. 风亭排放口采取措施问题

环评批复：设在 LHB 站等居民区的风亭排放口，应采取过滤、除臭措施。

环评提出：LHB 站地下车站的风亭排风道口设过滤处理设施（除尘、除臭、干燥过滤器）。

落实情况：LHB 站风亭排风口背向居民住宅，未安装过滤处理设施。但根据验收监测，排风口厂界处臭气浓度满足《恶臭污染物排放标准》（GB 14554—93）中的二级标准，对周边环境空气的影响很小。

表 12-5　环保措施落实情况（摘）

环境要素	环评措施	落实情况
原环评施工期措施落实情况（略）		
原环评试运行期措施落实情况		
生态	略	略
声	①对由于地铁噪声导致敏感点噪声级超标的 10 个敏感点，采取设立高 2～2.5 m 吸声式声屏障，并在上述区段设置弹性支承块。声屏障共 9 640 m，弹性支承块共 9 320 m。②风亭、冷却塔选址应尽可能远离敏感点，使风口背向敏感点，并充分利用非敏感建筑物的屏障作用。③地铁车辆拟优先选用国产化设备，除要求车辆的机械性能优良外，还应重点考虑其声学指标，在经济技术可行的条件下应优先购进噪声、振动防护措施较先进的地铁车辆。④地铁运营后，还应加强线路与车辆的维护、保养，定期镟轮和打磨钢轨，保持车轮圆整和轨道平顺。⑤各类风机在满足工程通风要求的前提下，尽量采用小风量、低风压、声学性能优良的风机。冷却塔选型时应优先选用低噪声冷却塔。⑥选用空压机、风机、气动电动工具等设备时，均应采用低噪声的设备，对于空压机、风机均设置消声减振装置。⑦建议在城市规划发展和建设中，不要在高架区段两侧 120 m 范围内，临路修建学校、医院、疗养院、居民集中住宅区等敏感建筑；在城市建成区，在考虑采取声屏障的降噪措施后，道路建筑红线处也不得建造高于 7 层的建筑；对沿线两侧临路第一排已新开工的住宅、学校、医院等建筑应调整建筑布局，临路侧布置为厨房、卫生间、走廊、门诊接待室等室内噪声要求较低的房间；对已建成的敏感建筑，结合城市改造，逐步改变建筑物使用功能，尤其是临路第一排建筑应逐步调整为商业用房	①补充环评重新核实敏感点，要求全线设 2.4～4.2 m 高直立式声屏障 15 723.36 m、干涉式声屏障 9 401.4 m（其中预留 8 611.4 m）、弹性支承块 3 029.17 m。目前均已落实，且较补充环评要求进一步强化隔声措施，加长、加高声屏障。②风亭冷却塔与敏感点距离大于 15 m，风亭排风口背向敏感点。③车辆选型时，选用声学性能优良、振动值低的轨道交通列车。④运营中注意车辆维护保养，定期打磨钢轨。⑤风机、冷却塔选型时选用低噪声型号。⑥空压机、风机均置于隔声房内，风道设有消声器和消声百叶，机器下面设有减振垫。⑦城市土地使用和建设布局由规划部门负责

环境要素	环评措施	落实情况
振动	①在车辆选型中，建议除考虑车辆的动力和机械性能外，还应重点考虑其振动性能及振动指标，优先选择噪声、振动值低、结构优良的车型。②设计中已考虑在中康路地下区段（CK5+800～CK7+800）设置弹性短轨枕整体道床。③线路在 CK7+350～CK7+650 从 YLJ 宿舍正下方穿过，建议该段采用“橡胶浮置板道床”。④运营期要加强轮轨的维护保养，定期镟轮和打磨钢轨、表面涂油，以保证其良好的运行状态，减少附加振动。⑤为避免高架段列车运行振动对环境的影响，应将距高架桥边 8 m 范围内的居民住宅采取拆迁措施，否则要改善此范围内建筑物的使用功能	①车辆选型时，选用声学性能优良、振动值低的轨道交通列车。②补充环评提出，工程全线设弹性短轨枕式整体道床 4 739.43 m，里程为 K5+726～K9+957.94，覆盖了 YLJ 宿舍。③运营期注意轮轨维护保养，定期打磨钢轨。④2013 年某月，某市 LH 区办事处与该栋房屋房主签订房屋租赁协议，租用该栋房屋一年，对该房屋采取空置措施
其他	略	略
补充环评提出的措施落实情况		
声	①LP 宿舍新增近轨、远轨声屏障 2 处，共 180 m，270.0 m^2。②YG 新苑、QLN（近轨、远轨）2 处敏感点延长声屏障 3 处，共 320 m，720.0 m^2。③QLN、HQ 宿舍 2 处敏感点加高声屏障 2 处，共 331.7 m，744.36 m^2。④设置干涉式声屏障 19 处，共 9401.4 延米，其中 WK 华府、QLN 共 790 延米，预留 8 611.4 延米。⑤根据城市规划条件，全线高架区段预留声屏障设置条件，其基础设置投资纳入工程投资。⑥由于L H车辆段现已建设完成，而上层物业尚未开发。建议物业开发过程中，需对车辆段噪声、振动进行分析，预测对上层物业的影响程度，对物业开发进行平面优化布置，如住宅尽量远离车辆段敞开段、下层尽量开发为商业用地等。⑦结合振动评价、城市规划及地铁 L 号线的建设对 XN 村最近房屋在工程开通运营前实施搬迁，并满足水平距离大于 15 m	①LP 宿舍设 0.6 m 声屏障 100 m，2.4 m 声屏障 90 m，共 190 m/276 m^2。② YG 新苑、QLN 延长声屏障 320 m/720.0 m^2。③QLN、HQ 宿舍加高声屏障 331.7 m/ 744.36 m^2。④SXMD 设 1 m 干涉式声屏障 225 m，WK 华府设 1 m 干涉式声屏障 360 m，QLN 设 0.7 m 干涉式声屏障 450 m，共 1 035 m，其他 16 处干涉式声屏障预留。⑤高架线全线基础预留安装声屏障条件，其基础设置投资纳入工程投资。⑥车辆段上层物业开发规划为商住小区，单独立项、单独编制环境影响报告书，不在本工程范围内。⑦2013 年某月，市 LH 区办事处与该栋房屋房主签订房屋租赁协议，租用该栋房屋一年，对该房屋采取空置措施
振动	略	略
环评审批意见落实情况		
1	不得在二级保护区水域段设置桥墩，施工场地应设置临时沉沙池，桥墩采用围堰法施工，产生的泥浆、生产废水不得排入水源保护区，应按有关规定将挖出的泥渣堆放到指定地点。禁止在水源保护区范围	①工程以高架形式上跨 GL 河流域水源保护区二级区 LH 河，工程一跨过河，未在 LH 河水域段设置桥墩，不产生泥渣。②施工场地设有临时沉沙池，桥墩

环境要素	环评措施	落 实 情 况
1	内设置施工营地、预制场及物料堆放场。强化桥梁防撞护栏，设置桥面雨水收集系统，防止对水源保护区水体产生污染	位于市政道路中间，产生的泥浆、废水经沉淀后排放至市政污水管网，未排入水源保护区。③水源保护区内未设置施工营地、预制场及物料堆放场。④工程以高架桥形式跨越 LH 河，在跨河区段桥面上增设 15 cm 挡水带，在桥墩中预埋雨水管接入市政雨水管网中，防止雨水直接排入 LH 河，轨道交通车辆正常运营行驶不会产生废水、固体废物等污染物，不会对水源保护区水体产生污染
2	采取有效的振动防治措施，对沿线学校、居民住宅等敏感点集中的路段，设置轨道减振扣件、弹性支承块、钢弹簧浮置板道床等，确保振动敏感目标符合《城市区域环境振动标准》（GB 10070—88）相应区域的限值要求	补充环评提出，工程全线设弹性短轨枕式整体道床 4 739.43 m，弹性支承块 3 029.17 m，均已落实。根据验收监测及类比分析，敏感点满足《城市区域环境振动》（GB 10070—88）相应区域标准限值要求
其他	略	
补充环评审批意见、省环保厅意见落实情况（略）		

点评：

本案例中，对工程环保措施要求的落实情况调查比较深入、细致，并就未落实和变更的措施情况进行了分析说明。

六、生态影响调查

（一）施工期的生态影响与控制（略）

（二）对生态控制线的影响分析

本工程的 K7+860～K8+800 约 0.94 km 位于某市基本生态控制线内，属 TL 山- JG 山生物多样性保护区，该段线路为地下线。线路以隧道下穿某市生态线范围内的 DNK 山，地表主要为人工林，不涉及自然保护区、水源保护区，隧道出口位于生态控制线外，中间无施工竖井、斜井及其他临时工程，故不会导致环境质量下降和生态功能的损害。

（三）临时占地生态恢复情况调查

本工程临时占地共 18.4 hm^2，均围绕在各车站和车辆段周边，主要为施工营地、临时料场、施工便道等，为了减少占地和周边环境的影响，占地多选择在市政公共用地、现有道路两侧。临时占地在施工结束后已进行了土地平整、植被恢复。

（四）小结

本工程涉及的临时占地在工程竣工后都进行了生态恢复；工程永久占地进行了绿化，并在设计上尽量使得工程建筑和周边的绿化符合自然景观或者城市景观观赏的需求，工程对生态环境影响很小。

点评：

轨道交通建设项目一般位于城市建成区，在验收中应主要调查施工迹地生态恢复或城市绿化效果以及与城市景观的协调性，本部分对此调查不够。

对于旅游城市或景观要求较高的地区，可对高架线路和车站景观影响加以分析或评述。

七、声环境影响调查

（一）施工期影响调查（略）

（二）噪声敏感点变化情况调查

经调查，LH 车辆段周围 200 m 范围内敏感点为 HP 路南侧的 QLN，距离车辆段厂界 100 m；车辆段上规划建设的部分商业及住宅用地，单独立项、单独编制环评，不在本工程范围内。

高架段线路两侧 150 m 内现有声环境敏感点共 36 处，其中居民住宅 33 处、学校 3 处。地下段风亭、冷却塔周边 50 m 内现有敏感点 5 处，均为居民住宅。与环评（补充）相比，减少了 2 处敏感点（HQ 宿舍、JL 大厦）。“HQ 宿舍”于 2012 年年底拆除，JL 大厦为商务大厦，这两处敏感点在验收调查期间不再作为声环境敏感目标。

与环评（补充）相比，风亭、冷却塔周边减少了 1 处敏感点（SY 宿舍楼），“SY 宿舍楼”现状为 ZK 创业园，作为写字楼使用，在验收调查期间不再作为声敏感点。

经统计，现有声环境敏感点情况见表 12-6 和表 12-7。

表 12-6　高架段声环境敏感点情况一览（摘）

区间	敏感点名称	起讫里程	方位	距外轨中心线/m	与轨面高差/m	敏感点情况	声屏障情况	功能区	备注
ML-BSL 区间（高架）	SH 坊	K10+220～K10+400	右	46	−9	1 栋 22 层，2 栋 21 层，面对线路	3.6 m、4.2 m 高声屏障	Ⅳ	
	SXMD	K10+240～K10+410	左	26	−9	4 栋 9 层，5 栋 11 层，1 栋 22 层，面对线路	4.2 m 高声屏障、1.0 m 高干涉式声屏障	Ⅳ、Ⅱ	
BSL-BQ 区间（高架）	GD 陆军	K10+840～K10+970	右	26	−14	3 栋 6～8 层，侧对线路	3.0 m 高声屏障	Ⅳ、Ⅱ	
	BDL 村	K11+340～K11+600	两侧	17	−22	多栋 6～9 层，面对线路	4.2 m 高声屏障	Ⅳ、Ⅱ	
BQ-HS 区间（高架）	XN 村	K13+240～K13+420	左	7	−15	多栋 6～10 层，面对线路	4.2 m 高声屏障	Ⅳ、Ⅱ	环评中的“CY 花园”
HS-ST 区间（高架）	ZS 厂宿舍	K15+240～K15+380	右	17	−10	5 栋 7 层，侧对线路	2.4 m 高声屏障	Ⅳ、Ⅱ	补充环评中的“ST 宿舍”

表 12-7　风亭冷却塔声环境敏感点情况一览

站名	敏感点名称	风亭名称	噪声源	距离/m				功能区
				排风亭	新风亭	活塞风亭	冷却塔	
LHB 站	CT 居	TVF 风亭 3、TVF 风亭 4、TEF 风亭 2	排风亭、活塞风亭	40	—	44、34	—	Ⅳ
	CT 居	A1 出口风亭	新风亭、排风亭、冷却塔	20	33	15	42	Ⅳ
	AJ 苑	A1 出口风亭	排风亭、冷却塔	42	—	—	30	Ⅳ
	ML 生活区	环控新风风亭 2、环控排风风亭 2	新风亭、排风亭	43	36	—	—	Ⅳ
SML 站	FM 花园	南侧活塞风亭、冷却塔	排风亭、活塞风亭	50	—	36	—	Ⅳ

（三）噪声防治措施调查

1. 高架线噪声防治措施

① 源头控制：声源降噪措施主要以车辆选型、声源降噪和传播途径降噪实现。本工程选用声学性能优良的轨道交通列车；线路高架段设置弹性支承块，以减振配合降噪，全线共设弹性支承块 3 029.17 延米。

②声屏障措施：本工程全线对全线所有敏感点均设置声屏障，全线共设直立式声屏障 15 745.66 延米/44 703.66 m^2，干涉式声屏障 1 035 延米/900 m^2。声屏障措施设置情况见表 12-8。

表 12-8 声屏障设置情况一览（摘）

敏感区名称	声屏障起点	声屏障终点	方位	高度/m	形式	长度/m
SH 坊	K10+092.54	K10+151.5	右侧	3.6	直立式	58.96
SXMD	K10+151.5	K10+501.5	左侧	4.2	直立式	350
	K10+190.5	K10+415.5	左侧	1.0	干涉式	225
G D陆军	K10+726	K10+830.3	双线右侧	3.0	直立式	208.6
BSL 村、DX 幼儿园（已搬走）、DX 小学	K11+311.6	K11+711.6	双侧	4.2	直立式	800
LT 村、ZS 宿舍	K15+075	K15+455	双侧	2.4	直立式	760
……	……	……	……	……	……	……
合计	直立式声屏障 15 745.66 延米/44 703.66 m^2，干涉式声屏障 1 035 延米/900 m^2					

另外，全线预留干涉式声屏障 8 341.4 延米，预留资金 1 000 万元。高架线全线基础预留安装声屏障条件，其基础设置投资纳入工程投资。

③车站噪声处理：BDL 站、LH 站、QH 站，侧面采用声学翼型消声百叶进行车站通风处理，厚度 300 mm，每个车站消声百叶长 151.8 m，共计 455.4 m。根据设计资料，消声百叶传声损失不小于 12 dB。

2. 风亭、冷却塔噪声防治措施

①设备选型方面，选用低噪声风机。地下车站冷却塔采用横流式、低噪声型。

②风亭、冷却塔选址与敏感点保持 15 m 以上的距离。

③共设置风亭消声器 28 延米。车站排风亭风道内设 3 m 长消声器和消声百叶，新风亭风道内设 2.5 m 长消声器、活塞风亭前后各设 2 m 长消声器。

④噪声较大的冷却水泵置于地下层，减少噪声对外界的影响。

3．车辆段噪声防治措施

①车辆段平面布局时将高噪声设备靠近厂区内侧设置。

②出入段线、试车线均采用碎石道床，且大部分位于上盖物业基础下方。

③直线段列车运行速度低于 20 km/h。

工程声环境保护措施照片（略）。

（四）线路两侧声环境质量监测

2011 年 9—11 月，某市环境监测站对工程高架段敏感点噪声进行了监测，根据地方规定，当地昼间时段为 7：00—23：00，夜间时段为 23：00—次日凌晨 7：00。

1．监测方案

① 监测因子。昼、夜间同步监测 1 h 等效声级 L_{Aeq}、背景噪声；有车时加测持续时间。

② 监测时段和频率。学校连续监测 2 天，昼间 2 次；其他敏感点连续监测 2 天，昼间 2 次。监测时选择接近列车运行平均密度的 1 h 进行连续监测。昼间监测时段：9：30—17：30；夜间监测时段：23：00—24：00。

③ 监测点位。选择高架段 9 个敏感点布设监测点，其中学校等特殊敏感点 2 处，一般敏感点 7 处；对不同楼层设置垂直监测断面，共 28 个测点，监测点布设在敏感点窗外 1 m 处。监测点位表及布设图略。

2．监测要求

① 同一个敏感点，在垂直衰减断面上的各测点应同步监测。监测前，需对用于同步监测的噪声仪进行比对，以保证测量数据的一致性。

② 按照《声环境质量标准》（GB 3096—2008）、《建设项目竣工环境保护验收技术规范　城市轨道交通》（HJ/T 403—2007）及其他有关标准和技术规范要求进行。

③ 同时记录监测时间、列车通过测点的持续时间、列车运行方向（上行、下行）、鸣笛状况等。监测时需注意避开干扰；因严重干扰造成数据失效的应重测；因特殊原因无法避开的，详细记录干扰的情况（噪声源、干扰时间、次数等）。

④ 学校测点应选择休息日等学生不在校时进行监测。

3．监测结果

① 达标情况。敏感点噪声现状监测结果（略）表明，超标的敏感点共 8 处，超标测点共 24 个。

昼间 3 处敏感点（SH 学校，HY 苑、JBS 家、HR 新居，LH 实验幼儿园及学校）环境噪声超标，超标范围 0.9～7.4 dB（A），超标最严重的是 LH 实验幼儿园及学校 3 层；夜间 6 处敏感点（SH 坊，WK 华府，BSL 村，XN 村，QLMN，HY 苑、JBS 家、HR 新居）环境噪声超标，超标范围 0.9～10.6 dB（A）。

② 超标原因。工程沿线声环境状况较复杂，超标敏感点本身背景值超标现象严重，主要是受到沿线交通噪声和生活噪声同时影响。从背景值的监测结果可知，1 h 等效声级超标的 24 个测点，背景值均超过声环境功能区标准值，占监测值超标点位总数的 100%。

③ 本工程引起的噪声级增量。对于环境噪声超标的 8 处敏感点，本工程引起噪声级增量（即 1 h 等效声级与背景值的差值）为 0.1～0.9 dB（A），均小于 1 dB（A）。相较背景值，昼间 3 处超标敏感点路段增量为 0.1～0.9 dB（A），最大值出现在 HY 苑、JBS 家、HR 新居 8 层；夜间 6 处敏感点路段增量为 0.1～0.7 dB（A），最大值出现在 WK 华府 15 层和 XN 村 6 层。

4．全线敏感点达标情况

对工程沿线未监测的声环境敏感点，通过类比距离、高差、降噪措施类似的监测点，参照监测数值作达标分析。全线敏感点类比分析结果见表 12-9。根据实际监测及类比分析，全线高架段 36 个声敏感点中，4 个敏感点达标，32 个出现不同程度超标现象，超标范围 1.0～10.6 dB（A）。昼间 4 个敏感点环境噪声值超标，占敏感点总数的 11.1%，超标范围 1.3～6.7 dB（A）；夜间 28 处环境噪声值超标，占敏感点总数的 77.8%，超标范围 1.0～10.6 dB（A）。

敏感点噪声超标，主要是受 HP 路、TL 路、MT 路等城市道路交通噪声和生活噪声的影响，是背景噪声超标所致。本工程引起的噪声级增量均值，除 WMYG 为 0.6 dB（A）外，其他敏感点在 0.2～0.5 dB（A），增量小于 1 dB（A），说明通过采取 0.6～4.2 m 直立式声屏障、0.7～1.0 m 干涉式声屏障、弹性支承块、车站外侧安装消声百叶等措施，工程对周边敏感点的影响较小，工程运营未导致声环境质量恶化。

监测期间，工程的运输能力为 488 列/d，已达到设计初期（2011 年）、近期（2018 年）、远期（2033 年）设计值的 131.89%、92.08%、92.08%，因此，验收调查期间的监测值完全能够反映出工程在工况达到近远期设计时的噪声影响程度。

5．噪声垂直衰减情况

选择 3 处高层敏感点分析噪声垂直衰减情况，分析结果具体见表 12-10 和表 12-11。由表可以看出，昼间低于轨面楼层的噪声值普遍较高；高于轨面楼层的噪声值变化趋势较为复杂，无明显规律可循，但 8 层一般是高于轨面楼层中噪声值最低的。夜间低于轨面楼层的噪声值普遍较低；高于轨面楼层的噪声值随着楼层升高，呈现出先降低再升高的趋势，低点仍在 8 层。

表 12-9　线路两侧全线声环境敏感点类比分析结果（摘）　　单位：dB（A）

敏感点名称	与外轨中心线关系/m		测点位置	时段	现状值（均值）		标准值	现状噪声级达标分析	本工程引起噪声级增量	备　注
	水平距离	与轨面高差			1 小时等效声级	无列车经过时的背景值				
SH 坊	46	−1.8	临路 1 排 3 层	昼	61.4	60.4	70	达标	—	监测
				夜	57.5	57.2	55	2.5	0.3	
	46	7.2	临路 1 排 6 层	昼	61.3	60.7	70	达标	—	
				夜	57.1	56.8	55	2.1	0.3	
	46	25.2	临路 1 排 12 层	昼	60.5	59.9	70	达标	—	
				夜	58.0	57.6	55	3.0	0.4	
	46	55.2	临路 1 排 22 层	昼	58.6	57.5	70	达标	—	
				夜	58.5	58.3	55	2.5	0.2	
DX 小学	117	−8.8	5 层	昼	65.6	65.2	60	5.6	0.4	类比 SH 学校 5 层
XN 村	7	−7.8	最近的 1 栋楼 3 层	昼	62.5	61.1	70	达标	—	监测
				夜	59.3	58.9	55	4.3	0.4	
	7	−1.8	最近的 1 栋楼 5 层	昼	63.2	61.8	70	达标	—	
				夜	59.8	59.3	55	4.8	0.5	
	22	1.2	6 层	昼	65.5	64.7	70	达标	—	
				夜	60.5	60.2	55	5.5	0.3	
	22	13.2	10 层	昼	64.6	63.6	70	达标	—	
				夜	58.1	57.6	55	3.1	0.5	
LT 村	26	6.2	临路 1 排 6 层	昼	64.7	64.4	70	达标	0.3	类比 SXMD 第 6 层
				夜	53.5	53.0	55	达标	0.5	
LT 新村	35	1.2	临路 1 排 5 层	昼	59.3	59.1	70	达标	0.2	类比 QLMN4 层
				夜	56.7	56.2	55	1.7	0.5	
SH 学校	82	−1.8	临路 1 排 5 层	昼	65.6	65.2	60	5.6	0.4	监测

表 12-10　昼间垂直衰减情况　　单位：dB（A）

测点号	名称	距离/m	高差/m	楼层	监测均值	声屏障形式	衰减情况
N1-1	SH 坊	46	−1.8	3 层	61.4	3.6 m、4.2 m 高声屏障	低于轨面楼层噪声值受地面影响较大，高于轨面楼层，随着楼层升高，噪声值降低
N1-2			7.2	6 层	61.3		
N1-3			25.2	12 层	60.5		
N1-4			55.2	22 层	58.6		
N3-1	WK 华府	40	1.2	5 层	61.9	4.2 m 高声屏障、1.0 m 高干涉式声屏障	高于轨面楼层，随着楼层升高，噪声值先降低再升高然后又降低，8 层最低
N3-2			10.2	8 层	59.8		
N3-3			22.2	12 层	60.0		
N3-4			31.2	15 层	60.1		
N3-5			52.2	22 层	59.2		
N6-1	QLMN	34	−4.8	2 层	60.3	0.6 m、3.0 m 高声屏障，0.7 m 干涉式声屏障	低于轨面楼层噪声值受地面影响较大，高于轨面楼层，随着楼层升高，噪声值先降低又升高，8 层最低
N6-2			1.2	4 层	59.3		
N6-3			13.2	8 层	58.1		
N6-4			37.2	16 层	59.7		

表 12-11　夜间垂直衰减情况　　单位：dB（A）

测点号	名称	距离/m	高差/m	楼层	监测均值	声屏障形式	衰减情况
N1-1	SH 坊	46	−1.8	3 层	57.5	3.6 m、4.2 m 高声屏障	低于轨面楼层噪声值最小；高于轨面楼层，随着楼层升高，噪声值升高
N1-2			7.2	6 层	57.1		
N1-3			25.2	12 层	58.0		
N1-4			55.2	22 层	58.5		
N3-1	WK 华府	40	1.2	5 层	59.1	4.2 m 高声屏障、1.0 m 高干涉式声屏障	高于轨面楼层，随着楼层升高，噪声值先降低再升高，8 层最低
N3-2			10.2	8 层	57.8		
N3-3			22.2	12 层	58.0		
N3-4			31.2	15 层	58.0		
N3-5			52.2	22 层	58.4		
N6-1	QLMN	34	−4.8	2 层	56.0	0.6 m、3.0 m 高声屏障，0.7 m 干涉式声屏障	低于轨面楼层噪声值最小；高于轨面楼层，随着楼层升高，噪声值先降低又升高，8 层最低
N6-2			1.2	4 层	56.7		
N6-3			13.2	8 层	56.4		
N6-4			37.2	16 层	57.6		

（五）风亭冷却塔声环境质量监测

其中主变电站位于 LH 车辆段内，周边 50 m 范围内没有噪声敏感点，因此不予监测。由于地下车站排风亭的 UO 风机用于隧道内排风、散热等，一般情况下即可满足隧道内温度要求，不需要开启 OTS 风机，而活塞风亭的风机在火灾等事故状态下开启，一般也不用，因此声源主要是排风亭的 UO 风机和冷却塔。

本工程共有 LHB 站和 SML 站 2 个地下车站。LHB 站设 2 座冷却塔、8 个地面风亭。SML 站风亭 13 个，均与站厅两侧建筑合建；冷却塔 2 座，位于站顶的设备层上。

风亭运行情况：① 隧道通风风亭：仅在事故或阻塞等情况下使用，正常情况时停用。② 车站环控通风亭：站厅站台公共区的通风系统运行时间每天 06：30—23：00（节假日按行车时间变化调整）；部分设备房的通风系统在非行车时间 23：30—次日 06：30 停用，其余设备房通风 24 h 运行。

冷却塔运行情况：在空调季节冷却塔 24 h 开启运行，在室外温度低于 18℃，且公共区及设备房温度满足规定要求时停用冷水机组及冷却塔。

根据调查，2 座地下车站风亭、冷却塔周边均存在噪声敏感点，本次调查选取了距排风亭最近的 CT 居作为监测点，其余的敏感点与监测点进行类比分析。

① 监测因子：等效声级 L_{Aeq}；

② 监测时段和频率：连续监测 2 天，昼间 2 次，夜间 1 次，每次监测 20 min。由于排风亭的风机开启时间为 6：30—23：00，因此昼间监测时段为 9：30—17：30；夜间监测时段为 6：30—7：00。冷却塔开启时间与风亭风机开启时间一致。

③ 监测点位：选择地下段 1 个敏感点进行风亭、冷却塔附近敏感点监测，具体点位表和图略。

④ 监测要求：设备不开启时监测敏感点处背景噪声，设备开启至 75%以上的工况负荷时监测现状噪声。各监测点距离建筑物反射面 1.2 m 以上。监测时记录主要噪声源、准确的监测时段；其他要求按照《声环境质量标准》（GB 3096—2008）执行。

⑤ 监测结果：具体见表 12-12。由监测结果可以看出，距风亭距离最近的 CT 居噪声监测值，昼间满足《声环境质量标准》（GB 3096—2008）4a 类标准要求，13 日夜间达标，14 日夜间超标 1.4 dB（A）。超标主要是受到道路交通噪声和生活噪声影响，夜间 CT 居的噪声背景值已超标 0.4 dB（A），本工程引起的噪声级增量为 1 dB（A）。说明本工程风亭、冷却塔噪声对 CT 居声环境质量影响较小。

表 12-12　地下段敏感点噪声监测点位及监测结果　　单位：dB（A）

车站	名称	测点位置	距离 3 m		监测时间	监测结果			标准值	达标分析	主要噪声源
			排风亭	冷却塔		监测值	背景值	增量			
LHB 站	CT 居	风亭对面 12 层住宅楼 3 层住户窗外 1 m 处	20	42	11 月 13 日昼间	60.2	59.6	0.6	70	达标	排风亭、冷却塔
						66.4	—	—		达标	
					11 月 12 日昼间	61.1	—	—		达标	
						61.0	—	—		达标	
					11 月 13 日夜间	53.4	53.0	0.4	55	达标	
					11 月 14 日夜间	56.4	55.4	1.0		超标 1.4	

⑥ 类比分析：测算结果具体见表 12-13。

表 12-13　风亭冷却塔噪声测算结果　　单位：dB（A）

站名	敏感点名称	距离/m				时段	实测/测算结果平均值				标准值	达标分析
		排风亭	新风亭	活塞风亭	冷却塔		叠加值	背景值	贡献量	增量		
LHB 站	CT 居（测算）	40	—	44、34	—	昼	60.1	59.6	50.2	0.5	70	达标
						夜	54.3	54.2	38.1	0.1	55	达标
	CT 居（实测）	20	33	15	42	昼	62.2	59.6	58.7	2.6	70	达标
						夜	54.9	54.2	46.6	0.7	55	达标
	AJ 苑（测算）	42	—	—	30	昼	60.4	59.6	52.7	0.8	70	达标
						夜	54.4	54.2	40.6	0.2	55	达标
	ML 生活区（测算）	43	36	—	—	昼	60.2	59.6	51.1	0.6	70	达标
						夜	54.3	54.2	39	0.1	55	达标
SML 站	FM 花园（测算）	50	—	36	—	昼	60.2	59.6	51.1	0.6	70	达标
						夜	54.3	54.2	39	0.1	55	达标

由表 12-13 可以看出，经测算 4 处未监测的敏感点昼间噪声为 60.1～60.4 dB（A）、夜间噪声为 54.3～54.4 dB（A），均可满足《声环境质量标准》（GB 3096—2008）4a 类标准要求。

补充环评提出，风亭噪声影响范围为 2～16 m，冷却塔噪声影响范围为 2～28 m，风亭与冷却塔噪声共同作用影响范围为 3～33 m。与监测点位相比，上述 4 个敏感点距风亭冷却塔距离较远，均超过 33 m，且采取了风亭风道安装消声器和消声百叶、设备选型选用低噪声冷却塔等措施，因此风亭冷却塔噪声对其他 4 个敏感点影响较小。

（六）车辆段厂界噪声监测（略）

（七）小结与建议

（1）本工程沿线共有声环境敏感点 41 处，其中受轨道交通噪声影响的敏感点 36 处，受地下车站风亭冷却塔噪声影响的敏感点 5 处。

（2）监测及类比结果表明，全线高架段 36 个声敏感点中，32 个出现不同程度超标现象，主要受 HP 路、TL 路、MT 路等城市道路交通噪声和生活噪声的影响，其背景噪声也都超标。对于超标的 32 个敏感点，本工程引起的噪声级增量，在 0.6 dB（A）以下。总体来看，通过采取 0.6～4.2 m 直立式声屏障、0.7～1.0 m 干涉式声屏障、弹性支承块、车站外侧安装消声百叶等措施，本工程对线路周边敏感点的影响较小，工程运营未导致声环境质量恶化。

距风亭距离最近的 CT 居噪声监测值昼间达标、夜间超标，夜间背景噪声也已超标，本工程引起的噪声级增量为 1 dB（A），说明本工程对风亭冷却塔敏感点的影响较小。另外 4 个敏感点距风亭冷却塔距离较远，根据测算均可满足《声环境质量标准》（GB 3096—2008）4a 类标准要求。且采取了风亭风道安装消声器和消声百叶、设备选型选用低噪声冷却塔等措施，风亭冷却塔噪声影响较小。

LH 车辆段厂界噪声昼间满足《工业企业厂界环境噪声排放标准》（GB 12348—2008）2 级标准，夜间噪声监测值受到 HP 路、FL 路、BL 路交通噪声的影响而测值偏高。

（3）建议工程运营期加强对声屏障、减振器材的检查和维护；对监测超标的敏感点或沿线居民反映强烈的点位进行跟踪监测，根据监测结果及时采取进一步的补救措施。

点评：

本案例中声环境影响调查内容全面，调查结论正确。针对噪声超标敏感点，调查报告通过现场监测，得出了本工程贡献值在 0.6 dB（A）以下的结论，说明敏感点的噪声影响主要来自城市道路，本工程影响轻微。

轨道交通建设项目噪声污染主要来自高架线路车辆运行噪声，车站、停车场、车辆段、变电站、风亭和冷却塔等产生的噪声。开展调查时，应重点调查声源的具体位置，采取的降噪措施，声环境敏感点的建设时间、性质（建筑物功能、层数、结构等）、所属功能区类别、与项目声源的位置关系（水平距离、与顶面或轨道梁顶面的高差）等内容。

轨道交通噪声监测点位的选取应具有充分的代表性，根据车流量、线路形式、声屏障形式、敏感点的类型及与线路的位置关系、线路两侧噪声背景状况等，选择具有广泛代表意义的点位进行监测，使其能反映出线路两侧全部或绝大部分敏感点所受到的噪声影响；并同时进行与敏感点测量时间相同的背景噪声监测；必要时进行声屏障隔声效果的监测，本案例中沿线声环境敏感点全部受到声屏障覆盖，因此未进行降噪效果监测。

八、振动环境影响调查

（一）施工期影响调查（略）

（二）环境振动敏感点调查

本次验收范围内共有环境振动敏感点 48 处，其中居住区 45 处，政府机关办公楼 1 处，学校 1 处，医院 1 处。14 处振动敏感点位于地下段，34 处位于高架段两侧。与环评（补充）相比，增加了 1 处敏感点（城管办公楼），减少了 6 处敏感点（ZK 宿舍、SY 舍、YLJ 宿舍、DX 小学、HQ 宿舍）。

沿线振动敏感点基本情况见表 12-14。

表 12-14 振动敏感点情况一览（摘）

区间	敏感点名称	起讫里程	方位	距外轨中心线/m	与轨面高差/m	敏感点情况	执行标准	减振措施	备注
LHB-SML 区间（地下）	CT 居	K5+960～K6+010	右	22	17	1 栋 12 层，Ⅰ类	交通干线两侧	弹性短轨枕	
	DF 苑	K6+330～K6+400	左	13	13.5	2 栋 12 层，Ⅱ类	交通干线两侧	弹性短轨枕	
	ML 居	K6+450～K6+530	左	41	13.5	4 栋 9 层，Ⅱ类	居民文教区	弹性短轨枕	
	ZYM 苑	K6+450～K6+730	右	6	13.5	7 栋 8 层，Ⅱ类	交通干线两侧	弹性短轨枕	
	DR 医院	K6+540～K6+580	左	16	13.5	1 栋 7 层、1 栋 8 层，Ⅱ类	居民文教区	弹性短轨枕	补充环评中的“ML 医院”
	YL 苑	K7+080～K7+300	左	25	11	多栋 8 层，Ⅱ类	交通干线两侧	弹性短轨枕	
ML-BSL 区间（高架）	SXMD	K10+240～K10+410	左	26	−9	4 栋 9 层，5 栋 11 层，1 栋 22 层，Ⅱ类	交通干线两侧	DTⅥ2-1 型扣件	

（三）振动防治措施调查

1. 源头控制

根据地铁振动的产生机理，优先选择噪声、振动值低、结构优良的车辆，在运营期加强轮轨的维护、保养，定期镟轮和打磨钢轨，以保证其良好的运行状态，全线在正线、辅助线均铺设无缝线路，提高轨面平顺度，减少了列车通过时的振动源，减轻轨道交通振动对周围环境的影响。

2. 减振措施

① 落实了补充环评提出的地下段弹性短轨枕整体道床、高架桥段弹性支承块等减振措施。全线共设置弹性短轨枕式整体道床 4 739.43 单延米，弹性支承块 3 029.17 单延米，占全线长度的 24.3%。

② 除地面线采用弹条Ⅰ型扣件外，线路其他部分全部采用 DTⅥ2-1 型扣件，该扣件采用弹性分开式无螺栓结构，设有双弹性垫层。

③ 道岔区内绝缘接头采用橡胶连接，钢轨非工作边接头夹板采用加强型减振接头夹板，以减少钢轨的冲击振动。

④ 制冷机水泵及空调风机基础设置减振器，采用弹簧减振器加一层橡胶的减振材料，水泵进出管及风机进出风管均设软管、软接头，以减少振动机噪声外传。

具体减振措施设置情况见表 12-15，减振措施图（略）。

表 12-15　减振措施设置情况

<table>
<tr><th colspan="4">左线</th><th colspan="4">右线</th></tr>
<tr><th colspan="2">起讫里程</th><th>长度/m</th><th>措施</th><th colspan="2">起讫里程</th><th>长度/m</th><th>措施</th></tr>
<tr><td>K5+726</td><td>K9+957.94</td><td>2 368.819</td><td>弹性短轨枕</td><td>K5+726</td><td>K9+957.94</td><td>2 370.611</td><td>弹性短轨枕</td></tr>
<tr><td>K10+830.283</td><td>K11+054.603</td><td rowspan="5">1 531.655</td><td rowspan="5">弹性支承块</td><td>K10+830.283</td><td>K11+054.603</td><td rowspan="5">1 497.515</td><td rowspan="5">弹性支承块</td></tr>
<tr><td>K12+417.014</td><td>K12+606.014</td><td>K12+417.014</td><td>K12+606.014</td></tr>
<tr><td>K13+913.019</td><td>K14+064.839</td><td>K13+913.019</td><td>K14+064.839</td></tr>
<tr><td>K15+920.996</td><td>K16+072.796</td><td>K15+920.996</td><td>K16+072.796</td></tr>
<tr><td>略</td><td>略</td><td>略</td><td>略</td></tr>
<tr><td rowspan="2">合 计</td><td colspan="3">弹性短轨枕</td><td colspan="4">4 739.43 延米</td></tr>
<tr><td colspan="3">弹性支承块</td><td colspan="4">3 029.17 延米</td></tr>
</table>

3．振动拆迁（略）

（四）环境振动监测

2012 年 11 月某市环境监测站对工程高架、地下段环境振动进行了验收监测。

1．监测方案

监测因子：铅垂向 Z 振级，有车时的 V_{LZ10}、$V_{LZ\max}$；无车时的 V_{LZ10}。

监测时段和频率：监测 1 天，昼、夜各监测一次，每次连续监测 5 对列车，取 10 次读数的算术平均值；夜间如不能满足 5 对列车要求，则按实际运营监测 1 h。

监测点位：选择 11 个敏感点进行振动监测。监测点设在敏感点建筑前 0.5 m 处地面，具体监测点位表和图略。

2．监测要求（略）

3．监测结果

监测结果见表 12-16。沿线未监测的环境振动敏感点，主要类比水平距离、埋深类似的监测点，参照监测数值作达标分析，结果见表 12-17。

由监测结果及类比分析结果可以看出，本工程所带来的振动影响并不明显，各振动敏感点的 V_{LZ10}、$V_{LZ\max}$ 均符合《城市区域环境振动》（GB 10070—88）中相应的“交通干线道路两侧”（昼/夜低于 75/72 dB）、“混合区、商业中心区”（昼/夜低于 75/72 dB）和“居民、文教区”（昼/夜低于 70/67 dB）标准。

（五）小结与建议

工程沿线共有振动敏感点 47 处，根据验收监测结果和类比结果，均可以满足相应标准限值要求。

点评：

环境振动调查内容全面，结论也较明确，基本符合要求。

轨道交通建设项目振动影响调查主要包括线路采取的减振措施，地下及地面、高架线路两侧振动环境敏感点的规划建设时间、性质（建筑物功能、层数、结构等）、所属功能区类别，与项目工程外侧线路中心的水平距离、与顶面或轨道梁顶面的高差等内容。

表 12-16　线路敏感点噪声监测点位及监测结果（摘）

敏感点名称	方位	与外轨中心线位置/m		线路形式	监测时段	监测值/dB			标准值/dB	达标情况
		距离	高差			背景值 V_{LZ10}	列车通过时 V_{LZ10}	列车通过时 V_{LZmax}		
CT 居	右	22	17	地下	昼间	55.2	56.4	57.7	75	达标
					夜间	55.3	56.0	57.4	72	达标
DF 苑	左	13	13.5	地下	昼间	54.3	57.2	58.5	75	达标
					夜间	52.3	56.1	57.4	72	达标
ML 居	左	41	13.5	地下	昼间	51.3	56.6	58.0	70	达标
					夜间	51.6	56.4	57.7	67	达标
DR 医院	左	16	13.5	地下	昼间	51.7	57.1	58.7	70	达标
					夜间	51.5	57.0	58.2	67	达标
ZY 苑	右	6	13.5	地下	昼间	52.5	58.4	59.7	75	达标
					夜间	51.5	57.9	59.2	72	达标
YL 苑	左	25	11	地下	昼间	52.1	55.4	58.6	75	达标
					夜间	52.0	55.8	58.0	72	达标
SXMD	左	26	-9	高架	昼间	51.1	55.3	56.7	75	达标
					夜间	49.9	53.2	56.8	72	达标

表 12-17　未监测敏感点环境振动达标分析（摘）

序号	敏感点名称	方位	与线路位置/m		线路形式	监测时段	类比监测值/dB			标准值/dB	达标情况	类比点
			距离	高差			背景值 V_{LZ10}	列车通过时 V_{LZ10}	列车通过时 V_{LZmax}			
1	AJ 苑	右	27	17	地下	昼间	55.2	56.4	57.7	75	达标	CT 居
						夜间	55.3	56.0	57.4	72	达标	
2	ML 生活区	左	15	17	地下	昼间	51.7	57.1	58.7	75	达标	DR 医院
						夜间	51.5	57.0	58.2	72	达标	

九、水环境影响调查

（一）施工期影响调查（略）

（二）试运营期水污染源调查（略）

（三）污水处理措施调查

（1）各车站生活污水经化粪池预处理后，就近排入市政污水管道，进而排入城市污水处理厂。2 座地下车站（LHB 站、SML 站）生活污水采用提升泵提升至室外化粪池，最终排入 NS 污水处理厂；其他车站生活污水以重力流排入室外化粪池，最终排入 LH 污水处理厂，该污水处理厂 2007 年已投入使用。

（2）车辆段食堂污水采用隔油池预处理后、生活污水采用化粪池预处理后，均排入市政污水管道，进而排入 LH 污水处理厂。

（3）车辆段检修废水采用处理能力 50 m^3/d 的含油污水处理设施处理，主要工艺为隔油、混凝、气浮，出水排入市政污水管道，进而排入 LH 污水处理厂。主要工艺流程及流程图（略）；洗车废水经混凝沉淀、过滤、消毒后储存于中水池中，回用于洗车，少量清水作为补充用水水源，工艺流程图（略）。

（4）车站及高架桥采用雨污分流系统。屋面及地面雨水以重力流方式排入城市雨水系统。高架桥和高架车站排水采用在墩柱中预埋排水管的方式。高架桥面设 15cm 高的挡水带，桥面雨水沿横坡、纵坡汇集于雨水口，经铺设于桥墩内的雨水管，排入市政雨水管网。每跨单独排水，用挡水分割。高架桥排水系统结构图和水污染防治措施照片略。

（四）水污染源监测

2012 年某月，某市环境监测中心站对 LH 车辆段检修含油污水及生活污水进行了监测。

1．检修含油污水监测

监测因子：pH、SS、COD、BOD_5、氨氮、石油类。

监测时间和频率：连续监测 2 d，每天 4 次；同步监测污水日均流量。

监测点位：LH 车辆段检修含油污水处理设施出口。

监测要求：《建设项目竣工环境保护验收技术规范　城市轨道交通》（HJ/T 403—2007）附录 C 表 C5、C6、C7 的要求，分别给出监测结果。

监测结果略。从监测结果可以看出，车辆段检修含油污水经含油污水处理设施处理后，出水水质可以满足某省《水污染物排放限值》第二时段三级标准的要求，排入市政污水管道，进而排入 LH 污水处理厂。

2. 生活污水监测

监测因子：pH、SS、COD、BOD_5、氨氮、磷酸盐、动植物油。

监测时间和频率：连续监测 2 d，每天 4 次。

监测点位：LH 车辆段生活污水总排口。

监测要求：《建设项目竣工环境保护验收技术规范　城市轨道交通》（HJ/T 403—2007）附录 C 表 C5、表 C6、表 C7 的要求，分别给出监测结果。

监测结果略。从监测结果可以看出，车辆段生活污水经化粪池处理后，满足某省《水污染物排放限值》第二时段三级标准的要求，排入市政污水管道，进而排入 LH 污水处理厂。

各车站的生活污水主要是厕所冲洗水，类比车辆段生活污水监测结果可知，车站生活污水经化粪池处理后，可满足某省《水污染物排放限值》第二时段三级标准的要求。

（五）小结

工程试运营期产生的污水都得到了妥善的处理，不会对外部水环境产生不利影响。

> **点评：**
>
> 本部分对工程运行后污水来源、污水处理方式和处理效果、排放去向均做了清晰的介绍，基本符合要求。
>
> 水环境影响调查主要包括车辆段（停车场）的生产废水和生活污水、各车站生活污水的来源，主要污染因子，污染物排放量，处理情况（含处理达标情况和处理效率）及各类废水排放去向、循环利用情况，外排口的位置及受纳水体情况等。

十、大气环境影响调查

（一）施工期影响调查（略）

（二）试运行期影响调查

本工程试运行期的大气污染源主要是地下车站排风亭排放的异味气体、车辆段食堂厨房排放的油烟废气。据调查，车辆段食堂设有油烟净化装置，油烟经净化处理后，通过烟井实现高空排放；风亭选位合理，距周围敏感建筑的最近距离为 15 m（活塞风亭），排风口背向敏感建筑设置，加强风井周围绿化，风亭异味气体对周围环境的影响轻微。

2012 年某月、2013 年某月，某市环境监测中心站对 LHB 站排风亭的异味进行了监测；2012 年某月，对车辆段厨房油烟排气筒出口处油烟浓度进行了监测（监测因子、点位、频次、监测结果略）。监测结果表明本工程地下车站的排风亭臭气浓度满足《恶臭污染物排放标准》（GB 14554—93）中的二级标准，对周边环境空气的影响很小；车辆段员工餐厅的厨房油烟废气排放浓度满足《饮食业油烟排放标准》（GB 18483—2001）要求，对周边环境空气的影响很小。

点评：

轨道交通建设项目大气污染影响调查重点为车辆段或车站锅炉的设置（北方地区）、车辆段厨房油烟处理等情况。本部分较好地注意了此点，对大气污染源及污染物排放情况均进行了比较清楚的说明，并结合环评及审批意见对车辆段食堂油烟和风亭恶臭排放进行了监测。

十一、电磁环境影响调查（略）

十二、固体废物影响调查（略）

十三、环境管理与监测计划落实情况调查

（一）环境管理情况调查（略）

（二）环境监测计划落实情况调查

环评报告书中提出的施工期及运营期监测计划及落实情况见表 12-18。

工程环评报告书提出的施工期监测计划均已落实。运营期监测计划也已在落实，建设单位安排了环境监测专项资金，将按环评报告建议的频次对废水、食堂油烟、风亭恶臭、振动、噪声、电磁辐射进行监测，目前正在进行招投标工作。

表 12-18 施工期及运营期监测计划落实情况

时期	监测因子	监测点位	监测频次	落实情况
施工期	TSP	施工场界周围环境敏感点	施工紧张期 2 d/月，每天上、下午各 1 次	已落实。施工期共监测了 4 个环境空气敏感点，均位于线路旁，进行了 296 次监测
	L_{Aeq}	略	略	略
	$V_{L_{Z10}}$	略	略	略

时期	监测因子	监测点位	监测频次	落实情况
运营期	L_{Aeq}	沿线受轨道交通噪声影响较大的敏感点	每季度1次	已落实。验收监测中，监测了9个高架段敏感点28个测点的噪声，昼间2次，夜间1次；监测了1个风亭冷却塔噪声敏感点，连续2天，每天昼间、夜间各1次；监测了车辆段厂界噪声，共4个测点，连续监测2天，每天昼间、夜间各2次
	油烟	略	略	略
	$V_{L_{Z10}}$	略	略	略
	pH、COD、BOD_5、SS、石油类、氨氮	略	略	略

（三）小结与建议

建设单位对环境保护工作非常重视，实施了施工期环境监理，各项管理制度和措施比较完善、有效。为了进一步做好本工程运营期的环境保护工作，建议落实好环评报告书提出的跟踪监测计划，特别是对高架线噪声敏感点的跟踪监测。

> **点评：**
>
> 该部分内容基本符合要求。
>
> 本工程建设单位对环境管理工作较为重视，环境监理和监测计划落实较好。验收时需注意，环评审批意见要求开展环境监理工作的建设项目需提交环境监理总结报告。

十四、公众意见调查

（一）调查及统计情况（略）

（二）不满意意见的调查

本次共有8个被调查公众对本工程环保工作表示不满意，分布在YG、SX、WK、ML和BL。其中5个人未写不满意的原因，YG有1人提出粉尘污染较重，希望多做些绿化；BL有2人提出噪声影响休息，希望加强隔音措施。

施工期公众反映的主要问题是：施工期扬尘污染环境、施工噪声影响休息、施工造成交通拥堵出行不便、绿化建设滞后等。伴随施工结束，这些影响已消除。

运营期公众反映的主要是噪声和绿化问题：① BL个别被调查者认为夜间噪声影响休息，建议加强隔声措施；② 部分被调查者建议增加绿化面积、多植树。

针对上述问题分析如下：① BL 段线路已设置了 4.2 m 高声屏障的降噪措施。根据本次验收监测结果，临路第一排居民楼监测结果昼间满足《声环境质量标准》（GB 3096—2008）4a 类标准要求，夜间超标。受生活噪声和交通噪声影响，夜间背景噪声已超标，本工程的噪声级增量小于 0.5 dB（A），说明本工程对 BL 的影响较小。② 本工程绿化集中在高架区间段，包括建设单位完成绿化和市政工程改造项目完成的高架桥底绿化两部分，实际恢复完成林草植被面积 21.35 hm^2，恢复情况良好。

（三）建设单位收到的投诉情况

2011 年某月，LHB 站 A1 出口风亭附近 CT 居 1 户居民向建设单位投诉噪声影响夜间休息。建设单位立即排查原因，发现距该居民住宅最近的风亭是 A1 出口新风亭，当时处于调试阶段，调试结束后操作人员忘记关闭用于隧道轨顶送风的 OTS 风机所致。正常运行时，地下车站排风亭的 UO 风机用于隧道内排风、散热等，一般情况下即可满足隧道内温度要求，不需要开启 OTS 风机。LHB 站的 OTS 风机自 2011 年 8 月至今没有开启，建设单位也加强了对操作人员的培训和管理，之后再未收到环保投诉。

验收监测时，对该户住宅也进行了监测，监测结果显示，夜间监测结果满足《声环境质量标准》（GB 3096—2008）4a 类标准要求。说明风亭噪声对该户居民的影响较小。

（四）行政主管部门走访

经调查单位向某市环境保护局等相关部门咨询，本工程施工及试运营期间，没有收到相关的环保投诉。

（五）小结

综上所述，总体上本工程沿线居民对工程在社会、经济、环境方面的综合效益持肯定态度。建设单位按照环评报告及批复的要求，采取了减缓噪声、振动、异味影响的一系列措施，公众对这些措施的实际效果总体上给予肯定；并对于在调查中反映的一些环境问题，建设单位在实际工作中已经及时妥善解决。

点评：

本案例中，公众意见调查基本符合要求。收集了工程所接到的环保投诉问题，对建设单位的整改情况进行说明；对不满意公众进行了回访，了解不满意的原因，并进行了分析说明。

公众意见调查需注意的样本的代表性和样本数量的合理性，并且调查问题需围绕工程施工期间和运行期间的主要环境影响设置，并尽量做到问题简单明了、通俗易懂。

十五、调查结论与建议

（一）调查结论（略）

（二）建议

（1）运营期加强对声屏障、减振器材的检查和维护，对监测超标的敏感点进行跟踪监测，并根据监测结果及时采取进一步补救措施。

（2）加强工程运营期对各污染防治措施的管理，保证各项污染物长期稳定达标排放。

（3）配合地方政府做好工程周边的规划控制工作，发现周边新建居民住宅、学校、医院等敏感建筑后，及时向地方政府报告。

综上所述，工程在设计、施工和试运营期采取的污染防治和生态保护措施基本有效，项目环境影响报告书和环境保护行政主管部门批复中要求的生态保护和污染控制措施基本得到落实。建议对该工程进行竣工环境保护验收。

点评：

调查结论是全部调查工作的结论，需概括和总结全部工作。

该工程虽然存在噪声敏感点超标问题，但造成超标的原因主要是受道路交通噪声的影响，本工程贡献值在 0.6 dB（A）以下，影响轻微，因此不影响工程的环境保护验收，验收结论是适当的。但"建议"部分要求建设单位配合地方政府做好工程周边规划控制工作的要求无实际意义。

验收调查报告中的建议部分，应根据工程的实际情况，针对工程投入正式运营后可能出现的环境问题，有针对性地提出可行的建议或需要注意的问题。

案例分析

该案例编制较规范，调查内容较全面，调查重点突出，满足竣工环境保护验收技术规范要求，客观、公正地反映了工程施工期及试运行期以来的主要环境影响，对从事轨道交通类建设项目的竣工环境保护验收调查工作具有一定示范意义。但在工程调查、生态影响调查和公众意见调查略有欠缺，希望其他同类项目引以为戒。

轨道交通属于公用基础设施，投入使用后，其环境影响将长期、连续存在。根据项目特点，在进行该类项目竣工环境保护验收调查时主要应注意以下问题：

（1）工程的环境影响比较全面，涉及水、气、声、振动、电磁等各类环境影响要素，但重点是噪声和振动两方面。

（2）工程位于城市中心区域，因征地、拆迁、安置、城市规划等问题极易发生线路调整，调查时需重点注意线位移动、车站增减和位置的变化，如发生重大变化，提请建设单位及时办理补充环境影响评价相关手续。

（3）工程沿线人口密集，学校、医院、居民区等环境敏感点集中，古建筑等具有特殊要求的敏感目标也较多，调查时应认真、细致，注意不能遗漏。

（4）对环评及审批意见中各项环保措施要求应列表逐条说明落实情况，尤其隔声、减振措施要求要对应各环境敏感目标详细说明，如有变化需分析原因，并说明替代措施的效果。

（5）注意环评审批意见中有无“风亭周围 15 m 范围不允许有敏感目标的要求”，结合要求详细调查风亭的功能、采取的措施、风口朝向、与敏感目标的位置关系等内容，根据监测结果分析风亭运行的影响。另外，尽量选择夏季高温时段进行环境空气质量的监测。

（6）公众环保投诉是轨道交通类建设项目需重点关注的一项内容。调查方法一般以发放调查问卷为主。为了使调查客观，问卷设计时应注意回避拆迁、补偿等经济问题；同时，需对不满意公众进行回访，了解问题，对确实存在的环境影响，提出解决方案。

（7）轨道交通项目运营后，很难予以停运，因此，对需采取进一步降噪、减振措施的建设项目，提出的补救措施建议应具有针对性和可操作性。